LA

COSMOGONIE

DE LA BIBLE.

PROPRIÉTÉ DES ÉDITEURS.

CET OUVRAGE SE TROUVE AUSSI :

LYON,	chez	Girard et Josserand, libraires.
NANCY,	—	Thomas, libraire.
ANGERS,	—	Lainé frères, imprimeurs-libraires.
BESANÇON,	—	Turbergue, libraire. Cornu, libraire.
METZ,	—	Pallez et Rousseau, imprimeurs-libraires.
VANNES,	—	Lafolye, libraire.
NANTES,	—	Mazeau frères, libraires.
MONTPELLIER	—	F. Séguin, libraire. Malavialle, libraire.
NIMES,		Waton, libraire.
ROUEN,	—	Fleury, libraire.
DIJON,	—	Hemery, libraire.
RENNES,		Verdier, libraire. Ganche, libraire.

Corbeil, imprimerie et stéréotypie de Crété. —

LA
COSMOGONIE
DE LA BIBLE

DEVANT

LES SCIENCES PERFECTIONNÉES

OU

LA RÉVÉLATION PRIMITIVE

DÉMONTRÉE

PAR L'ACCORD SUIVI DES FAITS COSMOGONIQUES

AVEC LES PRINCIPES DE LA SCIENCE GÉNÉRALE;

PAR M. L'ABBÉ A. SORIGNET.

OUVRAGE DÉDIÉ A MONSEIGNEUR L'ÉVÊQUE D'ÉVREUX.

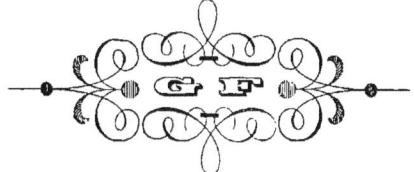

PARIS

GAUME FRÈRES, LIBRAIRES-ÉDITEURS,

Rue Cassette, 4.

1854

A

MONSEIGNEUR NICOLAS-THÉODORE OLIVIER,

ÉVÊQUE D'ÉVREUX.

Monseigneur,

Votre nom, placé en tête de ce livre, le protégera contre l'humble obscurité de son auteur. Heureux, si en méditant les éloquentes instructions que vous adressez chaque jour à vos peuples, j'avais appris de vous à dire les choses les plus simples avec noblesse et les plus élevées avec cette belle simplicité qui les met à la portée de tous! Mais ces grandes qualités sont moins un effet de l'art qu'un don du ciel, et le partage d'un petit nombre d'esprits heureusement doués.

Cependant, par l'importance de son objet, ce livre, j'oserai le dire, Monseigneur, n'est pas indigne de l'honneur que vous avez bien voulu lui faire, en permettant qu'il vous fût dédié. Son succès, s'il en obtient, sera votre ouvrage, puisque c'est à votre haute et constante bienveillance que je dois les loisirs dont il est le fruit.

Agréez, Monseigneur, les profonds sentiments de respect et de reconnaissance avec lesquels j'ai l'honneur d'être,

De Votre Grandeur,

Le serviteur bien humble et bien obéissant,

L. A. SORIGNET.

Honguemarre, le 21 novembre 1853.

INTRODUCTION.

Il vient une heure dans la vie où le géologue, las de ramasser des coquilles, et le naturaliste de compter le nombre d'anneaux qui composent la patte d'un insecte, s'adressent cette grave question : *d'où viens-je? qui suis-je? où vais-je?* et s'ils ne peuvent y répondre, ils jugent avec raison que leur science est vaine et leur labeur stérile. C'est que de tous les objets de la connaissance, celui qui nous intéresse le plus vivement, et qu'il nous importe davantage de savoir, c'est nous-mêmes ; c'est que la connaissance qui s'arrête dans ce qu'on appelle les faits, peut bien fournir des applications utiles à la vie matérielle, mais ne satisfait pas le besoin intellectuel, moral et religieux de l'homme. Il faut qu'elle s'élève plus haut, il faut qu'elle remonte de cause en cause jusqu'à la première de toutes, au principe des lois qui régissent les êtres, les faits et les phénomènes, et qu'arrivée au dogme de la création, à la cosmogonie de Moïse, elle l'accepte avec toutes ses légitimes conséquences. Alors se consomme l'union de la science et de la théologie, alors la science et la religion se donnent la main, *conjurant amicè*, pour apprendre à l'homme son origine, sa nature, ses destinées, ses devoirs, et fonder la société sur ses bases naturelles. Aussi, dans son introduction à l'*Histoire des sciences de l'organisation*, l'illustre M. de Blainville définit la science en général : la connaissance à *posteriori* de l'existence de Dieu et de ses perfections, par ses œuvres, dans le but d'établir les principes, les règles de la société humaine, basée sur la nature de l'homme, ce qui constitue ses devoirs. « On doit se rappeler, dit-il, que la nature humaine est à la fois physique, intellectuelle, morale et religieuse, et qu'elle a besoin de se connaître dans ses rapports avec le monde et avec Dieu. La science n'est donc générale ou complète que lorsqu'elle comprend les sciences particulières qui ont trait au monde, et celles qui ont trait à l'homme envisagé physiquement, intellectuellement, moralement et religieusement. »

En conséquence, M. de Blainville rentre les sciences dans la philosophie qui aurait dû ne s'en jamais séparer, et il définit la philosophie avec Platon : *la connaissance des choses divines et humaines*. Pour lui la religion et la philosophie, lorsque celle-ci est estimée ce qu'elle est réellement, et que l'autre est la religion chrétienne, ne sont qu'une même science, la *philosophie*, comprenant les mêmes objets, le monde, l'homme et Dieu en eux-mêmes et dans leurs rapports, ayant le même but, l'établissement des principes du *règne social* : l'une obtenue par la démonstration, l'autre par la foi à la révélation divine; celle-ci adressant et pouvant seule adresser à tous les âges et à tous les degrés de développement intellectuel son enseignement infaillible; celle-là ayant mission de démontrer ce même enseignement dans ses bases et partout où, à l'aide des faits naturels, peuvent atteindre le raisonnement humain et ses déductions logiques; en sorte que l'enfant qui a reçu les simples éléments de la foi, est déjà au même point en philosophie que le savant qui a parcouru péniblement les longues routes de la démonstration pour y arriver. Il s'agit ici, d'une part, du christianisme complet, resté sous la direction d'une règle infaillible qui le préserve de l'éclectisme individuel, et de l'autre, de la philosophie sociale, qui doit trouver et qui trouve en effet dans la sincérité de ses propres principes une orthodoxie aussi rigoureuse que celle de la marche physique, logique et morale de l'homme.

Mais pour beaucoup d'hommes, qui ont moins étudié la religion dans ses rapports avec la science générale que certaines parties de cette science, je disais que le premier chapitre de la Genèse est un point de rencontre entre la science et l'enseignement chrétien, qui ne saurait manquer de fixer leur attention. C'est de là que part la religion; des dogmes transmis par Moïse dérivent tous les autres dogmes et avec eux la loi morale ou religieuse. C'est aussi là que les sciences arrivent nécessairement pour trouver leurs bases et tous leurs principes; écartez par la pensée le dogme d'un Dieu créateur et ordonnateur de tout ce qui existe, vous n'apercevez plus de toutes parts que des êtres sans raison d'exister, des moyens sans finalité, des plans sans architecte, des lois physiques, logiques, morales sans législateur, et l'ordre qui brille dans l'ensemble comme dans les parties de l'univers est pour vous une énigme sans mot. Quand Moïse recevait, pour ainsi dire, des mains de la tradition, la cosmogonie et la confiait à la garde du peuple élu, il jetait dans le monde le fondement de la théologie et de toutes les sciences humaines.

Aussi, depuis trois mille ans, elle a été constamment le point central de ce débat éternel entre *l'esprit* et *la chair*, pour employer les termes profonds des livres saints. Tous les écrivains sacrés l'opposèrent au paganisme et au panthéisme antique; elle fournit des armes à tous les Pères de l'Eglise contre le paganisme et les hérésies de leurs temps. Les théologiens, à leur tour, s'en servirent pour combattre de nouvelles hérésies. Elle triomphe en ce moment des erreurs savantes, comme elle triomphait autrefois des erreurs grossières. Sans plus transiger avec les unes qu'avec les autres, elle ne dit pas au naturaliste et au philosophe moderne : passez-moi ceci, et je vous passerai cela, elle dit : acceptez-moi tout entière et dans mon sens littéral, ou rejetez-moi tout entière; mais si vous me rejetez, vos travaux sont vains, vous ne constituerez ni sciences physiques, ni sciences morales. Un ou deux Pères de l'Eglise, s'éloignant en cela de l'enseignement universel, attentèrent au sens littéral du récit cosmogonique. Origène, embarrassé par la création de la lumière et des plantes avant celle du soleil, s'avisa d'écrire que les trois premiers jours n'étaient qu'une allégorie, un trope; mais l'étude de la lumière et des plantes a marché, et le trope de ce savant homme s'est évanoui.

Il ne restait plus au texte cosmogonique qu'à passer par cette épreuve des interprétations arbitraires; elles ne lui ont pas manqué depuis plus d'un siècle, et c'est à la géologie surtout que revient la gloire d'avoir, en les provoquant, fait éclater l'admirable beauté et la force unique de cette histoire révélée. La géologie, dans ses commencements, prit, comme tout ce qui est jeune et sans principes, une pose fière et un ton dogmatique. Elle accusa d'erreur la chronologie de Moïse, parce que celle-ci lui mesurait, pensait-elle, le temps trop court pour l'accomplissement de ses phénomènes Deluc, le premier, dans le but de lui complaire, identifia les *jours* de la création avec les périodes imaginées par Buffon, dans son magnifique roman des *Époques de la nature*. Les jours de la Genèse n'étaient donc plus des durées de 24 heures, mais des périodes que l'on pouvait étendre à volonté, et la chronologie humaine, au lieu de partir de la première période, ne commençait que dans la sixième, après la création de l'homme. Ce système d'exégèse brisait l'unité harmonique de l'histoire du monde, mettait partout le texte en contradiction avec le texte et remplaçait l'action directe de Dieu par celle des agents secondaires; mais il laissait un nombre indéfini de siècles au service de ces agents, et croyait satisfaire aux exigences de la géologie. De plus, Deluc faisait suivre chaque création d'une destruction totale, amenée par l'affaissement de la croûte terrestre, ce qui achevait de rendre le texte tout à fait inintelligible; mais, par compensation, il expliquait la création, il expliquait le déluge, il expliquait les phénomènes, il annonçait même une sorte de correspondance entre l'ordre chronologique des différentes créations et celui de l'apparition des fossiles dans les dépôts du sol. Deluc était de bonne foi; il pensa à convertir Voltaire au moyen de la Genèse ainsi travestie; car nous étions en plein philosophisme, et tout subissait, à des degrés divers, l'influence du milieu ambiant.

Un homme, haut placé dans la politique et dans la science, le célèbre Cuvier, continua la direction de Deluc, en cherchant à l'accommoder à la tendance antithéologique de son époque. Cependant il se rappela qu'il avait été diplomate, et il ménagea un peu toutes les opinions pour avoir des partisans dans tous les camps. « Je pense donc avec MM. Deluc et Dolomieu, dit-il, dans deux de ses ouvrages, que s'il y a quelque chose de constant en géologie, c'est que la surface de notre globe a été la victime d'une grande et subite révolution, dont la date ne peut remonter au delà de cinq ou six mille ans... » Cette conclusion, favorable à notre déluge historique, fut répétée dans la chaire de Saint-Sulpice, par M. Fraissinous, et dans la même conférence, l'illustre orateur consacrait en ces termes les doctrines géologiques de Cuvier : « Si vous découvrez d'une manière évidente que le globe terrestre, avec ses plantes et ses animaux, doit être de beaucoup plus ancien que le genre humain, la Genèse n'aura rien de contraire à cette découverte; car *il vous est permis de voir dans chacun des six jours autant de périodes de temps indéterminées, et alors vos découvertes seraient le commentaire explicatif d'un passage dont le sens n'est pas entièrement fixé.* » (Moïse, considéré comme historien des temps primitifs.)

Ces expressions dubitatives ne préjugeaient pas la question. Cependant on y vit l'abandon de l'interprétation littérale, et comme une transaction officielle entre le représentant de la géologie et l'un des représentants de la théologie. M. de Férussac se fit le héraut du traité, dans le Bulletin universel (2me *sect. des sciences nat. et de zool.* t. X, p. 193); il fut ensuite reproduit par tous les échos de la presse. Le système des *époques indéterminées* devint chez nous le dogme de toutes les *revues* dites catholiques, d'où il passa dans les livres de nos écrivains, et jusque dans des ouvrages spéciaux de théologie scolastique.

Chacun sur cette base exerça son imagination à torturer le texte de Moïse, pour y trouver ce qui n'y est pas, dans le but de fortifier l'accord merveilleux des *six époques genésiaques* avec des faits qui n'étaient pas mieux interprétés par les géologues de l'école de Cuvier, que le texte lui-même par tous ces faiseurs d'articles. Après Deluc et Cuvier, deux autres savants, appartenant aussi à la direction protestante, les docteurs Buckland et Chalmers, vinrent à leur tour interpréter les textes qui concernent la lumière et les corps sidéraux, les seuls à peu près dont le sens littéral eût été jusque-là respecté. Sous prétexte que les *époques* ne s'accordaient pas avec le fait de la réunion des plantes et des animaux dans les couches les plus anciennes du sol, ils reproduisirent et adoptèrent, en le modifiant, un système depuis longtemps oublié, de leur coreligionnaire et compatriote Whiston. Il consiste à dire que le monde de la Genèse n'aurait été qu'une disposition nouvelle donnée par Dieu aux ruines d'un monde plus ancien, dont auraient fait partie les dépôts fossilifères. Selon cette interprétation, les expressions si énergiques de l'hébreu, *sit lux, sint luminaria,* etc., n'indiquaient plus une création proprement dite de la lumière et des astres, mais seulement de nouvelles relations établies par Dieu entre ces corps préexistants, lorsqu'il s'en servit pour organiser notre monde. Cette singulière lecture de la Genèse fut aussi acceptée; cependant elle compta toujours moins de partisans que celle de Deluc, le géologue biblique, comme on l'appelait.

Des hommes qui n'étaient pas les gardiens naturels de la cosmogonie, la défendirent. MM. Letronne et Ami Boué, l'un habile critique, l'autre habile géologue, montrèrent que l'exégèse naturaliste était contraire à la philologie, à la grammaire, à la raison ; qu'elle faisait du texte de Moïse un non-sens, qu'elle détruisait son caractère inspiré. On ne tint compte de leurs réclamations désintéressées, non plus que de celles des hébraïsants, et d'un certain nombre d'ecclésiastiques qui, suivant le progrès des sciences, étaient plus en état d'apprécier la valeur des systèmes géologiques du temps. Il fallait que l'épreuve de la parole de Dieu fût complète et décisive ; elle le fut en effet. Tandis que journaux, revues, livres, leçons orales redoublaient d'efforts pour répandre les interprétations rationalistes de MM. Deluc, Whiston, Buckland, Chalmers, etc., et faire profiter la religion de ce que l'on appelait les *aveux forcés de la science* ; déjà depuis longtemps cette science ou plutôt ces fameux systèmes géologiques avaient payé le tribut à la nature ; leur décès, accompli tranquillement dans l'enceinte de la science, avait eu moins de retentissement que leur vie ; cela explique, en partie, comment leurs nombreux partisans du dehors n'en avaient rien su, et ne cessaient d'accréditer des interprétations devenues la plupart sans objet. Ainsi, la cosmogonie, sortie de l'épreuve, sans avoir rien perdu de sa sincérité littérale, poursuivait à travers les siècles sa marche assurée, continuant de jeter en passant un démenti à toutes les théories *à priori*, premiers essais de l'homme individuel pour arriver à la vérité par ses seules forces. Toutefois ce n'était là qu'une partie de son triomphe.

Si Cuvier n'était pas géologue, il était anatomiste ; la paléontologie par lui développée dans les mammifères, et ensuite, à son exemple, par une foule de naturalistes, dans tous les autres grands chaînons du règne animal, et jusque dans le règne des plantes, devait un peu plus tard, entre les mains de M. de Blainville, compléter la démonstration de la classification naturelle des animaux, et confirmer tous les grands principes de la zoologie, cette belle et vaste science, perfectionnée depuis Aristote, son fondateur, par deux mille ans d'observations directes. Dans le même temps, la géologie, rentrée dans la voie de l'observation où notre grand Buffon l'avait placée, devenait plus circonspecte en devenant plus positive; la chimie poursuivait le cours de ses découvertes, elle montrait un nouvel enchaînement de la vie des animaux à celle des plantes, dans le règne élémentaire; les physiciens se livraient à une longue suite d'expériences sur la nature et les propriétés de la lumière, et sur les rapports de ce fluide avec les fonctions des végétaux; l'astronomie, en tant que limitée à notre monde solaire, avait acquis une haute perfection. Pour la première fois depuis trente-trois siècles, la cosmogonie se trouvait enfin en présence des sciences élevées jusqu'à la connaissance des lois qui régissent les êtres, les faits et les phénomènes. Ici la foi et la science se contemplent, elles reconnaissent qu'elles ont puisé la vie au sein de la même lumière, elles s'embrassent et s'unissent étroitement pour diriger les destinées de l'humanité.

En effet, il y a concordance entre la cosmogonie et les sciences sur tous les points : sur le commencement des êtres, — sur leur ordre d'arrivée à l'existence, une création successive étant donnée; — sur l'état dans lequel la terre a été créée, — sur la création des corps dans leur substance et sous leurs formes diverses; — sur la destination de l'atmosphère; — sur l'existence de la lumière indépendamment des corps appelés lumineux; — sur la division primitive de notre globe en mers, terres découvertes, fleuves, montagnes, vallées, etc.; — sur l'unité du premier bassin des mers; — sur le maintien des lois du monde solaire, depuis sa création; — sur la réalité des espèces; — sur leur création; — sur l'unité de temps dans la création de leurs groupes; — sur leur répartition primitive et générale à la surface de la terre; — sur les caractères essentiels qui distinguent les règnes et servent de base à leur classification; — sur la création des animaux et des végétaux à l'état adulte ou complet; — sur la persistance des mêmes milieux généraux d'existence pour les animaux et les végétaux ; — sur la durée non interrompue de la vie animale et végétale depuis l'origine du monde ; — sur la création d'espèces animales domestiques ; — sur l'unité d'espèce dans le genre humain ; — sur la création de l'homme à l'état social et à l'image de Dieu ; — sur l'origine divine du langage articulé ; — sur notre monde en tant que créé pour l'homme, et l'homme en tant que créé pour Dieu ; — sur le dogme d'un seul être créateur et ordonnateur de l'univers, etc. Enfin, sur toutes les énonciations de la Genèse qui correspondent dans la science à des parties passées de l'état d'hypothèse à celui de certitude, l'accord est parfait. Ces concordances sont si nombreuses, elles portent sur des questions si générales, et par conséquent si complexes dans leurs éléments, des questions si longtemps controversées et si contradictoirement résolues par les écoles philosophiques de toutes les époques et de toutes les nations, qu'il y aurait folie à y voir l'effet du hasard. D'une autre part, les faits cosmogoniques ne sauraient être pris pour des déductions logiques de la science des premiers âges du monde, puisque nous savons qu'il a fallu toute cette longue suite de siècles écoulés avant nous pour porter successivement la science à un degré de développement qui lui permît de s'élever par voie de déduction à des conclusions concordantes avec les faits de la Genèse. Il ne serait pas plus possible de donner à ceux-ci pour origine le récit fait à leurs enfants par nos premiers parents de ce qu'ils auraient vu, comme témoins de la création ; car dans une création simultanée, ils n'auraient pu rien voir, et dans une création successive, ils n'auraient pu constater que des faits locaux, et la cosmogonie ne contient que des faits généraux ; encore serait-on obligé de supposer, contrairement à ce que la science et la Genèse nous enseignent de concert, que cette création successive aurait commencé par l'homme au lieu de se terminer par lui. Nous sommes donc forcément conduits à cette conclusion : *Dieu a parlé à l'homme et lui a révélé ses œuvres,* conclusion conforme encore à la Genèse, où les communications verbales de Dieu avec nos premiers parents sont expressément enseignées. Les sciences modernes démontrent donc la parfaite exactitude du récit de Moïse, et l'exactitude du récit de Moïse suppose la révélation primitive ; et comme le christianisme, ainsi que je l'ai déjà dit, non-seulement a toujours accepté comme révélée cette sublime histoire de la création, mais qu'il appuie sur elle ses dogmes et sa morale, il en résulte que son enseignement se trouve lui-même confirmé par cet ensemble de concordances qui doit faire l'objet de cet ouvrage.

Avant d'établir les concordances, j'exposerai la doctrine du premier chapitre de la Genèse. Je prendrai partout le texte saint dans son sens grammatical rigoureux. Suivant la méthode de l'Eglise, je lui donnerai pour commentaire explicatif, non des systèmes géologiques et philosophiques, mais tous les autres livres sacrés, écrits dans la même langue, et qui le citent à chaque page. La Genèse et la science déposeront librement, sincèrement, comme deux témoins incorruptibles. Mais il était impossible d'entrer dans la démonstration de la révélation divine par l'accord de la science avec la Genèse, sans avoir traité des parties hypothétiques des sciences, et particulièrement de celles de la géologie, d'où l'on a tiré tant d'objections contre la Genèse. Evidemment, la réfutation rigoureuse des principaux systèmes, qui par leurs principes contiennent tous les autres, était un préliminaire indispensable. Cette nécessité une fois comprise, j'ai choisi la méthode qui m'a semblé réunir un plus grand nombre d'avantages ; elle consiste à présenter ces résultats d'efforts individuels, faits sans suite, et souvent en sens contraire, suivant leur ordre chronologique, et à les mettre en contraste avec la géologie positive, au moyen d'une analyse intercalaire des travaux des géologues observateurs qui sont restés dans l'enchaînement du progrès, et par conséquent, dans la voie légitime. Cette méthode nous fera distinguer sur-le-champ la science de ces systèmes. Par elle nous assisterons, pour ainsi dire, à la découverte successive des faits généraux qui forment la géologie positive ; nous aurons comme un précis des principes de cette science, déduits de son histoire même, et nous serons préparés à l'intelligence des nombreuses thèses où elle doit intervenir dans la suite de l'ouvrage.

La revue des systèmes nous offrira l'occasion de remarquer l'application malheureuse et l'abus qui a été fait de la Genèse dans la plupart de ces théories qui eurent la prétention d'expliquer, comme des faits purement physiques, la création et le déluge, et que pas un de ses textes ne serait resté debout, si le livre sacré eût dû prêter son appui à tant d'aperçus incomplets et erronés, s'il eût dû se plier à tant d'idées contradictoires.

D'une autre part, nous verrons la science, jugeant à son point de vue ces mêmes systèmes qui ne manquèrent jamais de se produire sous son nom et d'usurper son autorité, en rejeter les principes, comme contredisant des lois connues, ou en désavouer les conclusions, comme déduites de faits simplement locaux et mal interprétés. Il s'ensuivra que la Genèse n'a point d'avances à faire aux théories des savants ; qu'il y a toujours imprudence et danger à soutenir des articles de foi par des faits physiques, tant que l'on n'est pas sûr de ces faits et de leur accord avec les faits révélés, parce que les arguments sur lesquels on se fondait venant à être renversés par des observations nouvelles, la religion est exposée à en souffrir dans l'opinion du monde. Enfin, nous en conclurons que les vrais croyants ne doivent point s'étonner de voir encore aujourd'hui tant de systèmes opposés à la doctrine révélée. Comment s'accorderaient-ils avec elle, lorsqu'ils ne s'accordent pas entre eux? Les systèmes s'amenderont ou ils seront bientôt remplacés par d'autres non moins impuissants et stériles, mais la parole de Dieu survivra à tous les systèmes. Certes, si la nature de ce travail m'eût permis de remonter au commencement de cette longue lutte du texte saint contre les systèmes de toutes les sortes, mystiques, allégoriques, philosophiques, astronomiques, archéologiques, chronologiques, zoologiques, géologiques, chimiques, etc., lutte opiniâtre, continuelle, d'où il est sorti toujours vainqueur, alors il eût paru bien évident que les documents traditionnels transmis par Moïse se sont constamment trouvés en avant de toutes les sciences, tant que celles-ci sont restées à l'état d'hypothèse, et que les savants de notre époque doivent douter de la solidité de leurs théories pour peu qu'elles leur paraissent s'éloigner de l'enseignement de la Genèse. Cette tâche n'était pas la mienne, j'ai dû ne parler guère que des systèmes géologiques, mais ce que j'en ai dit suffira, j'ose le croire, pour diminuer la confiance aveugle que l'on est, d'ordinaire si prompt à accorder à tous les essais de ce genre.

Au reste, la démonstration de la révélation par l'accord des faits cosmogoniques avec les déductions de la science, ne doit étonner personne; la science sera forcément amenée à confirmer successivement toutes les bases de la religion; seulement, cette démonstration n'aurait pu être faite avec autant de succès, avant le point auquel la zoologie et la géologie en particulier sont parvenues aujourd'hui, bien qu'elles soient encore si éloignées, la dernière surtout, du degré de perfection où elles doivent atteindre. Ce livre doit donc ressembler assez peu à ceux qui ont été faits jusqu'ici sur les rapports de la religion avec les sciences, leurs auteurs s'étant appuyés plus souvent sur des systèmes éphémères que sur des points solides et des principes fixés sans retour; je dois cependant excepter un travail considérable publié, l'année dernière, par mon ami, M. l'abbé Maupied, sous ce titre : *Dieu, l'Homme et le Monde, connus par les trois premiers chapitres de la Genèse*, etc. L'auteur, en reconnaissant, comme il a bien voulu le faire, dans l'*avertissement* de son troisième volume, que j'ai mis à sa disposition de nombreux matériaux, m'interdit ici tout éloge de son œuvre. Toutes mes thèses se retrouvent, en effet, dans les trois volumes de M. Maupied ; mais il leur a donné une autre direction; au lieu de se renfermer, comme je le fais, dans le premier chapitre de la Genèse, qui offre seul des points de contact avec les sciences naturelles, il a compris aussi dans ses études les deux chapitres suivants, où il n'y a plus guère, dans le troisième surtout, que des faits moraux; dès lors, toutes ses thèses ne pouvaient plus converger vers la même conclusion générale que les miennes, et son plan devait différer du mien. M. Maupied s'est donné plus de champ : il a voulu reprendre l'œuvre d'Albert le Grand et la mettre en rapport avec les progrès de la science. Puisse son grand et bel ouvrage lui susciter des imitateurs dans les rangs du jeune clergé, et y développer le goût de ces fortes études qui firent du siècle d'Albert notre plus belle époque de civilisation intellectuelle! Cependant, malgré de grandes différences de forme, de conduite et de but entre les deux travaux, je n'aurais pas voulu reprendre les matériaux que je lui avais fournis, si M. Maupied ne m'y avait lui-même engagé à plusieurs reprises. Il a pensé que ce livre, venant après le sien, aurait encore sa raison d'être et son utilité particulière. M. Maupied a été l'ami et le disciple de M. de Blainville. En 1847, il rédigea, d'après les notes et les leçons orales très-soigneusement préparées de son illustre maître, et sous sa direction, *l'histoire des Sciences de l'organisation et de leurs progrès comme base de la philosophie*, ouvrage d'une haute importance, qui devrait se trouver entre les mains de tous les professeurs. Je pourrais témoigner de la fidélité de M. Maupied à conserver les idées, et le plus souvent jusqu'à la forme du style de l'éloquent professeur, ayant eu moi-même l'avantage de suivre ce cours de 1839 à 1841, et d'y prendre de nombreuses notes. A la même époque, je recueillais aussi les leçons orales de M. C. Prévost, ce géologue modeste autant que savant et judicieux, qui par son enseignement et ses divers mémoires, a si fort contribué à ramener la science qu'il professe encore aujourd'hui dans la voie de l'observation. J'ai lu avec attention tous les ouvrages de quelque valeur qui ont été publiés sur la géologie;

j'ai fait le dépouillement de presque tous ceux qui traitent de la paléontologie ; enfin, j'ai médité longuement sur toutes les parties de mon sujet. Ai-je évité toute erreur? ai-je été partout assez méthodique, clair et précis? je ne saurais le dire, mais au moins je n'ai rien négligé pour y réussir.

PREMIÈRE PARTIE.

REVUE DES PRINCIPAUX SYSTÈMES GÉOLOGIQUES, CONSIDÉRÉS DANS LEURS RAPPORTS AVEC LA GENÈSE ET AVEC LA SCIENCE, ET DÉVELOPPEMENTS SUCCESSIFS DE LA GÉOLOGIE POSITIVE.

CHAPITRE PREMIER.

FOSSILES. — SYSTÈMES DE BURNET, DE LEIBNITZ, DE WOODWARD ET DE WHISTON.

C'est aux *fossiles* qu'est due la naissance de toutes ces théories ; sans eux on n'aurait peut-être jamais songé qu'il y a dans la formation du sol des époques successives et une suite d'opérations différentes. Or, les géologues appellent fossile, non pas tout ce qui est extrait du sein de la terre, comme semblerait l'indiquer la signification du mot *fossilis, fossilia*, mais *toute trace d'être organisé qui se rencontre dans les dépôts ou couches régulières du sol*, et ils entendent par *couches régulières* celles qui n'ont pas été dérangées. Le mot fossile n'indique donc pas, comme on le suppose encore si souvent, que l'objet ait cessé d'exister à la surface du sol, ni qu'il remonte à telle ou telle époque, ni qu'il ait éprouvé telle ou telle modification dans sa nature ; en disant d'un corps qu'il se trouve fossile dans tel terrain, on constate simplement sa présence dans ce terrain, et rien de plus. Une coquille déposée hier dans une couche, se trouve dans les mêmes conditions que l'était, le lendemain de son enfouissement, celle qui fut déposée il y a mille ans ; l'une et l'autre est donc fossile ; appeler la première, avec les anciens géologues, *fossile moderne, sub-fossile, pseudo-fossile*, c'est dire un fossile qui n'est pas fossile. Quand donc le serait-il ? Dans cinquante, dans cent ans ? Mais quel motif aurait-on d'assigner l'un de ces termes plutôt que l'autre ? Tous les terrains, depuis les plus anciens jusqu'aux plus modernes, étant le produit des mêmes causes générales, on doit regarder et l'on regarde en effet aujourd'hui comme de vrais fossiles les restes ensevelis dans toutes les parties quelconques de ces terrains, si ce sont des couches régulières.

Les fossiles ne se présentent pas tous dans le même état : quelquefois ils sont conservés en nature; plus souvent la substance animale ou végétale a été remplacée par des matières minérales. Tantôt le remplacement s'est fait en masse et d'une manière grossière ; tantôt il a eu lieu par imbibition, lorsque la substance minérale introduite molécule à molécule dans les pores de l'être organisé, représente le détail de ses formes et de sa structure. Ce remplacement, comme on voit, n'est pas une transformation, il n'est pas même une véritable substitution ; les molécules minérales se sont logées dans les vides qui se trouvaient entre les molécules organiques, et celles-ci se sont décomposées, comme si l'on introduisait dans une éponge un liquide susceptible de devenir solide et que l'on détruisît ensuite cette éponge. Souvent on n'a que l'empreinte des corps, ce qui arrive toutes les fois que les cavités résultant de leur décomposition en ont pris les formes extérieures, ou que des matières minérales introduites dans les valves des mollusques en ont reproduit et conservé les formes intérieures ; c'est le cas où se trouvent beaucoup de coquilles qui ont laissé dans leur *gangue* ou *roche* leurs moules intérieurs ou extérieurs, et de feuilles de fougères marquées en creux sur le charbon de terre. Comme exemples de fossiles conservés en nature, on peut citer en général les dents et les os, les matières fécales de certains animaux, connues dans la science sous le nom de *coprolithes*, les sucs végétaux, comme le succin ou ambre jaune avec les insectes qu'il renferme, et les produits de l'industrie humaine. Les parties molles des animaux laissent plus rarement des traces de leur existence dans les couches du sol. Cependant on cite le moule d'un cervelet de mammifère (un *anoplotherium*) avec ses circonvolutions, trouvé dans un terrain tertiaire. Les poissons de la couche piscifère du terrain houiller de Muse près d'Autun, ont souvent conservé leur chair. Suivant Mylius, le cristallin est encore composé d'une substance blanche comme dans les poissons cuits. Dans plusieurs poissons du genre *macropoma*, ag. de la craie de Sussex, M. Agassiz, a vu non-seulement les branchies, mais encore tout l'estomac avec ses parois membraneuses solidifiées, et dans la cavité abdominale des coprolithes. Parmi les espèces des genres *trissops* et *leptolepis*, ag. qui appartiennent au terrain jurassique et au lias, plusieurs ont montré dans la cavité abdominale même, des intestins fossiles; mais ce sont là des exceptions. Les téguments eux-mêmes, tels que le cuir, le poil, la plume, etc., persistent rarement, et leur conservation en nature, lorsqu'elle a lieu, est due à la promptitude avec laquelle les corps ont été enveloppés de substances minérales imputrescibles.

De toutes les classes d'animaux, celle des mollusques étant la plus abondamment représentée dans presque tous les terrains, les coquilles fixèrent d'abord l'attention. Parmi les anciens, Hérodote, Strabon, Platon, Aristote, Sénèque, Ovide, Plutarque, Tertullien, les regardèrent comme un témoignage irrécusable de l'ancien séjour de la mer sur nos continents. Cette observation d'où la géologie est en quelque sorte dérivée tout entière a fait une longue quarantaine avant d'être acceptée par la science. Pendant longtemps les fossiles furent considérés sous le nom de pierres figurées, *lapides figurati*, comme de simples jeux de la nature, des produits singuliers formés dans la terre par une force plastique et certaines lois occultes; c'est encore l'opinion des campagnes. Un potier, Bernard Palissy, d'Agen, fut le premier, parmi les modernes, vers la fin du XVIe siècle, qui réclama contre le préjugé commun, et soutint que les coquilles fossiles étaient de véritables coquilles, déposées par la mer dans les lieux où nous les trouvons aujourd'hui. L'erreur contraire prévalut encore pendant près d'un siècle, elle eut un ardent défenseur dans le docteur Béringer, professeur à Wurt-Bourg; mais le livre qu'il composa pour l'affermir contribua peut-être plus à faire triompher la vérité que le bon sens de Palissy. Pour éprouver la crédulité de Béringer, ses malins élèves firent fabriquer à plaisir de prétendues pétrifications représentant des étoiles, des lunes, des soleils, des toiles d'araignées, et autres objets dont l'existence dans le sein de la terre était impossible à expliquer par les lois de la fossilisation, et après les avoir enfouies, à l'insu de leur maître, ils lui ménageaient adroitement l'occasion de les déterrer lui-même. Le docteur s'y laissa prendre de si bonne foi, qu'il publia en latin un curieux *in-folio* où tour ces *lapides figurati* sont représentés par des gravures très-soignées, et apportés en preuve que les fossiles sont des jeux de la nature. Instruit plus tard de l'espièglerie dont il avait été la victime, Beringer n'épargna rien pour retirer de la circulation les exemplaires de son livre.

L'origine animale et végétale des fossiles une fois reconnue, il fallut les expliquer, et l'on voulut d'abord les rapporter au déluge. Cette idée paraissait d'autant plus naturelle que l'on n'admettait alors que deux événements, deux époques de mutation sur le globe : la création et le déluge, et tous les efforts des premiers géologues tendirent à expliquer l'état actuel, en imaginant un certain état primitif, modifié ensuite par le déluge, dont chacun imaginait aussi à sa manière, les causes, l'action et les effets. Ici commence cette suite de théories que je dois maintenant passer en revue. Les premières représentent l'enfance de la géologie.

1. Thomas Burnet. — *Théorie sacrée de la terre*. Londres, 1681. — Il essaya le premier de créer une théorie complète. Au commencement, la terre, masse fluide, était composée de toutes sortes de matières; les plus pesantes descendirent au centre et formèrent un noyau solide, autour duquel se réunirent d'abord les eaux et ensuite l'atmosphère, mais entre les eaux et l'atmosphère, il se forma une couche huileuse qui reçut peu à peu toutes les parties terreuses dont l'atmosphère était encore chargée. Or, sur cette couche solidifiée, limoneuse, assez mince, uniforme, plane, sans montagnes, sans vallées, sans mers ni fleuves, et pourtant *très-fertile!* vécurent pendant seize siècles les générations antédiluviennes. A cette époque, la croûte limoneuse, desséchée par la chaleur du soleil, se fendit et s'écroula dans le *grand abîme* des eaux (c'est ainsi qu'il explique une expression du texte saint qui signifie uniquement, dans la Genèse, tantôt la masse totale des eaux primitivement réunie autour du noyau terrestre, tantôt la portion de ces eaux qui a rempli le bassin des mers). De là le déluge universel, le dérangement de l'axe du globe, et le changement des climats. Les lambeaux de l'orbe terrestre, en plongeant dans l'abîme aqueux, laissèrent entre eux des cavités par où les eaux rentrèrent peu à peu dans leur réservoir souterrain, et bientôt il n'en resta plus que dans les parties basses, c'est-à-dire dans les grandes vallées qui contiennent l'Océan. Ainsi l'Océan est une partie du grand abîme; les îles sont les petits fragments, les continents sont les grandes masses de l'ancien orbe terrestre. A la confusion avec laquelle s'opéra sa rupture et sa chute sont dues les montagnes et autres inégalités que nous y observons en ce moment.

Rassurons-nous : la théorie de Burnet n'est qu'un rêve, un cauchemar, et nous n'avons rien à craindre de cette couche d'huile qui tiendrait suspendue sur le grand abîme les montagnes et toutes les roches de notre globe, et nous menacerait continuellement par de nouveaux retraits d'un naufrage irrémédiable; on voit qu'elle a été placée là par l'imagination de l'auteur pour expliquer le déluge. Mais conçoit-on qu'il ait pu donner le nom de *théorie sacrée* de la terre à ce rêve singulier où il n'entre aucune observation, et qui prend partout le contre-pied du texte saint? Moïse, au premier jour de la création, nous montre toute la masse des eaux enveloppant la masse planétaire déjà solide ; Burnet, au contraire, étend la terre autour des eaux ; Moïse nous donne le déluge comme un fait moral et miraculeux; Burnet le considère comme un fait uniquement physique. Je relèverai plus tard les autres oppositions.

2. Woodward.—*Essai sur l'histoire naturelle de la terre*. Londres,

1702. — Woodward reconnaît que toutes les substances qui composent le sol en Angleterre et ailleurs sont disposées par couches horizontales et superposées comme le seraient des matières transportées par les eaux et déposées sous forme de sédiments. Il a vu dans un grand nombre de ces couches des coquilles et d'autres débris qui sont de véritables productions marines. A ces observations faites en partie avant lui par Bernard Palissy, il en ajoute d'autres qui manquent d'exactitude. Il affirme que les substances minérales des couches sont superposées dans l'ordre de leur pesanteur spécifique; le fait est erroné; on observe souvent des galets et des poudingues sur des sables, des sables sur des argiles et des houilles, etc.

La composition du sol ne suit donc pas la loi de la pesanteur, et par conséquent ses matériaux ne se sont pas tous précipités dans le même temps, mais ils ont été amenés et déposés successivement par les eaux. C'est pourtant sur cette base ruineuse que Woodward établit son système. Il veut que tous les matériaux du globe aient été dissous dans l'eau et se soient précipités en même temps à l'époque du déluge. Dites-lui qu'il n'y a pas assez d'eau sur le globe pour en opérer la dissolution, il vous répondra que les eaux du grand abîme sont remontées et sont venues en aide à celles de l'Océan. Il vous permettra même de supposer que la cohésion des molécules pierreuses a cessé tout à coup au temps du grand cataclysme. Si vous lui demandez comment le granit et les autres roches massives ont pu perdre leur adhérence, tandis que le calcaire coquillier et les autres restes organiques l'ont conservée, il vous répondra que cela s'est fait ainsi parce que Dieu l'a voulu. Après cela, il ne s'agit plus que de renvoyer les eaux dans le grand abîme, et de faire cadrer tant bien que mal tant de suppositions gratuites ou fausses avec l'histoire du déluge. Tel est le système de Woodward, système sans fondement, contradictoire, opposé aux lois de la pesanteur et contraire à toutes les parties du récit de Moïse.

3. Whiston. — *Nouvelle théorie de la terre.* Londres, 1708. — Accoutumé à voir le ciel en astronome plutôt qu'en philosophe, Whiston ne peut pas croire que notre planète ait occupé le Créateur plus longtemps que tout le reste de l'univers. Selon lui, le texte de la Genèse n'a pas été compris, l'idée que l'on se fait communément de l'œuvre des six jours est complètement fausse, et Moïse ne nous a pas donné l'histoire de la première création, mais seulement le détail de la dernière forme que la terre a prise, lorsque de comète qu'elle était, Dieu en fit une planète. Nous verrons plus tard les docteurs Chalmers et Buckland reprendre ces idées en les modifiant. Pour

Whiston, l'origine de la terre a donc été l'atmosphère d'une comète, les montagnes en sont les parties les plus légères ! Au centre est un noyau solide et brûlant, retenant encore cette chaleur qu'il reçut du soleil, lorsqu'il n'était que noyau de comète, et la répandant vers la circonférence. Ce noyau est lui-même entouré du grand abîme, lequel se compose de deux orbes concentriques dont le plus inférieur est un fluide pesant et le supérieur est de l'eau ; c'est cette couche d'eau qui sert de fondement à la terre ! Whiston attribue le déluge à la queue d'une autre comète passant près de la terre, et au déluge tous les changements arrivés à la surface du sol primitif et à l'intérieur du globe. Du reste, il accepte aveuglément les hypothèses de Burnet et de Woodward. « Ces assertions extravagantes pour la plupart sont traitées, dit Buffon, avec une adresse et un appareil de science qui en font un système éblouissant et propre à déconcerter même des savants. » Aussi la théorie de Whiston obtint un succès prodigieux ; il s'en fit cinq éditions. Newton, dont il avait adopté les principes en astronomie, le choisit pour suppléant à la chaire de mathématiques de Cambridge et le recommanda ensuite pour son successeur.

Il faut voir maintenant comment Whiston interprète les textes de Moïse. Au commencement Dieu créa l'univers ; mais la terre n'était alors qu'une comète inhabitable dans l'atmosphère de laquelle les matières se liquéfiant, se vitrifiant et se glaçant tour à tour, formaient un chaos, un abîme enveloppé d'épaisses ténèbres, *et tenebræ erant super faciem abyssi.* Dès le premier jour, lorsque l'atmosphère de la comète fut débarrassée de toutes ses parties solides et terreuses, il ne resta plus que l'air à travers lequel les rayons du soleil passèrent librement, ce qui tout d'un coup produisit la lumière, *fiat lux* (cette singulière interprétation a été adoptée par MM. Chalmers et Buckland). La chaleur terrestre qui provient du noyau central était beaucoup plus forte dans les premiers âges du monde ; elle porta les êtres au mal ; tout devint criminel, excepté les animaux aquatiques, qui, habitant un élément froid, avaient apparemment les passions moins vives. Le déluge fut produit par les vapeurs et le brouillard transparent d'une queue de comète qui rencontra la terre, en revenant de de son périhélie. Or cette queue de comète était les cataractes du ciel, *et cataractæ cœli aperti sunt.* Mais Whiston ne donne pas pour cause unique du déluge une pluie tirée de si loin, il prend de l'eau partout où il y en a ; le grand abîme, comme on a vu, en contient une grande quantité. La terre, à l'approche de la comète, éprouva la force de son attraction, et les liquides du grand abîme, troublés dans leur équilibre, s'agitèrent par un mouvement si violent de flux et de reflux, que la croûte extérieure de la terre, ébranlée dans ses fondements, se fendit, s'écroula sur bien des points, et les eaux de l'intérieur se répandirent à la surface, *et rupti sunt fontes abyssi.*

Voilà donc la véritable explication des textes de l'histoire de la création et du déluge, les causes du déluge et même celle de la figure actuelle de la terre; car ce fut pendant le déluge que la forme de la terre, de sphérique qu'elle était auparavant, devint elliptique, et ce changement, comme on le pense bien, se fit par l'action de la comète.

Whiston ne doutait ni de la vérité du déluge, ni de l'authenticité des livres saints, mais parce qu'il s'en était beaucoup moins occupé que de physique et d'astronomie, il a pris les passages de l'Écriture pour des faits physiques et pour des résultats d'observations astronomiques, et il a si étrangement mêlé le divin avec le profane qu'il en est résulté la chose du monde la plus extraordinaire, qui est le système que nous venons de voir.

Ces trois premières théories s'accordent sur ce point, qu'à l'époque du déluge la terre aurait changé de forme, tant à la surface qu'à l'intérieur. Ainsi, selon Burnet, la terre, avant le déluge, était sans montagnes, sans mers, sans fleuves, et sa forme actuelle est le résultat de l'écroulement total de l'orbe terrestre. Woodward affirme de son côté que la terre a été entièrement dissoute par le déluge ; or l'anéantissement de toutes les plantes, de tous les animaux qui n'étaient pas dans l'arche, et le changement complet de figure de tous les pays du globe auraient été la suite nécessaire de cette dissolution de la masse planétaire. Enfin Whiston admet toutes les idées de Woodvard. Ces auteurs n'ont donc pas pensé que la terre avant le déluge, étant habitée par l'homme et les mêmes genres de plantes et d'animaux qu'aujourd'hui, devait être, dès cette époque, telle à peu près que nous la voyons, et qu'en effet la Genèse nous dit, qu'avant le déluge, il y avait des fleuves, une mer, des montagnes; que ces fleuves et ces montagnes étaient, du moins pour une certaine partie du globe, les mêmes qu'aujourd'hui, comme le Tigre, l'Euphrate, les monts Ararath ; que les mêmes genres d'animaux et de végétaux peuplaient la terre, puisqu'il y est parlé du serpent, de la colombe, de l'olivier, de la vigne, etc. Ainsi, d'une part, on ne peut supposer avec eux qu'il n'y avait pas de montagnes, ni de mer, ni de fleuves avant le déluge, puisque Moïse dit expressément le contraire, et, d'une autre part, il est certain que ces montagnes, ces fleuves, ces plantes, ces animaux n'ont pas été détruits par le déluge, puisqu'il en est encore parlé après cette grande catastrophe. L'incompatibilité de ces hypothèses avec le texte sacré est donc évidente ; elles ne s'accordent pas mieux avec les faits physiques. Burnet, qui écrivit le premier, est moins avancé que Bernard Palissy, il n'a rien observé. Woodward emploie deux observations générales, que le sol est composé de couches horizontales dont les matériaux ont été déposés par les eaux, et que ces couches renferment des productions marines. Pour expliquer cette disposition stratiforme des couches et l'enfouissement des fossiles sur tant de points du globe et à des niveaux si différents, il a recours aux eaux d'un déluge universel qui aurait dissous tous les matériaux de la terre. Mais si la terre avait été dissoute, comment les nombreuses classes des deux règnes auraient-elles été conservées, Noé n'ayant pris avec lui dans l'arche de salut que les oiseaux et les grands et petits mammifères? C'est sans doute par l'eau de l'Océan que la terre aurait été dissoute; mais cette eau est l'élément des poissons, des mollusques, des polypes, etc.; c'est là qu'ils sécrètent ces coquilles, ces téguments, ces parties solides que nous retrouvons conservées dans les couches du sol; et l'on suppose que la même eau qui dissolvait le calcaire terrestre et même le granit, à l'époque du déluge, n'aurait pu auparavant dissoudre le calcaire coquillier, dispersé dans ses flots! Enfin, si l'eau avait été le dissolvant de toutes ces substances minérales, comment aurait-elle perdu cette propriété? Pourquoi les mers ne dissoudraient-elles pas en ce moment leur lit de granit, ni les dépôts calcaires et siliceux qui se solidifient dans leur sein? Ce n'est pas sérieusement que l'on peut appeler *histoire naturelle de la terre* un système dont le principal agent n'a jamais, de mémoire d'homme, possédé la propriété chimique ou physique qu'on lui attribue. La force dissolvante de Woodward est, comme il en convient lui-même, une qualité miraculeuse; il a recours à la suspension momentanée de la cohésion dans les minéraux, supposition qui reste exposée aux mêmes difficultés que la précédente pour ce qui concerne la conservation des plantes, des animaux vivants et des êtres fossiles.

La théorie de Whiston réunit cinq ou six hypothèses, toutes également invraisemblables, « et quoique individuellement prises, dit Buffon, elles ne soient peut-être pas impossibles, l'ensemble est d'une absolue impossibilité. » Le choc ou l'approche d'une comète, l'existence d'un noyau central, solide et brûlant, celle d'un fluide aqueux autour de ce noyau, etc., sont des suppositions avec lesquelles il est facile de bouleverser l'univers, et de créer mille romans physiques que l'on nommera *théorie de la terre*.

« Mais une erreur qui mérite d'être relevée, dit encore Buffon, c'est d'avoir regardé le déluge comme possible par l'action des causes naturelles, au lieu que l'Écriture sainte nous le présente comme produit par la volonté immédiate de Dieu. Woodward, Whiston, Scheuchzer et quelques autres se sont enveloppés dans les nuages d'une théologie physique dont la petitesse et l'obscurité dérogent à la clarté et à la dignité de la religion et ne laissent apercevoir qu'un mélange ridicule d'idées humaines et de faits divins... Est-il dit dans l'Écriture sainte que le déluge ait formé les montagnes? Il est dit le contraire. Est-il dit que les eaux fussent dans une agitation assez grande pour enlever du fond des mers les coquilles et les transporter par toute la terre? Non, l'Arche voguait tranquillement sur les flots. Est-il dit que la terre souffrit une dissolution totale? Point du tout. Le récit de l'historien sacré est simple et vrai, celui de ces naturalistes est composé et fabuleux.» (*Preuves de la théorie de la terre*, art. V.)

4. LEIBNITZ. — *Protogœa*, 1683. — Le grand Leibnitz lui-même s'amusa, comme Descartes, à faire de la terre un soleil éteint, un globe vitrifié. D'après lui, la plus grande partie de la terre a été la proie d'un feu violent, dans le temps où Moïse nous dit que la lumière fut séparée des ténèbres. La fusion du globe produisit une croûte vitrifiée; quand la croûte fut refroidie, les parties humides qui s'étaient élevées en vapeur, retombèrent et formèrent la mer; la mer déposa ensuite les roches calcaires. Elle enveloppa d'abord toute la surface du globe et surmonta les parties les plus élevées qui forment aujourd'hui les continents et les îles. Ainsi les coquilles et les autres débris d'animaux marins qu'on retrouve partout prouvent que la mer a recouvert toute la terre, et la grande quantité de sels fixes, de sables et autres matières fondues et calcinées que la terre contient, prouve que l'incendie du globe a été général et qu'il a précédé l'existence des mers.

Leibnitz a sagement dégagé la question du déluge de ses idées géologiques, mais elles se rattachent par un autre endroit au récit de la création, lorsqu'il dit que la terre devint incandescente au moment où Dieu sépara la lumière des ténèbres. Cet embrasement ne s'accorde pas avec le texte, car l'écrivain sacré nous représente la terre entièrement recouverte par les eaux au premier jour où Dieu sépare la lumière des ténèbres, et au second jour encore, au lieu de s'élever en vapeurs, comme cela aurait dû arriver dans la supposition de Leibnitz, les eaux se réunissent en partie dans le bassin des mers. La seconde hypothèse de Leibnitz est tout à la fois opposée au texte saint et à l'observation. C'est une double erreur de croire qu'il se trouve des coquilles partout et que la mer couvrit autrefois toute la terre; c'est ne pas faire attention à l'unité de temps de la création, car si cela était, il faudrait nécessairement admettre que les animaux marins ont existé les premiers et longtemps avant les plantes et les animaux terrestres ; or une théorie qui arrive à une pareille conclusion se réfute d'elle-même, car la vie animale ne peut exister sans la vie végétale. D'ailleurs, indépendamment du témoignage de la Genèse, qui nous dit positivement le contraire, nous avons dans les végétaux terrestres des schistes ardoisiers, de l'anthracite et de la houille, la preuve convaincante que la population de la terre est aussi ancienne que celle de la mer. Il est certain pour nous que la mer et les terres découvertes ont toujours coexisté et que par conséquent l'Océan n'a jamais occupé à demeure qu'une partie de la surface du globe. Les fossiles marins n'existent pas partout; les dépôts qui les contiennent, malgré leur immense étendue, ne sont pourtant que locaux ; ils ne s'étendent point sur toutes les parties de la terre en formes concentriques continues, comme les pellicules qui enveloppent un fruit.

En résumé, deux ou trois observations assez exactes, voilà tout ce qui est revenu à la science de ces théories autrefois célèbres. En revanche, la géologie hypothétique s'y trouve déjà presque tout entière : dans Leibnitz, fondateur de l'école plutonienne, l'incandescence primitive des roches massives; dans Whiston, la température terrestre, le feu central et la réorganisation de la terre devenue planète pour de nouvelles destinées ; dans Burnet, le changement de l'axe du globe et de la température des climats ; dans Woodward, père des géologues neptuniens, la dissolution de la masse planétaire par la voie humide. De tant d'hypothèses jetées là sans preuves et comme au hasard, une ou deux, soumises à de sérieuses études, sont passées dans la science ; la température terrestre est démontrée, mais sa cause est encore hypothétique; il paraît aussi que la température externe a varié, et que la chaleur était, dans les premiers âges des mondes, sinon plus forte, du moins plus égale et plus uniforme à de grandes distances. Jusqu'ici la géologie manquant de faits, embrassait dans une même étude la masse planétaire et son enveloppe corticale ou sol de remblai; de là tant de systèmes absurdes ou indémontrables. Notre grand Buffon va débrouiller ce chaos et fonder la géologie *positive*.

CHAPITRE II (¹).

BUFFON ET PALLAS.

I. *Théorie de la terre*, 1744. — *Preuves de la théorie de la terre.* — Cet ouvrage paraît un effort de génie, lorsqu'on se reporte au temps qui le vit naître. Buffon ne prétend expliquer ni la création, qui est inexplicable, ni le déluge, qui est un fait miraculeux ; il a même la sagesse de ne point mêler à sa théorie ses conjectures sur la *formation des planètes ;* il a senti le premier que la géologie devait se diviser en deux parties, l'histoire du sol de remblai ou de la portion stratifiée qui repose sur le sol primitif, et l'histoire de la masse sous-jacente ou du noyau planétaire. En général, les portions superficielles de la terre sont composées de matériaux de remblai que les géologues appellent métaphoriquement *l'épiderme, l'écorce, la coque, la pellicule* du globe, ou plus simplement le sol de remblai ; mais ces matériaux supposent la préexistence d'une base qui a servi de support et de siége à l'eau et à la chaleur, et où les effets de ces deux causes générales du sol ont pu se développer. C'est cette base, cette surface primitive et tout le reste de la masse sous-jacente qu'ils ont nommé la masse planétaire. L'étude de ces deux parties a, sans nul doute, beaucoup de liaison ; cependant il faut bien distinguer les faits qui se rapportent à l'une des faits qui se rapportent à l'autre. Les géologues ne peuvent connaître la masse que d'une manière conjecturale ; l'histoire du sol est plus positive : c'est uniquement de celle-ci que Buffon a voulu s'occuper. Il lui suffit donc de prendre la terre au moment où, à sa surface primitive, commencèrent à s'ajouter ces couches ou dépôts du sol de remblai qui l'ont enveloppée et au sein desquels s'ouvrent nos mines de charbon et nos carrières. Après avoir ainsi renfermé son sujet dans des limites accessibles à l'observation directe, Buffon pose en principe que l'occupation de nos continents par la mer étant établie sur des faits certains, il faut, pour trouver l'explication de cette série de dépôts dont la surface est devenue, depuis leur émersion, le siége des êtres terrestres, examiner ce qui se passe aujourd'hui dans le fond et sur le bord de nos mers ; puis, s'aidant de ses nombreuses observations, et de celles faites avant lui, il se livre à cet examen dont le résultat est la proclamation de ce grand principe qui régit aujourd'hui toute la science

(1) La série des systèmes et celle des développements successifs de la science sont indiquées par une suite de numéros différents.

géologique : *les causes qui ont produit le sol de remblai sont les mêmes qui agissent encore sous nos yeux.* La marche suivie par l'historien de la nature est rationnelle, il va du connu à l'inconnu, ce que n'avait fait aucun de ses prédécesseurs. Il observe que les matériaux des couches n'étant pas superposés selon la loi de la pesanteur, il est impossible d'admettre qu'ils aient été précipités en même temps ; — que telle est la puissance, le nombre, l'étendue des couches et la quantité d'animaux marins qu'elles contiennent, qu'il n'est pas permis de supposer que tous ces individus aient été contemporains, ni que toutes ces couches aient été formées à la même époque et soient le produit de l'action passagère d'un déluge ; — que l'horizontalité, le parallélisme, la stratification de toutes ces roches sont les effets évidents, non d'une cause violente, désordonnée, perturbatrice, comme un déluge, mais d'une action lente, quotidienne, uniforme, longtemps prolongée, parfaitement analogue à celle de nos courants marins, action combinée avec celle des vents qui en règlent et en changent les directions. En établissant de la manière la plus solide le transport par les eaux des matériaux des couches sédimenteuses, Buffon réfutait à l'avance les systèmes de Deluc et de Cuvier.

Il procède donc d'abord par élimination ; « ces couches ne sont pas l'effet d'un déluge ; ces montagnes de coquilles n'ont pas été élevées du fond de la mer par des tremblements de terre. » Mais, lorsqu'il veut établir sa thèse plus directement, et montrer dans ce qui se fait actuellement la continuation de ce qui s'est fait depuis le premier jour où les eaux ont été mises en exercice à la surface du globe, on regrette de voir que les faits lui ont manqué. Il nous montre bien que les eaux qui ont produit les anciens dépôts marins sont encore là dans leur bassin, avec leur flux et reflux et tous leurs autres courants ; mais il ne va pas plus loin, il n'entre point dans l'étude comparative des dépôts anciens et des dépôts modernes. Sa discussion s'embarrasse en se compliquant de certaines hypothèses inacceptables et étrangères à la thèse générale ; elle s'égare et vient se terminer à cette conclusion fausse sur plus d'un point, et qui n'est pas celle qu'on attendait : « Les eaux ont donc couvert *et peuvent encore couvrir successivement toutes les parties des continents terrestres,* et dès lors on doit cesser d'être étonné de trouver *partout* des productions marines, et une composition qui ne peut être que l'ouvrage des eaux. »

Il ne s'agissait pas en effet de voir si les *eaux de la mer* avaient autrefois voyagé, et si elles pouvaient encore voyager de nos jours et revenir à la longue dans leur ancien lit ; il s'agissait de savoir si le système des eaux, *embrassé dans son ensemble*, produit en ce moment des dépôts comparables pour l'importance et analogues pour la disposition, et la composition, à tous les dépôts anciens, et s'il en puise les éléments aux mêmes sources qu'autrefois. Ce travail n'a pu être fait que par les géologues modernes; ils ont complété et démontré la belle thèse ébauchée seulement par Buffon, qui n'en demeure pas moins le véritable fondateur de la géologie positive.

Toutes les anciennes roches d'origine aqueuse se réduisent à quatre ou cinq sortes : roche calcaire (pierre à chaux, marbre, craie, etc.); roches siliceuses (silex, sables ou grès, meulières, etc.); roches argileuses (glaise, terre à foulon, argile plastique, etc.); roches charbonneuses (anthracite, houille, lignite, etc.); et roches marneuses, qui ne sont formées que de la réunion des autres. Buffon a vu cela, mais il n'a pas pu montrer que les eaux produisaient en ce moment toutes ces sortes de roches. Les fossiles des anciennes roches forcent les géologues à rapporter les calcaires en général à la mer, et à voir dans les roches siliceuses, argileuses et charbonneuses, à quelques exceptions près, des matériaux dérivés des continents et transportés par des fleuves dans les anciens bassins marins ou lacustres. Or toutes ces sortes de roches se forment encore en ce moment; elles sont produites par les mêmes causes qu'autrefois, ce sont les mêmes lois de formation, souffrant les mêmes exceptions. Mais Buffon n'apercevait encore dans l'ancien bassin marin, à l'époque où il publia sa théorie, que des fossiles marins et que des couches marines; il reconnaissait des fossiles d'eau douce seulement dans les alluvions de nos fleuves, et il considérait encore les matières charbonneuses comme appartenant à l'argile (*Preuves de la théorie de la terre*, art. VIII). Aussi s'occupe-t-il presque exclusivement de ce que peuvent produire les courants marins; il insiste sur les falaises qui bordent la mer, que le flux émiette continuellement pour en composer de nouvelles couches, sans paraître se douter que ce que la mer arrache de matériaux à ses rivages et à son fond solide n'est rien en comparaison de ce que les eaux continentales lui en apportent.

Non-seulement la portion sédimenteuse du sol continue à s'accroître dans le bassin de nos mers et, comme autrefois, par l'action des eaux douces et des eaux marines, mais ces eaux prennent aussi les éléments de leurs dépôts aux mêmes sources que dans les plus anciennes époques géologiques. A cet égard encore il n'y a rien de changé, rien d'éteint dans la nature. La matière calcaire dont se chargent les eaux n'est pas toujours un élément enlevé par la désagrégation à d'anciennes roches *aqueuses;* il existe une autre source extrêmement abondante du carbonate de chaux dans les mollusques, les rayonnés, les infusoires, etc., qui peuplent le bassin des mers, des lacs et des fleuves. La craie et les calcaires jurassiques sont dus à la trituration des coquilles et des polypiers ; le calcaire grossier n'est pour la plus grande partie composé que de dépouilles de mollusques. Dans ce moment, les polypes à polypiers sont encore en train d'élever des archipels au sein de nos mers. Il est vrai que les animaux qui filtrent la matière calcaire se développent dans des eaux qui sont saturées de cette matière, mais il faut bien reconnaître que la vie animale a préexisté dans les eaux aux roches sédimenteuses, et que ce qu'elle leur emprunte de carbonate de chaux est infiniment moindre que ce qu'elle leur en fournit. Par la vie animale nous remontons donc à une cause primitive du carbonate de chaux qui est aussi active et abondante de nos jours qu'à aucune autre époque du globe.

Les roches empruntent aussi la matière siliceuse à diverses classes d'animaux, et de plus, à la décomposition continuelle des montagnes primitives. Que la silice soit ou ne soit pas soluble au sein des eaux, il n'en est pas moins certain qu'il s'y forme tous les jours des cristaux de quartz, des grès et des meulières qui sont siliceuses. L'action mécanique des eaux dépose la silice à l'état de sable ; si les sables ne sont pas cimentés par des grains de silice dissoute, il faut bien admettre qu'ils le seront ou par le carbonate de chaux, ou par des grains siliceux très-ténus, disséminés dans le liquide et gagnant les vides des corps, ou enfin de toute autre manière qui nous serait encore inconnue. De ces deux sources primitives de la silice, les êtres organisés et le granit, Buffon, dans sa théorie, n'a vu que la seconde, et encore elle n'avait pour lui rien de primitif, parce qu'il attribuait alors l'origine des montagnes granitiques à l'action des courants marins (*Preuves de la théorie de la terre*, art. VIII).

Les roches argileuses ont pour base l'alumine, la silice et l'eau ; c'est l'alumine qui prédomine ; elle provient encore de la désagrégation des roches granitiques. Le feldspath de ces roches se décompose, les eaux entraînent l'alumine et la silice et produisent des sédiments argileux dans lesquels on distingue souvent encore la forme des grains de feldspath. Les sables ou grains de quartz et les argiles arrivent à la mer par les fleuves qui lavent continuellement le sol émergé. Du mélange des argiles, des sables, de la silice et du carbonate de chaux résultent les roches marneuses, que l'on appelle sableuses, ou calcaires, ou siliceuses, ou argileuses, du nom de l'élément prédominant.

Buffon, qui a si bien démontré l'origine végétale des charbons de terre, dans son *Histoire des minéraux*, n'en parle ici que pour les identifier avec l'argile (*Preuves de la théorie de la terre*, art. VIII). Personne ne doute plus aujourd'hui que les roches charbonneuses ne soient composées de végétaux plus ou moins réduits en poussière, charriés et déposés par des courants continentaux dans des bassins-lacs ou marins. Les conifères et les fougères paraissent dominer dans la houille et dans l'anthracite. Dans les forêts incultes, le terreau produit par les feuilles et les branches qui tombent et se décomposent sur place, s'élève rapidement. A l'époque des crues et des débordements, ces matières délayées et entraînées par les fleuves, descendent dans les grands bassins inférieurs. Cette source primitive de nos anciens dépôts charbonneux que la canalisation des eaux et le déboisement ont successivement presque tarie dans tous les pays habités les premiers par l'homme, est encore très-abondante sur le continent américain. On voit cependant que les dépôts de charbon qui se forment en ce moment auprès des pays boisés, ne doivent être que locaux et qu'il ne peut pas y en avoir indéfiniment, ni sur une très-grande étendue ; or il en est de même, comme on sait, des anciens dépôts houillers.

En résumé, le nombre des roches dont la partie sédimenteuse du sol est formée, se réduit à quatre pour toutes les époques antérieures à la nôtre : calcaires, sables ou grès, argiles, charbons ; et les eaux produisent encore aujourd'hui toutes ces sortes de roches, dont elles puisent les matériaux aux mêmes sources qu'autrefois. Ainsi se trouve établi, du moins pour les terrains d'origine aqueuse, ce principe entrevu et posé par le génie de Buffon, *que les causes qui ont produit les anciens dépôts sont les mêmes qui agissent encore sous nos yeux, et que ce qui se fait en ce moment est la continuation de ce qui s'est fait depuis que le monde existe.*

Quant à la *cause ignée* qui a concouru avec les eaux à former le sol de remblai, Buffon ne l'étudie ici que dans ses rapports avec le déplacement du siège des eaux ; ce qu'il dit à cette occasion sur les volcans est semé de bonnes observations, et contient une réfutation du feu central.

Lorsqu'il s'apprête à rechercher les causes de l'abandon de nos continents par les eaux de la mer, il convient que ce nouveau problème est difficile à résoudre, mais le déplacement des eaux « étant certain, la manière dont il est arrivé peut demeurer inconnue, sans préjudicier au jugement que nous en devons porter. » Puis, écartant tous les agents qui ne sont point dans l'ordre ordinaire des choses, comme le choc ou l'approche d'une comète, l'absence de la lune, etc., employés par d'autres auteurs, il indique les causes actuellement agissantes auxquelles on peut attribuer cet événement :

l'affaissement du sol sur des cavités souterraines, l'action des feux souterrains et des tremblements de terre, la rupture des barrages qui auraient autrefois séparé des bassins marins, placés à des niveaux différents, etc. Voilà ce que Buffon a trouvé de mieux pour expliquer la mise à sec d'une portion de l'ancien lit de l'Océan. A cet égard, nous ne sommes pas aujourd'hui plus avancés que lui. Dans la seconde partie de son *Histoire des minéraux*, Buffon établit très-solidement la transformation de l'eau et des autres substances par les végétaux et les animaux en matières pierreuses qui viennent continuellement accroître la masse de la terre et en modifier la surface ; et dans ses *Époques de la nature*, il attribue en partie à cette cause si générale et si puissante la diminution des eaux et l'abaissement successif de leur niveau. Cette découverte de Buffon et la conséquence qu'il en tire dans la question présente me paraissent singulièrement heureuses.

La *Théorie de la terre* plaçait pour la première fois la géologie dans une voie positive. Cependant elle ne fut point applaudie comme celle de Whiston ; elle eut même à essuyer un assez grand nombre de critiques. Voltaire la ridiculisa parce qu'il n'avait pas assez de génie pour la comprendre, ou trop d'envie pour en reconnaître la puissance. Dans une lettre écrite en italien sur les changements arrivés au globe terrestre, il dit que les poissons pétrifiés n'étaient que des poissons rares, rejetés de la table des romains parce qu'ils n'étaient pas frais, et que les prétendus bancs de coquillages n'étaient autre chose que des coquilles recueillies dans les mers du Levant, et détachées du chaperon des pèlerins qui allaient à Saint-Jacques de Compostelle ; ce qui expliquait pourquoi on les retrouvait aujourd'hui pétrifiées en France, en Italie et dans tous les états de la chrétienté. Ce lazzi lui attira de la part de Buffon des railleries fort piquantes. On leur persuada de se réconcilier ; Voltaire s'en tira avec son esprit ordinaire : « Je ne veux pas, répondit-il, me brouiller avec M. de Buffon pour des coquilles. »

II. PALLAS.— *Observation sur la formation des montagnes et les changements arrivés à notre globe*, 1777. — *Description physique de la contrée de la Tauride*, 1779 ; et une foule d'autres ouvrages.

Avec Pallas, nous restons dans la géologie positive. Son mémoire sur la formation des montagnes ou terrains modifia les premières idées de Buffon, et en fit disparaître plusieurs hypothèses, lorsqu'il les reproduisit plus tard dans ses *Époques de la nature*.

Pallas a vu que les plus hautes montagnes du globe sont faites de granit ; que cette vieille roche forme la base de tous les continents tant pour les plateaux élevés que pour les terres basses ; que le granit ne se trouve jamais en couches comme Buffon le supposait, mais en blocs et rochers ou du moins en masses entassées les unes sur les autres ; qu'il ne contient jamais la moindre trace de fossiles ; que les plus hautes éminences, formées par cette roche, soit en plateaux, soit en croupes de montagnes ou pics escarpés, ne sont jamais recouvertes de couches argileuses ou calcaires, originaires de la mer, mais semblent avoir été de tout temps élevées et à sec au-dessus du niveau des mers. « Observation, dit-il, qui réfute l'hypothèse de ceux qui croient que toutes ces élévations montagneuses du globe sont l'effet d'un feu central et de ses explosions dans les premiers âges de la terre, lorsque la croûte qui environnait ce brasier merveilleux n'avait pas encore assez de solidité pour résister également à un tel agent intérieur : ce qui n'aurait pu se faire sans élever en même temps différentes couches étrangères, qui dussent se trouver perchées sur les grandes hauteurs escarpées des montagnes granitiques. » D'après les observations de Pallas, l'assertion de Buffon sur les angles correspondants des montagnes, souffre bien des exceptions dans les chaînes granitiques et même souvent dans les montagnes des ordres secondaires.

Les montagnes granitiques sont toujours accompagnées, sur les côtés des grandes chaînes, de bandes schisteuses hétérogènes, en couches, ou presque perpendiculaires ou du moins très-rapidement inclinées. Elles sont le résultat de la décomposition des granits, et semblent avoir souffert des effets d'un feu très-violent.

« Nous pourrons, dit Pallas, parler plus décisivement sur les montagnes secondaires et tertiaires. Celles-ci présentent la chronique de notre globe la plus ancienne, et en même temps plus lisible que le caractère des chaînes primitives ; ce sont les archives de la nature, qu'il était réservé à notre siècle observateur de fouiller, de commenter et de mettre au jour, *mais que plusieurs siècles après le nôtre n'épuiseront pas.* » Les terrains secondaires, d'origine et de nature fort différentes des précédents, sont situés sur les côtés de la bande schisteuse, qu'ils accompagnent en dehors. Ils sont d'abord plus ou moins renversés et relevés, et deviennent de plus en plus horizontaux et stratifiés. *En s'éloignant des chaînes de montagnes*, on voit les couches calcaires s'aplanir assez rapidement, prendre une position horizontale et devenir abondantes en toutes sortes de coquillages, de madrépores et d'autres dépouilles marines. Il énumère dans ce système secondaire, une couche glaiseuse, le bloc ancien, au-dessus le calcaire jurassique, terminé par la craie qui contient ou non des silex. Il n'y a vu que des dépôts marins. Ainsi, il n'est pas arrivé à la division des corps organisés en fossiles marins et d'eau douce, dans un même terrain et dans une même formation (dépôts d'embouchure), division qui devra être faite plus tard en Italie et en France.

A la bande calcaire sont superposées les couches tertiaires, composées pour la plupart de grès, de marnes et de dépôts mixtes. Elles s'étendent surtout par longues bandes parallèles aux principales pentes que suit le cours des rivières. Elles contiennent très-peu de productions marines (cette observation est contredite formellement par les terrains tertiaires parisiens) et abondent au contraire en troncs d'arbres entiers (beaucoup moins, chez nous, que les grès qui accompagnent les houilles secondaires), en fragments de bois pétrifié, souvent minéralisé par le cuivre ou le fer ; en impressions de troncs de palmiers et de quelques fruits étrangers ; en ossements d'animaux terrestres, si rares dans les couches du système inférieur.

Voilà les principaux faits que Pallas a légués à la géologie statique. Il a essayé d'en donner l'étiologie. Il accepte les granits, sans chercher à découvrir leur cause, qu'il regarde comme introuvable. Cette roche, décomposée par les influences météoriques et la présence d'un principe salin, a produit les amas de gravier, de sables, de roches décomposées, qui ont formé les schistes ; de limon, qui est devenu terre végétale. Tandis que les couches secondaires se décomposaient, le centre de l'Asie formait une île entourée de montagnes. « L'Afrique, dit-il, encore, doit avoir aussi à son centre des contrées tout aussi élevées, entourées et croisées de montagnes qui ont dû servir, comme ces plateaux de l'Asie, de pépinière à la création organique. » Il attribue, comme on le fait encore aujourd'hui, les cavernes secondaires, les unes à des bouleversements de couches, les autres à des cours d'eau. Il est moins avancé pour les terrains tertiaires qu'il rapporte sans distinction au déluge. Il attribue la mise à sec des anciens continents sous-marins à plusieurs causes, plusieurs débordements de l'Océan, le soulèvement successif des terrains schisteux et secondaires par les volcans. Il faut se rappeler que l'on prenait alors les îles volcaniques pour des effets de soulèvement.

Pallas a le premier distingué les montagnes qu'on a appelées depuis *terrains*, suivant qu'elles contiennent ou non des corps organisés, et ensuite suivant que ces corps sont ou marins ou terrestres. « Par là, dit M. de Blainville, il a appuyé la géologie étiologique sur la paléontologie. Il a fait la remarque importante qu'il ne faut pas admettre que tous les animaux fossiles soient perdus, parce qu'on ne les connaît plus à l'état vivant. Le premier, il a observé que les restes fossiles qui se trouvent en si grand nombre dans les terrains tertiaires, étaient plus rapprochés des produits des climats asiatiques que de ceux des pays où nous les rencontrons. Il prouve par des travaux successifs, les seuls qui aient été bien faits, la dégénérescence de tous nos animaux domestiques. Dès lors, il lui a été possible, avec l'anatomie zoologique, d'étudier par une comparaison exacte avec les animaux vivants, les ossements fossiles, et même les dents mamelonnées du mastodonte qu'il a comparé à l'animal de l'Ohio. C'est en « posant ces principes que nous verrons si bien appliqués et développés plus tard, que Pallas a créé la paléontologie et l'a dirigée vers les grandes questions de l'étiologie de notre globe. Il les a lui-même appliqués à la détermination d'un assez grand nombre d'ossements fossiles de mastodonte, d'éléphant, de rhinocéros, de buffle, de gazelle, de gazelle recticorne, etc., etc., et il avait déjà remarqué que ces animaux se trouvent avec des coquilles marines, des os de poissons marins, des ammonites et des bélemnites. Il est le seul qui, avec ses observations propres, ait étudié la disparition des espèces, et l'histoire naturelle de l'homme.» (*Hist. des sciences*, t. II, p. 536.)

5. Buffon. — *Époques de la nature*, 1788. — Par sa *Théorie de la terre*, Buffon s'est fait le vrai point de départ de la science géologique, de cette géologie qui recueille, observe, compare les faits, sans aller plus loin, ni plus vite qu'eux, et cherche à expliquer les phénomènes passés par les causes actuelles. Mais, dans ses *Époques*, il se bifurque et devient en France le chef de cette géologie hypothétique qui admet tous les écarts de l'imagination. Autant le premier ouvrage, si l'on en retranche quelques suppositions accidentelles, gratuites ou fausses, abandonnées depuis par l'auteur lui-même, s'accorde avec la Genèse; autant le second lui est fondamentalement opposé. Entrons dans l'analyse de cette conception gigantesque. Mon ami, M. Desdouits, en a discuté la partie physique, je lui laisserai la parole.

« Buffon trouve, au commencement de toutes choses, des étoiles, un soleil et une grande comète. Il ne dit pas d'où ils venaient. Cette comète, qui marchait on ne sait trop comment, heurta le soleil, et le sillonnant comme un boulet qui rase la terre, en fit jaillir un effluve de matière ignée qui se partagea en diverses masses. La terre était une de ces masses !... En vertu des lois de l'attraction, il en résulta des globes de taille et de densité différentes, qui, après s'être équilibrés, se mirent à tourner autour du soleil, suivant la direction du mouvement cométaire, modifiée par les réactions mutuelles des parties de ces masses liquides. Et voilà les planètes... Or, comme d'ailleurs ces sphères avaient été chassées par un choc qui ne passait pas par leurs centres de gravité, cela explique à la fois, suivant Buffon, pourquoi les planètes tournent autour du soleil ; pourquoi ces révolutions se font dans un même sens, d'occident en orient ; et enfin pourquoi elles tournent toutes sur leur axe dans des directions pareilles. De plus, comme elles procèdent toutes d'un même point de la surface solaire, on comprend fort bien, dit-il encore, pourquoi les plans de leurs orbites se coupent sous de petits angles, ou, en d'autres termes, sont peu écartés les uns des autres. Plus tard, les planètes se sont refroidies et leurs surfaces se sont figées ; nous habitons une croûte autrefois incandescente. Les boursouflures formées par le refroidissement de la matière fluide donnèrent naissance aux montagnes primitives. Mais, au bout de trente à trente-cinq mille ans, la croûte terrestre ayant été abandonnée par le feu, elle put recevoir les eaux de l'Océan et les germes des végétaux. Ce sont là les deux premières époques de la nature. »

« La liquidité primitive rend raison de l'aplatissement des pôles de la terre, et, pour ainsi dire, mieux encore de celui des planètes. Car Jupiter, par exemple, est beaucoup plus aplati que la terre ; aussi a-t-il une rotation bien plus rapide, qui produit une force centrifuge excessive ; tandis que la lune, dont la rotation est très-lente, n'a pas d'aplatissement sensible. De plus, ajoute Buffon, s'il en est ainsi, la disposition des planètes dans le système solaire doit suivre l'ordre inverse de leurs densités ; or, c'est ce qui a lieu, comme il est aisé de s'en convaincre par les chiffres que nos astronomes ont trouvé pour les densités planétaires. Enfin n'est-ce pas une fameuse présomption en faveur de ce système que cette déclaration du célèbre Laplace : qu'à considérer les quarante-deux mouvements planétaires, qui s'exécutent dans une même direction, il y a quatre milliards à parier contre un que ces mouvements doivent leur origine à une cause physique commune ? — Je trouve la célèbre phrase de Laplace fort ridicule ou fort insignifiante ; j'en dirai les raisons plus tard : mais, par compensation, je suis de l'avis de notre illustre géomètre, lorsqu'il parie également gros jeu que la cause physique assignée par Buffon n'est pas la véritable. Et voici les deux raisons qu'il en donne :

« Premièrement, les planètes ayant pris l'origine de leurs mouvements à la surface du soleil, elles devraient décrire des courbes qui raseraient cette surface, de sorte qu'elles repasseraient par le soleil à chaque révolution. Buffon fait remarquer, il est vrai, que les réactions moléculaires de ces sphères liquides ont pu modifier les directions des forces initiales, et donner des résultantes qui n'ont plus la même origine. Laplace répond qu'en faisant sur ce point à Buffon toutes les concessions possibles, ses courbes planétaires seraient néanmoins encore énormément excentriques, et les distances périhélies fort courtes; tandis qu'au contraire les excentricités sont très-faibles, et qu'Uranus est distant du soleil de 660 millions de lieues. Sa seconde raison est que le sens de la rotation d'une sphère autour d'un axe, en conséquence d'un choc reçu, dépend de la position du point frappé par rapport au centre de gravité de la masse. Car elle devra tourner dans un sens ou dans l'autre, selon que la direction du choc passera d'un côté ou de l'autre du centre de gravité. Or, Buffon ne nous explique pas comment le choc primitif sur la surface du soleil a pu tellement se répartir entre toutes les masses qui sont nées de l'éclaboussure, que le centre de gravité se trouvât partout placé de la même manière à l'égard de la force qui produisait la rotation...

« Mais il y a bien d'autres charges contre le système des *Époques*. Je ne demanderai pas comment il se fait que la rotation de la lune et celle de Jupiter, qui sont le produit d'un même choc, aient des vitesses différentes, et tellement différentes, que Jupiter tourne sur son axe quatre-vingt fois plus vite que la lune sur le sien; mais, m'arrêtant à ce théorèmes vrai ou faux dont Buffon fait étalage, que les distances des planètes au soleil doivent suivre l'ordre inverse des densités, je ferai remarquer que les faits contredisent maintenant le système de l'auteur des *Époques*. La planète Uranus, bien plus éloignée du soleil que Jupiter et Saturne, devrait avoir une densité bien plus faible; or, au contraire, sa densité est supérieure à celle de Jupiter et plus que double de celle de Saturne. Uranus n'était pas connue, il est vrai, du temps de Buffon; mais voyez-vous la valeur d'un système qui coûte à un profond génie des années d'expériences et de méditations, et qu'un coup de télescope donné dans un coin du ciel suffit pour bouleverser! De plus, ferai-je observer encore, si la matière des planètes provient du soleil, leurs densités ne devraient pas dépasser celle de sa surface, qui est la partie nécessairement la plus légère, et inférieure à la densité moyenne. Or, on sait maintenant que la moyenne densité du soleil étant prise pour unité, celle de la terre serait 4, celle de Mercure 6 ·/.. Il faudrait donc dire que le refroidissement a condensé la matière des planètes. Mais il faudrait aussi montrer dans les lois physiques connues, un fait de condensation qui pût réduire la matière solidifiée, non pas même au dixième de son volume, comme les faits l'exigeraient ici, mais seulement à la moitié, au tiers. Or, c'est ce que personne ne s'avisera de prétendre. Et encore, dans cette hypothèse, voici une autre difficulté. Mercure, bien plus voisin que nous du soleil, et dont la température moyenne ferait bouillir le vif-argent dans les mêmes circonstances, devrait par cela même être beaucoup moins condensé; or, la densité de Mercure est bien supérieure à la nôtre.

« Je passe sous silence beaucoup d'autres considérations, et je me hâte d'en finir par une raison péremptoire qui aurait pu me dispenser de la production de toutes les précédentes. C'est que la substance du soleil n'est pas à l'état liquide; c'est un noyau solide et probablement froid, entouré d'une couche atmosphérique gazeuse et incandescente. Cette constitution, qu'avait fait soupçonner depuis longtemps le phénomène des taches du soleil, a été mise hors de doute par les expériences de polarisation lumineuse au moyen desquelles M. Arago a prouvé que cette immense fournaise ne pouvait être qu'un gaz incandescent. A cela il n'y a pas de réplique possible.

« Quant à la formule de Laplace, j'ai dit et je maintiens qu'elle est ridicule ou insignifiante. Elle est insignifiante si, se plaçant dans une hypothèse purement physique, il a voulu dire seulement que des causes naturelles étant données comme principe de tous les mouvements des planètes, la probabilité en faveur d'une cause unique était de quatre milliards contre un. Elle est ridicule s'il a prétendu l'entendre d'une manière absolue, et sans tenir compte des causes morales qui ne se résolvent pas en chiffres ; et au pari de quatre milliards contre un proposé par Laplace en faveur de son hypothèse, je répondrai : à moins qu'il n'ait plu au Créateur de disposer les choses précisément comme elles sont par un simple acte de sa volonté. A cela que pensez-vous que le chiffreur trouve à dire ? Quelle qu'ait été la pensée de Laplace, le commentaire brutal et tout matériel de sa phrase s'est fait dans plus d'une intelligence de cette façon ridicule. C'est qu'il y a en effet des hommes qui, prenant dans un sens absolu les théorèmes abstraits des mathématiques, s'en font une arme pour combattre des vérités d'un ordre tout à fait hétérogène avec elles. Ainsi il se trouvera des gens qui, nantis de cette célèbre formule, en concluront que toutes les planètes sont *certainement* le produit d'un choc, et qu'en supposant toute autre chose, la Genèse en a menti. Cela est, diront-ils, *prouvé mathématiquement;* voyez plutôt Laplace... Cela a été dit; je l'ai entendu ; je l'ai lu. » (*Les Soirées de Montlhéry*, par M. Desdouits, p. 49 et suiv.)

Ce spirituel écrivain nous a laissés à la fin de la seconde *époque* de Buffon. Alors la terre, assez attiédie, put recevoir les eaux auparavant volatilisées dans l'atmosphère ; elles furent d'abord à une température élevée et recouvrirent tout le globe, excepté peut-être les sommets des plus hautes montagnes primitives. Pendant cette troisième période, qui dura vingt mille ans, elles ravinèrent la surface terrestre, transformèrent en schistes et en argiles tous les débris, les détriments de matière vitrifiable, et les étendirent en couches sur les vallées du noyau primitif. Leur chaleur n'aurait pu convenir aux êtres organisés actuels ; « et par conséquent, dit Buffon, c'est aux premiers temps de cette époque, c'est-à-dire depuis trente jusqu'à quarante mille ans de la formation de la terre, que l'on doit rapporter l'existence des espèces perdues dont on ne retrouve plus les analogues vivants... En fécondant les mers, la nature répandait aussi les principes de vie sur toutes les terres que l'eau n'avait pu surmonter ou qu'elle avait promptement abandonnées ; et ces terres comme les mers ne pouvaient être peuplées que d'animaux et de végétaux capables de supporter une chaleur plus grande que celle qui convient aujourd'hui à la nature vivante. » Les débris des végétaux que les molécules organiques avaient formés au fond des mers et sur les montagnes, donnèrent naissance aux charbons de terre, contemporains des argiles et des schistes.

Dans la quatrième époque, l'action des eaux, de la chaleur propre du globe, de l'électricité, des substances organiques sur les substances vitrescibles, produisit les volcans, qui modifièrent à leur tour la surface de la terre et formèrent de nouvelles combinaisons de matière. Il n'existait encore que des animaux marins et des végétaux ; on les retrouve dans les ardoises, les houilles et les calcaires. Les animaux terrestres n'apparurent que plus tard, comme l'indiquent leurs débris, qui sont si rapprochés de la superficie du sol.

C'est pendant la cinquième époque, et après un refroidissement qui demanda plusieurs milliers de siècles, que, dans les contrées septentrionales, les molécules organiques répandues dans la matière se sont rassemblées, sous l'influence d'une chaleur suffisante pour former d'abord les plus grands animaux et les plus grands végétaux, qui ont émigré ensuite, à cause du refroidissement, vers les contrées méridionales, tandis qu'au nord se formaient de plus petits animaux et de plus petits végétaux, sous l'influence d'une chaleur diminuée et d'une matière organique appauvrie. Les débris de ces divers animaux et végétaux se sont successivement déposés dans les eaux des lieux qu'ils ont successivement habités, et on les retrouve aujourd'hui dans l'écorce du globe.

La sixième époque répond à la séparation des continents. Enfin, la septième et dernière époque est marquée par l'apparition de l'homme.

Je ne discuterai pas toute cette théorie ; je ne demanderai pas à son auteur un compte détaillé des impossibilités et des contradictions qu'elle renferme : impossibilité de la séparation des masses de matière de la masse du soleil par la queue d'une comète; impossibilité, dans ce cas, d'un mouvement régulier, mathématique, uniforme et calculé pour harmoniser toutes les planètes et leurs satellites; impossibilité de la naissance spontanée des animaux et des végétaux. Le végétal naît d'une graine, l'animal naît d'un œuf; l'œuf et la graine supposent la préexistence d'espèces qui ont fonctionné pour les produire. Contradiction dans l'apparition des plus petits animaux et des plus imparfaits, d'abord quand la matière était riche en molécules organiques et la chaleur active; puis, des plus grands animaux et des plus grands végétaux, quand la matière organique est déjà appauvrie; ensuite, d'animaux et de végétaux rabougris, quand la chaleur a diminué et que la matière organique est presque épuisée par les grands animaux; enfin, contradiction dans l'arrivée de l'homme, le plus parfait des êtres, quand il n'y a presque plus de matière organique, etc.

La fameuse question des époques indéterminées, tant de fois réchauffée par la géologie hypothétique, est ici nettement posée pour la première fois, mais sans preuves plus satisfaisantes que depuis. La première époque de Buffon est fondée sur une hypothèse mathématiquement fausse. Dans la seconde, son état de fusion originel du globe présente le flanc aux mêmes objections insolubles que lui-même avait opposées au feu central dans sa *Théorie de la terre*. Sa troisième époque est établie sur les espèces perdues et sans analogues dans l'état présent, et sur le dépôt des schistes par suite du nivellement et de la dégradation des montagnes primitives. On ignorait alors que des schistes et des gneiss peuvent se trouver parallèles à des calcaires; que les couches les plus anciennes renferment des espèces analogues aux espèces vivantes; que les espèces éteintes appartiennent à des terrains de tout âge, et qu'elles sont associées dans leur gisement à des espèces encore existantes, etc. Sa quatrième époque est caractérisée par la naissance des volcans, des tremblements de terre, et par l'existence d'animaux exclusivement marins. Or, ni les formations marines, ni les effets de la cause ignée n'existent à aucune époque avec cette exclusion. Mais on ignorait la présence de fossiles d'eau douce, soit mollusques, poissons ou reptiles, dans les strates de presque tous les terrains; la superposition alternative des couches d'eau douce et des couches marines. On ignorait aussi que le métamorphisme ou le phénomène de la modification des dépôts aqueux, par les influences de la cause ignée, se présente à tous les étages du sol de remblai et que les effets de l'eau et du feu ont toujours été simultanés.

Le système, d'un bout à l'autre, est en opposition, soit avec les lois physiques ou physiologiques, soit avec les faits bien observés, et par conséquent aussi avec la Genèse. Les *époques* ne correspondent même pas aux *jours* de Moïse. Suivant Buffon, les astres existaient dès la première époque; la Genèse marque leur création au quatrième jour. Les animaux apparaissent dans la troisième époque, la Genèse place leur création au cinquième jour. Les animaux terrestres commencent à se montrer dans la cinquième époque de Buffon; dans la Genèse, ils sont créés le sixième jour, aussi bien que l'homme, que Buffon fait arriver à l'existence seulement dans sa septième époque.

Buffon s'est abandonné aux mêmes écarts d'imagination qu'il avait reprochés sévèrement aux premiers géologues. Il avait dit de la théorie de Leibnitz : « Le grand défaut de cette théorie, c'est qu'elle ne s'applique point à l'état présent de la terre; c'est le passé qu'elle explique, et ce passé est si ancien et nous a laissé si peu de vestiges, qu'on peut en dire tout ce qu'on voudra, et qu'à proportion qu'un homme aura plus d'esprit, il en pourra dire des choses qui auront l'air plus vraisemblables. Assurer, comme le fait Whiston, que la terre a été comète, ou prétendre avec Leibnitz qu'elle a été soleil, c'est dire des choses également possibles ou impossibles, et auxquelles il serait superflu d'appliquer les règles des probabilités. » (*Preuves de la théorie de la terre.*) — C'est cependant ce même Buffon qui, après avoir ainsi jugé Whiston et Leibnitz, nous a proposé à son tour une nouvelle théorie, qui n'est que la leur retournée et agrandie; il s'était donc jugé lui-même à l'avance. Leibnitz prétend que les planètes et la terre ont été soleils, Whiston pense que la terre a été comète; Buffon semble réunir les deux hypothèses, et fait sortir la terre et les planètes du soleil brisé par le choc d'une comète. Cela revient au même; on peut dire là-dessus tout ce que l'on voudra, sans pouvoir absolument rien prouver.

Buffon avait reproché aux géologues anglais d'être en contradiction avec Moïse, et il est tombé vingt fois dans la même faute. Ainsi, pour n'en donner qu'un exemple, la terre ayant été créée la première, d'après la Genèse, il la fait sortir du soleil qui ne fut créé qu'au quatrième jour.

Il avait dit aussi en parlant du livre de Burnet et de Whiston : « Je pense que des hypothèses, quelque vraisemblables qu'elles soient, ne doivent point être traitées avec cet appareil qui tient un peu de la charlatanerie. » — (*Preuves de la théorie de la terre.*) Et cependant il a réuni toutes les forces de son génie pour donner à son roman des *Époques de la nature* tous les savants prestiges de l'erreur, tous les charmes de la vérité. Il est peut-être impossible d'imaginer un ensemble aussi vaste, aussi bien lié, aussi rempli non-seulement par les faits généraux, mais par beaucoup d'observations secondaires qui concourent au but général, et qui sont le fruit d'immenses recherches, de profondes méditations. Venu dans un siècle qui semblait s'être donné pour mission de saper tous les fondements de l'ordre social, Buffon ne put échapper entièrement à sa funeste influence. Il fut dominé par cet aveuglement général, et prêta, sans le savoir et surtout sans le vouloir, la puissance de son génie à cette destruction des grands principes; il brisa avec le but théologique de la science pour embrasser exclusivement dans ses ouvrages celui de l'utilité matérielle et du plaisir de ses lecteurs. Ses *Époques* eurent dans leur temps une vogue incroyable; puis, malgré tous les mauvais instincts qu'elles favorisaient, elles tombèrent comme tombe tout ce qui n'est pas la vérité. Elles avaient coûté à leur auteur quarante ans de travaux! Plus calme après les avoir publiées, il convenait que ses hypothèses étaient dénuées de preuves, et il semblait se justifier plutôt que s'applaudir de les avoir imaginées. Par là, du moins, il corrigeait l'exagération de ses plagiaires qui les ont données comme des démonstrations.

CHAPITRE III.

DELUC. — DE LAMÉTHERIE. — DE LAMARCK.

6. DELUC. — *Lettres sur l'histoire de la terre.* — *Éléments de géologie*, 1770-1810. — Malgré le progrès considérable que Pallas faisait faire à la géologie positive, malgré la réserve et la sagesse de ses étiologies, un grand nombre d'auteurs qui avaient beaucoup moins observé que lui, se laissaient encore aller aux théories hypothétiques. Je ne parlerai ni de Patrin, qui prenait la terre pour un être vivant, ni de Dolomieu, dont les hypothèses se retrouvent en partie dans le système de Deluc, qui n'est lui-même en partie que celui des *Époques de la nature* mitigé.

Pour Deluc, la chronologie de Moïse ne commence qu'à la création de l'homme. Les jours qui la précèdent ne sont plus des jours de vingt-quatre heures, mais des périodes que l'on peut faire aussi longues qu'on le voudra. Le Créateur a employé les causes secondes pour former le monde comme il les emploie pour le conserver.

Toutes les couches de nos continents, sans excepter celles de granit, ont d'abord fait partie d'une sorte de liquide aqueux, *masse informe et confuse d'éléments divers* (traduction arbitraire de *terra erat inanis et vacua*), qui couvrait tout le globe. En communiquant à ce chaos une certaine quantité de calorique, Dieu y produisit des précipités chimiques qui en séparèrent successivement les éléments et les étendirent par couches horizontales. Les substances qui servirent de base aux premières couches (apparemment celles de granit), en passant de l'état de pulviscules à l'état massif, formèrent de vastes cavités sur lesquelles elles s'affaissèrent et se rompirent inégalement. Les affaissements s'étendirent à une grande partie de la surface terrestre, et les dépressions qui en résultèrent furent aussitôt remplies par les eaux et devinrent le premier bassin des mers. Alors apparurent les premiers continents, beaucoup plus étendus que les nôtres; le soleil n'existait pas encore, lorsque Dieu les peupla de végétaux plus grands que nos espèces actuelles et de genres si différents que l'on voit qu'ils se développèrent uniquement sous le règne de la lumière. Leurs débris accumulés formèrent d'immenses tourbières, qui, pendant les périodes suivantes, furent ensevelies sous des couches minérales et que nous exploitons aujourd'hui sous les noms d'anthracite et de houille. Ces événements remplirent les trois premiers jours ou périodes indéterminées de la Genèse.

Dans la quatrième période, les causes naturelles, modifiées par les influences solaires, produisirent dans le liquide de nouveaux précipités, entre autres, les couches calcaires, où l'on trouve les premiers vestiges d'animaux marins. Cette période fut aussi caractérisée par la naissance d'un grand nombre de volcans, par le dépôt des couches aréneuses, de la houille, de la craie et du sel gemme. Le liquide et l'atmosphère subirent encore des changements; il en résulta des couches différentes contenant les débris d'animaux marins de diverses espèces, à l'existence desquels les milieux étaient devenus favorables. A cette époque, la totalité des couches s'écroula pour la seconde fois et donna lieu, en se brisant, à nos grandes chaînes de montagnes et à tous les désordres que l'observation y découvre. Ces phénomènes correspondent au quatrième et au cinquième jour de la Genèse.

Dans la sixième période, les précipitations ne contenaient presque plus de substances propres à former des dépôts solides; ce sont les couches tendres ou meubles de la surface de nos continents; elles offrent aussi des traces de grandes catastrophes. Elles contiennent des dépouilles d'animaux terrestres et sont situées dans des climats où ces animaux ne pourraient pas vivre aujourd'hui, parce que la température s'est refroidie. La mer couvrait encore nos contrées lorsqu'ils existaient, puisque les couches, occupées par leurs ossements, renferment aussi des restes d'animaux marins; on ne peut donc pas supposer avec Buffon que ces animaux auraient émigré d'un autre climat dans celui où nous les retrouvons à l'état fossile; il arriva donc aux animaux terrestres ce qui était arrivé aux végétaux des houillères, ceux qui habitaient des îles dont le sol n'avait pas encore atteint une base solide furent enveloppés dans l'écroulement de leurs demeures; quelques-uns, voulant se sauver à la nage, périrent dans les flots, et les courants transportèrent leurs cadavres jusque dans nos mers, où ils se déposèrent. Telle est l'origine de nos fossiles terrestres.

L'homme, créé le dernier, vivait réuni en familles peu éparses; il a péri avec son pays quand, par un grand et dernier affaissement, les continents primitifs se sont écroulés dans les cavités souterraines. La mer se précipitant sur ces terres affaissées, a détruit tous leurs habitants. Cette catastrophe est le déluge de Moïse. Alors se sont montrés nos continents actuels, formés sous la mer, et mis à sec par le déplacement des eaux. Dans les couches meubles de ce nouveau sol, gisent pêle-mêle les débris des mammifères terrestres qui habitèrent les îles englouties avant le déluge, et ceux des cétacés qui peuplèrent l'ancienne mer. La conservation de quelques-uns de ces animaux sur les bords de la mer Glaciale et la minceur de la couche de terre végétale qui recouvre nos continents, concourent à prouver que l'émersion de ceux-ci ne remonte point à des siècles très-éloignés de nous.

Le déluge produisit dans le sol et l'atmosphère des changements qui ont pu abréger la vie animale et entraîner l'extinction de beaucoup d'espèces. Mais, depuis ce grand et dernier événement, tout est demeuré en repos, nulle couche nouvelle ne s'est formée, la température n'a pas varié sensiblement, et les espèces des deux règnes ont cessé d'être exposées aux révolutions qui désolèrent le monde dans les premières périodes de son histoire.

Telle est, en substance, la théorie un peu confuse du célèbre géologue genevois. Au lieu de laisser la géologie dans la voie de l'observation où Buffon l'avait placée, où Pallas l'avait maintenue, il la rejette, à la suite des géologues anglais, dans celle des hypothèses. Il ne cherche point, comme Buffon, à expliquer *ce qui est arrivé par ce qui arrive*, car, selon lui, il n'arrive plus rien, mais il l'attribue à des causes extraordinaires qui n'existent plus dans le présent et dont l'existence dans le passé est une supposition que rien ne justifie.

Quoique Buffon eût si bien démontré que les coquilles ne sont pas des *médailles du déluge,* comme on les appelait, plusieurs naturalistes après lui soutinrent encore cette thèse. L'une des moindres difficultés qu'elle présentât, était d'expliquer comment la mer avait pu fournir à la même époque autant de coquilles qu'il s'en trouve dans tous les terrains. Un auteur crut l'avoir résolue en supposant que les germes des animaux et des plantes, répandus sur la terre et dans l'air, auraient été emportés, dispersés par les courants diluviens sur tous les points de la surface du globe, et enfoncés jusqu'à deux ou trois mille pieds de profondeur dans les entrailles du sol, où ils auraient ensuite pris naissance, où ils auraient vécu et laissé en mourant leurs dépouilles. On croyait la religion intéressée dans le débat. On ne voyait pas comment des animaux et des plantes terrestres qui n'auraient vécu qu'après le déluge pouvaient se trouver enfouis dans nos continents, et en accordant qu'ils eussent vécu et qu'ils eussent été ensevelis dans le sol avant le déluge, on craignait que cette opinion n'entraînât pour le monde une trop haute antiquité et n'ébranlât les croyances chrétiennes en démentant la chronologie de Moïse. La théorie de Deluc parut propre à tout concilier. Au moyen d'une interprétation nouvelle du mot *jour* de la Genèse, elle mettait des siècles sans nombre à la disposition des causes secondes pour l'accomplissement des phénomènes géologiques ; elle expliquait la formation du noyau central, celle du sol de remblai, la création, le déluge, l'enfouissement et l'extinction des espèces perdues, le déplacement des mers et la mise à sec de nos continents ; elle montrait même une sorte de correspondance entre l'ordre chronologique des créations et celui des fossiles dans les couches du sol. Ces caractères et ces circonstances ont fait sa fortune. Il reste à voir si, comme œuvre scientifique et religieuse, elle méritait l'accueil amical des théologiens.

Deluc fait sortir la masse planétaire et son enveloppe corticale d'une dissolution aqueuse. A cela il y a au moins deux impossibilités : d'abord la plupart des minéraux des roches granitiques et porphyriques sont précisément insolubles dans l'eau ; ensuite, il aurait fallu qu'un kilogramme d'eau eût pu dissoudre cinquante mille kilogrammes de matières pierreuses. Quant aux premières couches hémilysiennes, gneiss, micaschistes, etc., elles indiquent le passage du feu aussi bien que celui de l'eau ; ce sont des couches déposées par les eaux courantes et modifiées par la chaleur des volcans. Il s'en trouve à tous les niveaux du sol. Ces simples observations renversent le principe fondamental du système de Deluc. Il ne faut cependant pas juger trop sévèrement son origine aqueuse et ses précipitations chimiques qui en sont la conséquence ; il les avait trouvées dans Dolomieu et dans de Saussure, et, après lui, elles reparaissent encore dans Werner et dans tous ceux de son école, que l'on appelle pour cela les *neptuniens,* par opposition aux géologues *plutoniens,* qui, sans y être mieux autorisés, remplacent l'élément aqueux par l'élément igné, auquel ils font produire aussi toutes les sortes de roches.

La géologie neptunienne s'appuyait sur deux faits, l'état de cristallisation des granits et la forme sphéroïdale de la terre. La cristallisation des roches primitives ne suffit pas pour établir qu'elles ont passé par une dissolution aqueuse, attendu qu'un grand nombre de matières fondues par la chaleur et refroidies lentement se cristallisent absolument comme par la dissolution aqueuse, et que, d'une autre part, une foule de matières, réduites à l'état gazeux, se cristallisent par la condensation de la même manière que par l'eau et la fusion. D'ailleurs, la matière ayant été créée dans un état quelconque, et même par grandes masses, ainsi que nous le verrons, l'état cristallin du noyau planétaire peut tout aussi bien être un fait primitif qu'un fait secondaire. La forme sphéroïdale de la terre, si elle n'est pas aussi un fait primitif, peut avoir été déterminée par un état gazeux, comme le suppose Laplace, ou par la fluidité ou l'état de mollesse de la seule surface du globe, comme le supposent les calculs de Clairault; l'hypothèse neptunienne n'est donc pas nécessaire pour en donner raison.

De plus, il n'est pas prouvé que la terre soit un sphéroïde parfait de révolution, ce qui devrait être, si elle avait été primitivement à l'état liquide. « Par les lois de l'hydrostatique, de la gravité, de la force centrifuge et centripète, on parvient à établir qu'un corps liquide en rotation sur lui-même doit arriver à une forme elliptique, renflée à son équateur et aplatie à ses pôles ; or les calculs mathématiques ont conduit à ce même résultat pour la forme de la terre ; donc, a-t-on conclu, la terre a été primitivement à l'état fluide ou liquide. Ce raisonnement suppose évidemment ce qui est en question. En effet, les lois de l'hydrostatique, de la gravité, etc., dépendent de la forme de la terre ; ce sont des propriétés de son état actuel, propriétés qui n'ont pu exister que par cet état même, mais non le déterminer ; tous les calculs du monde, fussent-ils les plus exacts possibles, ne prouveraient qu'une chose, c'est que tel est l'état actuel de la terre, telles sont les lois actuelles du mouvement ; mais avant que cet état et ces lois n'existassent, il fallait évidemment que les choses fussent établies. »

Cependant est-il vrai que les calculs soient exacts, et qu'ils soient confirmés par l'expérience? Nullement, il y a bien des résultats de l'observation directe en contradiction avec ces calculs. Les calculs les plus accrédités donnent au pôle un aplatissement de $1/305$; mais les mesures géodésiques et celles des méridiens offrent des différences : ainsi le degré mesuré à la région du pôle par les savants suédois indique pour l'aplatissement $1/312$. Les diverses parties de l'arc mesuré en France, dans ces derniers temps, comparées entre elles, indiquent un aplatissement de $1/180$, tandis que la comparaison de leur ensemble avec le degré de l'équateur indique $1/309$, et avec le degré de Laponie $1/317$. M. Mudge a mesuré deux degrés continus qui ont présenté une différence de 216 mètres en moins, tandis qu'ils auraient dû en présenter une de 33 mètres en plus. Les opérations de Lacaille lui ont donné un aplatissement qui irait jusqu'à $1/169$. Il est donc bien loin d'être démontré que tous les méridiens terrestres soient des ellipses parfaites et que par conséquent la terre soit un solide de révolution parfait.

« La différence du niveau des mers, de la mer Rouge et de la Méditerranée, par exemple, vient aussi contredire les calculs ; car si la terre est un sphéroïde parfait, le niveau des mers doit être partout le même ; or les mesurages opérés dans la mer Rouge et la Méditerranée ont apporté un résultat contraire. Enfin, pour avoir des données assez générales et partant des calculs au moins irréprochables, il faudrait avoir mesuré un assez grand nombre de méridiens sur tous les points du globe ; il faudrait que les divers résultats s'accordassent, ou du moins différassent assez peu pour que cette différence ne pût être attribuée qu'à une erreur de calcul ; or il s'en faut bien que nous soyons arrivés là, et dans l'état actuel des choses il n'est point démontré que la terre soit un sphéroïde parfait de révolution. » (*Dieu, l'homme et le monde*, t. I, p. 286.) — Cela même fût-il démontré, l'hypothèse de la dissolution aqueuse n'en recevrait aucun renfort, puisque la forme de la terre pourrait s'expliquer aussi bien par un état gazeux ou de fusion, ou par un état de mollesse de la partie superficielle. Telles sont les raisons qui ont fait abandonner ces principes des neptuniens qui servent de base au système de Deluc.

Je ne dirai rien de cette croûte légère du globe, suspendue sur les fragiles cloisons de ces immenses cavernes souterraines dans lesquelles se serait abîmé si souvent le monde antédiluvien, et dont l'idée empruntée à Woodward n'a été introduite ici que pour expliquer le déluge et le mélange des fossiles d'origine et d'époque diverses. L'hypothèse des affaissements, présentés comme cause du déplacement de l'Océan, n'a rien perdu de son crédit, depuis Deluc ; cependant il serait impossible aujourd'hui de l'établir sur les *pulviscules* et les *piliers* imaginés par cet auteur.

Mais voici quelque chose de plus grave. Deluc n'arrête pas ses précipitations aqueuses, quand la masse planétaire est formée ; il fait sortir du même procédé toutes les roches fossilifères, il prolonge la série de ses opérations chimiques jusqu'au déluge, qui, d'après lui, peut avoir été séparé des premières créations par plusieurs milliers de siècles, selon l'étendue que l'on voudra donner à ses périodes génésiaques. A cette époque enfin, tout rentre dans le repos ; la mer ne change plus de lit ; il ne se forme plus de nouvelles couches ni de fossiles. Malheureusement cette étiologie du sol de remblai est en contradiction avec tous les principes de la science, avec toutes les données de l'observation, à tel point que, pour être dans le vrai, il faut retourner toutes les idées de notre auteur, il faut prendre le contre-pied de toutes ses assertions.

Des plantes et des animaux terrestres ou d'eau douce se retrouvent fossiles dans l'ancien lit de la mer, mais ce n'est point, comme Deluc le prétend, par suite de l'écroulement des pays qu'ils habitèrent, et les matériaux qui les entourent ne sont point les ruines d'anciens continents abîmés. Il n'y a là aucun indice d'un sol précédemment exposé aux actions atmosphériques. Ce sont des couches horizontales, stratiformes, composées de matières dérivées de la terre sèche, mais charriées à la mer à l'état sédimenteux par les eaux continentales. Quelquefois, on trouve des fossiles terrestres dans des couches marines, et des fossiles marins dans des couches d'eau douce ; ces associations indiquent seulement que les eaux de la mer et celles des fleuves ont mêlé leurs produits ; elles caractérisent des dépôts d'embouchure.

Il prétend que les variations du liquide où les précipitations se sont opérées ont produit des pierres différentes propres à chaque époque ; et la vérité est que chaque époque renferme toutes les mêmes sortes de pierres. Dans toutes les époques, sans excepter la nôtre, on trouve des sables, des grès, des cailloux, des calcaires, des argiles, des matières charbonneuses, etc.

La chaîne des phénomènes, depuis la formation des granits jusqu'au moment présent, n'offre aucune solution de continuité. Dans nos lacs, aux débouchés de nos fleuves, sur tout le pourtour de nos mers et dans leurs bas-fonds, il se fait continuellement des dépôts analogues à ceux d'autrefois, et il s'en fera tant qu'il y aura des eaux sur la terre. Leurs matériaux organiques ne diffèrent nullement, comme fossiles, de ceux des couches les plus anciennes, et s'ils venaient à se décomposer et à disparaître de leurs gangues, ils y laisseraient des moules, des empreintes, comme l'ont fait les êtres fossiles des périodes antérieures. Bien plus, on a la preuve que le niveau général des eaux a baissé considérablement depuis l'émersion des derniers terrains tertiaires et des cavernes à ossements. Voilà ce que l'observation nous apprend; mais alors que devient le système de Deluc? Ce ne sont donc pas les *précipités chimiques, ni les variations temporaires survenues dans l'atmosphère et dans les eaux* qui ont formé le sol de remblai, puisque tout cela a cessé, d'après Deluc lui-même, et que cependant des effets parfaitement analogues aux effets anciens continuent de se produire.

Il n'existe point de concordance suivie entre l'ordre de la création des êtres et celui de leur apparition dans les couches du sol. A cet égard, les observations de Deluc étaient encore erronées. Les végétaux ne se montrent point partout les premiers, comme il le pensait; ils n'apparaissent même en général qu'un peu après les mollusques, les polypiers, les poissons et d'autres animaux marins; les mammifères, au contraire, qui ne devraient paraître que dans la sixième période de Deluc, c'est-à-dire, ainsi qu'il l'explique, au sein de nos couches meubles et superficielles, existaient auparavant, puisqu'il s'en trouve probablement dans les terrains jurassiques, et très-certainement dans la partie inférieure des terrains tertiaires.

Ainsi la transformation des jours de la Genèse en longues périodes de durée inconnue, ne s'accorde pas mieux avec l'observation qu'avec le texte saint. Si le troisième jour, qui fut celui de la création des végétaux, avait été l'un de ces immenses intervalles de temps que supposaient pour Deluc les révolutions du globe, il faudrait admettre avec lui que ces végétaux qui auraient vécu longtemps avant le soleil et sous la seule influence du calorique, différaient essentiellement des nôtres; or c'est ce que l'observation ne permet pas de soutenir. Les espèces végétales de la houille et de l'anthracite étaient ordonnées comme les nôtres par rapport à la lumière du soleil; elles se sont développées sous l'influence de cet astre. Les animaux fossiles qui les accompagnent ou qui les précèdent dans les plus anciennes couches avaient des yeux. Les yeux des *trilobites*, genres de crustacés presque exclusivement propres aux terrains de transition, sont, par leur organisation, tout à fait analogues à ceux de nos crustacés vivants. C'est un fait général que toutes les têtes fossiles de poissons, de reptiles, d'articulés, etc., quel que soit l'âge relatif du terrain où elles se rencontrent, offrent des cavités orbitaires pour que des yeux aient pu y être logés, avec des trous pour le passage des nerfs optiques, bien qu'il soit rare de retrouver dans ces cavités quelque reste de l'œil lui-même. Tous ces êtres ont donc vécu sous le régime du soleil; le troisième jour de la Genèse ne fut donc pas une période de plusieurs milliers de siècles. Cette interprétation nouvelle du mot *jour* de la Genèse, imaginée par Buffon, dans ses *Epoques de la nature*, et adoptée par Deluc, dans le but de concilier le texte saint avec l'observation, aurait donc pour résultat de les mettre en opposition. C'est l'observation elle-même qui nous ramène au sens littéral dont on n'aurait jamais dû s'éloigner, parce qu'il est seul raisonnable, seul conforme à l'esprit général de la Genèse, et particulièrement à celui de l'histoire de la création, comme il est facile de le montrer.

Admettons un moment l'interprétation de Deluc, transformons en périodes les cinq premiers jours, puisqu'il ne fait commencer la chronologie de Moïse qu'au sixième, en même temps que l'homme. On nous permet de donner à ces périodes telle étendue que nous voudrons; soyons cependant plus modérés que toute la géologie spéculative, et n'attribuons à chaque période qu'une longueur de trois mille ans. Maintenant ouvrons le livre de la Genèse. Les plantes sont créées dans la troisième période, les animaux de la mer et les oiseaux dans la cinquième; mais il ne commença à pleuvoir sur la terre qu'après la création de l'homme; il n'y eut jusque-là que de simples rosées (ch. II, v. 5 et 6); d'où il suit que les plantes auraient dû exister sans eau pendant neuf mille ans, et les oiseaux pendant six mille ans, car les courants ne pouvaient être alimentés que par les pluies. Il faudrait encore admettre que les eaux réunies dans le bassin des mers, au commencement de la troisième période, auraient été sans marées jusqu'au moment de la création de la lune, accomplie dans la quatrième période, c'est-à-dire pendant trois mille ans, et que le paradis terrestre, planté d'arbres *dès le commencement*, ce qui veut dire, sans doute, à l'époque de la création des plantes, aurait échappé jusqu'à l'arrivée de l'homme, c'est-à-dire pendant neuf mille ans, à toutes les révolutions que la géologie hypothétique attribue à l'action des causes secondes pendant le cours de ces périodes.

Moïse nous montre Dieu donnant à l'homme qu'il vient de créer l'empire sur les plantes et les animaux. Tout lecteur exempt d'idées systématiques avait compris jusqu'à cette heure que les espèces animales et végétales, dont l'homme fut déclaré le maître, étaient les mêmes que Dieu avait créées au troisième et au cinquième jour, puisque Moïse ne nous parle que de celles-là. Mais dans le système des périodes indéterminées, Dieu n'aurait pas pu livrer à l'homme le sceptre des règnes précédemment créés, parce que toutes les espèces de ces règnes avaient déjà cessé d'être à l'époque de la création de l'homme. Demandez à Deluc et à ses partisans; ils vous diront que l'homme et les espèces en question n'ont pas été contemporains; que les espèces qui existent maintenant avec l'homme n'existaient point encore aux époques reculées dont nous parlons, par la raison qu'on ne retrouve point les débris de leurs générations dans les couches anciennes du globe, et que celles qui ont laissé leurs restes dans ces mêmes couches n'ont point vécu en même temps que lui, par la raison qu'on ne les retrouve plus avec lui à la surface de la terre, ni dans les couches superficielles où se montrent des restes de l'homme lui-même. Il en résulterait donc que Moïse nous a entretenu de la création des espèces avec lesquelles la nôtre ne devait jamais avoir de rapports, mais qu'il ne nous a rien dit de la création de celles que Dieu a livrées à notre empire.

Ce n'est pas tout. Accordez-vous à MM. Deluc, Férussac, Ampère, etc., que la création des diverses espèces de plantes, puis celle des diverses espèces d'animaux, tant aquatiques que terrestres, a été successive? alors vous abandonnez le sens du texte sacré, d'après lequel chaque grand groupe est arrivé à l'existence en un même instant, *germinet terra... et protulit*. Maintenez-vous l'unité de temps dans la création de chaque groupe? alors, vos périodes génésiaques n'ont plus rien de commun avec celles de ces géologues, auxquels vous faites d'inutiles concessions; car pour eux la succession des diverses espèces perdues dans les couches du sol est en rapport avec leur ordre de création et le traduit; c'est pour cela qu'ils vous demandent non-seulement des périodes de temps indéfinies, mais encore des créations successives, correspondant à tous les points de la durée de ces périodes. Enfin, ce ne serait pas encore assez pour eux, si la création successive des espèces de chaque groupe n'était répartie qu'aux différentes époques de sa période respective; pour que l'interprétation qu'ils nous donnent des faits pût s'identifier avec les périodes que Deluc attribue à Moïse, il faudrait que la succession des différentes espèces de plantes dans les dépôts du globe se terminât au point où commencerait la succession des différentes espèces d'animaux aquatiques, et que celle-ci se trouvât épuisée à son tour lorsque apparaîtraient les premiers animaux terrestres; alors seulement, il y aurait correspondance dans le système des périodes génésiaques, entre l'ordre de succession et l'ordre de création. Or, est-ce dans cet ordre général de succession que se présentent les fossiles? Nullement; tout le monde sait que la série des différentes espèces végétales se continue sans interruption depuis les premières couches des terrains jusqu'aux dernières, et qu'il en est de même de la série des espèces animales; ainsi, la création du règne végétal n'aurait pas occupé exclusivement la période du troisième jour, pas plus que celle des animaux aquatiques n'aurait été renfermée tout entière dans la cinquième période génésiaque; il faudrait admettre que le Créateur a donné l'existence à de nouvelles espèces de plantes dans la période des animaux aquatiques et à de nouvelles espèces d'animaux aquatiques dans la période des animaux terrestres; et c'est en effet ce que veut la géologie hypothétique, ou plutôt, sans tenir plus de compte des divisions de la Genèse que de celles de Deluc, elle dit que Dieu a créé de nouvelles espèces à tous les points de la durée des temps pour remplacer les anciennes à mesure qu'elles s'éteignaient.

Je n'ai point à examiner en ce moment l'hypothèse des créations successives; mais je crois en avoir assez dit pour justifier le jugement que M. Letronne a porté des périodes génésiaques de Deluc. « Deluc et ses imitateurs n'aperçoivent, dit-il, que ce moyen de se procurer le temps nécessaire pour la formation des diverses couches qui composent l'écorce du globe; c'est acheter bien cher l'avantage de faire de Moïse un géologue; car cette fameuse interprétation, contraire à l'ensemble du texte, le rend complétement inintelligible.» (*Revue des Deux Mondes*, mars, 1834.)—M. Ami Boué ne traite pas moins rudement cette *fameuse interprétation*. « Ce n'est, dit-il, qu'en changeant le sens naturel des mots et en bouleversant la suite des idées que les Pères de l'Eglise (un seul), comme les géologues bibliques, depuis Burnet et Whiston jusqu'à Kirwan, Deluc et Fairholme, ont pu réussir à faire accorder la Genèse avec leurs idées. Ainsi tous ont trouvé dans le mot jour du récit de la création l'indication commode d'un espace de temps que chacun pouvait allonger ou raccourcir à sa guise; or, cette interprétation reçue, tout le reste du récit devient inexplicable lorsqu'on part du point de vue scientifique. » (*Bul. de la Soc. de géol.*, vol. V, 1834.)

Laissons donc là les périodes de Deluc, dont se moquent à si bon droit tous les hébraïsants, et revenons à l'interprétation littérale du texte sacré. Quand le mot *jour* en hébreu est joint aux mots *soir* et *matin*, comme dans l'histoire de la création, il désigne toujours une durée de vingt-quatre heures. Traduire par *temps indéterminé* la phrase hébraïque, *il y eut soir, il y eut matin, un jour*, c'est en faire une expression sans analogue dans aucun autre endroit de l'Ecriture, et supposer que Moïse a voulu parler un langage inintelligible. Avec cette interprétation, quel sens donnera-t-on aux mots *jour, soir, matin*, dont le premier exprime une durée que les autres limitent avec tant de précision? Quel temps limiteront-ils dans les périodes illimitées?

Quand même le phénomène du jour et de la nuit n'aurait pu s'opérer complétement avant la création du soleil et celle des animaux, l'intention qu'avait Moïse d'exprimer un jour plein, un espace de vingt-quatre heures, justifierait assez l'emploi des mots *soir* et *matin*, puisque c'est en joignant ces mots au mot *jour* que la langue hébraïque explique cette durée avec le plus de précision; tandis que s'il eût voulu nous donner l'idée d'un temps vague, les mots *soir* et *matin* formeraient un véritable non-sens.

Si le sens du texte était équivoque, ce n'est pas dans la géologie que j'en trouverais le commentaire explicatif, mais dans Moïse lui-même. L'historien de la création nous apprend que Dieu bénit et sanctifia le septième jour comme étant celui de son repos, après l'accomplissement de toutes ses œuvres. Ce jour appartient encore à la série des jours génésiaques, puisqu'il est nommé le *septième* (*Gen.*, ch. II, v. 2 et 3). — La circonstance de cette bénédiction est rappelée dans l'*Exode*, elle y est accompagnée du précepte qui règle le temps du travail de l'homme et celui de son repos. « Six jours tu travailleras et tu feras ton œuvre, et le *septième*, jour du Seigneur, ton Dieu, tu ne feras aucun travail.... car en six jours, le Seigneur fit le ciel, et la terre, et la mer, et tout ce qu'ils contiennent, et il se reposa au *septième* jour, il le bénit et le sanctifia. »(*Exode*, ch. XX, v. 9, 10, 11). — Ainsi, les sept jours de la création ont formé ceux de notre semaine. Moïse n'a pas employé d'autres termes pour désigner les uns et les autres; les jours pendant lesquels le Seigneur a créé et organisé le monde sont les jours pendant lesquels l'homme travaillera; le jour où le Seigneur cessa de créer, sera le jour où l'homme interrompra ses travaux. Les jours de la création étaient donc comme les nôtres des durées de vingt-quatre heures, et Deluc l'aurait compris, s'il avait eu l'esprit libre de systèmes (1).

La critique sacrée a le droit de lui faire encore un autre reproche. Il affirme que les anciens continents n'existent plus, qu'ils ont été engloutis par la catastrophe du déluge, et Moïse nous dit positivement le contraire, du moins pour la partie du continent asiatique habitée par l'homme immédiatement avant le déluge.

III. DE LAMÉTHERIE. — *Théorie de la terre*. Paris, 1797. — Tandis que Deluc faisait rétrograder la géologie par plusieurs de ses idées systématiques, de Laméthérie cherchant dans les phénomènes présents l'explication de tous les phénomènes passés, la faisait avancer et continuait l'œuvre de Buffon et de Pallas. A part son exagération des précipitations chimiques, il était sur tous les points de la science dans la voie rationnelle. Les charbons, les vol-

---

(1) Voir à la fin du volume une note sur les jours de la création.

cans, les tremblements de terre, les atterrissements, tous les faits géologiques sont expliqués par des causes naturelles, saisissables, connues, susceptibles d'être analysées.

Il a remarqué le fait général de la localisation des couches et des terrains sédimenteux qui réfute cette généralisation artificielle des superpositions, de laquelle on a tiré tant de fausses conséquences. Il a vu que les eaux continentales produisent en ce moment dans la mer des couches qui alternent avec des dépôts marins; mais les effets de cette action alternative des eaux douces et des eaux marines dans les anciens terrains, paraissent lui avoir échappé. Il a compris et prouvé qu'il n'y avait pas de généralisation possible des phénomènes, parce que les faits, comme leurs causes, varient en intensité et dans leur nature, suivant les localités; ce qui l'a conduit à démontrer le synchronisme des formations aqueuses entre elles et de celles-ci avec les formations ignées. L'action des deux causes générales a donc été simultanée et locale. Ce sont là de belles observations.

Il n'admet qu'une seule origine primordiale et simultanée des végétaux et des animaux. Il repousse les révolutions générales. Les espèces fossiles le sont devenues par des causes naturelles. Les espèces éteintes ont péri par des circonstances locales, c'est-à-dire, comme il l'explique, parce qu'elles ne se trouvaient plus dans des milieux convenables, ou par des changements de température, et il donne pour raison d'un changement de climat, que tous les pics et tous les plateaux étaient autrefois moins éloignés de la surface des eaux.

On trouve dans son livre l'analyse de plus de soixante systèmes, et il n'en avait pas épuisé le nombre. Ce déluge d'explications *à priori* faisait dire à Cuvier, « qu'une science de faits et d'observations avait été changée en un tissu d'hypothèses tellement vaines et qui se combattent tellement, qu'il était devenu presque impossible de prononcer son nom sans exciter le rire. » (*Rapport* de M. Cuvier *sur la théorie de la surface de la terre, par M. André*. Paris, 1806.) — En écrivant ces paroles, l'auteur du *Discours sur les révolutions du globe* était sans doute bien loin de penser que ses hypothèses géologiques allaient bientôt s'ajouter à ce nombre déjà si considérable de systèmes plus ou moins absurdes que l'esprit invente et que le bon sens détruit.

IV. — DE LAMARCK, 1802-1817. — Du temps de Lamétherie, son ami Lamarck touchait de main de maître à la géologie paléontologique. Dans sa *Description des coquilles fossiles des environs de Paris*, 1802-1806, il a donné un bel exemple de la manière dont on doit procéder dans l'étude de la conchyliologie appliquée aux questions zoologiques, regardant les coquilles comme de premier ordre pour éclairer *la véritable théorie de notre globe* et pour *mesurer les modifications que les espèces vivantes subissent avec l'état des lieux qu'elles habitent.*

Il ne se contenta pas d'établir que les coquilles fossiles appartenaient à la série vivante ; que beaucoup d'entre elles avaient leurs analogues vivantes. Il chercha dans l'étude des coquilles vivantes les caractères nets et précis qui distinguent une coquille d'eau douce d'une coquille marine (*Dict. hist. nat.* de Déterville, art. Conchyliologie, 1817, et *Hist. des anim. sans vertèbres*, 1815). Le résultat de cette étude, appliqué à la géologie, devait conduire à la distinction des formations marines et des formations d'eau douce, et par suite à reconnaître les alternances de ces deux sortes de formations, pas immense qui ouvrait la voie à tant d'autres progrès.

CHAPITRE IV.

GEORGES CUVIER. — DILUVIUM DES GÉOLOGUES.

7. Cuvier. — *Essais sur la géologie minéralogique des environs de Paris.* 1811. — Cet ouvrage fut composé conjointement avec M. Alexandre Brongniart, qui y eut la plus grande part, d'après Cuvier lui-même. (*Recherches sur les ossements fossiles des quadrupèdes*, etc. 1821-1825). Toute sa doctrine est dans le *Discours préliminaire sur les révolutions de la surface du globe, et sur les changements qu'elles ont produits dans le règne animal.* — Lorsqu'il publia ses idées, l'époque où se trouvait la géologie ne ressemblait pas, comme il le dit, *à celle où quelques philosophes croyaient le ciel de pierres de taille, et la lune grande comme le Péloponèse* (*Discours prélim.*, p. 4). Déjà nous avions Buffon, Pallas, de Saussure, Werner, de Lamétherie, etc. ; nous n'étions donc pas si misérables. Au lieu de suivre la route ouverte à l'observation par ces hommes modestes et laborieux, et d'encourager de son exemple l'étude des causes connues, Georges Cuvier, plus anatomiste que géologue, affirme au contraire que rien ne serait plus infructueux que des re-

cherches faites dans cette direction ; il pense « que le fil des opérations de la nature est rompu ; que sa marche est changée, et qu'aucun des agents qu'elle emploie maintenant ne lui aurait suffi pour produire ses anciens ouvrages. » (*Discours.*) Son hypothèse si adroitement encadrée dans ce magnifique discours sur les révolutions de la surface du globe, dont elle est la partie la plus faible, a nui aux progrès de la géologie, autant que ses belles *Recherches sur les ossements fossiles* lui ont servi, sous un autre rapport ; car ce second travail a préparé l'*Ostéographie* de M. de Blainville, qui le corrige, et les travaux de MM. Adolphe Brongniart, Deshayes, Agassiz, Milne Edwards, Lartet, Michelin et tant d'autres, sur les débris des diverses classes des deux règnes organiques, ensevelis dans les couches du sol.

Les idées géologiques de Cuvier se rapprochent beaucoup de celles de Deluc. Le point de départ est le même : *Les causes qui ont produit les couches géologiques ou sont éteintes ou se tiennent en repos, depuis l'émersion des continents que nous habitons.* D'accord sur ce principe, les deux auteurs diffèrent peu dans l'explication des phénomènes ; pour Deluc, le siège des êtres terrestres et d'eau douce s'est écroulé souvent et la mer est venue occuper ces enfoncements ; de là l'association, dans l'ancien lit de cette mer, des débris d'animaux et de plantes terrestres et d'eau douce avec des animaux marins. Cependant les animaux terrestres et d'eau douce ne sont pas toujours confondus dans les mêmes dépôts avec les animaux marins. Les uns et les autres occupent souvent des couches distinctes, des couches composées de substances minérales différentes, et celles qui contiennent les êtres terrestres et d'eau douce sont aussi parfaitement stratifiées que les couches marines. Ces circonstances de gisement, que Cuvier avait pu observer dans l'ancien bassin de Paris, renversaient l'explication de Deluc; on ne pouvait plus admettre que les dépôts où sont renfermés les animaux terrestres, fluviatiles et lacustres avaient été formés par la mer ; c'est pourquoi Cuvier, modifiant l'idée de Deluc, suppose, il est vrai avec lui, que la mer est venue occuper le siège des animaux terrestres, mais après l'enfouissement de ceux-ci dans des dépôts formés auparavant par les fleuves et les lacs. Cependant, comme s'il eût craint de s'éloigner encore trop du géologue genevois, il admet que les irruptions de la mer sur les continents ont été subites, et qu'elles ont détruit et enfoui sur place les animaux terrestres qui vivaient à ces époques ; tandis que les espèces marines ont péri par l'effet des variations survenues dans leur propre élément.

Voici son système. En reprenant avec MM. Cuvier et Alexandre

Brongniart les couches qui affleurent autour de Paris, on doit se représenter d'abord « une mer qui dépose sur son fond une masse immense de craie. — Cette mer se retire ; son siége devient celui des plantes et des eaux douces, qui remplissent les dépressions du sol marin, d'argiles, de lignites et de coquilles fluviatiles. — Une autre mer nourrissant une prodigieuse quantité de mollusques différents de ceux de la craie, vient couvrir de ses dépôts les dépôts d'argile et de lignites. — La mer se retire et le sol se couvre de lacs qui déposent du gypse et des marnes. — La mer revient encore ; elle nourrit des coquilles bivalves, turbinées, puis des huîtres. — Enfin la mer se retire entièrement pour la troisième fois. Des lacs ou mares d'eau douce la remplacent et couvrent des débris de leurs habitants presque tous les sommets des coteaux. » Mais les terrains tertiaires supérieurs à ceux des environs de Paris « avaient également subi jusqu'à deux ou trois irruptions de la mer, avant la dernière révolution qui a mis à sec les pays que nous habitons aujourd'hui. » (*Discours prélim.*) — Par conséquent, Cuvier admettait quatre ou cinq irruptions de la mer pour la formation des couches marines de nos terrains tertiaires.

Dans son *Discours préliminaire*, il applique son interprétation des faits tertiaires aux terrains de tous les âges. C'est là qu'il cherche à prouver que ces invasions de la mer sur la terre habitée ont été nombreuses, subites, les premières seules à peu près générales et quelques-unes antérieures à l'existence des êtres vivants. Il examine les effets des causes actuelles, les atténue et les trouve sans proportion avec les phénomènes anciens. Il passe en revue quelques systèmes ; il parle de je ne sais plus quel auteur qui faisait provenir les roches fossilifères des pays de la lune ; mais il ne dit rien de la *Théorie de la terre* de Buffon, ni des travaux de Pallas, que leur solidité maintient encore aujourd'hui à la hauteur de la science ; il expose ensuite ses principes de détermination, le nombre des espèces fossiles déterminées par lui, et après avoir considéré le rapport de ces espèces avec les dépôts du sol, il donne des preuves physiques, puis des preuves historiques de la nouveauté des continents actuels, et il conclut en ces termes : « Je pense donc avec MM. Deluc et Dolomieu que s'il y a quelque chose de constant en géologie, c'est que la surface de notre globe a été la victime d'une grande et subite révolution, dont la date ne peut remonter beaucoup au delà de cinq ou six mille ans ; que cette révolution a enfoncé et fait disparaître les pays qu'habitaient auparavant les hommes et les espèces des animaux aujourd'hui les plus connus ; qu'elle a, au contraire, mis à sec le fond de la dernière mer, et en a formé les pays aujourd'hui habités ; que c'est depuis cette révolution que le petit nombre d'individus épargnés par elle se sont répandus et propagés sur les terrains nouvellement mis à sec, et par conséquent, que c'est depuis cette époque seulement que nos sociétés ont repris une marche progressive, qu'elles ont formé des établissements, élevé des monuments, recueilli des faits naturels, et combiné des faits scientifiques. » (3e édit., p. 138.)

« C'est cette conclusion, dit M. de Blainville, qui, répétée dans la chaire chrétienne par un grand orateur, et redite dans une foule de recueils et de compilations, a concilié à Cuvier la bienveillance des théologiens. Ils se sont arrêtés à la superficie des énoncés, sans pénétrer dans le fond du système ; ils ont cru y trouver un accord facile avec la tradition mosaïque. D'autres hommes, placés à un autre point de vue, ont accusé Cuvier d'avoir déguisé son matérialisme pour accorder la science avec Moïse. Mais ni les uns ni les autres ne nous semblent avoir compris la question ; car si, d'une part, Cuvier, par quelques phrases, paraît favoriser le récit de Moïse sur le déluge universel, de l'autre, tout son système est impossible à accorder avec tout le reste du récit de l'auteur sacré, à moins de faire au texte la violence la plus grande, de renverser toutes les lois du langage, de la philologie et de la logique. Du reste, cette conclusion d'un déluge que tout, dans les sciences historiques et traditionnelles, démontre certaine, n'est, en géologie, ni prouvée ni infirmée, et cela vaut beaucoup mieux que d'identifier une doctrine certaine, celle de Moïse, avec des systèmes destructibles du jour au lendemain. » (*Hist. des sciences de l'organisation*, t. III, p. 404.)

Le système de Cuvier fut saisi avec ardeur ; il fit école. La raison de son succès était dans la réputation de l'auteur et dans les qualités littéraires de son livre. M. de Blainville ne pouvait se dispenser d'analyser les travaux de Cuvier. On ne lira pas sans intérêt les passages suivants de cette analyse, où la théorie des révolutions du globe est examinée particulièrement au point de vue de la logique.

Preuves que ces révolutions ont été nombreuses. — Cuvier les tire de la différence d'étendue et de nature des dépôts superposés, et des différences entre les espèces d'animaux qui s'y trouvent. « Il s'y est, dit-il, établi des variations successives, dont les premières seules ont été à peu près générales et dont les autres paraissent l'avoir été beaucoup moins. Plus les couches sont anciennes, plus chacune d'elles est uniforme dans une grande étendue ; plus elles sont nouvelles, plus elles sont limitées, plus elles sont sujettes à varier à de petites distances. » Ces faits prouvent simplement que la cause qui les a produits agissait à l'origine sur une plus grande échelle, et que plus tard l'étendue de son action était moindre ; ainsi, par exemple, un fleuve qui avait un vaste lit et une large embouchure, après avoir presque comblé l'une et l'autre, a pu se partager en diverses branches séparées par d'immenses deltas, et former dans ces nouveaux lits et ces nouvelles embouchures de nouvelles couches différentes des premières, parce que les matières tant brutes qu'organiques qui se trouvaient sur les rives des nouveaux fleuves, dérivés du grand fleuve primitif, n'étaient plus les mêmes, ayant varié par des circonstances toutes naturelles, soit de succession d'habitation, soit autres. Mais cela ne prouve ni des irruptions de la mer sur des continents auparavant habités, ni des variations dans la nature du liquide qui auraient fait changer les êtres qui l'habitaient.

Preuves que ces révolutions ont été subites. — Il donne cette preuve pour la dernière catastrophe qui a d'abord inondé et ensuite remis à sec nos continents. « Elle a laissé encore dans les pays du Nord des cadavres de grands quadrupèdes que la glace a saisis, et qui se sont conservés jusqu'à nos jours, avec leur peau, leur poil et leur chair. S'ils n'eussent été gelés aussitôt que tués, la putréfaction les aurait décomposés. Et, d'un autre côté, cette gelée éternelle n'occupait pas auparavant les lieux où ils ont été saisis, car ils n'auraient pas pu vivre sous une pareille température. C'est donc le même instant qui a fait périr les animaux et qui a rendu glacial le pays qu'ils habitaient. » La conclusion est conforme aux prémisses. Et d'abord ces animaux conservés par les glaces sont extrêmement rares ; en outre, leur organisation même prouve qu'ils pouvaient vivre dans un pays froid, puisqu'ils sont couverts de poils comme tous les animaux de ces mêmes pays. Ils pouvaient donc vivre sous une pareille température, y mourir naturellement ou y être accidentellement saisis vivants par les glaces et se conserver ainsi. Leur petit nombre marque bien que ce fait n'est qu'accidentel. Ce n'est donc pas le même instant qui a fait périr les animaux et qui a rendu glacial le pays qu'ils habitaient. Cela ne prouve donc pas une catastrophe subite. Comme Cuvier n'a d'autre preuve de l'instantanéité des révolutions précédentes que l'analogie de la dernière, cela ne prouve donc rien pour aucune.

Preuves qu'il y a eu des révolutions antérieures à l'existence des êtres vivants. — Il les tire « de la cristallisation et de la stratification des sommets escarpés des grandes chaînes qui ne contiennent aucun vestige d'êtres vivants, et de l'apparence de bouleversement que leur obliquité et leur escarpement démontrent. » La cristallisation ne prouve pas une révolution, c'est une loi du règne minéral, et elle peut aussi bien, et même mieux, dans un grand nombre de cas, être attribuée à la liquéfaction ignée qu'à la liquéfaction aqueuse. La stratification conduit seulement à admettre la présence de l'eau sur ces terrains ; l'absence d'êtres organisés prouve seulement que ces terrains ne réunissaient pas toutes les conditions nécessaires pour donner lieu à la formation des fossiles, mais ne prouve nullement que des êtres organisés n'existaient pas sur d'autres points du globe. — Quant à l'obliquité des couches et à l'escarpement des montagnes, c'est là une suite naturelle de la forme et de la destination de la terre. La terre, en effet, ayant été créée pour recevoir des êtres organisés qui auraient besoin de divers climats, de diverses latitudes, de cours d'eau, etc., pour se maintenir, vivre et se perpétuer, la terre a donc dû être formée avec des montagnes et des vallées, afin de fournir ces divers climats, ces diverses latitudes, et donner lieu à l'écoulement des eaux. En outre, elle est créée pour exécuter dans l'espace un mouvement qui est une des conditions de l'existence des êtres vivants à sa surface ; elle a donc dû recevoir une forme arrondie, à laquelle participent les montagnes, qui, par suite du mouvement général de la terre, du mouvement des eaux diverses à sa surface, de l'action des volcans, etc., ont dû nécessairement subir un déplacement de leurs couches ; de là leur obliquité et leur escarpement. Il n'y a donc rien dans tout cela qui prouve des *révolutions antérieures à l'existence des êtres vivants.*

« Les quadrupèdes fossiles, dit-il ailleurs, caractérisent d'une manière plus nette les révolutions qui les ont affectés. Des coquilles annoncent bien que la mer existait où elles se sont formées. » Mais une foule de circonstances peuvent expliquer les variations de leur succession. « Au contraire, tout est précis pour les quadrupèdes ; leur disparition rend certain que cette couche avait été inondée, ou que cette terre sèche avait cessé d'exister. C'est donc par eux que nous apprenons d'une manière assurée le fait important des irruptions répétées de la mer. » (Page 31.) — Tout concourt à prouver que les quadrupèdes fossiles dont veut parler Cuvier vivaient sur le bord des fleuves, et qu'après leur mort ils ont été saisis et entraînés par ces fleuves. Leur disparition n'a donc pas eu lieu par une irruption de la mer, et ne rend pas certain que cette couche avait été inondée ou que cette terre sèche avait cessé d'exister ; elle rend seulement certain que ces animaux n'existent plus. *Ce n'est donc pas par eux que nous apprenons d'une manière assurée le fait important des irruptions répétées de la mer* ; en outre, ce n'est pas par les débris des animaux marins ; donc ces irruptions ne sont rien moins que prouvées...

Cuvier convient lui-même qu'il n'a pas étudié le gisement, chose pourtant absolument nécessaire pour baser sa théorie. « Il s'en faut de beaucoup, dit-il, que j'aie observé par moi-même tous les lieux où ces os ont été découverts ; très-souvent j'ai été obligé de m'en rapporter à des relations vagues, ambiguës, faites par des personnes qui ne savaient pas bien elles-mêmes ce qu'il fallait observer ; plus souvent encore je n'ai point trouvé de renseignements du tout. » (Page 57.) — Mais alors comment hasarder un système que l'on ne craint pas de donner comme certain ? Aussi, après avoir affirmé ses révolutions, ses irruptions successives, avec une autorité dogmatique, il ajoute, sans doute pour éviter le reproche de témérité : « Au reste, lorsque je soutiens que les bancs pierreux contiennent les os de plusieurs genres, et les couches meubles ceux de plusieurs espèces qui n'existent plus, je ne prétends pas qu'il ait fallu une création nouvelle pour produire les espèces aujourd'hui existantes ; je dis seulement qu'elles n'existaient pas dans les lieux où on les voit à présent, et qu'elles ont dû y venir d'ailleurs. »

A la rigueur je pourrais m'en tenir à ces observations de M. de

Blainville sur une théorie tellement dénuée de preuves, que, pour la maintenir pendant quelques années, ses partisans furent obligés de recourir à des arguments auxquels Cuvier lui-même n'avait jamais pensé. Cependant le temps ne lui avait pas manqué; car, entre la troisième édition de son *Discours préliminaire*, refondu et corrigé, où il cherche à établir son système, et la publication de ses *Essais sur la géologie*, etc., où il l'expose pour la première fois, il s'était écoulé plus de quinze ans.

M. Constant Prévost, dans ses *Documents pour l'histoire des terrains tertiaires*, 1827, et surtout dans ses leçons orales, a contribué plus que tout autre à dévoiler les erreurs de ce système. C'est en prenant pour guide ce judicieux professeur, que j'examinerai maintenant l'hypothèse des irruptions itératives dans ses rapports avec les couches et avec leurs fossiles, après avoir établi que ce phénomène des alternances, qui paraît avoir embarrassé Cuvier, continue de s'accomplir sous nos yeux, et qu'à cet égard encore il n'y a rien de changé dans la marche de la nature.

Phénomène des alternances. — Les substances minérales transportées par les fleuves dans les bassins lacustres ou marins ne sont pas toujours les mêmes; leur variation tient à un grand nombre de causes. Les plus ordinaires paraissent être l'action intermittente de certains cours d'eau; les changements qui surviennent dans l'état des montagnes où les courants prennent leur source; la différence minéralogique des terres lavées par les affluents; l'abaissement et l'élévation du niveau de leurs eaux et les irrégularités de leurs crues.

Tel affluent apporte du sable et tel autre de l'argile; mais si la crue n'a pas lieu en même temps pour les deux, il arrivera que celui qui ne l'a pas éprouvée n'apportera presque rien dans le bassin où il débouche, et que nous aurons, par exemple, pour cette première époque, de l'argile et point de sable. L'année suivante, si la crue a lieu dans un ordre inverse, nous aurons du sable et point d'argile; et si les deux affluents viennent à éprouver en même temps l'effet des grandes eaux, il en résultera des marnes argilo-sableuses aussi distinctes des deux couches précédentes que ces deux couches le seront l'une de l'autre, puisque ces trois dépôts se composent de matériaux différents. Que les intermittences dans l'intensité d'action des eaux affluentes se répètent plusieurs fois de la manière que je viens de supposer, elles auront pour effet un nombre plus ou moins considérable de dépôts alternatifs de marnes, de sables et d'argiles. Il y a des affluents qui sont continuels, il y en a qui sont périodiques. Toutes les fois que les produits des uns et des autres ne seront pas identiques, nous aurons encore en superposition des couches minérales différentes. Un ancien affluent transportait des matières charbonneuses ; vient-il à tarir, ses dépôts de lignites pourront être recouverts par les sables ou grès des courants qui lui survivent sur la même ligne. On trouve au pied des montagnes de grandes masses granitiques decomposées par les agents atmosphériques ; les torrents et les pluies en entraînent rapidement les parties argileuses dans les fleuves, qui les transportent à leur tour dans les lacs inférieurs, où elles formeront peut-être le premier terme d'une série de dépôts argileux qui alterneront soit avec les dépôts hétérogènes produits à l'époque des crues par le concours de tous les affluents, soit avec les dépôts calcaires des sources souterraines qui auront leur embouchure dans le même bassin. Il est presque inutile d'ajouter que les matériaux organiques de ces couches différeront autant que leurs matériaux inorganiques. Les couches calcaires contiendront, par exemple, des graines et des tiges de chara, des paludines, des lymnées, des planorbes ; les couches d'argiles, de sables et de marnes offriront, en outre, des plantes et des animaux terrestres, saisis après leur mort et entraînés par les fleuves. On voit donc que les mêmes circonstances qui font varier la qualité des matériaux de la cause aqueuse produisent aussi les *alternances*, c'est-à-dire, la répétition, le retour des dépôts de même nature à des niveaux différents.

Le phénomène des alternances s'accomplit en ce moment par tous nos fleuves ; ainsi le Mississipi charrie tantôt des argiles rouges, tantôt des argiles bleues, tantôt des sables et tantôt d'énormes quantités de bois. Ainsi la Seine est tantôt jaune lorsqu'elle lave le sol argileux de la Bourgogne, et tantôt blanche, quand les sédiments lui sont fournis par la Marne qui lave le sol crayeux de la Champagne.

Si c'est un bassin marin qui reçoit les eaux continentales, les alternances offriront d'autres combinaisons. Il existe deux grands mouvements alternatifs en sens contraire, celui des fleuves qui descendent vers les fonds des matériaux pris sur tous les points élevés, et celui des mers qui remontent vers leurs rivages des matériaux pris dans les fonds. Entre ces deux forces, la lutte est continuelle. A l'époque des grandes inondations, les fleuves refoulent les eaux de la mer et vont transporter leurs matériaux sur des sédiments marins ; ils gagnent encore davantage sur le lit de la mer, dans le temps des basses marées ; mais, à l'époque des fortes marées, la mer refoule à son tour l'eau des fleuves, s'avance dans leurs lits et couvre des débris remontés par ses vagues les dépôts précédemment formés par les eaux douces. Les vents, en favorisant tantôt l'action de la mer et tantôt celle du fleuve, concourent aussi à produire les alternances. Ces causes ne sont pas les seules ; en tout temps, nos grands courants continentaux s'enfoncent plus ou moins dans la mer, et il y en a que l'on y suit à plus de deux cents lieues, à la couleur de leurs eaux. Lorsque, par l'accumulation de leurs dépôts, ces fleuves sont forcés de changer d'embouchure et de direction, l'eau marine, reprenant l'espace qu'ils lui avaient enlevé, l'enduit d'un dépôt qui alterne avec les leurs. Enfin, personne n'ignore avec quelle rapidité l'embouchure de certains fleuves s'avance dans la mer. On peut apprécier la marche des atterrissements sur les bords de la mer d'Azof et sur ceux de la mer Noire, que le Danube comble tous les jours. Les matériaux que le Mississipi charrie à son embouchure se sont avancés de quinze lieues depuis moins de cent ans, au rapport de Volney, de Hall et de Darby, qui ont donné des détails sur cet immense delta. Le lit et les sédiments de ces fleuves occupent donc aujourd'hui des espaces que la mer a dû recouvrir auparavant de ses propres dépôts.

Ainsi s'expliquent, dans une série de dépôts superposés, le mélange de débris organiques marins et d'eau douce, et le retour plus ou moins fréquent soit de couches marines alternant avec des couches d'eau douce, soit de couches d'eau douce alternant avec d'autres de même origine, mais de nature différente. Voilà des phénomènes qui se produisent maintenant dans nos mers, dans nos lacs; ils ont dû se produire aussi et il est certain qu'ils se sont produits dans l'ancienne mer et dans tous les anciens bassins que nous habitons. Les terrains de tous les âges en présentent de nombreux exemples. Les alternances ne supposent donc pas, comme le croyait Cuvier, que la mer, après avoir envahi tel ou tel continent, se serait retirée; que des bassins d'eau douce lui auraient succédé; qu'après un grand nombre de siècles, les bassins d'eau douce auraient fait place à leur tour à une nouvelle mer, et ainsi de suite plusieurs fois alternativement!... Rien ici ne nécessite ces déplacements et ces successions de mers et de fleuves; ce sont les mêmes mers et les mêmes fleuves qui déposent les différentes couches, ces deux causes agissent simultanément et sans interruption; malgré les variations dans les effets au milieu de la ligne, il y a constance à ses deux extrémités, c'est-à-dire, dépôts fluviatiles d'un côté, dépôts marins de l'autre, et intermédiairement alternances des uns avec les autres. Les alternances indiquent bien que sur les points qu'elles occupent il y a eu tour à tour suspension et reprise de l'action marine et de l'action fluviatile, mais sur ces points-là seulement, puisqu'aux extrémités l'observation constate la présence d'une série de couches de même origine, toutes marines ou toutes d'eau douce. Ainsi, dans les terrains tertiaires, on observe que la série des dépôts marins est du côté de nos mers, la série des dépôts d'eau douce du côté de nos fleuves, et au milieu les alternances.

Réfutation du système de Cuvier. — Cuvier avait composé sa théorie d'observations faites sur les terrains tertiaires des environs de Paris ; c'est au moyen d'une longue série de faits, fournis par ces mêmes terrains, mieux étudiés, qu'elle a été combattue par M. C. Prévost. Il a solidement établi qu'elle ne pouvait s'accorder ni avec l'enchaînement des couches d'origine différente, ni avec l'analogie de composition minéralogique des couches de même origine, ni avec le nombre des couches alternantes, ni avec les circonstances de gisement des fossiles, ni avec la proportion numérique qui existe entre ces fossiles et les espèces vivantes.

1° Et d'abord la liaison intime des couches alternantes est incompatible avec le système des irruptions itératives ; car il ne faut pas croire qu'il y ait dans ce fait des alternances une précision rigoureuse, telle qu'elle devrait se trouver si la cause fluviatile avait été complétement étrangère au produit de la couche marine, et réciproquement. Quand on étudie avec soin le point de contact des couches marines et des couches d'eau douce, on ne trouve point, en général, de ligne de séparation nette et tranchée ; on aperçoit des passages, des nuances, des oscillations répétées des unes aux autres, qui ne dépassent pourtant pas certaines limites ; de sorte que les caractères minéralogiques d'une couche ne se dessinent parfaitement que dans ses points médians. Mais de ces points à ceux qui leur correspondent dans la couche suivante, il y a mélange et fusion des deux formations. Ces deux dépôts se faisaient donc dans la même mer, et les apports d'une cause n'avaient pas encore cessé lorsque commençaient les apports de l'autre sur la même ligne ; mais s'il était vrai, comme le veut Cuvier, que la formation supérieure n'eût pris naissance qu'après l'émersion et la solidification de la formation inférieure, ces deux formations ne seraient jamais que contiguës, et sur aucun point elles ne confondraient leurs roches et leurs fossiles. Le système est donc en opposition avec le fait général de la liaison des formations ou des couches d'origine différente. L'analogie et le nombre des couches de même origine ne lui est pas plus favorable.

2° Si les alternances représentaient le nombre des séjours de la mer sur nos continents, il en faudrait admettre, pour les seuls terrains tertiaires de Paris, non pas trois seulement avec Cuvier, mais le double de ce nombre, comme on peut le voir par le tableau suivant, qui indique la disposition des couches, leur nombre et celui de leurs alternances.

Terrains tertiaires parisiens.

<table>
<tr><td rowspan="6">NOMBRE DES ALTERNANCES.</td><td>1.</td><td>Meulières (eau douce).
Marnes à huîtres, sables et grès, marins.</td></tr>
<tr><td>2.</td><td>Gypse et calcaire (eau douce).
Calcaire grossier, marin.</td></tr>
<tr><td>3.</td><td>Marnes à lignites (eau douce).
Calcaire grossier, marin.</td></tr>
<tr><td>4.</td><td>Marnes à lignites (eau douce).
Calcaire grossier, marin.</td></tr>
<tr><td>5.</td><td>Argile (eau douce).
Calcaire grossier, marin.</td></tr>
<tr><td>6.</td><td>Argile (eau douce).
Calcaire pisolitique, marin.</td></tr>
</table>

Les terrains de Paris représentent seulement les étages moyen et inférieur du système tertiaire, et ils offrent jusqu'à six fois le retour du phénomène des alternances ; par conséquent, il faudrait admettre, pour la production des couches marines de ces deux étages, autant d'invasions successives de l'ancienne mer sur nos continents. Mais, dans l'étage supérieur, les formations marines et d'eau douce sont encore séparées plusieurs fois en couches alternatives. Ce n'est pas tout : les terrains inférieurs aux tertiaires, qui, sans nul doute, sont le produit des mêmes causes, ont aussi leurs alternances, et la superposition de formations tour à tour marines et d'eau douce, s'y observe si souvent, que les géologues citent plus de soixante exemples de cette disposition dans le seul terrain houiller. A ce nombre prodigieux d'occupations de notre terre par l'Océan, il faudrait ajouter, pour expliquer l'existence des couches d'eau douce, un nombre égal de fleuves différents, qui se seraient succédé les uns aux autres dans les intervalles des retraites et des retours des flots marins!...

3° Cette merveilleuse histoire des révolutions du globe ne s'accorde pas mieux avec l'analogie des couches constitutives d'une même formation, analogie qui ne permet pas de les prendre pour le produit de fleuves et d'océans différents. En effet, en supposant que les mers aient six fois envahi subitement l'ancien bassin de Paris, qu'elles l'aient chaque fois possédé pendant des milliers de siècles, et qu'entre leurs retraites et leurs retours, six fleuves soient venus successivement superposer leurs dépôts aux dépôts océaniens, est-il croyable que, durant tout le cours de ces longues et terribles révolutions, toutes les autres circonstances soient constamment restées les mêmes, tant du côté de ces mers que du côté de ces fleuves? C'est pourtant ce que l'on serait obligé d'admettre, en acceptant la théorie des irruptions marines.

Les terrains de Paris renferment au moins deux couches de lignites, deux d'argiles, quatre de calcaires grossiers ; mais ces calcaires sont tellement semblables, que si l'on fait abstraction des dépôts d'eau douce qui les séparent, on ne saurait plus les distinguer les uns des autres ; et si l'on place de même en série continue les dépôts d'eau douce, les lignites et les argiles, on retrouve les mêmes rapports de ressemblance, la même analogie ; il faut donc que tous ces dépôts analogues aient été formés par la même mer ou par les mêmes fleuves ; à moins de supposer que quatre mers différentes se sont entendues pour n'apporter sur le *même point* que du calcaire grossier *semblable*; que deux fleuves séparés par un grand nombre de siècles ont cependant lavé le même sol argileux, suivi la même ligne, et déposé leurs sédiments *semblables* sur le *même point* abandonné par les mers, et que deux autres courants, après avoir raviné des forêts d'*espèces identiques*, et resemées, on dirait tout exprès, dans les *mêmes pays*, en ont transporté les débris dans le *même lieu* choisi par les mers et les fleuves précédents pour être le siége de *combinaisons semblables !* Que serait-ce si l'on transportait ce raisonnement sur tous les terrains inférieurs, ou que l'on se contentât seulement de l'appliquer au terrain houiller, dans lequel les alternances sont de huit à dix fois plus nombreuses !

4° Le résultat donné par l'étude des couches, celle des fossiles le confirme pleinement. Si, se plaçant au point de vue de Cuvier, on se met à étudier le gisement des fossiles sous l'influence de cette idée que les êtres dont ils sont les restes ont été saisis vivants par de subites irruptions de la mer, et puis recouverts de sédiments par cette même cause violente et perturbatrice,—on s'attend à les trouver, non dans des dépôts régulièrement stratifiés et homogènes, mais dans des couches marines très-mélangées, contournées, offrant tous les caractères de dépôts diluviens ; on se les représente non pas répartis à tous les niveaux des couches, mais placés à une même zone et en contact d'une part avec le sol où ils vécurent, et de l'autre avec les matières déposées par ces grandes lames marines ; on cherche les effets de cette cause puissante et désordonnée, dont l'action devait embrasser une immense étendue du sol, dans des amas de squelettes ou d'ossements appartenant à des animaux terrestres, marins et d'eau douce, confondus pêle-mêle avec des coquilles et des végétaux de toute espèce, de tout site, de toute région, de tout climat. Mais au lieu de ces circonstances caractéristiques des dépôts diluviens, on ne trouve le plus souvent, avec les fossiles terrestres, que des coquilles d'eau douce ; on ne voit nulle part d'accumulations d'os immédiatement sous des sédiments marins, entre ceux-ci et un sol différent que l'on pourrait regarder comme celui qu'ils auraient habité ; c'est dans des sédiments homogènes et parfaitement stratifiés, des marnes, des gypses, des argiles, que l'on trouve beaucoup de mammifères terrestres. Au lieu d'être placés au même niveau, ils sont échelonnés à toute hauteur, et les espèces sont tellement propres à chaque couche, que c'est par elles bien souvent que l'on distingue les couches elles-mêmes. Rien donc ne ressemble moins aux effets d'une cause subite et violente que le gisement des fossiles terrestres dans les couches du sol.

Il y a sans doute des gisements qui indiquent des inondations violentes, il y a de vraies formations diluviennes ; mais ce phénomène, purement local et exceptionnel, n'a rien de commun avec des irruptions de la mer. L'observation des fossiles montre que ces cataclysmes ont été produits par des eaux douces qui se sont rapprochées de la mer en s'épanchant, comme si des lacs, par la rupture de leurs digues, s'étaient vidés dans le bassin marin.

« J'ai vu très-souvent, dit M. C. Prévost, des lits qui renfermaient des coquilles marines reposer immédiatement sur des lits dont les fossiles d'eau douce ne paraissaient nullement avoir été altérés ni dérangés, quoiqu'ils fussent très-délicats et qu'ils n'adhérassent en aucune manière aux couches meubles qui les renfermaient. » Comment concilier ces circonstances de gisement avec la supposition de Cuvier ? Si de subites invasions des mers avaient produit les couches marines qui recouvrent immédiatement les couches d'eau douce meubles, n'auraient-elles pas auparavant emporté, brisé les coquilles libres et fragiles déposées à la surface de celles-ci ? Que dis-je ? n'auraient-elles pas constamment ravagé, balayé cette surface meuble ? Ou, dans le cas contraire, n'existerait-il pas des points, soit dans les terrains tertiaires, soit dans les systèmes plus anciens, où l'on pourrait constater d'une manière certaine l'existence d'un sol autrefois habitable, et ayant éprouvé les influences atmosphériques, avant d'avoir été recouvert par des dépôts plus récents ? « Quoi ! s'écrie M. C. Prévost, la mer serait venue chercher les animaux terrestres dans leurs demeures, elle les aurait tués et enfouis sur place, et cette cause, impuissante à faire disparaître de petites espèces, comme des rongeurs, des oiseaux, dont on trouve souvent les squelettes presque intacts dans le gypse, aurait cependant arraché, détruit, annihilé toutes les forêts, ainsi que le sol végétal qui les alimentait ; elle aurait enlevé, délayé toutes les tourbières, effacé la trace de tous les cours d'eau, et aucune gorge profonde, aucun vallon abrité n'aurait pu conserver un seul indice de son ancienne exposition aux agents atmosphériques ! Pourquoi la force qui arracherait les plus grands arbres et les ferait disparaître ainsi que leurs plus petites racines, laisserait-elle sur le lieu qu'ils occupaient les animaux noyés ?» (*Dissertation géologique*, 1827.)

Les cavernes à ossements, les éléphants des sables de la Russie, les végétaux des houillères ont paru un moment favorable à la thèse des *révolutions de la surface du globe;* mais ces gisements célèbres, interrogés de nouveau par des observateurs exempts d'idées préconçues, ont pleinement confirmé le principe du transport des fossiles terrestres par les courants continentaux. Les couches et leurs fossiles s'y présentent avec les mêmes caractères que partout ailleurs, et nulle part il n'a été possible d'y reconnaître la moindre trace d'un sol qui eût été auparavant le siége des plantes et des animaux terrestres.

5° Enfin si ces cataclysmes imaginés pour expliquer la destruction des espèces perdues, avaient eu lieu, ils auraient atteint et enfoui tous les êtres vivants sur le sol précédemment émergé, et nous devrions avoir dans les plantes et les animaux fossiles la faune et la flore de toutes les régions, des montagnes et des plateaux, comme des vallées, des lacs et des fleuves. Pourquoi donc n'a-t-on pu réunir que mille espèces environ de plantes fossiles, lorsque nos herbiers en possèdent plus de quatre-vingt mille espèces vivantes? Pourquoi ne trouve-t-on en général dans les dépôts qui contiennent des espèces continentales que des végétaux ou des animaux analogues à ceux qui vivent dans nos eaux douces, ou près des courants ou à leurs embouchures, si ce n'est parce que ceux-là seulement ont pu être saisis après leur mort, par les fleuves, et entraînés dans les bassins lacustres ou marins, où nous les retrouvons aujourd'hui.

Ce qui était démontré depuis longtemps pour les êtres marins en général, l'est donc également pour les êtres terrestres. Toutes les circonstances de leur gisement déposent en faveur du principe de l'entraînement des plantes et des animaux par les courants. Ils n'ont point été enfouis sur place; ils n'ont point vécu dans les lieux qui gardent leurs débris; ils y ont été transportés après leur mort. Les substances minérales qui les enveloppent sont des sables, des grès, des marnes, des argiles, matières enlevées aux continents; ces substances sont disposées en couches stratiformes, comme les couches marines, c'est-à-dire, composées de feuillets ou apports successifs, minces, superposés comme ceux d'un livre, et montrent par là qu'elles sont le produit d'une cause lente, tranquille, uniforme, régulière, en tout analogue à nos courants continentaux. Les fossiles, au lieu de se tenir à la partie inférieure de ces couches, y sont répartis à tous les niveaux; ils entrent dans la composition des strates; ils ont donc été apportés un à un, par la même action mécanique des eaux courantes qui ont apportés grain à grain les autres matériaux des couches. Ils sont le produit des courants lacustres et pluviatiles et non le résultat des irruptions de l'Océan sur un sol antérieurement émergé et habité. Les irruptions marines repoussées par la géologie, le sont aussi par les géomètres et les astronomes, qui démontrent avec Laplace la stabilité de l'équilibre des mers (*Exposit. du système du monde*, ch. xii).

Avant d'en finir avec l'hypothèse de Cuvier étudiée dans ses rapports avec la science, il importe d'observer que ce jeu de retraites et de retours de la mer avait été mis en avant pour expliquer la destruction des grands quadrupèdes dont il rattachait l'existence à quatre périodes. La première et la plus ancienne était celle des quadrupèdes ovipares, ces grands reptiles qui s'étaient montrés les premiers dans les couches inférieures avant le dépôt de la craie. La seconde, celle des *palœotheriums*, des *lophiodons*, des *chéropotames*, etc., comprenait l'étage moyen des terrains tertiaires, c'est-à-dire le gypse, les sables ou grès moyens et les bassins lacustres. Dans la troisième, les *mastodontes*, les grands éléphants, les rhinocéros, les hippopotames, les ruminants, les carnassiers, etc., occupaient exclusivement l'étage tertiaire supérieur, formé des faluns de la Touraine, des cavernes à ossements, des brèches, d'une grande partie du diluvium, etc.; la quatrième était celle de l'homme, des quadrumanes et de tous les animaux vivants où dont on trouve des restes dans le *diluvium à globes erratiques* et dans toutes les couches dites alors *postdiluviennes*. On supposait donc que ces quatre groupes d'êtres n'avaient paru sur la terre que successivement, qu'ils y avaient vécu inconnus les uns aux autres, puisqu'ils avaient été séparés par les irruptions destructives de l'Océan, lesquelles expliquaient leur absence du monde actuel et des dépôts supérieurs à ceux où l'on retrouvait leurs débris. C'est donc sur le fait présumé de la disparition complète, à certains étages, de quelques genres et de leur remplacement par d'autres genres *nouveaux* qu'est fondée la théorie des invasions et des retraites alternatives de l'Océan. Mais des découvertes postérieures ont fait voir l'inexactitude de ce fait, comme de tant d'autres faits négatifs dont Cuvier n'aurait pas dû tenir compte. Les chevaux et les quadrumanes, animaux de notre période, descendent jusqu'aux tertiaires moyens, à Sansan, près d'Auch, où ils sont associés aux rhinocéros, aux mastodontes, aux carnassiers, etc., animaux de la troisième période, et aux *palœotheriums*, de la seconde ; et les *palœothe-*

riums, les *lophiodons*, les cétacés remontent jusqu'aux tertiaires supérieurs, dans les sables fluvio-marins de la Touraine, dans ceux de Montpellier et de Montabuzard, où ils se trouvent encore en compagnie de tous les autres genres, des rhinocéros, des *mastodontes*, des chevaux, des ruminants et même des reptles dont Cuvier avait fait le premier et le plus ancien de ses quatre âges. Plusieurs espèces perdues de ces genres, entre autres des rhinocéros et des éléphants, sont souvent associées à des os du chien domestique et de l'espèce humaine dans les couches régulières des cavernes à ossements. Tous ces genres ont donc été contemporains; ils ont habité certaines parties de l'Europe à une même époque; ni les uns ni les autres n'ont été détruits par des inondations générales.

Cuvier avait pu entrevoir une partie de ces faits nouveaux qui sont venus donner un démenti à ses idées. Sur cent et quelques espèces de mammifères tertiaires déterminées par lui, onze ou douze, d'après lui-même, sont identiques avec des espèces vivantes, et de ces douze espèces, plusieurs étaient associées dans leur gisement avec des espèces qu'il regardait comme perdues. Mais au lieu de tirer de ces associations des conséquences convenables, il les considéra comme des *cas particuliers*, des exceptions sans importance à la règle générale, de *petites difficultés partielles*, incapables d'arrêter ceux qui embrasseraient comme lui l'ensemble des phénomènes. Comme si ces quelques espèces (pour ne rien dire de plus de cinquante autres que l'étude et le temps y ont ajoutées depuis) n'auraient pas dû suffire pour arrêter des conclusions générales, surtout à une époque où les recherches étaient encore peu avancées ; et, *comme s'il était rationnel et sage*, dit-il ailleurs, se combattant lui-même, *d'appliquer à toute la surface du globe un ordre de choses qui n'a réellement été bien observé que dans l'hémisphère boréal et que sur quelques points qui ne représentent pas la millième partie de cette surface* (*Discours*).

En résumé, Cuvier n'expliquait ni les formations ni leurs fossiles. On a mis plus de deux cents ans à résoudre le problème des couches sédimenteuses. La solution de la dissolution de tous les matériaux du globe, au moyen des eaux, et de leur précipitation simultanée dans le liquide, présentée par Woodward et Whiston, était d'une fausseté évidente. Celle de l'écroulement des pays habités par les animaux et les plantes éteintes, donnée par Burnet et Deluc, pour expliquer la présence des espèces terrestres dans les couches du globe, était incompatible avec la stratification de toutes ces couches et avec la manière dont s'y comportent les fossiles. Enfin, celle des invasions répétées des mers étant tout aussi fausse que les autres, non moins impuissante à rendre raison des faits, et rentrant d'ailleurs dans celle de Deluc, il faut bien revenir à la thèse de Buffon, complétée par l'observation. Il se trouve que l'on a procédé par élimination ; l'expérience est venue confirmer le résultat obtenu par cette méthode, et prouver une fois de plus que c'est par leurs erreurs que les systèmes servent au progrès de la science.

Celui de Cuvier n'est pas moins contraire aux faits révélés qu'à ceux de l'expérience, et les contradictions n'y manquent pas. Il se défend d'admettre des créations successives : « Je ne prétends pas qu'il ait fallu une *création nouvelle* pour produire les espèces aujourd'hui existantes, je dis seulement qu'elles n'existaient pas dans les lieux où on les voit à présent et qu'elles ont dû y venir d'ailleurs. » (*Discours.*) — Mais dans ce même discours, il dit en parlant de ses recherches sur les ossements fossiles : « Je dus m'y préparer par des recherches bien plus longues sur les animaux existants ; une revue presque générale de la *création actuelle* pouvait seule donner un caractère de démonstration à mes résultats sur cette *création ancienne.* » Il appelle les palæotheriums une *première* grande *production* de mammifères ; et il ajoute ailleurs « que le genre des lophiodons vient se joindre à ceux des palæotheriums et des anoplotheriums pour démontrer la *certitude* (nous avons vu que cela n'était pas) d'un état *antérieur*, d'une *création animale* qui occupait la surface de nos continents actuels et qu'une irruption de la mer est venue détruire. » (*Recherches sur les oss. foss.*, t. II, 1ʳᵉ partie, p. 222). Enfin il répète une autre fois « que nous sommes maintenant au moins au milieu d'une quatrième succession d'animaux terrestres, et qu'après *l'âge des reptiles*, après *celui des palæotheriums*, après *celui des mammouths*, *des mastodontes* et *des megatheriums*, est venu *l'âge* où l'espèce humaine, aidée de quelques animaux domestiques, domine et féconde paisiblement la terre. » (*Discours.*)

Il est regrettable de l'entendre faire le procès aux naturalistes qui *regardent*, dit-il, *nos animaux comme des modifications des espèces fossiles, modifications produites par les* VARIATIONS DES MILIEUX *et portées à cette extrême différence par la longue succession des années ;* et de le voir ensuite encourager ces mêmes naturalistes de l'autorité de ses exemples ; car il explique la succession des espèces différentes dans les dépôts marins, par des variations nombreuses qui se seraient établies dans la nature des eaux. « *On comprend*, nous dit-il, qu'au milieu de telles variations dans la nature du liquide, les animaux qu'il nourrissait ne pouvaient demeurer les mêmes. Leurs espèces, leurs *genres même* changeaient avec les couches. Il y a donc eu dans la nature animale une succession de variations qui ont été occasionnées par celles du liquide dans lequel les animaux vivaient ou qui du moins leur ont correspondu, et *ces variations ont conduit par degrés les classes des animaux aquatiques à leur état actuel.* »(*Discours*). — Si vous *ne comprenez pas* comment se peut démontrer la filiation des espèces actuelles à l'égard de prétendues espèces primitives très-différentes, qu'il vous suffise de savoir que toutes ces classes si nombreuses d'êtres aquatiques qui forment plus des trois quarts de la création animale, se sont livrées à leurs variations, et ces variations leur sont fort naturelles; car « leurs changements d'espèces pourraient à la rigueur provenir de changements *légers* dans la nature du liquide ou *seulement* dans la température; ils pourraient avoir tenu à des causes encore plus *accidentelles.* »(*Discours*). Cependant parmi ces changements perpétuels d'espèces par les variations des milieux, qui font sortir une grenouille d'un turbot, que devient la science anatomique elle-même fondée sur la constance des espèces? Que deviennent ces lois que Cuvier se vantait d'avoir découvertes le premier, ces lois *qui président aux coexistences des formes des diverses parties dans les êtres organisés?* Que devient le *règne entier* des animaux qu'il nous dit lui-même être soumis à ces lois invariables? (*Discours*).

Il est vrai que s'il fait varier si facilement et si gratuitement les genres et les classes des animaux aquatiques, d'un autre côté, par une contradiction nouvelle, il établit la persistance de l'espèce pour les animaux terrestres. « Il y a chez eux des caractères qui résistent à toutes les influences soit naturelles, soit humaines, et rien n'annonce que le temps ait à leur égard plus d'effet que le climat et la domesticité. » Enfin, cet anatomiste, qui ne veut pas reconnaître de caractères indestructibles dans les espèces aquatiques, en est tellement préoccupé pour le reste du règne animal, qu'il tombe dans un excès opposé, et semble bien près de nier l'unité d'espèce humaine, parce qu'il y voit des variétés; il dit « que tous les caractères de la plus dégradée des races humaines, celle des nègres, *nous montrent clairement* qu'elle a échappé à la grande catastrophe du déluge sur un autre point que les races caucacique et altaïque, dont elle était peut-être séparée depuis longtemps, quand cette catastrophe arriva. » Ainsi, lorsqu'il refuse au climat, à l'excès de la chaleur, à l'état de domesticité, à la nourriture, aux maladies, aux affections morales, aux défectuosités, aux anomalies héréditaires, etc., de produire dans notre espèce des variétés qui sont cependant beaucoup moins caractérisées que celles que nous voyons dans nos races d'animaux domestiques, il attribue à l'eau le pouvoir de dénaturer promptement les êtres qui vivent dans son sein et d'opérer des changements dans leurs espèces et dans leurs genres !

Cuvier ne ménage point ces géologues qui pour donner l'essor à leurs systèmes, prennent les jours de la création pour des périodes indéfinies, il reproche aux naturalistes panthéistes : « *ces milliers de siècles qu'ils accumulent*, dit-il, *d'un trait de plume*, pour donner aux espèces le temps de remplir le nombre de leurs transformations. » Mais bientôt il prend pour son compte tous ces milliers de siècles, et les changements d'espèces du règne entier, et ces productions spontanées, et il professe les doctrines les plus incompatibles avec nos traditions sacrées. « Il serait beau de voir les productions organisées de la nature dans leur *ordre chronologique;* la science de l'organisation elle-même y gagnerait ; les développements de la vie, la *succession de ses formes*, la détermination précise de celles qui ont paru les *premières*, la *naissance simultanée* de certaines espèces, leur destruction graduelle nous instruisaient peut-être autant sur l'essence de l'organisme que toutes les expériences que nous pourrions tenter sur les espèces vivantes, et l'homme à qui il n'a été accordé qu'un instant sur la terre, aurait la gloire de refaire l'histoire *des milliers de siècles qui ont précédé son existence, et des milliers d'êtres, qui n'ont pas été contemporains.* » (*Discours*, 1re édition, vers la fin).

La Genèse enseigne clairement la création des espèces. Or, l'existence et la réalité de l'espèce, sans laquelle pourtant il n'y a pas de science zoologique possible, n'est, selon Cuvier, qu'une hypophèse. « La notion de l'espèce, dit-il, reposant uniquement sur la *supposition* que tous les êtres qui la composent *pourraient* être réciproquement aïeux ou descendants, *ce n'est que par conjecture* qu'on peut y rapporter, comme variété, tel ou tel être qui en diffère plus ou moins. » (*Tableau élémentaire de l'hist. nat.*, an. VI.) — De là à la transformation des espèces, à leur négation, aux créations spontanées il n'y a qu'un pas, et nous avons vu Cuvier ne pas trop répugner à le franchir. Il combat, il est vrai, dans un autre ouvrage, l'influence des circonstances sur la transformation des espèces, et il admet qu'elles se sont perpétuées depuis l'origine des choses, sans excéder les limites de leurs formes (Introduct. du *Règne animal*, 1817).

« Il a nié, dit M. de Blainville, contre l'évidence de faits déjà nombreux, que les fossiles vinssent combler des lacunes dans la série animale, sans se douter toutefois que par cette négation, il contredisait sa manière de procéder dans la reconnaissance des animaux perdus, et s'enlevait tout moyen d'arriver à la détermination d'aucun de ces animaux, puisque ce n'est que par leur ressemblance et leurs rapports avec les genres et les espèces existantes qu'il a pu et qu'on peut les déterminer. » (*Hist. des sc. de l'organisation*, t. III, p. 388).

Il a écrit et répété plusieurs fois qu'il pouvait reconnaître un genre, distinguer une espèce, reconstruire un animal par un *seul os*, *une facette*, un seul *fragment d'os*, pris n'importe dans quelle partie; art, dit-il, *de la certitude duquel dépend celle de tout mon travail* (sur les fossiles) (*Discours*). — Malheureusement cet art est impossible; la première personne qui aura jeté les yeux sur quelques squelettes en sera convaincue. Un os même complet et choisi ne suffit pas. Cuvier a trouvé lui-même son principe en défaut; le *tapyrium giganteum* qu'il avait déterminé sur une seule dent complète, se rencontra être, quand on eût trouvé la tête entière, avec des dents absolument les mêmes, un *dinotherium*, animal perdu, qui n'est point un tapyr. Pour arriver à une détermination *certaine*, il faut des pièces importantes, comme celles de la tête, et dans le plus grand nombre des cas, il en faut plusieurs et des diverses parties du squelette. Aussi convient-il que dans la pratique, il a suivi la même voie que Pallas, le fondateur de la paléontologie, la voie des comparaisons multipliées entre les os fossiles et ceux des animaux actuellement existants; ce qui ne l'a pas empêché de se tromper souvent comme les autres et quelquefois d'une manière tout à fait remarquable. L'histoire paléontologique du *metaxytherium* en est un exemple. Cet animal perdu vient se placer entre les dugongs et les lamentins. « 1° Il a le crâne rapporté par Cuvier aux lamentins; 2° Les molaires supérieures rapportées par Cuvier à l'hippopotame douteux ; 3° Les molaires inférieures rapportées par Cuvier à l'hippopotame moyen ; 4° L'humérus rapporté par Cuvier à deux phoques ; 5° L'avant-bras rapporté par Cuvier aux lamentins; 6° Et peut-être enfin une côte et une vertèbre rapportées par Cuvier, d'abord au lamentin, puis au morse. » (*Rapport* de M. de Blainville, *à l'Institut sur un mémoire de M. Jules Christol, relatif à des fossiles, déterminés par Cuvier; Journal l'Institut*, 1841.)

Cuvier n'avait point de principes à lui. Il suivait la science à mesure qu'elle marchait; il faisait de l'éclectisme. Pour la zoologie, comme pour l'anatomie, il *choisissait* dans les travaux de ses prédécesseurs et de ses contemporains. Il le dit lui-même plusieurs fois. Il sut couper et trancher avec un art admirable. Mais pour qu'il y eût là une science, un système logique, il aurait fallu un principe unique et dominateur; pour qu'il y eût principe unique, il eût fallu que tous les hommes qui fournirent des travaux tout préparés, l'eussent reconnu et suivi; or, chacun d'eux avait son principe à lui, qui n'était applicable qu'à la partie du règne qu'il avait étudiée, de sorte que Cuvier, en prenant le résultat de tant de principes divers, qui dès lors n'étaient plus des principes, en subissait toutes les conséquences défectueuses. Il n'en faut pas moins reconnaître en lui une immense aptitude pour les sciences naturelles, la sagacité d'un observateur très-ingénieux, témoin ses recherches anatomiques sur les reptiles regardés encore comme douteux, ses observations sur le daman, etc. Il a augmenté considérablement la somme des faits. Il a donné le branle et l'élan aux études géologiques, et à celles de l'organisation, et les a relevées dans l'Académie des sciences, où, lorsqu'un botaniste lisait un mémoire, un géomètre avait pu dire: *Eh bien, puisqu'il est question de salade, j'aime mieux aller manger la mienne.*

8. Diluvium *de la géologie hypothétique.* — A la suite de Deluc, de Dolomien et de beaucoup d'autres, Cuvier croyait apercevoir à la surface de nos continents, les traces d'un dernier et grand cataclysme qu'il identifiait avec le déluge de Moïse. Sa théorie est la dernière où nous verrons intervenir ce grand événement; c'est donc ici le lieu de voir les rapports qu'il peut avoir avec la géologie. Disons d'abord que le déluge étant bien plus un fait historique que physique, c'est à l'histoire et à la tradition des peuples qu'il appartient d'en fournir les preuves. Il n'a été pour la surface du globe qu'une révolution passagère, et il n'est pas facile d'imaginer comment on distinguerait avec certitude les traces qu'il y a laissées de celles de tant d'autres changements, produits aussi par le passage des eaux. Pour espérer de trouver en Europe des vestiges du déluge, il faudrait en outre être assuré qu'il a été universel, et que notre continent était déjà sorti du sein des eaux, lorsqu'il est arrivé, deux choses que nous n'avons aucun moyen de savoir. La plupart des interprètes attribuent, il est vrai, au déluge, une universalité absolue; cependant, Vossius et presque tous les hébraïsants de l'Allemagne, ont défendu l'universalité relative; d'après eux, il n'aurait submergé que les pays alors habités par l'espèce humaine. L'Église n'a jamais condamné cette opinion. Le savant Père Mabillon ne croyait pas qu'on pût la noter d'aucune censure, et il paraît que le Père Mersenne l'aurait adoptée, s'il n'avait pas été induit en erreur sur la hauteur du mont Liban. Elle ne paraît pas invraisemblable, si l'on prend pour guide le texte hébreu qui est moins équivoque que la Vulgate. On peut voir sur cette question, comme sur toutes celles qui se rattachent au déluge, un travail très-substantiel de l'abbé Maupied, dans l'*Encyclopédie catholique;* il se trouve aussi à la fin du dernier ouvrage de l'auteur, intitulé : *Dieu, l'homme et le monde.*

Quant à moi, je me bornerai à retracer l'opinion des observateurs modernes sur l'hypothèse du *diluvium* géologique, au sort duquel notre déluge historique n'est point intéressé. Il a été démontré contre Woodward et Whiston, que la terre n'ayant jamais été dissoute par un cataclysme, l'existence des fossiles, dans les couches anciennes n'en pouvait être l'effet, et contre Deluc et Cuvier, que les couches tertiaires qui se recouvrent, manquent des caractères que devraient montrer des terrains *diluviens*. Mais au-dessus de toutes les couches en série, qui forment le sol habité, et quel que soit leur âge relatif, il existe des dépôts meubles, des amas de terre végétale, de cailloux roulés, de sables, de graviers, de galets, de marnes, des traînées de blocs erratiques, des brèches, des cavernes remplies d'ossements. Toutes ces couches terminales ont été groupées par le docteur Buckland, sous le nom de *diluvium*, et rapportées par lui au déluge historique. Tout en conservant ce nom de *diluvium*, on a donné du phénomène qu'il désigne des explications fort diverses. Les uns continuent d'y voir, avec Buckland, des effets de notre déluge; d'autres considèrent le *diluvium* comme l'ensemble des effets de la cause qui aurait émergé pour la dernière fois nos continents. Ce serait, selon eux, le commencement de notre ère historique. Ils lui donnent pour caractères de n'être point recouvert, de ne point contenir d'ossements de notre espèce, ni de produits de notre industrie, ni d'animaux semblables aux nôtres, mais des races perdues. D'autres ont appelé *postdiluvien* tout ce qui s'est fait depuis que notre sol a reçu son dernier relief, et *antédiluvien* tout ce qui a été fait auparavant. Ils ont regardé leurs couches postdiluviennes comme correspondant au commencement de nos temps historiques, et leur ont donné pour caractères de renfermer des ossements humains, ou des produits de notre industrie et des animaux ou des plantes semblables aux nôtres, et ils ont appelé tous ces fossiles, *pseudo-fossiles*, c'est-à-dire, des fossiles qui n'en sont pas; comme si le grand événement qui aurait mis notre sol dans l'état où nous le voyons, avait tout changé dans la nature, et que les êtres actuels différassent essentiellement de ce qu'ils étaient auparavant; comme si avant comme depuis cet événement, les terrains ne pouvaient pas renfermer des traces de l'existence de l'homme près des lieux alors habités par l'espèce humaine. D'ailleurs les temps historiques ne sont pas les mêmes pour chaque peuple, et la géologie ne nous dit pas où ils commencent. Quoi qu'il en soit, cette troisième explication contredit encore les précédentes. D'autres ont cherché à démêler dans le *diluvium* les traces de deux cataclysmes, dont le dernier serait le déluge historique; d'autres enfin, comme M. C. Prévost, regrettent de ne pouvoir effacer de la géologie ce nom de *diluvium*, parce qu'il exprime une cause qui n'aurait pu produire de semblables effets. Ils ne voient dans les couches terminales, ni le produit d'une seule cause, ni même celui d'une cause diluvienne, et ils les attribuent à l'abaissement successif du niveau des eaux, à des pertes de fleuves, à la rupture des barrages qui séparaient d'anciens lacs, placés à des niveaux différents, etc. Cette dernière interprétation se déduit naturellement des faits généraux, et l'observation la confirme en beaucoup de points.

Terre végétale, sables, graviers, cailloux roulés. — Plaçons-nous, par la pensée, sur un sol primitif, déjà peuplé de végétaux et recouvert de terre végétale. Si nous supposons qu'un abaissement du niveau des eaux, correspondant aux dépôts primaires, vienne agrandir ce continent, une quantité plus ou moins considérable de terre végétale sera bientôt entraînée par les torrents, les fleuves, les pluies, les vents, sur la bande continentale nouvellement émergée, où d'autres végétaux formeront, à leur tour, de nouvelles couches de terreau. Qu'un nouvel abaissement des eaux mette à jour une nouvelle bande de terre, parallèle à l'époque secondaire, elle recevra, par suite du ravinement des étages supérieurs, une partie de l'humus de l'époque précédente, augmentée ensuite par les détritus des végétaux dont elle deviendra le séjour. L'émersion d'une troisième bande continentale sera suivie des mêmes effets. Pendant ces trois périodes, l'action érosive et prolongée des agents atmosphériques, pourra même dénuder complétement certains points élevés du plus ancien sol, qui resteront dépourvus de toute végétation. Nous aurons donc sur ce continent des terreaux appartenant à trois époques bien différentes, et il n'existera aucun caractère assez précis pour rapporter ces différents produits à leur époque respective; en d'autres termes, nous n'aurons aucun moyen de distinguer leur âge. Cet exemple s'applique à la terre végétale et aux autres couches meubles dont on a attribué le transport au *diluvium*. On n'a pas pensé que dans tous les temps, avant comme après cet événement, les mêmes causes différentes, existant et agissant, elles ont produit des effets tout à fait semblables au *diluvium*. De la terre végétale, des sables, des galets, des cailloux roulés, voilà ce que l'on doit retrouver à toutes les époques. Dès qu'il y a eu un sol émergé, des amas de cailloux, de graviers, de sables, résultant de la décomposition de ce sol, ont été entraînés par les eaux des parties hautes vers les parties basses; ils y ont formé des conglomérats, que des changements dans le niveau des eaux ont ensuite mis à sec par bandes successives. Dès qu'il y a eu des végétaux et des animaux à la surface du sol, des courants les ont pris et en ont formé des fossiles, et en même temps, ils ont déplacé des terres végétales. Aussi, voyons-nous, dans les terrains de la plus ancienne époque, comme dans ceux des époques subséquentes, des couches de sables, des lits de cailloux roulés et de galets cimentés, des terres végétales sous les noms d'anthracite, de houille, de lignite, etc.; et l'on ne saurait, sans contradiction, admettre d'une part, qu'à toutes les époques, les eaux continentales ont entraîné jusque dans les bassins marins et lacustres où nous les retrouvons aujourd'hui, des couches de matières végétales, de sables, de graviers, de cailloux, et supposer d'une autre part que les mêmes causes n'ont pas pu produire les mêmes effets sur le sol émergé, en transportant des matériaux d'un point de ce sol sur un autre.

Mais il y a cette grande différence entre les couches de sable, de terre végétale, etc., qui sont en série dans nos terrains et les couches terminales du diluvium, que les premières, par cela même qu'elles sont en série, nous font connaître leur âge relatif, tandis que les autres n'ayant jamais pu être recouvertes, depuis que la mer s'est retirée, ne nous fournissent aucun renseignement sur l'époque de leur transport; en sorte que le caractère que l'on a donné à ces couches de n'être point recouvertes pouvant convenir à tous les âges, c'est ce caractère même qui empêche qu'on y distingue des âges. Il est donc bien facile de se tromper, en attribuant à une seule cause générale, agissant en même temps sur tous les points, des effets qui, quoique parfaitement semblables, peuvent se rapporter à diverses révolutions et à des temps fort différents. Des terreaux, des graviers, de la même époque que nos terrains houillers, ne seront plus recouverts dès l'instant que cette partie du sol sera mise à sec; le caractère de n'être pas recouvert peut donc convenir aux couches émergées de toutes les époques; ce caractère rend donc impossible la détermination de l'âge de ces couches.

Les fossiles ne font pas mieux connaître l'âge du diluvium, d'abord, parce qu'ils y sont rares en général, et ensuite parce qu'ils appartiennent à toutes les époques. Certaines couches ont montré des mastodontes, des éléphants, des chevaux, des cerfs, etc., mais on retrouve ces mêmes animaux dans des dépôts tertiaires anciens. Les sables et les galets du diluvium renferment aussi des fossiles de l'époque secondaire. Ainsi, j'ai trouvé dans les sables du diluvium de Paris et de Vernon le *fungia orbitolites* Lamk., qui est si commun dans les terrains jurassiques de Ranville. On ne peut donc pas se servir des fossiles pour assigner un âge aux couches meubles du diluvium.

D'autres causes encore que l'abaissement du niveau des mers ont pu mettre à jour nos couches terminales. Il a existé autrefois et il existe encore aujourd'hui des caspiennes, des lacs placés à des niveaux différents, qui, en se vidant les uns dans les autres, ont dû laisser dans leurs lits des dépôts de cailloux, de graviers, de sables, tout à fait semblables à ceux du diluvium, et qu'on ne saurait, sans erreur, rapporter à une seule époque et à un seul événement. Par là s'expliqueraient et la position de certains dépôts diluviens sur des points du sol relativement très-élevés, et les caractères tantôt lacustres, tantôt fluviatiles ou terrestres que l'on reconnaît en général aux couches du diluvium, car les fossiles marins y sont rares. Qu'un tremblement de terre, un volcan, ou tout autre événement rompît les digues du lac de Genève, il laisserait à sec des dépôts meubles jusque sur les collines qu'il abandonnerait, et les dépôts offriraient les caractères lacustres et fluviatiles de nos dépôts diluviens. Que par suite de quelque dislocation dans le sol, des fleuves français abandonnassent leurs lits, nous aurions encore des dépôts argileux, marneux, sableux, etc., analogues à ceux du diluvium et placés à de très-grandes hauteurs. Si les lacs supérieurs d'Amérique, par la rupture de leurs barrages, venaient à se vider successivement dans les lacs inférieurs, ils mettraient à jour dans leurs bassins et formeraient, dans l'intervalle qui les sépare, des dépôts de cailloux, de graviers, de sables, de marnes, offrant encore des fossiles lacustres, terrestres et fluviatiles, et reposant encore à des niveaux très-différents. La réunion de ces énormes masses d'eau donnerait lieu à la longue à un grand courant, qui se canaliserait peu à peu, et irait déboucher dans la mer, comme autrefois d'anciens bassins lacustres que nous découvrons, ont pu produire, en se vidant, nos cours d'eau actuels, qui se sont canalisés avec le temps. Car, si l'écoulement des eaux, des parties hautes vers la mer, est un fait de toutes les époques, il ne faut pas croire cependant que nos bassins fluviatiles actuels aient toujours été dans cet état de canalisation parfaite, qui nous montre tous les filets d'eau qui descendent des montagnes, se réunissant en ruisseaux et en rivières pour alimenter un seul grand bassin. Voilà donc encore une explication des couches meubles du diluvium.

Cavernes à ossements. — On a trouvé des cavernes à ossements dans tous les pays d'Europe, sur différents points de l'Amérique, comme au Brésil et aux États-Unis, et jusque dans la Nouvelle-Hollande. Elles paraissent avoir été produites par des dislocations du sol et agrandies ensuite par des cours d'eau souterrains. Souvent elles sont encore parcourues par des ruisseaux ou de simples filets d'eau, et le poli de leurs parois atteste le long séjour que les eaux y firent autrefois. Les cavités par où certains fleuves, tels que le Rhône, près du fort l'Écluse, et la Charente, près d'Angoulême, perdent une partie de leurs eaux, ne sont pas autre chose que la reproduction dans les temps présents du phénomène des anciennes cavernes. Il existe en Carniole, en Angleterre, et sur presque tous les points du globe, des cours d'eau qui vont s'engouffrer dans des cavités profondes, semblables par leurs formes aux cavernes à ossements; elles sont particulièrement nombreuses dans la Grèce. Dans la même vallée où s'ouvre la célèbre caverne de Kirkdale, en Angleterre, la petite rivière de Hodge-Bridge se perd encore aujourd'hui dans une cavité analogue. Les cavernes à ossements sont encore représentées de nos jours par les Katovothous de la Turquie, que des cours d'eau emplissent en s'y perdant.

Les cavernes à ossements affectent des formes aussi bizarres que variées. Le limon ossifère, les graviers, les cailloux roulés, qui les ont remplies totalement ou en partie, sont toujours stratifiés et disposés sur des plans plus ou moins horizontaux; il y en a quelquefois jusque sur les cloisons ou fonds qui séparent les nombreuses chambres des cavernes. Les os y sont souvent arrondis, presque toujours séparés, brisés, fracturés, contenant cependant assez souvent une aussi grande quantité de gélatine que les os récents. Ils appartiennent à tous les genres, et les plus grandes espèces y sont associées aux plus petites, les mammouths, les rhinocéros, les hippopotames, les hyènes, les ours, les cerfs, les chevaux, les bœufs, les loups et les renards, aux hérissons, aux lapins, aux taupes, aux rats, aux chauves-souris, aux oiseaux et aux insectes. Mais les carnassiers l'emportent par le nombre, et parmi ceux-ci, c'est l'hyène et notre ours d'Europe qui dominent : la première, dans les cavernes d'Angleterre; le second, dans celles des autres parties de l'Europe. Dans plusieurs cavernes du midi de la France et de la Belgique, il s'y joint des os de l'espèce humaine ou des produits de son industrie. Avec ces genres, on trouve aussi, bien souvent, des coquilles terrestres et fluviatiles; mais jamais de coquilles marines, si ce n'est dans les cavernes les plus rapprochées de la mer. Ce dernier fait, commun aux cavernes et aux brèches osseuses, prouve que les unes et les autres n'ont été remplies qu'après la retraite des eaux de la mer.

Tel est, dans sa généralité, le phénomène des cavernes à ossements. Malgré ces faits, on a voulu les attribuer au *diluvium* ou à des irruptions de la mer. On a dit qu'elles avaient été habitées successivement par les différentes espèces d'animaux dont elles contiennent les restes; ou qu'elles avaient d'abord servi de repaires à des carnassiers; que les carnassiers, après y avoir entraîné et accumulé les débris des autres animaux, avaient été surpris et noyés dans leurs demeures par le grand cataclysme; ou qu'y étant morts naturellement, les courants diluviens étaient venus plus tard remanier tous ces ossements et les disposer par strates, comme nous les voyons aujourd'hui. Mais aucune de ces suppositions ne s'accorde avec l'état des lieux et les circonstances du gisement.

Les animaux n'ont point habité les cavernes à ossements avant leur remplissage. — Avant l'introduction du limon et des graviers, elles n'étaient point habitables, comme le prouve l'albâtre de chaux carbonatée déposé en *stalactites* à leur plafond, et en *stalagmites* sur leur plancher actuel, par des eaux infiltrantes chargées de molécules calcaires. Ces concrétions supposent bien qu'à l'époque où elles ont été produites les cavernes étaient sans eau, au moins dans l'étendue qui en est recouverte, car les eaux qui auraient rempli ou seulement lavé les cavernes, auraient entraîné les stalagmites et empêché leur dépôt de se former. Mais la position constamment superficielle des dépôts stalagmitiques suppose aussi que les cavernes étaient auparavant, et n'ont point cessé, jusqu'à cette époque, d'être occupées par les eaux, et que, par conséquent, elles n'ont point servi de repaires aux animaux avant leur remplissage; car, si cela eût été, les ossements et le limon reposeraient quelquefois sur un premier lit de stalagmites; les concrétions s'observeraient sur le plancher primitif des cavernes aussi bien que sur leur plancher actuel, au-dessous comme au-dessus du dépôt fossilifère, ce qui n'a jamais lieu. Les stalagmites ne forment jamais, dans les cavernes, que des massifs superficiels; si elles ont pénétré quelquefois dans la partie supérieure du limon, c'est au moyen des fissures produites par le retrait.

Mais les cavernes eussent-elles été sans eau, elles n'auraient pas pu être habitées par les carnassiers ni par les autres grands animaux, parce que, pour la plupart, elles n'étaient pas logeables. Elles se composent d'une suite de chambres placées à des niveaux fort différents, ne communiquant entre elles que par des passages extrêmement étroits, et souvent tellement inclinés que pour aller de l'une à l'autre, il faut pratiquer des escaliers et se servir d'échelles.

D'ailleurs, tous les animaux qu'on y trouve, tels que les rhinocéros, les éléphants, les bœufs, les chevaux, les moutons, les cerfs, etc., n'ont pas coutume d'habiter les cavernes. Il n'est donc pas permis de regarder avec G. Cuvier (*Ossements fossiles*, t. IV, p. 495) comme *incontestable* que les tigres et les lions, petits et grands, vivaient ensemble en même temps que les ours, et se retiraient dans les mêmes cavernes, où l'on trouve leurs os pêle-mêle avec ceux des hyènes; parce que sans être tout à fait une plaisanterie géologique, comme M. Schmerling qualifie cette assertion, c'est au moins un contre-sens zoologique, les animaux de ces trois genres n'étant pas de nature à frayer le moins du monde ensemble, et vivant au contraire et constamment chacun de la manière la plus solitaire, et même pour les individus de leur espèce.

Les autres animaux n'ont point été entraînés par les grands carnassiers dans les cavernes. — D'abord, parce qu'elles étaient occupées par les eaux et inhabitables pour les carnassiers comme pour les autres. Ensuite, en admettant la possibilité de l'habitation des cavernes, les carnassiers n'auraient pas pu y entraîner les grands débris des pachydermes qu'on y rencontre si souvent, et bien moins encore des squelettes entiers de mammouths, tels que ceux que l'on a déterrés, au nombre de trois, dans une seule caverne de l'île de Padresse. Les petites espèces ne sont pas moins embarrassantes que les grandes dans cette hypothèse. Comment, en effet, supposer que de grands carnassiers, comme des loups, des hyènes, des tigres, auraient épargné, et si souvent laissé intacts, les os des campagnols, des hérissons, des musaraignes, des taupes, des oiseaux? Dans la caverne d'Argou (Pyrénées orientales), on n'a point recueilli de carnassiers, et cependant les os de rhinocéros, de bœufs, de chevaux, de moutons, y sont sillonnés, comme les os, prétendus *rongés*, des cavernes de Lunel-Vieil et autres, où l'on trouve des carnassiers; ces sillonnements ne sont donc pas l'ouvrage des carnassiers. D'ailleurs, les os auraient pu être *rongés* avant leur transport dans les cavernes. Enfin, les os des carnassiers sont tout aussi souvent sillonnés que ceux des herbivores; faudra-t-il, avec quelques-uns des partisans de l'habitation des cavernes, pousser la conséquence jusqu'à dire que les hyènes, après avoir dévoré les herbivores, se sont dévorées entre elles?

Les animaux n'ont point été entraînés dans les cavernes par des courants diluviens ni par une lame de mer. — Dans les deux cas, les cavernes devraient contenir des productions marines, et il ne s'en trouve que dans les plus rapprochées des mers, et encore y sont-elles rares. Une action violente, comme celle d'une irruption de la mer ou d'un cataclysme quelconque, aurait confondu en un seul amas toutes les substances minérales, et les cavernes nous les montrent en petites couches distinctes, nettement stratifiées, et aussi horizontales que le permettait la forme des diverses chambres. Elle aurait accumulé pêle-mêle les animaux dans un petit nombre de places et surtout entre le plancher primitif et les couches minérales, et nous les voyons, au contraire, répartis uniformément à tous les niveaux du sol limoneux et jusque sur le haut des cloisons ou des fonds où les lits sont tout aussi bien stratifiés que dans les parties inférieures. Une cause passagère, comme celle qu'on suppose, n'aurait point aussi complétement poli toutes les parois des cavernes. L'hyène est si abondante dans les cavernes d'Angleterre, que l'on aurait trouvé près de 240 individus dans la même. Ailleurs, on a déterré dans une seule caverne environ 800 mêmes dents d'ours, représentant par conséquent un égal nombre d'individus. Or, on conçoit difficilement comment une action de peu de durée aurait pu réunir, sur un si petit espace, une aussi grande quantité d'ossements appartenant à des espèces qui vivent solitaires, en petites familles séparées, se donnant la chasse, et qui ont besoin de se disperser et de s'étendre pour trouver une proie suffisante, comme l'ours, l'hyène, le lion, le tigre, le loup, le renard, etc.

Les animaux et les matières minérales qui les enveloppent ont été transportés dans les cavernes par les courants continentaux. — La stratification des lits indique une action uniforme, quotidienne, tranquille, telle qu'est celle des fleuves. Les fossiles exclusivement fluviatiles et terrestres, hors du voisinage des mers, nous ramènent à la même cause. Leur immense quantité fait supposer que l'action qui les a rassemblés et apportés successivement dans les cavernes, a duré pendant longtemps; qu'elle était en rapport avec des étendues considérables de terres habitées; qu'elle avait une direction déterminée et constante pour rencontrer juste l'ouverture des excavations; à ces caractères, on reconnaît encore l'action fluviatile. Les habitudes des animaux enveloppés dans le limon montrent aussi le phénomène des cavernes lié par un autre côté à cette même cause. Ce sont des poissons et des coquilles d'eau douce, associés à des coquilles terrestres qui se plaisent dans les vallées. Les autres espèces des cavernes devaient aussi fréquenter les bords des fleuves, soit pour y trouver une végétation abondante et continuelle, comme l'éléphant, l'hippopotame, le rhinocéros, le cheval, le bœuf; soit pour s'y désaltérer, comme les cerfs; soit pour y recueillir des proies mortes, comme l'hyène; soit pour y guetter des proies vivantes, comme les loups, les renards, les tigres, les lions. Ces espèces étaient donc plus exposées que d'autres à être saisies après leur mort, et entraînées dans les cavernes. Le transport des matières animales, par les courants, est un fait qui se continue sous nos yeux à l'égard des animaux morts sur les bords de nos fleuves. Ceux dont le cadavre n'a pas eu le temps de se décomposer, étant soulevés par les eaux, à l'époque des crues, et gonflés par les gaz qui facilitent leur charriage, peuvent se trouver après quelques jours à quatre ou cinq cents lieues de leur point de départ. La différence de position des cavernes, la comparaison des fossiles de l'une avec les fossiles de l'autre, et de cet ensemble de débris avec les êtres vivants, prouvent que tous les dépôts n'appartiennent pas aux mêmes circonstances, et qu'il y a là des accidents locaux fort différents. Or, la cause fluviatile fournit encore la solution de ces difficultés. Mais dans ce cas les cavernes ont dû être occupées, sans interruption, depuis le commencement jusqu'à la fin des dépôts limoneux, et ce point est en effet démontré par la position constamment superficielle des masses stalagmitiques. Enfin l'analogie de ces excavations avec les tournants de nos rivières et de nos fleuves, le poli de leurs parois, les filets d'eau qui les traversent encore souvent, nous les doivent faire considérer comme ayant la même origine. C'est donc aux fleuves qu'il faut attribuer les dépôts des cavernes et le transport de leurs fossiles. Il est au moins bien démontré que le phénomène des cavernes pris dans sa généralité, ne saurait être le produit ni d'une seule époque, ni d'une cause violente. Si dans *quelques-unes* de ces cavernes, une inondation locale avait fait un pêle-mêle *par-dessus les dépôts stratifiés*, et que des carnassiers les eussent ensuite habitées, ce ne serait là qu'un fait étranger au mode de remplissage des cavernes, et de plus, accidentel, exceptionnel, et par conséquent sans importance.

Brèches osseuses. — Les fissures plus ou moins verticales qui portent ce nom, ont beaucoup moins d'importance que les cavernes. On cite celles du rocher de Gibraltar, qui communiquent avec des cavernes, et celles de Perpignan, de Nice, de Corse, d'Alger, de Sicile et de Grèce. Elles sont remplies de limon et d'ossements. Il y a aussi des coquilles terrestres et d'eau douce. Les os appartiennent aux lapins, aux cerfs, etc., en général à des animaux dont les congénères habitent encore les lieux voisins. Les rongeurs dominent dans les brèches, comme les carnassiers dans les cavernes. Il est presque inutile de dire que le remplissage des brèches peut être l'effet des pluies et des courants ordinaires, et qu'il ne suppose pas de cataclysme.

Nous venons de le voir, il serait impossible de considérer le *diluvium* comme l'effet d'une seule cause, et l'événement d'une seule époque. On ajoute qu'il ne prouve pas même un déluge. Un déluge est la submersion passagère par une cause violente et perturbatrice d'un sol auparavant émergé. Or, les phénomènes rapportés au diluvium montrent partout un sol mis à sec pour la première fois. Un déluge n'aurait pas produit le diluvium; il n'aurait pas porté sur les hauteurs des cailloux, des galets, pris sur les parties basses ; il n'aurait pas usé et arrondi les cailloux, sans user et arrondir les matières tendres qui se trouvent avec eux, des os, des bois, des coquilles ; il n'aurait pas entraîné, à de grandes distances du lieu de leur origine, des blocs erratiques de dix, cent, mille, quinze cents mètres cubes, et encore moins les aurait-il transportés sur les crêtes des montagnes. Un déluge, une cause violente, n'aurait pas disposé les substances minérales en lits stratifiés, superposés, et souvent alternatifs. On avait aussi rapporté au déluge la destruction et l'enfouissement des grands animaux des sables de la Russie ; mais l'observation nous les montre dans huit couches successives, superposées. La stratification de ces couches accuse une cause lente et uniforme ; les superpositions prouvent que cette cause a été la même à des époques différentes, et que, par conséquent, elle n'est pas le déluge. On doit cependant le reconnaître, tout ne s'est pas formé lentement, il y a eu des entraînements, des pêle-mêle ; mais si l'on réduit le diluvium à ce petit nombre de dépôts non stratifiés, il n'a plus rien de général, et des inondations locales peuvent en rendre compte.

Le diluvium, tel qu'il a été caractérisé par Buckland et d'autres Anglais, et tel qu'il est compris encore aujourd'hui par plusieurs géologues, est donc évidemment le produit de causes et d'époques différentes. La marche suivie par ces géologues n'est pas logique. Ils ont dit : « Il y a eu un déluge ; ce déluge a dû laisser des traces de son passage, nous les appellerons *diluvium.* » Alors, sans savoir si ce déluge a été universel, ni si tous les continents étaient déjà émergés à l'époque où ce déluge est arrivé, ils se sont mis à noter, au-dessus de nos terrains, toutes les couches qui ne se relient pas nécessairement avec eux, comme s'il était de conséquence qu'elles dussent se relier au déluge, et comprenant l'impossibilité physique de distinguer ces couches par leur âge, ils les ont confondues et attribuées à une même cause et à une même époque. A peu près, dit M. Constant Prévost, comme l'archéologue qui venant à observer tous les monuments en ruine, qui couvrent le sol, dans la plupart des pays habités par l'homme, les grouperait sous le nom de *ruinium*, et rapporterait à la seule invasion des barbares tous ces décombres, dont les uns sont l'effet des guerres, les autres celui des temps, d'autres celui du feu ou des tremblements de terre, et qui, presque tous, appartiennent à des époques différentes. Ces géologues n'ont pas fait attention que, si quelques parties du diluvium étaient le résultat du déluge auquel nous devons croire, il serait impossible de les distinguer de tant d'inondations partielles et locales, qui ont pu arriver soit avant, soit après lui ; que ces effets sont de nature, d'origine et d'âge très-divers ; qu'ils peuvent s'expliquer par des causes très-différentes d'un déluge, et ne s'expliquent pas par un déluge ; que les uns ont pu être produits par des abaissements successifs des eaux ; d'autres, par des lames marines ; d'autres, par des inondations locales ; d'autres, par des pertes de fleuves ; d'autres, par l'épanchement d'eaux douces placées à des niveaux différents : car, si des bassins se vident, ils déposeront des cailloux et des graviers, mais si c'est la mer qui s'enfle, elle ne portera ni blocs, ni cailloux sur le sol qu'elle couvrira de ses lames.

Le nom de diluvium a donc été mal donné ; l'idée qu'il exprime ne s'accorde pas avec les faits ; il désigne une cause qui n'a pu produire ce qu'on lui attribue. Cependant, dit M. C. Prévost, « comme il y aurait aussi de l'inconvénient à changer un nom admis, depuis longtemps, dans la science, nous le conserverons, mais nous en expliquerons le sens. Ainsi, partout où nous trouverons des amas confus, produits par des débâcles, des irruptions subites, nous leur donnerons le nom de *diluvium ;* nous reconnaîtrons donc des *formations diluviennes*, parce que ce nom de *formation* indique l'origine des couches ; mais nous n'admettrons pas de *terrain diluvien*, parce que le mot *terrain* est relatif à l'*âge*, et qu'il est impossible de déterminer des âges dans le diluvium. C'est ainsi que les meilleurs géologues comprennent aujourd'hui le diluvium, et je ne vois pas ce qu'on pourrait leur répondre. » En présence d'une interprétation si rationnelle, il faut convenir que l'hypothèse de Buckland n'a plus de raison d'être, et que vouloir désormais y chercher un appui pour le déluge de Moïse, serait nuire à la cause que nous servons, laquelle, du reste, gagne plus qu'elle ne perd à ce nouveau progrès de l'observation ; car, d'une part, le déluge n'a pas besoin de l'appui des systèmes, et de l'autre, la chronologie de Moïse, aux yeux de bien des gens, était tenue en échec par le diluvium géologique. On nous disait : « S'il s'est ajouté si peu de choses à nos terrains, depuis que le déluge a passé par-dessus, n'est-il pas évident qu'il a fallu plus de seize siècles pour produire tout ce qui est inférieur au diluvium ? Il faut donc, ou abandonner la chronologie de Moïse, ou prendre les jours de la création pour des époques indéterminées, ou supposer que les terrains, pour la plus grande partie, sont le produit d'un monde plus ancien que celui dont Moïse nous retrace la création. » L'objection n'était pas si terrible, comme nous aurons ailleurs l'occasion de le montrer ; mais enfin, elle n'existe plus, elle tombe avec l'hypothèse du diluvium géologique ; il est impossible de dire à quelle époque de nos terrains a correspondu le déluge de Moïse.

CHAPITRE IV.

MM. ADOLPHE BRONGNIART ET AMPÈRE.

9. M. Adolphe Brongniart. — *Périodes de végétation. Prodrome d'une histoire des végétaux fossiles*, 1828. — M. Brongniart, acceptant, comme établie par Cuvier, la répartition des différents genres de grands quadrupèdes fossiles à des étages différents du sol, et leur création successive, selon un ordre de complication, il a voulu voir si l'étude des végétaux conduirait aux mêmes résultats. Son travail embrasse tous les terrains et les plantes fossiles de toutes les classes; malheureusement il a paru trop tôt; avec quelques faits de plus sous sa main, le savant botaniste, au lieu de subir l'influence de Cuvier et de confirmer sa direction, serait sans doute arrivé à des conclusions tout opposées. Il est au moins certain que l'étude des plantes fossiles établit la création simultanée des différents groupes du règne végétal.

M. Brongniart rapporte à quatre périodes de végétation les diverses flores des terrains, et il entend par période de végétation un espace de temps plus ou moins considérable, pendant lequel les rapports numériques des familles ou des classes entre elles n'ont pas changé sensiblement. « La première période s'étend depuis les premières traces de végétation qui se montrent dans les terrains primaires, jusqu'à la fin du terrain houiller. Elle est caractérisée par la prédominance numérique et par le grand développement des cryptogames vasculaires. — La seconde, moins bien connue que les autres, correspond au dépôt du grès bigarré, et paraît séparée de la précédente par des terrains dépourvus de végétaux, ou ne renfermant que des impressions de plantes marines, tels que le grès rouge et le calcaire pénéen. — La troisième commence à l'époque du calcaire conchylien et s'étend jusqu'à la craie. Elle est remarquable par l'abondance des cycadées jointes aux fougères et aux conifères. — Enfin, la quatrième, dont la nôtre n'est que la continuation, correspond au temps pendant lequel les terrains tertiaires se sont déposés. Elle se distingue des précédentes par la prédominance numérique des plantes dicotylédones, et par l'absence de formes étrangères à la végétation actuelle. »

M. Brongniart a résumé ses observations dans le tableau suivant, qui fait sentir la différence de la végétation pendant ces quatre périodes. J'y ai intercalé trois colonnes particulières, indiquant les terrains intermédiaires aux périodes de végétation, et le nombre des espèces végétales qu'on y a trouvées depuis la publication du travail de M. Brongniart.

CLASSES.	1re période.	Zechstein	2e période.	Muschel-kalk.	3e période.	Craie.	4e période.	Période actuelle.
Agames........	4	10	7		3	19	13	7,000
Cryptogames cellulleuses	0		0		0	1	2	1,500
Cryptogames vasculaires........	220		8	1	31	1	7	1,700
Phanérogames gymnospermes.	0		5	2	35	2	17	150
Phanérogames monocotylédones..	16		5		3	5	25	8,000
Phanérogames dicotylédones....	0		0		0	5	100	32,000
	240		25		72		164	50,350
				501				

M. Brongniart passe au développement que le règne végétal a pris successivement jusqu'à nos jours. « Dans la première période, dit-il, il n'existe *presque* que des cryptogames, végétaux d'une structure plus simple que ceux des classes suivantes. Dans la seconde, le nombre des deux classes suivantes *devient proportionnellement plus considérable*. Pendant la troisième, ce sont *particulièrement les phanérogames gymnospermes qui prédominent*, et la création, pour ainsi dire, simultanée des cycadées et des conifères, familles dont la botanique nous dévoile les rapports, malgré leurs formes extérieures si différentes, n'est pas un des phénomènes les moins curieux. Cette classe de végétaux peut en outre être considérée, d'après sa structure, comme intermédiaire entre les cryptogames et les véritables phanérogames, et son époque d'apparition suit, en effet, celle des cryptogames et précède celle de la *plupart* des phanérogames qui ne *deviennent prépondérantes* que pendant la quatrième période. »

« Nous pouvons *donc*, ajoute l'auteur, admettre *parmi les végétaux*, comme parmi les animaux, *que les êtres les plus simples ont précédé les plus compliqués, et que le Créateur a donné successivement l'existence à des êtres de plus en plus parfaits.* » On ne s'attendait pas à cette conclusion, car elle est en opposition avec les prémisses de M. Brongniart et avec les observations qu'il a consignées dans son tableau, où nous voyons les cryptogames vasculaires et les phanérogames monocotylédones apparaître dans la première période en même temps que les agames; les cryptogames celluleuses, qui devraient se rencontrer après les agames et avant toute autre classe, ne commencer à se montrer que dans la dernière période, et les phanérogames gymnospermes, que l'on devrait voir avant les monocotylédones, n'apparaître qu'après elles, dans la seconde période. C'est le fait de la prédominance graduelle et successive, en remontant les dépôts du sol, des formes végétales les plus compliquées sur les plus simples que notre botaniste a constaté, et de ce fait, dont nous aurons à discuter la valeur, il a tiré par inadvertance la même conclusion que d'un ordre général d'apparition successive des classes les plus simples avant les plus parfaites, ordre qui n'a jamais été observé nulle part.

« Il est remarquable, continue-t-il, que les grands changements de la faune et de la flore terrestre ont eu lieu *presque* simultanément: ainsi les reptiles ne *deviennent fréquents* qu'au commencement de la troisième période de végétation, dans le Keuper, époque qui correspond à la création des cycadées; celle des mammifères coïncide avec le commencement de la quatrième période, c'est-à-dire, que les animaux dont l'organisation est la plus parfaite ont commencé à exister *ou du moins à devenir fréquents* en même temps que les végétaux dicotylédones que nous pouvons également considérer comme les plus parfaits. Je *fais abstraction* dans ces considérations de l'exception unique jusqu'à présent fournie par les mammifères fossiles de Stonesfield et de *celles très-rares* que pourraient présenter quelques plantes dicotylédones antérieures à la craie. »

Les mots soulignés indiquent assez que les observations de M. Brongniart ne vont pas, comme il le voudrait, jusqu'à permettre de conclure que l'ordre de distribution des fossiles soit celui du simple au composé. Il fait abstraction des deux mammifères jurassiques de Stonesfield; il ne fait point figurer dans sa première période certaines plantes du terrain houiller, les *astérophyllites*, regardées cependant par lui comme ayant *fort probablement* appartenu à la classe des dicotylédones (*Prodr.*, p. 158). Ces exclusions sont d'autant moins légitimes ici que tout est accidentel dans les fossiles, du moment qu'on admet, comme condition nécessaire de la fossilisation, l'entraînement des corps par les eaux courantes, et cette loi de la fossilisation est démontrée. Mais toutes ces précautions ne changent rien aux faits. l'ordre de complication n'existe pas plus pour les sous-divisions que pour les grands groupes. La classe des cycadées et des conifères qu'il regarde comme intermédiaire entre les cryptogames et les phanérogames monocotylédones devrait précéder l'arrivée des monocotylédones. Cependant, d'après ses propres observations, les nayades, les palmiers, les cannées, et un grand nombre de monocotylédones de famille incertaine, apparaissent longtemps avant, et les liliacées se montrent en même temps qu'elle dans la seconde période de végétation. Les cycadées et les conifères ne se suivent point sans intermédiaire dans les couches du sol, puisque les cycadées ne commencent à paraître que dans le calcaire conchylien, tandis que les conifères se voient dans le grès bigarré (2e période) ; ainsi, non-seulement leur apparition n'est pas *presque simultanée*, mais encore la famille la plus parfaite apparaît longtemps avant celle qui l'est moins. Je raisonne en ce moment avec les faits recueillis par M. Brongniart; mais ces faits manquent d'exactitude, car les cycadées paraissent dès le vieux grès rouge et les conifères ont été vus sous le calcaire de montagne. Les uns et les autres appartiennent donc à la première période de végétation et non pas à la troisième ; ils sont donc aussi anciens sur la terre que les végétaux les plus simples, les agames. Depuis que M. Brongniart a publié son livre, on a constaté la présence de beaucoup de plantes dicotylédonées dans les terrains houillers. On a trouvé des myosotis dans les houilles de Saint-Imbert, des anémones dans les schistes houillers de la même localité, des cactus dans les houillères d'Angleterre et des Cévennes, des cératophyllums dans celles de Thuringe et de Silésie. Il n'y a donc pas de coïncidence dans l'apparition des mammifères et celle des plantes dicotylédonées ; toutes les classes de végétaux sont donc aussi anciennes les unes que les autres. Au reste, quand les plantes et les animaux suivraient dans le sol un ordre de gradation ascendante, cela n'autoriserait point à croire qu'il s'est opéré plusieurs créations successives ; il faudrait de plus que l'ordre d'apparition des fossiles fût nécessairement en rapport avec celui de leur création et le traduisît ; or, MM. Cuvier et Brongniart n'ont pas même touché à cette thèse ; je ne le ferai pas non plus dans ce moment, et je pourrais m'en tenir à ce résumé des observations qui précèdent : les formes végétales les plus compliquées sont associées aux plus simples, dès les terrains les plus anciens ; donc la paléontologie botanique ne prouve pas que la création ait suivi l'ordre sériel de gradation dans les plantes. Voyons cependant sur quels faits M. Brongniart se fonde pour croire que ses périodes ne sont pas arbitraires.

Premier fait. « Ces périodes, dit-il, sont séparées par des terrains qui ne contiennent point de fossiles terrestres, et qui, pour cette raison, semblent avoir correspondu à des catastrophes qui auraient anéanti toute végétation préexistante. » M. Brongniart s'était trop hâté de donner la dénomination de formations pélagiques, et sans plantes terrestres au zechstein, au muschelkalk et au terrain crétacé. Maintenant, il est établi par lui-même et par d'autres botanistes que les végétaux terrestres ne sont étrangers à aucun de ces étages et qu'ils abondent surtout dans le grès crayeux de Schona en Saxe, de Tetschen en Bohême, etc. Le dépôt pélagien de la craie des plaines n'a montré, il est vrai, qu'un petit nombre bois flottés, mais celle des Alpes fourmille de plantes terrestres et offre même des lignites. Comment les botanistes pouvaient-ils raisonnablement demander de nombreux restes de plantes à des dépôts formés dans une mer profonde, à un grand éloignement des continents et des îles, à des dépôts qui sont si pauvres en matériaux empruntés des terres découvertes ? Au contraire, les plantes terrestres abondent là où il y a des matières arénacées ou argileuses, et où l'on voit encore des traces de grandes débâcles, et de charriage venant des continents. Mais la craie, le muschelkalk et le zechstein ne renfermassent-ils que des plantes marines, cela ne prouverait ni une immersion contemporaine de tout le sol, ni une révolution générale et destructive de toute espèce terrestre, parce que ces dépôts, comme tous les autres, ne sont que locaux et ne couvrent pas toute la terre.

Second fait. « Ce qui tend à montrer que la végétation de chaque période est en effet le résultat de créations nouvelles et successives, c'est qu'il n'y a point de passages insensibles entre les végétaux de ces diverses périodes, tandis qu'il y en a *presque* toujours entre ceux des divers terrains compris dans chaque période. » Les passages les plus insensibles entre les diverses flores sont formés par des genres et surtout par des espèces identiques. Or, voici de nombreux exemples de genres et d'espèces passant identiquement d'une période dans une autre. Dans la famille des équisétacées ou prêles, l'*equisetum mougeotii* se montre dans le grès bigarré et dans le keuper de Marmoutier (Bas-Rhin). L'*equisetum arenaceum* du grès bigarré de Wasselonne et de Marmoutier reparaît, d'après M. Berger, dans le keuper de Cobourg, et aussi dans celui du canton de Bâle, d'après M. Mérian. Parmi les fougères, le *clathropteris meniscioides* passe du grès bigarré des Vosges, à Ruaux et à Saint-Etienne, près la Marche, dans le keuper et dans le grès du lias de Hor en Scanie. Ces trois plantes existaient donc aussi à l'époque du muschelkalk, qui est intermédiaire aux terrains qui les contiennent. Le *sigillaria reniformis* s'observe dans le grès houiller de Mons, d'Essen et d'Angleterre, puis, d'après MM. Lindley et Hutton, dans le grès du keuper de Gotha. Dans la famille des lycopodiacées, le *lepidodendron phlegmarioides* passe du terrain houiller de Newcastle et de Silésie dans le keuper des environs de Cobourg. Ainsi, ces deux plantes ont traversé les temps qui correspondirent au dépôt du zechstein et du muschelkalk. Toutes les classes nous offriraient des exemples de genres communs à plusieurs périodes de végétation. Le genre *neuropteris* de la famille des fougères occupe la grauwacke, le terrain houiller, le grès bigarré, le muschelkalk, le keuper, l'oolite et le terrain marno-charbonneux de M. Brongniart. Le genre *aspidites* (goppert), occupe le terrain de transition, et les terrains houillers et tertiaires. Le genre *equisetum* apparaît sous le calcaire de montagne, passe dans le terrain houiller, manque dans le zechstein, reparaît dans le grès bigarré, manque dans le muschelkalk, reparaît dans le keuper, dans le lias, dans l'oolite inférieure, manque dans les autres étages oolitiques ainsi que dans la craie, et se rencontre ensuite, plus tard, dans le calcaire grossier, dans le gypse et dans l'époque actuelle. Le genre *araucaria* de la famille des conifères, commence à se montrer dans le terrain houiller, manque dans le zechstein, reparaît dans le grès bigarré, manque dans le muschelkalk et dans le keuper, se retrouve dans le lias et disparaît dans tous les terrains suivants pour ne plus se montrer que dans la nature vivante, etc., etc. Mais, lors même qu'il n'existerait point de passages insensibles entre les différentes périodes de M. Brongniart, serait-ce une raison d'admettre pour elles des créations successives? Ces périodes diffèrent-elles plus entre elles que la flore de l'Afrique centrale, par exemple, ne diffère de celle d'Europe, ou celle-ci de la flore américaine? Ainsi, les divisions de M. Brongniart sont arbitraires, parce que les faits qui leur servent de base sont erronés, et que, dans aucun cas, ils ne pourraient conclure à des révolutions ni à des créations successives.

Résultat. « En divisant la flore fossile en quatre périodes, on trouve que les cryptogames ont prédominé dans la première et dans la seconde, les phanérogames gymnospermes dans la troisième, et les dicotylédones dans la quatrième. » Même en accordant à M. Brongniart que ses divisions du sol soient moins arbitraires que d'autres, que sa classification des végétaux vivants soit parfaitement naturelle, que ses déterminations des végétaux fossiles soient toutes exactes, il serait encore impossible de prendre au sérieux sa comparaison des végétaux fossiles entre eux et avec les végétaux vivants, sous le rapport du nombre, parce que mille circonstances ont dû influer sur la fossilisation d'abord, et ensuite sur la conservation plus ou moins complète ou la disparition d'une foule de familles de plantes dans le sein de la terre. Dans la quatrième époque de M. Brongniart, on trouve citées deux mousses et dix-sept conifères, données qui ne prouvent nullement que le rapport numérique entre ces deux familles fut alors de 2 : 17. N'est-il pas tout naturel en effet que des troncs de conifères se soient conservés plutôt que de petites mousses, et si notre botaniste n'a recueilli que deux espèces de mousses de cette époque, est-ce à dire pour cela que les espèces de mousses ne pouvaient pas être dix fois plus nombreuses que les espèces de conifères ? Il compte dans sa troisième période 35 phanérogames gymnospermes et 31 cryptogames vasculaires ; dans la seconde, 7 agames, 5 phanérogames gymnospermes, 5 phanérogames monocotylédones, et 8 cryptogames ; c'est sur ces légères différences qu'il établit la prépondérance des cryptogames sur les agames, les phanérogames gymnospermes et les phanérogames monocotylédones dans la seconde période, et celle des phanérogames gymnospermes sur les cryptogames vasculaires dans la troisième période. La première période, qui, d'après les idées de M. Brongniart, devrait contenir en abondance les organisations les plus simples, ne présente que quatre agames ! Il sera toujours impossible d'établir approximativement par la géologie, pour une époque quelconque, les rapports numériques des espèces des différentes classes. M. Brongniart compte 50,350 végétaux vivants ; à la date de son prodrome il connaissait seulement 501 végétaux fossiles. Le nombre de ces derniers s'est accru ; lorsque je terminai mes recherches, il s'élevait à 780 environ. Nos végétaux vivants se développent les uns exclusivement dans les eaux de la mer ; d'autres, dans les eaux douces ou sur leurs bords ; et le reste, c'est-à-dire l'immense majorité, vit indifféremment auprès ou loin des courants. Telle est la distribution générale des plantes dans le moment actuel, et tous les botanistes admettent que les fossiles ont dû vivre dans les mêmes circonstances que leurs analogues des temps présents. Ces trois grandes divisions, qui, prises ensemble, embrassent 50,350 espèces, ne seraient donc encore représentées dans la flore fossile connue que par 780 espèces ; sur ce nombre, 139 seulement sont marines, 462 se développaient dans les eaux douces où dans les lieux humides et chauds, comme les îles et les embouchures des fleuves ; de sorte qu'il n'y a que 279 espèces de la division qui peut se passer des courants, et encore, parmi ce nombre on remarque beaucoup de plantes qui préfèrent le voisinage des eaux, telles que le platane, le bouleau, le peuplier, etc. Les espèces marines qui vivent sous ces mêmes eaux où se sont accomplis tous les grands dépôts, doivent cependant être, et sont en effet, plus rares à l'état fossile que celles des eaux douces, parce qu'elles ne croissent que dans les parages où les eaux sont tranquilles, et où n'arrivent pas de sédiments ; elles ne peuvent donc devenir fossiles que lorsque des tiges ou d'autres organes s'en détachent et sont abandonnés aux eaux courantes qui vont les déposer plus loin. Les espèces si nombreuses qui habitent loin des mers et des fleuves, dans les plaines ou sur les montagnes, sont dans des conditions plus défavorables encore ; aussi, les fossiles de cette division sont-ils peu nombreux. C'est le contraire pour celles qui se plaisent dans le voisinage des courants ; plus exposées que les autres à être entraînées par les eaux, elles l'emportent de beaucoup par le nombre dans les couches de la terre. Les lycopodiacées, les équisétacées, les fougères presque toutes veulent des lieux humides et chauds, et l'on trouve à ces latitudes dix végétaux de ces familles contre un des autres ; aussi, les espèces réunies de ces trois familles s'élèvent à la moitié, et les fougères seules à plus du tiers du nombre total des végétaux fossiles connus jusqu'à ce jour. On voit donc que le nombre des espèces existantes exerce bien moins d'influence sur celui des espèces fossiles que leur position. Y eût-il cent mille fois plus de végétaux en espèces et en individus dans les oasis, sur les montagnes, dans tous les lieux éloignés des courants, il n'y en aurait pas un qui devînt fossile ; mais quoique moins nombreux comme êtres vivants, ceux qui croissent sur le bord des eaux, le deviendront beaucoup plus comme êtres fossiles, parce qu'ils seront entraînés par les courants. Encore ne faut-il pas s'imaginer que tous les corps entraînés se conservent ; ils se décomposeront pendant le temps de leur contact avec l'eau claire, s'ils ne sont pas assez promptement enveloppés de matières imputrescibles ; et ceux que l'enfouissement a soustraits au contact immédiat de l'eau et de l'air, sont exposés à bien d'autres causes d'anéantissement dans les couches du sol. Si celles-ci ne sont pas composées de sédiments assez fins, ou si par défaut de ciment elles restent longtemps meubles, les corps solubles qu'elles contenaient se désorganisent et disparaissent sans laisser d'empreintes. Enfin, les géologues ne peuvent observer en général que de très-petites portions de couches exploitées dans un autre intérêt que celui de leur science, et tout est accidentel dans les êtres fossiles, leur entraînement, leur enfouissement, leur persistance dans le sol et leur découverte.

Il est donc évident que les êtres fossiles n'offrent aucune base pour établir la proportion numérique des espèces des différentes classes aux différentes époques du sol, chaque époque n'ayant pu nous transmettre que la petite minorité de celles qui habitaient alors la terre. L'absence des terrains anciens, de certaines classes ou de certaines familles très-nombreuses aujourd'hui, si étonnante qu'elle fût pour les paléontologues, ne serait pourtant qu'un fait simplement négatif ; elle ne prouverait point d'une manière certaine que les espèces de ces classes ou de ces familles n'existaient pas encore ; elle indiquerait, tout au plus, leur rareté dans les pays qui ont été suffisamment étudiés, encore ne l'indiquerait-elle pas toujours avec certitude ; car, si ces végétaux, par leur genre de station, n'avaient pu se trouver que dans des couches de rivage, et que ces couches eussent été détruites par l'action postérieure des eaux, si nombreux qu'ils eussent été, il n'en resterait aucune trace dans le sol. Mais dans un terrain qui ne se composerait que d'une ou deux formations, comme le zechstein et le muschelkalk, cette absence de végétaux fossiles serait encore plus insignifiante, car elle pourrait tenir à mille circonstances, à la localisation des couches, à leur origine, au site de ces végétaux, à la destruction, par les eaux, des portions de couches qui les contenaient, etc. M. Brongniart admet lui-même que le calcaire grossier, étant d'origine marine, ne peut nous faire connaître que d'une manière incomplète la flore terrestre contemporaine (*Prod.*, p. 210). Mais son terrain marno-charbonneux, qui est une formation d'eau douce, fera-t-il connaître plus complétement la flore marine contemporaine ? Prenons encore pour exemple le terrain lacustre palœthérien ou la formation gypseuse tertiaire. M. Brongniart reconnaît que les végétaux sont extrêmement rares dans les gypses de Paris, tandis qu'ils sont nombreux, au contraire, dans ceux d'Aix, d'Armissan près Narbonne, et de Stradella près Pavie ; il admet l'influence des circonstances locales sur le dépôt de ces fossiles, (p. 313) ; mais si le dépôt des gypses d'Aix, d'Armissan et de Stradella avait été détruit en totalité, comme ceux de Paris l'ont été en partie par la cause qui a découpé l'ancien bassin parisien, cette formation d'eau douce ne renfermerait pas de végétaux terrestres ; en pourrait-on conclure que la terre fut sans végétaux à l'époque de la pierre à plâtre ? Les meulières sont une formation d'eau douce ; cependant les fossiles qu'on y trouve n'appartiennent qu'à cinq ou six plantes aquatiques, et, ce que M. Brongniart regarde comme très-singulier, pas un débris de plantes terrestres, soit de feuilles, soit de fruits, ne s'y rencontre.

10. — M. AMPÈRE. — THÉORIE DE LA TERRE, dans la *Revue des deux mondes*, 1833, et dans les *Annales de philosophie chrétienne*, onzième année, IIIe série, *t*, II, 1840. — Les êtres fluviatiles et terrestres sont les seuls que des irruptions des mers, sur toute la

surface des continents, auraient pu détruire si elles avaient eu lieu. Mais il y a aussi des espèces perdues parmi les êtres marins. S'il s'agissait uniquement, comme G. Cuvier le donne à entendre, de la disparition d'un petit nombre de coquilles, on pourrait supposer avec lui qu'elles ont péri par des causes tout à fait accidentelles, ou qu'elles existent vivantes dans des endroits où nous n'avons pas su les découvrir. Mais la classe des mollusques compte peut-être à elle seule plus d'espèces perdues que toutes les autres ensemble, et si l'on y joint les polypes, les crinoïdes, les échinides, les crustacés, les annelés, les poissons, les mammifères et les végétaux marins, on trouvera sans doute qu'au lieu de paraître exclusivement préoccupé des plus grandes organisations terrestres et de scinder le phénomène, après en avoir rapetissé les proportions, il eût été plus philosophique de l'embrasser dans son entier, et d'imaginer une cause éteinte générale, capable d'agir sur les eaux de la mer, comme sur les terres découvertes. La supposition de cette cause éteinte unique aurait dû paraître d'autant plus convenable à un homme qui ne tenait aucun compte des causes actuelles, que la disparition des espèces marines et des espèces terrestres se montre parallèle et sinchronique dans les dépôts du sol. C'est sans doute à ce point de vue que s'est placé M. Ampère, lorsqu'il a voulu composer sa théorie; toujours est-il que pour lui cette cause éteinte, plus générale que ne le pourrait être l'action des eaux de la mer, c'est l'élévation et l'abaissement alternatif de la température générale ; ce sont des *cataclysmes de feu* résultant du passage des corps de l'état gazeux ou de l'état de nébuleuse à l'état liquide et solide. Nous avons vu l'origine ignée de la terre dans Buffon, son origine aqueuse dans Deluc ; M. Ampère a voulu nous faire assister à son origine gazeuse. M. Ampère admet avec Herschel et d'après les premières observations de l'illustre astronome sur les *nébuleuses*, que tous les corps sidéraux sont passés de l'état gazeux à l'état solide; qu'ils sont devenus successivement comètes, étoiles, planètes, et que chaque nébuleuse est « comme le germe et l'espoir d'un système de mondes futurs analogue au système complet de notre soleil et de nos étoiles. » C'est ainsi que des milliers de mondes futurs s'élaborent continuellement sur nos têtes. Or, ajoute l'interprète des idées de M. Ampère, « cette hypothèse d'Herschel n'a rien que de très-conciliable avec le texte de la Genèse, *terra erat inanis et vacua.*

Voici d'abord la réflexion qui naît de cette exposition sommaire : Le premier principe de toute science est d'aller de ce qui est plus connu à ce qui l'est moins, si l'on veut arriver à quelque chose de vrai ou de vraisemblable; c'est d'ailleurs la seule marche logique de l'esprit humain. Mais quand on entre dans l'étude des mille hypothèses qui ont été faites sur l'origine du monde, on n'est pas peu surpris de voir leurs auteurs procéder tout autrement. Lorsqu'il s'est agi de remonter aux causes des abaissements ou des élévations du sol terrestre, pour former les montagnes, on est allé chercher le point de départ dans les volcans de la lune ; quand on a voulu expliquer la formation de notre système solaire, on a recouru aux comètes, et grâce à notre ignorance sur la marche de ces astres, on a cru pouvoir supposer que quelqu'un d'eux s'était heurté contre le soleil. Enfin, d'autres, plus hardis encore, se sont élancés par delà notre monde, à la découverte des nébuleuses.

Les nébuleuses ont changé d'aspect sous l'œil de J. Herschel, armé d'instruments d'un grand pouvoir ampliant. Elles ne sont pas des mondes naissants encore dans un état de chaos nébuleux ; elles sont au contraire des systèmes d'étoiles parfaitement formées, mais trop éloignées pour être aperçues à l'œil nu, puisque sitôt que nos instruments ont assez de puissance, nous les apercevons distinctement. S'il en est dans lesquelles nous ne voyons, même avec l'instrument, que des nébulosités semblables à celles que l'œil nu nous montre, c'est qu'elles sont trop éloignées et l'instrument trop faible pour les atteindre. Les nébuleuses refusent donc leur appui à l'hypothèse de M. Ampère, « et tout ce que l'on peut en conclure relativement à notre globe, dit M. Maupied, c'est que celui-ci paraîtrait une nébuleuse à un observateur placé sur une nébuleuse. »

La théorie a été faite pour expliquer : 1° les couches qui ne contiennent pas de fossiles, et toutes en contiennent plus ou moins ; 2° la distribution de ces débris organiques selon un ordre de complication, et cet ordre n'existe nulle part d'une manière suivie ; 3° la destruction des espèces perdues, et les espèces perdues n'ont point péri par l'action générale d'une cause violente ; 4° la formation des montagnes primitives après le dépôt d'une partie du sol de remblai, et les montagnes primitives existaient avant le sol de remblai ; 5° les couches de la masse planétaire, et ce que nous connaissons du noyau planétaire est à l'état massif et non pas en couches, etc. La théorie de M. Ampère ressemble donc, comme bien d'autres, à l'histoire de la dent d'or ; elle veut expliquer ce qui n'est pas.

On ne saurait attribuer au développement de ces réactions chimiques la destruction simultanée des êtres marins et terrestres à tant d'époques différentes du sol, sans supposer en même temps que ces cataclysmes de feu ont été généraux et extrêmement fréquents ; c'est en effet ce que la théorie admet. « A chaque grand cataclysme, la température de la surface du globe s'élevant considérablement, *toute organisation devenait impossible*, jusqu'à ce qu'elle se fût abaissée de nouveau. C'est en raison de cela que nous voyons à des couches qui renferment d'anciens végétaux, et même les premiers animaux, succéder d'autres couches où il n'y a plus de débris de corps organisés. » Dieu aurait donc créé des végétaux et des animaux avant qu'il n'y eût sur la terre et dans les eaux des milieux d'existence généraux et permanents pour les recevoir ! Passons sur cette conséquence. Mais les actions chimiques de M. Ampère n'auraient pas été autre chose, d'après lui-même, que des phénomènes volcaniques ; or, si l'action volcanique, aujourd'hui si restreinte, si locale, liquéfie cependant tout ce qu'elle touche, dénature tout ce qui est soumis à ses influences, est-il douteux que, développée sur cette immense échelle, aux premières époques géologiques, elle n'eût transformé tous nos dépôts en verre, en marbre, en porcelaine, détruit toute trace presque de fossiles, et anéanti par conséquent le problème dont M. Ampère lui demande la solution ?

Pour le reste, il suit les errements des systèmes précédents ; il prend les jours de Moïse pour des époques indéterminées, il admet des créations successives, des destructions générales, et après avoir disposé les débris organiques des deux règnes dans le sol, absolument comme leurs classes et leurs familles le sont dans nos tableaux zoologiques, « or, conclut-il, cet ordre d'apparition des êtres est précisément l'ordre de l'œuvre des six jours, tel que nous le donne la Genèse. » Double erreur ; les classes ne suivent l'ordre zoologique ni dans le sol, ni dans la cosmogonie sacrée. On trouve dans les terrains hémilysiens tous les grands types d'organisation végétale et animale ; et la Genèse fait arriver simultanément à la vie, d'abord tous les végétaux, puis tous les animaux aquatiques, puis tous les animaux terrestres ; elle ne rompt pas les rapports naturels des êtres, en supposant, comme le font tant de paléontologues, que toutes les classes auraient pu exister les unes sans les autres.

M. Ampère est-il plus heureux dans l'explication des textes que dans celle des phénomènes. Qui devinerait, par exemple, que la phrase *terra erat inanis et vacua* caractérise la terre à l'état de nébuleuse ? « Le sens que les anciens donnaient au mot *inanis*, entraînant surtout l'absence de matière palpable, peut s'appliquer à l'état gazeux d'un corps. » Soit ; mais ici il ne s'applique pas à l'état gazeux de la terre, car Moïse ajoute immédiatement qu'elle était recouverte par les eaux ; elle n'était donc pas à l'état gazeux. Moïse ne nous montre point les étoiles d'abord liquides, se solidifiant, puis s'éteignant ou s'encroûtant pour se réduire en planètes. Dieu les fit, *fecit stellas ;* il forma d'un seul acte de sa volonté le soleil et la lune : ces corps ne passèrent donc pas par des transformations successives de l'état de nébuleuse à leur état définitif. Tel est, d'après Moïse, l'origine du ciel et de la terre ; c'est ainsi qu'ils furent, non pas ébauchés et livrés ensuite à l'action lente et graduelle des causes secondes, mais achevés avec toutes leurs harmonies. *Igitur perfecti sunt cœli et terra et omnis ornatus eorum.*

« Cependant, la terre se hérissait de plus en plus de montagnes, formées des éclats de la croûte soulevée et inclinée dans toutes les directions. Il arriva enfin qu'après un refroidissement nouveau, *une nouvelle mer* s'étant formée, elle ne recouvrit plus toute la surface du noyau solide, et *quelques îles, quelques pics isolés*, apparurent au-dessus des eaux, *apparuit arida*, dit Moïse. » Moïse ne s'exprime point ainsi ; la mer qui se retirait, à la voix de Dieu, n'était pas une mer nouvelle, mais la même sous laquelle la terre était restée ensevelie jusqu'au troisième jour et qu'il avait désignée par ces mots : *faciem abissi, super aquas.* En se retirant, cette mer mit à sec autant de terres qu'il en fallait pour le siége des plantes, des animaux et des fleuves, comme le prouvent l'étendue et la puissance des dépôts mixtes de l'époque primaire et houillère. Enfin, la retraite des eaux ne fut pas le résultat d'un procédé chimique, mais l'effet d'un commandement, et la Vulgate ne dit pas, *apparuit arida*, mais *appareat arida*, expression bien différente qui éloigne toute idée de cause seconde pour ne montrer que la puissance à qui tout obéit.

CHAPITRE V.

MM. C. PRÉVOST, AMI BOUÉ, ÉLIE DE BEAUMONT.

V. — M. C. Prévost. — Tandis que beaucoup de géologues, prolongeant les idées de Cuvier, se faisaient queue pour ainsi dire, un certain nombre d'autres, sans se laisser influencer par l'autorité des noms, et libres de toute conviction amicale ou intéressée, continuaient la géologie dans la voie où Buffon l'avait introduite, où Pallas, de La Métherie, de Lamarck, etc., l'avaient maintenue, et formaient l'enchaînement logique du progrès. Les travaux de M. Prévost sont : 1° ses leçons orales, dont la doctrine est passée dans un grand nombre de publications de ses élèves ; 2° plusieurs dissertations publiées de 1809 à 1835, et réunies plus tard sous le titre de *Documents pour l'histoire des terrains tertiaires* ; 3° plusieurs mémoires lus devant l'Académie des sciences, un entre autres, qui résume en partie ses observations, 1845 ; 4° plusieurs articles dans les dictionnaires, les encyclopédies et le *Bulletin de la Société géologique*, entre autres, les articles *Formation, Fossiles*, où il trace les règles de la nomenclature de la géologie en rapport avec les principes de la science et les causes naturelles. Il n'est guère de points sur lesquels M. Prévost n'ait jeté quelque jour. Ayant reconnu de bonne heure la nécessité de l'influence logique des diverses branches des connaissances humaines les unes sur les autres, il se défia toujours de ces interprétations hâtives des faits qui ne s'accordaient ni avec la manière d'agir des causes actuelles, ni avec d'autres parties démontrées de la science générale. Aussi, dès ses premiers travaux, se trouva-t-il par sa direction même en opposition avec l'école de Cuvier. Ses *Documents pour l'histoire des terrains tertiaires* sont déjà une réfutation solide de la thèse des irruptions itératives des mers. Plusieurs conclusions de ce travail sont devenues des principes importants pour la géologie zoologique et philosophique.

1° *Les fossiles terrestres, comme les fossiles d'eau douce et marins, sont les vestiges des seuls corps organisés qui, par des circonstances locales ont pu être recouverts dans le sein des eaux par des sédiments ;*

2° *Les fossiles terrestres ne peuvent donner une idée approximative que de l'ensemble des animaux et des plantes qui vivent sur le trajet des eaux continentales courantes, ou sur les rivages des mers, et ils ne peuvent nous faire connaître comment étaient peuplés l'intérieur des continents, les points élevés et les hautes montagnes.*

3° *Les dépôts successifs ont été formés d'une manière continue, ou périodique, à courts intervalles, et quelquefois intermittente.*

Dans son mémoire du 14 avril 1845, M. C. Prévost s'attache à mettre en évidence le synchronisme, à toutes les époques du sol, des diverses formations ignées et aqueuses. On trouve des effets de la cause ignée à tous les niveaux de la série des terrains ; d'une autre part, la mer et les fleuves ont produit dans un même temps, aux embouchures, sur les rivages, dans les bas-fonds et sur les points intermédiaires, des dépôts que leurs fossiles et leurs substances minérales nous apprennent à rapporter à ces diverses circonstances locales. Les terrains de tous les âges en offrent des exemples. Le synchronisme des différentes formations neptuniennes est l'effet nécessaire de la configuration de la terre, du mode d'action des eaux, et de la répartition naturelle des êtres organisés qui fournissent à ces formations une partie, et souvent la totalité de leurs matériaux. Des dépôts fort différents par leur nature, leur étendue, leurs fossiles, ont donc été produits à la même époque, et des dépôts très-semblables, sous tous ces mêmes rapports, ont été produits à des époques différentes.

Si l'on veut se faire une idée du synchronisme dans son ensemble, il faut se représenter une vaste mer dans le sein de laquelle débouchent des torrents et des fleuves, après avoir traversé, les uns des lacs, les autres des terres désertes, d'autres des pays boisés et peuplés d'animaux. Tandis que l'action impétueuse, désordonnée, diluvienne des torrents, entraîne pêle-mêle ces matériaux et les entasse confusément dans le bassin marin ; que des sources calcarifères viennent déposer sous forme de concrétions et de travertins le carbonate de chaux dont elles sont chargées ; que d'autres sources souterraines au moyen des pulviscules siliceuses qu'elles tenaient en suspension, cimentent les sables sur le pourtour de cette mer, et y produisent des meulières ou des grès ; que les eaux fluviatiles, après avoir lavé et raviné le sol continental, arrivent de toute part avec une abondance et une vitesse périodiquement variables, apportant pour tribut tout ce qu'elles ont pu enlever, arracher au sol, matières minérales, végétales, animales, qu'elles descendent et déposent à leurs débouchés, et souvent bien loin dans les abîmes les plus profonds, où des debris intacts de produits terrestres et fluviatiles vont s'associer à ceux des animaux pélagiens, bois, crocodiles, nautiles, crinoïdes, etc.; la mer, de son côté, par l'action de ses marées, remonte de ses fonds vers ses rivages les êtres morts dans son sein, des myriades de mollusques, de crustacés, de poissons, d'oursins, de polypes à polypiers dont elle forme des bancs puissants ; par l'action de ses courants généraux, elle entraîne des amas de coquilles brisées, triturées ; elle lave, délaye la pâte d'innombrables polypiers en voie de développement et dépose ces sédiments dans ses parties profondes et tranquilles. En même temps, la cause ignée, agissant de dessous le sol de remblai qu'elle a déjà disloqué en cent endroits, remplit ici de ses produits les cavités de ce sol et les injecte dans les fissures; là, les fait monter jusqu'aux bouches de ses cratères, d'où ils s'épanchent sous les eaux salées par coulées successives. Sur un point, les laves viennent alterner avec des dépôts marins ou d'eau douce ; sur un autre point, les courants marins s'emparent des laves et vont les étaler plus loin sous forme de sédiments ; ailleurs, la cause ignée remanie des matériaux déposés auparavant par les eaux ; elle arrache d'anciennes roches sédimenteuses, elle les fond dans ses fournaises pour en faire la matière de ses laves, ou elle en rejette par ses cratères les fragments solides, qui retombent autour de la montagne volcanique.

Nous avons là toutes les sortes de formations : formations aqueuses *diluviennes*, effets des torrents, des grandes débâcles ; *lacustres*, *fluviatiles*, *fluvio-marines* ou d'embouchure ; *marines littorales* ou de rivages, *marines pélagiennes* ou de pleine mer, *semi-pélagiennes* ; formations ignées par *intrusion*, par *sublimation*, par *coulées* ; formations *pluto-neptuniennes*, dont les matériaux fournis par la cause ignée, sont remaniés par la cause aqueuse, et *neptuno-plutoniennes*, dont les matériaux fournis par la cause aqueuse sont remaniés par la cause ignée ; et toutes ces causes agissent en même temps, tous ces effets sont synchroniques. Ils se distinguent nettement lorsqu'ils restent isolés, comme dans nos terrains tertiaires ; mais le plus souvent ils se combinent, s'enlacent, se succèdent, se confondent. C'est même parce qu'ils apparaissent dans cet ordre successif ou alternatif que le synchronisme a semblé difficile à admettre tout d'abord en géologie. Cependant, il est impossible de nier qu'il y a encore actuellement synchronisme de formations, de roches, de minéraux ; qu'il y a encore actuellement et qu'il y aura nécessairement jusqu'à la fin synchronisme d'existence entre les êtres organisés de toutes les classes ; entre les végétaux et les animaux ; entre ceux destinés à vivre sur les terres ou dans les eaux douces et dans les mers, sur les rivages ou dans les profondeurs, etc. Par conséquent, si, comme cela est certain, des circonstances analogues à celles dont nous sommes témoins, ont existé aux époques antérieures, les êtres devenus fossiles dans le même temps n'ont pu être les mêmes partout, et des êtres semblables ont dû être enfouis à des époques différentes. Il résulte de ces dernières considérations, que si les fossiles peuvent servir à caractériser les formations et leurs circonstances, il s'en faut que l'on puisse les employer aussi sûrement à fixer la chronologie des terrains. Les documents qu'ils fournissent à l'histoire de la terre sont très-précieux, mais il faut une grande prudence pour en user avec succès et n'en pas déduire des conséquences erronées. Peut-on croire, par exemple, que les terres et les mers ont été partout habitées dans le même moment par les mêmes espèces, parce que des paléontologues regardent *à priori* comme de même âge les dépôts qui renferment les mêmes fossiles, tandis qu'il est beaucoup plus vraisemblable que les mêmes espèces ont habité successivement des lieux différents ; qu'il y a eu déplacements, migrations, désertions, et même échanges, par suite des nombreux changements de forme que le sol continental et celui de la mer ont subi?... Tout semble démontrer au géologue observateur que les êtres vivants ou fossiles, les plus nouveaux pour nous comme les plus anciens, appartiennent à un grand et même plan d'organisation conçu dans son ensemble, et non exécuté pièce à pièce, et pour ainsi dire suivant des circonstances fortuites ou les besoins de chaque moment.

On peut affirmer que, lorsque les roches les plus anciennes dans lesquelles nous distinguons les premiers vestiges de corps organisés, ont été formées, le globe terrestre et sa surface étaient déjà dans des conditions presque analogues à celles qui l'entourent aujourd'hui; que les animaux et les végétaux fossiles qui ont cessé d'exister ne différaient pas essentiellement, par leur organisation des végétaux et des animaux encore vivants, et que les êtres survivants durent s'accommoder de l'état extérieur de la terre, dès cette époque. Y a-t-il en effet, physiologiquement et zoologiquement parlant, plus de différence entre les animaux fossiles et ceux qui ont survécu, qu'il n'y en a entre les espèces de l'Amérique, de l'Europe et de la Nouvelle-Hollande?

VI. — M. Ami Boué. — Ses observations sont consignées dans son *Guide du géologue*, sa *Turquie d'Europe*, et dans le *Bulletin de la Société géologique*, dont il a été longtemps le secrétaire. Rien de plus intéressant que les analyses qu'il y donnait des travaux géologiques et paléontologiques exécutés chaque année en France et à l'étranger. Observateur infatigable, il est, parmi les modernes, un de ceux qui ont le plus et le mieux vu. Il ne lui en coûte pas de modifier ses idées, à mesure que de nouveaux faits ou des faits mieux observés lui arrivent, parce qu'il est dégagé de tout esprit de système et qu'il fait de la géologie pour la géologie seule.

Tandis que M. C. Prévost introduisait dans la science le synchronisme des formations aqueuses, MM. Boué, de Beaumont, Dufrenoy, Hall, etc., établissaient le synchronisme des formations ignées avec les formations aqueuses, en constatant la continuité de l'action ignée, depuis notre époque jusqu'à celle du sol de transition inclusivement. La cause ignée, soit par les volcans, soit par les tremblements de terre et les dislocations du sol, soit par le métamorphisme, n'a jamais discontinué de modifier la surface de la terre sur un point ou sur un autre.

L'histoire à la main, on pourrait suivre pas à pas les modifications plutoniques qui ont donné leur configuration actuelle à tous les bords des mers qui séparent l'Europe de l'Asie et de l'Afrique. M. Boué a reconnu les traces d'anciens volcans dans les terrains tertiaires et crétacés de la Turquie d'Europe; il a poursuivi ces traînées de crevasses remplies de matière ignée qui çà et là a débordé, soit dans la Grèce, l'Archipel et l'Asie-Mineure, soit en Hongrie, dans le Bannat, la Transylvanie, l'Illyrie, et la Styrie. Il en a été de même, comme le prouvent les faits géologiques, et les traditions historiques sur tout le versant méridional de la Méditerranée, vers l'Afrique et l'Égypte. Nous voyons encore cet ordre de phénomènes se continuer en Italie et en Sicile. Le rivage français de la Méditerranée ne présente plus, il est vrai, la cause ignée en activité, mais entre Marseille et Draguignan, nous trouvons des volcans éteints dans le terrain triasique et crétacé ; et plus à l'ouest, depuis Montpellier jusqu'en Auvergne, les départements de la Drôme, de l'Ardèche, de la Haute-Loire, de la Loire, etc., nous laissent voir une longue traînée de volcans éteints qui ont traversé tous les terrains secondaires et tertiaires et dont un grand nombre en Auvergne se trouvent dans le sol primaire et primitif. En Auvergne, près d'Issoire, dans la montagne de Boulade, les premières couches composées de calcaire d'eau douce reposent immédiatement sur le granit ; elles forment la roche dominante de la montagne ; puis viennent des couches arénacées ossifères qui alternent avec des tufas volcaniques. Cette disposition montre que les volcans n'ont agi sur ce point qu'après les couches tertiaires qu'ils recouvrent de leurs produits, et sur d'autres points qu'après la formation des terrains secondaires et de transition. Si de l'Europe, nous passons en Amérique, nous y trouvons absolument les mêmes phénomènes : d'abord un grand nombre de volcans encore actifs, et ensuite beaucoup d'éteints et traversant tous les terrains.

Des couches brisées, redressées dans les régions montagneuses attestent des dislocations du sol qui auraient produit des soulèvements suivant les uns, des affaissements suivant les autres, et font comprendre comment des dépôts marins peuvent se trouver à plusieurs milliers de mètres d'élévation, lorsque de grandes étendues de pays situés beaucoup plus bas, n'offrent aucune trace de relèvement. Ces dislocations de tout temps accompagnées, comme elles le sont encore aujourd'hui, de sources abondantes, chargées de gaz et de sel, donnèrent lieu à de nouveaux dépôts ; le cours des fleuves fut changé, comme il l'est encore aujourd'hui en pareil cas ; les couches d'alluvion ne furent plus les mêmes. Quand ces dérangements arrivent sur un sol immergé, les dépôts postérieurs changent de direction et d'inclinaison ; ils se superposent aux dépôts antérieurs en *stratification discordante ;* tandis que l'on dit des strates qui se succèdent avec la même direction et la même inclinaison qu'elles sont en *stratification concordante*, et le résultat d'une même cause non dérangée dans la production successive de ses effets. Or on trouve des stratifications discordantes dans tous les terrains et particulièrement dans les montagnes; preuve nouvelle que la cause ignée est venue à toutes les époques déranger le cours de la cause aqueuse, car la cause ignée n'est pas étrangère aux tremblements de terre et à ces grandes dislocations du sol.

Cette continuité d'action de la cause ignée est encore attestée par un troisième ordre de faits, connu sous le nom de métamorphisme, par lequel on désigne les modifications diverses que la cause ignée a fait subir aux formations neptuniennes après leur dépôt. Les marbres saccharoïdes des Pyrénées, des Alpes, de Carrare, de Paros, sont des calcaires modifiés par les éruptions ignées; ils contiennent des fossiles marins et continuent d'autres calcaires à fossiles. Les gypses des terrains secondaires paraissent également dus à l'action métamorphique qui aurait changé les carbonates en sulfates de chaux. Les schistes cristallins de transition ne sont que des roches aqueuses modifiées par le voisinage des roches plutoniques ou par des actions volcaniques. Dans sa *Turquie d'Europe*, M. Boué confirme par un grand nombre de faits la transmutation ignée des dépôts neptuniens en schistes cristallins. Autour d'amas granitiques, des schistes argileux sont devenus maclifères ou amphiboliques, dans l'île d'Anglesea ; d'autres schistes argileux sont devenus jaspoïdes et empâtent des grenats, à côté de roches trappéennes; le muschelkalk supérieur et le calcaire jurassique inférieur sont passés au marbre serpentineux et à un marbre statuaire, à côté du porphyre pyroxénique granitoïde de predazzo. Le calcaire du lias avec ses gryphées arquées est devenu du calcaire grenu sans fossiles, près de la syénite de l'île de Ski et dans les Pyrénées. M. Studer a découvert des micaschistes grenatifères à bélemnites au mont Luckmanier ; il y a des talcschistes bélemnitifères à Nuffenen. Dans certains volcans de l'Eifel, comme au Hohenfels, M. Mitscherlich a observé la production ignée du mica dans des schistes argileux modifiés. La production des dolomies, doubles carbonates de chaux et de magnésie, dans le voisinage des roches volcaniques, comme celle des calcaires saccharoïdes, est aussi un fait général qui s'est manifesté à tous les âges de la formation du sol de remblai.

C'est ainsi que le métamorphisme est venu compléter la démonstration du synchronisme des formations ignées et des formations aqueuses, par lequel a été renversée la classification artificielle des terrains de Werner. Werner avait divisé d'après leur ancienneté relative les terrains en cinq classes : primitifs, de transition, secondaires, d'alluvion et volcaniques. Il faisait entrer dans ses terrains primitifs beaucoup de roches schistoïdes, telles que gneiss, micaschistes, etc., véritables dépôts aqueux métamorphiques qui ne peuvent appartenir au même groupe que les granits. Les terrains volcaniques qui terminaient sa série doivent être mis hors ligne, parce que la cause ignée s'étend à toutes les époques, et qu'agissant ordinairement de bas en haut elle donne rarement le moyen de déterminer l'âge relatif de ses produits. La classification de Werner est une abstraction. Il n'existe point de série générale, il n'y a que des séries locales. Parlant des cinq divisions des terrains secondaires, « on se les figure communément, dit Link, comme superposées les unes aux autres avec beaucoup d'ordre, et comme si elles se suivaient régulièrement sur la surface du globe. On en a conclu que ces diverses superpositions s'étaient formées successivement de telle sorte que le dépôt de la première formation était terminé, quand le dépôt de la seconde commença, et ainsi de suite. Mais il n'y a aucune preuve à l'appui de cette hypothèse. Nulle part on n'a pu observer les cinq prétendues divisions dans une seule et même localité, et superposées avec régularité les unes aux autres de manière à pouvoir reconnaître l'âge relatif de chacune d'elles et l'indiquer avec précision... Ces périodes de formation ne sont point sanctionnées par la nature ; ce sont des moyens que l'on a imaginés pour mettre quelque ordre dans les phénomènes. On peut les comparer à ces appuis dont l'enfant se sert pour apprendre à marcher et qu'il rejette plus tard... On s'est donné beaucoup de peine pour découvrir quelques localités où deux formations se trouvassent superposées régulièrement, sans penser que la couche supérieure, dans cette localité, pouvait dans d'autres avoir été la contemporaine de la couche inférieure » (*le Monde primitif et l'antiquité*, etc.), et sans penser même que l'origine des dépôts donne la raison pour laquelle les inférieurs sont toujours inférieurs, quand ils existent. Par exemple, les terrains de transition sont toujours inférieurs aux houillers, quand les deux existent dans la même localité, parce que les terrains de transition sont un débris des roches primitives qui une fois recouvertes par d'autres dépôts, ne peuvent plus fournir de matériaux à la cause aqueuse.

Dès qu'il est démontré par le synchronisme que les diverses formations neptuniennes ont eu pour causes et pour origines les diverses circonstances locales du sol, des eaux et des êtres qui les habitaient, et que dans des localités fort éloignées, les mêmes circonstances et les mêmes phénomènes ont pu se reproduire, il n'y a plus évidemment à étudier que des localités le plus souvent indépendantes, sans pouvoir rien en conclure pour leur ancienneté relative ni pour leur contemporanéité, ces deux conclusions ne pouvant être sérieusement prononcées que pour les formations d'un même bassin.

11. M. Elie de Beaumont. *Théorie des soulèvements.* — M. Heim avait été conduit dès 1812 à supposer une succession de soulèvements dans l'écorce du globe; plus récemment M. Jobert avait attribué les divers cataclysmes de Cuvier et les destructions correspondantes d'animaux aux soulèvements des montagnes. MM. Deluc, Studor, de Boucq et Boué, avaient admis de concert plusieurs époques de soulèvements. M. de Beaumont vint donner une nouvelle face à ces observations au moment presque où elles allaient être abandonnées par une partie de leurs auteurs. Il examina si leur conception et celle de G. Cuvier pouvaient être indépendantes l'une de l'autre, c'est-à-dire, si les chaînes avaient pu être soulevées sans produire à la surface du globe de véritables révolutions, et si les convulsions qui avaient dû accompagner le surgissement de ces puissantes masses n'auraient pas été la même chose que les *révolutions de la surface du globe* de Cuvier. Il paraît que cet examen changea en conviction ses premières conjectures, car il enseigna toujours depuis que la succession des terrains où les dépôts semblent avoir recommencé dans de nouvelles circonstances est le résultat des changements opérés dans les limites et le régime des mers par le soulèvement successif des montagnes.

Voici comment il explique son système : « Le redressement des dépôts sédimenteux qui reposent sur les flancs des montagnes, est la preuve des soulèvements. Les redressements appartiennent à des époques fort différentes; mais bien qu'ils s'observent sur des étendues souvent immenses, ils suivent constamment la même direction que la chaîne de montagnes. Dans chaque chaîne, la série des couches se divise en deux classes : l'une comprend les couches les plus récentes qui s'étendent horizontalement jusqu'au pied des montagnes, et l'autre, les couches les plus anciennes, qui se redressent, se contournent plus ou moins sur les flancs des montagnes, et s'élèvent quelquefois jusqu'à leur crête. » Cette distinction fournit à M. de Beaumont le moyen de déterminer l'âge relatif des montagnes, qui est en même temps celui des révolutions du globe. Il est évident pour lui que l'apparition d'une montagne date de l'époque intermédiaire entre le dépôt des couches redressées et celui des couches horizontales. Ainsi, qu'une couche placée entre deux montagnes, se relève sur les flancs de l'une, et que par un autre point elle s'étende horizontalement au pied de l'autre, cette disposition prouve que la première montagne est postérieure au dépôt de la couche, puisque le redressement est l'effet du soulèvement, mais que l'autre montagne existait déjà, puisque cette couche s'est déposée horizontalement sur elle. Par le seul fait que des montagnes ont une direction commune, elles forment un même système, produit à une même époque, pour ainsi dire d'un seul coup et par une seule action soulevante dont le siége est placé sous l'épaisseur totale du sol à 10 ou 15 lieues de nous. Le nombre des systèmes indique celui des dislocations que le sol de la contrée qu'ils occupent a éprouvées; et ce nombre est aussi en rapport avec celui des changements de nature et de gisements que présentent les dépôts, c'est-à-dire, avec le nombre des formations géologiques de ces mêmes contrées; chaque direction différente de couches ou chaque formation indépendante indiquant un système de montagnes semblablement dirigé. D'après ces principes, l'auteur reconnaît pour l'Europe douze systèmes de montagnes, fondés sur le nombre des directions différentes que suivent ces montagnes.

Cette nouvelle théorie, en supposant qu'elle fut l'expression de ce qui s'est passé, pourrait seulement établir des âges relatifs entre les divers systèmes de montagnes et de formations correspondantes; mais elle ne saurait rien nous apprendre sur l'âge absolu de l'ensemble ou des différentes parties du sol de remblai. Cependant, M. de Beaumont est un des géologues qui ont voulu déterminer cet âge avec le plus de précision. Il a fait sur les houilles et sur certains végétaux vivants des calculs que je n'aurai garde d'oublier, lorsque le moment sera venu de les produire. Il est presque inutile d'ajouter que l'auteur admet aussi des créations et des destructions successives.

Lorsqu'il publia sa théorie, l'hypothèse des soulèvements était en grande faveur. On l'avait d'abord appliquée aux volcans, d'où elle s'était ensuite étendue aux montagnes. Mais cette partie de la géologie hypothétique ne tarda pas à changer; les volcans mieux étudiés apparurent sous un aspect tout différent, et plusieurs grands faits de leur histoire passèrent définitivement dans la science. La fausseté de l'hypothèse des soulèvements dans son application aux montagnes volcaniques fut rigoureusement démontrée par plusieurs habiles observateurs. Il fut établi que les cônes des volcans doivent leur origine a une accumulation successive de laves et non pas à un soulèvement subit; que la puissance qui a produit la matière de ces laves n'a point redressé les couches sédimenteuses sous-jacentes; que le point de départ des éruptions, au lieu d'être placé, comme on l'avait cru, à l'extrémité inférieure du foyer volcanique, se trouve au contraire à l'extrémité supérieure de la lave ou colonne ascendante qui, s'étant refroidie et solidifiée à ce point, est ensuite rompue et chassée par le développement des gaz; que ces masses solides, ces *phonolithes* que l'on avait eu l'idée de représenter comme ayant traversé et soulevé toutes les couches du sol après avoir été lancées de 10 ou

15 lieues de profondeur, n'étaient autre chose que des débris de roches aqueuses ou des lambeaux de roches ignées déposées à l'état liquide par les volcans; que les prétendus cônes étoilés de Ténérif, du Cantal et de Palma, qui prouvaient, disait-on, le passage de ces phonolithes, ne pouvaient en aucune façon être rapportés à cette cause, et n'étaient même pas ce que l'on disait. Un cône étoilé à la partie supérieure de couches soulevées, suppose au moins la rupture de trois lambeaux et que les fentes sont plus larges à partir du point central de l'étoile; voilà deux nécessités. Mais au contraire dans tous les volcans actifs ou portions de volcans éteints pris pour exemples, les fentes ou vallées sont plus étroites auprès du cône qu'en s'en éloignant; elles ne le coupent pas, elles l'approchent sans l'entamer. Les faits sont donc en opposition avec la thèse.

Ces observations mettaient en grand péril la théorie de M. de Beaumont; car si les matières volcaniques n'ont pas soulevé les terrains pour produire des cratères et des cônes, on peut d'autant moins soutenir que les granits et les porphyres qui constituent nos montagnes ont été soulevés, que leur saillie au-dessus du sol et le redressement des couches sédimenteuses qui les recouvrent, s'expliqueraient mieux par des affaissements; ce que l'on n'a jamais pu dire des montagnes volcaniques. Aussi, l'hypothèse de M. de Beaumont a-t-elle toujours eu beaucoup moins de partisans parmi les géologues observateurs que celle des cratères de soulèvement. Cependant, au lieu de l'abandonner, il la modifia dans la traduction française du manuel de M. de La Bèche, où il en donne un nouveau résumé. « L'élévation des chaînes ne peut pas être due au jeu prolongé des évents plutoniques, mais il faut en rechercher la cause, avec M. Cordier et d'autres physiciens, dans le refroidissement séculaire, c'est-à-dire, dans la diffusion lente de cette chaleur primitive à laquelle notre planète doit sa forme sphéroïdale.... Le refroidissement tend à établir sans cesse un rapport entre la capacité de l'enveloppe consolidée et le volume de la masse interne encore fluide; or, ces rides sont le résultat de la diminution de capacité de la croûte solide, en conséquence du retrait occasionné par le refroidissement graduel des masses internes. » (Page 665.)

Il y a contradiction entre les soulèvements et la cause qu'on leur assigne. — Il faut bien le dire, cette idée à laquelle M. de Beaumont s'est arrêté n'est pas heureuse. La contraction d'où il veut faire sortir les montagnes, pourrait bien produire des affaissements, des redressements relatifs, mais non pas de véritables soulèvements ou des élévations *absolues*. Si la masse interne de la terre augmentait de volume, elle pourrait briser et *soulever* son enveloppe, devenue trop étroite pour continuer de l'embrasser totalement ; mais dans l'hypothèse du refroidissement graduel de la température terrestre, c'est le contraire qui arriverait. La masse planétaire, en passant de l'état liquide à l'état solide, diminuerait de volume; elle laisserait entre elle et son enveloppe des vides sur lesquels celle-ci s'abaisserait naturellement, et il en résulterait, à la surface extérieure, des plissements, des ondulations, des solutions de continuité, des redressements relatifs par mouvement de bascule, enfin, des effets qui ne ressembleraient pas plus à des *soulèvements absolus*, que l'amoindrissement supposé de la terre ne ressemble à un agent qui de dessous l'épaisseur totale du sol ferait effort pour en redresser des portions. Ainsi, les soulèvements tels que les entend M. de Beaumont sont précisément en contradiction avec le refroidissement graduel de la terre, et la contraction de son enveloppe qu'il a voulu cependant leur donner pour cause.

Nous ne jouons pas sur les mots; que M. de Beaumont appelât *soulèvement* les rides d'un visage amaigri ou celles d'une orange desséchée, on ne le prendrait pas à partie pour une expression fausse, si d'ailleurs son idée était la même que celle qui s'attache aux mots *abaissements, affaissements*; mais tout le monde sait que dans sa théorie, les abaissements sont relatifs et les élévations absolues ; c'est-à-dire qu'il y a, selon lui, plus de parties élevées que de parties abaissées; or, pour que de pareils effets pussent se produire, il faudrait que la masse planétaire se dilatât au lieu de se contracter. Sa théorie est donc en opposition évidente avec les lois de la physique. Et cela est d'autant plus malheureux, que tout est gratuit dans cette théorie, à commencer par les montagnes elles-mêmes, *en tant que soulevées ;* car on n'a jamais vu surgir des montagnes; des exemples de terrains soulevés à quelques pieds au-dessus du sol, par la violence des volcans, ne prouvent rien ; il y a trop loin de là aux grandes chaines des Alpes et des Cordillères, et aux pics du Thibet. Il y aurait de la naïveté à regarder comme des phénomènes propres à appuyer l'hypothèse des soulèvements, ces élévations produites à une profondeur si peu considérable, et qui ressemblent bien plutôt aux effets d'une pression qui, s'exerçant sur l'un des deux points extrêmes d'une ligne, onduleraient les couches intermédiaires à ces deux points. Les soulèvements, ne se soutenant pas par eux-mêmes, avaient donc besoin de s'appuyer sur une hypothèse quelconque qui les fît admettre au moins comme possibles.

Les soulèvements ne se conçoivent pas. — Mais la force souterraine à laquelle on attribuait les cônes volcaniques et les montagnes, étant une chimère, et l'hypothèse de la contraction du globe étant en opposition avec la théorie, on se demande quel peut être dans la nature cet agent capable de soulever, de renverser et de porter hors de leur position originaire, à de si grandes hauteurs, des portions du globe aussi considérables que des chaînes de montagnes, dont la superficie, comme celle des Alpes, peut se calculer à dix mille lieues carrées ? comment cette force soulevante a pu faire saillir, sur une ligne aussi courte, des parties parallèles aussi nombreuses que celles qui forment, par exemple, la chaîne du Jura? comment la même action aurait au même instant produit des montagnes séparées par d'immenses intervalles et n'aurait pas soulevé du même coup tous leurs chaînons contigus ? comment une commotion assez forte, assez violente pour soulever instantanément les montagnes, n'a pas précipité les dépôts sédimenteux qui reposent sur leurs flancs, n'a pas chassé les blocs de roches qui reposent sur ces dépôts ? comment des dépôts solides et adhérents au sol, ont pu, sans se briser, être relevés brusquement à deux ou trois mille mètres, comme l'aurait été, par exemple, la couche crétacée, mince et fossilifère, qui, de la vallée du Reposoir, s'élève à la crête de Fis, à 2,700 mètres de haut ?

Les stratifications discordantes ne prouvent pas des soulèvements. — Les stratifications sont l'effet du changement de direction dans les courants; or, ce changement de direction peut être attribué à toute autre cause qu'à des soulèvements; il peut avoir été produit par l'érosion des falaises, par le comblement des rivages, par les volcans, etc. « La discordance entre les couches superposées est beaucoup plus fréquente dans les dépôts de rivage; ainsi, c'est au-dessous, comme dans le sein, comme au-dessus de la houille qu'on l'observe plus souvent; c'est encore dans le trias, et cela devait être ; c'est vers les rivages des mers que les courants sont plus nombreux et plus sujets à varier dans leur direction, par tous les dérangements, les brisements, les érosions des falaises, par les atterrissements, les affaissements et aussi par les volcans qui restent actifs tant que la mer ne s'en éloigne pas trop, et que nous retrouvons en effet, au sud de l'ancienne mer Celto-Germanique, en Auvergne, au nord-ouest du même bassin, dans les montagnes du bas Rhin, depuis Coblentz, à Cologne, Francfort, Luxembourg, Cassel; voilà les causes naturelles probables de la discordance des couches de tous ces parages; tandis que les couches jurassiques, plus avancées dans cette mer, ne devaient ressentir que faiblement l'influence de toutes ces causes, bien qu'elles aient pu se déposer en même temps que les précédentes; il en est de même, à plus forte raison, de la craie blanche qui se déposait tout à fait au centre de cette mer; et en effet, aucune des nombreuses assises jurassiques n'a encore présenté de discordance de stratification avec les autres ; il n'y en a pas non plus entre les assises de la craie pélagienne. Les géologues à révolutions voient dans ces faits la preuve d'une longue période de tranquillité à la surface de l'Europe, pendant le dépôt des terrains jurassiques et crétacés ; nous y voyons tout simplement que les terrains jurassiques et crétacés se déposaient au centre d'une vaste mer qui n'était point troublée par les causes qui dérangeaient les courants vers les rivages. » (*Dieu, l'homme et le monde*, t. III, p. 540.)

Les stratifications discordantes ne prouvent point une intermittence des courants, ni une révolution à la surface du globe. — Qu'à toutes les époques il y ait eu des dislocations, des affaissements et des redressements simultanés, et comme par un effet de bascule, dans les couches du sol qui compose les montagnes ou qui les avoisine ; que ces accidents aient modifié successivement le bassin des mers dans sa forme, dans ses limites ; qu'ils aient changé la direction des courants et leur aient fait placer leurs dépôts subséquents en stratification discordante avec les dépôts précédemment disloqués, tout cela est exact, mais tout cela ne prouve point d'intermittence dans l'action de la cause des dépôts ; les dislocations devaient au contraire donner plus d'énergie à cette cause, et mettre à sa disposition une plus grande abondance de matériaux ; en outre, les stratifications discordantes n'existent pas dans toutes les localités entre un système de couche et un autre, et, quant aux couches brisées et disloquées, elles sont restreintes à des localités très-limitées, elles ne suffisent donc pas pour prouver une révolution à la surface du globe.

Les soulèvements sont en contradiction avec les effets qu'on leur attribue et qu'ils devraient expliquer.— La principale raison d'être du système de M. de Beaumont, est l'explication de l'abaissement successif et général du niveau des eaux. Donne-t-il seulement l'explication de ce phénomène ? M. C. Prévost va nous le dire ; il était réservé à cet habile et consciencieux professeur de lutter avec un succès égal contre les deux plus grandes célébrités géologiques de son temps.

« 1º Si dans un bassin rempli d'eau et dont le fond est flexible, je produis une bosselure en pressant sous ce fond, il est évident que je diminuerai la capacité inférieure de ce bassin et que le niveau de l'eau devra s'élever en raison du volume de la saillie produite. S'il se faisait en conséquence du coup reçu auprès de la portion soulevée des dépressions, ces dépressions ne pourraient pas avoir une capacité plus considérable que le volume de cette portion soulevée, et dans ce cas, le niveau du liquide resterait le même dans le bassin. On ne voit pas même comment une matière quelconque contenue dans une enveloppe sphérique et qui ne pousserait, ne soulèverait cette enveloppe que parce qu'elle serait comprimée et trop à l'étroit, pourrait occasionner par *réaction* des affaissements équivalents aux *soulèvements absolus* dont elle serait l'agent. »

« 2° Une suite de soulèvements dans le fond d'un bassin, élèvera donc successivement le niveau des eaux. »

« 3° Si le fond du bassin était composé de feuillets horizontaux et que quelques bosselures vinssent à saillir au-dessus de la surface de l'eau, les parties émergées ne présenteraient jamais que des feuillets plus ou moins inclinés ; dans aucun cas les portions restées horizontales ne seraient mises à découvert par suite des soulèvements du fond.

« Supposons que dans le moment actuel une cause semblable à celle qui, selon la théorie, aurait soulevé les Alpes, vienne à soulever le fond de la mer du Sud et à faire saillir au-dessus de son niveau un nouveau continent, il est évident qu'une quantité d'eau égale au volume de la base submergée du continent nouvellement apparu serait refoulée sur les plages de l'Amérique, de l'Asie et de l'Europe, et qu'après des oscillations plus ou moins violentes, quelques parties de ces plages aujourd'hui à sec resteraient submergées, mais que dans tous les cas aucune partie de terre aujourd'hui inondée ne serait mise à sec.

« Or, si de ces suppositions on passe à l'examen des faits, on voit que sur presque toute la surface des terres aujourd'hui émergées, il existe d'anciennes plages marines et de puissants dépôts formés dans la mer, qui ont été mis à sec, *tout en conservant leur position normale.* Le niveau général des eaux a donc baissé, et pour que cela ait eu lieu, il faut ou que la quantité absolue de ces eaux ait diminué, ce que peu de physiciens supposent, ou que par suite des dislocations du sol il se soit produit des dépressions bien plus considérables que les saillies qui ont pu se faire.

« Si, sur tous les rivages, depuis la Nouvelle-Hollande jusqu'en Angleterre et en Islande, autour des bassins méditerranéens comme à la circonférence des îles, et sur le trajet de tous les fleuves, on reconnaît des marques irrécusables du séjour des eaux, à des élévations différentes, parallèles, et comme graduées, il est bien difficile d'attribuer ces émersions successives et si étendues à des soulèvements absolus du sol dont les diverses parties sont presque encore dans les mêmes relations qu'avant les dernières exondations. Si, d'un autre côté, on se représente comme submergées toutes les parties des continents actuels et des îles dans lesquelles on trouve des dépôts marins récents qui ont conservé leur horizontalité ; si nécessairement aussi on place sous les eaux la plus grande partie des points du sol où se montrent les chaînes des montagnes qui, dit-on, auraient surgi depuis le dépôt de ces terrains, on ne tarde pas à voir qu'il ne reste presque plus d'emplacement pour l'habitation des végétaux et des animaux terrestres, pour les grands lacs dans lesquels ont vécu les végétaux et les animaux des eaux douces, pour les immenses fleuves sur le trajet desquels ont habité tant d'êtres organisés, dont les nombreuses dépouilles se rencontrent dans les anciens deltas.

« N'est-on pas entraîné alors, comme malgré soi et malgré toute prévention, à regarder comme indispensable qu'*en même temps que des fonds de mer ont pu être mis à sec et élevés au-dessus du niveau des eaux par suite des dislocations du sol, de plus grandes surfaces terrestres ont dû être englouties, de telle manière enfin que les dépressions produites fussent plus considérables que les élévations, condition sans laquelle, je le répète, les parties basses de nos continents actuels n'auraient pas été émergées, condition qui, pour être remplie, n'exige pas le secours d'un agent supposé de soulèvement, puisque celui-ci produirait un effet contraire.* » — (*Bull. de la Soc. géol.*, t. II, 1839-1840, p. 183.)

On reviendrait donc sur cette question au point où l'avait laissée Deluc, qui disait que les terres aujourd'hui habitées n'étaient que l'ancien fond de la mer mis à sec par suite de l'affaissement et de la destruction d'anciennes terres qui s'étaient abîmées ; avec cette différence dans la manière de voir de M. C. Prévost que les *piliers, cavernes* et *pulviscules* imaginés par Deluc seraient remplacés par la contraction, les plissements, dislocations et affaissements du sol.

Le principe fondamental du système, que toutes les dislocations parallèles sont de même âge, est en contradiction avec les observations et par conséquent ne conduit pas à la détermination de l'époque relative du soulèvement des couches. — Il résulte d'observations faites en Angleterre, dans l'île de Wight, dans le Devonshire, dans la partie méridionale du pays de Galles et dans le sud de l'Irlande, sur la Grauwacke, les terrains carbonifères, etc., qu'en interprétant les phénomènes comme le fait M. de Beaumont, il aurait existé trois soulèvements de ces terrains peu éloignés les uns des autres, et suivant la même direction, est à ouest, mais ayant eu lieu cependant à des époques différentes, comme le montre la différence des dépôts qui reposent sur leurs tranches disloquées. M. Sedgwick a également prouvé, par des faits pris dans les mêmes localités, qu'un dépôt pourrait avoir été soulevé à une même époque dans des directions différentes. Le système de M. de Beaumont a trouvé des adversaires parmi les géologues les plus distingués, en Angleterre, en Allemagne, en Italie et en France : Conybeare, Sedgwick, de Humboldt, Lyell, Saigey, Passini, C. Prévost, Boué, etc. Ce dernier géologue a montré, par exemple, que d'après la disposition et les redressements des différents dépôts des terrains secondaires, dans la seule vallée du Rhin, il faudrait, d'après la théorie, admettre deux époques de soulèvement, l'une pour la rive gauche, l'autre pour la rive droite; que pour placer le soulèvement de son septième système de montagnes après le dépôt des terrains jurassiques, et avant celui du grès vert et de la craie, comme le fait M. de Beaumont, il faudrait trouver les terrains jurassiques redressés au pied de l'Erzgebirge, qui fait partie de ce système; or, l'observation n'a rien constaté de semblable. De plus, M. de Beaumont suppose que ce soulèvement a eu lieu avant la formation du grès vert et de la craie, tandis que ces derniers dépôts se trouvent eux-mêmes redressés sur des points de ce même système. M. Boué a, de cette manière, combattu M. de Beaumont par une série de faits semblables, auxquels il ne paraît pas qu'il y ait rien à répondre. — (*Journal de géologie*, t. III.)

La fixation des époques relatives est arbitraire. — « Les systèmes de montagnes sont distingués les uns des autres par leur direction, et une direction différente établit des époques différentes. » C'est la loi de l'hypothèse; or, M. de Beaumont a si bien reconnu l'inanité de son principe qu'il le viole tout le premier.

« Le premier système soulevé est celui du West-Moreland et du Hundsrück; sa direction O. 35° S. E., 35° N., est à peu près la même que celle du système de la Côte-d'Or, qui court par O. 40° S.; cependant, les dépôts cambriens auraient été seuls soulevés dans le système de Hundsrück, tandis que le système de la Côte-d'Or aurait soulevé jusqu'aux dépôts jurassiques, ce qui fait du système de la Côte-d'Or le septième système, malgré sa direction à peu près semblable à celle du premier; d'autre part, le plateau central de la France, qui ne présente pas même de dépôts de transition, est rangé dans le premier système, à cause de la direction de ses couches de gneiss. Ainsi, dans un cas, la direction des couches établit le système de soulèvement, et dans un autre elle ne l'établit pas, parce que l'on suppose les terrains soulevés d'époque différente; alors quelle loi fixera l'époque? sera-ce la composition minéralogique des terrains? Mais cette composition minéralogique ne prouve absolument rien pour l'époque de soulèvement, puisque des calcaires pouvaient très-bien être déposés dans une localité, lorsque dans une autre il ne se déposait que des détritus granitiques, et le soulèvement des calcaires dans cette localité a pu s'effectuer en même temps que dans l'autre se soulevaient les couches de transition; la composition minéralogique ne peut donc rien déterminer. Sera-ce les débris des corps organisés, différents dans les deux terrains? Mais cette différence prouve seulement que les conditions d'existence étaient différentes dans les deux localités, et que dès lors des espèces différentes y vivaient dans le même temps. La direction des systèmes étant mise de côté, comme il le faut forcément, la composition minéralogique et la différence des débris organiques ne pouvant rien déterminer, il ne reste évidemment plus que l'arbitraire, car il n'y a pas d'autres faits à invoquer.

« Ce n'est pas seulement dans le premier système que cet arbitraire et ces contradictions se manifestent; tous ces inconvénients (dans le sens *quod est inconveniens* de saint Thomas) se retrouvent dans les autres systèmes de soulèvement. Ainsi, dans le deuxième soulèvement, *système des ballons*, les dépôts siluriens ont conservé leur horizontalité primitive jusqu'à nos jours, en Scandinavie et en Finlande, par exemple; mais ils ont été dérangés ailleurs et soulevés avec les terrains cambriens. Comment déterminer ici des époques? il n'y a pas moyen. Mais, de plus, le système des ballons est si rapproché de celui des Pyrénées par sa direction, qu'il n'y a entre eux qu'un angle de 3 degrés. Comment distinguer ces deux systèmes, dont l'un est le second, celui des ballons, et l'autre, celui des Pyrénées, est le neuvième? On donne pour raison la présence de la houille autour des ballons, et dans les Pyrénées le soulèvement de la craie, qui n'aurait eu lieu qu'après les cinq dépôts regardés comme intermédiaires à la houille et à la craie. Mais c'est toujours la même impossibilité de rien déterminer pour toutes les mêmes raisons que nous avons signalées pour le premier système, et ensuite parce que tous les terrains secondaires, depuis la houille jusqu'à la craie, peuvent très-bien avoir été contemporains dans plusieurs de leurs parties.

« Un autre *inconvénient* non moins grave, ce sont les gneiss du plateau central de la France qui présentent dans leurs couches des directions semblables en beaucoup de points à celles de ce second système; et nous venons de voir qu'elles en présentaient aussi de semblables à celles du premier système. Ainsi voilà des gneiss d'un même plateau qui devront appartenir à deux systèmes différents, à cause de leurs directions semblables à celles de ces deux systèmes, tandis que la Côte-d'Or et les Pyrénées n'y appartiendront pas, quoique leurs directions soient semblables à celles de ces mêmes systèmes; ce qui est un *inconvénient* : *quod est inconveniens*.

« Il serait inutile de parcourir tous les autres systèmes pour y montrer la même absence de logique, de raisons et de causes, et toujours, au contraire, le même arbitraire dans la fixation des systèmes et des époques. Pour éviter des redites, nous passons à une autre contradiction de l'hypothèse même. Comme il est impossible de faire rentrer tous les faits dans cette hypothèse des systèmes de soulèvement, qui se trouve à chaque pas en opposition avec eux, on a été obligé, pour expliquer certains terrains soulevés, mais regardés comme d'époques postérieures au soulèvement du système qui les supporte, on a été obligé de supposer qu'après un premier soulèvement, ce système s'était affaissé pour recevoir ces terrains, sans toutefois qu'on puisse assigner la cause merveilleuse qui serait venue ainsi, à point nommé, soulever d'abord et affaisser ensuite un même système. »

Ainsi, dans le dixième soulèvement, le *système de la Corse*, « l'ac-
« cident arrivé à notre planète, dit-on, n'est plus marqué, comme
« dans les systèmes précédents, par un relèvement des couches for-
« mées immédiatement auparavant, par la raison que le calcaire
« grossier parisien qu'on devrait trouver alors, a manqué dans les
« lieux où la nouvelle catastrophe s'est manifestée. L'absence de ce
« dépôt signifie que le sol était alors élevé au-dessus des mers dans
« lesquelles il se formait ; mais comme l'observation nous montre
« que dans ces lieux mêmes, il s'est fait depuis d'autres dépôts ma-
« rins, qui se rapportent au terrain de mollasse, il en faut conclure
« que ce qui se trouvait élevé d'abord au dessus des eaux marines,
« s'est nécessairement affaissé en un certain moment : c'est là le ré-
« sultat principal de la catastrophe en question. En effet, une partie
« du bassin de Paris, la Touraine, la plus grande partie de la Gas-
« cogne, toute la Suisse, la vallée du Rhône, depuis Lyon jusqu'à la
« mer, aussi bien que plusieurs parties de l'Italie, de la Corse et de
« la Sardaigne qui, ne renfermant pas de calcaire parisien, devaient
« avoir été portées au dessus des eaux par le soulèvement pyrénéen,
« ont dû s'affaisser alors pour recevoir les dépôts de mollasse qu'on
« y trouve. »

« Pourquoi veut-on que l'absence du calcaire parisien prouve le soulèvement de ce système avant celui des Pyrénées ; et pourquoi la présence de la mollasse prouverait-elle son affaissement subséquent pour la recevoir ? Il n'y a absolument aucune raison, si ce n'est deux suppositions de la géologie artificielle, démontrées fausses par toute l'étendue, soit en largeur soit en profondeur, de tous les terrains ; la première de ces suppositions fausses, pose en principe qu'un terrain a dû se former en même temps sur toute la surface de la terre couverte par les eaux ; par exemple, dans le cas présent, que le calcaire grossier parisien aurait dû se former sur toute l'étendue de la terre inondée ; et dès lors le système de Corse n'ayant pas de calcaire parisien, aurait été émergé à cette époque. Mais cette supposition d'un terrain quelconque qui se serait formé tout à la fois sur toute l'étendue du sol immergé, est tout ce qu'il y a de plus faux en géologie. Sa fausseté est démontrée dès le temps de Lamétherie, et elle n'a fait qu'apparaître de plus en plus évidente depuis. Non, il n'y a point ainsi de terrain qui recouvre toute la terre ; mais il y a des terrains locaux, différents entre eux par la composition minéralogique et par les fossiles, quoiqu'ils soient contemporains. »

« La seconde supposition fausse qui découle de la première, c'est que les terrains divers superposés en certains lieux, quoique ne l'étant pas dans d'autres, se seraient tous formés successivement, de façon que le premier aurait été déposé partout, quand le second a commencé à se former ; que celui-ci aurait été terminé partout quand le troisième a commencé ; en un mot, c'est la supposition que la classification artificielle des terrains est une vérité, tandis que ce n'est qu'une abstraction, une généralisation qui n'a presque aucun rapport avec la réalité des faits tels qu'ils sont dans la nature. »

« Qu'on réfléchisse à la conséquence rigoureuse de ces deux suppositions, et l'on verra si l'on peut seulement y songer. Car, si elles sont vraies, il faut absolument admettre qu'à l'époque des terrains tertiaires parisiens, par exemple, qui ne sont guère connus que dans le bassin de Paris, de Londres et de Bruxelles, toute la terre était découverte, à l'exception de ce petit bassin qui était la seule mer de l'univers ; ce qui est un grave *inconvénient, quod est inconveniens.* » *Dieu, l'homme et le monde.* T. III, p. 668.

Autres suppositions fausses de la théorie. — M. de Beaumont n'a aucun égard à l'enchaînement des terrains, ni même à celui des formations dans un même terrain. Il suppose, par exemple, les différentes formations secondaires toutes superposées régulièrement, toutes déposées dans un ordre successif. Il suppose le trias achevé avant le commencement du lias ; le lias terminé avant l'arrivée des premières assises jurassiques ; le sol jurassique fini avant le dépôt de la craie chloritée ; la craie chloritée totalement antérieure à la craie tuffau et celle-ci, à la craie blanche. Or, cette supposition est démontrée fausse par la liaison et l'enchaînement des formations d'origine différente, et par le synchronisme, à toutes les époques, de toutes les circonstances et de toutes les causes agissantes. D'ailleurs, si de nos jours, par l'action des mêmes causes qui ont produit tous les anciens terrains, il se forme, dans *le même temps*, des couches pélagiennes, comme de la craie blanche dans les mers du sud (Dumont-Durville), des calcaires grossiers littoraux au pourtour de beaucoup de nos mers, et des dépôts intermédiaires aux précédents par leur position, tels que des houillères dans les mers d'Amérique, et de puissantes couches d'argiles et de marnes dans ces mêmes mers, et dans les nôtres, est-il possible, à moins d'abandonner l'observation et tous les principes de la géologie positive, de croire que dans les anciennes mers dont les nôtres ne sont que des lambeaux, *chaque époque* ne pouvait produire, ne produisait qu'une *seule* grande formation? Une théorie qui sépare comme successifs et indépendants des systèmes qui, de toute nécessité, ont été au moins en partie contemporains n'est donc pas l'expression des faits naturels.

La théorie ne suppose pas seulement que toutes les montagnes ont été soulevées, mais de plus, elle ne fait surgir les premières montagnes qu'après le dépôt de toutes les couches sédimenteuses inférieures au terrain antraxifère, et pendant que celui-ci se formait, supposition dont la fausseté est évidente et qui n'a d'analogue que dans la théorie de Burnet. A la supposition de M. de Beaumont, on oppose deux faits décisifs : 1º les terrains de transition se sont moulés sur les montagnes granitiques; leur direction et leur inclinaison sont les mêmes, c'est donc par elles qu'elles ont été déterminées. 2º Les terrains de transition ont été déposés dans un grand bassin de mer, par de grands courants marins et continentaux ; or, des courants et des bassins de cette importance supposent des montagnes préexistantes.

1º L'identité de direction des strates de transition et des chaînes granitiques a été constatée par MM. Palassou, de Saussure, de Humboldt, Ramond, Charpentier, d'Aubuisson, Boué, Breislack, etc., en Allemagne, en Belgique, dans les Vosges, dans le Cotentin, dans la Tarantaise, dans la majeure partie des Alpes, en Écosse, et dans les Pyrénées. Ce même parallélisme s'observe dans le Caucase, dans l'Amérique septentrionale, en Suède, en Finlande, dans les Cordillères du Mexique, etc. La direction des couches de transition n'est donc pas un petit phénomène de localité : c'est au contraire un phénomène général, indépendant de la direction des chaînes secondaires, de leurs embranchements, de la sinuosité de leurs vallées; un phénomène dont la cause a agi d'une manière uniforme à de prodigieuses distances, par exemple, dans l'ancien continent, entre les 43º et 57º de latitude, depuis l'Ecosse jusqu'aux confins de l'Asie. Quelle est cette influence des hautes chaînes sur des couches qui en sont quelquefois éloignées de plus de cent lieues? Comment concevoir qu'une fois les dépôts formés dans une si vaste direction, les montagnes venant ensuite à être soulevées, auraient, ou bien suivi toujours la direction des strates, ou bien dérangé toujours cette direction pour leur en donner une autre? Dans les deux cas, on devrait trouver partout et sur toute la ligne des strates ainsi soulevées et dérangées, des bouleversements, des brisements, comme il s'en trouve par exception dans les points très-limités où il y a eu dislocation du sol, comme on les voit encore arriver par les tremblements de terre et les affaissements locaux. Mais, sur une aussi grande étendue, il aurait dû y avoir bien d'autres dérangements et d'autres bouleversements, et cependant cela n'est pas; c'est, au contraire, un ordre général de direction harmonique des strates et des montagnes sur tout le globe, tandis que l'inclinaison varie suivant les localités. Il faut donc accepter que c'est la direction des montagnes préexistantes qui a déterminé la direction générale des strates, car on ne conçoit pas comment celles-ci auraient pu déterminer la direction des montagnes, tandis que le contraire est très-naturel et s'accorde avec l'expérience.

C'est ainsi que nous voyons encore aujourd'hui les dépôts de nos grands fleuves prendre la direction des chaînes de montagnes qui enclavent leurs lits; que les dépôts de rivages prennent dans nos golfes et nos baies marines une direction déterminée par celle des rochers et des montagnes qui bornent nos mers. Or, puisque les rapports entre les montagnes actuelles et les dépôts qui se forment suivant leur direction, se retrouvent les mêmes entre les vastes dépôts primaires ou de transition et les montagnes primitives, il faut naturellement en conclure que la direction de ces montagnes a régi la direction de ces dépôts pendant leur formation.

L'inclinaison des couches dépend d'une cause analogue, mais plus limitée dans son action. Pour s'en convaincre, il suffit d'observer ce qui se passe dans nos fleuves, nos lacs, et sur les rivages ou même au fond de nos mers. Les dépôts de sable, d'argile, de marne que nos fleuves font continuellement, sont toujours inclinés des deux rives vers le milieu du lit des eaux, en sorte que leur plus grande épaisseur et leur sommet est vers la terre, et que les couches descendent en s'amincissant et en mourant vers le milieu du fleuve, et l'inclinaison est plus ou moins rapide, suivant la proclivité des deux rives. Les dépôts qui se forment dans nos lacs ont aussi leurs sommets et leur plus grande épaisseur vers les rives, et les couches descendent et s'inclinent en s'amincissant vers le centre. Dans nos grandes baies, les couches de sable, de galets, de coquilles, etc., ont aussi leur sommet et leur plus grande épaisseur vers les rivages et appuyés sur les pieds inclinés des montagnes qui forment les côtes. Ces couches s'inclinent souvent, en diminuant d'épaisseur, pendant une lieue ou plus, vers la pleine mer. Mais la rapidité et l'étendue de l'inclinaison dépendent de la hauteur et de l'escarpement plus ou moins tranché et rapide des côtes ; si les falaises sont d'immenses murailles rectangulaires avec le fond de la mer, il n'y a presque aucune inclinaison dans les couches, ou du moins elle n'est sensible qu'à une très-grande distance ; au contraire, si les rivages de la mer sont formés par une série de petites collines en pente douce et presque insensible, où les vents ont un facile accès, les dépôts s'inclinent plus rapidement. L'exposition des baies et la direction des vents qui y soufflent le plus habituellement, exercent une grande influence sur ce phénomène de l'inclinaison.

Enfin, au large, dans le bassin des mers, les courants déterminés dans leur direction par celle du bassin, et par conséquent par celle des montagnes qui le renferment, qui le sillonnent dans ses profondeurs, agissent absolument comme les fleuves et déposent de chaque côté deux bancs qui leur servent comme de rives, et dont les couches sont plus ou moins inclinées du sommet du banc vers le milieu du courant. Ce qui se fait aujourd'hui s'est fait autrefois ; et l'élévation conique et mamelonnée générale des montagnes primitives nous donne la raison de la puissante inclinaison générale des strates de transition et même des dépôts secondaires. Ainsi l'étendue, la direction et l'inclinaison des couches primaires, leur analogie avec ce qui se passe aujourd'hui dans nos fleuves, nos lacs, nos baies marines et nos mers, prouvent que les grandes montagnes primitives existèrent dès le principe.

2º Les terrains de transition supposent nécessairement des montagnes préexistantes. Point de grands bassins ni de courants sans montagnes, car les bassins et les courants sont déterminés par les chaînes montagneuses. Or, l'époque primaire nous montre de puissants dépôts marins et d'eau douce, produits de grands courants marins et continentaux ; il existait donc dès lors des bassins de mer, des terres découvertes, des fleuves et par conséquent des montagnes. Sans montagnes, il n'y aurait eu qu'un immense plateau partout uniforme, dans lequel les dépôts eussent été nuls ; ou bien si, à défaut de matériaux fournis aux eaux par les montagnes, on suppose qu'elles eussent raviné leur fond, ce qui est encore difficile, les dépôts très-minces et uniquement marins eussent été dispersés sur toute la surface de la terre ; mais, au contraire, les dépôts de transition sont les plus puissants de tous, et, malgré leur immense étendue, ils ne forment pourtant que des massifs locaux comme ceux des autres époques. Que M. de Beaumont ait pu croire que les montagnes de la première et de la seconde révolution avaient donné lieu aux dépôts soulevés par les montagnes de la troisième révolution, et ainsi de suite pour les dépôts et les soulèvements subséquents, cela se conçoit au moins; mais les dépôts de la première et de la seconde révolution, comment se seraient-ils formés, s'il n'y avait pas eu de montagnes?

Il existe encore bien d'autres charges contre l'hypothèse des époques géologiques par systèmes de soulèvement; mais ne suffit-il pas d'avoir démontré que les soulèvements sont contradictoires avec la cause qu'on leur assigne et avec les effets qu'on leur attribue; que cette formidable force soulevante est incompréhensible, sans analogue dans la nature et toute gratuite; que le principe fondamental de la théorie, que toutes les dislocations parallèles sont de même âge, est en opposition avec les faits, abandonné par l'auteur lui-même, qui cependant ne peut en invoquer un autre; que ses fixations sont arbitraires; que ses divisions en périodes reposent sur de fausses suppositions, savoir : que chaque formation a dû se déposer en même temps sur toute la surface de la terre immergée; qu'il y a eu succession rigoureuse dans la production des diverses formations, et qu'enfin des animaux et des plantes auraient pu vivre sur la terre, et que les grands dépôts primaires ou de transition auraient pu y être formés, sans montagnes préexistantes.

12. Hypothèse du feu central et de l'incandescence primitive du globe terrestre. — Convaincu que les terrains primitifs ou granitiques n'ont pas été formés par l'eau; qu'il se manifeste une chaleur croissante à mesure que l'on descend dans les profondeurs de la terre; que le feu joue un grand rôle dans les volcans, dans les tremblements de terre et dans les dislocations du sol; que la forme sphéroïdale de la terre et des autres planètes est en rapport avec leur vitesse, comme si ces globes avaient d'abord existé à l'état fluide; croyant, en outre, que les granits passent par des nuances graduées aux porphyres et aux roches volcaniques, des savants, à défaut de cause générale accessible, connue et explicative de ces phénomènes, ont accepté provisoirement, pour sortir d'embarras, l'hypothèse du feu central, créée par d'autres avec des intentions peu scientifiques. Examinons donc cette hypothèse d'abord en elle-même, et ensuite dans les rapports qu'elle peut avoir avec les phénomènes qu'on lui attribue.

I. Quelques physiciens ont supposé la matière créée à l'état élémentaire et gazeux; mais, dans cette hypothèse, toute combinaison des corps eût été impossible, et les molécules gazeuses de ces physiciens ne sont pas autre chose au fond que les atômes d'Épicure. Ce point sera démontré plus tard. D'autres ont voulu que la terre et les autres planètes fussent sorties du soleil d'un seul coup et toutes ensemble : c'est le système de Buffon. Il a contre lui tous les faits du mouvement actuel des planètes. En outre, Buffon faisait sortir notre globe du soleil, pour donner la raison de sa prétendue fusion ignée originelle; mais toutes les données, tous les faits astronomiques conduisent à considérer le soleil comme étant d'une autre substance que les planètes et la terre ; elles ne peuvent donc pas venir de lui.

D'autres physiciens, modifiant l'hypothèse de Buffon, admettent que la terre et les autres corps de notre système astronomique ont été créés à l'état de masse gazeuse, ou, ce qui revient au même, que ces corps auraient été jadis une portion de l'atmosphère du soleil. Cette atmosphère, beaucoup plus étendue primitivement, s'est, dit-on, successivement resserrée jusqu'à ses limites actuelles. Les planètes ont été formées à ces limites successives, par la condensation des zônes que l'atmosphère solaire a dû abandonner en se refroidissant. C'est la théorie de Laplace, acceptée avec des changements par beaucoup d'autres physiciens ; je la prends dans sa dernière transformation. « La terre, séparée de l'atmosphère du soleil, se liquéfie d'abord, puis se solidifie par une croûte qui enveloppe son noyau fluide et qui forme les terrains primitifs. Ces terrains auraient été produits de quatre manières principales : 1° par *coagulation;* un des premiers effets de la diminution de la chaleur a dû être la coagulation d'une croûte solide autour de la masse liquide, d'où est résulté un premier mode de formation de roches qui s'opère de haut en bas et qui se continuera jusqu'à ce que l'abaissement de la température intérieure du globe permette la consolidation de toute la masse. Les terrains granitiques seraient l'effet de ces premières coagulations.

« 2° Par *précipitation atmosphérique.* En même temps que la surface terrestre commençait à se coaguler, elle était enveloppée d'une atmosphère qui, indépendamment des fluides élastiques de notre atmosphère actuelle, devait aussi contenir l'eau qui est maintenant à la surface de la terre, et une foule d'autres matières sublimées. Ces matières se précipitant à la surface, tandis que les granits se formaient, elles augmentèrent la croûte solide par l'addition de nouvelles parties qui s'y ajoutèrent dans un sens différent des premières, c'est-à-dire de bas en haut ; c'est le terrain talqueux.

« 3° Par *précipitation aqueuse.* Aussitôt que le refroidissement de la surface du globe permit aux eaux d'y demeurer, le mode des précipitations et des cristallisations chimiques par la voie humide commença ; ces phénomènes durent s'opérer avec une grande énergie à cause de la haute température du liquide aqueux, en contact avec tant de substances gazeuses. Le terrain ardoisier serait le résultat de ce mode de formation.

« 4° Par *éjaculation*. L'éjaculation ou la poussée en dehors d'une portion du liquide intérieur, dut suivre de près la consolidation de l'écorce et donna lieu aux phénomènes volcaniques et à la formation des montagnes.

« La ressemblance des gneiss et des granits montre en eux des résultats de la première coagulation et de la première précipitation, deux causes dont les effets devaient peu différer. De même on explique le mélange et la liaison de ces systèmes de roches par les fractures qui auront fait nager des masses de gneiss et de micaschistes et d'autres roches talqueuses, encore molles, dans des pâtes destinées à devenir du granit en se refroidissant. La diversité et le mélange des roches du terrain talqueux, leur ressemblance avec les roches granitiques et porphyriques, la présence presque générale de la magnésie dans ces roches, sont des conséquences de leur production par voie de précipitation, sous des températures extrêmement élevées et caractérisées par de fréquentes sublimations, émanant de matières incandescentes. »

Cette explication de la manière d'être des roches granitiques et des roches primaires, était, il y a peu d'années, la partie spécieuse de la théorie astronomico-chimique; mais l'observation géologique, en marchant, a renversé tout cela. Il existe des fossiles non-seulement dans le terrain ardoisier, mais aussi dans les roches talqueuses; or, il serait absurde d'admettre des êtres vivants contemporains de ces terrains, si ces terrains avaient eu l'origine qu'on leur attribue. Évidemment aucun être organisé n'aurait pu vivre sous de pareilles températures. Les fossiles des roches talqueuses sont marins en général; or, selon la théorie, les eaux n'auraient commencé à demeurer à la surface du globe qu'après la formation des roches talqueuses. De plus, on trouve à tous les étages des terrains secondaires des roches talqueuses, des micaschistes, des talcschistes fossilifères; en un mot, les schistes cristallins sont de toutes les époques. Ils n'ont donc pas été produits par des *précipitations atmosphériques*. Il existe aussi des granits superposés à des couches sédimenteuses et qui, par conséquent, n'ont pas pu être formés par *coagulation*. Le terrain ardoisier renferme des fossiles marins, terrestres et d'eau douce; il n'a donc pas été formé par mode de *précipitations et de cristallisations chimiques*.

D'après le mélange parallèle des roches talqueuses attribuées au feu par la théorie, et des roches talqueuses rapportées à l'eau par leurs fossiles, il faudrait admettre l'action rigoureusement simultanée des deux causes dans la production du système talqueux; il faudrait dire d'une part que la terre était en fusion ignée qui tenait les eaux en vapeurs, et de l'autre, qu'elle était liquéfiée par les eaux qui formaient des dépôts fossilifères ; ce qui est contradictoire. Ces deux causes agissent bien en même temps, et même quelquefois conjointement, mais toujours sur une petite échelle qui permet d'expliquer les faits, tandis que suivant la théorie, la cause ignée aurait agi à l'origine sur toute la masse de la terre et avec une intensité qui excluait l'existence d'eaux permanentes à la surface du globe. La présence d'êtres fossiles dans plusieurs parties des couches talqueuses primaires, et la présence, dans les terrains supérieurs d'un grand nombre de couches moitié sédimenteuses et moitié talqueuses, nous oblige à considérer toutes les couches talqueuses primaires comme des dépôts sédimenteux formés par les eaux, et modifiés plus tard par les actions locales et souvent renouvelées de volcans qui avaient leur siège sur ou dans les roches granitiques.

Descendons maintenant jusqu'au fond de cette théorie. Que de suppositions incohérentes n'est-on pas obligé d'y accumuler ! Il faut supposer la matière créée à l'état de masse gazeuse, sans savoir pourquoi. La liquéfaction, la vaporisation des corps par le calorique ne sont que des cas accidentels, une lutte entre la puissance du calorique et la pression de l'air ; il est dans l'ordre naturel des choses que la pression rétablisse l'équilibre. Pour avoir un état antérieur de vaporisation des éléments de la terre, on est donc obligé de supposer, contrairement aux faits observables, l'absence d'une cause extérieure de résistance, de pression, de gravitation. Viennent ensuite les suppositions qui contraignent la matière générale à se diviser, à diverses époques, en différents centres de gravitation, et à conserver un mouvement uniforme, qui la forcent de se décomposer en une infinité de substances de propriétés diverses, pour se recomposer ensuite, sans qu'on puisse en donner une théorie. Ce n'est pas tout ; il faut créer un nouvel arrangement des matériaux, une température à l'avenant, des causes de refroidissement, une coordination des éléments dans leur ordre de densité, etc. Voilà tout d'abord ce que l'on doit admettre sans preuve aucune, et contradictoirement à tout ce que l'observation fait connaître.

Faisons cependant abstraction de toutes ces difficultés, et admettons pour un instant l'hypothèse de l'état primitif gazeux et fluide. « C'est la chaleur qui maintient tous les corps à l'état gazeux ; et d'après la théorie, la condensation n'a pu avoir lieu que par une perte de chaleur successive et suffisante pour permettre aux corps de se liquéfier et ensuite de se solidifier. Ici on a recours à deux hypothèses contradictoires, dont l'une est réfutée par l'autre : les uns ont supposé que la solidification avait commencé par la surface et que le centre était encore en fusion ; les autres ont supposé que la condensation, la solidification, et par conséquent la diminution de la chaleur avaient commencé par le centre pour se continuer de proche en proche jusqu'à la surface. Mais sans être physicien, tout le monde sait qu'une masse quelconque ne commence à se refroidir que par sa surface, et que quand cette surface ne conserve déjà plus de chaleur sensible, le centre en conserve encore ; c'est un effet de la loi du rayonnement du calorique et de l'équilibre de température. D'après cette loi, deux ou plusieurs corps en présence s'envoient réciproquement de la chaleur jusqu'à ce qu'ils soient au même degré de température, et alors encore le rayonnement continue. C'est ainsi que les corps se refroidissent ou s'échauffent mutuellement. Pour qu'il y ait diminution de chaleur dans les uns, il faut donc que les autres soient à une température plus basse. Il suit de là que la masse gazeuse primitive étant nécessairement à la température la plus élevée possible pour maintenir tous les éléments à l'état gazeux, a dû, pour perdre de sa chaleur, se trouver dans un espace propre à lui enlever son calorique, et permettre ainsi sa solidification. Mais cette solidification n'a pu commencer par le centre qui conservait encore sa chaleur, tandis que la surface perdait la sienne ; évidemment donc le refroidissement aurait commencé par la surface. »

« Cependant on pourrait dire encore que le refroidissement a commencé par la surface, mais qu'à mesure que les substances de la surface devenaient solides, elles se précipitaient au centre, et qu'ainsi successivement toutes les couches gazeuses venaient tour à tour se refroidir et se solidifier à la surface, pour se précipiter ensuite au centre. A cela il n'y a qu'un petit obstacle, c'est qu'à mesure que les parties solides arrivaient au centre, et même avant d'y être arrivées, elles devaient nécessairement se liquéfier et se gazéifier de nouveau, et que par conséquent toute solidification par le centre devenait impossible. »

« Mais en continuant l'hypothèse ne peut-on pas dire que sans doute dans les premiers siècles, la gazéification des matières solides vers le centre avait lieu, mais qu'à mesure que les couches gazeuses venaient tour à tour perdre de leur chaleur à la surface, la température générale diminuait ; que par cette diminution, l'état liquide a succédé à l'état gazeux ; que les couches liquides, par une sorte d'ébullition venaient tour à tour encore perdre de leur calorique à la surface ; qu'enfin la chaleur totale ayant assez diminué pour que les corps les moins fusibles aient pu se solidifier, la précipitation a commencé à se faire et a toujours continué depuis, jusqu'à ce que la terre ait reçu sa dernière forme ? Oui, mais pour que toute cette série de phénomènes ait pu se réaliser, il faut accumuler des millions de siècles capables d'effrayer les imaginations les plus hardies, sans être encore sûr de la valeur de l'hypothèse. Ainsi donc l'hypothèse qui veut que la condensation, la solidification ait commencé par le centre, est inadmissible. »

Celle qui suppose que la solidification a commencé par la surface, et que le centre est encore en fusion, est-elle plus soutenable? M. Poisson va nous l'apprendre. « Si l'accroissement de température
« observé dans le sens de la profondeur provenait réellement de la
« chaleur d'origine (centrale), il s'ensuivrait qu'à l'époque actuelle
« cette chaleur initiale augmenterait la température de la surface
« même, d'une petite fraction de degré $\frac{40}{1}$; mais pour que cette
« petite augmentation se réduisît à moitié, par exemple, il faudrait
« qu'il s'écoulât plus de mille millions de siècles ; et si l'on voulait
« remonter à une époque où elle pouvait être assez considérable
« pour influer sur les phénomènes géologiques, on devrait rétro-
« grader d'un nombre de siècles qui effraie l'imagination la plus
« hardie, quelle que soit d'ailleurs l'idée que l'on puisse avoir de
« l'ancienneté de notre planète. » *Mémoire sur la température de la partie solide du globe.*

« Le savant géomètre ne s'arrête pas là, il démontre l'impossibilité radicale de la formation d'une enveloppe solide autour d'un globe gazeux ou en fusion. Dans cette hypothèse, la température intérieure serait, d'après ses calculs, excessive à moins de soixante mille mètres de profondeur, et au centre où cette température surpasserait deux cent mille degrés, comme dans la plus grande partie de la masse terrestre, les matières dont la terre est formée se trouveraient à l'état de gaz incandescent, et pourtant, à un tel degré de condensation, leur densité moyenne surpasserait cinq fois celle de l'eau. Or, pour contenir des matières ainsi comprimées et échauffées, une force inconcevable serait absolument nécessaire ; la couche solidifiée enveloppante ne serait jamais assez puissante pour résister à l'effort des fluides intérieurs pour se réduire en vapeurs; ces fluides, par leur puissance de dilatation, auraient brisé l'enveloppe du globe à mesure qu'elle se serait solidifiée. Le savant Ampère avait déjà été frappé de ces mêmes conséquences. L'hypothèse de la solidification extérieure n'est donc pas plus soutenable que celle de la solidification intérieure. » *Dieu, l'homme et le monde.* T. I, p. 313.

La supposition d'un noyau planétaire incandescent est en outre en contradiction directe avec une augmentation de densité, à mesure que l'on avance vers le centre de la terre; or les observations astronomiques, le degré de l'aplatissement du pôle, l'accroissement de la pesanteur par les observations du pendule, s'accordent à prouver la densité de plus en plus considérable du noyau de la terre. « La précession des équinoxes, dit Laplace, et la mutation de l'axe terrestre indiquent une diminution dans la densité des couches du sphéroïde, depuis le centre jusqu'à la surface, sans cependant nous instruire des véritables lois de cette diminution... Enfin, les principes de l'hydrostatique exigent que si la terre a été primitivement fluide, les parties les plus voisines du centre soient en même temps les plus denses. » *Système du monde.*

II. Je néglige, en ce moment, une foule d'autres considérations non moins décisives contre le feu central. Voyons maintenant si la théorie explique les phénomènes.

1º *L'incandescence du centre n'explique pas la température terrestre.* — Quand on a passé la couche invariable où toutes les oscillations du thermomètre de la surface terrestre viennent s'éteindre, après un affaiblissement graduel, on trouve partout des températures qui vont en croissant avec la profondeur; mais les résultats de l'observation sont très-différents pour les différentes localités. En France, pour obtenir un accroissement de 1º dans la température terrestre, il faut s'enfoncer d'environ 15 mètres à Décise, de 19 à Hittry, de 28 dans les caves de l'Observatoire à Paris, de 35 à Carmeaux, de 40 en Bretagne; en Suisse, de 21 près de Bex; en Saxe, de 40 mètres pour la moyenne des diverses mines; en Angleterre, d'environ 25 mètres en Cornouailles et dans le Devonshire. Il y a donc une différence de plus de moitié, suivant les lieux, et cela dans un même bassin. On conçoit parfaitement que la diversité des substances composant les sols divers, donne des différences dans le développement de la chaleur chimique; mais si cette augmentation de température était l'effet de la fusion ignée du centre, elle devrait être uniforme pour tous les lieux à la même profondeur, ou bien il faudrait supposer que la croûte solide est plus épaisse, chez nous, en Bretagne qu'à Carmeaux, à Carmeaux qu'à Paris, à Paris qu'à Hittry, à Hittry qu'à Décise!

2º *La figure de la terre ne suppose pas la fusion ignée, elle suppose même le contraire.* — La figure de la terre est connue, sauf quelque incertitude; on admet qu'elle est à peu près un ellipsoïde de révolution. Or, si cette forme n'était pas un fait primitif, elle aurait pu résulter de la liquidité, ou tout simplement d'un état antérieur de mollesse de la surface terrestre. Cette figure de la terre ne prouve donc pas même une fusion ignée de la surface, et, par conséquent, elle ne saurait en aucune manière appuyer l'hypothèse du feu central. Bien plus, si la terre avait été primitivement à l'état gazeux ou à l'état de fusion ignée ou de liquéfaction aqueuse, elle aurait dû prendre la figure d'un sphéroïde parfait de révolution, sans la moindre inégalité, sans montagnes, sans vallées, et manquant, par conséquent, des conditions nécessaires à l'existence des êtres, qui sont les cours d'eau, la variété des climats, etc.

3° *Les granits ne se relient pas aux produits volcaniques ; ils ne prouvent donc pas l'origine ignée de la masse planétaire.* — Les anciens produits des volcans sont plus liés entre eux et avec les roches les plus profondes sur lesquelles durent s'enflammer les foyers et qui fournirent la matière des éjections. Au contraire, plus on approche des temps modernes, plus les produits ignés paraissent isolés, étrangers au sol sur lequel ils se sont répandus ; plus aussi ils offrent de variétés. Ces différences de plus en plus nombreuses entre les produits ignés de toutes les époques subséquentes, depuis l'époque primaire, s'expliquent par les variétés plus nombreuses de roches que l'éruption traverse et liquéfie, ou dans lesquelles le volcan a son foyer. Ce fait général n'est pas favorable à l'opinion d'un seul centre en liquéfaction ignée, mais il s'accorde bien avec celle qui place le siége des volcans à toute hauteur, depuis le sol granitique.

Ainsi, lorsque le sol était plus uniforme dans ses matériaux, les roches volcaniques étaient plus semblables entre elles et aux roches primitives ; et à mesure que les terrains aqueux ont augmenté dans le nombre et la variété de leurs roches, les produits volcaniques sont devenus plus dissemblables et plus divers, parce que la cause ignée avait plus d'éléments à combiner. Or, du moment que les volcans empruntent leurs matériaux au sol, il n'y a rien à conclure pour la théorie de la terre de la ressemblance de leurs produits avec les granits et les schistes cristallins. Les volcans vomissent des laves basaltiques remplies d'amphiboles, de micas, de feldspaths, etc., et que l'on ne voit pas se produire par la voie humide : cela prouve seulement que les volcans ayant leur siége dans ces roches y puisent les éléments de leurs laves. Les schistes cristallins ou roches métamorphiques sont des formations d'origine aqueuse, remaniées et modifiées par les volcans dans le voisinage des roches granitiques ; de là leur ressemblance avec les produits ignés. M. Mitcherlich, de Berlin, ayant trouvé du silicate et du bisilicate de protoxyde de fer, du mica, etc., formés de toutes pièces dans des scories provenant des hauts-fourneaux de Fahlun et de Carpenberg, a cru pouvoir en conclure que les roches cristallines analogues sont dues à une cause ignée, tandis que son observation prouve tout simplement que les minerais traités aux hauts-fourneaux de Fahlun et de Carpenberg, contiennent des substances qui sont réduites au même état que les roches volcaniques, par l'action du feu. Supposer que les roches granitiques se sont formées comme les roches volcaniques ou comme les substances observées par M. Mitcherlich, c'est supposer qu'elles se sont formées de la décomposition par la chaleur de roches préexistantes ; ce n'est pas résoudre le problème, c'est en reculer la solution. Il existe d'ailleurs pour les granits des observations contradictoires à celles de M. Mitcherlich. La silice et l'alumine qui composent le granit étant liquéfiées par la chaleur, donneraient un liquide homogène, une vitrification, et non pas du granit.

Aussi est-ce bien moins par la ressemblance de composition de ces roches que par l'étude comparative de leur décomposition, que l'on a cherché à les relier les unes aux autres et à descendre par des passages insensibles des laves les plus récentes jusqu'au granit. Les produits des volcans se décomposent sous l'action des agents extérieurs ; les cendres agglutinées par l'eau et les laves boursoufflées deviennent compactes ; les laves compactes résistent plus longtemps à l'action désagrégeante, qui finit cependant par triompher ; ainsi elle désunit les cristaux dans les laves granitiques ; dans les autres, elle décompose un de leurs principes et les réduit enfin en une sorte d'argile. C'est à l'aide de cette série de décompositions que l'on prétend arriver jusqu'aux roches granitiques auxquelles le temps et les influences atmosphériques et météorologiques auraient ôté les caractères de leur origine ignée.

Mais les granits n'ont pas de rapports assez intimes avec les produits volcaniques pour y voir une commune origine. Il y a là un hiatus, et le fil de l'analogie est rompu. Les granits exposés à l'air se désagrégent, il est vrai, et se transforment en kaolin et en argile ; mais ils n'ont aucune apparence de produits ignés. Au-dessous de la partie assez mince qui se décompose, ces granits sont très-compactes, à grains extrêmement serrés, et sans la moindre trace de porosité ; or, ce n'est pas la pression qui les a rendus compactes, puisque dans la plupart des cas ils ne sont recouverts par aucun autre terrain. Ce ne sont pas les influences météorologiques qui auraient effacé les traces de leur origine ignée, puisque l'intérieur de la masse est dérobé à ces influences par la partie supérieure qui la recouvre. On ne peut pas attribuer la structure des granits à ce qu'ils auraient été formés sous l'eau, comme on le pense des basaltes, d'abord parce que, dans ce cas, ils devraient ressembler aux basaltes, et ensuite parce qu'il est absolument impossible d'admettre des eaux sur la terre pendant la formation ignée de la masse granitique. Les morceaux de granit et de quartz qui ont subi la chaleur d'un four à chaux sont vitrifiés à leur superficie et plus ou moins boursoufflés à l'intérieur ; si le granit était le produit de la fusion ignée, il offrirait donc les caractères d'une masse vitreuse homogène.

On n'en peut pas dire autant des porphyres. Les recherches des géognostes établissent nettement que tous les porphyres ont une origine volcanique. On reconnaît, dans les plus anciennes éjections porphyriques, une série qui vient sans interruption jusqu'à celle des volcans aujourd'hui en activité. Mais les porphyres diffèrent essentiellement des granits. Dans les granits, les minéraux élémentaires sont en petits fragments cristallins mélangés. Les roches porphyriques, au contraire, ont pour base une substance non cristallisée, dans laquelle sont disséminés des morceaux plus ou moins nombreux de roches cristallisées. A la classe des roches porphyriques appartiennent toutes les matières rejetées dans les éruptions volcaniques, même les plus récentes, car les éjections des volcans encore brûlants présentent ces mêmes caractères dans un degré plus ou moins développé. Les granits forment de longues chaînes de montagnes non interrompues; tandis que les éruptions porphyriques n'ont donné naissance qu'à des pics isolés, de forme conique, qui rarement sont réunis ensemble, ou qui, s'ils le sont, ne constituent que des chaînes fort courtes. Ces pics sont disséminés, sans ordre, et comme par zônes, disposition qui leur donne de la ressemblance avec les volcans modernes, plus faciles à étudier que les anciens, et que l'on a constamment reconnus disposés de cette manière. Les zônes, ou chaînes porphyriques, affectent une direction toute différente de celle des montagnes granitiques, et souvent on les voit couper ces dernières; et, lorsque ce cas se présente, les montagnes atteignent une hauteur considérable. Les granits primitifs, différents de quelques granits plus récents, éjaculés des premiers, forment la base de toute l'enveloppe corticale du globe. C'est sur cette base que se sont moulés et que reposent tous les terrains sédimenteux et volcaniques. Par leur texture, leur composition, leur universalité, leurs directions régulières, les granits contrastent avec les porphyres et toutes les autres roches; ils forment le point de départ d'où nous pouvons suivre l'action des deux causes ignée et aqueuse, jusqu'à nous. Au delà, la cause créatrice et ordonnatrice peut seule satisfaire la raison.

4° *L'hypothèse du feu central n'explique pas les volcans.* — En 1819, fut publié le remarquable article *Volcan*, dans le *Dictionnaire d'histoire naturelle*, de Déterville, ouvrage des savants les plus distingués de l'époque. Cet article résume les travaux les plus importants sur les volcans; toutes les opinions y sont analysées, et il n'y est pas dit un seul mot de l'hypothèse du feu central, considéré comme cause des volcans. Depuis cette époque, cette hypothèse s'est emparée de l'opinion du monde savant avec enthousiasme, et l'on ne saurait trop dire pourquoi, car elle n'explique rien et ne peut en aucune manière soutenir la comparaison avec la théorie chimique des volcans, bien que celle-ci ne soit pas encore complète.

D'après un travail de M. Cordier, les laves seraient d'une nature particulière; elles auraient appartenu à des roches différentes de celles que nous connaissons; les éléments seraient toujours les mêmes dans tous les états, et reconnaissables dans les nouveaux produits auxquels ils donnent lieu. Faut-il en conclure que les laves viennent du centre de la terre? Non, cette hypothèse serait indémontrable. Il est, au contraire, naturel de penser que les laves se forment de roches antérieures qui subissent de nouvelles combinaisons sous l'influence de la chaleur, ainsi que tous les faits concourent à l'établir. Examinons seulement les produits volcaniques de la sublimation, et d'abord les substances élastiques aériformes : le gaz acide sulfureux, muriatique, carbonique, azote, hydrogène-sulfuré, etc., dont plusieurs viennent de l'eau ou des substances organiques; secondement, les substances inflammables : le soufre et les huiles bitumineuses; troisièmement, les substances salines : l'ammoniaque muriatée, pure ou terrifère, ou cuprifère; la soude muriatée, la soude sulfatée, le fer sulfaté, le cuivre sulfaté, le cuivre muriaté, etc. Toutes ces substances supposent une décomposition de l'eau, des matières organiques et des sels contenus dans l'eau de mer; elles ne viennent donc pas du centre de la terre. En outre, si ces substances venaient du centre, il serait nécessairement à l'état fluide et gazeux, et soumises alors à l'action des marées et à la loi de dilatabilité, les substances briseraient la croûte solide du globe comme elles se frayent des issues à travers les couches qui recouvrent les foyers volcaniques; une fois l'ouverture de la croûte pratiquée, les matières gazeuses s'échapperaient aussi bien que les fluides, et un affaissement général serait le résultat de leur sortie.

Les eaux de nos bassins sont une condition nécessaire de l'activité des volcans. Des 205 volcans brûlants que l'on connaît, 117 occupent des îles, et 98 sont placés sur des continents, mais en général à de petites distances de la mer. Il existe aussi des volcans sous-marins, et l'on pense que le nombre de ces derniers est même plus considérable que celui des volcans terrestres, parce que les mers occupent beaucoup plus d'espace que le sol exondé. Les volcans éteints, plus nombreux encore que les volcans brûlants, sont également situés dans des îles ou sur des continents peu éloignés des mers. Ils paraissent avoir cessé de brûler, à mesure que les mers se sont éloignées de leurs foyers, et ils ont été sous-marins avant d'être terrestres. Les matières volcaniques que contiennent les terrains géologiques sont dues à des cratères sous-marins, comme le prouvent la position de ces matières et l'absence constante de cendres et de scories, produits caractéristiques de phénomènes volcaniques aériens. Enfin, les sels, les éruptions d'eau accompagnées de poissons, les éclairs produits par les jets de gaz hydrogène, les nuages, les pluies abondantes, tous ces faits qui sont hors de doute démontrent que l'eau joue un très-grand rôle dans les phénomènes volcaniques, et que cette eau ne vient pas du centre de la terre ; et si, malgré tout, on voulait qu'elle en vînt, on serait obligé d'admettre qu'il y a là des masses de gaz, d'hydrogène, d'eau en vapeur, etc., et par conséquent nous reviendrions à la nécessité de voir sans cesse la terre voler en éclats par la puissance expansive de ces gaz qui seraient soumis aux flux et aux reflux journaliers, comme les eaux des mers et les couches de l'atmosphère. Si ces gaz se forment au contraire dans des centres particuliers, les difficultés disparaissent et l'on conçoit comment par leur action les pierres peuvent être fondues, enflammées, broyées, et de là les laves, les sables, les scories, dont l'éjaculation cesse, lorsque les actions chimiques ont épuisé le foyer, tandis qu'une fois une ouverture offerte aux fluides du centre, on ne comprend pas les intermittences et la cessation de l'éjaculation, parce que telle serait la pression subie par tous ces fluides, qu'ils tendraient continuellement à se dilater et à agrandir leur issue.

Cependant nous ne sommes pas au bout des difficultés. « Par la manière dont coulent les laves, on ne peut pas douter, dit le *Dictionnaire d'histoire naturelle*, qu'elles ne portent avec elles une substance capable d'entretenir leur chaleur et leur fluidité, et qu'elles ne renferment une matière combustible qui brûle au contact de l'air, jusqu'à ce qu'elle se soit toute consumée, car l'inflammation, la chaleur et la fluidité cessent presque en même temps. » (DÉTERVILLE, art. *Volcan*.) Les laves ont, en effet, la propriété de résister à toutes les causes de refroidissement qui les environnent, et de retenir pendant de longues années une chaleur qui se dissiperait bientôt, si elle n'était pas entretenue par une cause qui fût dans la lave même. Quelques laves du Vésuve coulent pendant des années entières sur une longueur de quelques toises et avec peu d'épaisseur. Une lave de l'Etna, en 1614, se dirigea sur *Randazzo ;* pendant dix ans que dura son irruption, elle eût toujours un petit mouvement progressif, et cependant elle n'avança que de deux milles. L'on a vu de vieux courants de laves se ranimer et jeter des fumées et des flammes. Dolomieu, dans son *Voyage aux îles Ponces*, cite une lave de l'île d'Ischia, sortie en 1301 du cratère de *Cremate*, au pied du mont *Eupomeus*, qui produisait de la chaleur et un grand dégagement de vapeurs aqueuses et acido-sulfureuses, lorsqu'il l'observa en 1785. Or, on n'imagine pas quel rapport ce phénomène peut avoir avec le feu central.

Il est certain aujourd'hui pour tout le monde que les montagnes volcaniques n'ont pas été soulevées ; elles sont le résultat des coulées successives et des autres matières sorties aussi successivement des cratères. A mesure que le cône montueux des volcans s'élève, les éruptions deviennent moins fréquentes, et il arrive même qu'il n'en sort plus de laves véritables, comme cela s'observe aujourd'hui pour les volcans du royaume de Quito, dont la hauteur surpasse cinq fois celle du Vésuve. « On conçoit, dit M. de Humboldt, que si le foyer de ces volcans se trouve à de grandes profondeurs, la lave fondue ne peut être élevée par le développement des gaz jusqu'aux bords du cratère, ni rompre le flanc de ces montagnes qui se trouvent renforcées par les plates-formes qui les environnent jusqu'à 1,400 toises de hauteur. » Mais si ces matières provenaient du centre de la terre, que seraient 1,400 toises d'élévation en plus ou en moins pour une puissance qui aurait à traverser dix ou quinze lieues de profondeur avant d'arriver à la surface du sol ! ! M. de Humboldt, à la suite de Buffon, de Pallas, de La Métherie, de Boué, de C. Prévost, etc., rejette, comme on le pense bien, le feu central ; mais il serait singulier de voir ceux qui l'admettent, et qui lui attribuent les phénomènes volcaniques, prendre pour leur compte l'explication de l'illustre voyageur.

Les volcans du royaume de Quito ne vomissent donc plus que des cendres, des flammes, de l'eau bouillante, des pierres isolées, et des poissons en immense quantité ! Mais il y en a d'autres, tels que les *salses*, dont le cratère est entièrement superficiel, et qui rejettent seulement des fragments de pierre calcaire, de grauwackes, de pyrites, des morceaux de fer oxydé manganésifère, le tout empâté dans de l'argile grise qui forme la masse de leurs éjections. Les bulles et les jets de gaz qui s'échappent de leur eau bourbeuse et salée, peuvent changer de place et de direction, si on leur oppose un obstacle. Quand on bouche toutes les issues d'une salse, il s'en ouvre une autre dans un lieu voisin : on ne rencontre les salses que dans des terrains volcaniques ; elles produisent aussi des fumées, et leurs matières éjectées sont analogues à plusieurs de celles des autres volcans. Ici, ce n'est pas la hauteur des cônes qui s'opposerait à l'ascension du liquide central : toutes ces variations des phénomènes qui dans la théorie des volcans s'expliquent très-bien par la différence des circonstances, par la diversité des actions électriques et chimiques, l'incandescence du centre ne saurait en rendre raison ; l'on demande aux partisans de cette hypothèse comment la prodigieuse force des fluides du centre vient, dans le cas des salses, aboutir à de petits cratères lubréfiés, bouillonnants et baveux ! ou, comment une cause si faible ici peut produire les autres volcans !

Cette immense disproportion entre la cause hypothétique et les effets dont nous sommes les témoins, se remarque dans tous les volcans de chaque époque. La force qui produit les phénomènes ne se développe pas dans un seul point, et chaque volcan n'est pas sorti d'un seul cratère. Il s'y forme successivement ou en même temps plusieurs bouches par où s'épanchent les laves et d'où sortent toutes les matières que chasse le développement des gaz. Or, on ne comprend pas pourquoi la force, capable de se frayer une voie du milieu de la masse planétaire à travers les roches les plus dures et toutes les couches du sol, ne pourrait pas s'ouvrir une seule bouche assez large pour la sortie de ses produits ; pourquoi elle ne détruirait pas les parois si rapprochées qui forment les tubes des diverses bouche au Vésuve et dans cent autres volcans ! Une si grande puissance et une si grande faiblesse dans le même agent, agissant dans la même localité et à la même époque, est inconcevable ; au contraire, si l'on admet que le foyer est superficiel, et qu'il est déterminé par des causes superficielles, on comprend très-bien comment ces causes, dans la même localité, comme dans des localités diverses, brisent à la fois, ou successivement, en divers points, le sol qui recouvre ce foyer.

Si la théorie chimique des volcans n'est pas encore parvenue à tout expliquer, il y a toujours entre elle et l'hypothèse du feu central cette énorme différence que celle-ci n'explique rien et que son point de départ est l'inconnu ; et si des phénomènes qui s'accomplissent certainement entre la surface de notre globe et le $15,009^e$ de son rayon, puisque l'eau, les sels marins et la décomposition des matières organiques, en sont la principale base, nous offrent encore des points obscurs, quelle témérité n'est-ce pas de prétendre savoir comment sont organisées les parties centrales de ce globe qui sont à dix ou quinze lieues sous nos pieds? La théorie s'appuie sur une foule de faits observables et bien analysés. Les causes qu'elle attribue aux phénomènes volcaniques sont naturelles, saisissables, et en rapport par tous les points avec ces phénomènes, qui sont tous locaux, variés dans leurs circonstances, et intermittents comme ces causes. Le feu central, au contraire, a l'irrémédiable inconvénient d'être une cause qui ne pourrait être sans contredire les lois connues, et qui serait essentiellement générale, illimitée, invariable et toujours la même. La théorie est sans doute incomplète; il peut y avoir d'autres éléments à y faire entrer, mais à coup sûr ce n'est pas le feu central. Le feu central ne pouvait se démontrer qu'en lui supposant pour effets les montagnes primitives, la chaleur terrestre, les volcans, etc., c'est-à-dire qu'il ne pouvait se démontrer que par ce qui était en question; ainsi, du moment qu'il n'explique ni les montagnes primitives, ni les phénomènes volcaniques, ni la chaleur terrestre, etc., le feu central n'a plus pour nous de raison d'être.

On croit avoir suffisamment établi que la terre n'a pas pu exister originairement à l'état gazeux, parce que, dans ce cas, nulle formation, nulle solidification n'eût été possible; parce que les terrains primitifs et les schistes cristallins ne peuvent être considérés comme des résultats, soit de coagulation, soit de précipitations atmosphériques; qu'en outre, si les granits étaient le produit du feu, ils ne seraient, comme les faits le prouvent, qu'une masse vitreuse homogène. D'une autre part, nous avons vu que la chaleur croissante dans les profondeurs de la terre s'explique mieux par les actions électriques que par le feu central. Avec MM. Ampère et Poissons, nous avons été obligés de reconnaître que si le centre de la terre était en fusion, ce fluide soumis aux marées, comme nos mers et notre atmosphère, soumis de plus à la puissance décuplée de dilatabilité des gaz, ferait voler en éclats la croûte du globe et serait un obstacle à jamais invincible à aucune solidification. Aussi les savants les plus consciencieux n'admettent-ils plus l'hypothèse de fluidité ignée du centre; ils se retranchent maintenant dans cette supposition bien mitigée, que le centre peut éprouver une grande chaleur et être pourtant très-solide; qu'alors, il pourrait être environné d'une couche intermédiaire au noyau central et aux couches superficielles, et qui serait à l'état pâteux, sous l'influence de la chaleur. Mais d'où viendrait cet état, ils ne le disent pas. On ne peut donc plus considérer les volcans comme un résultat de la fluidité ignée du centre de la terre; on ne peut relier leurs produits aux terrains granitiques : les faits manquent à cette liaison. La structure des produits volcaniques prouve, d'une part, qu'ils viennent de roches préexistantes, et de l'autre, qu'ils ont été modifiés par l'action volcanique elle-même; les produits gazeux et aqueux prouvent une action chimique que l'on ne peut admettre au centre de la terre, sous peine de rencontrer dans toute leur force les objections contre la fluidité ignée ou gazeuse; les phénomènes météoriques qui accompagnent toujours les éruptions, prouvent une réaction de l'atmosphère sur les foyers volcaniques. Il faut donc conclure que les phénomènes volcaniques n'appuient en aucune façon l'hypothèse du feu central et de l'origine ignée de notre planète.

CHAPITRE VI.

MONDE ANTÉGÉNÉSIAQUE DE MM. BUCKLAND ET CHALMERS. — HYPOTHÈSES DES CRÉATIONS SUCCESSIVES. — AGE ABSOLU DU GLOBE.

13. WILLIAM BUCKLAND. — *La géologie et la minéralogie dans leurs rapports avec la théologie naturelle.* — CHALMERS. *Évidence de la révélation chrétienne.*

Ce n'est point ici une théorie, mais un système de conciliation entre le récit de Moïse et l'ensemble des phénomènes géologiques. Persuadés que le temps assigné par Moïse n'aurait pas suffi pour former, depuis l'époque des six jours, toutes les couches qui enveloppent la terre, les deux docteurs anglais ont cherché dans la Genèse une explication qui levât cette difficulté. M. Buckland rejette avec raison toutes les autres hypothèses présentées dans le même but. Le déluge n'explique ni les couches, ni les fossiles ; le changement des *six jours* en autant de périodes indéfinies, changement auquel la *théologie et la philologie n'ont*, dit-il, *aucune objection sérieuse à opposer ;* (c'est le contraire qu'il eut fallu dire ; mais en le disant, il condamnait son propre système d'exégèse), ne s'accorde pas avec le fait géologique de la réunion des plantes et des animaux dans les couches les plus inférieures.

D'après eux, le monde dont Moïse nous a transmis l'histoire, a été fait en partie avec les matériaux d'un ancien monde détruit. (C'était aussi l'opinion de leur compatriote Wiston). Les premières paroles de Moïse : *au commencement Dieu créa le ciel et la terre*, ne sont pas un sommaire de l'œuvre des six jours ; elles établissent simplement le fait que le ciel et la terre, c'est-à-dire, le soleil, les étoiles et les planètes ont été créées, sans limiter la durée dans laquelle s'est exercée l'action créatrice. Or, ajoutent nos auteurs, entre cette création, et le monde dont l'histoire commence au second verset du livre, on peut supposer qu'il a existé un premier monde où se sont accomplies de longues séries de révolutions diverses sur lesquelles l'historien sacré a gardé le silence, parce qu'elles étaient tout à fait étrangères à l'histoire de l'espèce humaine. C'est dans cet intervalle d'une durée indéfinie que l'on doit placer toutes les révolutions physiques dont la géologie a retrouvé les traces. (Nos auteurs écrivaient sous l'influence des théories à *révolutions* de Deluc, de Buffon, etc.). Les corps célestes n'avaient pas été atteints par ces épouvantables catastrophes qui changèrent l'ancien état de la terre, et le créateur s'en servit en réorganisant cette planète pour en faire la demeure de l'homme.

En conséquence, il ne faut pas prendre dans le sens d'une création véritable les textes qui concernent les astres, la lune et le soleil ; ces corps ne furent point créés au quatrième jour, mais à cette époque le Créateur les adapta spécialement à certaines fonctions d'une grande importance pour l'homme, à verser la lumière sur le globe, à régner sur le jour et sur la nuit, (quelle autre fonction pouvaient-ils avoir auparavant ?) à fixer les mois et les saisons, les années et les jours. Quant au fait même de leur création, il avait été annoncé à l'avance dès le premier verset qui renferme implicitement la création de l'univers tout entier, du *ciel*, — ce mot s'appliquant à tout l'ensemble des systèmes sidéraux, et de la *terre*, — notre planète étant ainsi l'objet d'une désignation particulière, parce qu'elle est le théâtre où vont se passer tous les événements de l'histoire des six jours.

Tel est le système d'interprétation adopté par MM. Buckland et Chalmers, et que chez nous ont aussi mis en avant MM. Gervais de la Prise, *Accord du livre de la Genèse avec la géologie et les monuments humains. Caën*, 1803 — Gosselin, *l'Antiquité dévoilée au moyen de la Genèse*, 1807. — De Genoude, *Traduction du Pentateuque*, 1821. — Desdouits, *Soirées de Montlhéry*, 1836.

Si l'on demande aux deux docteurs anglais quels rapports il peut y avoir entre leur monde hypothétique et nos fossiles, ils répondent : « La conformation extraordinaire des os, des dents, ou des coquilles des êtres fossiles, la taille gigantesque de quelques-uns montrent qu'ils ne sont point la souche des races actuelles dont ils diffèrent pour la plupart essentiellement, et qu'ils n'ont point fait partie de la création mosaïque à laquelle appartiennent toutes les espèces vivantes, (même la chauve-souris, le sarigue, l'ornithorhynque, etc., qui sont plus extraordinaires que les espèces fossiles éteintes) ; si l'enfouissement des êtres fossiles n'était pas antérieur à la création de l'homme, pourquoi ni ses débris, ni les ouvrages de sa main ne se rencontreraient-ils jamais parmi cette innombrable quantité d'animaux terrestres, fluviatiles et marins des couches géologiques ? (L'homme à l'état fossile se rencontre dans des couches géologiques, associé aux espèces éteintes les plus gigantesques et les plus extraordinaires, au *mammouth*, en Europe, au *megatherium*, au *chlamidotherium giganteum*, etc., au Brésil). Mais le principal avantage de ce système est d'ouvrir devant la géologie (hypothétique), des espaces de temps illimités » (dont cette géologie ne saurait se passer). Elle ne se plaindra plus que la chronologie biblique ait fait la terre trop jeune ; la terre a existé longtemps avant l'ère humaine, et l'on peut lui concéder autant de siècles que l'on voudra. »

Si comme le supposent ces auteurs, les temps écoulés jusqu'à nous excédaient en effet les bornes de la chronologie de Moïse, si cela était prouvé, il y aurait nécessité de rechercher dans la Genèse un texte qui conciliât la révélation avec la science, et cette recherche ne serait pas vaine, car la vérité ne saurait être opposée à elle-même, et la science telle qu'on la comprend dans ce livre, est tout aussi vraie que la révélation. Mais encore faudrait-il que le fait résultant de l'interprétation nouvelle du texte saint, s'accordât d'une part avec les autres faits révélés, et de l'autre avec les faits généraux et certains de la science. Or, l'interprétation proposée par MM. Buckland et Chalmers ne réunit pas ces conditions ; la science ne s'en accommode pas, et la Genèse la repousse invinciblement.

D'abord la supposition toute gratuite que la lumière et tous les corps sidéraux existaient avant l'œuvre des six jours, entraîne des altérations profondes dans la signification naturelle des mots, et un changement complet dans l'esprit général des textes de la Genèse. Ce n'est plus l'histoire de la création du monde que Moïse nous raconte ; ces expressions si simples et si fortes de l'hébreu, *sit lux*, *fuit lux*, *sint luminaria*, etc., ne signifient plus la création *de rien*, comme l'avaient cru jusqu'ici tous ceux qui n'ont cherché dans la Genèse que ce qui s'y trouve, sans se préoccuper des systèmes éphémères de leur temps ; elles indiquent simplement les relations nouvelles que le créateur établit entre les différents corps de notre système planétaire, et encore ces relations auraient-elles été bien plutôt l'effet des lois naturelles que celui de la volonté immédiate du Créateur. « Au premier jour les vapeurs temporaires accumulées sur la face des eaux, commencèrent à se disperser et *la lumière fut rendue à la terre* (*sit lux*). Au quatrième jour, l'atmosphère fut complétement purifiée, et le soleil, la lune et les étoiles *apparurent à la voûte des cieux* (*sint luminaria*), et se trouvèrent dans de nouveaux rapports avec la terre récemment modifiée et avec l'espèce humaine. » C'est ainsi que le docteur Chalmers traduit et commente l'Écriture. M. de Genoude ou l'auteur de sa dissertation sur l'œuvre des six jours, accepte l'explication de M. Chalmers et la complète à sa manière. Voici ses paroles : « Moïse dit, il est vrai, que Dieu *fit* ces luminaires ainsi que les étoiles, *fecit luminare majus et luminare minus et stellas* (il a omis *et posuit ea in firmamento cœli*) ; mais il faut remarquer que l'Écriture parle souvent selon ce qui paraît extérieurement et non selon ce qui se fait réellement ; ainsi, Moïse a pu dire que le soleil fut fait quoiqu'il ne fut pas fait réellement, mais seulement selon l'apparence extérieure. Un flambeau n'est rien pour ceux qu'il laisse dans les ténèbres, on peut dire qu'il est fait pour eux au moment qu'il commence à les éclairer. »

L'Écriture parle comme nous, sans quoi nous ne l'entendrions pas; et c'est parce que Moïse a dû parler comme nous, qu'il n'a jamais pu tenir le langage qu'on lui prête. Quoi! la réorganisation des corps célestes n'aurait été autre chose que l'apparition de la lumière du soleil et de la lune d'abord, et ensuite celle de leurs disques, produite par la dispersion graduelle des vapeurs interposées entre le ciel et la terre, et l'on veut que Moïse nous ait parlé de ce phénomène familier, de cette apparition lente et successive, comme il aurait fait de créations proprement dites et instantanées? Quoi! Moïse nous aurait parlé de la lumière et des astres comme de choses parfaitement distinctes, si cette lumière n'avait été que les premiers rayons de ces astres affaiblis par l'épais brouillard de l'atmosphère, et devenus peu à peu complétement visibles par l'apparition totale de leurs disques? Mais ce n'est pas Moïse que doivent voir en ce moment nos théologiens : ni lui, ni aucun autre homme, ne fut témoin du spectacle de la création ; c'est Dieu lui-même qui a pris soin d'apprendre à nos premiers parents ce qu'il avait fait, et dans quel ordre il l'avait fait ; et l'on peut croire que Dieu leur aurait représenté ces passages d'ombres et de lumière comme de vraies créations?

Moïse place la création des astres dans le quatrième jour ; mais la perception de la lumière, phénomène purement relatif aux animaux et à l'homme, ne put avoir lieu qu'au cinquième jour, après la création des premiers êtres sentants. Aussi l'Écriture ne dit-elle pas avant cette époque que la lumière *brilla*, mais qu'elle *fut ;* ni que le soleil *éclaira* la terre, mais qu'il fut créé pour remplir cette fonction. Que deviennent, après cela, les explications qu'on nous fait de cette « atmosphère *demi-translucide qui produisit la lumière*, et ensuite tout à fait *transparente* qui produisit *pour la terre l'image et la vue du soleil* dans les cieux? » Car voilà tout ce qui se serait opéré de nouveau dans le ciel, à l'époque de l'œuvre des six jours!

Le doçteur Chalmers n'a trouvé dans toute l'histoire de la création qu'un seul mot qui puisse être employé à désigner un nouvel arrangement de matériaux préexistants : c'est le verbe ASAH, *faire*. Dans le septième verset, où il est question du firmament, et dans le seizième, où il est parlé des deux grands luminaires, Moïse se sert, en effet du verbe *faire*, dont la signification en hébreu est ordinairement beaucoup moins forte que celle du verbe BARA, *créer*, et peut se traduire le plus souvent par *façonner, modifier,* etc. Mais, quand on veut savoir la signification d'un mot dans une circonstance donnée, au lieu de le prendre isolément, il faut le voir dans ses rapports avec le contexte. Or, dans le premier endroit, les mots *fecit firmamentum* sont immédiatement précédés de *sit firmamentum;* et, dans le second, les mots *fecit duo luminaria* viennent immédiatement après *sint luminaria;* ainsi, dans les deux endroits où Moïse emploie le verbe *faire*, ce qui précède ce verbe montre très-clairement qu'il est employé comme synonyme du verbe *bara*. C'est donc bien de la création de la lumière et de celle des corps célestes que Moïse a voulu parler dans l'histoire des six jours. Il n'y a donc pas un seul mot qui autorise l'interprétation rationaliste.

Je dirai plus : le dogme de la création a sa racine dans la première page de la Genèse, et c'est l'en arracher que d'entendre les textes qui concernent la lumière et les corps sidéraux autrement que d'une production proprement dite. L'auteur de la dissertation se flatte de ne pas enlever tout moyen de prouver ce dogme par nos livres, « parce que, dit-il, nous n'entendons pas les premières paroles : *au commencement Dieu créa*, d'un renouvellement, mais d'une véritable création du ciel et de la terre. » Mais que l'on veuille bien y faire attention, et l'on verra qu'il se trompe sur les conséquences de son interprétation. Le verbe *bara* du premier verset, dans lequel il renferme toute la force de cette preuve, ne signifie pas toujours *créer de rien*, comme le savent tous les hébraïsants ; pourquoi donc tous les interprètes s'accordent-ils à lui donner ici cette signification ? pourquoi ni les auteurs juifs, ni les auteurs chrétiens, ne l'ont-ils jamais compris autrement, si ce n'est parce que ce verbe a pour commentaire explicatif les expressions suivantes : *sit lux, fuit lux, sint luminaria,* etc.? Il est donc évident qu'en ôtant à ces expressions leur sens propre et littéral, on s'enlève tout moyen de prouver le dogme d'un Dieu créateur et ordonnateur par la Genèse et en général par les Écritures ; car je ne sache pas qu'il s'en trouve de plus fortes et de plus claires dans aucune autre partie de la Bible.

Il est donc certain que ce système d'Exegèse est en opposition formelle avec le texte saint. D'une autre part, la supposition d'un monde essentiellement différent du nôtre, et auquel auraient appartenu nos êtres paléontologiques, est en désaccord avec toute la géologie positive.

Que l'on étudie la nature et l'origine des roches, ou que l'on observe leurs fossiles, aucune différence essentielle ne se révèle entre le passé et le présent. Au contraire, tout se montre analogue. Aussi bas que nous descendions dans le sol de remblai, nous y trouvons les effets des deux grandes causes générales qui produisent nos terrains contemporains, l'eau et la chaleur. Comme aujourd'hui, elles avaient à leur disposition des sables, des argiles, des matières siliceuses, calcaires, charbonneuses. Ces premières époques du monde nous offrent des dépôts marins, fluviatiles et d'embouchures, avec des alternances. Il y avait donc des mers, des fleuves, des montagnes, des vallées, des plateaux ; ainsi, même conformation, mêmes divisions de la surface du globe. L'existence des dépôts alternatifs d'eau douce et d'eau marine présuppose celle des pluies, des crues, des marées ; donc, mêmes rapports du soleil et de la lune avec les eaux, l'atmosphère, la lumière et les êtres organisés. La distribution générale des espèces animales et végétales était la même ; comme les nôtres, elles étaient réparties aux mers, aux fleuves, à l'air, aux terres découvertes. Nos auteurs sont donc obligés de reconnaître que le monde qui a produit tous ces terrains, tous ces êtres, ne différait pas essentiellement de celui dont nous faisons partie. Mais, alors, pourquoi veulent-ils y voir deux mondes distincts ? Ils cherchent un soutien à leur hypothèse dans la forme extraordinaire de quelques animaux, de quelques végétaux ; mais tous les êtres fossiles entrent dans le même plan de création que les êtres vivants ; ils appartiennent aux mêmes classes, souvent aux mêmes genres, quelquefois aux mêmes espèces ; mais ces formes extraordinaires de quelques-uns ne sont pas plus inusitées que celles de beaucoup d'espèces qui vivent encore aujourd'hui, en Europe, en Amérique, à la Nouvelle-Hollande ; mais ces formes éteintes sont réparties à tous les niveaux du sol de remblai, et, par conséquent, n'appartiendraient pas exclusivement aux dépôts du prétendu monde antégenésiaque ; mais les plus extraordinaires de ces espèces éteintes, comme les *mastodontes*, le *dinotherium*, le *megatherium*, etc., au lieu d'occuper les couches les plus anciennes, se rencontrent en général dans des couches assez superficielles, où elles sont associées à des espèces vivantes, et même quelquefois à des débris de l'homme. Toutes ces formes éteintes appartenaient donc au monde de la Genèse.

On a cité les *trilobites* des terrains de transition : ces crustacés étaient-ils plus extraordinaires que nos *limules* ? Si le genre limule n'existait qu'à l'état fossile, il aurait paru plus singulier que les trilobites. Des personnes étrangères à l'histoire des animaux ont fait bruit de l'absence de vestiges de pattes chez les trilobites. Mais les espèces du genre vivant *lerneocera* se trouvent dans le même cas. D'ailleurs, tout porte à croire que les trilobites étaient munis de pattes membraneuses et lamelleuses, comme nos *apus* vivants. Les trilobites ressemblent beaucoup par l'aspect général du corps aux espèces de notre genre vivant *sérole*. Ceux des genres *brongnartia*, *trinucleus* et *tarion* paraissent avoir été dépourvus d'yeux; mais l'absence de ces organes ou leur défaut d'apparence se remarque aussi quelquefois parmi nos crustacés vivants; dans les Pandariens, les espèces du genre *pandarus* n'offrent pas d'yeux bien distincts; et d'autres crutacés, comme les monocles, n'ont qu'un seul œil, ce qui n'est pas moins extraordinaire. On a cité encore les *ptérodactyles,* les *ichthyoaures*, les *plésiosaures,* etc., des terrains secondaires; mais les formes de ces animaux étaient encore bien moins insolites que celle de nos chauve-souris. Du reste, on les avait assez mal jugés d'abord ; témoin ces tableaux de l'ancien monde que l'on voyait, il y a quelques années, suspendus sur les quais et les boulevards de Paris, à côté de l'histoire du Juif-Errant, et où, d'après le travail des géologues ingénieux, comme on les appelle, on représentait, recouverts témérairement de leur enveloppe sensoriale, des Plésiosaures, très-probablement *herbivores*, cherchant à saisir au vol des Ptérodactyles, qui, plus probablement encore, n'ont jamais volé.

Dans son *Relliquiæ diluvianæ*, le docteur Buckland regarde comme un produit certain du déluge de Moïse les couches réunies sous le nom de *diluvium*. Une conséquence de cette manière de voir, était que nos trois grands ordres de terrains avaient été formés avant le déluge, et dans l'intervalle de 2260 ans au plus, en suivant la chronologie des Septante. Ce temps paraissant trop court, il y avait, en quelque sorte obligation, pour l'auteur du *Relliquiæ Diluvianæ*, de chercher un système qui conciliât son *diluvium* avec notre chronologie; de là l'hypothèse malheureuse qu'il patronna en l'adoptant. Pour nous, qui rejettons d'aussi bon cœur le *diluvium*, que nous croyons fortement au déluge de Moïse, nous ne marchons point avec des entraves; nous n'aurons point à marchander avec la géologie hypothétique; nous montrerons qu'il en est de cette antiquité fabuleuse que tant de géologues ont attribuée à la terre, comme du *diluvium* et des créations successives des groupes; et que l'insuffisance de la chronologie biblique est une thèse devenue de jour en jour plus difficile à soutenir.

14. Hypothèse des créations successives. — MM. Deluc, Buffon, Cuvier, Brongniart, de Beaumont, Ampère, Chalmers, Buckland, avec toute la géologie hypothétique française et la plupart de nos paléontologues, ont admis des créations successives et en ont fait une des bases de leurs systèmes.

La géologie prouve-t-elle, en effet, que les différentes classes des deux règnes, ou qu'une partie des espèces qui les composent sont arrivées successivement à la vie, et qu'il y a eu des créations nouvelles aux différentes époques de la durée des temps?

Plusieurs hypothèses, acceptées d'abord comme des faits irréfragables par les géologues et les paléontologues, conspirèrent à établir l'opinion des créations successives. 1° On considérait certaines couches qui n'avaient point encore offert de fossiles terrestres, comme ayant été déposées après quelque révolution générale, destructive de la vie sur les terres découvertes; ce qui impliquait des créations subséquentes. 2° On se représentait les classes des deux règnes échelonnées dans le sol comme elles le sont dans nos livres de zoologie; c'est-à-dire s'y succédant dans un ordre suivi de complication. 3° On pensait avoir constaté que les espèces de ces classes devenaient de plus en plus parfaites et de plus en plus nombreuses, à mesure que l'on remontait la série des terrains; 4° Et enfin que tous ces fossiles différaient constamment d'espèce d'un terrain à un autre. Chacune de ces observations paraissait conclure à des créations nouvelles, et leur ensemble formait en faveur de l'hypothèse une démonstration à laquelle on ne voyait pas de réplique. La géologie hypothétique, si désunie sur tous les autres points, était unanime sur celui-ci; évidemment, les apparences au moins étaient pour elle. M. de Blainville et M. C. Prévost, qui tenaient presque seuls pour la thèse d'une création unique, se voyaient souvent désavoués par leurs propres élèves. Où en sont aujourd'hui les choses?

1° Tout le monde admet en ce moment que les êtres terrestres ne sont étrangers à aucune formation de quelque importance. Ainsi, l'hypothèse de révolutions générales qui auraient détruit des créations précédentes et marqué une limite entre elles et des créations nouvelles, est tout à fait gratuite. Et quand même il existerait des formations exemptes de fossiles terrestres, ces formations ne pouvant jamais être générales, elles ne prouveraient que des révolutions locales et encore pas toujours; pélagiennes, comme la craie, elles ne prouveraient absolument rien; fluvio-marines, elles pourraient avoir été faites par des fleuves traversant des terres nouvellement émergées et non encore peuplées; elles n'indiqueraient donc pas même avec certitude une révolution et une destruction locale.

2° Il est également certain pour tous que les classes ne suivent point l'ordre zoologique dans les dépôts du globe. Nous l'avons déjà constaté pour les végétaux. Les animaux, qui ne devraient commencer à paraître qu'après eux, se montrent quelquefois un peu avant eux, par exemple, dans les couches siluriennes de Wenlock, de Dudley et de Ludlow; mais là, comme partout, dans les terrains de transition, les diverses classes de polypes à polypiers, les échinides, les crinoïdes, les mollusques, les annelés, les crustacés, les poissons se montrent non pas successivement, mais tous à la fois, et avant les spongiaires qui devraient ouvrir la marche. Les insectes inférieurs aux poissons dans l'ordre zoologique, n'ont encore été rencontrés qu'un peu après eux, dans l'anthracite et la houille. Les reptiles du calcaire d'eau douce de Burdie-House apparaissent avant les amphibiens du terrain houiller. Les icththyosaures, classe intermédiaire aux amphibiens et aux reptiles, ne se montrent qu'après les reptiles, dans le muschelkalk. Les ptérodactyliens, intermédiaires entre les amphibiens et les oiseaux, s'observent longtemps après les amphibiens, dans l'oolite moyenne. Tandis que si la disposition de ces classes répondait à l'ordre zoologique, on verrait d'abord les amphibiens, puis les icththyosaures, puis les reptiles, puis les ptérodactyliens. Les mammifères ont été vus dans les terrains jurassiques moyens, à Stonesfield, et, par conséquent, longtemps avant les oiseaux, qui ont été rencontrés pour la première fois dans le wéald, ou terrain néocomien, car les empreintes laissées sur le grès rouge ne sont pas des empreintes de pieds d'oiseaux, comme on l'avait cru d'abord. Cependant, comme les opinions sont partagées sur les deux célèbres mâchelières de Stonesfield, et qu'au lieu d'y reconnaître des didelphes, avec MM. Cuvier, Agassiz, Valenciennes, Owen et Dumeric, M. de Blainville, après n'en avoir vu, il est vrai, que des dessins, a cru devoir les rapporter à un genre du sous-ordre des sauriens; admettons que les premiers mammifères connus soient de notre première époque tertiaire; dans ce cas, l'apparition des oiseaux sera antérieure à celle des mammifères, et, sur plus de trente classes dont se composent les deux règnes, deux seulement observeront l'ordre zoologique.

C'est par ces faits que M. Alcide d'Orbigny, dans sa *Paléontologie française*, a été conduit aux résultats que nous allons reproduire. M. d'Orbigny compte 24,000 espèces animales fossiles, contenues dans 1,600 genres, et appartenant aux quatre grands embranchements des vertébrés, des annelés, des mollusques et des rayonnés. Il nie que ces quatre embranchements paraissent s'avancer à travers les siècles dans la voie d'un amendement successif; il nie la prétendue loi générale du perfectionnement graduel des êtres, à mesure qu'on se rapproche des périodes les plus modernes, et il trouve, au contraire, qu'il y a souvent la plus positive décadence. Voici ses conclusions : « Si le perfectionnement progressif existait, on devrait trouver tous les animaux sans organe spécial de respiration dans les premiers âges du monde, et les autres devraient paraître successivement suivant leur degré de perfection ; mais, au contraire, tous les modes différents de respiration arrivant à la fois sur la terre, on en doit conclure que le perfectionnement progressif n'existe pas. Que l'on considère entre elles les périodes croissantes ou décroissantes de développement des formes zoologiques, que l'on compare l'instant d'apparition des ordres d'animaux à la perfection de leurs organes, ou qu'on prenne pour base des recherches comparatives les déductions physiologiques tirées du mode de respiration des animaux, on arrive toujours aux mêmes résultats négatifs relativement au perfectionnement successif des êtres dans les âges du monde. On doit donc accepter ces résultats comme définitifs. »

M. de Blainville a constaté les mêmes faits. « Si l'on considère les débris des corps organisés en eux-mêmes, il n'y a aucune loi dans l'ordre d'apparition et de disparition des espèces dans les terrains, soit que l'on suive la gradation animale ou sa dégradation. On ne peut donc attribuer les fossiles qu'aux circonstances d'habitation, et nullement à l'ordre de création. » (*Dieu, l'homme et le monde*, t. III, p. 511.)

Ceux qui prennent l'ordre d'apparition des classes dans nos terrains pour la traduction de l'ordre de leur création, sont obligés de croire que les insectes ont été créés longtemps avant les oiseaux, et les carnassiers avant les animaux herbivores, puisque les insectes commencent à se montrer à nous dans l'anthracite, les oiseaux dans le wéald, les carnassiers dans les tertiaires inférieurs, et les herbivores dans les tertiaires moyens. Mais alors ils perdent de vue le lien qui réunit les diverses créations. Ils oublient que les animaux carnassiers ne sauraient exister sans les animaux herbivores dont ils se nourrissent, et que les oiseaux ou insectivores ont été nécessaires dès l'apparition des insectes pour empêcher la trop grande multiplication de ces derniers, qui auraient dévoré les semences végétales et les végétaux eux-mêmes. De leurs générations sans obstacle seraient nées des postérités sans fin, auxquelles le globe n'eût pas suffi, et la conservation des individus eût fini par entraîner l'anéantissement de toute la classe. Ce que je dis d'un groupe doit s'étendre à tous les autres ; car c'est un fait que chaque groupe, chaque classe, chaque espèce a ses ennemis qui lui font la guerre, s'en nourrissent, et empêchent que sa propagation ne dépasse certaines limites. Le maintien de l'équilibre dépend autant de la destruction des individus que de leur reproduction. Les animaux phytophages ou qui vivent de végétaux sont en rapport avec eux, les animaux carnassiers en rapport avec les phytophages. Il faut des insectes aux oiseaux, des herbivores aux carnassiers, des herbes aux herbivores; et réciproquement, chaque groupe ayant besoin d'être restreint dans sa propagation par des causes destructives proportionnelles, il faut des oiseaux aux insectes, et des mammifères voraces aux mammifères paisibles. On ne peut concevoir l'existence d'un seul groupe sans une multitude d'autres formes spécifiques qui soutiennent sa vie ou la régissent, qui l'excitent en divers sens, qui entretiennent à son égard ce mouvement mutuel et universel qui fait la vie du monde, comme la circulation et les fonctions qui l'entretiennent font la vie des individus.

Les espèces d'un groupe d'animaux étant fonction pour celles d'un autre groupe, on doit en conclure que la création des groupes divers a été simultanée ou presque simultanée; l'ordre zoologique ou de conception n'a donc pas été l'ordre d'exécution ou de création; l'ordre successif d'un certain nombre de classes dans les dépôts du sol ne peut donc pas correspondre à l'ordre dans lequel ces classes sont arrivées à l'existence. Même dans l'hypothèse de créations successives de classes, à longs intervalles, la succession des fossiles ne traduirait pas celle des créations, ou si elle la représentait sur un point, elle ne la représenterait pas sur d'autres, parce que les différentes élévations continentales ayant été émergées à des époques différentes, elles n'ont pu être occupées toutes en même temps par les espèces fluviatiles et terrestres des deux règnes. La distribution des fossiles peut indiquer un ordre d'occupation, de prédominance numérique, une succession d'habitations différentes, etc., mais jamais un ordre général de création.

3° Le perfectionnement successif n'existe pas plus pour les genres et les espèces que pour les ordres et les classes. Les espèces les plus voisines sont réunies par les zoologues sous le nom de *genre;* la réunion des genres les plus voisins forme un *ordre* ou une *famille;* et la réunion des familles ou des ordres les plus voisins forme une *classe.* Dans un classement naturel, les zoologues procèdent du plus simple au plus composé, qui est synonyme du plus parfait; voilà la disposition que devraient observer les genres dans les couches du sol, si leur échelonnement était en rapport avec l'ordre zoologique. Les formes génériques les plus simples dans chaque classe paraîtraient les premières, et les terrains suivants fourniraient successivement d'autres types de plus en plus compliqués jusqu'à l'époque actuelle, qui renfermerait les formes les plus parfaites ou les genres les plus élevés dans chaque classe. Mais cet ordre n'existe nulle part. Prenons pour exemple, dans l'ordre des échinides, la famille des cidarides, qui se trouve disséminée dans tous les terrains. M. Agassiz, partisan des créations successives, a fait seul, ou en collaboration avec MM. Desor et Marcou, plusieurs travaux importants sur les fossiles de cet ordre. Comparés entre eux, ces travaux présentent des différences très-considérables pour l'arrangement des genres et des familles. Je prends le dernier de tous, celui qui résume, par conséquent, la plus grande somme d'observations et de réflexions; or, si l'on veut bien jeter les yeux sur le tableau suivant, extrait de son *Catalogue raisonné des échinides*, on se convaincra qu'il n'y a rien de commun entre l'ordre zoologique de cet auteur et l'ordre distributif des cidarides dans les couches du sol et dans l'époque actuelle. Je n'indique pour chaque genre que le terrain ou la formation où il se montre pour la première fois; il était inutile de suivre la répartition de ses espèces dans les couches supérieures.

Ordre des Echinides. Famille des Cidarides.

Genres.	Epoques.	Genres.	Epoques.
Cidaris	primaire.	Cœlopleurus	tertiaire.
Goniocidaris	actuelle.	Codiopsis	craie chloritée.
Hemicidaris	jurassique.	Mespilia	actuelle.
Acrocidaris	id.	Microcyphus	id.
Palæocidaris	primaire.	Salmacis	tertiaire.
Salenia	néocomienne.	Temnopleurus	craie chloritée.
Peltastes	id.	Glypticus	jurassique.
Goniophorus	de la craie chloritée.	Polycyphus	id.
Acrosalenia	jurassique.	Amblypneustes	actuelle.
Goniopygus	néocomienne.	Boletia	id.
Astropyga	actuelle.	Tripneustes	tertiaire.
Diadema	liassique.	Holopneustes	actuelle.
Hemidiadema	du grès vert.	Echinus	jurassique.
Cyphosoma	néocomienne.	Pedina	id.
Echinocidaris	actuelle.	Heliocidaris	tertiaire.
Echinopsis	jurassique.	Echinometra	actuelle.
Arbacia	néocomienne.	Acrocladia	id.
Eucosmus	jurassique.	Podophora	id.

Il est évident que l'ordre suivi par les genres de cette famille, indique aussi souvent un état stationnaire ou même rétrograde que progressif. Que l'on prenne l'un après l'autre tous les ordres, toutes les familles de chaque classe du règne animal et du règne végétal, et qu'on les soumette à la même épreuve, on obtiendra le même résultat.

Voilà des faits qui, pour le dire en passant, détruisent radicalement l'idée panthéiste des transformations successives, à l'aide du temps et des milieux divers d'existence, d'un petit nombre de types primitifs en des espèces de plus en plus compliquées. Car dans cette hypothèse, les terrains primaires ne devraient contenir que les espèces les plus simples des deux règnes, lesquelles marcheraient ensuite avec les terrains suivants, de perfectionnements en perfectionnements, jusqu'à l'époque actuelle qui renfermerait les formes les plus parfaites et les plus variées dans tous les ordres : mais cela n'est pas. Les couches siluriennes de l'époque primaire montrent déjà tous les grands embranchements du règne animal, et les formes les plus élevées de plusieurs de ces embranchements y sont associées aux formes les plus simples, dans les mêmes familles et dans les mêmes genres. Il en est de même du règne végétal ; ses genres les plus élevés apparaissent dès l'anthracite et le terrain houiller.

4° Il est vrai que si la complication et la perfection comparative des organes dans les êtres fossiles, ne se montre pas progressive, il ne paraît pas d'abord qu'on en puisse dire autant du nombre des formes spécifiques. Il est au moins certain que les terrains primaires ont montré moins d'espèces que les secondaires, et que ces deux premiers systèmes réunis paraissent encore moins riches en espèces que les terrains tertiaires. Les proportions numériques sont même en sens inverse de la puissance des terrains, puisque les terrains tertiaires émergés sont beaucoup moins importants que les secondaires, et ceux-ci que les primaires. Mais il faut ajouter que cette augmentation des espèces n'existe d'une manière un peu suivie que pour cinq classes : les mammifères, les oiseaux, les amphibiens, les insectes et les mollusques. Dans les autres, la prépondérance numérique des espèces reste acquise jusqu'à ce jour aux terrains secondaires ou primaires. Ainsi, les terrains primaires ont offert plus de crustacés que les secondaires et les tertiaires pris ensemble. Les secondaires à leur tour ont donné plus de reptiles, de poissons, de crustacés, d'échinides, de polypiers, de spongiaires et de végétaux que les tertiaires. Il n'est pas même besoin de réunir toutes les espèces fournies par les différentes tranches du système secondaire pour constater ses avantages sur le système tertiaire : les tranches secondaires comprises l'une, entre le vieux grès rouge et le calcaire jurassique, et l'autre, entre le lias et les premières couches tertiaires, ces deux tranches prises séparément nous ont montré plus de poissons que sous les terrains tertiaires ; les tranches jurassiques et crétacées prises aussi séparément paraissent encore plus riches en polypiers et en échinides que les terrains tertiaires. Enfin, le seul terrain houiller a présenté plus d'espèces de végétaux que tous les autres terrains ensemble. Que devient en présence de ces faits la prétendue loi de la progression numérique des espèces ? N'est-il pas évident que ces différences, qui n'ont rien de gradué dans les classes ni dans les familles, sont moins en rapport avec les âges des terrains qu'avec la diversité d'origine des formations dont ces terrains se composent ? On sait que dans le moment actuel les espèces qui vivent en pleine mer, sont incomparablement moins nombreuses et moins variées que celles qui habitent près des côtes et sur les terres découvertes ; on sait que les dépôts pélagiens ne reçoivent en général que les débris des premières, parce qu'ils se forment à de trop grandes distances des rivages et dans des eaux trop tranquilles, pour que les espèces littorales et terrestres v puissent arriver en grand nombre ; or les dépôts anciens sont en général plus pélagiens que littoraux ; leurs portions riveraines reprises et détruites par de nouvelles actions des eaux, sont perdues pour l'observation, et ce qui reste de ces grands dépôts ne nous fait connaître ordinairement que les espèces qui vivaient plus ou moins loin des côtes ; ce n'est donc pas à ces dépôts qu'il faut demander beaucoup de mammifères, d'oiseaux, d'amphibiens, d'insectes et de mollusques. Il en serait absolument de même des terrains tertiaires, si l'on supprimait, aux environs de Paris, et sur quelques autres points, les dépôts lacustres et de rivage qui nous ont montré tant d'espèces des cinq classes que je viens de nommer. Ce n'est donc pas par de nouvelles créations que l'on doit chercher à expliquer cette prédominance numérique des espèces tertiaires.

Ainsi ont été redressées les observations inexactes qui servaient de soutien à cette hypothèse. La progression numérique des formes spécifiques n'a rien de constant, de soutenu ; elle s'expliquerait d'ailleurs par l'origine des formations. Ni les classes, ni les genres n'observent l'ordre zoologique dans le sol de remblai, et ces classes ne pouvant exister les unes sans les autres, leur création n'a pas pu être séparée par de longs intervalles. Enfin, toutes les formations contiennent des fossiles terrestres, même la craie des plaines qui a montré des bois flottés. Il n'y a donc rien dans tout cela qui conclue à des créations successives. On voit combien cette hypothèse a perdu de terrain. M. Boué, résumant les progrès de la science en 1833, « ainsi, disait-il déjà, se sont évanouis tous ces rêves de l'apparition première des cryptogames marins, puis des cryptogames terrestres, enfin, de la succession postérieure des phanérogames monocotylédones et dicotylédones. Toutes ces classes se sont développées en même temps ; on a même été obligé de modifier l'idée que, dans chaque classe, la nature a procédé du simple au composé. *Des espèces et des genres ont été simplement remplacés par d'autres*, lorsque les conditions nécessaires à leur existence ont cessé çà et là sur la terre. » *Bulletin de la*

Soc. géol. 1833-1834. Cette idée s'est en effet modifiée si profondément, que dans son état présent je ne vois pas ce qu'elle aurait d'incompatible avec la Genèse. Selon le livre saint, la puissance divine a créé dans l'intervalle de quelques jours tous les groupes, toutes les classes d'êtres organisés, jusqu'à l'homme inclusivement, mais il ne nous dit pas que Dieu ne dût jamais remplacer les espèces qui s'éteindraient par des espèces nouvelles. Cependant, cette thèse des créations successives, proposée d'abord pour des règnes entiers, repoussée ensuite des règnes aux classes, puis des classes aux genres et aux espèces, et réduite ainsi successivement à ses proportions les plus exiguës, est encore si gratuite, qu'il me semble beaucoup plus raisonnable de croire avec Linné et M. de Blainville, que toutes les espèces ont été créées *in principio*, et avec Pallas, De Lametherie, C. Prevost, etc., que leur succession dans le sol est un fait d'histoire naturelle et non pas un fait géologique indiquant des créations nouvelles.

5° « Les espèces, dit-on, changent avec les étages du sol ; elles diffèrent d'une formation à une autre, d'un terrain à un autre. Celles de chaque système de couches lui sont propres, elles ne se retrouvent plus ni au dessus ni au-dessous. Les espèces des terrains primaires sont absentes des terrains secondaires ; les espèces secondaires ne s'identifient pas avec les tertiaires ; les tertiaires à leur tour représentent seulement une faible partie des espèces vivantes qui en diffèrent pour la plupart, et qui manquent aussi dans tous les terrains. Or, ajoute-t-on, il n'y a pas deux manières d'interpréter cette longue succession d'espèces différentes ; la disparition successive des unes est un phénomène général qui s'explique par des extinctions successives, et le phénomène non moins général d'espèces nouvelles qui viennent les remplacer, ne peut s'expliquer que par de nouvelles créations correspondant à toutes les époques des terrains. » Tel est le raisonnement des partisans des créations successives ; je n'ai pas affaibli l'objection, je l'ai plutôt exagérée afin de l'exprimer comme la conçoivent beaucoup de géologues. C'est pourquoi je dois commencer par dire que les faits observés n'existent pas avec cette exclusion. Ainsi, il y a partout des espèces qui passent en identiques d'un étage dans un autre ; il y en a partout qui sont communes à plusieurs terrains, malgré la peine que les géologues se sont donnée pour chercher à établir leurs horizons entre des faunes et des flores absolument indépendantes. Un fort grand nombre de plantes sont les mêmes dans les terrains antraxifères (primaires), et les terrains houillers (secondaires). M. Brongniart cite même quelques plantes jurassiques (secondaires) qui, par tout ce qu'il en connaît, ne diffèrent aucunement de nos espèces actuelles. Les feuilles dont il a formé son *zamia mantelli* (oolitique), ressemblent parfaitement à celles de notre *zamia pungens*. Son *fucoïdes encœliodes* (jurassique) par sa taille et sa forme générale, n'offre aucune différence avec une espèce qui croît sur les côtes de la Rochelle. Cette plante, dit-il, présente l'exemple d'analogie le plus complet dans un terrain aussi ancien. Il n'est pas possible, dit-il encore, de distinguer spécifiquement le *fucus obtusus* du Monte-Bolca (tertiaire), du *chondria obtusa* de nos côtes. De son côté, M. Ehremberg a déterminé une foule d'infusoires symétriques dont les espèces sont communes à la craie, aux terrains tertiaires et à l'époque actuelle. Les terrains tertiaires, depuis les plus anciens jusqu'aux plus récents, offrent pour toutes les classes des deux règnes un très-grand nombre d'espèces identiques aux vivantes. Dans la seule classe des mammifères, sur cent quarante espèces fossiles déterminées par M. de Blainville, cinquante-deux vivent encore en ce moment. Dans son cours *des Principes de la zoologie appliqués à la géologie*, M. de Blainville a aussi étudié tous les mollusques fossiles connus dans leurs rapports avec les vivants, et parmi les résultats obtenus par lui, je note celui-ci, que les espèces fossiles d'eau douce et terrestres sont à grand'peine distinctes des vivantes, dans les formations d'eau douce de tous les terrains. Les insectes se montrent depuis les terrains primaires jusqu'aux plus récents. Or, quand on considère que ces animaux sont de tous ceux qui subissent le plus facilement les variations spécifiques sous l'influence du climat et de la nourriture, on n'est pas éloigné d'admettre que la plupart des espèces fossiles ne sont que des variétés des espèces vivantes, comme portent à le croire aussi bien l'insuffisance des caractères dont on s'est servi pour établir des espèces éteintes, que le petit nombre de lacunes dans les espèces de la série vivante.

Si, d'une part, on a atténué le nombre des espèces fossiles encore vivantes, de l'autre, on a beaucoup exagéré celui des espèces fossiles éteintes. Les zoologues de profession sont peu disposés à accepter ces 24,000 espèces fossiles, dont il a été plus facile à M. Alcide d'Orbigny de dresser le catalogue que de constater l'authenticité. Une espèce demande à être étudiée dans toute la gradation et la dégradation de son développement, dans sa production, son accroissement, son déclin, et ses rapports avec les autres espèces voisines ; et dès lors on comprend combien doit être difficile la détermination des espèces en paléontologie, où l'on n'a le plus souvent que des débris insuffisants. Dans la classe même où la détermination rigoureuse est plus acile, celle des mammifères, les zoologues les plus distingués rencontrent mille causes d'erreurs, comme on peut en juger par les faits suivants. M. de Blainville vient de réduire à cinq les treize espèces d'ours fossiles que l'on comptait dans les livres. Selon lui, on prenait pour des espèces distinctes les mâles et les femelles d'une même espèce. De plus, on en faisait des espèces perdues, et, une exceptée, M. de Blainville les identifie avec les espèces vivantes. Il pense que toutes les prétendues espèces éteintes d'éléphants lamellidontes peuvent se rapporter à l'espèce qui vit dans l'Inde; le mammouth de Sibérie, *elephas primigenius*, est dans ce cas. Il a réduit à quatre les vingt espèces nominales de mastodontes; à douze, les vingt-huit espèces de *felis* des catalogues; à cinq, les quinze espèces de palæotheriums; à trois, les seize espèces de lophiodons, etc. Et ces espèces, effacées par M. de Blainville, avaient été, pour la plupart, déterminées par G. Cuvier. M. Ed. Lartet, dont M. de Blainville reconnaissait, je le sais, tout le mérite comme zoologue et comme écrivain, trouve qu'il a peut-être trop restreint le nombre des espèces. (*Notice sur la colline de Sansan;* Auch, 1851.) Mais ces diversités de sentiments entre des hommes tels que MM. Cuvier, de Blainville et Lartet, prouvent assez que, pour aborder la paléontologie avec quelque espoir de succès, il faut être zoologue et zoologue profond. M. Baile, professeur de paléontologie à l'école des mines, regarde comme de simples variétés un fort grand nombre des mollusques fossiles dont les conchyliologues avaient fait des espèces. Or on sait que les variétés, surtout dans les animaux inférieurs et dans les végétaux, sont plutôt le produit des circonstances locales que celui du temps.

Dans les mollusques, la spécification devient d'autant plus difficile, que les particularités de la peau et même de tout l'animal vivant manquent à l'observateur. Il est donc obligé de recourir à la coquille. Mais la coquille diffère suivant l'âge, le sexe, la localité et les circonstances biologiques. La coquille est un produit et non un organe, et si l'animal ne s'est pas trouvé dans des conditions convenables, ce produit s'en ressent. Ainsi, pour n'en citer que deux exemples, dans les *venus pullustra* de nos côtes, on ne trouve peut-être pas deux coquilles semblables, à moins qu'elles n'habitent tout à fait le même lieu, la même exposition, et sous le même vent. Notre *murex lapillus*, qui se nourrit de donaces, a une coquille petite et très-rugueuse, toutes les fois que l'animal est sur un rivage battu par un même vent; toutes les fois, au contraire, que le lieu est à l'abri du vent, et les donaces très-abondantes, il a une coquille très-grande et presque lisse. Les stries elles-mêmes disparaissent quelquefois dans des individus d'espèces vivantes. De là, les difficultés d'arriver à la spécification par la seule coquille, même quand on la possède tout entière, et à plus forte raison quand on n'a que des fragments ou des moules. Voilà ce qui nous a valu des milliers d'espèces qui n'en sont pas.

Dans les actinozoaires, les organes tendent à une simplification analogue à celle des végétaux, puis l'individualité disparaît. L'animal, d'ailleurs fort difficile à saisir et à conserver, manque encore au paléontologue. Il est donc obligé de se contenter du polypier. Mais le polypier est un produit pierreux susceptible d'être modifié dans sa forme par une foule de causes ; de sorte que, dans un très-grand nombre de cas, il est véritablement impossible d'arriver à de bonnes déterminations spécifiques. Cela est encore plus difficile dans les plantes fossiles, parce que l'on n'a jamais les organes de la fructification. On ne possède que des empreintes de feuilles et de tiges, quelquefois des fruits. Il est assez facile de reconnaître au bois, à la feuille, à quelle grande division du règne appartient une plante ; on peut même, dans bien des cas, déterminer la famille, mais le genre et l'espèce, c'est le plus souvent impossible. Cependant, les paléontologues n'ont pas craint de créer des flores successives avec de pareils éléments.

Les paléontologues tombent encore dans des erreurs d'un autre genre, relativement à la succession des fossiles. Ils assignent un âge différent à toutes les formations d'origines diverses dont ils composent un terrain ; ils les supposent en superposition géométrique, tandis qu'engrenées seulement à leur point de jonction, elles gardent leur indépendance sur les autres points ; de sorte que, mettant en série des successions d'espèces dans l'espace, ces paléontologues s'amusent à en faire, pour leur plus grande commodité, des successions dans le temps. Prenons pour exemple, dans les derniers terrains secondaires, les couches néocomiennes, la craie chloritée, la craie marneuse, la craie blanche. Voilà des formations qui se recouvrent sur certains points ; est-ce à dire qu'elles représentent des faunes d'époques différentes, et que les animaux de la craie chloritée ont vécu avant les animaux de la craie blanche ? Le prétendre, ce serait avancer que la mer, quoique beaucoup plus étendue autrefois qu'aujourd'hui, ne recevait cependant qu'une seule formation à la fois, tandis qu'elle en reçoit un grand nombre aujourd'hui ; ou que les bas-fonds de cette ancienne mer, ses portions littorales, et les régions intermédiaires n'étaient habitées autrefois que successivement, tandis que dans ce moment elles le sont toutes en même temps. Il faudrait bouleverser bien des collections pour les mettre en rapport avec le synchronisme des formations, ce fait si simple que le seul bon sens le deviendrait, si l'observation ne venait pas le constater. Dans l'état présent de la science, il est difficile, j'en conviens, impossible même de déterminer partout une limite naturelle entre ce qui s'est fait en même temps et ce qui s'est fait à des époques différentes; mais cette difficulté ne fait que mieux ressortir la légèreté de ceux qui, de leur classification artificielle des terrains veulent tirer les mêmes conséquences que si elle était naturelle. Cependant ils vont encore plus loin. Des formations d'eau douce sont en superposition partielle avec des formations marines, par exemple, les argiles plastiques et leurs lignites avec le calcaire grossier, le calcaire grossier avec les gypses; eh bien! il ne leur en faut pas davantage pour rapporter les espèces fossiles de ces deux sortes de formations à des époques différentes, comme si la mer avait été sans habitants pendant le dépôt des argiles et des gypses, et les terres désertes pendant le dépôt du calcaire grossier; ou que les poissons et les chevaux, les oursins et les taupes, les palmiers et les nayades eussent pu habiter ensemble les terres sèches, à l'époque des argiles, et les mers, à l'époque des calcaires. N'est-il pas évident que le calcaire grossier, les argiles, la craie blanche et la craie chloritée doivent offrir des fossiles différents? Les argiles, formation d'eau douce, présenteront des espèces fluviatiles et terrestres; le calcaire, formation marine littorale, contiendra des espèces marines qui ont vécu près des rivages; la craie blanche, formation pélagienne, des espèces qui vivaient dans les bas-fonds; la craie chloritée, formation semi-pélagienne, d'autres espèces qui habitaient entre les bas-fonds et les rivages; mais que peut-il y avoir de commun entre ces successions d'espèces et des créations successives? Cependant, on ne s'en tient pas à ces premières confusions; tandis que l'on rapporte les formations d'origine diverse à des époques différentes, on suppose synchroniques les terrains des bassins indépendants, autre erreur capitale. Il en est de l'histoire des terrains comme de celle des différents peuples, dont les époques ne correspondent pas les unes aux autres, bien qu'elles soient marquées chez chaque peuple par des événements analogues. Chaque grand bassin géologique a ses terrains de première, de seconde et de troisième époque, mais ces époques ne peuvent pas être les mêmes pour tous les bassins, parce que l'émersion des différentes élévations continentales a été successive et a correspondu aux différents abaissements du niveau des mers. Or du moment que les terrains primaires d'un continent peuvent être parallèles aux terrains secondaires d'un autre continent, des fossiles identiques ne prouvent pas des terrains de même âge dans des continents différents. Des espèces émigrées d'un ancien continent dans un continent nouveau, pourront se perpétuer dans celui-ci pendant une longue suite de siècles, et si elles y deviennent fossiles, les lits qu'elles y occuperont seront beaucoup plus modernes que ceux qui les reçurent dans le premier continent, avant l'époque de leur migration. Ainsi, dire qu'une espèce a cessé d'exister et qu'une autre a reçu l'existence à l'époque des terrains houillers, par exemple, c'est ne rien dire, ces terrains n'étant pas de la même époque dans tous les pays. De ce que des plantes fossiles se retrouvent dans nos houillères et dans celles des Etats-Unis, il n'est pas de conséquence que le terrain houiller de ces deux pays ait le même âge. Ces plantes des houillères d'Amérique ont pu continuer pendant longtemps de vivre dans nos climats et s'y éteindre beaucoup plus tard, comme nos espèces vivantes, absentes alors de nos pays, pouvaient vivre sur d'autres points du globe dont nous n'avons pas pu observer les anciens dépôts. C'est pour ces raisons que MM. Boué, C. Prévost, etc., ont toujours repoussé l'idée de M. Deshayes de déterminer l'âge relatif des dépôts seulement d'après les fossiles. Pour dire, comme on le fait encore si souvent, que des espèces ne se retrouvent ni au-dessus ni au-dessous de tel terrain ou de tel étage, il faudrait avoir au moins une grande série de superpositions intercontinentales, et nos géologues ne possèdent même pas une série de superpositions pour le continent le mieux étudié, celui d'Europe. Les séries générales sont des abstractions, la nature ne produit que des séries locales. Une foule d'espèces éteintes dans nos pays à l'époque de nos terrains tertiaires, continuent aujourd'hui de vivre dans d'autres pays, à l'époque de nos terrains quaternaires en voie de formation; il en a été ainsi à toutes les époques précédentes. En mettant bout à bout des terrains indépendants, on introduit arbitrairement dans la succession des fossiles un nombre d'espèces infiniment plus considérable; mais, de cet arrangement artificiel, il ne peut sortir aucune conclusion sérieuse sur la date de la création et de l'extinction des espèces.

N'importe, faisons abstraction de tout cela; mettons de côté pour un moment le synchronisme des formations, et l'indépendance des différents bassins; admettons que les espèces fossiles sont bien déterminées, que leur succession dans le sol est aussi nombreuse et aussi réelle qu'on le suppose, et arrivons aux conséquences que l'on en tire.

Les espèces diffèrent d'un terrain à un autre, donc, ajoute-t-on, *celles du terrain supérieur n'existaient pas encore quand le terrain inférieur se forma, et celles du terrain inférieur n'existaient déjà plus quand s'est déposé le terrain supérieur.* On peut faire le même raisonnement sur tous les étages de chaque terrain; on peut le faire sur toutes les formations de chaque étage, et jusque sur les différents bancs de chaque formation, car à tous les niveaux il y a des espèces qui apparaissent pour la première fois, et d'autres qui disparaissent sans retour; ce qui montre déjà que l'argument ne prouve rien, précisément parce qu'il prouverait trop. Ce que l'on peut raisonnablement conclure de la succession d'espèces différentes dans les terrains, c'est que les courants dont ces terrains sont le produit ou étaient différents et parcouraient des espaces différemment habités (formations d'origine diverse à la même époque); — ou parcouraient les mêmes espaces, mais ne prenaient pas les êtres sur les mêmes points de leur parcours, aux deux époques différentes (succession d'espèces dans les bancs de la même formation); — ou les prenaient sur les mêmes points, mais y trouvaient aux époques subséquentes des espèces différentes venues d'ailleurs (formations de même origine et d'âge différent); — ou y trouvaient les mêmes espèces, mais dans des proportions très-différentes, celles qui abondaient à la première époque étant devenues très-rares à la seconde, et les espèces rares à la première époque étant devenues prépondérantes à la seconde, circonstance qui suffirait pour expliquer la présence de certaines espèces dans un étage, et leur absence dans un autre. Toutes ces conséquences sont vraisemblables, elles se déduisent d'une notion exacte des formations, du phénomène de la fossilisation et de l'histoire naturelle des êtres. Mais le raisonnement qu'on nous oppose est vicieux, parce qu'il conclut du particulier au général. *Les espèces diffèrent d'un terrain à un autre;* soit; mais les espèces du terrain supérieur étaient-elles absentes de toute la surface du globe, à l'époque où le terrain inférieur s'est déposé? Voilà jusqu'où devraient aller les faits pour conduire à de nouvelles créations; mais ils ne vont pas jusque-là. Pour affirmer avec certitude que les espèces absentes d'un ou de plusieurs terrains n'existaient point ailleurs, quand ces terrains se produisaient, il faudrait que chaque terrain représentât toute la flore et toute la faune contemporaines, ce qui n'est pas, 1° parce que les terrains ne peuvent former et ne forment en effet que des massifs locaux; 2° parce que la fossilation n'est qu'un phénomène accidentel, une exception à la loi qui livre tous les êtres matériels à l'anéantissement. A défaut de certitude et de vraisemblance, l'opinion des créations successives pourrait peut-être encore s'attribuer un certain degré de probabilité, si 3° toutes les époques étaient au moins représentées dans chaque bassin par des formations de toute origine, pélagiennes, semi-pélagiennes, littorales, fluviatiles ou fluvio-marines, lacustres, etc.; parce que, dans ce cas, un plus grand nombre d'espèces de ces différentes habitations ayant été conservées par la fossilisation, l'absence des terrains de la plupart de nos espèces vivantes serait moins facile à expliquer par des causes naturelles ; mais chaque grand ordre de terrain ne renferme, au contraire, qu'un bien petit nombre de formations diverses.

Reprenons, en peu de mots, ces trois points de vue : 1° *Localisation des terrains*. On l'a déjà dit ailleurs, nos différents systèmes de couches ne sont que des massifs accidentels, locaux, plus ou moins détruits par l'action postérieure des eaux, formés les uns aux dépens des autres, et les derniers aux dépens de tous les précédents. Il y aurait une grave erreur à se les représenter formant des dépôts continus en longueur et en largeur, sur toute la surface de la terre. Rien ne serait moins en rapport avec les faits généraux de la géologie ; rien ne serait plus opposé au mode d'action des eaux et à la conformation de la surface terrestre. Les terrains ne reproduisent donc pas intégralement à l'état fossile les faunes et les flores contemporaines de leur dépôt ; ils ne sauraient donc servir à prouver que des espèces quelconques fussent absentes de toute la terre à telle ou telle époque ; ils ne peuvent donc nous faire connaître ni l'époque de la création de ces espèces ni celle de leur disparition.

2° *Petite échelle du phénomène de la fossilisation*. — D'ailleurs comment les terrains représenteraient-ils des flores et des faunes contemporaines complètes, lorsque la fossilisation n'est elle-même qu'un phénomène exceptionnel ? Si l'on fait abstraction de quelques bancs de coquilles et de polypiers pouvant se fossiliser sur place, l'eau courante est l'unique pourvoyeur de la paléontologie, et de tous les êtres aquatiques et terrestres ceux qui vivent près des courants sont les seuls qui puissent fournir des fossiles. Pour qu'un être ait quelque chance d'arriver à cet état, il faut qu'il soit entraîné sous les eaux qui charrient des matières imputrescentes et que ces matières le soustraient à l'action immédiate des causes de destruction qui règnent dans l'air, à la surface de la terre, dans la terre et dans l'eau claire. Ainsi tous les corps ensevelis dans le sein de la terre, ou gisants sur le sol, ou flottants à la surface de l'eau, se décomposent promptement et ne laissent aucune trace de leur existence. Les couches stratifiées elles-mêmes ne conservent pas toujours ceux qu'elles ont enveloppés. Les marnes, les sables, les grès, les poudingues des terrains anciens, comme ceux des terrains modernes, contiennent peu de fossiles, sans doute parce que tous les grès ont d'abord été des sables, et que les sables, avant d'être cimentés par la silice, ont reçu des eaux infiltrantes qui ont décomposé les corps animaux et végétaux et en ont entraîné une à une toutes les molécules. Toutes les roches sableuses, que les eaux avaient lavées avant leur parfaite solidification, ont été purgées des corps solubles qu'elles contenaient.

Si l'état meuble de beaucoup de roches a été mortel pour leurs fossiles, la trop grande solidification de beaucoup d'autres ne leur a pas été moins dommageable. Dans la craie compacte, dans la craie-marbre, dans toutes les autres roches métamorphiques, ils sont en général profondément altérés, dénaturés et indéterminables. Les fossiles nous échappent encore, si les couches où ils gisent sont reprises et décomposées par les eaux. Cela est arrivé à des portions nombreuses et considérables de tous les terrains, cela continue de se faire sous nos yeux. Souvent la fossilisation des êtres ou leur conservation est déterminée par des circonstances fortuites. Selon toute apparence, c'est à l'asphyxie et à des courants produits par la chaleur des volcans, que nous devons la plupart de nos poissons fossiles. Les nombreux polypiers de la craie blanche et de la craie chloritée nous ont été conservés en grande partie par la silice qui les a pénétrés, et les insectes tertiaires par l'ambre jaune ou succin des argiles. Remarquons encore, qu'à l'exception de la houille, les dépôts ne sont exploités un peu en grand que dans le voisinage des villes les plus importantes; qu'un grand nombre d'êtres mis à jour par les ouvriers sont aussitôt détruits et perdus pour l'observation; et que parmi ceux qu'il nous est donné de recueillir, le plus petit nombre seulement est assez bien conservé pour pouvoir être déterminé spécifiquement avec quelque certitude. Ajoutons enfin que plus des deux tiers de la surface du globe, recouverts par les eaux des lacs et des mers, sont inaccessibles aux recherches, et que de tous les continents, un seul jusqu'à ce jour, celui d'Europe, a été étudié un peu en détail. Tout est donc exceptionnel dans les animaux et les plantes fossiles, leur entraînement par les eaux, leur enfouissement, leur conservation dans les couches, leur découverte et leur détermination. La fossilisation ne peut donc nous faire connaître que l'imperceptible minorité des espèces des deux règnes, qui ont vécu ou qui vivent encore sur la terre et dans les eaux; de ce que l'immense majorité des espèces encore vivantes n'est pas représentée à l'état fossile, on ne peut donc pas en conclure qu'elles sont arrivées à la vie après les autres.

3° D'autant mieux que les formations de chaque terrain sont bien loin de correspondre par leur nombre et leur origine au nombre des différentes habitations des espèces. Ce qui nous reste des anciens dépôts primaires et secondaires a été formé en général dans les zones marines pélagiennes, là où les espèces sont plus rares, moins variées, et où très-peu d'espèces terrestres, fluviatiles et marines littorales pouvaient arriver. Cette observation est vraie même pour les formations mixtes. Ainsi notre *terrain ardoisier*, sur 157 espèces animales fossiles environ, en a 60 de pleine mer, savoir : 26 goniatites, 22 orthocères, 3 bellérophes, tous animaux du grand genre linnéen des nautiles, qui vivent dans le fond des mers; 5 térébratules dont les congénères vivantes se fixent aux rochers dans les mers profondes; 4 crinoïdes qui n'ont plus d'analogues que dans les bas-fonds. Les espèces littorales prédominent, il est vrai, mais elles ont été transportées par les fleuves avec les autres matériaux des roches jusque sur les zones habitées par les animaux pélagiens, et le terrain ardoisier, non par son origine, mais par sa position, est une formation pélagienne.

Celle du terrain *anthraxifère* est à peu près la même; il renferme les mêmes fossiles. On y signale particulièrement des buccins, des turbos, des turritelles, des natices, mollusques céphalidés, qui vivent aussi bien en pleine mer que près des rivages; des nérites, qui vivent aussi bien dans les eaux douces et fluviatiles que dans les embouchures; des hélices, qui, s'ils sont de vrais hélices, doivent être terrestres; parmi les mollusques acéphalés, des cardiums, des cypricardes, des sanguinolaires, des pectens, des lucines, des crassatelles, etc., animaux des baies marines; des unios, mollusques fluviatiles, et d'eaux saumâtres, etc.; mais on y trouve aussi des mollusques de pleine mer. Ici encore les matières charbonneuses sont dérivées des continents ou des îles, mais elles ont été portées fort avant dans la mer avec les autres fossiles de rivage et d'eau douce.

La flore et la faune du *terrain houiller* se trouvent dans le même cas, si l'on fait abstraction de quelques houillères qui présenteraient des mollusques uniquement lacustres et fluviatiles et qui auraient été déposées dans des bassins-lacs.

Les diverses assises du *terrain triasique* renferment des reptiles d'embouchure, des crustacés, des mollusques d'embouchure, de baies et de rivages associés à quelques autres espèces, que l'on peut supposer de mer profonde. On y trouve également des végétaux aquatiques et terrestres. Le *lias*, qui est aussi une formation mixte des eaux marines et des eaux fluviales, offre des reptiles d'embouchure, des crustacés de rivages, des mollusques d'eau saumâtre, unios, des mollusques de baies, des débris de végétaux, et déjà un plus grand nombre de mollusques pélagiens ou de mer profonde.

Les fossiles des *terrains jurassiques* sont de plus en plus des mollusques de pleine mer, sans exclusion cependant de quelques-uns qui ont pu vivre plus près des rivages. On y trouve même des traces de reptiles en certains parages. La craie elle-même présente encore des reptiles et quelques bois flottés; mais le très-grand nombre de ses fossiles sont des mollusques et des rayonnés de pleine mer.

C'est dans nos *terrains tertiaires* que se montrent pour la première fois en grand nombre les mollusques d'embouchure et les animaux terrestres, à la suite d'un changement considérable arrivé au bassin de la grande mer, et qui, selon toute apparence, ouvrit aux animaux terrestres de continents plus anciens l'entrée du continent européen. Toujours est-il que nos couches tertiaires ont été constamment déposées dans des golfes *voisins* de continents émergés, et que si nous n'avons plus en général que les portions pélagiennes des anciens terrains, nous n'avons encore que les portions littorales du système tertiaire, les autres restant ensevelies sous les eaux.

Ainsi, les terrains ne sont que des massifs locaux et fort incomplets ; leurs formations ne sont point en rapport par le nombre avec les diverses demeures des animaux et des plantes ; la fossilisation des êtres est un fait exceptionnel. Avec de telles données, il ne paraît pas possible d'établir l'hypothèse *d'espèces nouvelles successivement créées pour remplacer les anciennes, à mesure qu'elles s'éteignaient çà et là.*

Si de l'hypothèse on descend à ses conséquences, elle paraît encore moins soutenable. Dans l'histoire de l'établissement des êtres, nous admettons, nous, une seule semaine d'actes créateurs. Mais si la succession des espèces fossiles différentes correspond à une succession de créations nouvelles, il faut en admettre non-seulement pour toutes les époques du temps passé, puisqu'à tous les points de la série de nos terrains nous trouvons un nombre plus ou moins considérable d'espèces nouvelles, mais encore pour tous les points de l'espace à chacune des époques du temps, puisque tous les terrains de chaque pays, renferment avec des espèces communes d'autres qui leur sont propres. Ces longues et nombreuses séries de créations successives ne se termineraient pas même avec nos derniers terrains tertiaires, elles continueraient de s'étendre indéfiniment dans le temps et dans l'espace ; car dans le moment actuel, il y a encore succession d'espèces vivantes distinctes lorsqu'on passe d'un continent à un autre, d'Europe en Amérique, par exemple, et même dans chaque continent, en allant du nord au midi ; il en est de même des espèces des lacs et des mers. Si l'on nous dit que les espèces qui paraissent propres aujourd'hui à tant de régions du globe, ne sont que le produit d'anciennes migrations, nous demanderons pourquoi cette raison, bonne pour le temps présent, pourrait ne l'être pas pour le temps passé. Enfin, comme nos espèces actuelles ne sont pas plus immortelles que tant d'autres qui se sont éteintes, on ne voit pas pourquoi elles ne devraient pas être aussi remplacées par des créations nouvelles. De plus, toutes les espèces animales forment une série linéaire, qui du singe descend jusqu'à l'éponge, en suivant un ordre constant de dégradations ; cela a été démontré surabondamment par M. de Blainville, et sauf un ou deux petits groupes dont la distribution est peut-être encore contestée, tous les naturalistes admettent la série. Or les espèces fossiles font partie de cette série, elles aident à la lire, en la complétant ; elles entrent dans les mêmes divisions générales, dans les mêmes familles et genres que les espèces vivantes. Souvent elles établissent des passages, forment des transitions importantes entre des classes vivantes ou entre des genres fossiles et des genres vivants ; plus souvent encore elles viennent combler des vides entre des espèces vivantes des mêmes genres. Dès lors, il ne paraît guère possible de douter que toutes les parties de ce vaste et harmonieux ensemble n'aient été exécutées en même temps. Mais si l'explication qu'on nous fait de la succession des fossiles est la véritable, alors ce plan ne serait qu'un rêve, ou s'il existait et qu'il fut tel, qu'on nous le démontre, il aurait été réalisé, non pas en même temps, mais pièce à pièce ; ni selon un ordre de dégradations sériales, ni selon un ordre de perfectionnements successifs, mais comme au hasard et sans autre motif que le besoin des circonstances locales ; et toutes les espèces n'ayant jamais pu être contemporaines, toutes les parties de la conception divine n'auraient jamais coexisté ; elles seraient toujours en voie d'exécution et se poursuivraient sans plus de suite que par le passé (1).

15. *Hypothèse de l'antiquité du monde.* — Ce que je dois dire sur ce sujet sera partagé en deux articles : dans le premier, je signalerai les exagérations et les erreurs de tout genre où sont tombés les souteneurs de l'antiquité du monde ; dans le second, je présenterai contre leur hypothèse des calculs établis sur les données les plus positives que puisse offrir l'état présent de la géologie.

I

Les premiers géologues attribuant une valeur exagérée à des faits négatifs, et admettant sans discussion que l'ordre dans lequel se présentent les fossiles était un ordre de création, supposèrent, d'après ce qui parut d'abord de cet ordre distributif, que les mers et les fleuves avaient été longtemps sans habitants ; que les diverses classes de végétaux, puis celles du règne animal, étaient ensuite arrivées successivement à l'existence, et que chacune de ces créations avait été

---

(1) Voir à la fin du vol. une note où la succession des fossiles et leur extinction sont expliquées par des causes naturelles.

séparée des autres par une période indéfinie de plusieurs milliers de siècles. Mais toutes ces périodes étaient tant bien que mal calquées sur les jours de Moïse, et c'était à peu près le même ordre général de succession. Ce résultat parut si beau que des théologiens ne firent pas difficulté d'accorder aux géologues tout le temps qu'ils demandaient à Moïse, c'est-à-dire la tranformation des jours génésiaques en *périodes indéterminées*. A cette condition M. de Férussac consentait à reconnaître qu'il y avait paix entre la religion et la géologie. Comme on le pense bien, les géologues n'avaient pas attendu le suffrage de l'auteur des *Conférences sur la religion* pour donner l'essor à leurs systèmes à travers l'immensité des temps ; mais ce suffrage, disait M. de Férussac, « consacrait des interprétations appelées par une *raison consciencieuse ;* car, ajoutait-il, l'*observation montre* qu'il s'est écoulé un long espace de temps : 1º entre la consolidation des couches primitives (granit) du globe et l'apparition de la vie à sa surface ; 2º entre la création des diverses espèces de plantes et des diverses races d'animaux ; 3º enfin entre ceux-ci et la création de l'homme. Les *faits* repoussent donc l'idée de jours semblables aux nôtres, et nous n'avons même encore aucun moyen d'apprécier la durée des époques dont il s'agit. *C'est un calcul de même nature que celui de la distance des étoiles à la terre, et rien n'est plus ridicule aux yeux d'un homme qui s'est occupé de ces sortes de choses que d'entendre parler de l'âge du monde, de l'antiquité du monde.* » (Bulletin universel, 2ᵉ section, des sciences naturelles et de zoologie, t. X, p. 193.)

Cependant on ne tarda pas à s'apercevoir que cette succession des grands groupes était fondée sur des observations imparfaites ; que ces mers, ces fleuves que l'on disait avoir longtemps existé seuls, entourés du vaste désert des continents inhabités, avaient dès le commencement nourri des plantes et des animaux, des rayonnés, des mollusques, des poissons, des crustacés, etc., et que dans le même temps les terres découvertes avaient été occupées par les différentes classes du règne végétal, et par des animaux d'un rang très-élevé, des reptiles, des insectes. Presque toutes les classes se voyaient réunies dans les couches les plus anciennes de nos continents, il n'y avait donc pas succession de groupes ; *l'observation ne montrait donc pas qu'il s'était écoulé un long espace de temps* entre la création des diverses classes du règne végétal, et que les animaux n'étaient arrivés à l'existence que bien des siècles après les végétaux. Il n'y avait donc plus de raison de prendre les *jours* de la Genèse pour des périodes indéterminées. Mais, en outre, toutes ces prétendues périodes animales et végétales, se réduisant à une seule, celle de la coexistence de tous les groupes et de toutes les espèces, il y avait donc lieu de défalquer de l'âge du monde comme inutile et fabuleux, le temps que l'on avait assigné à leurs durées successives ; or c'était bien quelque chose, car un auteur avait accordé deux cent mille ans à la période des plantes ; d'autres avaient demandé trente mille ans pour celle des animaux terrestres ; M. Elie de Beaumont établissait savamment les titres de la période actuelle à soixante et douze mille ans de durée accomplie ; d'autres avaient pris soixante mille ans pour la période de la consolidation du noyau planétaire. Cette dernière, vraie ou imaginaire, il n'importe, ne doit pas plus nous être opposée que les précédentes, parce qu'elle reste en dehors de notre chronologie, la terre étant déjà parfaitement solide au moment où commence l'histoire de la création.

Soyons justes envers ces géologues ; ne nous hâtons pas de leur renvoyer ce *ridicule* dont ils aimaient à entourer la thèse de l'âge du monde, et convenons que si l'explication des faits paléontologiques n'avait que faire de leurs longues périodes, elles étaient bien nécessaires à leurs systèmes. A l'époque où écrivait M. de Férussac, celui de Cuvier alors en vogue, résumait toute la géologie pour les personnes qui ne voient que par les yeux d'un autre, et le système de Cuvier entraînait en effet une énorme dépense de temps.

I. Cuvier, si l'on s'en souvient, plaçait quatre ou cinq invasions de la mer sur les continents pour expliquer les dépôts tertiaires marins. Entre les retraites et les retours de la mer, les fleuves et les lacs déposaient les couches d'eau douce, et divers genres d'animaux se partageaient et remplissaient de leurs générations ces intervalles successifs. Les principes de la théorie de Cuvier s'appliquaient à tous les terrains inférieurs, où les alternances de dépôts marins et de dépôts d'eau douce sont assez nombreuses pour qu'il fût nécessaire d'admettre je ne sais combien de centaines d'irruptions marines sur les mêmes points des continents. Il supposait les irruptions de la mer subites pour surprendre et noyer les animaux terrestres ; mais il n'en était pas de même de ses retraites, après chaque longue possession de la terre sèche. Il fallait du temps pour qu'elle abandonnât peu à peu les immenses espaces qu'elle avait enduits de ses dépôts ; il fallait du temps pour que ces dépôts devinssent un sol habitable, pour que ce sol se peuplât de nouveaux ordres de végétaux d'abord et ensuite de nouveaux ordres d'animaux, créés successivement pour remplacer les animaux et les végétaux détruits et enfouis par chaque invasion de l'Océan. Chaque espèce animale et végétale devait attendre pour se développer et se propager que les circonstances de l'air, de la température, du sol et des eaux convinssent à son organisation; car ce n'était plus comme dans la Genèse la volonté créatrice qui agissait uniquement, c'étaient les causes secondes qui disposaient lentement les choses. Il fallait du temps pour que de nouveaux lacs et de nouveaux fleuves, après s'être creusé des bassins, pussent entasser leurs sédiments sur les sédiments de l'ancienne mer; mais surtout que de temps ne fallait-il pas pour le renouvellement mille fois répété de ces longues révolutions de la nature. La théorie de M. de Beaumont, imaginée pour compléter les *révolutions du globe*, et celle de M. Ampère, calquée sur celle de Cuvier et sur le beau travail de M. Adolphe Brongniart, n'étaient pas moins prodigues du temps. Doit-on s'étonner si ceux qui prenaient au sérieux de pareilles hypothèses regardaient l'appréciation de la durée des temps passés comme *un calcul de même nature que celui de la distance des étoiles à la terre!* mais du moment que rejetant ces cataclysmes d'eau et ces cataclysmes de feu, l'observation voit dans la production des terrains l'action *simultanée* et non pas successive, comme Cuvier et les autres le pensaient, l'action *continue*, et non pas renouvelée après de longues interruptions, de l'eau des mers et de celle des fleuves, évidemment on doit retrancher tous ces milliers de siècles; et les terrains ainsi envisagés rentrent dans un ordre de phénomènes connus et jusqu'à un certain point appréciables par des exemples.

A ces créations successives de classes ou d'espèces, à ces successions de mers et de fleuves qui allongeaient si prodigieusement la durée des temps passés, venaient s'ajouter d'autres périodes imaginaires correspondant aux produits de la cause ignée, car on considérait aussi comme successives l'action de la chaleur et celle de l'eau; c'était même à ces cataclysmes de feu, à ces élévations excessives et périodiques de la chaleur, que M. Ampère attribuait l'anéantissement des créations successives et la suppression temporaire et répétée de la cause aqueuse à l'état fluide; mais il est certain aujourd'hui pour tout le monde que l'action qui a produit les anciens dépôts plutoniens a correspondu à tous les points de la durée des temps, et que les effets de l'eau et ceux de la chaleur ont toujours été synchroniques. Les eaux ont formé des dépôts sur le sol primitif, et, en même temps, des matières sorties du sein de la terre ont été injectées dans les fissures de ces dépôts, ou se sont épanchées à leur surface, comme nous voyons que font nos volcans. Les anciens terrains plutoniens ont eu pour se former autant de temps que tous les terrains sédimenteux à la fois, et peut-être même davantage, puisque rien ne nous assure qu'ils n'ont pas continué à s'augmenter depuis que les autres sont émergés. En voyant tous les volcans brûlants placés sur les bords ou à de petites distances des mers, on peut bien croire que la présence de l'eau est une condition de la production des phénomènes volcaniques ; or il est certain que les eaux qui occupent en ce moment plus des deux tiers de la surface du globe, couvraient un espace encore plus considérable dans les premiers siècles du monde : la cause ignée agissait donc autrefois en même temps sur un plus grand nombre de points. De plus, si l'on adopte une théorie quelconque sur l'origine des volcans et la nature de la cause ignée, on arrive à cette conclusion, qu'aux premières époques de la terre cette cause produisait de plus prompts et de plus grands effets. Est-ce l'hypothèse de la contraction de l'écorce du globe ? Les partisans du feu central, comme ceux d'une simple zone incandescente, nous disent qu'à l'origine le refroidissement de la terre, marchant beaucoup plus vite, rendait les contractions de son écorce beaucoup plus fréquentes, et que cette écorce alors plus mince, et la matière fondue moins profonde, donnaient lieu à des produits plus faciles et plus abondants. Est-ce l'action chimique des métaux non oxydés ? Il est certain qu'il existait alors de plus grandes quantités d'éléments à cet état, et que, d'après cette théorie, les produits actuels de la cause ignée ne seraient que les faibles et derniers résultats de l'action chimique des portions de l'écorce échappées à l'immense travail d'oxydation qui dut se développer dans les premiers moments du contact de tous les éléments qui se trouvaient à la surface du globe. Pour toutes ces raisons, il faut encore défalquer le temps demandé par les premiers géologues pour la formation des porphyres et des autres anciens produits ignés.

Pour les personnes qui se sont peu occupé de géologie, l'argument le plus spécieux en faveur de l'antiquité du sol de remblai est peut-être celui que l'on tirait du dernier cataclysme de Cuvier, ou plutôt de la couche qui était censée le recouvrir. « Il a fallu six ou sept mille ans, disait-on, pour former la légère couche qui renferme exclusivement les restes fossiles de l'homme et qui recouvre le dernier diluvium de Cuvier ; donc il faut compter au moins trois cent mille ans pour la formation de tout ce qui est au-dessous. » (*Voy.* M. Nérée Boubée, *Géologie élémentaire*, 1838.)

Que de fausses suppositions dans une seule !

1° On supposait que la formation de cette couche dans laquelle on reléguait tous les fossiles humains, avait pris six ou sept mille ans. On ne voyait donc pas qu'il y a contradiction à admettre à la fois que l'homme existe depuis sept mille ans, et que cette couche a pris tout ce temps pour se former ? Car si elle se formait il y a sept mille ans, l'homme ne pouvait pas l'habiter, elle était immergée ; ou si toute la terre n'était pas immergée, sur quoi pouvait-on se fonder pour croire que l'homme n'existait pas quelque part, hors de l'Europe, avant que cette couche commençât à se former? Et comment pouvait-on dire que les sept mille ans écoulés depuis la création de l'homme jusqu'à présent avaient été employés à la former, lorsque l'histoire et les traditions des peuples nous apprennent que cette couche est même en Europe le siége des plantes, des animaux et de l'homme depuis au moins quatre mille ans?

2º On supposait que l'arrivée de l'homme sur la terre avait correspondu à la fin du dernier diluvium de Cuvier, et qu'il n'existait nulle part auparavant, parce que cette formation ne renfermait rien qui constatât sa présence, à ce que l'on prétendait ; et cependant on convenait, d'une autre part, que le diluvium de l'Asie et du nord-est de l'Afrique était précisément celui qui n'avait pas encore été exploré.

3º En appelant l'observation sur le diluvium asiatique et africain, comme devant confirmer ou infirmer les résultats donnés par le diluvium d'Europe, on supposait la possibilité d'établir l'identité d'âge des couches de ces divers continents.

4º Puisqu'on prenait 7,000 ans pour la formation de la couche superposée au diluvium, et que cette couche est habitée depuis tant de siècles, on supposait donc qu'*il peut se faire sur un sol émergé quelque chose d'analogue à ce qui se fait sous les eaux*, supposition profondément absurde, et sans laquelle cependant il n'y avait rien à conclure pour les terrains inférieurs, puisqu'on prenait la couche supradiluvienne pour mesure.

5º On supposait qu'il existe un diluvium de Cuvier ou autre ; mais, si les blocs erratiques qui servaient à le caractériser se trouvent aussi dans les terrains anciens, tels que les grès des Vosges, ce qui n'est pas douteux ; si les cavernes à ossements ne sont que des dépôts fluviatiles ; si les sables et les graviers superficiels ne sont que les derniers dépôts abandonnés par des lacs vidés ou par des fleuves qui ont changé de direction ou par les mers dans leurs retraites, et restés meubles parce qu'ils n'ont pas pu être recouverts ; si ces traînées de blocs, si ces diverses couches de cailloux roulés, de terre végétale, de graviers, de sables, appartiennent à toutes les époques du globe, toutes choses qui sont certaines, que devient alors le prétendu *diluvium* géologique ? il disparaît et avec lui la mesure de temps que l'on demandait, faute de mieux, à un tel chronomètre. Il est certain d'ailleurs que l'homme fossile et des produits de l'art humain sont associés sur une foule de points à un grand nombre d'espèces éteintes ; il vivait donc en même temps que ces espèces. Il est certain qu'un grand nombre de fossiles identiques à des espèces vivantes ont été trouvés bien au-dessous du prétendu diluvium et jusque dans les terrains tertiaires moyens. Ainsi se sont écroulés les calculs de siècles établis sur le diluvium.

Ces calculs reposaient aussi sur la classification artificielle des terrains, introduite par Werner, laquelle exagérait beaucoup l'étendue, et par conséquent l'importance des terrains; et, de plus, elle en supposait *toutes les parties* formées dans un ordre successif, double erreur à laquelle on faisait encore une large part de temps.

Il ne faut pas croire avec Buffon que les terrains aient été déposés en couches concentriques sur la surface immergée du globe, et qu'ils s'enveloppent successivement comme les diverses couches d'une prune, par exemple, dont l'épiderme enveloppe la pulpe, et celle-ci enveloppe le noyau, et celui-ci enveloppe l'amande. Il y a très-souvent défaut de continuité. Il ne s'est pas fait des dépôts sur tout le bassin des mers, mais seulement aux débouchés des cours d'eau, ou près des rivages, par l'action des remous, ou en pleine mer, par celle des courants généraux. La plus grande partie du bassin n'a pas téé enduite, elle appartient au sol primitif. Les dépôts d'une époque ne recouvrent qu'en partie seulement ceux d'une autre époque, et encore pas toujours; ils ne sont jamais que locaux. Les terrains primaires, les plus puissants de tous, n'ont pas recouvert partout les roches granitiques; les secondaires n'ont pas recouvert partout les primaires, ils reposent tantôt sur ces derniers, tantôt sur le granit, et ils manquent en beaucoup de pays. Les tertiaires, à leur tour, n'ont formé qu'un petit nombre de massifs accidentels qui sont en contact avec les précédents et aussi avec le sol primitif. Enfin, ces trois systèmes se trouvent bien rarement en série continue, et jamais avec les complications et le nombre de couches que présente chacun d'eux dans les séries simplement locales où ils prédominent tour à tour. Les anciens terrains n'ont donc jamais été qu'un phénomène local, comme le sont encore nos terrains contemporains.

Cette observation sur les terrains, pris dans leur ensemble, doit s'étendre à toutes les parties de chacun d'eux, prises séparément. Elles ne reposent jamais d'une manière complète et régulière les unes au-dessus des autres, comme les étages d'une maison, par exemple. Il n'y en a pas une seule dans toute la série, qui, en plusieurs points, ne forme le sol le plus superficiel. Ici ce sont les différentes tranches du terrain primaire qui affleurent successivement; là, le terrain carbonifère, plus loin le triasique, puis le liasique, puis le jurassique, ensuite le crétacé, ailleurs les diverses assises tertiaires. En descendant des terrains récents aux plus anciens, on trouve une autre marche analogue ; le sol tertiaire repose immédiatement sur le granit, dans la vallée de l'Allier, par exemple ; sur le granit et les schistes primaires, à Dinan, en Bretagne, etc. ; ailleurs, le terrain crétacé repose aussi sur le sol primitif, sans intermédiaire ; ailleurs c'est le terrain jurassique, etc., en sorte que l'on peut encore affirmer qu'il n'est probablement pas une seule couche d'un terrain quelconque qui, sur quelques points du globe, ne porte immédiatement sur le granit. Rien donc n'est plus éloigné de la réalité que la superposition géométrique prétendue des terrains ; rien, au contraire, n'est plus conforme aux lois physiques et à ce qui se fait encore en ce moment dans nos mers, que l'engrenage de couches appartenant à des formations de diverse origine et déposées en même temps dans un même bassin ; et cependant on a considéré la superposition des couches comme si elles se trouvaient toutes réunies dans une même localité en série continue et sans lacune ; et sur cette série idéale on a établi les divisions et les subdivisions de tous les terrains, on a fondé les hypothèses de ces longues périodes de temps, on a accumulé les chiffres et multiplié les siècles.

Nous avons examiné l'hypothèse des époques géologiques par systèmes de soulèvement, et nous avons reconnu qu'elle n'était pas soutenable. Elle n'explique point ce qu'elle prétend et devrait expliquer. Comme celles des irruptions de la mer, de Cuvier, et des époques de la nature de Buffon, elle est opposée à toutes les lois physiques connues ; elle ne résout donc rien, et ses calculs ne sont qu'un jeu d'imagination, un problème arithmétique sans données.

Parmi les paléontologues, il y en a, comme Lamarch et ceux de son école, qui font dériver toutes les espèces d'un ou de quelques types primitifs par une longue suite de transformations, au moyen des milieux divers, des penchants, des besoins et surtout du temps. Mais ces changements d'espèces n'ayant jamais eu lieu que dans leurs livres, comme on le montrera plus tard, nous défalquerons ici les milliers de siècles que l'on demande pour l'accomplissement de cet impossible phénomène.

D'autres naturalistes ont supposé qu'à l'époque de l'établissement des espèces, la puissance divine avait suivi les lois auxquelles sont soumis actuellement les êtres organisés ; c'est-à-dire qu'elle avait créé la graine au lieu de créer le végétal lui-même ; et l'on est bien obligé de convenir que, dans ce cas, il faut plus de temps et de circonstances de différente nature qu'il n'y en a dans l'œuvre des six jours ; pour que les diverses espèces de plantes acquièrent tout leur développement progressif. Mais cette supposition est, comme nous le verrons, tout aussi opposée à la logique et à la science qu'à la Genèse elle-même, où il est dit que c'est la plante qui a été créée. D'ailleurs, les jours de la Genèse étant des durées de 24 heures, et non des périodes indéfinies, nous en devrions conclure que les premiers individus de chaque espèce des deux règnes ont été créés immédiatement et à l'état adulte ou parfait, quand même le texte saint ne le dirait pas d'une manière aussi formelle.

II. Si nous portons maintenant une vue générale sur la méthode suivie dans tous les systèmes, nous remarquerons que les géologues qui y soutenaient la grande antiquité de la terre, jugeaient de la puissance d'une cause par ses moindres effets, et de ce qu'elle produit dans une circonstance, par ce qu'elle produit dans une autre toute différente.

On a vu ce qui se fait sur le sol exondé, où il ne se fait presque rien, et l'on s'en est servi pour évaluer le temps qu'ont mis à se former les grands dépôts qui constituent nos terrains géologiques. Vous trouverez ce rapprochement chez MM. Deluc, Cuvier, Buckland, Nérée Boubée, etc. Nos grands dépôts ont été produits sur un sol immergé, dans le bassin des mers, par l'action de leurs courants et le concours de tous les courants continentaux qui viennent s'y décharger. C'est sous les eaux des mers et des grands lacs qu'il faut chercher le point de comparaison, et non sur la terre émergée, où il ne se forme que des concrétions ou travertins, des tourbières, des stalactites et des alluvions fluviatiles. C'est sous les eaux de la mer et des grands lacs que les principaux phénomènes s'accomplissent encore en ce moment; et l'on peut se faire une idée de leur puissance par l'étendue des terres que lavent les fleuves et la quantité de matériaux qu'ils charrient. Les eaux de la Loire, en prenant ses deux rives et celles de ses affluents, baignent un espace plus étendu que le reste de la France.

On a considéré les effets de l'action actuelle de nos fleuves d'Europe, pour les comparer aux effets de ceux qui ont formé nos anciens terrains lacustres et d'embouchure : autre rapprochement erroné. Les eaux qui ont produit ces terrains agissaient sur une échelle beaucoup plus étendue que celle de nos courants d'Europe, et qui semble n'avoir d'équivalente aujourd'hui que sur le sol et dans les mers d'Amérique. Si les phénomènes atmosphériques de la zone tempérée ne peuvent être mis en parallèle avec ceux de la zone équatoriale, si les fleuves des tropiques produisent des effets que les rivières européennes offrent seulement en miniature, on a eu raison d'attribuer les anciennes alluvions de l'Angleterre et de la France à une longue suite de siècles, en les supposant produites sous un climat comme le nôtre; mais on oubliait cette circonstance essentielle, que ces dépôts ont eu lieu sous un climat équatorial, comme le prouvent les restes des animaux et des plantes qui les caractérisent, et dont les congénères habitent en général entre les tropiques. On ne doit donc pas comparer ce que l'action marine et l'action fluviatile produisent en ce moment sous nos climats d'Europe, à ce qu'elles produisaient à l'époque des terrains anciens ; il faut chercher des exemples dans des pays plus chauds. Or le fleuve des Amazones, en prenant ses deux rives et celles de ses affluents, est en contact avec un espace de plus de six mille lieues, c'est-à-dire presque aussi grand que celui de la mer d'Amérique. La quantité des matières minérales et végétales transportées à la mer par les fleuves a été constatée sur quelques points des pays chauds. Le Gange apporte à la mer sept cent mille pieds cubes de sédiments par heure ; la Rivière-Jaune, en Chine, deux millions ; le Mississipi, plus encore. Huit mille pieds cubes de bois passent, dit-on, en quelques heures, à l'une des embouchures de ce dernier fleuve. Les courants océaniens qui règnent entre l'équateur et les pôles s'emparent des matières apportées par les fleuves du sud et du nord de l'Amérique, et les transportent à des distances énormes. Ils entraînent des graines et des bois du nouveau monde, sur les côtes de l'Écosse, de l'Islande, et jusqu'au Spitzberg ; et l'on en trouverait probablement jusqu'au pôle. La longueur du trajet du courant équatorial est de 3,800 lieues, et sa largeur est de 400 lieues vers l'île Sainte-Hélène.

On a parlé du temps que nos rivières mettent à s'encaisser, et l'on n'a pas vu qu'elles font peut-être moins aujourd'hui en mille ans, qu'elles ne faisaient autrefois en quelques années, lorsque la mer se retirant plus rapidement devant elles, leurs courants avaient à raviner des dépôts encore détrempés par les eaux. On n'a pas même songé à étudier ce que les grands fleuves d'Amérique font à leurs embouchures et à de grandes distances dans la mer, puisqu'on y suit quelquefois leurs eaux chargées de sédiments à plus de deux cents lieues.

On n'a pas voulu voir que toutes les causes qui produisent les terrains avaient anciennement plus de matériaux à leur disposition. Les montagnes, arrivées à une pente de 40° à 45°, état où elles demeurent à peu près stationnaires, s'abaissaient autrefois plus rapidement et abandonnaient une plus grande abondance de débris aux vents, aux pluies et aux courants ; les rivières et les fleuves, enchaînés maintenant par la canalisation et les autres travaux de l'homme, enlevaient alors plus de matériaux à leurs rives. S'ils avaient moins de parcours, ils avaient beaucoup plus de pente ; et si nos torrents de un ou deux degrés de pente peuvent rouler des masses d'un demi-mètre de diamètre, on conçoit facilement les dégradations les plus épouvantables, le transport des blocs les plus volumineux et des plus grandes masses sédimenteuses par ces anciens fleuves, sans sortir à peine des limites des phénomènes actuels. — Les forêts, plus nombreuses, plus étendues, sans culture et décomposées sur place, fournissaient plus de terreaux ; les eaux, élevées à une plus haute température, et douées par conséquent d'une force érosive plus puissante, détruisaient plus rapidement les parties du sol qu'elles attaquaient. Les animaux n'étant point encore contrariés dans leur développement par le déboisement et cette guerre que l'homme fait à tant d'espèces, à mesure qu'il s'étend et s'empare de toutes les terres découvertes, remplissaient de leurs générations les vallées, tous les lieux voisins des bassins lacustres et des débouchés des fleuves, et fournissaient après leur mort plus de matière animale aux courants continentaux, etc.

Il ne faut pas non plus mesurer les anciens abaissements du niveau des eaux d'après nos laisses de mer. Ces changements de niveau étant attribués aujourd'hui à des affaissements du lit des mers, à la rupture des barrages qui séparaient des bassins placés les uns au-dessus des autres, comme le sont encore en ce moment plusieurs de nos mers méditerranéennes et les grands lacs d'Amérique, on est obligé d'admettre des abaissements subits. Il est au moins certain que tout ne s'est pas fait lentement : l'époque de la craie blanche en offre la preuve. Cette craie, qui présente tous les caractères d'un dépôt formé eu pleine mer, et qui a été observée sur une étendue de plus de 500 lieues, est immédiatement recouverte de dépôts de rivage, car le calcaire pisolitique, qui sur quelques points la sépare des premières couches tertiaires, et ces couches tertiaires elles-mêmes ont été déposées près des côtes. Ainsi, ce qui était fond de mer à l'époque du dépôt de la craie blanche, est devenu tout d'un coup partie littorale sur un espace très-considérable ; ce qui suppose un grand et subit abaissement du niveau de l'ancienne mer.

Quant aux dislocations et aux bouleversements produits par la cause ignée, ils ne peuvent évidemment faire aucune difficulté pour le temps ; tous les faits connus prouvent que les effets de cette cause sont rapides et peuvent avoir lieu à la fois sur un grand nombre de points et sur une échelle très-étendue.

III. La désagrégation et le transport des matériaux des couches ne demandent pas autant de temps qu'on l'a cru. Après les calcaires organiques dont il sera parlé plus bas, les matériaux les plus abondants dans le sol de remblai sont les schistes, les argiles, les sables ou grès, les grauwackes ou psammites, etc. Ces matières sont des détritus des montagnes granitiques, plus ou moins mélangés, plus ou moins réduits en grains fins et homogènes. Buffon assure, d'après sa propre expérience, et tout le monde peut s'assurer par des procédés aisés à répéter, que le verre et les grès en poudre se convertissent en *peu de temps* en argile, seulement en séjournant dans l'eau. Cependant, comme la désagrégation des parties superficielles des montagnes a été plus ou moins prompte, selon les circonstances locales, il n'est pas possible d'avoir une mesure du temps ; mais on est obligé d'admettre que cela s'est fait d'autant plus rapidement que les montagnes étaient alors plus élevées, exposées à un climat plus chaud, et rendu plus uniformément humide par les évaporations aqueuses des mers, couvrant la plus grande partie de nos continents actuels.

Les matériaux étant désagrégés, il faut prendre du temps pour leur transport, car si l'on excepte quelques bancs de coquilles, quelques rescifs madréporiques formés en place, tout le reste a été transporté par les eaux. Les matériaux provenant directement de la mer, comme les calcaires marins, étaient transportés et déposés à mesure qu'ils étaient abandonnés par les animaux ; c'est ce que nous donne le droit de supposer ce qui se fait dans l'époque actuelle. Tous les jours des amas de coquilles et d'autres débris calcaires ou siliceux sont amoncelés par les flots sur plusieurs points des rivages et des grandes baies marines. Du côté des terres, le transport par les fleuves ne prenait pas beaucoup plus de temps. A mesure que les eaux des mers se retiraient pour une cause ou pour une autre, elles laissaient aux fleuves de plus longs circuits à parcourir, et par suite toutes les couches de rivages devenues continent à raviner et à transporter de nouveau à la mer. L'observation géologique prouve en effet que les anciens terrains n'ont laissé dans le sol que leurs couches les plus profondes et les plus avancées dans les mers ; les couches superficielles et littorales ont été remaniées et retournées à la mer par les eaux continentales. Mais outre ces matériaux, les fleuves avaient les détritus continuels des montagnes primitives et des substances végétales et animales, tandis que les mers livraient encore à leurs courants les débris du ravinement de leurs côtes.

Les dislocations, en brisant le sol, en créant de nouveaux courants ou en changeant la direction des anciens, augmentaient considérablement les matériaux de transport, comme l'indiquent les immenses conglomérats qui se rencontrent autour des points de dislocation et des changements de direction dans les stratifications.

On peut citer quelques exemples de cette puissance de transport des fleuves. La Seine fait passer au Pont-Royal en vingt-quatre heures sept à huit cents mètres cubes de matières sédimenteuses, ce qui donne environ pour le quart de l'année, temps moyen du charriage, vingt-quatre mille pieds cubes de sédiment, et pour deux mille ans, quatre cent quatre-vingts millions de pieds cubes. Le Gange charrie par heure à la mer quatre mille cinq cents pieds cubes de sédiment, ce qui, en ne prenant que trois mois par an, donne en deux mille ans environ trente-trois milliards six cents millions de pieds cubes de sédiment. Si telle est la puissance des sédiments entraînés par un seul fleuve, maintenant que les causes productrices des matières du sol de remblai sont si fort affaiblies, que devait-elle être, quand celles que nous avons signalées étaient dans leur pleine activité ?

On avait pris beaucoup de temps pour le transport des blocs erratiques dont on rapportait la distribution sur tant de points des continents à une seule période, celle qui commençait avec le dernier diluvium de Cuvier. Mais les géologues modernes donnent de la dissémination de ces blocs jusqu'à huit explications différentes, qui toutes rentrent dans cette idée générale qu'il faut l'attribuer à toutes les époques du globe, idée que l'on est obligé d'accepter, parce qu'il existe des blocs erratiques dans des terrains anciens, et que leur histoire est identique avec celle des sables, des graviers et des terres végétales du diluvium.

On avait pris du temps pour l'usure des galets et des cailloux roulés. Mais leur histoire, quant à l'âge, étant absolument la même que celle des blocs erratiques, des sables et des graviers, ils n'offrent pas plus de difficulté. Un mouvement de va et vient prolongé pendant quelques siècles sur les rivages des mers et des fleuves, doit bien suffire pour arrondir des pierres et effacer leurs angles et leurs arêtes.

IV. La puissance des calcaires marins, celle des charbons et la solidification des roches en général, ont aussi donné lieu à des évaluations de temps fort exagérées.

Les dépôts se composent de substances minérales et de débris organiques; les animaux qui y dominent sont les mollusques et les zoophites. On a objecté le temps nécessaire au développement d'un si grand nombre d'individus. Les dépouilles de ces animaux forment souvent à elles seules plus de la moitié des bancs puissants où elles sont contenues; on s'est même assuré que les calcaires marins ne sont presque composés que de poussière et de détritus de coquilles et de polypiers. Cependant, une bonne partie de cette longue suite de siècles pour expliquer la reproduction de ces animaux est encore à retrancher pour tous ceux qui savent quelle est la prodigieuse mulplication des mollusques et des polypiers, la rapidité de leur développement et la brièveté de leur vie. M. Goubeau de la Bilainerie, ancien président du tribunal de Marennes, qui a écrit sur l'éducation des huîtres, dit que chaque individu de cette espèce se reproduit au moins sept ou huit mille fois. « L'abondance des individus dans chaque espèce, dit Buffon, prouve leur étonnante fécondité. Nous avons un exemple bien remarquable de cette multiplication prodigieuse dans les huîtres et dans les moules. En un seul jour, on enlève souvent de ces coquillages un volume de plusieurs toises. On diminue sensiblement les rochers dont on les sépare ; cependant l'année suivante on en retrouve autant qu'il y en avait auparavant ; on ne s'aperçoit pas que la quantité d'huîtres soit amoindrie, et je ne sache pas qu'on ait jamais épuisé les endroits où elles viennent naturellement. Les espèces de ces deux genres, quoiqu'elles soient aussi solides que celles d'aucun autre, ne sont pourtant pas celles qui abondent le plus dans les couches marines ; il faut donc croire qu'une foule d'autres genres sont encore plus féconds, et si l'on pense à cette prodigieuse quantité de coquillages soit bivalves soit univalves que nourrissent les mers, on ne sera pas surpris que dans l'espace de quelques siècles leurs dépouilles aient pu former nos grands dépôts marins. » *Preuves de la théorie de la terre*. L'observation de Buffon acquiert encore plus de valeur pour nous, si l'on songe que les mollusques sont beaucoup plus abondants et plus variés dans les mers chaudes que dans nos mers tempérées, et que tous les terrains dont nous connaissons les débris organiques, ont été formés sous une température élevée. Les zoophytes ne sont pas moins féconds. Les rescifs et les îles si nombreuses des mers du Sud, sont composées des matières calcaires et siliceuses formées par ces animaux ; ces sécrétions passent en peu de temps de l'état pâteux à l'état solide, et s'accroissent avec une étonnante rapidité. Tout le monde sait que les côtes de la mer Rouge sont maintenant encombrées de rescifs de corail qui en rendent l'accès très-dangereux à la navigation. Si la mise à sec des terres qui avoisinent cette mer et qui a permis aux zoophytes de s'établir dans son pourtour, était aussi ancienne que le supposent les mathématiciens de la géologie hypothétique, ce bassin serait devenu complètement inabordable depuis bien des milliers de siècles. La quantité de matière calcaire fournie aux terrains dans un temps donné par les zoophytes et les mollusques prouve plutôt la nouveauté du monde que son ancienneté.

On a pris un temps énormément long pour la formation de la houille et de l'anthracite, que l'on considérait soit comme de vastes tourbières, soit comme des forêts enfouies sur place par des invasions itératives de l'Océan. Dans cette hypothèse, il fallait, après chaque irruption nouvelle de la mer, laisser aux forêts le temps de renaître et de se développer ; or le nombre et l'épaisseur des couches de charbon, séparées par d'autres couches de matières minérales, demandaient la répétition du même phénomène à de longs intervalles. Mais les circonstances de gisement, mieux étudiées, obligent d'attribuer au transport toutes les couches de détritus végétaux observées jusqu'à ce jour, soit dans des bassins marins, soit dans des bassins lacustres.

Il existe une grande analogie entre un bassin houiller marin et le groupe du calcaire grossier des environs de Paris. L'un et l'autre système est formé d'un ensemble de dépôts alternativement argileux, arenacés, calcaires et charbonneux. Dans le calcaire grossier comme dans le terrain houiller, les matières végétales ne sont pas renfermées exclusivement dans la *houille* ou dans les *lignites* ; on les retrouve par empreintes de tiges, de feuilles très-bien déterminées dans les argiles, et même quelquefois à Vaugirard et au-dessus de Bicêtre dans les calcaires qui s'intercalent aux lignites, comme dans les grès et les schistes argileux qui alternent avec la houille. Cependant, M. Adolphe Brongniart reconnaît que tous les végétaux de nos terrains tertiaires ont été transportés ; il croit que des plantes ont pu être voiturées par les eaux à de très-grandes distances de leur sol natal, et il va jusqu'à attribuer le dépôt de l'île de Sheppay, à l'embouchure de la Tamise, dépôt correspondant à nos argiles plastiques tertiaires, à une cause analogue au grand courant de l'Océan qui amène souvent sur les côtes de Norwége, des fruits des Antilles et du golfe du Mexique. Or il me semble que celui qui admet le transport de tous les végétaux tertiaires, et notamment de ceux de l'île de Sheppay, malgré leur bel état de conservation, ne saurait sans se mettre en opposition avec lui-même, regarder la conservation des tiges et des empreintes des grès houillers comme *une preuve convaincante* de l'enfouissement sur place des anciennes forêts qu'elles représentent. (*Prodrome d'une histoire des végétaux fossiles.*) Si dans les schistes et les grès houillers on reconnaît les végétaux à la conservation plus ou moins intègre de leurs tiges, de leurs branches et de leurs feuilles, on peut bien, sans recourir à des causes extraordinaires, admettre qu'au sein de ces couches d'une autre nature que la houille, ils ont trouvé des circonstances favorables qui les ont préservés d'une entière destruction, ou que la houille formée presque uniquement de terreau et de poussière végétale, a été fournie par des affluents particuliers, ou par les mêmes affluents que les grès et les argiles, mais placés dans des conditions différentes, comme le prouve du reste la différence de ces roches. Ne trouve-t-on pas également et en grand nombre des tronçons de tiges dans les argiles qui accompagnent les lignites du système tertiaire parisien, tandis que les lignites eux-mêmes n'offrent le plus souvent aucune trace d'organisation végétale, ou seulement des empreintes de feuilles?

Quant à la *présence* dans quelques houillères *de tiges verticales et telles qu'elles devaient être pendant leur vie*, sur lesquelles s'appuie aussi M. Brongniart, elle prouve contre son opinion. Les tiges reproduites par les grès du terrain houiller sont, comme on le pense bien, couchées horizontalement, étendues et comprimées entre les feuillets des strates. Cependant il s'en est trouvé quelques-unes qui traversaient *verticalement* les grès et les argiles. Elles ont été observées dans les mines de Treuil, de Saarbruck et de quelques localités d'Angleterre. Ces tiges, dont la position est plutôt oblique que parfaitement verticale, sont tronquées à leur extrémité inférieure; et si, par exception, quelques-unes indiquent par les bifurcations de leur base l'origine des racines, ces racines elles-mêmes manquent toujours. Vous n'avez là que des troncs brisés, arrondis, sans rameaux. Comment toutes les ramifications des racines auraient-elles été si constamment détruites, elles qui auraient dû être protégées par le sol auquel elles adhéraient, tandis que les grès montrent de toutes parts les empreintes des feuilles et des ramuscules? Comment une immersion sans transport n'aurait-elle jamais laissé aux tiges verticales ni branches, ni racines, ni aucune trace de leur sol nourricier? Il y a des plantes dont les tiges aériennes sortent d'une longue tige souterraine : toutes les espèces du genre *Equisetum* ou prêle sont dans ce cas; or, quoique ce genre soit représenté dans beaucoup de formations charbonneuses, on n'a jamais trouvé que ses tiges aériennes. Fixés à toute hauteur dans les grès houillers, souvent les troncs verticaux les plus rapprochés, ceux qui sont presque contigus, occupent des niveaux si différents que le pied des uns est placé plus haut que la tête des autres; ce qui indiquerait un sol singulièrement contourné. La substance minérale qui les enveloppe est tellement semblable au-dessus et au-dessous, par sa nature, sa composition, sa stratification, qu'il faudrait supposer que les plantes ont végété dans des sables absolument identiques à ceux qui sont venus plus tard les ensevelir.

On a encore cité comme un argument pour l'hypothèse de MM. Deluc, Brongniart et Élie de Beaumont, les tiges verticales d'un lit de terreau dans les roches portlandiennes; mais ce lit de terreau est, sur certains points, d'une minceur qui finit à rien, et là les arbres se seraient trouvés placés immédiatement sur le calcaire solide qui supporte la couche noire où ils n'auraient pu se développer et se soutenir. Sur tous les points, les arbres sont rompus net, et il est difficile de comprendre qu'adhérant à une couche si mince, ils n'eussent pas été arrachés plutôt que rompus. Enfin, et cette remarque est décisive, la couche de terre noire est formée d'une succession de petits lits, disposition qui accuse nettement le transport par les eaux. Le gisement semble même indiquer les circonstances qui ont présidé au dépôt; car, avant la couche de terre végétale, on rencontre une couche de cailloux roulés, dont la présence porte à croire que des eaux venant d'un point plus élevé ont entraîné en même temps la terre végétale et les troncs de tiges qui auront conservé, en descendant et en s'attérant, cette direction verticale que nous voyons prendre encore aujourd'hui, à l'embouchure de beaucoup de fleuves, et surtout de ceux qui charrient des sables, aux bois dont la souche est plus pesante que la tige. Voilà ce que sont devenues à l'examen *les preuves les plus convaincantes* de l'enfouissement sur place des forêts ou des tourbières par les irruptions de la mer. Mais voici d'autres raisons qui ne permettent plus à cette opinion de se produire :

1° Tous les bassins houillers ne sont pas marins, et les charbons ont été aussi déposés dans des lacs. Le charbon des bassins marins lui-même n'est pas toujours en contact avec des couches marines; ce sont bien plus souvent des matières minérales dérivées des continents, des grès, des argiles d'eau douce, qui le recouvrent.

2° Jamais on ne trouve une couche de charbon seule. Le nombre des couches pour chaque bassin varie depuis 30 environ jusqu'à 80. Or il n'est pas facile de comprendre comment la mer, ayant pu envahir 40, 50, 60, 80 fois d'anciennes forêts ou tourbières, n'aurait jamais envahi les autres moins de 30 fois environ; comment le nombre des irruptions marines sur l'ancien sol forestier aurait été si parfaitement limité.

3° Il faudrait compter autant d'invasions que de couches, c'est-à-dire de 30 à 80. Mais l'ensemble des dépôts alternatifs de houille, de grès, d'argile et de calcaire offre quelquefois une puissance de 750 mètres de profondeur. Ainsi, le sol où l'on suppose que se développèrent les tourbières ou les forêts, se serait élevé successivement de 750 mètres, et ces différences de niveau n'auraient pas empêché la mer de revenir tant de fois submerger les tourbières et les forêts!

4° On n'aperçoit aucune différence entre la houille la plus profonde d'un bassin et la plus superficielle; les végétaux des dernières couches arénacées et argileuses appartiennent aux mêmes espèces que ceux des premières. M. Brongniart en convient lui-même. Il existe les mêmes rapports entre les différentes couches de grès et les difféentes couches de schistes argileux. Pour expliquer des effets semblables, si souvent répétés à de telles profondeurs, il faudrait donc admettre que toutes les circonstances du côté de la terre sont invariablement restées les mêmes pendant toute cette longue suite de siècles nécessaires à l'accomplissement du phénomène entier. Après la retraite des eaux de la mer qui auraient submergé la premièr forêt, et le desséchement des fleuves qui en auraient recouvert les débris de leurs sables et de leurs argiles, une forêt nouvelle, formée exactement des mêmes espèces de végétaux, se serait développée avec le temps précisément au-dessus de l'emplacement de l'ancienne, en attendant qu'une autre irruption de l'Océan vînt la détruire, et permît à de nouveaux fleuves de l'ensevelir plus tard sous leurs dépôts également composés de sables ou d'argiles, lesquels, par suite de leur mise à sec, seraient devenus le théâtre de combinaisons absolument analogues aux précédentes ; et ainsi du reste, jusqu'à la dernière forêt sous-marine et à la dernière couche de sable du bassin houiller ; et les choses se seraient ainsi passées de 30 à 80 fois dans un même lieu, et non pas sur un seul point du globe, mais sur plusieurs points de la France, de la Grande-Bretagne, de l'Allemagne, dans les Indes, aux États-Unis, à la Nouvelle-Hollande, dans tous les pays où l'on découvre des charbons de terre ! ! !

5° Les bassins houillers comprennent donc souvent un très-grand nombre de dépôts superposés alternativement arénacés et argileux ; et, entre ces dépôts, sont les charbons. Mais il y a mélange, passage entre ces trois sortes de roches, et les séparations ne sont jamais nettement tranchées ; toutes ont donc été formées dans le même bassin par une cause *continue*.

6° Depuis que l'on exploite des houillères, on n'a jamais pu y observer aucun indice d'un sol précédemment exposé aux actions atmosphériques.

7° Toute couche stratiforme suppose le transport ; or l'anthracite, la houille, les lignites, et en général toutes les roches charbonneuses, affectent cette disposition ; elles ont donc été transportées, ainsi que les sables et les argiles. Mais les sables et les argiles son originaires des continents, et ils ne contiennent que des végétaux d'espèces terrestres ou fluviatiles : il faut conclure de ces deux faits réunis que les plantes et les substances minérales ont été charriées par des fleuves ; la mer n'est donc pas venue chercher les végétaux, mais les végétaux sont allés trouver la mer ou les lacs.

8° La manière d'être des végétaux dans les autres roches est telle que dans la houille et dans les schistes et les grès houillers. Ils sont placés horizontalement et tout à niveau dans les couches ; ils ne sont presque jamais entiers, ce ne sont que des organes isolés ; les tiges sont tronquées, séparées de leurs branches, de leurs feuilles, de leurs racines ; on ne rencontre jamais les parties inférieures de la plante, quoique, dans certaines espèces, elles dussent adhérer fortement au sol. Des végétaux qui n'ont pu vivre ensemble sont réunis dans le même gisement, des plantes d'eau douce avec des plantes terrestres et marines : c'est le cas le plus ordinaire ; celles du calcaire pénéen, du grès bigarré, du calcaire conchylien, du keuper et des grès tertiaires supérieurs paraissent seules faire exception à cette règle. Tandis que des espèces de stations différentes sont associées dans les mêmes dépôts, des espèces qui ont coutume de vivre ensemble occupent souvent des couches différentes.

Ainsi la position des plantes fossiles, leur état toujours incomplet, leurs associations, la stratification de leurs couches, le nombre de ces couches et leur puissance, le nombre et la puissance des couches minérales qui les accompagnent, l'enchaînement de toutes les parties de ce système, etc., tout concourt à démontrer que les espèces végétales n'ont pas vécu dans les lieux où nous les trouvons, mais qu'elles y ont été transportées. Or le transport par les mêmes fleuves, ravinant à une certaine époque de l'année les mêmes forêts incultes, et charriant chaque année une nouvelle couche de matières charbonneuses, demande un temps incomparablement plus court que cette longue succession de forêts et de fleuves différents par laquelle on voulait expliquer la formation de nos houilles.

On avait pris aussi un temps fort considérable pour la solidification des roches sédimenteuses, après leur émersion. On sait aujourd'hui que la solidification est le plus souvent l'effet de causes qui agissent pendant que les roches sont encore immergées : c'est le tassement ou la pression des couches supérieures sur les inférieures, c'est l'apport d'un ciment par les couches silicifères ou calcarifères. Aussi trouvons-nous sur les côtes de la Méditerranée des roches marneuses et des roches siliceuses dont les portions récemment émergées sont déjà solides. Les lacs de l'île de Java, ceux d'Écosse, les marais de la grande plaine de Hongrie, etc., produisent des calcaires aussi durs que ceux des plus anciens terrains. La craie-marbre, des dépôts de gypse, les schistes ardoisiers et toutes les roches métamorphiques doivent leur solidification aux influences de la cause ignée. Beaucoup de couches argileuses, calcaires et marneuses restent tendres dans le sein de la terre ; mais elles durcissent promptement après leur extraction. Dans la coupe du chemin de fer de Paris à Versailles, on a rencontré des marnes blanches qui en offraient un exemple assez remarquable : elles étaient si peu solides qu'on eût pu les

ouper sans les rompre, et, quelques mois après leur exposition à
l'air, elles se sont trouvées assez dures pour être employées à revêtir
les côtés du chemin.

V. Si des terrains formés avant l'émersion de nos continents, nous
passons à ce qui s'est fait depuis cette époque sur les terres découvertes, aux produits volcaniques et aux alluvions fluviatiles, nous
aurons à signaler de véritables aberrations, une absence complète
d'études spéciales, une application si peu judicieuse des calculs mathématiques que l'on se refuserait presque a y croire, si l'on ne savait quel empire la mode exerce chez nous sur le commun des
savants, lorsqu'elle est donnée par quelque célébrité scientifique
heureusement posée.

On a comparé les laves accumulées en si grandes masses autour
des cratères des volcans aux produits de ces mêmes volcans pendant
la dernière période de leur histoire, et l'on a cru pouvoir en inférer
qu'elles supposaient une très-longue suite de siècles ; mais pour qui
considère les variations d'intensité dans l'action volcanique, de quantité dans ses produits, de temps dans ses intermittences, c'est à peine
si ces puissantes masses méritent seulement d'entrer en ligne de
compte : des montagnes de laves, des îles de la plus grande dimension ont pu être formées en moins de temps que des cônes proportionnellement très-peu considérables. Il est certain que l'action volcanique élève en peu de temps des plateaux au milieu des mers sur
les points où l'on mesurait auparavant trois ou quatre cents pieds
d'eau. Il a suffi de quelques jours et d'une seule éruption pour former des cônes de trois ou quatre cents mètres, comme le Monte-
Nuovo, le Monte-Rosso, le Jorullo, etc. Dolomieu cite un courant de
laves sorti de l'Etna qui avait dix lieues de long. Le Vésuve produisit
en 1794 une lave de 4,200 mètres de long, de 100 à 400 mètres
de large, et de 8 à 10 mètres de puissance ; mais en 1787 l'Etna en
avait fourni une d'un volume quatre fois plus considérable. En 1793,
l'Islande fut couverte sur une étendue de vingt lieues de long sur
quatre de large par un courant dont l'épaisseur était de trente
mètres ; les laves du Kaptaa-Jokul et du Kaptaa-Syssel, vomies par
trois bouches distantes de huit milles les unes des autres, s'étant
frayé un chemin à travers le pays, couvrirent en se réunissant cette
grande surface de l'île.

L'action ignée n'est pas continue dans les phénomènes volcaniques, mais il n'y a rien de régulier dans ses intermittences. Le Vésuve
était couvert d'arbres jusqu'à son sommet en 79, époque de la dé-
sastreuse éruption qui ensevelit sous les cendres et les scories Pom-

peia, Stabia et Herculanum. De 79 à 1631, il n'eut que douze éruptions ; depuis cette époque, on lui en compte cinq dans le xviie siècle et dix-sept dans le xviiie. L'Etna fut continuellement en activité depuis 1160 jusqu'à 1169. Dans le xve siècle, l'Islande ne fut troublée que par une seule éruption, en 1422 ; mais de 1716 à 1783 elle a vu treize éruptions. Le Gunund-Api, dans les Moluques, a éprouvé pendant soixante ans des éruptions qui n'ont cessé qu'en 1696. Au Mexico, les éruptions de l'Arizaba ont été continuelles depuis 1545 jusqu'en 1566.

Une observation qui montre à elle seule à quelle grave méprise on s'expose en faisant un calcul rétrograde sur une donnée fournie par les dernières périodes d'un phénomène, c'est que les éruptions deviennent d'autant plus rares que le cône montueux est plus élevé ; il arrive même qu'il n'en sort plus de laves véritables, comme cela s'observe aujourd'hui pour les volcans du royaume de Quito, dont la hauteur surpasse cinq fois celle du Vésuve, parce que la colonne de matière fondue ne peut être élevée par le développement des gaz jusqu'aux bords du cratère. Les coulées étaient donc beaucoup plus fréquents et plus abondantes dans la première période de chaque volcan, quand les cratères se trouvaient au niveau du sol environnant.

« Supposons, dit M. Desdouits, la méthode de nos savants appliquée à certains phénomènes naturels dont l'origine est connue, nous arriverons à des résultats assez plaisants. Prenons, par exemple, un homme de taille ordinaire et âgé de trente ans ; il peut se faire que dans l'intervalle de sa trente-unième année sa taille s'accroisse d'une petite quantité, d'une demi-ligne, par exemple. Raisonnons à la façon de nos géologues, en nous proposant ce problème : l'accroissement de l'homme étant d'une demi-ligne en un an, combien y a-t-il d'années que cet homme avait quatre pieds de moins ? ou ce qui revient au même, à quelle époque est-il né ? Nous trouvons qu'une demi-ligne par an donne un pouce en 24 ans, et 48 pouces ou 4 pieds en 1,152 ans : donc notre homme aurait 1,152 ans, et peut-être plus ; la demi-ligne pourrait être l'accroissement de 10 ans, aussi bien que d'un an, et à ce compte nos rues fourmilleraient d'hommes, qui auraient plus de 11,000 ans et qui n'ont pourtant pas vu le déluge ; vous voyez donc qu'il est savamment et mathématiquement démontré que le déluge est une fable : vous attendiez-vous à celle-là ! » (*Les soirées de Montlhéry*, p. 193).

On a opéré sur les fleuves comme on l'avait fait sur les cônes des volcans ; on a mesuré leurs alluvions, non pour en savoir les dimensions, mais pour en connaître l'âge. C'est dans ce procédé de géomètre que sont tombés ceux qui ont attribué 60,000 ans d'exercice à l'action attérissante du Pô, autant au Gange, autant au fleuve jaune de la Chine. M. Girard, de la commission d'Égypte, a compté 50,000 ans d'existence au Delta égyptien. « Aussitôt, dit M. Desdouits, qu'on a cru avoir saisi l'étendue d'un phénomène de ce genre dans un temps donné, l'on s'est hâté de soumettre le problème à une proportion. On a dit : telle étendue s'est formée en 100 ans, donc une étendue décuple a dû se former en 1,000 ans. On n'a point examiné si les causes doivent toujours agir de la même manière et avec la même intensité ; si les circonstances ne modifient pas le phénomène d'une manière méconnaissable ; si ce qui est déjà fait, par exemple, n'exerce pas une influence susceptible de hâter ou de ralentir le produit de la même cause ; si la cause elle-même n'est point modifiée par la succession de ses produits, ce qui troublerait complétement et d'une manière continue la loi de formation de ceux-ci. Si la presqu'île indienne, par exemple, est le produit de l'érosion des montagnes du Thibet auxquelles le courant du Gange servirait de véhicule, il est plus que probable que la matière arrachée aux montagnes fut beaucoup plus considérable autrefois dans un temps donné, et cela pour bien des raisons. Faites donc un calcul rétrograde sur des données prises dans les circonstances actuelles ! »

Le travail de M. Girard est le plus célèbre de tous ceux qui ont été faits sur les attérissements; il est consigné dans un mémoire lu à l'Institut (an 1817, t. II). M. Girard fit creuser sur plusieurs points du Delta égyptien, dans le voisinage du fleuve où il pensait que le sol alluvial devait offrir une plus grande épaisseur, et quoique le défaut d'instruments convenables ne lui permît pas d'aller jusqu'aux roches solides qui servent de base aux alluvions, il lui fut donné d'observer, sur une coupe de 16 mètres de profondeur, une série continue de couches alternatives de limon et de sable dont chacune n'avait pas plus d'une *demi-ligne* d'épaisseur. Or, dans l'opinion de M. Girard, ces couches sont le produit des débordements du Nil ; chaque débordement n'a produit qu'une seule de ces petites couches, et le fleuve ne débordant qu'une fois par an, cet ingénieur en conclut que le sol d'Égypte s'élève de 1 millimètre et un quart (une demi-ligne) par an, et de 1 mètre 260 en mille ans; ce qui revient à dire qu'il a fallu plus de 12,000 ans pour produire seulement les 16 mètres de couches observées par M. Girard.

1° Comment M. Girard s'est-il assuré que chaque séjour du fleuve sur les terres de l'Égypte n'y forme qu'une seule de ces couches si minimes? Pourquoi n'en formerait-il pas deux ou davantage, même sur les parties les plus élevées que l'inondation peut atteindre? Qui empêche de supposer que les sables et le limon tenus en même temps en suspension dans le liquide se sont déposés dans l'ordre de leur gravité spécifique, d'abord les sables, puis le limon? Dans cette hypothèse, il faudrait déjà réduire de moitié le nombre des années qui ont correspondu à la production du phénomène. Cette explication devait paraître d'autant plus vraisemblable à M. Girard qu'elle s'accorde avec l'opinion des anciens et des modernes, sans excepter les membres de la commission et M. Girard lui-même, sur l'importance des débordements du Nil dans leur rapport avec le sol égyptien; le fleuve l'arrose et l'*engraisse*, disent-ils de concert, en l'enduisant annuellement de son limon fécondant; or si les alternances de limon et de sable appartenaient à deux débordements différents, le Nil *dégraisserait* l'Égypte aussi souvent qu'il l'engraisserait, et il remplirait tous les deux ans, quoique d'une façon moins meurtrière, le même rôle que le vent d'ouest qui frappe de stérilité certaines parties du sol en les ensablant.

2° Dès que M. Girard considérait toutes ces couches d'une demi-ligne d'épaisseur comme le produit des débordements du Nil, il devait croire que chaque débordement avait formé plus de couches dans les parties basses de la vallée que dans les parties hautes. Les eaux du Nil rentrent dans leur lit graduellement et après une suite plus ou moins nombreuse d'abaissements successifs de leur niveau, auxquels doivent correspondre autant de petits dépôts différents, de sorte qu'un seul débordement aurait pu produire dans les parties basses un grand nombre de petits dépôts pour un ou deux qu'il aurait laissés dans les parties hautes.

3° Je viens de raisonner dans la supposition où les couches observées par M. Girard seraient l'effet des débordements du Nil; mais cette supposition, dont il fait la base de ses calculs, est une erreur manifeste; car, s'il en était ainsi, il existerait entre ces petits apports sédimenteux des lits de terreau, produit de la végétation de l'année antérieure à chaque débordement, des débris, des racines de plantes, enfin quelque indice d'un sol précédemment exposé aux actions atmosphériques. Par quel prodige, en effet, la cause qui a superposé si régulièrement et en si grand nombre tous ces petits feuillets, sans jamais effacer ni raviner ses anciens produits avant d'y ajouter ses produits subséquents; comment cette cause qui n'a pas dérangé, emporté, pendant tout le temps de son action successive, des feuillets d'une telle minceur que la différence seule de leur couleur permet de les distinguer, aurait-elle balayé, anéanti toute trace de détritus végétaux, non pas une fois, mais pendant des siècles, et à chaque reprise de son action? Pourquoi y a-t-il, au contraire, sur les mêmes points, mais à la surface actuelle du sol *et en dehors de toutes les petites couches sériées*, une forte couche de terre végétale, comme nous l'apprend M. Girard lui-même, si ce n'est parce que toutes les petites couches sédimenteuses ont été déposées sur un sol *constamment immergé*, et où, par conséquent, la végétation n'a pas pu se développer? Comment une observation si simple a-t-elle pu échapper à M. Girard? Elle renverse, il est vrai, tous ses calculs; car dès que, depuis le dépôt du premier feuillet jusqu'à celui du dernier, la localité qu'ils occupent est restée constamment sous les eaux, on est bien obligé de reconnaître que cette longue série de petits dépôts n'est pas l'effet des débordements du Nil, mais qu'elle a été produite autrefois par le grand courant du fleuve ou par ses remous; et telle est encore en ce moment la rapidité et la quantité des attérissements du Nil sur ses côtés et sur le prolongement de son courant, qu'il serait absurde de supposer que ce grand fleuve n'eût autrefois laissé *chaque année* au fond de son lit qu'une couche d'une *demi-ligne d'épaisseur*.

Ces petites couches ne sont que les divers feuillets d'une seule et même couche puissante, formée sans interruption de temps; ou si ce sont des couches différentes, elles présenteraient, là où l'on a percé, leur extrémité intérieure; ce serait le point où elles finissaient à rien, vers le milieu du fleuve.

En résumé, les couches observées par M. Girard n'ont pas été faites par les débordements du Nil, et fussent-elles l'effet de cette cause périodique, il serait encore très-ridicule de considérer chacun de ces feuillets d'une demi-ligne comme représentant tout le produit de chaque débordement annuel. Voilà les seules conclusions acceptables des observations de M. Girard sur le sol de la basse Égypte : *ab uno disce omnes*.

Dans le même temps où, par l'emploi exclusif de l'instrument mathématique, de soi-disants géologues étaient conduits à ces exagérations fabuleuses. Deluc et Dolomieu, les deux hommes qui avaient le mieux étudié, à cette époque, la marche des attérissements, au lieu d'y trouver une objection contre la chronologie de la Bible, s'accordaient, malgré la différence de leurs théories géologiques, à y voir la preuve de l'émersion récente de nos continents; et ils avaient pris aussi pour exemple les attérissements du Nil et ceux du Pô. Deluc et Dolomieu faisaient une large part à l'observation dans leurs calculs. Cependant G. Cuvier trouvait que ce chronomètre des alluvions, comme tous les autres employés par Deluc, pour prouver que la mise à jour de nos continents remonte à peine à l'époque de notre déluge historique, laissait encore beaucoup à l'arbitraire, et cet arbitraire, selon lui, pouvait aller jusqu'à deux mille ans. Ne soyons pas surpris de ces divergences, de ces résultats contradictoires; aucun de ces géologues n'était dans le vrai. Il est tout aussi impossible, avec de pareilles données, de remonter à l'âge approximatif des phénomènes anciens, que de prédire celui des phénomènes futurs. Dans tous ces calculs, on est obligé de supposer immuables une foule de choses qui changent essentiellement; les produits des deux grandes causes générales du sol de remblai sont donc trop variables dans leur quantité, et ces variations tiennent à trop de circonstances de différente nature pour qu'elles puissent jamais se résoudre en chiffres. Dans ce travail de toutes les eaux du sol, entraînant continuellement les parties hautes de ce sol sur les parties basses, mille causes doivent modifier un phénomène qui se poursuit sur une aussi vaste échelle, depuis le point où il commence jusqu'à celui où il s'achève. Mais les causes d'erreurs sont surtout graves et inévitables, quand on veut juger des effets anciens par les effets présents. Il s'est produit avec le temps, sur tout le parcours des fleuves et avant leur dernier encaissement, des changements de niveau qui ont fait varier souvent la proportion des matériaux partagés par leurs courants entre leurs propres bassins et celui des mers; dans leurs premières époques, les courants continentaux différaient autant de ce qu'ils sont aujourd'hui, que les Gaules du temps de Clovis différaient de la France actuelle.

VI. M. Élie de Beaumont a voulu appuyer l'hypothèse de l'ancienneté du monde sur l'histoire naturelle. Dans son cours fait au collége de France, il appelle en témoignage des exemples de longévité parmi les plantes, et là-dessus il établit le singulier raisonnement que l'on va voir. « On indique, dit-il, en Amérique, un baobab qui aurait 5,150 ans et un plaxoria qui compterait plus de 6,000 ans; or, continue-t-il, on ne peut pas admettre qu'il y ait eu des êtres créés pour ne pas fournir toute leur carrière; on doit, au contraire, supposer que tous les êtres ont eu plusieurs générations, et si l'on en accorde seulement douze à ceux dont la vie peut durer 6,000 ans, on a déjà 72,000 ans pour la durée d'une seule période; » et M. de Beaumont compte six périodes dans la série des terrains.

« Admettons, dit M. le docteur Forichon, que le plaxoria américain ait en effet 6,000 ans (chiffre qui nous laisserait encore de 2,000 ans en deçà de la chronologie des Septante); mais où M. de Beaumont a-t-il pris que les arbres aient *une existence absolue, dont la durée soit déterminée par l'individu de l'espèce qui se trouvera avoir vécu le plus longtemps, et que cette durée doive être prise pour une génération végétale*, de sorte que, dans son hypothèse, le plaxoria n'aurait commencé à pousser sur le sol qu'après que onze de ses ancêtres eussent vécu successivement chacun 6,000 ans ?

« On n'est pas mieux fondé à lui attribuer des ancêtres de 6,000 ans, qu'à supposer que les derniers rejetons qu'il laissera en mourant lui survivront de 6,000 ans. Cette longue suite d'antiques aïeux qu'on lui suppose est donc purement gratuite, et si le plaxoria en question a vécu 6,000 ans, ce que le professeur n'a pas prouvé, on n'en peut rien conclure, si ce n'est que certains arbres se sont trouvés dans des conditions assez heureuses pour subsister très-longtemps ; mais il est absurde de prendre pour *mesure générale des générations de leur espèce* l'extrême vieillesse où sont parvenus quelques rares individus qui, par cela même, font exception à cette mesure générale, et sont cités comme des merveilles dans l'histoire naturelle des plantes.

« La longévité d'un arbre ne peut pas plus servir de règle pour évaluer l'âge de la terre, que la première dentition pour déterminer celui d'un mammifère ; s'il y avait un rapport réel entre l'âge d'un végétal quelconque et celui de la terre, ou seulement d'une période géologique, le résultat du calcul devrait être à peu près semblable dans tous les temps. Or supposons que le plaxoria vive encore 1,000 ans, alors il donnera, suivant le principe de M. de Beaumont, 84,000 ans, quand il n'en devrait donner que 73,000, si réellement la période actuelle en a 72,000, d'après son calcul ; et, il y a 1,000 ans, il n'aurait donné que 60,000 ans pour cette même période. » (*Examen de plusieurs questions scientifiques*, 1837.)

D'autres ont voulu forcer l'astronomie à venir en aide à la géologie hypothétique, et ils ont donné pour raison de l'antiquité des astres placés en dehors de notre système solaire, les milliers de siècles dont leur lumière a besoin pour arriver jusqu'à nous. Ecoutons M. Maupied, résumant, sur les données de ce problème, MM. Auguste Comte et Aubé, dont les travaux sont les plus sérieux qui aient été faits de notre temps sur l'astronomie :

« Les causes qui influent sur les variations de la réfraction ou déviation de la lumière sont multiples ; elles proviennent de notre atmosphère, de celles des astres, de l'état de l'espace qui nous sépare de ces astres.

« 1° Notre atmosphère est formée de couches nombreuses dont la densité, la composition chimique, et surtout le pouvoir réfringent nous sont complétement inconnus. 2° L'espace qui nous sépare des astres est-il vide, ou rempli de fluides, comme cela est plus probable ? Quelle est la vitesse de la lumière dans ces espaces ? Pour la connaître, il faudrait savoir au moins combien de temps elle met à parcourir la profondeur de notre atmosphère, et nous l'ignorons. Quel est le pouvoir réfringent des fluides qui remplissent ces espaces? nous n'en savons absolument rien. Faut-il, avec certains philosophes, accepter que l'hydrogène des hautes régions de l'atmosphère fait l'effet d'une sorte de miroir où viennent se peindre les astres? 3° Quel est l'état, quelles sont la nature, la composition chimique, la densité des atmosphères des divers astres? Quelle est l'étendue de ces atmosphères, leur mode d'absorption de la lumière, leur mode d'action sur cette lumière? Autant d'éléments du problème qui nous seront à jamais inconnus; et comme tout dépend, en astronomie, du mouvement de la lumière dans le monde, des diverses modifications qu'elle subit nécessairement par toutes les causes précédentes, il en faut conclure que nous n'avons aucune certitude sur la réalité des faits astronomiques dans notre monde même. Malgré les inextricables difficultés fondamentales du problème des réfractions astronomiques, on comprend aisément que le résultat effectif et utile des observations peut atteindre à un degré de rigueur mathématique suffisant. L'état apparent et non réel du ciel est le seul dont nous ayons besoin, et l'ignorance où nous sommes des modifications de la réfraction de la lumière nous dérobe bien l'état réel du ciel, mais non son état apparent, qui dépend des lois de la réfraction elle-même. Or ces lois étant constantes, doivent nous présenter aussi un état apparent du ciel à peu près constant, sauf les variations atmosphériques, que l'on parvient en partie à corriger. Le résultat utile est donc le même au fond, et quand nos astronomes se tromperaient de plus de moitié sur la vitesse et la distance des astres, ce qui est possible et même probable, dit M. Aubé, cela n'affecterait en rien la connaissance utile; leurs calculs n'en seraient pas moins justes; c'est sur la distance supposée qu'ils établissent la vitesse.

« Si telles sont nos incertitudes inévitables sur les distances réelles dans notre système solaire, que dire des astres qui sont en dehors et que nous ne pouvons atteindre d'aucune façon? Nous n'avons aucun moyen de nous assurer ni de leur distance, ni de leur figure, ni de leur état, ni de leur nature. Nous ne pouvons faire sur ces points que des conjectures à jamais indémontrables et fondées sur la connaissance de notre système; et la connaissance de notre système ne nous donnant que l'état apparent, les conjectures qui en découlent ne peuvent aussi nous donner que l'état apparent de l'univers astronomique, enveloppé toutefois des erreurs innombrables que les difficultés indéfiniment croissantes, à mesure que la distance augmente, doivent nécessairement produire.

« Que penser donc de la jactance de certains astronomes qui

avancent imperturbablement que tels ou tels astres sont à une distance si grande de la terre, que la lumière qu'ils nous envoient met des milliers de siècles à parcourir les espaces avant de nous arriver, et qui en concluent que ces astres sont créés depuis des millions d'années? Ce sont là des contes des autres mondes. Ces astronomes ne connaissent ni la distance de ces astres, ni le temps que la lumière met à parcourir les espaces en dehors de notre planète. Aucun des éléments de leurs prétendus calculs n'est connu; par conséquent, leur somme se réduit à zéro. La Genèse nous fait connaître l'époque de la création des astres : de toutes les sciences prises dans leurs parties positives, aucune ne peut l'accuser d'erreur; et voilà que l'on fait retentir aux oreilles du vulgaire, des chiffres dont on lui escamote habilement la valeur, et l'on s'écrie : « Voyez s'il faut en croire la Genèse ! » (*Dieu, l'homme et le monde*, t. I, p. 411.)

II

Avant d'aller plus loin, il y a des conséquences à tirer de ce qui précède. 1° On ne saurait, sans ignorance des choses, ou sans une grande faiblesse d'esprit, se préoccuper de l'âge accordé au sol de remblai par les calculs des géologues systématiques. 2° La question des temps géologiques est insoluble dans leurs hypothèses, puisque ces hypothèses n'expliquent pas les phénomènes, sont en opposition avec l'observation et avec les lois physiques. 3° Cette question a perdu chaque jour de son importance exagérée, à mesure que les faits se sont mieux fait connaître: tels que la continuité d'action des deux grandes causes du sol, leur synchronisme, celui de leurs diverses formations, la localisation des terrains, et, par suite de tout cela, la certitude que leur classification n'est qu'artificielle; la puissance des anciens courants qui ont produit les dépôts, l'abondance des matériaux qu'ils possédèrent sous une température plus élevée que la nôtre; la répartition entre toutes les époques du temps des couches du diluvium et des blocs erratiques, la solidification des roches au sein des eaux, la rapidité des formations ignées par épanchement dans les premières périodes de l'histoire des volcans, etc. 4° La solution du problème de l'âge du monde paraît appartenir exclusivement, jusqu'ici, aux monuments historiques; et, si l'on peut également attendre de la géologie positive, dans son état présent, une évaluation approximative de la durée des temps passés, il est au moins certain qu'on la chercherait inutilement dans la comparaison de la quantité connue des produits d'une époque avec celle d'une autre époque. J'en ai dit la raison : l'action des causes générales sur tous les points de la surface terrestre se complique d'un nombre presque infini de circonstances et de causes locales essentiellement variables dans leur intensité et leur durée, qui font varier la quantité des produits. Ce qui, sous des causes faibles et lentes, s'est fait en cent ans dans un lieu, a pu, dans un autre, se faire en quelques jours sous l'action de causes puissantes et énergiques ; mais, dans un même lieu, des causes énergiques, après avoir produit des effets puissants, se ralentissent quand tout est nivelé, et ne donnent plus que des effets médiocres. Il n'y a donc pas de comparaison exacte possible entre les effets des mêmes causes, à des époques différentes, dans la même localité, ni, aux mêmes époques, dans des localités différentes, et partant point de calcul rationnel. Nos géologues calculateurs ont-ils étudié les lois de multiplication et d'accroissement des êtres qui ont fourni une si grande partie des matériaux des strates? Ont-ils retrouvé les limites des anciens bassins, afin de juger de leurs côtes, de leurs falaises, de la direction des vents sur leurs eaux, et de celle de leurs courants? Ont-ils reconnu les lits des anciens fleuves qui ont contribué à combler ces bassins, leur étendue, leur largeur, et les dimensions des bassins affluents? Ont-ils pu mesurer la hauteur et les autres dimensions primitives des anciennes montagnes, et calculer la mesure de matières minérales fournies par elles aux courants continentaux, etc.? Non, ils n'ont résolu pour aucun bassin aucune de ces questions préliminaires; et, à vrai dire, ces questions, pour la plupart, ne paraissent guère susceptibles d'être résolues. Mais, alors, sur quelles données ont-ils établi leurs calculs? Leur procédé est bien simple ; ils ont divisé les terrains en plusieurs groupes, et ils ont dit : Tel groupe a demandé tant de siècles pour se former, et ainsi de suite ; voilà tout. Ils n'ont donné que des sommes totales, sans dire de quelles sommes partielles ils les composaient ; et c'est de l'habileté, car lorsqu'il leur est arrivé, par exception, d'opérer comme tout le monde, suivant la méthode commune, ils ont fait des calculs qu'on ne saurait aborder sans rire, témoin ceux sur le dernier diluvium de Cuvier, sur les baobabs et les plaxorias millénaires d'Amérique, et sur les débordements du Nil. C'est qu'ils n'ont pas déduit l'appréciation des temps des faits de la nature, mais des principes de leurs systèmes, les choses ne pouvant se passer d'une manière conforme à leurs imaginations qu'au moyen de ces énormes périodes de temps. Je pourrais donc en rester là, surtout après le renversement de leurs systèmes. Cependant, comme à la première vue de ces immenses dépôts de substances minérales et de cette innombrable quantité de débris organiques qui forment le sol de remblai, beaucoup de gens, tout en repoussant les exagérations de la géologie fantasmagorique, ont de la peine à se persuader que les temps assignés par notre chronologie aient suffi à ces accumulations, je me crois obligé d'offrir, à mon tour, des calculs sinon rigoureux, ce que ne comporte pas l'état de la science, au moins basés sur des données positives, sur des lois et des analogies naturelles. Ici je prends M. Maupied pour guide, ou plutôt je ne ferai guère qu'abréger et resserrer ses développements. M. Maupied n'attache pas trop d'importance à ses chiffres, quoique établis sur des faits naturels et non pas sur des hypothèses. On a fait des calculs pour ébahir le vulgaire, il en a fait pour ramener à leur tranquillité d'esprit les hommes exempts de préjugés et de parti pris. Le lecteur sérieux jugera.

Il faut d'abord mettre de côté la masse planétaire, parce que cette masse, avec ses montagnes, ses vallées et ses vastes bassins primitifs ne peut raisonnablement être attribuée qu'à la volonté immédiate de la puissance créatrice, et qu'elle est d'ailleurs placée en dehors de notre chronologie, puisque la Genèse nous la montre déjà formée et immergée, lorsque commence le premier jour de la première semaine du monde. La question se réduit donc à savoir combien de temps a demandé la portion sédimenteuse déposée dans notre immense bassin granitique primitif. Or M. Maupied a demandé la solution du problème d'abord à certaines causes physiologiques du sol, et ensuite aux alternances et au nombre de feuillets dont ce sol se compose.

I. *Calculs sur les calcaires marins.* — Le sol est composé de substances végétales, animales et minérales. Le calcaire animal, qui en forme à lui seul une portion considérable, est produit surtout par les mollusques et les rayonnés. « On voit, dit Buffon, la coquille s'agrandir, s'épaissir par anneaux et par couches, à mesure que l'animal prend de la croissance, et souvent cette matière pierreuse excède cinquante ou soixante fois la masse de l'animal qui la produit. Qu'on se représente pour un instant le nombre des espèces de ces animaux à coquilles, ou, pour les tous comprendre, de ces animaux à trans-sudation pierreuse; elles sont peut-être en plus grand nombre dans la mer que ne l'est sur la terre le nombre des espèces d'insectes; qu'on se représente ensuite leur prompt accroissement, leur prodigieuse multiplication, le peu de durée de leur vie, dont nous supposerons néanmoins le terme moyen à dix ans; qu'ensuite on considère qu'il faut multiplier par cinquante ou soixante le nombre presque immense de tous les individus de ce genre, pour se faire une idée de toute la matière pierreuse produite en dix ans; qu'enfin on considère que ce bloc déjà si gros de matières pierreuses doit être augmenté d'autant de pareils blocs qu'il y a de fois dix ans dans tous les siècles qui se sont écoulés depuis le commencement du monde. » (*Introduct. à l'hist. des minér.*) M. Maupied ajoute quelques données plus précises. 1° En général, les mollusques fossiles sont plus gros et de plus grande taille que les vivants ; ainsi les ammonites, qui ont quelquefois plus d'un mètre de diamètre, les énormes cérithes, les grands buccins, etc. 2° On compte déjà plus de six mille espèces perdues, sans parler des vivantes, qui sont bien au moins au nombre de quatre mille espèces. 3° Les individus de chaque espèce sont certainement de plusieurs milliers, et nous serons, dit M. Maupied, bien au-dessous de la réalité, en prenant le nombre de dix mille. En outre, il faut considérer que ce nombre se décuple au moins tous les dix ans.

D'après ces données, on peut compter environ un quatrillion d'individus produisant, l'un portant l'autre, un pied cube de calcaire en dix ans, terme moyen de leur vie indiqué par Buffon. Or, en deux mille ans seulement, nous aurions deux cent quatrillions de pieds cubes de matière calcaire. Cependant la surface exondée de la terre est d'environ huit millions de lieues carrées, ou, en négligeant les chiffres secondaires, un quatrillion de pieds carrés. Par conséquent, en deux mille ans seulement, les mollusques auraient pu couvrir la terre exondée d'une couche toute de calcaire de deux cents pieds de puissance.

Aux calcaires fournis par les mollusques, il faut ajouter maintenant ceux que donnent les polypes. « En parcourant les archipels de la Polynésie et de l'Australie, on peut à peine faire une lieue sans rencontrer un banc ou une île de corail. Les bancs s'élèvent perpendiculairement d'un fond de mer que jamais la sonde n'a pu toucher, et les îles madréporiques forment différents étages, depuis le rocher battu par les flots jusqu'au sol fertile déjà recouvert de grands arbres. J'ai vu, dit Dalrymphe, dans ses *Recherches sur la formation des îles*, des bancs de corail de toute espèce ; les uns entièrement sous l'eau, à plus ou moins de profondeur ; d'autres dominant la surface de la mer ; plusieurs commençant à prendre l'aspect d'îles, mais encore sans apparence de végétation ; j'en ai observé également un grand nombre dont les sommités se tapissaient déjà d'herbes sauvages ; et d'autres enfin où croissaient des arbres superbes, tandis qu'à la distance d'une portée de pistolet de l'île, on n'eût pu trouver le fond de la mer.

« Le détroit de Torres est presque obstrué d'îles semblables et d'autres dont la formation est plus ou moins avancée... Le temps endra où la Nouvelle-Hollande, la Nouvelle-Guinée, et tous ces ombreux groupes d'îlots et de rochers au nord et au nord-est ne rmeront qu'un seul et immense continent. »

« Il règne, dit le capitaine Flinders, le long de la côte orientale de Nouvelle-Hollande, une chaîne de bancs de corail, parmi lesquels ous cherchâmes, pendant quatorze jours, un passage pour débouler dans la pleine mer, et nous fîmes 500 milles avant de pouvoir trouver un. » (*Revue britannique*, t. IV, p. 105.)

« Les zoophytes qui élaborent la matière calcaire dont ces îles nt formées, élèvent très-rapidement leurs fragiles demeures, dont s débris occupent, sur une très-grande épaisseur, un espace dont n'a pas encore assigné les limites. Le capitaine King a parcouru 0 milles, longeant un rescif de corail dont les rares interruptions étaient pas de plus de 30 milles. Ces rescifs, qui s'étendent depuis côte nord-est de l'Australie (Nouvelle Hollande) jusqu'à la Noulle-Guinée, surpassent en longueur les plus grandes chaînes seconires de l'Europe... »

« L'océan méridional renferme plusieurs milliers d'îles, notament dans l'archipel indien et tout autour de la Nouvelle-Hollande, i doivent leur origine à diverses tribus de polypes, telles que les llépores, les isis, les madrépores, les millépores et les tubipores. est incroyable avec quelle rapidité ces animaux exécutent leurs traux. On les rencontre en masses considérables dans des lieux où peu paravant ils étaient inaperçus, et l'on observe que la navigation des ers où ces espèces d'animaux abondent, est rendue de jour en jour us difficile par le nombre infini de rescifs qui s'élèvent de toutes rts et qui formeront avec le temps de nouveaux archipels et peut-e de nouveaux continents..... Aussitôt que le sommet du rescif à fleur d'eau, et qu'il reste découvert à marée basse, les polypes ssent d'élever leurs constructions. » (*Revue britannique*, t. V.)

Tous ces faits ont été confirmés par un grand nombre de navigaurs. Or il y a à peine deux cents ans que la Nouvelle-Hollande et s autres îles sont connues et explorées. Ainsi, dans ce court espace temps, ces mers se sont encombrées jusqu'à rendre la navigation plus en plus difficile ; et ce n'est pas sur un petit espace, puisque îles madréporiques ont des parcours de 500 milles, 700 milles, st-à-dire de deux cents à trois cents lieues environ ; elles sur-ssent en longueur les plus grandes chaînes secondaires de l'Eupe. D'une autre part, le même phénomène se présente sur les rds de la mer Rouge, dont les polypes ferment l'accès à la navi-tion. Là on taille dans le vif les coraux pour en tirer des blocs opres aux constructions, et, au bout d'une dizaine d'années, les creux formés par cette extraction sont déjà comblés et peuvent être exploités de nouveau.

Pour ne rien exagérer, et en prenant, au contraire, le chiffre le plus modeste, supposons seulement trois mètres de profondeur au creux ainsi comblé en dix ans, on pourra en tirer des blocs qui auront trois mètres cubes. Transportons cette mesure sur les trois cents lieues de chaînes madréporiques de la Polynésie, nous aurons, en deux mille ans seulement, des montagnes calcaires de 600 mètres ou de 1,800 à 2,000 pieds de puissance, et cela sur des étendues de deux à trois cents lieues. Et si l'on réunit les produits calcaires des mollusques avec ceux des madrépores ou polypes à polypiers de toute espèce, on verra que l'accumulation des divers calcaires du sol n'a pas demandé un temps bien long.

En réduisant au plus petit chiffre, nous avons vu qu'en deux mille ans les mollusques auraient pu facilement couvrir la terre exondée d'une couche de calcaire de deux cents pieds de puissance. D'après ce que nous disent les navigateurs, les polypes à polypiers produisent très-probablement beaucoup plus de calcaire encore que les mollusques, et nous savons qu'ils sont encore plus nombreux en espèces et en individus. Admettons cependant qu'ils n'en produisent qu'une quantité à peu près égale dans le même temps, ils nous donneront, en deux mille ans, une seconde couche calcaire sur toute la terre exondée, de deux cents pieds de puissance ; jointe à celle des mollusques, cette immense enveloppe calcaire aura quatre cents pieds d'épaisseur. Mais il s'en faut de beaucoup qu'il y ait des calcaires, ni même un sol de remblai quelconque, sur toute la terre exondée ; si l'on supposait notre couche de quatre cents pieds accumulée uniformément sur un tiers de la terre exondée, et c'est beaucoup, cette masse calcaire recouvrant le tiers de la terre aurait mille deux cents pieds de puissance.

Il y a quelques observations à faire sur ces premiers calculs de M. Maupied. Les polypiers de la mer Rouge et des mers du Sud ne sont pas un sol de transport comme nos terrains géologiques. Il y a sans doute dans les terrains jurassiques et autres quelques polypiers en place ; il en existe aussi dans le calcaire grossier de Paris, à Vaugirard et ailleurs. Mais ce sont là de petits faits exceptionnels et locaux. Pour qu'il y ait analogie entre les calcaires à polypiers de nos terrains et les énormes masses madréporiques polynésiennes et australiennes, il faut donc supposer celles-ci désagrégées par l'action des courants marins ou continentaux, et transportées dans les dépressions du bassin des mers à l'état sédimenteux. Mais alors il faut peut-être réduire à la moitié de leur volume les deux couches de

— 179 —

…lcaire coquillier et de calcaire à polypiers de M. Maupied, à cause …la compression et des divers accidents.

Cependant les résultats du calcul ne seront point altérés par cette …ande réduction, si l'on réunit aux calcaires marins une foule de …uches que M. Maupied a voulu laisser en dehors; 1° les roches …arbonneuses et particulièrement l'anthracite et la houille; 2° les …uches pissifères; 3° les schistes argileux; 4° les sables et les grès; …les couches de poudingues; 6° les matières calcaires et siliceuses …portées dans le bassin des mers par les eaux souterraines, etc. …s diverses substances pures ou mélangées, dont les sources étaient …us abondantes qu'aujourd'hui dans les premières époques de la …rre, ont dû former pendant les deux mille ans sur lesquels M. Mau- …ed a calculé des couches nombreuses et puissantes, dont le volume …peut pas être déterminé par des chiffres, mais doit compenser …ur le moins la réduction opérée sur les calcaires des mollusques …des polypiers.

Avec ces modifications on peut accepter la grande couche de 400 …eds, produit de deux mille ans, dont la répartition égale sur un …rs de la terre exondée, donne une couche de mille deux cents pieds …puissance. Mais d'abord cette répartition uniforme du sol de rem- …ai n'existe pas et ne saurait exister dans la nature. Il y a beaucoup …localités où il n'existe pas d'enveloppe corticale; d'autres où elle …t presque nulle; d'autres où elle a seulement quelques centaines …pieds d'épaisseur; d'autres où elle acquiert une puissance de …ille à six mille pieds et davantage. On manque de données sur les …is dimensions en longueur, largeur et profondeur des terrains; on …peut donc pas réduire ces dimensions en pieds cubes, pour les …endre par la pensée sur un tiers de la terre, et juger si les résul- …s du calcul sont conformes aux faits naturels. Ensuite, comment …stinguer ce qui a été fait en deux mille ans de ce qui a été fait dans …plus grand nombre de siècles? Évidemment, nous retombons ici …ns l'inconnu. Aussi tout ce que peut faire M. Maupied, c'est de …pprocher sa couche de mille deux cents pieds de puissance des …nnées encore assez vagues que nous avons sur la profondeur des …rains dans nos bassins géologiques les plus complets, qui parais- …nt embrasser toute la durée des temps et n'avoir été terminés chez …us que depuis l'occupation des Gaules par les Romains (1). Or les …ts connus sur la puissance de ces terrains les plus compliqués …ccordent assez bien avec les résultats des calculs.

(1) Dans la caverne à ossements de Miollet, on a trouvé une statuette romaine …six bracelets en cuivre.

Cependant, ajoute M. Maupied, je n'ai calculé que sur deux mille ans, quoique les formations géologiques se soient continuées et se continuent sans interruption depuis l'époque de la création, c'est-à-dire depuis sept ou huit mille ans, d'après la chronologie des Septante. Mais en prenant seulement six mille ans pour base des calculs, il faudra remplacer la couche de 1,200 pieds, répandue également sur un tiers de la terre par une couche uniforme de 3,600 pieds de puissance ; ce qui rend évidente la possibilité de la formation du sol de remblai, pendant la durée des temps fixés par Moïse.

II. *Calculs sur les charbons.* — Le plus grand nombre des végétaux déterminés de la houille appartiennent les uns aux cryptogames vasculaires, et les autres aux phanérogames monocotylédones. Les cryptogames vasculaires vivantes de nos zones tempérées sont en général des plantes basses et rampantes ; celles des terrains houillers se distinguent au contraire par des tiges de très-grandes dimensions. Les plus grands des *equisetum* fossiles pouvaient avoir de 25 à 30 pieds. Les calamites, si abondants dans les houillères, et que M. Brongniart rapporte aussi aux équisétacées ont fourni des tiges de 40 pieds quoique les extrémités en soient toujours rompues. Les fougères qui semblent former à elles seules une grande partie de la flore des anciens terrains, y sont encore plus gigantesques. Dans les îles Bonin, situées à l'est du Japon, des fougères arborescentes s'élèvent jusqu'à 50 pieds. Les tiges tronquées des fougères fossiles atteignent souvent plus de 3 décimètres de diamètre et plus de 12 à 15 mètres de longueur. Les espèces du genre fossile *lepidodendron* de la famille des lycopodiacées, ont quelquefois près d'un mètre de diamètre à leur base et plus de 20 mètres de long.

La flore houillère se rapproche de la flore insulaire de la zone torride plus que de toute autre, tant par la proportion numérique des espèces de différentes classes que par le développement de ces espèces ; elle se compose en grande partie de ces plantes simples qui se développent rapidement, sous des circonstances très-favorables, circonstances dont l'élévation de la température par la plus grande étendue des mers, et l'humidité du sol, sont les principales. Ce rapprochement fait supposer qu'à l'époque des houilles, nos contrées non-seulement étaient soumises à une plus haute température, mais aussi qu'au lieu d'appartenir à de grands continents, elles formaient des îles plus ou moins étendues au milieu d'une vaste mer ; conséquence qui reçoit une nouvelle confirmation de l'absence de débris de mammifères terrestres dans nos anciens terrains en général, et puis de la position même des houillères autour d'îles de terrain primitif, de montagnes, au pied desquelles on les rencontre toujours.

Cependant, quoique notre végétation d'insulaire et aquatique qu'elle était principalement, soit devenue plus tard par l'émersion du sol principalement continentale, nous retrouvons encore dans l'époque actuelle des exemples d'un grand entraînement de végétaux par les eaux. « Les rivières et surtout les grands fleuves, dit Lamétherie, déracinent les arbres qui sont sur leurs rivages, principalement lorsque les eaux sont enflées, et les charrient à des distances plus ou moins considérables ; c'est pourquoi l'on trouve des bois fossiles dans toutes les vallées où coulent de grands fleuves. Mais, le plus souvent, ces bois sont transportés jusque dans les lacs et dans les mers. Tous les grands fleuves qui traversent des contrées peu cultivées par l'homme et couvertes de forêts, charrient des quantités immenses d'arbres qu'ils enlèvent au temps de leurs crues; tels sont l'Amazone, l'Orénoque, le Mississipi... C'est particulièrement dans les mers du Nord que l'on voit des bois flotter sur les eaux. Les voyageurs, étonnés de la quantité prodigieuse de ces bois, ne se lassent pas d'en parler. » Il cite ce qu'en rapportent les voyageurs Eddége, Ellis, Crantz, Phipps, etc. Dans les forêts incultes des pays inhabités, le terreau qui résulte de la décomposition des feuilles, des fruits, des branches et des tiges mortes, s'élève rapidement. On voit, en certains temps, les courants d'Amérique tout noirs de cette poussière végétale dont ils sont chargés, et qu'ils transportent quelquefois à près de deux cents lieues dans la mer ; en d'autres temps, ils charrient d'énormes quantités de branches et de tiges. Tel est dans le plus grand nombre des cas la manière dont nos anciens terrains houillers paraissent avoir été formés. Des fleuves traversant de grandes forêts vierges charriaient des masses considérables de détritus et des parties intègres de végétaux, dans de grandes vallées marines ; puis, quand la saison des détritus était passée, ces mêmes fleuves, à l'époque des débâcles, entraînaient des tiges et des tronçons d'arbres avec des sables et des argiles, sur le dépôt précédent; ou bien encore les eaux de la mer ou du lac étendaient leurs apports de substances minérales sur les couches de végétaux. Dans certaines années de tempêtes, de ravinement plus profond, de pluies plus abondantes et plus continues, les détritus végétaux étaient balayés de plus de parties des grandes forêts, étaient entraînés plus longtemps et en plus forte quantité par le fleuve et ses affluents, et ils formaient des couches charbonneuses plus puissantes; dans une autre année, la sécheresse ou d'autres causes diminuaient la quantité des détritus et il ne se déposait qu'une couche mince. Enfin, les mollusques terrestres, fluviatiles ou marins, ainsi que plusieurs autres animaux, tels que poissons, crustacés, insectes, reptiles d'embouchure, etc., étaient entraînés et déposés avec les végétaux, ou dans les couches minérales qui alternaient avec eux. Dans cet état, les substances végétales furent carbonisées sans perte considérable. Les couches argileuses, sableuses et calcaires fermant en partie le passage aux gaz et faisant obstacle au contact de l'air atmosphérique, empêchaient une trop grande déperdition. Les gaz étaient absorbés par la matière végétale et bitumineuse et se combinaient avec elle, puisque nous les y retrouvons aussi bien que les débris des pyrites, et les sulfures de fer qui donnent à certaines houilles cet éclat doré que tout le monde a pu observer. Tel est le mode de dépôt et de carbonisation de la houille, et ce qui se fait dans les grands fleuves et les vastes forêts d'Amérique peut nous donner la mesure du temps nécessaire à son accumulation.

Des observateurs assurent que plus de huit mille pieds cubes de matières végétales passent en quelques heures à l'une des embouchures du Mississipi. Or, en prenant pour base les calculs les plus désavantageux, ceux proposés par les partisans des siècles indéfinis, calculs faits sur des bois réduits en charbon à l'air et pris dans nos taillis, et par conséquent sans analogie avec ceux qui dominent dans nos houillières, voici les résultats auxquels on arrive. Suivant ces calculs, on trouve que les dépôts charbonneux ne peuvent être que les 22/100 du volume primitif des matériaux qui leur ont donné naissance ; bien entendu qu'on ne tient aucun compte de la combustion sans déperdition considérable que nous avons indiquée, puisque au contraire on suppose la carbonisation s'opérant à l'air. Prenant donc cette base et supposant seulement que huit mille pieds cubes de matières végétales passent en douze heures à l'une des embouchures du Mississipi, cela nous donne seize mille pieds cubes en vingt-quatre heures ; en trois mois, un million six cent mille pieds cubes environ, qui donneraient trois cent cinquante-deux mille pieds cubes de charbon ; mais que cela se répète à toutes les embouchures du Mississipi qui sont au nombre de quatre ou cinq, alors le calcul se quintuple ; enfin, que ces phénomènes se continuent seulement pendant cinq cents ans, et l'on aura une masse charbonneuse de cent soixante-seize millions de pieds cubes. Maintenant que ces mêmes phénomènes se soient accomplis *en même temps* sur cent cinquante ou cent soixante points différents du globe, où de grandes forêts étaient traversées par de grands fleuves se rendant soit à la mer soit dans des lacs, et voilà cent cinquante ou cent soixante houillères qui n'auront pas demandé plus de cinq cents ans pour se former. C'est un plus grand nombre de gisements houillers qu'on n'en connaît.

Le plus grand nombre des bassins houillers reposent sur les terrains primitifs, et nous font remonter à une époque où la végétation était d'autant plus active et vigoureuse, que la température était plus élevée; que les terres exondées étaient des îles, environnées de vastes mers; que l'humidité chaude était plus abondante; que l'homme, retenu encore sur quelques points de l'Asie, n'avait pu dépouiller la terre de ses forêts comme il l'a fait depuis; que les lacs et les marais n'étaient point encore comblés. Nous sommes ainsi amenés à conclure que ces premiers temps furent les plus favorables à la formation des houilles et au développement des espèces végétales qui y dominent, et que quatre ou cinq cents ans après la création la plupart des bassins houillers étaient remplis, et que tous ceux qui sont anciens pouvaient être comblés après mille ans au plus.

M. Maupied n'attache pas à ses calculs une importance exagérée; et pourtant ils sont basés sur des données positives, prises dans la nature même des substances végétales les plus généralement reconnues dans la houille; tandis que les calculs de millions d'années exigés par certains auteurs pour former les dépôts houillers ont été basés sur nos bois taillis, nos futaies dont la présence dans la houille n'a point encore été constatée, bien qu'il puisse s'y en rencontrer, et en outre, sur des bois carbonisés à l'air, lorsqu'il est certain que la houille a été carbonisée hors du contact atmosphérique; ses calculs sont donc plus en rapport avec les faits connus, et par conséquent plus rationnels et plus logiques.

J'ajouterai deux observations qui paraissent prouver que les charbons ont mis peu de temps à se déposer. 1º Les espèces végétales des couches houillères les plus profondes et celles des couches les plus superficielles appartiennent aux mêmes espèces. Ces mêmes espèces se retrouvent aussi dans les premières comme dans les dernières couches de grès ou d'argiles intercalées aux couches charbonneuses. Ce fait est attesté par M. Brongniart et par les botanistes anglais. D'une autre part, les argiles et les grès, pris séparément, présentent dans toute leur série respective les mêmes caractères minéralogiques. Enfin, toutes les parties du système houiller, dans un même bassin, s'enchaînent les unes aux autres par des oscillations et de nombreux passages. Chaque bassin houiller a donc été rempli par le même fleuve et ses affluents, prenant leurs matériaux organiques et inorganiques sur les mêmes points; du commencement à la fin du phénomène les circonstances sont donc restées les mêmes tant du côté des terres que du côté du fleuve. Déjà cette conclusion s'accorde assez mal avec la supposition de l'antiquité du monde, surtout lorsqu'on est obligé, comme dans le cas présent, de se reporter à ces premières époques où les eaux continentales encore faiblement encaissées, éprouvaient dans leur direction des changements fréquents qui devaient en amener d'autres très-considérables dans les flores plus ou moins aquatiques voisines de leurs parcours.

2° Mais ce n'est pas tout, et nous allons voir que chaque bassin houiller a dû se remplir en moins d'un siècle. On ne connaît pas de fleuve qui pendant tout le cours d'une même année transporte à la mer des matériaux identiques ; cela serait en opposition avec le fait de la périodicité des saisons. On ne peut donc pas regarder chaque couche de houille ou chaque couche de sable ou d'argile comme le produit d'une année entière. Pour avoir le produit annuel du fleuve qui a transporté la houille et les autres couches minérales, on ne peut pas prendre moins d'une alternance, composée d'une couche de houille et d'une couche minérale soit sableuse, soit argileuse qui la recouvre ou qui en est recouverte, et alors le nombre des alternances nous donne l'âge absolu d'un bassin houiller. Or, parmi tous ceux que l'on connaît, il n'y en a pas où le nombre des couches de houille s'élève à plus de quatre-vingt ou quatre-vingt-dix ; tous les bassins houillers que nous connaissons, pris individuellement, ont donc été remplis en moins de cent ans. Les alternances correspondent à celles des saisons et en marquent les influences sur les courants. A l'époque des crues, les courants transportaient les matières les plus lourdes, les sables, les argiles, jusque sur les couches de houille ; à l'époque où les eaux rentraient dans leur lit, après avoir inondé et raviné les terres voisines, elles entraînaient sur les dépôts d'argile ou de sables les détritus des végétaux et formaient une nouvelle couche de charbon. Dans les longues sécheresses le fleuve gagnait moins sur le lit de la mer, et celle-ci pouvait quelquefois recouvrir le dernier dépôt de houille d'une couche de calcaire. Ainsi, ou les anciens courants qui ont servi de véhicule au charbon avaient à leur disposition une plus grande quantité de ces matières que le Mississipi, ou la réduction de la matière végétale de cent à vingt-deux par la combustion, réduction que M. Maupied a acceptée généreusement de la main de ses adversaires, est une base erronée. M. Maupied, loin d'exagérer les faits, est resté au contraire au-dessous de la réalité.

Je néglige ses calculs sur les tourbières, parce qu'ils reposent sur une base qu'aucune observation n'est encore venue justifier. Les tourbières ont pu, dans beaucoup de cas, fournir des matières végétales aux houillères. Le sol, toujours très-spongieux, des tourbières retient les eaux des pluies, qui, en devenant trop abondantes, soulèvent la masse entière de la tourbe. Si elle est située dans des lieux hauts et inclinés, elle coule alors, comme font les glaces dans les montagnes; elle s'étend, de cette manière, sur des terrains considérables, et l'on ne peut arrêter ses progrès qu'en creusant des fossés d'écoulement pour les eaux. Dans les lieux bas, la tourbe est également soulevée au point de former des îles flottantes, qui sont quelquefois entraînées jusqu'à la mer. Or, à l'époque des houilles, les parties marécageuses et basses des îles nombreuses dont la mer était semée, étaient très-favorables au développement des tourbières. Les plantes aquatiques qui prédominent dans la tourbe sont les prêles, les scirpes, les typha, les conferves, etc.; et, dans un grand nombre de houillères, beaucoup de végétaux sont analogues à ces espèces. Ces plantes végètent avec beaucoup de force, et augmentent chaque année la tourbe d'une quantité considérable. Ce qui se passe en Hollande peut donner une idée du rapide accroissement des tourbières. Ce pays, comme on sait, contient des quantités immenses de tourbes, et l'art même est parvenu à y en produire journellement. Les tourbes naturelles sont formées, là comme ailleurs, par la décomposition des plantes qui croissent dans ces pays marécageux. On enlève la tourbe pour l'utiliser; on creuse, en l'enlevant, un fossé plus ou moins étendu dans une vaste prairie tourbeuse; l'eau s'introduit ou est amenée dans ce fossé; il s'y développe des *conferva rivularis*, puis des mousses, des lichens, etc.; toutes ces plantes s'amoncèlent, se décomposent, et, au bout de six ou dix ans, on a une nouvelle tourbe qui est excellente et exploitable.

Au temps des crues, les tourbes de l'époque houillère, soulevées souvent par les eaux des fleuves débordés, devaient descendre dans leurs bassins, et y former des îles flottantes que le courant pouvait entraîner dans la mer en même temps que les détritus des forêts ravinées par l'inondation. C'est de cette manière que les tourbes ont pu contribuer à remplir des bassins houillers. Mais il ne paraît pas possible d'admettre, avec Deluc, Lamétherie et M. Brongniart que la houille a été formée, comme nos tourbes, sur la *place même* où croissaient les végétaux. Cette opinion paraît inconciliable avec l'observation. Partout, dans les divers terrains géologiques, les matières charbonneuses sont stratifiées; nulle part on n'a pu y constater la présence d'un sol où auraient vécu les plantes, et qui aurait été soumis aux influences immédiates de l'atmosphère.

III. *Calculs sur la superposition et les alternances des dépôts.* — Dès les premières années de ce siècle, M. Ami Boué, peu satisfait des calculs à perte de vue dont notre globe était alors l'objet, indiquait une méthode plus en rapport avec les lois de la nature. « Ne pourrait-on pas, disait-il, regarder chacun des feuillets d'une couche comme le produit d'une marée ou d'un mouvement des eaux ? et l'épaisseur de quelques-uns proviendrait-elle de ce qu'ils sont les dépôts des plus grandes marées, c'est-à-dire de celle des équinoxes ? Cette hypothèse serait appuyée par la ressemblance des ondulations de la surface des couches avec celles produites par les vagues sur les vases et les sables des rivages.

« Mais dans le cas des alternatives de roches différentes, peut-on les séparer en groupes composés de deux ou trois espèces de dépôts, et regarder avec MM. Jobert et Saignez, chacun de ces groupes comme le produit d'une année ? Ces alternatives de calcaire ou de marne, d'argile ou de grès étant à l'ordinaire très-régulières, cela indique une périodicité dans le dépôt... *L'année paraît la période la plus naturelle et la plus longue qu'on puisse appliquer à leur production*. L'argile, le sable et les cailloux n'ont pu arriver en abondance dans la mer ou les lacs d'eau douce qu'à l'époque de la crue des eaux fluviatiles, dans les saisons orageuses de l'année. » C'est donc d'après le nombre des couches qu'il pense qu'on établira la chronologie des dépôts de la croûte du globe. « Ce but sera atteint ainsi plus aisément qu'en prenant pour termes de comparaison les alluvions annuelles de certains fleuves ou les décompositions de quelques roches. D'après les limons fluviatiles, différents savants n'ont fait jusqu'ici que des conjectures très-diverses (c'est-à-dire contradictoires), ce qui montre déjà que cette dernière donnée ne se prête pas bien à cette recherche. Quant aux décompositions des roches, elles ne nous disent et ne peuvent pas nous dire à quelle époque géologique a commencé l'action de la cause désagrégeante..... D'ailleurs, il y a telle décomposition comme certaine alluvion, certaine terre végétale, qui peut dater en tout ou en partie des temps géologiques les plus anciens, ces produits s'étant formés dès qu'il y a eu un sol découvert ; or nous n'avons guère de moyen de distinguer ce qui est d'une époque, d'avec ce qui appartient à une autre..... et certains géologues ne devraient pas croire que le monde entier est modelé sur les divisions et les subdivisions de terrains d'un petit espace des continents. »

Cependant, malgré cette sortie contre les partisans de la classification artificielle des terrains, nous allons voir M. Boué lui-même y chercher une dernière et faible planche de salut contre les stratifications *discordantes*. « Une série de couches parallèles superposées les unes sur les autres en *gisement concordant* indiquent une continuité dans les dépôts. Trouver en superposition concordante tous les dépôts stratifiés de la croûte terrestre, ce serait vraiment avoir devant soi le détail des opérations de la nature ; mais nulle part cela n'a lieu, parce que des matières d'épanchement et des actions ignées sont venues bouleverser chaque contrée à certaines époques. *On est donc réduit à raccorder ensemble, tant bien que mal, différentes séries intactes de superposition observées à de grandes distances.* » Guide du géologue, t. 1.

Nous avons eu plus d'une fois l'occasion de remarquer que les dislocations du sol et les effets de la cause ignée, n'avaient point arrêté les dépôts de la cause aqueuse ; ils en ont seulement fait dévier la direction, tout en leur fournissant des matériaux plus abondants. Le *gisement discordant* n'indique donc pas une interruption dans les dépôts d'un même terrain, mais seulement un changement de direction dans la cause des dépôts et une plus grande rapidité de formation ; ainsi considérés, ces accidents locaux ne peuvent que très-peu troubler la chronologie des terrains d'une même localité ; le chronomètre proposé par M. Boué conserve donc sa valeur, et il est meilleur que tout ce que les géologues systématiques ont mis en avant, parce qu'il est basé sur les faits géologiques comme sur les faits actuels ; il embrasse le problème dans ses deux faits principaux et continus : les dépôts uniformes marins, et les dépôts alternants d'embouchure.

« D'abord, dit M. Maupied, que je citerai maintenant textuellement, pour les dépôts marins, la série des feuillets, qu'ils soient en stratification concordante ou discordante, donne le nombre des marées qui ont déposé ces feuillets, et par suite le temps qu'a demandé la formation entière dans une même localité. Nous n'entendons pas ici la marée diurne qui donne deux flux et deux reflux en vingt-quatre heures, mais celle qui fait monter les eaux de la mer jusqu'à un certain niveau pendant plusieurs jours, et les fait ensuite baisser ; ce double mouvement, réglé par la lune, dure environ quinze jours, et il y a par conséquent deux marées par mois. Or en admettant que chaque marée, dans une mer où se sont formés des dépôts, ait déposé un feuillet ou une couche de deux pouces d'épaisseur, et il arrive assez souvent que les dépôts d'une marée ont plusieurs mètres d'épaisseur en certains points, deux pouces par marée nous donnent quatre pieds par an, et en deux mille ans, huit mille pieds d'épaisseur, puissance que n'atteignent pas tous les terrains connus réunis, puisque tout le sol secondaire additionné ne donne pas en Allemagne plus de six mille vingt pieds.

« Si l'on prenait seulement un pouce par marée de quinze jours, deux mille ans donneraient quatre mille pieds de puissance ; et si l'on supposait trois pouces par marée, ce qui n'est pas rare, deux mille ans donneraient aux terrains ainsi formés, douze mille pieds d'épaisseur, puissance qui n'est connue nulle part.

« Dans le cas des dépôts d'embouchure ou des alternances de couches marines et d'eau douce, *l'année paraît* à M. Boué *la période la plus longue qu'on puisse leur appliquer;* les faits géologiques, comme les causes naturelles, prouvent en effet qu'on ne peut étendre au delà d'un an chaque alternance de deux couches, l'une fluviatile et l'autre marine ; par conséquent, deux mille alternances ne peuvent supposer plus de deux mille ans de durée à la formation ; et en supposant en moyenne trois pieds de puissance à chaque couche alternante, on a six pieds pour les deux couches d'une année, et douze mille pieds encore pour deux mille ans. Or, nulle part sur le globe, on ne connaît deux mille alternances de couches marines et fluviatiles, ni douze mille pieds de puissance sur un même point.

« Jusqu'ici, nous n'avons considéré les terrains que dans les causes productrices de leurs matériaux et dans les causes de leurs dépôts ; mais il faut introduire dans le problème la grande loi du synchronisme. Il y a toujours eu synchronisme entre la cause ignée et la cause aqueuse, c'est-à-dire que ces deux causes ont agi simultanément à toutes les époques, et souvent concurremment. Il y a eu synchronisme dans les causes aqueuses : les eaux marines et les eaux douces ont agi simultanément chacune pour leur part, et elles ont réuni leurs efforts dans un grand nombre de points. Ainsi, par exemple, pendant que les charbons se déposaient au fond de certaines vallées marines avec des schistes et des sables, des alternances marines et fluviatiles se déposaient sur d'autres points, des couches de rivages se formaient ailleurs, plus loin dans la mer s'accumulaient des calcaires et s'élevaient des rescifs madréporiques, en même temps que le lavage des polypiers et les débris des coquilles formaient la craie vers le centre de la grande mer ; en sorte que les cinq grandes divisions secondaires doivent être regardées comme en grande partie contemporaines, et non comme successives.

« Mais pendant que ces phénomènes s'accomplissaient dans un même bassin, les mêmes ou d'autres analogues se produisaient dans d'autres bassins. En sorte que l'on ne peut pas additionner toutes les séries des divers bassins, pour avoir la durée des temps de formation, comme on le faisait dans les classifications artificielles ; mais on doit les compter parrallèlement, et le bassin le plus complet dans la série de ses couches, est celui qui doit donner une mesure de temps qui comprend tous les autres. Mais dans ce bassin complet, on ne peut encore additionner toutes les couches, ni même tous les terrains, puisqu'un grand nombre de couches peuvent avoir été contemporaines, et que le synchronisme peut même avoir eu lieu entre une partie de deux terrains différents ; on ne peut donc prendre comme vraie mesure de temps, que le nombre des couches en superposition et la puissance absolue de toute l'épaisseur des couches ainsi superposées dans un même bassin, depuis les terrains primitifs jusqu'aux terrains les plus récents. Cette loi du synchronisme ainsi comprise, vient ajouter à nos calculs de temps une nouvelle et très-haute probabilité.....

« Ainsi, les faits et les données géologiques ne paraissent pas avoir demandé plus de deux mille ans pour former la série des terrains les plus puissants. Or, quelle que soit la chronologie qu'on adopte, il n'y a nul embarras. Les Septante comptent, de la création au déluge, deux mille deux cent quarante-deux ans ; le texte hébreu compte seulement mille six cent cinquante-six, et les Samaritains un peu plus de mille trois cents ans. Du déluge à la naissance de Jésus-Christ, il y aurait, suivant les Septante et les Samaritains, trois mille ou trois mille cent, environ, et d'après quelques exemplaires des Septante, plus de trois mille cinq cents ans ; l'Hébreu ne compte pour la même période que deux mille trois cent cinquante-sept. L'Église n'a prononcé sur aucune de ces chronologies, et celle des Septante a été longtemps en usage ; il est donc très-permis de la suivre. Or, en prenant le chiffre le plus bas, on compte sept mille quatre-vingts ans depuis la création jusqu'à ce jour ; d'après un autre chiffre, on compterait sept mille six cents ans, et même huit mille ans. On ne peut pas objecter que les années juives étaient des années lunaires, car il est constant que leur année civile était solaire ; et d'ailleurs, pour se retrouver toujours avec l'ordre des saisons, ils ajoutaient à certaines époques un treizième mois, appelé embolismique, à leur année ecclésiastique, ce qui la ramenait à l'année solaire.

« En comptant donc, avec les Septante, deux mille deux cent soixante-deux ans depuis la création jusqu'au déluge, ce temps aurait suffi pour la formation des terrains primaires et secondaires ; et en prolongeant, si l'on veut, la formation de ces terrains jusque vers trois mille ans après la création, nous nous trouvons à deux mille sept cent soixante-deux ans avant Jésus-Christ, époque chronologique la plus reculée de la plupart des peuples anciens qui arrivent alors dans des pays encore en partie couverts par les eaux où se formaient les terrains tertiaires. » (*Dieu, l'homme et le monde*, t. III.)

CHAPITRE VIII.

RÉSUMÉ DE LA REVUE DES SYSTÈMES GÉOLOGIQUES ÉTUDIÉS EN EUX-MÊMES ET DANS LEURS RAPPORTS AVEC LA GENÈSE ET AVEC LA SCIENCE.

I. — Aucun de ces systèmes n'est établi sur l'observation ; ils ont pour support des hypothèses plus ou moins singulières, indémontrables ou démontrées fausses ou absurdes. Ils s'excluent les uns les autres, quoique présentant dans leurs données fondamentales un air de famille très-frappant. Les anciens auteurs anglais semblent avoir défrayé presque toute la géologie hypothétique ; les uns ont fourni les hypothèses géologiques et les autres les hypothèses zoologiques et philosophiques. Burnet fait écrouler son enveloppe corticale huileuse dans le *grand abîme ;* Woodwart fait monter les eaux du grand abîme sur cette enveloppe, et il accepte aveuglément toutes les suppositions de ses deux devanciers. Leibnitz veut que la terre et les planètes aient été des soleils ; Wisthon veut que la terre ait été comète. Buffon réunit les deux hypothèses, et fait sortir la terre et les planètes du soleil brisé par le choc d'une comète. Cela revient absolument au même ; la critique judicieuse qu'il fait des imaginations de Leibnitz et de Wiston, on peut donc la retourner contre les siennes. Deluc a pris à Buffon ses périodes de temps et ses créations successives ; à Burnet, ses écroulements de l'enveloppe terrestre, mais le grand abîme, qui n'existait qu'en vertu d'une interprétation ignorante des Écritures, est remplacé chez lui par l'hypothèse des cloisons et des piliers souterrains. Georges Cuvier a changé la lame de mer de Pallas en une suite régulière d'irruptions marines ; il a emprunté à Buffon et à Deluc leurs créations successives et leurs longues périodes de temps, que pourtant il juge sévèrement. Mais ses idées ont surtout de l'affinité avec celles de Deluc. Pour lui comme pour le géologue genevois, les causes qui ont produit les terrains sont éteintes ou se tiennent en repos depuis l'émersion de nos continents ; ils admettent l'un et l'autre que la mer est venue subitement et plusieurs fois occuper le siége des êtres terrestres, et les a enfouis. M. Ampère accepte les créations successives et les époques de Buffon, les destructions successives et les causes éteintes de Deluc ; il prend à Cuvier ses périodes d'animalisation, à M. Brongniart, ses ériodes de végétation, en les supposant même beaucoup plus tranhées et plus suivies qu'elles ne le sont dans ces auteurs. Une nébuuse a été le germe de la terre et de tous les autres corps sidéraux. les effets de la chaleur qui n'existent dans le sol de sédiment que ur une très-petite échelle pour chaque époque, il les explique par es cataclysmes ignés qui auraient détruit toute vie préexistante. lais la théorie de M. de Beaumont est la plus riche en hypothèses, lle semble être le réceptacle de toutes celles qui ont eu cours : l'inandescence primitive du globe de Leibnitz, le feu central de Whisin, la contraction de l'enveloppe terrestre par le refroidissement, la irface primitive du globe sans montagnes de Burnet, le soulèvement des montagnes de MM. Deluc, Heim, Jobert, etc., les époques , les créations successives de Buffon, les destructions successives de eluc, les cataclysmes de Cuvier, la superposition artificielle des ouches de Werner, etc. Cette géologie n'est donc pas seulement une ologie essentiellement hypothétique, procédant de l'inconnu au nnu ; c'est encore une géologie éclectique, recevant de toute main s données principales et, par conséquent, n'ayant pas, ne pouvant oir de principe dominateur sans lequel pourtant il est impossible rien systématiser. De là tant de contradictions, et cette absence us ou moins absolue d'enchaînement, de logique et de bon sens ii caractérise toutes ces théories.

Ce n'est donc pas dans leur valeur scientifique qu'il faut chercher raison de la vogue dont quelques-unes ont joui passagèrement, ais dans des circonstances étrangères et accidentelles, telles que la sposition des esprits, la position sociale de l'auteur, sa réputlion, son talent d'écrivain et son influence sur les choses de son mps. Burnet dut e succès de son livre à son imagination, à l'élé-.nce de son style. Whiston a manié les hypothèses qui entrent dans théorie, « avec tant d'adresse, dit Buffon, qu'elles cessent de paître absolument chimériques. Il met dans son sujet autant d'esprit de science qu'il peut en comporter, et on sera toujours étonné que un mélange d'idées aussi bizarres et aussi peu faites pour aller enmble, il ait pu tirer un système éblouissant; ce n'est pas même x esprits vulgaires, c'est aux yeux des savants qu'il paraîtra tel, rce que les savants sont déconcertés plus aisément que le vulgaire r l'étalage de l'érudition et par la force et la nouveauté des idées.» *reuves de la théorie de la terre. Les Époques de la nature*, où Buffon i-même a dépensé bien plus d'esprit, de talent et d'habileté qu'il y en a dans le système de Whiston, eurent dans leur temps une gue incroyable. Elles répondaient si bien aux dispositions des enclopédistes ! Buffon en reconnut la fausseté avec une franchise que ses plagiaires n'ont pas imitée. Le système de Deluc paraissait favorable à la Genèse ; il se soutint pendant quelque temps patroné par une partie du clergé enseignant. La position politique et scientifique de G. Cuvier, son talent d'écrivain, l'éclat de ses autres travaux se projetant jusque sur ses idées géologiques, expliquent le succès de celles-ci ; Cuvier avait fait école ; dans de telles conditions une théorie quelconque est presque assurée de vivre quelques années de plus que son auteur. Si elle est vraie, tant mieux, si elle ne l'est pas, elle n'en est pas moins acceptée, sauf à durer autant que l'enthousiasme.

II. — Non-seulement il n'existe rien de commun entre ces diverses théories et le récit de Moïse, mais encore il y a partout exclusion, incompatibilité évidente ; on croit l'avoir montré surabondamment. Ceux de nos géologues spéculatifs qui n'ont pas voulu rompre avec la Genèse, se sont ingéniés à en donner des interprétations nouvelles, forcées, contradictoires, pour plier le texte à leurs idées ; procédé imprudent autant que puéril. Quand on veut raisonner sur un texte, il faut le prendre tel qu'il est ; si vous en changez l'esprit et le sens, ce n'est plus sur le texte que vous discutez, mais sur vos propres opinions mises à sa place ; et comme ces opinions opposées entre elles, se trouvent renversées tour à tour les unes par les autres, il en résulte que l'on fait dire à Moïse le oui et le non dans la même ligne et dans les mêmes termes. Si je rappelle ici comment toutes les harmonies de l'histoire de la création ont été mises en pièces par ces interprétations inintelligentes, ce n'est pas pour blâmer l'intention des interprètes, c'est pour faire monter le dégoût de leurs systèmes géologico-théologiques aussi haut qu'il existe dans l'âme de ceux qui ont pris la peine de les étudier. Le premier chapitre de la Genèse est aussi clair qu'aucune autre partie historique de la Bible ; aussi les écrivains sacrés, venus après Moïse, les Pères de l'Église, les hébraïsants, soit israélites, soit protestants, soit catholiques, tous l'entendent, l'expliquent de la même manière, et cette uniformité de traduction est si nécessaire, que du moment qu'on s'en éloigne pour adopter un autre sens, aussitôt le récit devient contradictoire, inintelligible, tant il y a d'enchaînement dans les différentes parties, d'unité dans l'ensemble. C'est donc pour des raisons prises en dehors de son texte que la Genèse a été si torturée, c'est pour le racorder malgré lui-même avec toutes les modifications successives des théories physiques. On a la franchise d'en convenir et de taxer d'erreur tous « les interprètes de la religion qui se sont trompés, *parce qu'ils n'étaient pas assez versés dans la connaissance des sciences physiques.* GÉOLOGIE ÉLÉMENTAIRE PAR NERÉE BOUBÉE, P. 4. Ainsi voilà les écrivains sacrés, voilà les 72 savants juifs qui traduisirent le texte de Moïse en grec, convaincus d'avoir ignoré la signification du mot *jour* dans leur propre langue, parce qu'ils n'étaient pas géologues. Demandez aussi à Whiston, il vous dira qu'on a toujours mal entendu le récit de Moïse, que les notions que l'on s'en fait communément sont absolument fausses, et que la terre exista primitivement à l'état chaotique dans l'atmosphère d'une comète. Cette atmosphère de comète que personne n'avait encore aperçue dans la Genèse, Whiston, avec ses yeux d'astronome, l'a très-bien vue dans le texte *tenebræ erant super faciem abissi*. Whiston, on s'en souvient, a vu bien d'autres choses non moins singulières dans le récit du déluge. Mais voici M. Ampère qui, reprenant les choses *ab ovo*, réduit la comète de Whiston à sa plus simple expression, en la ramenant à son état de nébuleuse; ce premier germe de la terre, ce brillant espoir d'un monde futur, M. Ampère l'a trouvé dans le texte *terra erat inanis et vacua*, où la tradition hébraïque et chrétienne, ignorante des sciences physiques, n'avait pas pu le découvrir. MM. Buckland et Chalmers ont accepté de Whiston, l'existence antégenésiaque de la terre et des autres corps sidéraux; les rapports de ces corps changèrent seulement, quand notre monde fut organisé; il n'y a donc pas de créations de corps inorganiques dans la Genèse; tous les interprètes se sont donc trompés en traduisant les *sit lux*, *sit firmamentum*, *sint luminaria* par des créations proprement dites. Les deux auteurs anglais se sont crus obligés de recourir à ce moyen extrême pour procurer à la géologie hypothétique le temps qu'exigent ses hypothèses. C'est dans ce système de conciliation ou plutôt de *concessions* incroyables, impossibles, qu'ils ont placé l'alliance de cette géologie et de leur religion.

Maintenant si nous descendons au fond des doctrines philosophiques qui ont présidé à la confection de ces différentes théories, nous trouverons une sorte de panthéisme éclectique bâtard cherchant à s'établir, soit avec intention, soit à l'insu des auteurs, entre le panthéisme pur et la thèse mosaïque et catholique. Selon Moïse et le catholicisme, le monde a été créé et ordonné par la volonté immédiate du Tout-Puissant. Selon le panthéisme pur, le monde est éternel, il est Dieu; tout ce qui existe est le résultat des lois de la matière et de la nature. Les êtres organisés sont eux-mêmes le produit de ces mêmes lois élevées à leur plus haute puissance; ils ont suivi comme la terre, une voie de développement graduel, en passant de l'état chaotique à l'état de monade, de polype, de mollusque, etc., jusqu'à l'homme. Voilà le panthéisme; il est faux, il est absurde, mais la thèse au moins est complète, elle a le mérite logique d'être fidèle à son principe qui est la négation d'une cause première et intelligente, et de s'adapter à ce principe dans toute son étendue et jusqu'aux extrêmes limites. Mais pour les systèmes qui nous occupent, c'est une thèse manquée ; l'absurdité du principe panthéistique rigoureusement appliqué, étant si évidente, on a voulu transiger avec lui ; on a donc scindé la thèse en deux, en trois, en quatre, selon que l'on voulait s'éloigner ou se rapprocher plus ou moins du panthéisme ou du catholicisme. Mais toutes ces nuances intermédiaires de doctrine laissent voir l'empreinte commune du vice originel ; les lois de la logique les forcent de remonter à leur source ; et la Genèse repousse invinciblement leur contact.

Ire *nuance*.— *Lamarck*.— Lamarck ne figure pas dans la revue des systèmes, parce que le sien est plutôt zoologique que géologique. L'époque de Buffon et de Lamarck dédaignait la science théologique. A peine si quelques bons esprits prévoyant aisément la terrible catastrophe dans laquelle la société allait presque succomber, montraient encore cette clef de la voûte, comme point de mire, comme terme social ; tout le reste, ou bien la négligeait, entraîné, étourdi par le torrent, ou même s'efforçait de la renverser, quelquefois, il est vrai, chez les hommes droits, et instinctivement vertueux, dans la ferme mais aveugle persuasion qu'une instruction plus répandue, plus complète pourrait remplacer la religion ; mais les faits et l'expérience leur ont répondu d'une voix sombre que cela était à jamais impossible ! et les échos des sociétés mourantes, des empires renversés, le redisent depuis plus de trois mille ans ; seront-ils enfin entendus ! Sous cette funeste influence de leur siècle, Buffon et Lamarck furent conduits à créer le monde à leur façon, Buffon en avouant, il est vrai, que ses idées n'étaient que de pures hypothèses ; Lamarck, en modifiant un peu ces hypothèses de Buffon et en les soutenant avec une conviction aussi sincère qu'erronée.

Lamarck forme la nuance la plus rapprochée du panthéisme complet. Il admet un dieu créateur, mais seulement de la matière primitive et de la nature, laissant à ces deux créatures uniques le soin de tout organiser et de produire les végétaux et les animaux ; c'est le panthéisme naturaliste. Mais d'abord la matière n'existe pas, elle n'a jamais existé ; il existe des êtres matériels que nous comprenons sous le nom abstrait de *matière*. L'observation et l'expérience ne nous montrent jamais la matière qu'à l'état de corps composés ou élémentaires. Si loin qu'on pousse l'analyse des corps élémentaires réputés simples, leurs derniers éléments seront toujours des corps, parce qu'ils auront toujours quelque propriété caractéristique des corps, sans quoi ils ne seraient plus rien. La matière est donc inséparable des corps et ce sont les corps mêmes qui sont la matière. Les corps composants et les corps composés, voilà la matière, il n'y en a pas d'autre et l'on ne peut même pas concevoir qu'il y en ait une autre. La matière n'a donc pas été créée indépendamment des corps. Lamarck lui-même paraît avoir senti cela : « Au reste, dit-il, nous ne connaissons la matière que par la voie des corps. » Mais si la matière n'a pas pu être créée sans corps, Dieu, que Lamarck reconnaît pour le créateur de la matière, a donc aussi créé les corps.

Apprenons maintenant de Lamarck ce que c'est que la nature. « La nature est une puissance en quelque sorte mécanique qui emploie pour moyens l'attraction universelle et la répulsion par les fluides subtils... La nature n'est qu'un ordre de choses qui n'a pu se donner l'existence. Il faut donc recourir à son sublime auteur dont la volonté est partout exprimée par l'existence des lois de la nature, qui viennent de lui. C'est un ordre de causes toujours actives étranger aux parties de l'univers... La nature se compose du mouvement répandu dans les corps, des lois de tous les ordres qui mettent dans l'univers l'ordre et l'harmonie... La nature est immuable, inaltérable, et n'a de terme que la volonté du Créateur. Elle n'est pas Dieu... ce n'est pas non plus une âme universelle. Elle ne peut donc pas avoir un but, une intention dans ses opérations. Elle n'est qu'un instrument, que la voie partielle employée par Dieu pour mettre toutes les parties de l'univers dans l'état muable où elles sont continuellement. C'est une sorte d'intermédiaire entre Dieu et les parties de l'univers pour l'exécution de la volonté divine, un pouvoir assujetti... Elle produit, mais elle ne crée pas, ce qui est le caractère de la puissance divine seule. » *Hist. des anim. sans vertèbres;* VIe *partie, p.* 250.

Ainsi, la nature, cette seconde création de Dieu, cette *puissance en quelque sorte mécanique, qui emploie pour moyens l'attraction universelle et la répulsion par les fluides subtils*, cette puissance physique, puisqu'elle n'est *ni une âme universelle, ni Dieu, mais seulement le terme de sa volonté*, cette nature est sans doute elle-même un corps ou une collection de corps, ou de propriétés des corps ; autrement comment aurait-elle *pour moyens l'attraction universelle et la répulsion* qui sont des propriétés des corps, *par les fluides subtils*, qui ont encore évidemment des corps ? — Non, dit Lamarck, *la nature est un ordre de causes toujours actives, étranger aux parties de l'univers, un ordre de choses* qui n'a pas pu se donner l'existence. — Mais un ordre de choses sans choses, un ordre de causes mécaniques sans corps dont elles soient les propriétés, qu'est-ce que cela, sinon une abstraction à mettre à côté de celle de la matière primitive ? De quoi se compose donc cette inconcevable nature ? — *Elle se compose du mouvement répandu dans tous les corps ; de toutes les lois qui mettent dans l'univers l'ordre et l'harmonie.* — Mais le mouvement est une abstraction, il n'existe pas indépendamment des corps ; et les lois qui maintiennent l'harmonie dans le monde ne peuvent pas être autre chose que des effets immédiats de la volonté divine ou le résultat des propriétés des corps dont ce monde a été formé ; et si cet ordre du monde est *immuable* et *inaltérable*, c'est parce que ces propriétés essentielles aux corps se représentent toujours les mêmes dans les mêmes circonstances. Ces propriétés n'existent pas et n'ont jamais pu exister sans les corps auxquels elles sont inhérentes ; pour qu'il y ait des propriétés de corps, il faut qu'il y ait des corps, et pour qu'il y ait des corps différents, il faut que ces corps soient doués de propriétés différentes ; la volonté divine, en créant les corps, a donc créé en même temps ces propriétés qui devaient maintenir l'ordre établi et donner lieu aux lois du monde ; ce qui montre que la création n'a pu s'exécuter par les lois actuellement existantes, puisqu'elles sont un résultat et non pas la cause de la création.

Si ni la matière, ni la nature ou les lois du monde ne peuvent exister sans tous les corps, il s'ensuit rigoureusement que tous les corps ont dû être créés, pour qu'il y eût matière et nature ou lois du monde. Cette thèse de Lamarck des corps produits par la matière et la nature est donc contradictoire et absurde.

C'est pourtant de cette creuse notion de la nature et de la matière que Lamarck voudrait faire sortir non-seulement les corps bruts, mais aussi les végétaux et les animaux. Selon lui le type primitif par où la nature a commencé la série animale est la *monade terme* développée dans un globule de liquide ; il ne décide pas si la nature n'a pas commencé la série végétale par deux ou trois types. Si la nature n'avait pas déjà produit les animaux, elle pourrait, dit-il, les produire encore de la même manière et par les mêmes voies. Sur ce point, il diffère d'Épicure qui nous montre la nature épuisée et devenue stérile. Il admet comme hors de doute les générations spontanées dans le moment actuel, mais seulement pour les organisations les plus simples. Après les générations spontanées qui ont commencé chaque série particulière, les espèces animales sont provenues les unes des autres par transformations successives. Comment ? il ne le dit pas. Il suffira pour le moment de remarquer que la transformation des espèces les unes dans les autres est démontrée fausse dans tous les degrés de la série animale comme de la série végétale ; les espèces sont fixes et déterminées ; elles sont organisées en relation intime avec les circonstances et les milieux dans lesquels elles doivent vivre. Elles n'ont donc pas été produites par une cause aveugle et mécanique.

Comme on le pense bien, il n'y a pas d'*espèce* pour Lamarck, il n'y que des individus. Grave erreur ; l'espèce au contraire est tout aussi réelle que l'individu, puisqu'elle le produit, et que dans l'état présent au moins il ne peut arriver à l'existence que par elle. Ici Lamarck a pris une réalité pour une abstraction, après avoir pris si souvent des abstractions pour des réalités.

Les argiles sont évidemment, selon lui, des produits de détritus ou résidus des végétaux ; bien plus, tous les corps bruts, minéraux et métaux, proviennent de l'action et de la décomposition d'êtres organisés. D'où il faut conclure qu'il n'y a pas de roches antérieures à l'existence des corps organisés, puisque tout corps inorganique à son origine dans les corps vivants, végétaux et animaux ; mais alors sur quoi ont reposé les premiers corps organisés ? Quel a été leur appui, leur séjour ? c'est encore une thèse contradictoire et absurde.

2e *nuance.* — *Buffon.* — Buffon recherchant la cause première du mouvement imprimé aux astres, « *cette force d'impulsion*, dit-il, *leur a été* CERTAINEMENT *communiquée en général par la main de Dieu, lorsqu'elle donna le branle à l'univers ; mais comme on doit,* AUTANT QU'ON PEUT, *en physique s'abstenir d'avoir recours aux causes qui sont hors de la nature*, il me paraît que dans le système solaire on peut rendre raison de cette force d'impulsion *d'une manière assez vraisemblable* et qu'on peut en trouver une cause dont l'effet s'accorde avec les règles de la mécanique, etc. » On a déjà vu que les effets de la cause proposée par Buffon auraient été en désaccord complet avec les lois de la mécanique. Mais c'est sur le principe antiscientifique de l'auteur que je veux fixer l'attention, principe tellement faux, lorsqu'il est compris et appliqué de cette manière, que Buffon n'a pas pu le formuler sans se contredire lui-même dans la même phrase. D'une part, il reconnaît Dieu comme la cause *certaine* de cette force d'impulsion, et d'une autre part, il en cherche une autre cause dans la nature, comme s'il pouvait y avoir deux vraies causes immédiates du même effet, ou que la même cause pût se trouver à la fois dans la nature et hors de la nature. Il fait un devoir de s'abstenir, *autant qu'on peut*, de recourir aux causes qui sont hors de la nature, et il s'en abstient, lors même qu'on ne le peut pas, et qu'on ne le doit pas, puisque, d'après lui-même, la cause *certaine*, dans le cas présent, est placée hors de la nature. Il n'est permis de rapporter sciemment les effets d'une cause reconnue pour la véritable à une cause hypothétique, fût-elle même vraisemblable, qu'afin d'arriver par *l'absurde* à la confirmation de la cause certaine. Buffon est arrivé en effet à ce résultat, mais contre son intention, et il faut l'en blâmer. On doit toujours chercher à remonter aux causes, et surtout aux causes générales et premières, où qu'elles soient placées ; il n'y a de science qu'à cette condition. Ce grand principe a été proclamé par Aristote, le plus profond philosophe naturaliste, et Buffon n'aurait pas dû l'oublier si souvent. C'est au contraire le faux principe de Buffon qui a dirigé Lamarck ; c'est la dominance de ce principe à des degrés différents qui caractérise les différentes nuances de doctrine que nous sommes en train d'examiner ; on a fait des efforts inouïs pour ordonner le monde sans Dieu.

Buffon admet un créateur de la matière générale et de la *nature*, c'est-à-dire, comme il l'explique, du système des lois établies pour l'existence des choses et la succession des êtres. Il personnifie donc la nature, il lui donne tout pouvoir en ce monde, hors celui de créer et d'anéantir ; ensuite, il croit pouvoir se passer d'une cause première qui a le défaut d'être *placée en dehors de la nature* : sa divinité est celle de l'épicuréisme, elle se repose dans les profondeurs de l'empirée, sans s'occuper de l'univers dont elle a seulement créé les éléments pour les livrer à la nature qui les travaille et les modifie, les change et les altère, et en forme les êtres divers. Nous avons déjà vu cela dans Lamarck, son imitateur, et toute la différence entre la doctrine du disciple et celle du maître, c'est que dans Buffon, les molécules organiques mises à la disposition de la nature pour les faire entrer dans la composition des corps vivants, ont été créées immédiatement par Dieu. Mais du moment que Buffon a remplacé l'action libre et intelligente d'une cause première par l'action aveugle et mécanique de la nature, il détruira l'une après l'autre toutes les bases de la philosophie, et les lois de l'inflexible logique l'entraîneront malgré lui dans toutes les erreurs du panthéisme.

Il négligera le but théologique de la science, le mieux-être intellectuel, moral et religieux de l'homme, pour embrasser exclusivement celui de l'utilité matérielle et du plaisir de son lecteur. L'homme « étudiera les êtres en proportion de l'utilité qu'il en pourra tirer, etc. » (*Discours sur l'étude de l'hist. nat.*) Cette méthode est la plus opposée à la philosophie et à la généralisation de la science qui puisse être imaginée.

Cependant Dieu, devenu étranger à toutes les parties de l'univers, qui peut aller désormais sans lui, ne figurera plus dans les études philosophiques de l'homme. « La poésie, l'histoire et la philosophie ont toutes le même objet et un très-grand objet, l'homme et la nature. » (*Disc. de récep. à l'Acad.*) — « L'histoire naturelle, prise dans toute son étendue, est une histoire immense, elle embrasse tous les objets que nous présente l'univers. » (*Disc. sur l'étude de l'hist. nat.*) —Voilà la science de la nature et la philosophie conçues ; Dieu en est exclu, et le cercle de la science est, par conséquent, brisé. Dès lors vont arriver les conséquences absurdes. « La vérité physique et mathématique, dit-il, est seule existante ; la vérité physique est vraie absolument, la vérité mathématique l'est relativement ; *mais les vérités morales ne sont que convenance et probabilité.* » (*Disc. sur l'étude de l'hist nat.*)

Voilà ce que devient la loi morale dans l'enchaînement des idées de Buffon. Les lois qui régissent les êtres inférieurs seront-elles mieux respectées ? « En général, plus on augmentera le nombre des divisions des productions de la nature, plus on approchera du vrai, puisqu'il n'existe réellement dans la nature que des individus, et que les genres, les ordres et les classes n'existent que dans notre imagination. » (*Disc. sur l'étude de l'hist. nat.*) Par conséquent, le plan du Créateur est nul ; les séries animale et végétale indémontrables ; la transformation des espèces et les générations spontanées sont des réalités, et c'est pour cela que « les molécules organiques vivantes ont existé dès que les éléments d'une douce chaleur ont pu s'incorporer avec les substances qui composent les corps organisés ; elles ont produit sur les parties élevées du globe une infinité de végétaux et dans les eaux un nombre immense de coquillages, de crustacés, de poissons, qui se sont ensuite multipliés par la voie de la génération.» (*Troisième époque de la nature.*)

Dieu exclu, et tout étant sorti de la nature matérielle, où donc l'homme trouvera-t-il sa place ? « La première vérité qui sort de cet examen sérieux de la nature, est une vérité peut-être humiliante pour l'homme : c'est qu'il doit se ranger lui-même dans la classe des animaux, auxquels il ressemble par tout ce qu'il a de matériel, et même leur instinct lui paraîtra plus sûr que sa raison, et leur industrie plus admirable que ses arts. » (*Disc. sur l'étude de l'hist. nat.*)

L'état de nature est une conséquence de l'homme animal. « C'est de la société que l'homme tient sa puissance... Auparavant, il était peut-être le plus sauvage et le moins redoutable de tous : nu, sans armes, sans abri, la terre n'était pour lui qu'un vaste désert peuplé de monstres, dont souvent il devenait la proie. » (*Hist. nat. de l'homme.*) — « L'âge d'or de la morale, ou plutôt de la Fable, n'était que l'âge de fer de la physique et de la vérité. L'homme de ce temps, encore à demi sauvage, dispersé, peu nombreux, ne sentait pas sa puissance... Le trésor de ses lumières était enfoui ; il ignorait la force des volontés unies, et ne se doutait pas que par la société et par des travaux suivis et concertés, il viendrait à bout d'imprimer ses idées sur la face entière de l'univers. » (*Epoq. de la nat. prélim.*)

Ainsi le matérialisme déborde les malheureux principes admis par ce grand naturaliste. « Mais, dit M. de Blainville, à qui je viens de faire quelques emprunts, l'antithéologie y est surtout portée à son comble par la négation des causes finales et l'abandon complet de la recherche des causes en général. Ce principe si fécond de la finalité, sans lequel il est impossible d'arriver à aucune démonstration dans la science, a été l'objet des attaques continuelles et souvent *ignorantes!* du grand Buffon ; c'est que les causes finales se lient intimement à la méthode, et il la repoussait. Par cette faute, que l'on a de la peine à pardonner à son génie, il servit les mauvaises dispositions de son siècle et contribua à faire ridiculiser cette indestructible vérité, à tel point que les esprits sérieux qui l'admettaient encore, reçurent l'épithète ironique de *cause-finalier.* » (*Hist. des sciences de l'organisation*, t. II.)

Selon Buffon, Dieu a donc créé deux choses, la matière et la nature. La matière terrestre est double, matière brute et matière organique. La somme totale de cette matière créée à l'origine, a fait partie du soleil, dont la terre n'est qu'une éclaboussure. La nature est le système des lois établies par Dieu pour l'existence des choses et la succession des êtres ; elle n'est point une chose, elle n'est point un être, c'est une puissance. L'attraction et l'impulsion, deux lois qui n'en font qu'une, sont ses deux principaux instruments. Avec ces moyens, la nature peut tout, si ce n'est anéantir et créer, deux extrêmes de pouvoir, que Dieu s'est réservés. A l'aide de l'attraction et de la répulsion, la nature produit tout sur la matière brute ; avec l'attraction et la chaleur, la nature produit tout encore sur la matière organique. De l'assemblage des molécules de la matière organique, résultent les êtres organisés, dont les premiers ont été formés par les seules forces de la nature. (*De la nature, première vue; Epoques de la nature; Introduct. à l'histoire des minér.; Hist. nat. des anim. en général.*)

Or ces principes, comme on voit, sont de véritables créations ontologiques de l'imagination de l'auteur. Je m'arrêterai seulement à celui qui fait la nuance de Buffon. La matière organique a-t-elle été créée à l'état de molécules élémentaires qui se seraient ensuite réunies et organisées d'elles-mêmes pour former des végétaux et des animaux, comme le prétend Buffon? Cette thèse est radicalement insoutenable. Les substances organiques, en effet, ne peuvent être produites que par des corps organisés vivants et fonctionnants. Les espèces peuvent seules se reproduire, et une espèce n'en produit pas une autre. Chaque espèce est définie et organisée pour un but spécial et déterminé ; si donc les espèces n'avaient pas été créées ce qu'elles sont, elles n'existeraient pas. Il suit de ces vérités que la matière a été créée ce qu'elle est et dans toute sa perfection ; que rien ne s'est organisé de soi-même, ni par les prétendues lois de la nature, qui n'est point une puissance. Mais la matière organique, ne pouvant exister que par les végétaux et les animaux, a nécessairement été créée, car les animaux et les végétaux ont été créés, puisqu'ils naissent et meurent, qu'ils ne se reproduisent que par eux-mêmes et selon leurs espèces.

Pour être juste envers Buffon, je me hâte d'ajouter qu'il a réfuté lui-même ailleurs la plupart de ses paradoxes. Nul n'a démontré plus éloquemment la réalité, la création et la fixité des espèces ; l'impossibilité de l'état de nature, l'unité d'espèce dans le genre humain, la dignité de l'homme et la spiritualité de son âme.

« Il était impossible, remarque M. de Blainville, que se plaçant, comme il le fait, au point de vue de l'harmonie des êtres organisés entre eux et avec le sol, le génie de Buffon n'entrevît pas la grande et belle thèse de la série animale. Aussi en a-t-il été frappé ; il en a démontré plusieurs principes ; continuellement il expose l'ordre de dégradation ; il l'a exposé dans ses *Epoques de la nature*, dans ses discours et dans plusieurs histoires d'animaux particuliers. Sans doute il ne l'a pas démontrée, il n'en avait pas la loi ; mais il a senti, outre la série animale, toute la série des êtres, depuis la matière élémentaire jusqu'à la matière unie à l'intelligence dans l'homme, qu'il a pris pour terme de comparaison. Il a même taillé quelques-unes des parties de la série, les a délimitées, rangées dans l'ordre naturel, en marquant les passages et les nuances d'un genre à l'autre ; de sorte qu'il n'a plus fallu que prendre son travail et le mettre à sa place. » (*Hist. des sciences de l'organisation*, t. II.)

George Cuvier ne forme pas une nuance distincte de celle de Buffon, dont il paraît accepter les idées. Pour lui, l'espèce n'est qu'une hypothèse ; les centres divers de créations paraissent probables ; les êtres peuvent être autochtones, ou, en termes plus clairs, le produit des milieux où ils ont vécu. De là à la transformation des espèces, à leur négation, aux générations spontanées, il n'y a qu'un pas, et l'expression de Cuvier est partout si vague, qu'on ne saurait trop dire s'il l'a franchi. Mais il regarde le bien-être matériel comme le but de la science ; le terme philosophique et moral est complètement omis. Dans la méthode aristotélicienne, Albert le Grand et ses successeurs avaient placé l'homme en dehors et au-dessus des animaux. Buffon en fit un animal ; Lamarck et Cuvier suivent ses errements ;

ils rangent l'homme parmi les animaux et le regardent comme le plus parfait de tous. Dès lors tout ce qui se passe dans l'homme comme être physique, intellectuel ou social, sera le résultat de son organisation animale. « L'homme, dit Cuvier, a un penchant à la sociabilité, que sa faiblesse naturelle lui rendait absolument nécessaire. » (*Tableau élémentaire de l'hist. nat. des animaux*, ch. IV de l'introduction.) Il paraît le supposer d'abord à l'état sauvage, et il se serait développé par son organisation plus parfaite que celle des autres animaux. Mais il n'y a rien de nettement prononcé dans son exposition ; on entrevoit la prédominance d'une opinion, et rien que cela : c'est une sorte d'indécision éclectique.

3ᵉ *nuance*. — *Ampère*. — M. Ampère était profondément religieux et franchement catholique. Les idées philosophiques, hasardées par lui en dehors de ses sincères convictions, n'en sont que plus dangereuses, selon moi, parce que l'on s'en défie moins. Il représente ici la nuance des géologues chimistes. Celle-ci diffère de la précédente en ce que M. Ampère admet la création immédiate de tous les êtres organisés, et celle de la matière à l'état de corps élémentaires ; et avec les corps élémentaires, il a essayé de former et d'organiser le monde physique. Les substances végétales et animales sont pour la plupart formées de toutes pièces dans les corps organisés ; avant donc que de pareilles substances existassent, il a fallu des êtres organisés pour les produire ; mais les êtres organisés eux-mêmes ne se développent et ne se reproduisent que par leurs semblables ; il a donc fallu de toute nécessité que les premiers aient été créés. Le monde élémentaire ne peut rien ici, et l'on est forcé d'admettre la création des plantes, des animaux et de l'homme à l'état complet ; mais pour la terre et les astres, le principe est soutenable, dit-on ; ce sont les lois de la matière élémentaire et du mouvement qui ont tout fait. Voyons donc sur quoi l'on se fonde.

« Les géologues chimistes admettent une création de corps, mais de corps élémentaires ou simples seulement. Selon eux, les lois générales du monde agissant sur les corps simples, auraient formé à la longue tous les corps composés, les grandes masses, les astres. La chimie reconnaît de quarante à cinquante et quelques corps réputés simples ; mais la science est en voie de réduire de beaucoup ce nombre, en montrant que plusieurs, tels que le soufre, le chlore, etc., regardés comme simples jusqu'ici, sont réellement composés. De ces corps élémentaires dont le nombre doit aller ainsi se réduisant, les uns sont des gaz permanents à l'état simple, comme, par exemple, l'oxygène et l'hydrogène ; les autres apparaissent à l'état solide ou liquide, mais peuvent tous être gazéifiés soit seuls par la chaleur, soit combinés avec d'autres corps pour former des composés : le phosphore, le fluor forment des composés gazeux avec l'hydrogène ; le bore, le silicium avec le fluor et le chlore ; le carbone est à l'état gazeux dans l'acide carbonique. Mais pour qu'il puisse y avoir combinaison entre les corps simples, il faut presque toujours qu'ils soient à l'état de gaz naissants, ou au moins à l'état liquide. Si donc le premier acte de la création a été l'existence des corps simples soumis aux lois générales qui les régissent, voyons ce qui a dû arriver d'après ces lois.

« La grande loi générale du monde, admise dans le système actuel, c'est l'*attraction*. Elle est de deux sortes, suivant les corps sur lesquels elle agit : elle s'exerce sur les grandes masses à des distances considérables, et elle agit toujours en raison directe des masses, et en raison inverse du carré des distances : c'est ainsi que l'on suppose attraction entre le soleil, la terre, la lune, etc.; c'est l'*attraction planétaire*. L'*attraction moléculaire* ou *atomique*, au contraire, s'exerce sur les atomes ou molécules des corps réunies ou isolées ; elle n'a lieu qu'à des distances inappréciables.

« Dans l'hypothèse des géologues chimistes, l'attraction planétaire ne pouvait évidemment pas avoir lieu, puisqu'il n'y avait que des corps simples dans la création primordiale. — L'attraction moléculaire était la seule qui pût agir. Or cette loi agit encore de deux manières différentes : 1° entre des atomes de même nature, et alors elle prend le nom de *cohésion*. C'est cette force qui unit les molécules des corps solides entre elles ; elle est insensible dans l'air ou dans les fluides aériformes, dans tous les corps à l'état gazeux ; la loi de cohésion est donc à peu près nulle pour ces corps; 2° le second mode d'action de l'attraction moléculaire est l'*affinité* qui tend à unir, non plus des atomes de même nature, mais des atomes de nature différente. Deux conditions nécessaires à son action sur les corps simples sont la chaleur et la pression, la chaleur pour les gazéifier, et la pression pour rapprocher les molécules.

« La loi d'affinité seule ayant action sur les corps gazeux pour les combiner entre eux, et tous les corps simples étant des gaz, ou pouvant le devenir, et devant même le devenir pour se combiner, puisque c'est à l'état de gaz naissant que la combinaison a lieu le plus souvent et le plus facilement, que dut-il se passer entre ces corps élémentaires primitifs ?

« Dans nos laboratoires, nous pouvons ménager toutes les circonstances voulues pour opérer les combinaisons diverses des corps ; nous pouvons les liquéfier et les gazéifier, les comprimer à volonté, à l'aide de nos instruments. Mais qu'on le remarque bien, en supposant la création élémentaire, on détruit toutes ces conditions. Il peut bien encore, il est vrai, y avoir fusion, liquéfaction, ou même gazéification, soit par l'électricité, soit par la chaleur, ou même par l'action du fluide lumineux, si l'on veut. Mais il n'y a pas de pression possible, car, pour qu'il y ait pression, il faut qu'il y ait résistance. On conçoit, par exemple, que la terre ou toute autre masse solide, étant environnée d'une immense atmosphère de corps gazeux, les corps supérieurs exerçant une pression sur les inférieurs, alors les inférieurs éprouvant une résistance de la part de la masse solide, seront dans les conditions suffisantes et nécessaires pour qu'il y ait combinaison. Mais dans l'hypothèse de la création élémentaire, il n'y avait aucune masse solide, par conséquent pas de pression possible, et l'action de la loi d'affinité manquant d'une de ses conditions essentielles, ne pouvait avoir lieu; partant, pas de combinaisons possibles, et les corps simples seraient restés éternellement dans leur état de simplicité.

« Qu'on ne dise pas avec de Laplace qu'il a pu se rencontrer de grandes masses de corps élémentaires à l'état gazeux, suspendues dans l'espace, et qu'au milieu de ces masses la pression pouvait être suffisante pour donner lieu aux combinaisons et former ainsi un noyau central qui, par sa réaction sur son atmosphère, aurait achevé le reste. De pareilles masses n'ont pu être formées ni par l'attraction planétaire, puisqu'elle n'agit que sur des masses déjà formées; ni par l'attraction moléculaire de cohésion, qui n'agit qu'au contact des atomes, et ce contact ne pouvait avoir lieu que dans une masse déjà formée; or les gaz et les corps gazeux sont avant tout soumis à la dilatabilité et à l'expansion indéfinie en tout sens, tant qu'ils trouvent de l'espace pour s'y répandre, et qu'il n'y a aucune cause de résistance; c'est là un obstacle éternel à la loi de la cohésion. Il n'y avait donc pas même de masses gazeuses possibles, par conséquent pas de pression, et la loi d'affinité demeurait sans aucune action de combinaison possible sur les corps élémentaires primitifs comme toutes les autres lois.

« Nous pouvons donc conclure de la manière la plus rigoureuse que le monde n'a pas été créé à l'état élémentaire, ni par les lois qui le régissent dans l'état actuel. Ces lois sont des effets et non pas des causes; ce ne sont que des phénomènes, des résultats de l'ordre de choses existant. » (*Dieu, l'homme et le monde*, t. I, p. 153 *et suiv.*).

Ainsi, le défaut commun aux théories des géologues chimistes et à celle de Buffon est de bâtir avec des abstractions et d'employer pour former le monde des lois qui ne peuvent exister que dans un monde déjà formé. En admettant la création des règnes organiques et celle des corps élémentaires, la théorie de M. Ampère paraît se rapprocher davantage de l'enseignement catholique ; cependant, par ses conséquences, elle va toucher celle de Buffon et se fondre dans sa nuance. En effet, elle ne peut remplacer la puissance et l'intelligence ordonnatrice de l'univers par les lois de l'aveugle matière, sans rejeter avec Buffon la grande loi de la finalité. Du moment que le soin de produire et d'organiser le monde physique est laissé aux seules lois de l'attraction, il n'y a plus aucun but, aucune fin dans la création, et, comme dit Lucrèce, les choses servent à tel ou tel usage, parce que le hasard a fait qu'elles y sont propres. La création générale est un ensemble dont toutes les parties sont coordonnées pour un même but ; il faut donc que la même cause, souverainement intelligente et puissante qui a tout conçu jusqu'aux moindres détails, ait aussi tout exécuté, depuis le commencement jusqu'à la fin ; il faut admettre les causes finales dans la forme de la terre, dans ses rapports avec son atmosphère, ses eaux, et les autres corps du système solaire, comme avec l'organisation des êtres vivants qui devaient l'habiter.

La théorie géologico-chimiste est donc une thèse mal faite, sans portée, parce qu'elle est sans principe général et coordonnateur. Elle se perd dans les vacillations de l'éclectisme. Le dogme de la création est une de ces vérités absolues qu'il faut admettre ou rejeter sans partage, parce que le partager, c'est nier le principe même de la révélation. Cependant la théorie prétend retenir ce principe, tout en rejetant une partie du dogme, et en modifiant profondément ce qu'elle accepte. La Genèse nous montre les corps sidéraux créés à leur état complet, la théorie les suppose créés à l'état élémentaire. Elle accepte la création immédiate et instantanée de chaque espèce organique, mille fois plus admirable que les masses brutes pour la formation desquelles elle prend des temps innombrables ; mais contrairement à l'enseignement de la Genèse, elle sépare les divers groupes des deux règnes par un nombre indéfini de siècles, pour les faire venir successivement à la vie, et par là elle brise les rapports naturels qui les rendent nécessaires les uns aux autres ; elle détruit toutes les harmonies de leur création et de leur existence simultanée. Plus imprudente, à certains égards, et moins respectueuse que les théories précédentes, elle mêle le sacré au profane, ses conjectures légères à des faits qui servent de base à la loi morale. Elle va plus loin ; elle donne du texte saint des interprétations singulières, et après l'avoir fait pour ainsi dire complice de ses erreurs, elle livre tout cela à notre discussion, au risque de compromettre la Genèse dans l'esprit de ceux qui ne la connaîtraient que par ce qu'on lui fait dire.

4e *nuance*. — *Deluc*. — Deluc, chrétien sincère, mais dans une direction religieuse éclectique, qui laisse à l'homme le choix de son symbole, est conduit par ses idées géologiques à refaire aussi l'histoire de la création. Sa nuance admet, comme les précédentes, un créateur, mais de plus un ordonnateur du monde, et c'est par ce second principe qu'elle en diffère, et qu'elle paraît se rapprocher encore davantage de la vérité catholique. Mais ce principe reste sans application dans la théorie de Deluc, et lorsque la puissance créatrice a prononcé le *sit lux*, tous les éléments de la terre, *confondus* dans le grand abîme du liquide aqueux (c'est ainsi que Deluc a lu le texte), se débrouillent d'eux-mêmes et s'ordonnent en vertu des seules lois physiques. Ainsi, sa nuance remonte à celle de M. Ampère; elle reste exposée aux mêmes inconvénients, elle mène aux mêmes conséquences fausses et funestes.

Deluc soutient, il est vrai, que Dieu continua d'opérer mais lentement, et au moyen des causes secondes. Deluc se trompe lui-même. Les lois physiques sont le résultat d'un ordre de choses et non les causes de cet ordre; les lois physiques ont existé, lorsque le monde a été établi; et quand même, par impossible, elles auraient préexisté à l'arrangement du monde, elles n'en seraient pas moins des causes aveugles, agissant sans intention et sans dessein; or pourquoi voudrait-on que Dieu se fût servi de pareils agents pour disposer les parties de l'univers, tandis que sa volonté lui suffit et que, pour lui, agir extérieurement, c'est vouloir? En outre, qui dit loi, dit un ordre permanent ou invariable; or de deux choses l'une : ou Dieu se serait conformé à cet ordre, et dans ce cas ce n'est pas Dieu, c'est l'agent qui aurait ordonné le monde; et nous rentrons dans la doctrine de Buffon et de Lamarck; ou Dieu aurait fait fléchir cet ordre à sa volonté souveraine, et alors cet ordre n'aurait plus été un ordre, une loi. Il n'y a donc pas de milieu possible entre l'arrangement du monde par la volonté directe du Créateur, et l'arrangement du monde par les lois de la matière, c'est-à-dire, par une entité, une abstraction de l'esprit; et comme Deluc se sert des lois de la matière pour disposer les choses, sa théorie s'identifie avec celle de M. Ampère, et devient tout aussi insoutenable que les autres.

Tout ce qu'il gagne à vouloir placer les causes secondes entre les mains de Dieu, comme un outil entre les mains de l'ouvrier, c'est de faire de l'Être Tout-Puissant un astronome, un calculateur, un physicien, un manipulateur à la manière humaine, et réduit aux mêmes faibles ressources; un artiste novice, qui prélude par d'informes ébauches à la réalisation complète de son idéal, qui produit laborieusement et détruit successivement quatre ou cinq mondes avant d'arriver à celui qu'il juge assez parfait pour le conserver.

La théorie de M. de Beaumont rentre dans celles de MM. Deluc et Ampère. Ce sont les mêmes principes : la masse planétaire, ses eaux, ses montagnes, son atmosphère, etc., s'organisant par les lois de la nature; des créations et des destructions successives, des périodes indéterminées, etc. Je ne parle pas de MM. Buckland et de Chalmers; la confiance de ces deux docteurs dans les théories de la géologie hypothétique est si grande, que pour y accommoder la cosmogonie de la Bible, ils n'ont pas craint de la détruire tout entière, à l'exception du premier verset, *in principio creavit Deus cœlum et terram.*

Ainsi, l'idée qui domine dans toutes ces théories, c'est de chercher à résoudre le problème de l'existence du monde par ses propres lois, en excluant autant que possible la cause première; mais comme la raison et la logique humaine ne peuvent pas plus se contenter du hasard que les passions ne veulent de Dieu, on lui laisse le titre de créateur de la matière, en lui ôtant celui d'ordonnateur du monde. Alors le monde, œuvre de causes aveugles, n'a plus de but; la finalité est rejetée; l'homme devient un accident; ses rapports avec le Créateur sont arbitraires, et la loi morale est une fiction. Je ne dis pas qu'aucun de ces auteurs de systèmes ait voulu détruire cette loi; mais ceux-là mêmes qui étaient animés des meilleures intentions, subissaient une influence hostile à la vérité religieuse, et ils n'ont pas vu que toutes les sciences, depuis la science de la religion jusqu'à celle de la chimie et de la géologie, se tiennent par un indissoluble lien qui fait rejaillir sur la foi et sur la pratique morale les conséquences philosophiques déduites des fausses données de leurs théories. Ces malheureuses hypothèses ont servi de base au rationalisme et à l'exégèse naturaliste; elles sont passées dans l'enseignement, et une notable partie de la jeunesse en est imbue. Il importe donc à la société que la vérité scientifique se fasse jour, car, d'elle-même, lorsqu'elle est prise dans ses principes démontrés par les faits, et la marche de l'esprit humain, elle vient toujours s'accorder avec la vérité morale. Et déjà, ceux qui ont pris la peine de me lire, ne voient-ils pas bien clairement que les principes manquent pour entamer la grande thèse catholique d'un Dieu créateur de tous les êtres, et ordonnateur du monde dans son ensemble et dans ses détails, puisque de tant de systèmes que nous avons passés en revue, et qui tous lui sont hostiles, aucun ne peut se soutenir; qu'ils sont d'autant plus faux, qu'ils s'éloignent davantage du récit de Moïse, et, que loin d'ébranler ce récit, ils le confirment, au contraire, en montrant que toute attaque de ce genre, et même la plus rigoureuse, conduit nécessairement à l'absurde. Mais lorsque bientôt nous mettrons les vérités scientifiques en présence des vérités révélées, on sera ravi de leur accord, et comme nous, on plaindra sincèrement les esprits crédules et aveuglément enthousiastes qui se prosternent devant les petites théories plus ou moins matérialistes de notre époque, de même que leurs pareils se prosternèrent autrefois devant les théories célèbres de Whiston et de Buffon, tandis que ces deux hommes, s'ils eussent vécu dans le même temps et qu'ils se fussent rencontrés, n'auraient pas pu se regarder sans rire, en pensant à *la folle du logis*.

III. *Résumé des systèmes dans leurs rapports avec la science.* — Des hypothèses ne sont pas des preuves; mais c'est de quoi leurs auteurs ne s'embarrassent guère; ils les posent dogmatiquement, et s'imaginent que leur autorité doit tenir lieu de démonstration. Les ouvrages de beaucoup d'hommes qui s'occupent de science, pullulent de semblables hypothèses, dont on peut toujours leur demander la raison, parce qu'ils n'ont pas jugé à propos de la donner, ou qu'ils ne l'ont pas pu. Cependant, en substituant aux principes mille suppositions qui ne sauraient rendre compte des faits, on embrouille tout, et la science se trouve remplacée par l'inextricable chaos d'opinions bizarres, contradictoires, et propres seulement à dégoûter ceux qui veulent sérieusement en aborder l'étude. Qui se douterait, par exemple, qu'il existe une science géologique, après avoir vu tous les systèmes qui ont tour à tour usurpé son nom? On est d'abord porté à croire qu'ils en représentent les phases diverses, les développements successifs, et qu'ils peuvent servir de mémoires à son histoire; mais en les étudiant, on ne tarde pas à revenir de son erreur. Dans ses *Époques*, Buffon renie le principe fondamental de la géologie positive qu'il avait formulé le premier dans sa théorie de la terre, *que les causes qui ont produit le sol de remblai sont des causes toujours agissantes*. MM. Deluc, Cuvier, Brongniart, Ampère, Buckland, de Beaumont, acceptent plus ou moins complètement le faux principe des *causes inconnues ou éteintes*; il y a donc entre leurs systèmes et la géologie tout l'intervalle qui sépare ces deux principes; et comme la reprise sous des formes différentes, mais toujours sans progression possible, du principe des causes éteintes, et les développements succesifs du principe des causes agissantes ont été synchroniques, une lutte continuelle était inévitable, et les systèmes ont, en effet, plus ou moins entravé la marche de la science, selon la mesure de talent avec lequel ils étaient présentés et la réputation de savoir, dont jouissaient leurs auteurs. Il y a sans doute plus d'observations et de faits dans ces systèmes, à mesure que l'on descend des anciens aux modernes; mais outre que ces observations ne sont pas la science, le plus souvent elles n'appartiennent pas à l'auteur, qui les fausse même en les généralisant trop. Quelques systèmes offrent de belles parties spéciales, telles que la paléontologie botanique dans M. Brongniart, la paléontologie animale dans G. Cuvier, etc. Mais encore une fois, il s'agit ici des principes qui servent de base à ces théories; or ces principes sont renversés soit par l'observation géologique elle-même, soit par les autres sciences. Aussi, pour suivre les progrès de la géologie positive, ai-je eu besoin d'intercaler dans les systèmes une analyse des travaux des géologues observateurs, qui, en introduisant de nouveaux faits ou de nouveaux principes dans la science, l'ont amenée successivement au point où elle est parvenue. C'est cette marche logique de la géologie que j'ai maintenant à résumer depuis Buffon jusqu'à nous.

IV. Buffon, dans sa *Théorie de la terre*, fonde la géologie positive, en distinguant de la masse planétaire le sol de remblai, seul objet de la science, et en posant en principe que les causes et les effets actuels expliquent les causes et les effets anciens. Il analyse la cause aqueuse dans ses effets marins, la cause ignée dans les volcans. Il montre dans les calcaires le produit des mollusques et des polypiers, dans les charbons de terre, celui des végétaux, et il établit les vrais principes de la paléontologie, appliqués aussi bien aux animaux terrestres qu'aux animaux aquatiques.

Pallas continue dans cette voie, et accepte plus nettement encore la création de la masse planétaire avec ses montagnes et ses vallées de granit. Il introduit la division des montagnes primitives, les plus élevées de toutes, des montagnes schisteuses, résultat de la décomposition des premières et reposant sur leurs côtés, des montagnes secondaires reposant à côté des schisteuses, et des montagnes tertaires superposées à la craie. Il apporte de nombreux faits à la paléontologie; comme Buffon, il repousse le feu central et l'exagération de ceux qui prétendaient que tous les fossiles sont des espèces perdues.

Werner pousse l'observation des roches jusque dans les détails pour les terrains de l'Allemagne. De Lamétherie, dans la direction de Buffon et de Pallas, analyse toutes les causes naturelles agissantes, et y cherche l'explication du sol. Il introduit déjà le synchronisme des causes aqueuses et ignées; il prouve que tous les phénomènes géologiques sont locaux et dépendent de circonstances variables; que jamais les causes productrices du sol n'ont discontinué leurs effets. Dans cette voie si rationnelle, il admet une seule et unique création des êtres fossiles et des êtres vivants. Il explique les fossiles et leur disparition par des causes naturelles connues, en repoussant, du temps

14

même de Cuvier, toute révolution périodique ou autre que nulle cause physique n'a pu produire. Lamétherie reconnaissait déjà que la géologie par la nature même de son objet se refusait à une systématisation rigoureuse.

En même temps, Lamarck s'appliquait spécialement à la paléontologie des animaux sans vertèbres, dont il fondait la science. Il faisait connaître les premiers principes de la distinction des espèces marines et des espèces d'eau douce, principes qui, vérifiés et agrandis par plusieurs autres naturalistes, devaient conduire M. C. Prévost à reconnaître trois principaux modes de formation dans les roches sédimenteuses : les dépôts d'eau douce, les dépôts marins, les dépôts mixtes, et l'alternance des uns et des autres ; progrès immense, qui renverse les prétendues révolutions du globe, en prouvant que tous les êtres fossiles, soit terrestres, soit d'eau douce, ou même marins, sont les vestiges des seuls corps organisés qui, par des circonstances locales, ont pu être entraînés par les eaux et recouverts de sédiments ; qu'ils sont une exception et nullement la représentation complète de l'état de la vie sur le globe, à l'époque où ils ont péri ; que les dépôts successifs ont été formés dans chaque bassin d'une manière continue sur des points, et périodique, à courts intervalles, ou intermittente, sur les autres.

Tandis que le synchronisme est repris et démontré par M. C. Prévost pour les formations aqueuses entre elles et pour celles-ci et les formations ignées ; M. Ami Boué et plusieurs autres géologues voyageurs, établissent le métamorphisme des roches aqueuses par l'action ignée à toutes les époques du sol de remblai. Par ces beaux travaux, il devient de plus en plus manifeste que les diverses formations ont eu pour cause les diverses circonstances locales du sol, des eaux, et des êtres qui les habitaient ; que, par conséquent, dans des bassins éloignés, les mêmes circonstances et les mêmes phénomènes ont pu produire des effets différents aux mêmes époques, et des effets semblables à des époques différentes. Dès lors, il ne reste plus à étudier que des bassins le plus souvent indépendants, sans en pouvoir rien conclure pour leur ancienneté même relative entre eux, ni pour leur contemporanéité, ces deux conclusions ne pouvant être prononcées que pour les formations d'un même bassin.

Enfin, M. de Blainville vient démontrer la série animale, et que tous les animaux vivants et fossiles font partie d'une conception unique, et d'une seule et même création. Il reprend la partie paléontologique des mammifères commencée par Pallas, et déjà fort développée par G. Cuvier ; il fait voir qu'un très-grand nombre des espèces fossiles de cette classe sont encore vivantes ; que la plupart des espèces perdues appartiennent à des genres encore vivants, et viennent y combler des lacunes ; que le petit nombre de genres complétement éteints établissent des passages entre des genres vivants ; que la plupart des fossiles ont vécu près des bassins où nous les retrouvons et dans des circonstances analogues aux circonstances actuelles ; que les espèces éteintes ont vécu en même temps que l'homme ; qu'elles ont disparu et continuent à disparaître par des causes naturelles dont la principale est, selon toute apparence, la multiplication de l'espèce humaine et son action destructive.

Telle a été jusqu'à ce jour la marche logique de la géologie ; c'est toujours le même principe d'observation positive se développant par le temps et les efforts successifs d'hommes qui procèdent du connu à l'inconnu et agissent tous dans la même direction.

Le sol sédimentaire est donc formé de dépôts qui se sont recouverts successivement, et qui sont dus à des causes différentes, mais identiques avec celles qui agissent en ce moment, puisque les effets des unes sont parfaitement analogues aux effets des autres.

Toutes ces masses du sol ont été sous les eaux ; puis elles ont été émergées ; toutes sont le produit des eaux et de la chaleur, et quand on connaît la manière d'agir des sources, des fleuves, des lacs, des mers, des volcans, on peut faire *à priori* l'histoire générale des formations de tous les âges.

Les formations de notre système aqueux actuel sont de trois sortes principales : marines, fluviatiles, lacustres. Des mers, des fleuves, des lacs ont aussi produit toutes les formations antérieures, et nous retrouvons ces trois sortes de formations à toutes les époques du sol ; donc à toutes les époques, même système aqueux, mêmes causes, même organisation générale du globe.

Dans ce moment, les effets de la cause marine et de la cause fluviatile sont simultanés dans leurs bassins respectifs, et alternatifs à leurs points de jonction ; à notre époque, des formations différentes, lacustres, fluviatiles, marines, littorales, semi-pélagiennes, pélagiennes, se produisent en même temps et des formations semblables dans des temps différents ; or les terrains de tous les âges offrent des combinaisons analogues ; donc même mode d'action des causes aqueuses à toutes les époques.

Par rapport à la nature des roches, l'histoire de la cause aqueuse, pour tous les temps passés, comme pour les temps présents, peut se réduire à cinq mots : calcaires, sables ou grès, argiles, charbons, marnes. A toutes les époques anciennes, comme dans l'époque actuelle, les calcaires en général sont marins, et les autres roches sont dérivées des continents ; et les eaux qui forment ces dépôts en prennent les divers éléments aux mêmes sources qu'autrefois.

Même analogie entre la faune et la flore actuelles et celles de tous les terrains : végétaux terrestres, fluviatiles ou d'embouchure et marins ; animaux terrestres, d'eau douce, d'embouchure, marins littoraux, semi-pélagiens et pélagiens; donc, à toutes les époques, même répartition générale des êtres organisés.

Point de fossilisation que par les eaux et sous les eaux. Les êtres n'ont pas été enfouis vivants, ni sur le lieu même qu'ils habitèrent ; ils ont été entraînés après leur mort et transportés par les eaux courantes à des distances plus ou moins grandes ; ils ont pu être amenés d'au loin comme d'auprès ; voilà la loi ; il y a peu d'exceptions, et elles sont explicables ; la même loi avec les mêmes exceptions s'accomplit encore chaque jour.

Les animaux et les végétaux fossiles sont donc infiniment rares, si on les compare à ceux qui n'ont pu le devenir. Nous n'avons à cet état que quelques-uns des êtres qui vivaient soit aux débouchés des fleuves, soit sur les bords des lacs, soit dans le voisinage des courants marins et continentaux. Les anciens fossiles ne nous donnent donc pas même une idée approximative de l'état de la faune et de la flore de leur temps. Il en est de même pour les êtres qui vivent en ce moment ; l'immense majorité meurt sans laisser de trace de son existence, et si les hommes découvrent un jour ceux dont les débris sont entraînés par nos courants et enveloppés dans leurs dépôts, ils devront les croire individuellement et spécifiquement moins nombreux incomparablement que ceux qui, vivant dans la même époque, ne se seront pas trouvés dans des circonstances assez favorables pour devenir fossiles.

Notre système igné se manifeste dans le temps présent par des produits volcaniques, par la transmutation des roches aqueuses préexistantes, et aussi selon beaucoup de physiciens par les tremblements de terre. Or les terrains de tous les âges présentent des indices non équivoques de ces divers effets. Dans les pays de montagnes, on observe, aux différents étages du sol, des stratifications discordantes, amenées par un changement de direction dans les courants, changement qui n'a pu résulter que de dislocations et d'affaissements très-considérables quoique locaux, produits selon toute apparence par des tremblements de terre, soit que les tremblements arrivent par la cause volcanique ou par le tassement des couches. Mais des produits volcaniques ont été signalés en Europe et en Amérique, dans tous les terrains, depuis les primaires jusqu'à ceux qui sont encore en voie de se former. D'une autre part, on a suivi, dans tous les terrains, les modifications que la cause ignée a fait éprouver aux roches sédimenteuses dans leur couleur, dans leur solidité, dans leur structure, et dans leur composition chimique. Donc à toutes les époques anciennes mêmes effets généraux de la cause ignée que dans l'époque actuelle.

Dans ce moment, les effets de la cause ignée et ceux de la cause aqueuse sont synchroniques; or nous venons de voir qu'il en a toujours été ainsi.

Voilà donc entre les phénomènes anciens et les phénomènes actuels une analogie constante, une liaison intime, entrevue seulement par Buffon, et déjà démontrée suffisamment, sinon encore complétement embrassée, dans tous les détails, une liaison qui se révèle avec une évidence d'autant plus irrésistible, que les terrains sont mieux étudiés et que les observations s'accumulent sur les mœurs et les habitudes des êtres, sur les volcans et sur la manière d'agir des courants de la mer au milieu de son bassin, et près de ses rivages.

Cependant quels que soient les progrès ultérieurs de la géologie, on peut assurer qu'elle ne sera jamais par elle-même une science rigoureuse. Le sol de remblai qui fait son objet, n'est pas autre chose qu'une disposition nouvelle, sous une autre forme, des matériaux provenant de la destruction des êtres organisés et de celle des sols antérieurs, destruction et recomposition qui sont le résultat de causes secondaires locales et accidentelles, si variables dans leur nombre, leur intensité et leur durée, et par conséquent si peu appréciables pour l'intelligence humaine, qu'il ne peut y avoir de principe pour relier et subordonner les parties, les faits et les phénomènes. Or sans principe, point de systématisation possible; car la systématisation, dans une science quelconque, ne peut être que l'enchaînement et la subordination des faits, des phénomènes, et des êtres, à l'aide d'un principe assez général pour les embrasser et les régir tous. Quand ce principe existe et qu'il a été convenablement appliqué, il conduit à des conséquences rigoureuses qui fournissent la prévision, dernier terme de toute science constituée.

A défaut de principes assez généraux, la géologie ne saurait donc marcher seule, et sans s'appuyer continuellement sur la paléontologie, ou plutôt sur la zoologie et la botanique dont la paléontologie fait partie, sur la météorologie, la chimie et les autres sciences physiques. C'est pour n'avoir pas compris cette nécessité, et aussi parce que la zoologie n'était pas encore assez avancée, que tant de géologues on fait des systèmes. C'est en la comprenant, qu'on espère, dans cet ouvrage, arriver à une démonstration rigoureuse de la révélation par les sciences naturelles et physiques, persuadé depuis longtemps que les sciences doivent ramener le monde aux principes de vie, et convaincre les plus incrédules de l'immutabilité des bases de la foi catholique. Telle est aussi sur la mission dévolue aujourd'hui à la science l'opinion du philosophe naturaliste le plus profond de notre époque. « Quand on examine, dit M. de Blainville, ce qu'est notre société, on voit que tous ses efforts convergent vers l'industrialisme et l'exploitation du sol et de tous les éléments qui l'entourent. Dans une telle direction, les sciences seules sont appelées pour éclairer sa marche, seules elles ont accès dans les combinaisons d'avenir qui doivent conduire à une fortune plus probable là que partout ailleurs. Le haut enseignement des colléges donne une plus grande part de temps que jamais à l'étude des sciences. Elles sont mises à la portée des intelligences les moins étendues par cette profusion de manuels de tout genre qui circulent dans les mains des classes ouvrières, et qui forcent jusqu'à ces classes à suivre en aveugle un mouvement dont la direction a quelque chose d'effrayant pour l'observateur. La société tout entière est donc enlacée dans les filets de la science; elle ne juge plus, n'entend plus, ne voit plus que par ses principes. La philosophie proprement dite est nulle dans son enseignement comme dans les principes qu'elle professe aujourd'hui; la théologie pure est repoussée du monde; la science seule reste parce qu'elle est essentiellement liée aux intérêts matériels de ce monde. Or la ruine du monde moral entraînerait la ruine du monde physique, et Dieu ne peut pas vouloir que son œuvre périsse. A toutes les époques, l'histoire des sciences de l'organisation nous a montré le salut sortant de la lutte continuelle de l'erreur contre la vérité. La science d'ailleurs ayant pour but Dieu et ses œuvres, l'homme et sa nature, elle possède dans ses éléments mêmes tous les moyens de remonter aux principes; et parce que sa marche est logique, comme l'esprit humain dont elle est l'œuvre, et que d'autre part, les œuvres de Dieu qui sont ses éléments, s'enchaînent aussi dans un ordre logique remontant jusqu'au Créateur, il faut donc qu'elle arrive, malgré les dispositions souvent défectueuses de ceux qui la cultivent, à la confirmation des grands principes du monde moral et de la société. Sa marche bien observée ne laisse aucun doute sur ce point; on a bien pu la captiver quelque temps dans le dénombrement des faits, dans la dissection des êtres et dans leur observation; cela même était nécessaire. Mais dès que ce travail a eu préparé les éléments, la force de la science a brisé les barrières et contraint l'esprit humain à formuler des doctrines. Ces doctrines ont dû être et ont été dans la direction que nous avons signalée, le panthéisme matérialiste. Mais *il* a vainement essayé une réorganisation dont il n'avait ni la puissance ni le secret. Et pourtant une seule alternative était nécessaire : ou le monde expliqué par la foi catholique, ou le monde expliqué par le panthéisme, toutes les autres données de l'erreur rentrant dans la dernière. Or la dernière solution conduit à *l'absurde ;* la solution catholique est donc la seule vraie, ou bien il faut renverser tous les principes de la logique. Voilà le pas que la science a fait; et voici la mission que le monde attend d'elle : non pas créer une nouvelle religion, une nouvelle morale, non pas un christianisme humanitaire ; ce serait la solution absurde du problème ; mais confirmer la vérité de l'enseignement catholique, et appuyer ses démonstrations. Il n'y a pas de doute que cette mission est réservée à la science, puisqu'elle vient de Dieu et qu'elle possède l'empire du monde. » (*Hist. des sciences de l'organisation*, t. III, p. 21.)

TABLEAU.

— 216 —

FORMATION NEPTUNIENNE OU AQUEUSE.

Couches terminales { Madréporiques, tourbeuses, détritiques, alluviennes, tuffacées, couvrant tous les diluvium = sables, limons, graviers, cailloux, blocs erratiques, cavernes à ossements, brèches osseuses terrains inférieurs. (fer d'alluvion, dépôts plusiaques).

Terrain tertiaire reposant sur le sol primitif et sur diverses parties du terrain secondaire.
- 1 *nymphéen* = sables, grès, meulières
- calcaire siliceux, calcaire et marne
- sel, soufre, gypse
- calcaire blanc
- 2 *tritonien* = molasse, calcaire
- sable coquillier, falun, grès blanc, marne
- calcaire grossier
- 3 *nymphéen*........................lignites et argiles.

Terrain secondaire dont les différents groupes se superposent partiellement et peuvent

Craie { 1 blanche .....
       { ....2 tuffau, chloritée ou glauconieuse, sables,
                                                     .....3 marnes.

Jurassique { 1 calcaire oolitique (Portland), argiles (Honfleur)
                                                     marnes, sables, grès.
           { ....2 calcaire oolitique (Coral-Rag)
                                          argile, marne (Oxford-Clay).
                      ....3 calcaire schisteux, marbre coquillier (Forest-Marble)
                                                                      grande oolite
                                                                      marnes
                                                                      oolite inférieure.

Liasique { 1 marnes et calcaire
         {   ....2 calcaire argileux
                          calcaire conchoïde et cristallin
                          3 calcaire sableux, arkose, stéaschistes.

Formation pluto-nienne ou ignée.
- diorite, pyroxène.
- porphyres, syénite, serpentine.
- trapps, trachytes, basaltes.
- laves, cendres, scories, tuffs ponceux.

Formation mixte ou métamorphisme.
- argiles et grès endurcis, gypse, jayet antraxiforme
- craie marbre, calcaire saccharoïde, marnes modifiées, etc.
- houille, graphite bacillaire, anthracite graphique.
- dolomie, talcochistes, gneiss talqueux, etc.

Observations. Ce tableau résume toute la géognosie, en cherchant à faire sentir : 1° les terrains et leurs groupes n'y sont pas représentés superposés sur une ligne verticale, mais en élevées successifs ; en sorte que, en partant du premier groupe terriaire, on marche successivement sur les autres groupes, sur la craie, les étages jurassiques, etc., et enfin sur le sol de la création. — 2° Chaque terrain est divisé en groupes qui sont aussi présentées en degrés pour les mêmes raisons. — 3° Chaque groupe est divisé en étages également gradués ; tantôt ces étages enjambent le supérieur sur l'inférieur, pour marquer que celui-ci sort de dessous l'autre ; tantôt ils n'enjambent pas pour indiquer qu'il n'y a pas superposition au moins constatée de l'un sur l'autre. — 4° Dans chaque groupe les systèmes parallèles à toutes les formations neptuniennes, qu'elles appartiennent à tous les terrains, quelles les traversent tous, etc.

(Extrait de l'ouvrage de M. Marjoled, *Dieu, l'Homme et le monde*, etc.)

		1 marnes irisées (Keuper), gypse, sel
	Triasique	2 grès rouge, calcaire conchylien (Muschelkalk),
		3 grès bigarrés, grès des vosges, etc.
		psammites (Grauwacke).
		1 marne
	Grès houiller	2 calcaire, k'ris (Zechstein)
		3 calcshistes, etc.
		4 houillères { schistes
		{ psammites
Terrain primaire		1 antraxifère { calcaire de montagne, vieux grès rouge
		{ calcaire carbonifère
		2 psammites (Grauwacke) schistes, calcaire.
	(devonien)	
		{ 1 schiste
	(silurien)	{ 2 quartzites, grès
		{ 3 ardoisier
		3 grauwackes ou psammites
		4 talqueux = stéaschistes, quartz, calcaires marbres, micaschistes, gneiss.
	(cambrien)	

Sol primitif = granits, etc., … montagnes et vallées primitives.

Terrains intercalaires volcaniques ou pyrodes { directe { qui ont produit par leur action.... { reposer sur divers parties du terrain primaire et du sol primitif. { indirecte.

DEUXIÈME PARTIE.

DÉMONSTRATION DE LA RÉVÉLATION PRIMITIVE PAR L'ACCORD DE LA GENÈSE AVEC LES SCIENCES.

CHAPITRE IX.

EXPLICATION DU PREMIER CHAPITRE DE LA GENÈSE.

L'œuvre des six jours a été de tout temps admirée par les sages et les philosophes tant israélites que chrétiens. David et Salomon n'en parlent qu'avec enthousiasme. Elle a été commentée par les plus beaux génies et les plus éloquents de tous les Pères, saint Basile, saint Ambroise, saint Augustin, saint Jean-Chrysostôme; elle a été développée par Bossuet dans son magnifique *Discours sur l'histoire universelle*. Elle a été révérée comme divine par Descartes, Newton, Leibnitz, Euler, Bacon; ce dernier réduisait toute la science humaine à l'explication de l'œuvre des six jours et la donnait comme le principe de toutes ses connaissances. G. Cuvier déclarait que de toutes les cosmogonies, celle de la Genèse est seule conforme à la nature. Mon dessein est d'en exposer simplement le sens propre et littéral, et de le confirmer par les passages qui s'y rapportent dans les livres les plus anciens des écrivains de la même nation, qui en seront toujours le plus sûr et le plus légitime commentaire. Je ne chercherai donc point, à l'exemple de tant d'autres, à voir dans Moïse un philosophe ou un naturaliste, mais un historien très-grave et très-instruit, redisant ce qu'il a appris sur les origines du monde, se servant de documents transmis par les ancêtres, ne racontant que les principales circonstances des faits, et insistant, sans doute, de préférence sur celles dont la connaissance pouvait éloigner les Hébreux des erreurs de l'idolâtrie, et les attacher à leur Créateur par la reconnaissance et la soumission. Je montrerai partout l'accord des faits révélés avec les principes des sciences, mais je le ferai en peu de mots, me réservant de reprendre ensuite séparément les principales concordances et de les développer dans des limites convenables. J'ai réuni dans ce chapitre un bon nombre d'observations éparses dans le dernier ouvrage de M. Maupied. En terminant, je rapprocherai de notre cosmogonie celles des autres peuples de l'antiquité, et particulièrement celle du *Livre de la loi de Manou*, qui semble en être une imitation. On verra mieux par cette comparaison ce qui distingue le représentant fidèle de la tradition antique du philosophe qui se recherche lui-même et se complaît dans ses propres pensées.

Premier jour. — *État de la terre après sa création immédiate.* — *Création de la lumière ; sa séparation des ténèbres.*—*Nature des jours de la cosmogonie.* — *In principio creavit Deus cœlum et terram* ; au commencement, Dieu créa (tira du néant) le ciel (tous les astres) et la terre (avec tout ce qu'elle contient). L'écrivain sacré, par un procédé familier aux historiens, exprime d'abord toute la création en peu de mots ; c'est un sommaire anticipé de ce qu'il va développer en détail. En effet, toute l'œuvre des six jours est comprise dans ces quatre mots : *Création du ciel et de la terre par un Dieu unique ;* et après le dernier jour, Moïse terminera comme il a commencé : *Telles sont les origines du ciel et de la terre, lorsque Dieu les créa ;* résumé tout à fait identique avec son préambule. La philologie confirme ce sens ; le mot *Bereschicht, au commencement*, est en construction avec le mot *bara, créer,* et signifie *dans le commencement de créer* ou *lorsque Dieu commença à créer le ciel et la terre*, *la terre était*, etc.

On ne peut donc pas voir dans ce verset, avec MM. Buckland et Chalmers, le résumé rétrospectif de l'histoire d'un monde plus ancien dont les ruines auraient servi de matériaux pour le monde de la Genèse ; ni avec les partisans des idées cosmogoniques de Buffon, la création d'une matière générale primitive de laquelle tous les corps auraient été ensuite formés. Cette matière générale et abstraite ne se trouve nulle part dans la Bible. Pris dans ce sens, le mot matière n'est ni hébreu ni chrétien, il est né de la philosophie grecque. Aussi Moïse ne nous dit-il point que Dieu créa la matière, mais qu'il créa tels et tels corps ; il n'y a point de création d'*êtres de raison* dans sa cosmogonie, comme dans celle de Manou.

Il affirme donc deux choses dans ce court préambule : que le monde a commencé, et qu'il est l'œuvre d'une intelligence souveraine et d'une seule volonté créatrice. Ainsi l'ont compris tous les anciens écrivains qui parlaient sa langue, ces interprètes naturels de son texte, car tous après lui répètent ou commentent dans le même sens ces simples et majestueuses paroles : *In principio creavit*

Deus cœlum et terram (1) *!* Est-ce à l'école des Égyptiens, est-ce en lui-même que Moïse a trouvé cette vérité, de toutes la plus riche? Les seuls efforts de l'esprit humain pouvaient-ils atteindre à cette hauteur? Quoi qu'il en soit, il raconte sans étonnement le plus étonnant des prodiges, il expose avec précision le premier de tous les dogmes, celui d'un Dieu créateur et ordonnateur ; il nous ramènera sans cesse et sans effort à cette primitive notion, qui, quoique au-dessus de notre entendement, en est pourtant le flambeau et sert de base à toutes ses connaissances.

Terra autem erat inanis et vacua, et tenebræ erant super faciem abyssi et spiritus Dei ferebatur [super aquas. « Or la terre était invisible (à cause des eaux qui la couvraient) et vide (d'habitants) ; les ténèbres s'étendaient sur la face de l'abîme (des eaux), et un grand vent planait sur les eaux. » Rien ne nous empêche de donner le nom ancien de chaos à cet état de la terre, au premier instant de sa création ; gardons-nous cependent d'en altérer l'idée et la tradition, comme l'ont fait les poëtes et les philosophes, en imaginant une matière vague, indéterminée, gazeuse, dont le mouvement aurait peu à peu fait éclore un soleil, une terre, et toute la décoration du monde. Ce chaos n'est point celui de Moïse. La terre n'était pas encore habitable, mais ce qu'elle contenait était fini. L'eau était faite quoiqu'elle ait été ensuite distribuée autrement ; le limon était fait, puisque Dieu en prit bientôt après pour en construire le corps humain ; la masse planétaire était faite et solide, puisqu'elle supportait les eaux. Le monde ne passe donc point par cet état de confusion de tous ses matériaux, que tant de philosophes ont rêvé. « Il a fondé la terre sur ses bases, dit David, commentant ce verset ; *l'abîme des eaux l'enve-*

---

(1) Où étais-tu, quand je jetais les fondements de la terre? dis-le-moi, si tu as l'intelligence. Qui en a établi les mesures, le sais-tu? qui a étendu le cordeau sur elle? sur quoi ses bases sont-elles affermies? qui en a posé la pierre angulaire, lorsque les astres du matin (les intelligences célestes) me louaient tous ensemble, et que tous les fils de Dieu étaient ravis de joie? Job, c. XXXVIII, v. 4 et suiv. — Jéhova ma possédée (la sagesse) en premier; avant ses œuvres j'étais. Dès l'éternité j'ai été sacrée, dès le commencement, avant que la terre fût : les abîmes (les masses aqueuses) n'étaient pas, et j'étais engendrée; le Seigneur n'avait pas encore fait la terre et les fleuves et les montagnes. Lorsqu'il étendait les cieux, j'étais là; lorsqu'il entourait l'abîme d'une digue ; lorsqu'il suspendait les nuées... Prov. c. VIII, v. 22 et suiv. — Au commencement, Seigneur, vous avez fondé la terre, et les cieux sont l'ouvrage de vos mains. Ps. CI, v. 25. — La mer lui appartient, c'est lui qui l'a faite, et ses mains ont fondé la terre. Ps. VIII, v. 5.—Moi, j'ai fait la terre et j'ai créé l'homme ; mes mains ont étendu les cieux, et toute l'armée des astres a obéi à mon commandement. Is. c. LV, v. 12. — Mon fils, regardez le ciel et la terre et tout ce qu'ils contiennent, et comprenez que Dieu a créé tout cela de rien, ainsi que la race des hommes. Machab. 2ᵉ liv. c. VII, v. 28.

loppait comme un vêtement, *les eaux couvraient les montagnes.* »
(Ps. 103, v. 5, 6.) Aussi, au troisième jour, lorsque le Créateur a fait la répartition des eaux entre l'atmosphère et le bassin des mers, dès cet instant, la terre ferme apparaît, *appareat arida.* Dieu ne sépare donc pas des matériaux préexistants et confondus, mais il crée et dispose en même temps dans un ordre conforme aux lois de la matière. Le noyau solide, la terre occupe le centre, les eaux environnent ce noyau, des vapeurs s'élèvent sur l'immensité de l'abîme, et le mouvement s'établit sur les eaux et dans les vapeurs, d'où résulte un vent violent, *spiritus Dei ferebatur super aquas. Réâ'h elohim*, que plusieurs interprètes traduisent, au figuré, par *esprit divin, esprit fécondant, énergie créatrice*, signifie, au propre, *un grand vent*. En hébreu, le mot *elohim* ou *el* sert d'amplification ; on dit une anxiété divine (Sam., c. xiv, v. 15) ; des montagnes divines (Ps. xxxvi, v. 7), pour exprimer une grande anxiété, de hautes montagnes.

La terre avec ses eaux était suspendue dans le vide et équilibrée par son propre poids. Elle avait le mouvement sur elle-même ; mais les causes de la gravitation n'existaient pas encore ; il n'y avait pas d'autres masses que la terre, rien ne pouvait agir sur elle. Alors les eaux et les substances qu'elles contenaient subirent la loi de la vaporisation avec d'autant plus de force qu'il y avait plus de vide autour d'elles. C'est un fait que les vapeurs se forment lentement dans l'air et instantanément dans le vide. Qu'on introduise dans le vide barométrique une goutte d'eau pure et privée d'air par la distillation, aussitôt cette eau, se vaporisant en partie, pèse sur la colonne de mercure et la fait descendre immédiatement. Donc, après sa création, le vide existant tout autour de la terre, où il n'y avait encore ni éther, ni atmosphère, l'eau subit la loi de vaporisation instantanée. La force expansive des vapeurs s'exerçant dans tous les sens et indéfiniment, comme celle de tous les gaz, la vapeur dut se former avec une grande abondance, puisqu'elle ne rencontrait pas d'obstacle, et dès lors les ténèbres enveloppèrent la terre et les eaux, *et tenebræ erant super faciem abyssi.* Dans cette vaste enveloppe de vapeurs s'établirent des courants, parce que c'est une propriété des fluides et même aussi des liquides de n'être jamais en équilibre, mais toujours et par la moindre cause dans l'instabilité du mouvement. L'énorme masse des eaux qui couvraient la terre, trouvant, ainsi que les vapeurs, une résistance dans la masse solide du globe, devaient donc perpétuer leur mouvement par leur élasticité même, et la terre, par son mouvement, devait exercer une action sur les vapeurs et sur les eaux ; de là un vent violent qui vint, en agitant ces vapeurs, faciliter encore la vaporisation : *et spiritus Dei ferebatur super aquas.* Job a fait allusion à ce premier état de la terre, et il a lu le texte saint comme nous. « Qui a renfermé l'abîme dans ses digues, lorsqu'il rompait ses liens comme l'enfant qui sort du sein de sa mère? Lorsque je l'enveloppai de vapeurs comme d'un vêtement, et que je l'entourai de ténèbres, comme des langes de l'enfance. » (Ps. XXXVIII, v. 8, 9).

Dans la Genèse, l'homme, les animaux, les plantes arrivent à l'existence dans un état de développement complet; les astres sont créés à l'état massif et stable; l'éther, l'atmosphère commencent à fonctionner dès l'instant de leur création. En un mot, chaque partie du monde est produite d'un seul jet. Il en a donc été ainsi de la terre, et cela même est prouvé par l'impuissance des théories qui, voulant lui attribuer une autre origine, lui font traverser une suite de modifications pour arriver à son état définitif. En effet, on ne peut imaginer que quatre hypothèses sur l'origine de notre planète, parce que nous ne connaissons la matière que dans quatre états, l'état solide, l'état liquide, l'état fluide ou gazeux, et l'état mixte, qui serait la combinaison des solides, des liquides et des gaz. Or nous avons vu que l'hypothèse astronomico-chimique, qui suppose la terre originairement à l'état gazeux, est de tout point inadmissible. L'hypothèse plutonienne de la fluidité ignée n'est pas plus solidement établie. En contradiction avec un grand nombre de faits, elle n'en explique aucun d'une manière satisfaisante. L'hypothèse neptunienne ou de l'état liquide aqueux, généralement abandonnée, n'a pour elle aucune raison sérieuse et elle est en contradiction avec les faits observés. Personne n'a jamais prétendu que la terre eût été créée à l'état purement solide. Une telle hypothèse serait d'ailleurs incomplète et n'expliquerait rien. Reste donc la quatrième hypothèse, savoir que la terre a été créée sous les trois états, solide, liquide et gazeux, combinés; celle-ci n'a rien d'exclusif; elle fait concorder les sciences physiques et les sciences morales; elle rend compte de tous les faits; elle est donc éminemment scientifique; or c'est la théorie de Moïse, ou plutôt c'est l'enseignement de la tradition.

Si la terre avait été primitivement soit à l'état gazeux, soit à l'état de fusion ignée ou de liquéfaction aqueuse, elle serait un sphéroïde parfait de révolution, sans la moindre inégalité, sans montagnes, sans vallées, et, par conséquent, sans cours d'eau, sans climats variés, et partant sans habitants.

La terre a été faite avec des conditions propres à la rendre habitable, et sa forme est une de ces conditions, car de cette forme résultent des mouvements qui sont nécessaires à l'entretien et à la continuation de la vie de tous les êtres organisés; cette forme n'est donc pas l'effet du hasard ou de causes aveugles, comme le sont toutes les causes physiques; cette forme est donc, elle aussi, un fait primitif, un résultat de la volonté divine.

Buffon arrivait déjà, par le calcul et sans le vouloir, à ces mêmes conséquences. La direction commune du mouvement d'impulsion, qui fait que les planètes vont toutes d'Occident en Orient, lui donnait, pour les six planètes connues de son temps, 64 à parier contre 1 qu'elles n'auraient pas eu ce mouvement dans le même sens si une même cause ne l'avait pas produit. Mais le nombre des planètes s'étant augmenté par de nouvelles découvertes, la probabilité que leur mouvement commun ne peut être dû au hasard ou à n'importe quelle cause aveugle, s'est accrue dans la même proportion.

L'inclinaison des orbites des six planètes connues de Buffon n'excède pas 7 degrés et demi; or, en comparant les espaces, il calcule qu'il y a 24 contre 1 pour que deux planètes se trouvent dans des plans plus éloignés, et par conséquent $\frac{5}{n}$ ou 7,692,624 à parier contre 1 que ce n'est pas par hasard ou par une cause aveugle qu'elles se trouvent toutes six ainsi placées et renfermées dans l'espace de 7 degrés et demi. Il faut ajouter que la forme sphéroïdale des planètes, que le degré d'aplatissement de leurs pôles sont en rapport mathématique avec la vitesse de leurs mouvements. Il y a donc encore plusieurs millions à parier contre 1 que cette forme et cet aplatissement ne sont dus qu'à la cause intelligente qui a créé ces corps avec leur forme pour un but déterminé. Mais elle n'a eu besoin pour cela ni de laboratoire de chimie, ni de fourneaux, ni de compas, ni d'équerres, ni de lunettes astronomiques; elle a laissé ces faibles moyens à l'homme, afin qu'il pût observer ce qu'une parole toute-puissante a produit en un instant : *dixit et facta sunt*. « Le Seigneur qui a créé les cieux a aussi formé la terre, dit Isaïe; c'est lui qui l'a faite, qui lui a donné sa forme, *ipse plastes ejus* (comme le potier donne la forme au vase) : il ne l'a point créée sans but, mais pour être habitée. » (XLV, v. 18.)

Dixitque Deus : *Fiat lux et facta est lux*. « Dieu dit : Que la lumière soit, et la lumière fut! Je traduis sur l'hébreu, qui est beaucoup plus concis et plus énergique que la Vulgate. Le texte ne dit pas de la lumière, *elle brilla*, mais *elle fut*; l'éclat, la sensation de la lumière, modification relative aux êtres organisés, doués de l'organe de la vue, eut lieu seulement au cinquième jour après la création de ces êtres.

Depuis Origène et saint Augustin jusqu'à Euler, la création de la lumière placée avant celle du soleil, avait toujours paru une difficulté inexplicable; elle est devenue un point de concordance de plus entre la Genèse et la science, aujourd'hui que celle-ci démontre l'indépendance du soleil et de l'éther ou fluide lumineux. Au temps où il écrivait, Moïse pouvait-il savoir par lui-même que la lumière que nous appelons *jour* était distincte et indépendante du soleil, du moins quant à son existence? Aurait-il pu répondre au défi adressé à Job de *découvrir les sentiers de la lumière?* (Job, c. XXXVIII, v. 17.) Savait-il que c'est le *mouvement* de cette lumière qui produit l'éclat du jour, et son *repos* qui ramène les ténèbres? Avait-il le télescope d'Herschel pour voir que le soleil est une masse opaque et obscure au centre d'une atmosphère en perpétuelle incandescence? Et si Moïse ne savait pas tout cela, il a donc accepté de confiance, et sur la foi de la tradition, une histoire qu'il n'était pas en état de juger, une histoire qui heurtait en plusieurs points les idées reçues; car, pour nous en tenir à l'exemple présent, si ses contemporains pouvaient supposer les *jours* de la Genèse ainsi nommés à cause de quelque analogie avec les nôtres, analogie peu apparente toutefois pour l'époque à laquelle nous remontons, il n'en était pas de même de la création de la lumière en tant que placée avant celle du soleil. Ce fait traditionnel devait leur paraître opposé à l'expérience, et ils devaient dire, avec les incrédules de l'Évangile : *Durus est hic sermo, et quis potest eum audire?*

Moïse nous représente chaque création comme l'effet de la parole divine, *dixit Deus!* Les autres écrivains sacrés acceptent et reproduisent souvent cette expression. « C'est par la parole du Seigneur, dit David, que les cieux ont été créés et l'armée des cieux, par le souffle de sa bouche. » (Ps. XXXII, v. 6.) Et l'auteur du *Livre de la sagesse :* « Dieu de mes pères, qui avez tout fait par votre parole, *qui fecisti omnia verbo tuo.* » (C. IX. v. 1.) Que Dieu ait parlé au néant, comme le Verbe, fait homme, devait plus tard parler aux morts au fond de leur sépulcre, il n'y a rien là qui répugne à ma raison. Les circonstances de la création du monde, comme celles de la résurrection de Lazare, ont été disposées pour nous qui ne sommes pas de pures intelligences et qui ne jugeons de la grandeur des choses que d'après l'impression qu'elles font sur nos sens et sur notre imagination. Cependant d'autres écrivains sacrés, en citant la Genèse, ayant aussi remplacé quelquefois le mot *parole* par le nom d'un attribut de la Divinité, il est sans doute permis de penser que la parole représente ici la volonté ; entre l'acte de la volonté divine et son exécution, il n'y a pas d'intervalle. En parlant de Dieu, l'homme est souvent obligé de se servir d'expressions qui ne sont propres qu'à peindre l'humanité ; de là le dicton talmudique : *La doctrine s'exprime dans un langage familier aux hommes.*

Et vidit Deus lucem quòd esset bona; il vit (c'est la volonté exécutée) que la lumière était bonne, c'est-à-dire convenable à son objet, à son but; ce but était multiple et de la plus haute importance, nous le verrons plus tard.

Dieu lui-même déclare que ce qu'il a fait est bien. Cette expression est répétée souvent dans la cosmogonie, et ce n'est pas sans motif. Inculquer que le Créateur n'a rien fait que de bon, c'est célébrer sa sagesse aussi bien que sa puissance; c'est condamner le système immoral des deux principes, fondé sur la tradition de la chute des anges, que quelques philosophes avaient défigurée. Ce système, ancien dans l'Orient, et renouvelé par Manès, qui y mêla ses propres rêveries, ne s'est répandu que parce que l'homme coupable, en voyant le mal dans le monde, a cru que le monde lui-même était mauvais et, par conséquent, l'ouvrage d'un mauvais génie. Si J. J. Rousseau avait dit : Tout était bien sortant de la main de l'auteur des choses, il aurait parlé comme la Genèse, et n'aurait pas nié la chute de l'homme, qui seule a dérangé l'harmonie de la création. Le peuple juif n'est point tombé dans cette erreur; ses écrivains aiment à répéter avec la Genèse : « Dieu a créé toute chose bonne en son temps. » (*Ecclésiaste*, c. III, v. 11.) « Toutes les œuvres du Seigneur sont excellentes. » (*Ecclésiastique*, c. XXXIX, v. 21.)

Et divisit lucem à tenebris, appellavitque lucem diem et tenebras noctem; « il sépara (par un intervalle de temps) la succession de la lumière aux ténèbres, et il appela (le temps de) la lumière jour, et (le temps des) ténèbres, nuit, » d'abord, parce que ces intervalles de temps étaient mesurés, comme nos nuits et nos jours, par le mouvement diurne de la terre, ensuite parce que, après la création de l'homme, le soleil et les autres astres devaient les rendre complétement analogues à nos jours et à nos nuits. Ainsi traduit M. de Bonald, dans son livre intitulé *Moïse et les géologues;* et saint Augustin, malgré les notions erronées qui avaient cours de son temps sur la lumière et le mouvement des astres, avait entrevu cette interprétation si simple, lorsqu'il dit : « L'espace même des heures et des temps aurait-il dès lors été appelé jour, *indépendamment de la succession des ténèbres et de la clarté?* » Je ne reviendrai point sur ce que j'ai montré longuement ailleurs, que les jours de la Genèse avaient avec les nôtres beaucoup plus de ressemblances qu'on ne le suppose communément, et que ces ressemblances étaient aussi beaucoup plus importantes que les différences. (Voyez la première note à la fin du volume, et la réfutation du système de Deluc sur la transformation des jours de la Genèse en époques indéterminées.)

Factumque est vespere et mane, dies unus; en hébreu : « Il fut soir, il fut matin, un jour! » Après chaque nouvelle durée, ces paroles, qui ressemblent à un cri d'enthousiasme, se répètent et reparaissent régulièrement : *il fut soir, il fut matin! un jour!* c'est comme le refrain d'une grande ode.

Il en est du temps comme des lieux, la division qu'en font les peuples est arbitraire. Ils ne comptent pas leurs jours de la même manière ; les uns les commencent à midi, les autres à minuit ; ceux-ci au lever, ceux-là au coucher du soleil. Les Hébreux suivaient cette dernière méthode ; pour eux, le jour s'étend d'un coucher du soleil à un autre. C'est aussi leur usage de marquer un *jour entier* par ces deux termes, *la nuit et le jour*, et encore avec plus de précision, par ceux-ci, le *soir et le matin ;* en sorte que Moïse ne pouvait se servir d'une expression plus rigoureusement déterminée par l'usage de sa langue pour désigner cette durée d'un jour, qu'en disant : *il fut soir, il fut matin, un jour*.

La succession du jour et de la nuit n'est pas seulement la présence ou l'absence du soleil sur l'horizon ; le phénomène est beaucoup plus complexe ; j'en ai développé ailleurs les parties principales ; on peut encore y ajouter la périodicité des modifications diurnes et nocturnes. L'état de l'atmosphère n'est pas le même la nuit que le jour ; sa densité est beaucoup plus considérable pendant la nuit, et c'est ce qui fait que les sons divers ont alors plus d'intensité et d'étendue. L'état du fluide éthéré n'est pas le même non plus, comme le prouvent assez les variations diurnes de l'électromètre et celles de l'aiguille de déclinaison. L'état de la terre et des eaux est aussi différent. Les êtres organisés subissent ces influences ; le sommeil des plantes et celui des animaux en dépend. La pathologie prouve la même chose à l'égard des malades, dont les symptômes ne sont pas les mêmes pendant la nuit et pendant le jour. La nuit est beaucoup plus favorable au repos, et le jour à la veille. Les éléments du globe éprouvent donc une modification générale qui a ses périodes fixes et auxquelles sont probablement dus une foule de phénomènes dont on ne connaît pas encore bien la cause. Les variations barométriques horaires et diurnes en dépendent certainement.

L'influence du soleil a, sans doute, une grande part dans ces modifications, mais il n'en est pas la seule cause. Dans les éclipses totales ou presque totales le soleil est absent, et cependant on n'a jamais ces effets de la nuit ; il y a donc quelque chose de plus que l'absence du soleil pour les produire. Et d'ailleurs, n'est-ce pas parce que l'action solaire se combine avec l'ordre général de ces modifications diverses du jour et de la nuit, qu'elle influe sur elles ?

Une fois la terre créée avec ses eaux et ses vapeurs, puis l'éther répandu dans les espaces, ne dut-il pas y avoir des causes impulsives de mouvement dans ces fluides, et des résistances, causes de répulsions dans les vapeurs, les eaux et la terre, par où commença cette périodicité, cette succession d'états et de modifications nocturnes et diurnes, si importantes pour l'existence des êtres, et qui devaient acquérir une plus grande intensité et une plus grande stabilité par la création du soleil et des astres? Cette loi des modifications diurnes et nocturnes de tous les corps admise (et les données de la science tendent à la confirmer), la mesure des trois premiers jours était comme aujourd'hui, réglée par elle, et de plus par le mouvement diurne de la terre.

SECOND JOUR. — *Établissement de l'atmosphère et du firmament. — Séparation des eaux.* « Dieu dit aussi: qu'une étendue (*expansio*) soit au milieu des eaux, et sépare les eaux des eaux, et Dieu fit le firmament; il sépara les eaux qui sont sous le firmament des eaux qui sont au-dessus; il nomma le firmament *ciel;* il fut soir, il fut matin, second jour. » Le premier jour nous a montré la terre enveloppée de vapeurs; ces vapeurs, mélange des éléments contenus dans les eaux et gazéifiés, s'étaient étendues jusqu'aux limites où Dieu voulait les arrêter. L'éther leur oppose maintenant une résistance et les maintient autour de la terre. Le vide étant plein, l'eau ne pouvait plus se vaporiser. L'éther prit sa place définitive dans les espaces. Les éléments qui composent l'atmosphère proprement dite (l'azote et l'oxygène), s'étendirent en dessous; les éléments plus légers qui composent les vapeurs d'eau pure (l'hydrogène et l'oxygène combinés), occupèrent la partie supérieure; et l'hydrogène mis en liberté dut monter dans les plus hautes régions de l'atmosphère, où les phénomènes météorologiques nous le montrent toujours. De la sorte, il y eut réellement une étendue, une atmosphère autour de la terre, *entre les eaux et les eaux*, entre les eaux liquides et les eaux en vapeurs et l'hydrogène, *entre les eaux qui étaient au-dessous* du firmament (l'atmosphère), *et les eaux qui étaient au-dessus.* Dieu éleva-t-il une partie des eaux vaporisées dans des régions plus éloignées de notre atmosphère et où nous ne pouvons les atteindre par l'observation directe? on peut le conjecturer, on l'a supposé; mais la démonstration n'est pas possible par les données de la science dans son état présent. Ce qu'il y a de certain c'est que l'hydrogène, élément de l'eau, existe dans les plus hautes régions de notre atmosphère, et s'étend à des distances que nous ne pouvons apprécier. Ainsi fut créé le firmament et l'atmosphère. L'éther prit sa place définitive dans l'espace, et l'atmosphère de la terre s'établit entre les eaux et les vapeurs d'eau pures au delà desquelles s'élève encore l'hydrogène. Voilà l'exposition de l'œuvre du second jour; il s'agit maintenant de la démontrer au point de vue de la science et de la philologie.

Occupons-nous d'abord du mot *firmamentum* qui semble impliquer quelque chose de solide et représenter les cieux comme une voûte ferme. De là, certains esprits ont pris occasion de tourner en ridicule ce qu'ils ont appelé la physique de l'Écriture, comme si Moïse eût dû venir en savant physicien expliquer aux Hébreux comment le ciel n'est pas quelque chose de solide, mais un plein fluide, à quoi ce peuple n'eût absolument rien compris. Quand bien même Moïse eût parfaitement connu la nature du ciel, ne devait-il pas mettre sa science de côté, pour parler à son peuple un langage usuel et intelligible? Si nous consultons l'antiquité, nous trouvons un grand nombre de philosophes, particulièrement chez les Grecs, qui ont considéré le ciel comme une voûte parfaitement solide, à laquelle plusieurs fixaient les étoiles et les astres. Qu'y aurait-il d'étonnant si les Hébreux avaient eu les mêmes idées, auxquelles Moïse aurait accommodé son langage? Mais il n'en est rien, et la physique de la Genèse n'admet aucune de ces nombreuses erreurs que nous rencontrons à chaque pas dans les sciences de l'antiquité. Pour ce qui est de la difficulté présente, le texte hébreu qui est l'original, la lève de la manière la plus complète. Qu'il y ait une *étendue*, une *expansion*, dit-il, *iehi raqiah*. Le mot *raqiah* vient du verbe *raqoh*, qui signifie, à la forme absolue, *broyer, affermir, rendre solide*; à la première forme causative, *disjoindre, étendre*; à la seconde forme causative, *étendre, expandere*: le mot *raqiah* étant tiré de cette seconde forme, signifie donc *étendue, expansion*; mais il signifie aussi tout ce qui sert d'appui, de protection; tout ce qui sert de lien, tout ce qui affermit de quelque manière que ce puisse être. Les Septante ont traduit *raqiah* par *stereoma* et la Vulgate par *firmamentum*, qui ont toutes les mêmes significations, bien qu'ils expriment davantage l'idée de solidité.

Rapprochons maintenant les textes de l'Écriture qui peuvent nous apprendre quelle idée les auteurs sacrés attachaient à la nature des cieux, et nous verrons qu'elle est parfaitement juste. Souvent les mots *cœlum* et *firmamentum* sont synonymes. Le Psalmiste dit : les *cieux* racontent la gloire de Dieu et le *firmament* publie l'œuvre de ses mains. D'après les règles du parallélisme hébraïque, les deux parties de ce verset reproduisent la même idée, et *cœli* et *firmamentum* signifient par conséquent la même chose. Cette identité de signification est prouvée par une foule d'autres textes, et notamment par la cosmogonie, où il est dit que Dieu appela le *firmament, ciel*. Voyons donc ce que l'Écriture dit du ciel ou du firmament. Nous lisons dans Job : *Tu as peut-être étendu avec Dieu les cieux solides comme un miroir fondu*. Les cieux sont ici comparés à un miroir d'airain fondu; comme lui ils paraissent solides et éclatants. Ézéchiel se sert à peu près de la même comparaison : *et sur la tête des animaux, la ressemblance du firmament, comme l'aspect du cristal*. Ces comparaisons prises de la nature apparente des choses ne disent rien sur la composition intime des cieux ; elles répondent *au cristal des cieux, au miroir du firmament* de nos poëtes, et voilà tout. Poursuivons donc nos recherches et interrogeons Isaïe. « Voici ce que dit le Seigneur, qui a créé les cieux et qui les a *étendus*, qui a *affermi* la terre et ce qui germe d'elle. » XL, 5. Le même : « Je suis le Seigneur, j'ai fait toutes choses ; seul j'ai *étendu les cieux* et a*ffermi la terre.* » XLIV, 24. Et encore : Mes mains ont *étendu les cieux* et j'ai donné la loi à toute leur milice. » XLV, 12. D'après ces textes, le firmament ou les cieux sont une *étendue* opposée à la terre qui est *affermie*.

Cependant nous lisons aussi ailleurs que les cieux ont été *affermis ;* il est donc utile de rechercher la signification de ce mot. *Verbo Domini cœli firmati sunt*, dit le Psalmiste, *et spiritu oris ejus omnis virtus eorum*. Ps. XXXII, 6. « Les cieux ont été affermis par la parole du Seigneur, et toute leur armée par le souffle de sa bouche. L'armée des cieux, ce sont les astres. Les cieux et les astres ont donc été *affermis* par la parole du Seigneur. Évidemment, il s'agit ici de l'ordre constant des cieux, des mouvements réguliers des astres ; l'expression *affermir* n'entraîne donc pas une solidité matérielle, pas plus que le mot *établir* dont nous nous servons dans le même sens en français. (*Dominus*) *qui firmavit terram super aquas*, dit encore le Psalmiste ; « C'est le Seigneur qui a affermi la terre sur les eaux. » Ps. CXXXV, 6. La signification d'*affermir* ne saurait être douteuse ici ; elle exprime l'équilibre de la terre, au milieu des eaux, or l'équilibre entraîne avec lui l'idée de fermeté, de résistance, de solidité ; c'est cet équilibre qu'exprime le mot *affermir* toutes les fois qu'il est question des astres, du ciel, de la terre et des eaux dans l'Écriture. Le livre des proverbes va nous le montrer jusqu'à l'évidence. C'est la Sagesse qui parle : *Quando præparabat cœlos, aderam ; quando certa lege et gyro vallabat abyssos ; quando œthera firmabat sursum, et librabat fontes aquarum ; quando circumdabat mari terminum suum, et legem ponebat aquis, ne transirent fines suos ; quando appendebat fundamenta terræ ; cum eo aderam, cuncta componens*. « Lorsqu'il préparait les cieux, j'étais présente ; lorsqu'il environnait les abîmes d'un cercle immense et d'une loi inviolable ; lorsqu'il affermissait les régions éthérées et qu'il équilibrait les sources des eaux ; lorsqu'il entourait la mer de limites et qu'il imposait une loi aux eaux, afin qu'elles ne franchissent point leurs bornes ; lorsqu'il suspendait les fondements de la terre, j'étais avec lui, coordonnant toutes choses. » VIII, 27-30. C'est donc la loi de la libration générale de l'univers qui est peinte d'une manière si admirable dans cette poésie. Isaïe va nous la représenter de nouveau à sa manière : *Quis mensus est pugillo aquas, et cœlos palmâ ponderavit ? Quis appendit tribus digitis molem terræ et libravit in pondere montes et colles in statera?* « Qui a mesuré les eaux dans le creux de sa main, et pesé les cieux de ses doigts ? Qui soutient de trois doigts la masse de la terre, qui a équilibré les montagnes sur leur propre poids et mis les collines dans la balance? » XL, 12.

Cette abondance de textes auxquels il serait facile d'en ajouter d'autres, ne laisse aucune incertitude sur le sens de ces peintures; les écrivains sacrés ont voulu nous apprendre que c'est Dieu qui a établi l'équilibre des cieux, de l'air et des nuages, des astres et des eaux, aussi bien que de la terre. De cet ensemble ressort aussi le sens qu'il faut donner au mot *firmamentum*, soit qu'avec l'hébreu on y attache l'idée d'*étendue*, d'*expansion*, soit qu'avec les Septante et la Vulgate on y attache l'idée de fermeté, de ce qui soutient et affermit; dans tous les cas, ce *firmamentum* n'est autre chose que l'admirable équilibre qui règne dans les espaces, qui règle les mouvements des astres et celui de la terre. Or si la science est forcée d'admettre aujourd'hui que les espaces de notre monde solaire sont remplis de fluides; que ces fluides sont des causes impulsives de mouvements; qu'ils opposent une résistance aux solides; que les solides leur opposent à leur tour une résistance d'où résultent la répulsion et les mouvements divers; si nous nous rappelons ces faits, nous comprendrons combien est juste et rigoureuse cette expression de *firmamentum* pour désigner les espaces du ciel, puisque les fluides *étendus* dans ces espaces sont le lien d'équilibre, la cause de stabilité des mouvements des astres et de la terre. Cette interprétation s'enchaîne à tout ce qui précède; elle en est la conséquence. Ce n'est point un effort d'imagination, comme pourraient le penser ceux qui n'ont aucune idée nette et arrêtée sur les lois du mouvement et sur ses causes dans notre monde, et qui s'imaginent que l'air et les fluides, à cause de leur subtilité, ne peuvent rien affermir, rien consolider; personnes ignorantes à ce point des faits les plus vulgaires de l'expérience, qu'elles ne savent pas que c'est le poids de l'air qui empêche la vaporisation des eaux, qui les maintient, les *affermit* dans l'état liquide. Le texte sacré est plus juste et plus vrai; revenons à ce qu'il dit. « Qu'il y ait un firmament au milieu des eaux; qu'il sépare les eaux d'au-dessus du firmament de celles d'au-dessous. » Or qu'est-ce qui divise les eaux liquides des eaux en vapeurs? n'est-ce pas l'atmosphère, composée de gaz plus pesants que les vapeurs d'eau, lesquelles par conséquent doivent s'élever au-dessus? Mais n'est-ce pas encore l'atmosphère qui pèse sur les eaux des mers et les maintient, les affermit dans leur état liquide et dans leurs limites? Quel nom pouvait donc mieux lui convenir que celui de *firmamentum*, qui signifie une étendue qui maintient, qui affermit, au propre comme au figuré?

Ainsi, la terre est environnée des eaux liquides; la terre et les eaux sont enveloppées par l'atmosphère, qui maintient la terre en équilibre et les eaux dans leur état liquide; au delà de l'atmosphère se trouvent des eaux en vapeurs et de l'hydrogène, qui sont à leur tour comprimées par les fluides remplissant les espaces et formant le ciel, et au milieu desquels se meuvent avec ordre tous les corps sidéraux. Ainsi l'ordre est constant, tout est affermi dans l'équilibre par les cieux ou le firmament, et encore un coup, les termes dans lesquels est racontée l'œuvre du second jour, sont parfaitement conformes aux données les plus générales et les plus positives de la science.

Troisième jour. — *Émersion de la terre.* — *Formation de la mer.* — *Création des végétaux.*

Dixit verò Deus : Congregentur aquæ quæ sub cœlo sunt in locum unum, et appareat arida et factum est ità. Vocavit Deus aridam, terram, *congregationemque aquarum appellavit* maria. « Dieu dit : Que les eaux qui sont sous le ciel se rassemblent en un seul lieu, et que la masse solide apparaisse. Il en fut ainsi. Dieu nomma la masse solide *terre*, et le rassemblement des eaux *mers*. » *Maria*, au pluriel, comme nous disons encore aujourd'hui *les mers d'Europe*, et *les mers d'Asie ;* seulement, il ne serait pas rigoureusement exact de dire en ce moment que les eaux marines *sont réunies en un seul endroit*, car indépendamment du grand Océan, nous avons des Caspiennes, des Méditerranées. Est-ce qu'à l'origine des temps il y avait plus d'unité dans le bassin des mers? Nous adresserons plus tard cette question à la géologie.

Le texte précité peut servir de commentaire à celui du second jour, où l'on oppose l'expression *sous le firmament* à celle *sur* ou *au-dessus du firmament*. Dans cette phrase, *que les eaux qui sont sous le firmament se réunissent en un seul lieu, et que la masse terrestre apparaisse*, il est clair que les mots *sous le firmament* doivent s'entendre des eaux qui enveloppaient la terre, puisque l'émersion et l'apparition de la terre doit être le résultat de leur écoulement dans le bassin des mers; *sous le firmament* ou *sous le ciel* désignent donc la partie la plus inférieure de l'atmosphère et *sur le firmament* ou *sur le ciel* sa partie supérieure, la région des nuages. Du reste, en hébreu, comme dans notre langue, les mots *ciel* ou *firmament* signifient indifféremment l'atmosphère ou toute l'étendue des espaces célestes; ainsi en racontant la création des astres, Moïse nous dira que Dieu les plaça *dans le firmoment.*

Dans le récit de Moïse, la création complète de la terre s'étend jusque dans le troisième jour. Le premier jour, la terre et les eaux sont créées, puis la lumière; la terre reçoit son mouvement diurne, et la mesure des jours, ou la succession du jour et de la nuit, est établie. Au second jour, Dieu crée le firmament ou le ciel, et l'atmosphère de la terre. Au troisième jour, il sépare la terre d'avec les eaux qui la couvraient, et fait apparaître la partie exondée, solide et sèche, *aridam*. Ces faits sont contenus dans les dix premiers versets, et ils appartiennent tous à la création de la terre. La terre n'étant pas arrivée tout d'un coup à son état parfait, Dieu ne dit pas *sit terra,* que la terre soit, car tous les *sit* ou tous les commandements qui créent la lumière, l'atmosphère, exondent la terre et forment la mer, se rapportent à la terre, puisqu'ils la conduisent à sa perfection et la préparent à sa destination, qui est d'être un séjour convenable aux êtres organisés, en vue de l'homme, dernier terme de toutes ces créations qui viennent aboutir à lui.

Les écrivains hébreux ont célébré ces premières œuvres du troisième jour, cet achèvement de la terre, par des paroles dont l'éclat, la magnificence et la vivacité contrastent avec la majesté calme, simple et grandiose du tableau de la Genèse, et prouvent sa haute antiquité. « Je lui ai marqué ses limites (à la mer), je lui ai opposé des portes et des barrières, et j'ai dit : tu viendras jusque-là et tu n'iras pas plus loin; ici tu briseras tes flots tumultueux. » (*Job.* c. XXXVIII, v. 8 et suiv.) — « La mer est à lui, c'est lui qui l'a faite. » (*Ps.* LXXXIV, v. 5.) — « A votre menace, les eaux ont fui; elles descendent dans les vallées, aux lieux que vous leur avez marqués. » (*Ps.* CIII, v. 7 et 8.) — « Il a rassemblé comme dans une outre les eaux de la mer; il a renfermé les abîmes dans ses réservoirs. » (*Ps.* XXXII, v. 7.) — « Par sa sagesse il a creusé les abîmes. » (*Prov.* c. III, v. 20.) — « Ne me craindrez-vous donc point, dit le Seigneur? moi qui ai donné le sable pour borne à la mer, loi éternelle qu'elle ne dépassera pas : et ses flots se précipiteront et ils n'iront pas au delà; et ses flots monteront, et ils ne la franchiront pas. » (*Jérém.* c. V, v. 22.)

Avant de suivre Moïse dans son récit de la création des végétaux, nous avons à voir quels sont les milieux généraux qui conviennent le mieux aux espèces de ce règne, afin de pouvoir juger si la cosmogonie sacrée les fait arriver à l'existence au moment le plus opportun. Des paléontologues ont supposé le sol, à son origine, imprégné de carbone, et l'atmosphère presque exclusivement composée d'acide carbonique ; ils ont admis aussi une chaleur originelle plus considérable, qui aurait activé la végétation. Il y en a même qui ont attribué tout à la fois aux végétaux des houilles des conditions d'existence et une nature différentes de celles des végétaux actuels, et prenant pour une période de plusieurs milliers de siècles le jour de la création des plantes, ils n'ont pas craint de soutenir qu'elles purent se passer pendant tout ce temps de l'influence du soleil, et qu'elles ne s'en trouvèrent que mieux.

Or nous savons que plongées dans l'acide carbonique, les plantes s'y asphyxient comme les animaux ; si elles se nourrissent de ce gaz, elles ne peuvent cependant le décomposer et se l'assimiler complétement que sous l'influence de l'atmosphère et du soleil ; tenues à l'ombre, elles ne le décomposent pas, et le rendent en gaz ; elles restent peu sapides, fort tendres, et dans un état de débilité qui les empêche d'atteindre la floraison ou de développer des fruits, bien que leurs tiges puissent s'allonger beaucoup. Un sol imprégné de trop de carbone et une atmosphère d'acide carbonique eussent donc été des causes destructives du règne végétal, à l'époque de sa création.

D'un autre côté, une température supérieure à celle que nous observons dans nos pays les plus chauds, comme au-dessus de 40° à 50°, altère les germes des plantes, loin d'en favoriser le développement.

Ainsi, ou les conditions primitives ne différaient pas essentiellement des conditions présentes, ou la nature et la structure des végétaux différaient de celles de nos plantes actuelles. Mais l'étude des végétaux fossiles de toutes les époques oblige les botanistes à reconnaître en eux la même nature, la même structure anatomique, et par conséquent les mêmes fonctions physiologiques que dans les végétaux existants. La taille et les dimensions des végétaux houillers fussent-elles toujours ce qu'on les dit, ne prouveraient absolument rien quant à la différence essentielle des milieux d'existence ; elles conduiraient tout au plus à admettre que les causes actuelles étaient primitivement plus énergiques et plus actives que dans ce moment, sans être pour cela différentes.

L'acide carbonique seul, l'oxygène seul, l'électricité seule, l'humidité seule, des oxydes métalliques seuls, seraient autant de principes de destruction pour les végétaux, mais ces éléments réunis et combinés sont les conditions favorables à leur développement et à leur vie. Or, en suivant la narration si simple de Moïse, nous avons vu le fluide éthéré, c'est-à-dire l'électricité, la chaleur et la lumière, si nécessaires aux plantes, venir préparer, par leur action, et la terre, et les eaux, et l'atmosphère. L'atmosphère est saturée de tous les corps gazeux qui fournissent principalement au règne végétal sa substance nutritive; les eaux se sont retirées en un seul lieu, laissant le sol exondé, imprégné de sels nombreux, résultat infaillible de la vaporisation des eaux; le sol primitif est là, avec ses terres vierges, ses oxydes métalliques, qui caractérisent les granits; tout est donc prêt pour recevoir le règne végétal.

Le soleil n'existe pas encore, il est vrai, mais dans l'éther il y a chaleur et électricité, ces deux principaux agents de toute végétation. Le soleil n'existe pas, mais sa présence au moment de la création des végétaux, leur eût été plus nuisible qu'utile. Pendant le jour, sous l'influence de cet astre, les végétaux absorbent de l'acide carbonique et rejettent de l'oxygène; pendant la nuit, ils absorbent de l'oxygène et rejettent de l'acide carbonique : or l'action de la lumière, de la chaleur et de l'électricité ayant préalablement décomposé tous les éléments contenus dans l'atmosphère primitive, il fallait que les végétaux vinssent d'abord absorber une quantité suffisante d'oxygène, afin que, le soleil apparaissant, ils pussent, sous son influence, agir sur l'acide carbonique de l'atmosphère, l'absorber, exhaler l'oxygène et préparer ainsi le séjour aux animaux, dont ce dernier gaz est l'aliment respiratoire. Par là, tout se faisait avec ordre; au lieu que si les végétaux avaient commencé par absorber l'acide carbonique, ce qui aurait eu lieu dans la supposition où le soleil aurait été créé avant eux, ils se seraient trouvés placés tout d'abord dans des circonstances défavorables; n'ayant point d'oxygène dans leurs tissus, l'assimilation du carbone ne se serait probablement pas faite et leur vie aurait commencé par des causes de destruction. La présence du soleil eût encore empêché les végétaux de se mettre dès l'instant de leur existence en rapport avec le fluide électrique qui joue un si grand rôle dans la végétation. Le soleil, en effet, paraît favoriser le dégagement de l'électricité des plantes; il convenait donc qu'elles fussent en équilibre électrique avant de subir l'action solaire qui devait perpétuer la succession de tous ces rapports. Créées avant le soleil, avant les règnes animal et social, dont elles sont la base, les plantes arrivent donc, comme tout ce qui les précède, dans leur ordre de nécessité à l'harmonie de l'ensemble.

Maintenant si nous pénétrons dans le texte même de la Genèse, nous y lirons des faits bien remarquables. Je traduis sur l'hébreu :
« Que la terre fasse végéter toutes sortes de plantes, l'herbe faisant

sa semence, l'arbre formant son fruit selon son espèce, renfermant sa semence, pour se multiplier sur la terre ; il en fut ainsi. »

La Vulgate dit : Que la terre produise, *germinet terra*, expression qui semble indiquer le concours de la terre dans la production du règne végétal. Le sol aurait-il donc été doué de forces particulières pour intervenir à cette occasion autrement qu'il ne fait aujourd'hui, et la Genèse favoriserait-elle cette idée de Lucrèce qui nous représente la terre privée de sa primitive énergie, épuisée et comparable à une femme que l'âge a rendue stérile ? Cette difficulté disparaît devant le texte original : *Que la terre fasse végéter;* ici, la terre ne produit pas le végétal, elle est seulement appliquée à une fonction pour laquelle Dieu l'avait déjà préparée, celle de fournir au végétal une partie de sa substance nutritive. « Telle fut, nous dit ailleurs Moïse, l'origine des cieux et de la terre, lorsque le Seigneur Dieu les *fit ainsi que toutes les plantes et toutes les herbes des champs, avant que la terre en produisît (Gen.,* c. II, v. 4 et 5). » Et un peu plus bas, racontant la création des arbres du paradis terrestre, il dit : *Dieu fit sortir de la terre,* tout arbre, etc., (*Itsamhê men'eadamé*, etc., c. II, v. 9). Il n'est pas possible d'exclure plus formellement toute participation d'une cause aveugle comme la terre à la production de l'admirable phénomène de la vie végétale. Mais la terre va bientôt contribuer au développement de la graine ; elle soutient le végétal, elle est sa base, comme elle est la base de la portion terrestre du règne animal, comme l'eau est la base des animaux aquatiques, et l'air, celle des oiseaux ; c'est pourquoi la Genèse rapporte les plantes et les animaux terrestres à la terre ; les oiseaux, au ciel ; les animaux aquatiques, à l'eau : *Que la terre fasse végéter; que la terre produise des êtres animés; que les eaux produisent des animaux nageurs.* D'ailleurs, elle corrige par les autres circonstances de son récit ce qu'il peut y avoir d'impropre dans ces expressions, et pour parler toujours autrement, il eût fallu que Moïse fût un naturaliste de profession, écrivant pour un peuple de naturalistes.

Quand on ne cherche dans la Genèse que ce qui s'y trouve, on y voit apparaître *en même temps* et *instantanément* toutes les plantes, *que la terre produise* toutes sortes de végétaux, *et la terre produisit... germinet terra et protulit.* Nouvelle preuve que les plantes sont une création proprement dite. Ceux qui, pour complaire à de vains systèmes, prennent les jours de la cosmogonie pour des périodes indéterminées, lui prêtent l'absurde supposition que le règne végétal aurait pu se passer du soleil pendant des milliers de siècles. S'ils disent que leur création s'est accomplie à la fin d'une période et celle des astres au commencement de la période suivante, et qu'ainsi les deux créations n'ont été séparées que par un temps fort court, les voilà qui reviennent à la création simultanée du règne végétal, et qui se brouillent avec la géologie hypothétique, à laquelle ils ne fournissent plus que des temps vides de faits.

Dans la première partie de ce livre, nous avons vu l'espèce niée ou contestée par de grands naturalistes jusque dans nos derniers temps; la Genèse est mieux renseignée; pour elle les végétaux ne sont point des individus isolés, mais des espèces, et des espèces créées par Dieu : *L'herbe portant la semence de son espèce, l'arbre formant du fruit qui renferme la semence de son espèce*. Toutes les cosmogonies antiques sont panthéistes, excepté celle de Moïse; ici, les espèces ne sortent pas les unes des autres par des transformations successives, toutes ont été créées dès le commencement.

Mais voici qui n'est pas moins digne d'attention : La graine n'est qu'un résultat de la loi qui régit chaque espèce; elle suppose la préexistence d'êtres semblables qui ont fonctionné pour la produire; aussi est-ce le végétal qui est créé et non pas la graine, que lui-même est chargé de faire; et la Genèse ne dit pas : *que la terre se couvre de semences faisant des plantes*, *mais que la terre fasse végéter toutes sortes de plantes produisant leur semence*.

Il suit donc de ces textes si précis, 1º que Dieu a créé les végétaux par la puissance de sa parole, et qu'ils n'ont point été produits par les lois de la matière et une force génératrice propre et native de la terre, comme des philosophes se sont efforcés de le soutenir; 2º qu'ils n'ont point été créés à l'état de germe, ni de graine, mais à l'état adulte, complet, propres à produire de la semence et à se continuer par la génération dans le temps et dans l'espace; 3º qu'il n'y a pas eu seulement un certain nombre de types, de grands genres créés et desquels par transformation successive seraient sorties les espèces, mais que les espèces mêmes ont toutes été créées; grandes et belles vérités en dehors desquelles la botanique ne serait plus une science, parce qu'elle n'aurait plus de base. Ces thèses recevront plus tard leurs développements.

QUATRIÈME JOUR. — *Création des astres*. — Supposez le monde créé à l'état élémentaire ou à l'état gazeux, nulle agrégation, nulle masse ne pourra se former; le mouvement lui-même n'existera pas, parce qu'il n'y aura que des forces impulsives sans résistances, et par conséquent une dilatation indéfinie. Il faut donc admettre avec la Genèse, création de fluides et création de masses.

La création d'une masse primitive, dans notre monde solaire, avant l'arrivée des fluides, n'est sujette à aucun inconvénient. Le levier représenté par la résistance de la terre est préparé pour recevoir l'application de la force des fluides ; quand ils arriveront, la force impulsive se combinera avec la résistance, et les mouvements déterminés seront maintenus par cette combinaison.

Mais supposez les masses créées toutes ensemble et avant les fluides ; l'hypothèse de l'attraction, comme propriété de la matière, et sans autre cause, étant une chimère, une absurdité, comme le reconnaissait Newton lui-même, les masses jetées ainsi dans les espaces vides, sans aucun lien qui les équilibre, et les retienne, seront livrées à des chocs qui les détruiront. L'harmonie du poids de chacune avec les distances ne sera réglée par aucune loi, et quand les fluides arriveront, il faudra leur supposer une puissance qu'ils n'ont pas pour tout remettre en place ; au contraire, les masses arrivant, quand l'espace est déjà rempli par les fluides, elles s'y équilibrent naturellement, elles sont enveloppées, retenues par eux, elle sont réglées dans leurs mouvements respectifs par l'action impulsive de ces fluides, et par leur propre réaction de résistance. La création des astres, alors que les fluides remplissent l'espace, est donc conforme aux lois du mouvement, et par conséquent les astres viennent dans le temps opportun. De plus les animaux ne tarderont pas à paraître, et pour qu'ils entrent en rapport par l'organe de la vue avec la lumière, il faut que cette lumière soit mise en mouvement ; or la fonction de faire vibrer la lumière, ce sont les astres qui doivent la remplir, l'heure de leur création est donc arrivée.

« Dieu dit aussi : qu'il y ait des luminaires dans l'étendue du ciel, pour faire distinguer le jour de la nuit ; qu'ils servent de signes pour indiquer les époques, les années, les jours (les étoiles servent de signes pour se diriger dans le désert et sur l'Océan) ; qu'ils soient pour faire luire dans l'étendue des cieux, pour faire luire sur la terre ; il en fut ainsi. Dieu fit deux grands luminaires, le plus grand pour dominer pendant le jour, le plus petit pour dominer pendant la nuit, et les étoiles (*Acôchbim*, que nous traduisons par *étoiles*, comprend aussi les planètes et les comètes). Dieu les plaça dans l'étendue du ciel pour faire luire sur la terre, pour dominer le jour et la nuit, et pour séparer la lumière des ténèbres... il y eut soir, il y eut matin, quatrième jour. »

Je traduis toujours sur l'hébreu ; la Vulgate, ce chef-d'œuvre, qu'on n'admire pas assez, écrite dans une langue qui permet, même aux dépens de la grammaire, une fidélité littérale à laquelle se refusent nos langues vivantes, la Vulgate n'a cependant pas toujours distingué les nuances du texte original, comme il est aisé de s'en convaincre, par une comparaison bien suivie.

D'après ce texte, les corps célestes n'ont point traversé diverses phases, avant d'arriver à leur état définitif; ils ont été créés *tous ensemble en un instant*, *sint luminaria...*, *et factum est itá*. Voilà ce qu'ont vu dans la Cosmogonie tous les Pères qui l'ont commentée.

Le soleil et la lune ne sont pas les deux plus grands corps sidéraux. Cependant la Genèse les nomme deux grands luminaires, *luminaria magna*, parce qu'elle les considère dans leurs rapports avec notre globe, sur lequel ils répandent plus de clartés que tous les autres ensemble. Une simple bougie qui m'éclaire de près est pour moi un plus grand luminaire que des milliers d'immenses étoiles, lorsque des profondeurs les plus reculées du ciel elles m'envoient à peine une faible et vacillante lumière.

La lumière est distincte du soleil, d'après l'enseignement de la science et celui de la Genèse. D'après la science encore, le soleil est simplement le moteur du fluide lumineux, et voilà que Moïse vient nous dire en propres termes la même chose. Les objections avaient pu faire craindre de trop presser le sens littéral du texte; la science a marché et le texte peut parler haut. Voici les expressions de Moïse : « Qu'il y ait des *luminaires* dans l'étendue des cieux pour *faire distinguer* le jour de la nuit; qu'ils servent de *luminaires* dans l'étendue du ciel pour *faire éclairer* sur la terre. » Dans ces textes il y a deux verbes, *lehabedil, faire distinguer,* et *lehahir, faire luire;* tous les deux sont employés à la forme causative. La forme absolue est pour l'un *badal, diviser, distinguer,* et pour l'autre, *hor, luire, éclairer*. A la forme causative, le sujet ne fait pas l'action, il la fait faire. Ainsi, le soleil et la lune ne luisent pas, mais ils font luire dans l'expression littérale du texte avec laquelle s'accordent si parfaitement les données de la science.

D'Alembert, Laplace et toute l'école mathématique, en faisant de la lumière la propre substance du soleil, avaient fourni aux littérateurs de l'*Encyclopédie*, le moyen d'attaquer l'enseignement chrétien et d'accuser la Cosmogonie d'une erreur physique tellement absurde, disait-on, qu'elle ne permettait pas d'accepter le récit de la création, comme un monument divin. La science mieux informée démontre jusqu'à l'évidence que les choses ont dû se passer comme Moïse le raconte.

Tout ce qui suit n'est pas moins admirable. Dès le premier jour, Moïse nous a montré le Créateur séparant par un intervalle de temps l'époque du jour de celle de la nuit; cet intervalle était mesuré par la rotation de la terre, puisqu'il n'y a jamais eu et qu'il ne devait jamais y avoir d'autre mesure du jour et de la nuit; mais il fallait une loi permanente qui rendît cette mesure sensible pour l'homme, lorsqu'il arriverait à l'existence; elle est établie par le fait de la création des astres, dont les rapports avec l'éther doivent produire les phénomènes lumineux ; ils ne fournissent donc pas la mesure du temps, mais ils la rendent continuellement sensible, ou comme dit si bien le texte, *ils servent à faire distinguer le jour de la nuit*. Ils ne font pas le jour, ils ne font pas la nuit, ce sont des *luminaires, luminaria!* Voyez toute la littérature de nos temps modernes ; lorsqu'elle parle des phénomènes de la nature, à tout instant elle fait abstraction des résultats des sciences, et son langage est presque toujours erroné; la cosmogonie de la Genèse, écrite il y a plus de trente siècles, avant la naissance des sciences d'observation, à une époque où si peu d'objets naturels étaient encore nommés, et dans une langue beaucoup plus hardiment figurée que les nôtres, la Cosmogonie est d'une exactitude qui devrait frapper d'étonnement tout homme qui n'y voit qu'un monument d'origine humaine.

Parmi toutes les créatures, la mesure du temps appartient exclusivement à l'homme, être social, qui doit vivre dans sa postérité, se souvenir de son passé et le transmettre, dater, préciser l'époque de ses actes, afin d'établir ses droits respectifs et connaître ses obligations et ses devoirs. La mesure du temps est une des bases du règne social, sans elle la mémoire humaine est impossible. La Genèse exprime en quelques mots ces rapports si essentiels des astres avec les besoins de l'homme, *qu'ils servent de signes pour marquer les époques, les jours et les années.*

Si de ces observations de détail nous nous élevons à des considérations plus générales, là encore nous verrons la cosmogonie sacrée s'harmonier avec la science. Le champ de l'astronomie positive possible est limité à notre monde solaire; au delà, c'est le champ des conjectures. Or nos connaissances réelles en astronomie sont justement en relation directe avec l'importance pour l'homme attribuée par Moïse aux divers corps sidéraux. La terre, la lune et le soleil sont la base de la science astronomique proprement dite, les seuls corps qui nous soient aussi suffisamment connus. Viennent ensuite les planètes de notre système que nous connaissons plus ou moins dans leurs phénomènes géométriques et mécaniques, et enfin les astres indépendants de notre monde, dont nous ne pouvons guère connaître que l'éloignement relatif en les observant passer les uns devant les autres. Or telle est aussi la gradation suivie par Moïse. Il raconte en détail la création de la terre ; puis plus brièvement celle du soleil et de la lune, indiquant leur utilité pour notre globe; et il n'a qu'un mot pour tous les autres astres, *et stellas*, comme s'il eût voulu nous dire à l'avance le peu qu'il nous serait permis d'en connaître un jour. Ce rapprochement est déjà assez remarquable.

Mais nous allons plus loin avec l'astronomie positive. Les plantes, les animaux, l'homme existent; ils n'existent pas par suite des lois astronomiques ni autres, ils ne sont pas un résultat de ces lois; ils ont été créés par Dieu, et dans l'établissement des lois de ce monde Dieu leur a préparé des conditions convenables d'existence. Tel est l'enseignement de la Genèse.

De son côté, la science démontre une relation intime entre les phénomènes célestes et les êtres organisés; elle établit bien positivement la fixité de notre monde solaire relativement à tous ses astres de quelque importance, considérés sous tous les rapports essentiels. Au milieu de toutes les variations célestes, la translation de nos astres présente l'invariabilité presque rigoureuse des grands axes de leurs orbites elliptiques et de la durée de leurs révolutions sidérales. Leur rotation nous montre une constance encore plus parfaite dans sa durée, dans ses pôles, et même, quoiqu'à un degré un peu moindre, dans l'inclinaison de son axe à l'orbite correspondante. Il est certain, par exemple, que depuis Hipparque la durée du jour n'a pas varié d'un centième de seconde. Ainsi, dans la stabilité générale de notre monde, nous découvrons encore une stabilité spéciale et plus prononcée à l'égard des éléments dont la fixité importe le plus à la perpétuité des espèces vivantes. Une constitution aussi essentielle à l'existence continue des êtres organisés est la conséquence, d'après les lois mécaniques du monde, de quelques circonstances caractéristiques de notre système solaire, telles que la petitesse extrême des masses planétaires en comparaison de la masse centrale, la faible excentricité de leurs orbites, et la médiocre inclinaison mutuelle de leurs plans. Ainsi, tout étant arrangé dans notre monde solaire, pour offrir aux êtres organisés et surtout à l'homme des conditions astronomiques sans lesquelles ils n'auraient pu exister, il faut nécessairement admettre, conformément à l'enseignement de la Cosmogonie, que ces conditions ont été établies pour eux.

Qu'importe après cela que notre planète soit plus petite que le soleil, et qu'il soit plus commode d'expliquer les mouvements célestes par la circulation de la terre autour de cet astre que de cet astre autour de la terre? Qu'est-ce que cela fait pour la destination du monde solaire? On peut même encore apercevoir dans la translation de la terre et dans sa masse infiniment moindre que celle du soleil une meilleure condition d'existence pour les êtres vivants, car à ces deux causes il faut rapporter en partie les marées de l'atmosphère et celles des eaux, et par suite leur salubrité qui est d'une si grande importance pour le règne animal et le règne social.

Ce n'est pas encore tout; la Genèse nous dit assez clairement que toutes les masses sidérales de notre système ont été créées et arrangées pour notre globe, en vue de l'homme qui devait l'habiter; et d'une autre part, la science est bien près de reconnaître que de tous les corps de ce même système, la terre est en effet le seul qui soit habitable. La lune qui joue précisément le principal rôle dans le roman de Fontenelle ne peut pas être habitée; elle n'a pas d'atmosphère. Dans les occultations des étoiles par cet astre, il ne s'exerce aucune réfraction sur ses bords; il en résulte qu'il n'y a point là d'enveloppe réfringente soit de gaz, soit de vapeur quelconque, et par conséquent point d'air ni d'eau, ces deux conditions fondamentales de toute existence organique.

Quant aux autres planètes, elles se trouvent ou trop rapprochées ou trop éloignées du soleil, pour que la vie y soit possible, dans le cas même où elles auraient une atmosphère, ce que nous ignorons. « Une organisation quelconque pourrait-elle vivre dans Mercure, auquel la proximité du soleil impose une température supérieure à celle du plomb fondu? La conçoit-on mieux dans Uranus, où, tout égal d'ailleurs, la température moyenne devrait être de 300 degrés au-dessous de la glace fondante? Veut-on placer aussi des habitants dans les comètes? Par exemple, dans celle de 1680 qui, à son périhélie, éprouva, suivant Newton, une chaleur deux mille fois égale à celle d'un fer rouge, et qui, à son aphélie, ne reçoit pas un atome de la chaleur solaire. J'insiste moins sur l'énormité du froid, tant parce que la chaleur solaire naturelle peut même à d'immenses distances être modifiée par les atmosphères planétaires et des circonstances de surface qui la rendent sensible, que parce que ces globes pourraient recéler des causes de chaleur indépendantes de celles de l'astre central. De plus, le calcul des températures qu'on fait diminuer inversement des carrés des distances, devient tout à fait illusoire, si l'action solaire étant annulée par une distance suffisante, la planète se trouve en rapport avec la seule température de l'espace qui peut être tout à fait quelconque, et qu'on suppose de 40 degrés au-dessous de zéro. Il n'en est pas moins vrai que ces êtres organisés vivraient dans des températures dont les limites opposées comprendraient un intervalle de trois à quatre cents degrés; ce qui n'est pas dans la nature humaine, ni dans celle d'aucun être, soit végétal, soit animal. Et les habitants des comètes devraient être pour le moins des salamandres, même quand ce que Laplace appelle l'évaporation cométaire abaisserait au périhélie l'effroyable chaleur de la surface... Il faut bien accorder aussi que les satellites des planètes leur sont d'un trop faible secours pour qu'on puisse les considérer comme des foyers de lumière auxiliaire; car, prenons, par exemple, ceux d'Uranus. Vu la distance de cette planète au soleil, celui-ci lui apparaît sous un angle d'une minute et demie, c'est-à-dire comme une pièce de cinquante centimes; et la lumière reçue est quatre cents fois moindre que celle reçue par la terre. Or si notre lune nous donne la lumière que vous savez, et qui par le fait de la réflexion est trois cent mille fois moindre que la lumière du soleil, pensez-vous que la lumière réfléchie par les satellites d'Uranus qui en reçoivent quatre cents fois moins que notre lune, puisse être considérée sérieusement comme destinée à suppléer les pâles feux de cette petite bougie que leur présente le soleil? Si, au lieu de six satellites, Uranus en avait six cents, les Uraniens n'y verraient pas sensiblement plus clair. En vérité, s'il y avait là des yeux, ils seraient bien mal servis, et il serait beaucoup plus raisonnable de supposer que les milliards d'étoiles qui brillent sur nos têtes ont été faites afin de nous éclairer; car elles jouent vis-à-vis de la terre un rôle infiniment plus brillant que celui des satellites d'Uranus. » *Soirées de Montlhéry.*

Si les planètes que nous connaissons sont inhabitables, sur quoi se fonderait-on pour croire à l'habitation de celles que l'on peut imaginer dans l'immensité du système stellaire? La déchéance si complète de la lune a donné le coup de grâce à l'hypothèse de la pluralité des mondes. Cela ne veut pas dire pourtant que tout a été établi dans l'intérêt de l'homme, qu'il est le but unique de la création universelle, et le seul être appelé à célébrer la gloire du Créateur.

Les traditions de tous les anciens peuples, d'accord avec la foi catholique, nous enseignent qu'il existe d'autres intelligences plus parfaites que l'homme et créées avant lui, qui admirent comme lui les œuvres de Dieu, et qui virent ce qu'il n'a pas vu, l'univers sortant du néant à la voix de son auteur. « Où étais-tu, quand je jetais les fondements de la terre... lorsque les anges me louaient tous ensemble, et que tous les fils de Dieu (les esprits célestes) étaient ravis de joie? » (*Job*, c. XXXVIII, v. 4 et suiv.). Dans le récit de la Genèse, il ne devait être accordé d'autre intérêt au système stellaire que celui qui résulte de ses rapports avec notre globe; l'histoire des origines du monde a été faite pour les habitants de la terre, et la préférence dont celle-ci jouit dans cette histoire sur le reste de l'univers est aussi rationnelle qu'elle est évidente.

Tous les écrivains sacrés ont parlé de l'œuvre du quatrième jour en termes équivalents à ceux de la Genèse; tous y ont vu une création proprement dite et non pas seulement, comme des géologues anglais, une disposition nouvelle donnée à des matériaux préexistants.

Mais il serait trop long et inutile de les citer tous [1]. Je terminerai par une observation sur les périodes indéterminées des géologues si mal nommés bibliques. Elles sont partout incompatibles avec notre cosmogonie. Quand ce récit montre le Créateur *plaçant les astres dans le ciel pour faire éclairer sur la terre*, on s'attend à voir bientôt paraître des créatures douées de l'organe de la vue ; quand le texte ajoute, en parlant de ces mêmes astres, *qu'ils servent de signes, pour indiquer les époques, les jours et les années*, le lecteur a pressenti l'arrivée prochaine de l'homme ; il n'est donc pas médiocrement étonné de voir Deluc et ceux de son école séparer par une longue période de temps la création des astres de celle des animaux, et placer une autre période plus longue encore entre la création des animaux et celle de l'homme ; de sorte que le soleil, créé pour éclairer, n'aurait rien éclairé pendant des milliers de siècles, puisqu'il n'y aurait eu encore sur la terre que des végétaux, et que, des milliers de siècles après, cet astre, établi aussi *pour indiquer à l'homme les temps, les jours et les années*, n'aurait absolument rien indiqué, puisqu'il n'y aurait eu encore sur la terre que des animaux. Aussi les écrivains sacrés n'ont-ils jamais lu de cette manière le récit cosmogonique ; ils y ont vu une création générale progressive sans doute, mais dont les différentes parties ont été séparées par des intervalles de temps si courts, qu'ils la considèrent en quelque sorte comme simultanée ; ce qui faisait dire à David : « Il a parlé, et tout a été fait ; il a commandé et tout a été créé. » *Ipse dixit et facta sunt ; ipse mandavit et creata sunt ;* et à l'Ecclésiastique : « Il a créé tout en même temps ; » *creavit omnia simul*, c. XVIII, v. 1.

CINQUIÈME JOUR. *Création des animaux aquatiques et des oiseaux.* — « Dieu dit : que les eaux pullulent d'animaux nageurs et que des oiseaux volent sur la terre, sous le ciel ; et Dieu créa les grands cétacés et tout être animé et doué de mouvement que les eaux firent foisonner, avec leurs semblables (selon leur espèce), ainsi que tout volatile, avec ses semblables (selon son espèce). Il les bénit et dit : Soyez féconds, multipliez-vous, remplissez l'eau de la mer et que les oiseaux se multiplient sur la terre. »

[1] Quand je considère vos cieux, l'ouvrage de vos mains, la lune et les étoiles que vous avez fondés. Ps. VIII, v. 4. — Il a fait les cieux par son intelligence ; il a affermi la terre sur les eaux ; il a fait les grands luminaires, le soleil pour présider au jour, la lune et les étoiles pour présider à la nuit. (Ps. CXXXV, v. 5 et suiv.) — Les cieux sont à vous et la terre et l'univers ; vous avez fondé tout ce qu'ils renferment. (Ps. LXXXVIII, v. 12). — Moi, j'ai fait la terre, et j'ai créé l'homme qui l'habite ; j'ai étendu les cieux et l'armée des étoiles a entendu mon commandement. (Is. c. XLV, v. 12.) — Ma main a fondé la terre, ma droite a mesuré les cieux ; je les ai appelés, et ils ont paru ensemble. (Is. c. XLVIII, v. 13.)

Les oiseaux se lient aux animaux marins, dont un grand nombre se nourrit, aux vers et aux insectes de toutes sortes, créés avec les oiseaux (*omne volatile*), aux végétaux dont la plupart font leur pâture, mais aussi qu'ils protégent contre les ravages d'un très-grand nombre de petits animaux, en sorte que par eux l'équilibre est maintenu entre tous ces êtres.

Le *producant aquæ* de la Vulgate ne rend pas l'expression hébraïque qui signifie *pulluler, faire ramper en abondance*; elle s'applique à ce qui foisonne et se meut avec une grande vivacité, à tout ce qui n'a point de pieds ou les a très-courts et semble ramper sur le ventre; elle convenait très-bien aux animaux nageurs, tels que crustacés, poissons, etc. Le texte dit *aquæ* en général et non pas *maria*, *les eaux de la mer*, parce que les espèces fluviatiles et lacustres sont comprises dans une même création avec les espèces marines.

L'intérêt du Créateur pour son œuvre augmente à mesure qu'elle s'élève dans l'échelle de la perfection. *Il les bénit... soyez féconds et multipliez-vous.* Qui ne connaît la prodigieuse fécondité des espèces aquatiques en général ? Mais ces animaux vivent les uns des autres ; ils servent aussi de pâture aux animaux terrestres, aux oiseaux et à l'homme ; les œufs de beaucoup d'entre eux sont abandonnés par les parents aussitôt après leur production. Pour qu'ils pussent se perpétuer au milieu de tant de causes de destruction, il fallait donc qu'ils fussent créés nombreux et féconds.

Que les eaux pullulent d'animaux nageurs... et Dieu créa... C'est toujours le même acte de la volonté toute-puissante immédiatement suivi de son effet. Elle ne forme point un utérus pour y mettre couver un ovule, c'est l'animal lui-même qui est créé ; il est créé à l'état adulte et pouvant se reproduire dès le premier moment de son existence, puisqu'il en reçoit aussitôt le commandement : *crescite et multiplicamini*.

Les animaux ne sont pas créés individuellement mais spécifiquement, *secundum species suas*, c'est-à-dire que Dieu crée des espèces fixes et déterminées, fondées sur la faculté de se reproduire. Soit, en effet, que l'on traduise l'expression hébraïque *lemineah* par femelle, avec M. Glaire, ou par *secundum genus suum*, ou *secundum species suas* comme le fait indifféremment la Vulgate, il n'en est pas moins vrai qu'elle exprime de la manière la plus nette et la plus précise la création des espèces. L'établissement des espèces immuables est donc aussi clairement enseigné par la Genèse qu'il est rigoureusement démontré par la zoologie, et par conséquent **la transformation des espèces soutenue par le matérialisme est inadmissible.**

Bien plus, le texte sacré distingue les êtres organisés par leurs vrais caractères naturels ; les végétaux par leur faculté de reproduction, qui est en effet leur caractère différentiel le plus élevé ; les animaux par la vie et le mouvement, *omnem animam viventem et motabilem*, ce que la science traduit par la *sensibilité* et la *locomotilité*.

Pour mieux apprécier ces caractères comparons le végétal à l'animal. Le végétal aussi bien que l'animal a une organisation qui exécute des fonctions diverses. L'animal se nourrit, le végétal aussi ; l'animal respire, le végétal aussi ; l'animal a un sang qui est rouge ou blanc, chaud ou froid, etc., le végétal a de la séve qui est son sang, blanche ou colorée, et d'une température plus ou moins élevée ; l'animal sécrète et sépare de son organisation certains produits, le végétal aussi ; l'animal se reproduit, le végétal aussi et par des organes analogues. Pour toutes ces fonctions l'animal n'est donc qu'un végétal plus compliqué. Mais le végétal ne sent pas, il ne se meut pas volontairement ; ces deux grandes facultés sont propres à l'animal, elles le caractérisent, et Moïse l'avait dit lorsqu'il définissait l'animal *anima vivens et motabilis, l'être organisé qui vit et se meut.*

L'examen des différents textes ne laisse aucun doute sur ce fait. Le mot *animal* vient du mot latin *anima*, qui lui-même vient du grec *anemos*, lequel signifie souffle, le vent produit par l'entrée et la sortie de l'air dans les poumons. Le nom d'animal a donc été tiré de la respiration qui est le signe le plus évident de la vie. Mais dans nos langues modernes dérivées du latin, le mot *anima* s'est contracté dans le mot âme, devenu pour nous l'expression de l'être incorporel et immortel, tandis que le mot *animal* n'a plus signifié qu'un être périssable. Le mot *anima* signifie donc *souffle*, et par extension *vie*, *appétit*, *désir*, etc. en hébreu, la phrase correspondante à *l'anima vivens et motabilis* de la Vulgate est celle-ci : *col nephesch hahhaiah haromescheth*, expression dans laquelle Moïse comprend tout animal même les plus inférieurs. Le mot *nephesch* signifie proprement souffle, puis par extension, vie, appétit, désir, et il est enfin le seul mot de la langue sainte qui représente ce que l'on entend en zoologie par la sensibilité ; il en renferme tous les attributs dans ses acceptions diverses. Le mot *hahhaiah* veut dire la vie et tout ce qui répond à notre idée d'animal. Les expressions *col nephesch hahhaiah* veulent dire : tout être doué du souffle de la vie, tout être sensible, ayant des appétits, etc. *Haromescheth* est le pluriel de *remesch*, tout être se mouvant par lui-même. Le sens de la phrase entière est donc celui-ci : tout être sensible vivant et se mouvant. Les Septante traduisent : *tout sentiment d'animaux se mouvant.* C'est encore le même sens. L'animalité est donc indiquée dans le texte sacré par les mêmes caractères qui servent en zoologie à la définir.

Or il est à remarquer que ces caractères essentiels des deux règnes si nettement posés dans notre Cosmogonie, ne sont définitivement entrés dans la science comme caractères dominants qu'au moment où celle-ci arrivait à la démonstration de ses principes, entre les mains de M. de Blainville.

En établissant d'une manière si précise la réalité, la fixité, la création des espèces, et les caractères qui distinguent les règnes organiques, la Genèse exprimait à l'avance tous les grands principes de la zoologie.

Sixième jour. *Création des animaux terrestres. — Création de l'homme.* « Dieu dit : Que la terre produise des êtres animés avec leurs semblables (selon leur espèce), des animaux domestiques, des reptiles et des animaux sauvages terrestres, selon leur espèce. Il en fut ainsi. Dieu fit les animaux sauvages terrestres avec leurs semblables (selon leur espèce), le bétail selon son espèce, les reptiles terrestres, selon leur espèce. »

Au sixième jour, sont créés les animaux les plus parfaits, les plus rapprochés de l'homme sous le rapport de l'organisation physique, et qui, placés en quelque sorte sous sa main, doivent se développer collatéralement avec lui.

Le mot hébreu *behêmah* signifie les animaux *domestiques*; le texte l'oppose aux termes *haiah haaretz*, animaux sauvages, qui vivent errants sur la terre. Les Septante ont traduit dans ce sens, la Vulgate aussi, puisqu'elle dit : *jumenta et bestias terræ,* les *troupeaux* et les bêtes de la terre. M. Cahen a rendu *behêmah* par bétail ; c'est toujours le même sens. Le Psalmiste parlant de l'empire que Dieu donna à l'homme sur les animaux après sa création, dit : « Vous avez tout mis à ses pieds, les *troupeaux,* les animaux des champs, etc. » (*Ps.* viii, v. 6). Ainsi de la légitime interprétation du texte il résulte qu'il y a eu des espèces créées domestiques et des espèces créées sauvages. Les hypothèses de l'état sauvage le nient, mais la science leur donne un démenti, et parle comme la Genèse. Par animaux domestiques, on doit entendre ceux qui le sont spécifiquement, comme le chien, le bœuf, le cheval, le mouton, etc., et non pas ceux qui peuvent le devenir plus ou moins, comme les civettes que l'on élève à cause de la substance qu'elles produisent, les éléphants et beaucoup d'autres ; en un mot, il faut bien distinguer entre les espèces naturellement domestiques, et celles dont les individus seulement peuvent être apprivoisés, puisque dans ce dernier sens tous les animaux, même les plus féroces, peuvent subir un certain état de domesticité.

Si la création des animaux terrestres avait été séparée de celle de l'homme par des milliers de siècles, à quoi bon des espèces domestiques, qui n'auraient pas été contemporaines de l'homme, et qui se seraient éteintes longtemps avant son arrivée sur la terre, comme le veulent les systèmes des géologues de l'école de Deluc?

Nous avons vu précédemment que les végétaux et les animaux avaient été créés spécifiquement; mais chaque espèce a-t-elle été créée multiple ou en un seul couple? A-t-elle été créée sur un seul point ou sur plusieurs points du globe?

« Que *la terre* fasse végéter... dit le texte ; que *les eaux* fourmillent d'animaux nageurs ; que des oiseaux volent sur *la terre*, sous *le ciel;* que *la terre* produise des êtres animés. » Ici, la terre, les eaux, le ciel sont pris dans leur acception générale et absolue ; on ne doit donc pas restreindre ces créations à une localité spéciale ; c'est dans les eaux, sous le ciel, sur la terre *en général*, et non sur un point particulier, qu'elles se montrent à la parole de Dieu. Lorsque la Genèse dit : « Au commencement Dieu créa *le ciel* et *la terre... la terre* était invisible... que *l'atmosphère* sépare les eaux des eaux... Les mots ciel, terre, atmosphère, sont pris dans le sens le plus général ; or Moïse ne s'exprime pas autrement en parlant des créations végétales et animales, il est donc évident, d'après le texte, que les espèces ont été établies par le Créateur sur tous les points où elles pouvaient vivre, et qu'il n'est permis d'admettre d'autre exception à ce fait général que celle qui serait indiquée par la Genèse elle-même. Or la Genèse semble en effet excepter la classe des oiseaux et celle des mammifères ; car il est dit dans le chapitre suivant que *tous les oiseaux et tous les quadrupèdes furent amenés à Adam pour qu'il vît à leur donner des noms.* Toutes les espèces de ces deux classes eurent donc pour centre de création la même partie du globe que le genre humain. On peut répondre, il est vrai, que ces mêmes espèces avaient fort bien pu être aussi créées en même temps dans d'autres pays. Mais d'abord, on ne voit pas pourquoi les espèces domestiques, créées pour l'homme, et qui toutes sortent de ces deux classes, auraient été placées sur des points où l'homme ne devait se répandre que beaucoup plus tard ; ensuite, n'est-il pas singulièrement remarquable que de tant de classes de plantes et d'animaux, celles des oiseaux et des mammifères soient précisément les seules qui n'aient jamais été rencontrées dans les anciens terrains que l'on a pu étudier convenablement, ceux d'Europe et d'une partie de l'Amérique? Ces deux classes auraient donc été restreintes dans leur création aux plaeaux élevés de l'Asie centrale, et peut-être aussi à ceux de l'Afrique.

Arrivons à cette seconde question : Chaque espèce a-t-elle été créée multiple ? Les termes dont se sert la Genèse pour exprimer les animaux et les plantes, sont employés dans le sens absolu et indéterminé, et rien ne porte à croire que leurs espèces aient été produites par couple unique. Or le fait de la création des plantes et des animaux en tant qu'exprimé ici d'une manière générale, tant pour le nombre d'individus de chaque espèce que pour les lieux, s'accorde parfaitement avec les faits fournis par l'histoire naturelle. Les animaux inférieurs, tels que spongidés, théties, polypiaires, madrépores, coraux, en un mot tous les rayonnés, qui vivent dans les eaux, et l'immense majorité dans celles de la mer, où ils sont plus ou moins fixés au sol, à peu près comme les végétaux, auraient promptement disparu, s'ils avaient été créés par couple unique et sur un seul point. Il en faut dire autant des mollusques, des articulés, des reptiles aquatiques, tous animaux qui se déplacent peu, voyagent rarement au loin, ou sont limités à certaines régions, les uns aux rivages, d'autres aux embouchures, d'autres aux baies, d'autres à la pleine mer et à de grandes profondeurs. En outre, ces espèces et celles de la classe des poissons vivent les unes des autres ; on est donc obligé d'admettre qu'elles ont été créées abondantes et sur tous les points où elles pouvaient se développer et se multiplier. Parmi les oiseaux et les mammifères, les uns sont herbivores, granivores ou frugivores, et les autres sont carnassiers. Les carnassiers détruisent les herbivores pour s'en nourrir ; si les herbivores n'avaient été représentés que par un petit nombre d'individus dans chaque espèce, ils auraient été complétement détruits par les carnassiers, qui se seraient ensuite dévorés entre eux, comme cela arrive encore quelquefois, et la perpétuité de la création eût été impossible. Parmi les oiseaux et les mammifères carnassiers, les uns vivent de poissons, de mollusques, les autres d'insectes, les autres de reptiles, les autres d'animaux de leurs classes. La loi harmonique qui maintient l'équilibre parmi tous les êtres, voulait donc encore que les espèces de toutes ces différentes classes fussent créées multiples en individus.

Il est dit plus bas, au 30ᵉ verset, que Dieu donna pour nourriture *aux animaux de la terre, aux oiseaux du ciel, et à tout ce qui se meut et est doué d'un souffle de vie, les plantes et tout le règne végétal ;* cela suppose qu'il existe des animaux herbivores ou frugivores dans tous les groupes de la série animale ; c'est aussi ce que nous apprend l'histoire naturelle. Dans les mammifères, dans les oiseaux, dans les reptiles, dans les poissons, dans les insectes et les crustacés, dans les mollusques et dans les rayonnés, partout il existe un très-grand nombre d'espèces qui se nourrissent de végétaux. Les végétaux ont donc dû être créés en même temps sur tous les points du sol exondé et sur tous ceux des mers et des courants continentaux où ils pouvaient se développer, puisqu'ils étaient destinés aussi bien à nourrir les animaux aquatiques que les animaux terrestres. Les faits génésiaques s'accordent donc avec ceux de l'observation, à nous dire que les espèces en général ont été créées abondantes et sur beaucoup de points du globe.

L'homme seul a été créé unique dans son espèce unique, sur un seul point de la terre. La zoologie, la philologie, l'histoire et les traditions des peuples viendront encore confirmer cette triple assertion de la Genèse. Partout il y a concordance entre la science et la cosmogonie.

Il me reste à parler de l'ordre suivi dans la création des règnes organiques. Nous y arriverons par la discussion préliminaire d'un mot dont le sens a beaucoup varié avec les progrès de la zoologie. Le mot *reptile* de la Vulgate, en hébreu *remesch*, signifie tout animal qui se meut vivement et qui semble ramper. Chez les Grecs et les Latins, et même chez tous les naturalistes du moyen âge jusqu'aux temps modernes, tous les petits animaux insectivores, les petites espèces de martre, comme la belette, etc., les petits rongeurs, comme les rats, sont aussi compris sous le nom général de *reptiles*. Ce mot n'avait donc pas pour les anciens la même valeur que pour nous; il ne l'avait pas non plus chez les Hébreux. Dans leur langue, il désigne souvent les petits animaux en général ; et quelquefois même tous les animaux. Nous avons dans la Cosmogonie des exemples de cette signification si étendue du mot *remesch*. Dans le récit de la création des animaux aquatiques, il est employé pour désigner tous ces mêmes animaux, à l'exception seulement des cétacés : « Dieu créa les grands cétacés, et *tout être rampant* ayant souffle de vie dont foisonnèrent les eaux. » Plus bas, le mot *remesch* est appliqué à tous les animaux terrestres ; cela a paru si évident à saint Jérôme et à M. Cahen, que négligeant l'un et l'autre l'idée de *reptile*, ils ont traduit, le premier : *Dominamini... universis animantibus quæ moventur super terram*, et le second : *Dominez sur chaque animal qui se meut sur la terre*.

Beaucoup plus tard, quand les progrès de la science ont permis d'établir une nomenclature complète et rigoureuse, les zoologues ont compris exclusivement sous le nom de *reptile* les serpents et tous les animaux qui leur ressemblent et qui rampent véritablement. Dans la Genèse comme dans toutes les langues anciennes, *remesch* ou reptile désigne donc 1° les vrais reptiles ; 2° tous les petits mammifères qui paraissent ramper ; 3° tous les animaux inférieurs ; 4° et quelquefois tous les animaux terrestres. Le contexte doit donc être consulté sur la signification que la Genèse lui donne dans les créations animales du cinquième et du sixième jour. « Or, pour les animaux créés le cinquième jour, qui sont tous aquatiques et se ressemblent par tant de rapports, il nous semble, dit M. Maupied, que *reptile* ou *mouvant*, qui désigne bien certainement tous les animaux inférieurs, les poissons, les amphibiens, les reptiles aquatiques, etc., doit comprendre aussi les reptiles terrestres, tels que nous les entendons aujourd'hui ; tandis que dans les créations du sixième jour, où il s'agit des animaux terrestres, le mot *remesch* signifie les petits animaux mammifères qui semblent ramper, par opposition aux grands animaux désignés par *jumenta* et *bestiæ* ; de la même manière qu'au cinquième jour les petits animaux aquatiques soit inférieurs, soit poissons, soit reptiles propres, sont appelés *reptiles* par opposition aux grands animaux marins, *cete grandia*. Cette opposition répétée deux fois est ici d'un grand poids, surtout étant jointe à l'usage des langues anciennes et à l'histoire de la nomenclature. »

D'après cette interprétation du mot *remesch*, Dieu aurait d'abord donné l'existence à toutes les classes inférieures jusqu'aux mammifères marins inclusivement, et ensuite aux mammifères terrestres qui renferment les espèces les plus parfaites du règne animal. Quoi qu'il en soit, il ne faut pas chercher dans la Cosmogonie des créations successives de classes, mais des créations successives de grands groupes, produits chacun simultanément. Elle nous montre tous les végétaux recevant en même temps l'existence, puis tous les animaux aquatiques et les animaux ailés créés aussi en même temps, puis tous les mammifères terrestres, et enfin l'homme. Si les partisans des longues périodes de temps avaient pu faire abstraction de leurs idées géologiques, en étudiant le texte, ils auraient bien vu, ou qu'il n'y a aucune distinction de classes, comme dans le récit de la création des végétaux ; ou que l'ordre suivant lequel des classes sont indiquées n'est pas l'ordre de gradation, comme dans la création des animaux aquatiques où les mammifères marins, *cete grandia*, sont mentionnés avant les autres êtres inférieurs de ce groupe ; ou que cet ordre de nomination varie, comme dans la création des animaux terrestres, où les quadrupèdes sauvages sont exprimés tantôt avant, tantôt après tout ce que le texte désigne sous le nom de *remesch*, reptile : preuve nouvelle et évidente de la simultanéité de toutes ces créations animales et végétales.

L'ordre de gradation suivie ou de conception ne pouvait pas être l'ordre de création. Les espèces des diverses classes des deux règnes sont liées les unes aux autres par des rapports mutuels d'entretien et de conservation qui auraient été continuellement sacrifiés dans une création par classes successives. De plus, les gradations s'étendant jusqu'aux espèces, il eût fallu procéder, non pas par classes, ni même par genres, mais par espèces successives ; et, même à ce prix, il n'eût pas encore été possible d'observer l'ordre de gradation sériéle, à cause des nombreuses espèces parasites des deux règnes qui n'auraient pu, sans que cet ordre ne fût interverti, être séparées des espèces de classes différentes des leurs, auxquelles leur existence est enchaînée. Où, par exemple, le Créateur eût il placé le pou de la baleine, si, comme l'eût voulu l'ordre zoologique de gradation, cet insecte eût été créé avant le mammifère marin sur lequel il devait se développer?

Une création successive par espèces ou par classes, suivant l'ordre sériel, n'était donc pas possible. Une création simultanée, en montrant tous les êtres produits d'un seul coup, eût paru l'effet d'une cause prédéterminée et nécessitée dans son opération. Une création, dont les différentes portions auraient été séparées par de longues périodes, eût été considérée comme le résultat des lois de la nature. L'ordre de la Genèse, qui sauvegarde tous les rapports naturels des êtres, et aussi leurs rapports hiérarchiques dans ce qu'il a de successif, est le plus logique et le plus digne que l'esprit humain puisse concevoir. Il manifeste avec plus d'éclat et en plus grand nombre que tout autre les divins attributs de l'auteur de l'univers.

D'un seul acte de sa volonté il créé des règnes entiers, tous les astres, toutes les plantes ; donc il est souverainement puissant. Il crée à plusieurs reprises, à des intervalles inégaux, et suivant un ordre qu'il varie ; donc il est souverainement libre. Il ne place que quelques heures entre ses différentes créations ; donc il agit sans le concours des lois mécaniques dont l'action est toujours lente. D'ailleurs, ou les lois qui perpétuent maintenant l'ordre créé ne sont que le résultat des propriétés des êtres et de leurs rapports mutuels, et dans ce cas elles n'ont pu exister dans ces rapports et avec toutes leurs propriétés qu'après la création de ces êtres, et elles ont pour auteur celui qui a créé ces êtres ; ou elles sont l'effet direct de l'immuable volonté du Créateur, et, dans ce cas, il est encore bien évident qu'elles ne peuvent rien sur lui ; donc il est souverainement indépendant. Enfin, en créant les règnes, il en enchaîne les unes aux autres les diverses parties par des rapports de conservation et de perpétuité ; donc il est souverainement intelligent, et le seul créateur, le seul ordonnateur de l'univers. Et maintenant il va former un être qui sera chargé de relier le monde à son auteur, *nexus Dei et mundi*, en élevant jusqu'à lui les hommages de la création universelle. Il appropriera cet être, reflet de sa divinité, à ce but sublime, en le créant tout à la fois physique, intelligent, moral et religieux, en le soumettant à des lois morales, et en faisant de sa fidélité volontaire à ces lois la condition de sa perfection et de son bonheur; le monde a donc un but, le seul digne de Dieu, sa propre gloire; donc le créateur du monde est souverainement sage.

«Dieu dit: Faisons l'homme à notre image et à notre ressemblance; qu'il domine sur les animaux de la mer, sur les oiseaux du ciel, sur les animaux domestiques, sur toute la terre et sur tout ce qui se meut à sa surface, et Dieu créa l'homme à son image; c'est à l'image de Dieu qu'il le créa; il les créa mâle et femelle. » C'est ici le chef-d'œuvre de la création, le style s'élève avec l'objet. L'homme n'est pas un animal dans la Genèse; elle le sépare de la création des animaux d'une manière plus énergique qu'elle n'a séparé les animaux des végétaux. Elle ne le range donc point dans la création animale, elle ne dit point, par exemple, *Dieu créa les animaux terrestres et l'homme;* mais quand les animaux les plus parfaits sont créés, Dieu suspend son action; il paraît se recueillir et tenir conseil avec lui-même, *faisons* l'homme, dit-il. Il avait tout fait jusqu'ici en commandant, *que la lumière soit*, *que la terre produise*, etc.; quand il est question de l'homme, ce n'est plus cette parole impérieuse et le ton est bien différent. Mais voici qui est encore plus grave et plus significatif : « Faisons l'homme *à notre image* et *à notre ressemblance*, dit le Créateur ! — et Dieu créa l'homme *à son image.* » Nous nous attendions à ce retour qui nous montre ici comme dans les œuvres précédentes l'exécution de la volonté créatrice; mais cela ne suffit pas à Moïse, et rapprochant de nouveau une telle créature d'un tel créateur, *c'est à l'image de Dieu qu'il le créa*, s'écrie-t-il, saisi d'admiration! Ni Moïse, ni aucun autre écrivain sacré, ni le peuple juif n'ont jamais cru que Dieu fût corporel; au contraire ils ont toujours protesté contre les dieux corporels des autres peuples; ce n'est donc pas par son corps que l'homme est l'image de Dieu. « Dieu, dit le livre de la Sagesse, a créé l'homme d'une substance *indestructible* et l'a fait *à l'image de sa propre nature.* » (c. II, v. 23.) Platon trouvant déjà dans la philosophie la confirmation de cette vérité, enseignait que l'homme est l'image de Dieu. *Est homini cum Deo similitudo*, disait aussi Cicéron. (Lib. I, c. VII). Cependant le dernier traducteur israélite de la Bible, après avoir rendu ces textes comme tout le monde, relègue dans une note sa variante rationaliste que voici : « Faisons un homme *selon notre idéal et rendons-le semblable à cet idéal*. Tout être qui sait ce qu'il fait, travaille d'après son idéal. Est-ce que Dieu n'a pas fait toutes choses selon son idéal ? Si c'est là tout ce que

M. Cahen a vu dans la création de l'homme, que pense-t-il du motif de cette défense renouvelée aux enfants de Noé, après le déluge : « Celui qui aura répandu le sang humain, son sang sera répandu, *parce que l'homme a été fait à l'image de Dieu.* » Gen. c. ix, v. 6. Traduisez comme M. Cahen : *Parce que Dieu a fait l'homme selon son idéal*, et il y aura pour les enfants de Noé autant de raison de respecter la vie d'une plante, ou d'un animal, que celle d'un homme.

Le texte hébreu porte : « Faisons *adam*, (l'homme) à notre image... qu'*ils dominent* sur les animaux... et Dieu créa *Adam*... il *les* créa mâle et femelle. » Ici le mot *adam* n'est pas un nom propre et personnel, restreint uniquement au premier père du genre humain, c'est un nom collectif, commun aux deux sexes, et qui en hébreu, comme le mot *homo* en latin, et le mot *homme* en français, comprend l'homme et la femme. Le sens est donc, non pas que Dieu créa le premier homme hermaphrodite, comme l'ont compris quelques anciens philosophes de l'Inde peu familiarisés avec la langue hébraïque, mais qu'il créa les deux premiers individus de l'espèce humaine, et les créa en deux sexes. Aussi au verset suivant est-il parlé d'eux en nombre pluriel : « Dieu les bénit et leur dit : Croissez et multipliez-vous. » C'est donc encore ici l'espèce qui est créée, mais cette fois en un seul genre et en un seul couple, d'où sont sortis tous les peuples de la terre.

Il existe bien d'autres différences entre la création de l'homme et celle des règnes organiques. Tout le règne des plantes est créé simultanément et instantanément ; il en est de même des animaux aquatiques, puis des animaux terrestres; chacun de ces groupes arrive à la vie par un seul acte de la puissance divine. L'homme forme une éclatante exception, il est produit en trois progrès, par trois actes successifs. 1° Dieu tire l'homme physique de la matière, il forme un corps du limon de la terre ; mais ce corps est sans vie, tandis que les animaux sont vivants en même temps que produits. 2° Dieu crée ensuite l'être spirituel, en inspirant sur la face de ce corps le *spiraculum vitæ* de la Vulgate, et l'homme devient vivant par le souffle de Dieu même. Mais le texte original distingue nettement le principe de vie donné à l'homme de la vie des animaux. En parlant de ceux-ci, il emploie toujours l'expression *nephesch haiah*, respiration, vie ; en parlant de l'homme, il dit que Dieu souffla sur lui *l'âme des vies, nischemat haiim*. L'homme en effet participe dans son corps, de la vie végétative et de la vie animale, mais l'âme domine et régit ces deux vies, puisque, d'après la Genèse, c'est par elle que l'homme devient un être animé, *factus est in animam viventem*. 3° Enfin par la formation de la femme tirée de l'homme, l'être social sera créé. Jusqu'ici Dieu s'est complu dans la réalisation extérieure de chacune des merveilles de sa pensée, *vidit Deus quòd esset bonum.* Mais sa dernière création est incomplète, elle en appelle une autre; *il n'est pas bon que l'homme soit seul*, dit-il lui-même; *faisons lui un aide semblable à lui.* Cependant il convenait que l'homme connût auparavant l'excellence de sa propre nature, et l'abîme incomblable qui le sépare des animaux ; Dieu les amène donc autour de lui; Adam les observe comparativement et leur donne des noms, il passe en revue toute cette création animale, parmi laquelle *il ne rencontre point d'être qui lui soit semblable*, aucun qui lui paraisse digne d'entrer dans sa société ; de là, ce cri d'amour et d'admiration, quand l'Éternel lui présente la compagne tirée de lui pendant son sommeil : « Cette fois c'est un os de mes os, c'est la chair de ma chair ; que celle-ci soit appelée femme (*ischa* en hébreu), parce qu'elle a été prise de l'homme (*isch*)! C'est pourquoi l'homme quittera son père et sa mère et s'attachera à son épouse, et ils seront deux dans une même chair. » « Cette origine de la femme et cette parole d'Adam, remarque le R. P. Lacordaire, renfermaient toute la constitution de la famille : la dignité réciproque de l'homme et de la femme, l'indissolubilité de leur union, et cette union en deux personnes seulement. La dignité d'abord, puisque la femme avait été prise de l'homme, et qu'on ne pourrait jamais lui reprocher d'avoir été formée d'un limon secondaire ; l'indissolubilité, puisque leur union était dans une seule chair ; l'unité, puisque cette chair n'était qu'à deux. » *Trente-quatrième conférence.* L'homme est donc créé par trois actes et en trois progrès ; d'abord l'être physique, puis l'être intelligent, et enfin l'être social ou plutôt la société humaine, et c'est le point culminant, le dernier terme de l'œuvre de Dieu.

Voyons maintenant comment il établit la société humaine sur le trône de ce monde, créé pour elle. « Il les bénit et leur dit : Soyez féconds et multipliez-vous; remplissez la terre; assujettissez-la; dominez sur les animaux de la mer, sur les oiseaux du ciel et sur tout animal qui se meut sur la terre. »

Des milliers d'espèces animales et végétales, soit terrestres soit aquatiques, se sont déjà éteintes; les autres ont leurs cantonnements; mais l'homme est partout, la bénédiction de son créateur est restée sur lui, *il remplit la terre*, l'espace n'est pas trop vaste pour le contenir. Son histoire dans ses rapports avec le reste de la création nous le montre comme l'être qui établit entre tous les autres êtres vivants l'ordre, la subordination, l'harmonie; qui cultive, façonne, étend, polit la nature et l'embellit, même après Dieu, quoiqu'il ne lui ait pas été donné de dépasser les lois établies par son

Créateur. Qui appelons-nous barbares, si ce n'est les tribus qui ont laissé échapper de leurs mains le sceptre des règnes, et ne font aucun effort pour le ressaisir? et qu'est-ce qu'un peuple civilisé, si ce n'est celui qui *s'est assujetti la terre*, qui en jouit en maître absolu, qui en use en franc propriétaire, et qui *domine sur les animaux de la mer, sur les oiseaux du ciel et sur tout ce qui se meut à la surface du globe?* L'homme est donc, de fait comme de droit, le maître de la terre et de ses règnes.

L'Écriture rappelle en une foule d'endroits cette glorieuse investiture du vice-roi du monde, faite par le Créateur lui-même. « Vous avez placé l'homme peu au-dessous de l'ange, s'écrie le prophète roi, vous l'avez couronné de gloire et d'honneur, et vous lui avez donné l'empire sur les œuvres de vos mains. Vous avez tout mis à ses pieds, les troupeaux, les animaux des champs, les oiseaux du ciel et les poissons de la mer, et tout ce qui se meut dans les eaux. » (*Ps.* VIII, v. 6, 8.) — « Dieu de mes pères, vous avez formé l'homme, par votre sagesse, pour qu'il régnât sur les êtres que vous avez créés, pour qu'il dirigeât le monde dans l'équité et dans la justice. » (*Sagesse*, c. IX, v. 1, 3.)

Voilà donc ce qu'est l'homme pour la Genèse, et voici ce qu'il est pour la science, dont l'accord avec le monument antique et sacré ne se dément pas une seule fois. L'activité libre de l'intelligence de l'homme fait de lui un être moral et perfectible; son intelligence et sa moralité en font un être social et religieux, c'est-à-dire un être naturel qui ne peut atteindre son développement physique, intellectuel et moral en dehors de la société de ses semblables, et de l'influence de la loi morale ou religieuse. C'est pour cela que l'homme diffère des autres êtres organisés infiniment plus que par l'espèce, et ne peut être mieux défini que par le nom de *règne social*.

Physique, la nature de l'homme se rapproche de celle du plus élevé des animaux; intellectuelle, elle s'en rapproche encore un peu, mais sa supériorité sur le plus intelligent d'entre eux est énorme, immense; morale, elle n'a plus aucun point de contact avec ce qui existe chez eux; religieuse enfin, elle s'élève jusqu'à son créateur, par la pensée de l'avenir et de l'immortalité, ce qui lui fait prévoir la mort, et par suite reconnaître l'autorité de Dieu et de la religion qui en est la science.

Mais ces différents caractères de la nature humaine ne peuvent se développer que dans l'état social; cet état est donc l'état naturel et nécessaire de l'homme; l'homme n'aurait donc pas pu l'inventer, pas plus qu'il n'eût pu inventer l'oxygène, qui est son aliment respiratoire; l'homme a donc été créé dans cet état.

L'état social, à son tour, ne peut exister sans le langage articulé qui en est la base et celle de toutes les connaissances humaines; l'homme n'aurait donc pas pu inventer le langage articulé.

Une loi morale conforme à la nature de l'homme est encore une condition sans laquelle il n'y a point de société. L'homme est un être religieux, ce qui entraîne nécessairement l'existence d'une loi morale ou religieuse qui vienne développer et perfectionner en lui ce caractère, le plus sublime de tous ceux de sa nature; l'homme a donc aussi reçu cette loi de son Créateur.

L'homme a donc été créé à l'état de développement complet autant pour l'intelligence que pour le corps; il n'a donc pas commencé par l'état sauvage qui est une dégradation de l'état civilisé, et bien moins encore par l'état imaginaire de nature, dont il n'aurait jamais pu sortir, et qui eût fait de lui, du plus supérieur des êtres créés, un être contradictoire, perfectible de sa nature et ne pouvant se perfectionner; ayant en soi des caractères différentiels, et manquant des conditions nécessaires à leur développement.

Or à toutes ces déductions logiques, qu'on retrouvera plus développées dans le cours de ce livre, correspondent ici des faits concordants. 1° Nous avons vu le premier couple humain commençant à l'état de développement parfait au moral comme au physique, et Adam formulant les principes constitutifs de la famille avant même que la famille ne fût complète; elle le devient par la naissance de ses enfants. Partagés entre la vie pastorale et la vie agricole et la pratique des arts qui en dépendent, ils forment d'abord une seule famille; le meurtre de Caïn la divise en deux, d'où sortent deux peuples qui habitent à côté l'un de l'autre, et finissent par se fondre en un seul, longtemps avant le déluge. L'état social dans la Genèse est donc l'état originel et primitif de l'homme.

2° En sortant des mains de Dieu, Adam impose des noms aux animaux; il nomme sa compagne, il converse avec son sublime auteur; le langage articulé n'est donc pas une invention humaine dans la Genèse, mais un don du Créateur.

3° Dieu met en exercice la liberté morale des premiers hommes, en leur commandant d'étudier les autres êtres, de les dénommer, de les soumettre et de les gouverner; en les soumettant eux-mêmes à une loi d'épreuve propre à leur faire sentir qu'ils dépendent de son éternelle et souveraine justice. Après leur chute, il leur reproche leur désobéissance et les punit; il punit le fratricide Caïn, etc. C'est donc aussi du Créateur que vient la loi morale dans la Genèse. L'état de nature est donc rejeté par la Genèse comme il l'est par la science de l'homme. Ils n'étaient pas dans l'état de nature, ni dans l'état sauvage ces êtres créés parlants, qui conversaient avec Dieu, qui en recevaient la loi morale ; ces êtres créés complets, puisque leur intelligence se trouve développée avant d'avoir été soumise à l'influence de leurs semblables et à celle du monde physique, deux conditions nécessaires au développement physique, intellectuel et moral successif de tout homme.

L'Écriture abonde en passages relatifs à l'histoire de la création humaine ; je ne puis pas les rapporter tous, mais partout les auteurs sacrés ont traduit les textes de Moïse, comme je l'ai fait, dans le sens littéral (1).

« Dieu vit toutes ses œuvres, et elles étaient parfaites. Il fut soir, il fut matin, sixième jour. » Alors la création cesse et le monde se conserve par les lois immuables que son auteur a établies.

Après avoir créé l'homme dans ce sixième jour, Dieu lui donne l'empire sur les animaux terrestres créés le même jour que lui, mais avant lui, et sur les animaux aquatiques et les oiseaux créés au cinquième jour ; il assigne comme base du régime alimentaire de l'homme, des oiseaux et des autres animaux, les végétaux créés au troisième jour ; tous ces êtres ont donc été contemporains ; le troisième, le cinquième et le sixième jours n'étaient donc pas des périodes indéterminées.

« Ainsi, ajoute Moïse, furent achevés le ciel, la terre et tous leurs ordres... Dieu bénit le septième jour et le sanctifia, » en mémoire de l'œuvre qu'il venait d'accomplir. Ce jour faisait donc aussi partie de

---

(1) L'esprit de Dieu m'a formé, le souffle du Tout-Puissant m'a donné la vie. *Job*, c. XXXIII, v. 4. — La sagesse conserva celui que Dieu avait créé seul le premier, pour être le père du monde. (*Sagesse*, c. X, v. 1.) — Par un vain travail (l'idolâtre) fait un Dieu de la même boue, lui qui a été formé de la terre... il ignore celui qui l'a formé, celui qui lui a donné cette âme qui agit, et qui lui a communiqué l'esprit de vie. (*Sagesse*, c. XV, v. 8-10.) — L'homme n'a point été pris de la femme, mais la femme a été prise de l'homme. (I *Cor.*, c. XI, v. 8.) — Dieu créa l'homme de la terre et il le fit selon son image ; il le rendit ensuite à la terre et le revêtit de force selon sa nature. Il lui donna un nombre de jours et un temps, et il lui assigna l'empire de ce qui est sur la terre. Il mit sa crainte en toute chair et il établit sa domination sur les bêtes et sur les oiseaux. Il créa de lui-même une aide semblable à lui, et il leur donna le conseil, et un langage et des yeux et des oreilles et un esprit pour penser, et il les remplit de lumière et d'intelligence. Il créa en eux la science de l'esprit, il remplit leur âme de sens et il leur montra les biens et les maux. Il fit luire ses regards sur leur âme, pour leur manifester la grandeur de ses œuvres, afin qu'ils célébrassent la sainteté de son nom, le glorifiant dans ses merveilles et racontant la magnificence de ses œuvres. Il y ajouta des préceptes et les fit hériter d'une loi de vie. Il établit avec eux une alliance éternelle et il leur apprit ses jugements ; et leurs yeux virent les merveilles de sa gloire, et leurs oreilles furent honorées de l'éclat et de sa voix... (*Ecclésiastique*, c. XVII.)

la série des jours génésiaques, puisque Moïse le nomme le *septième;* or on ne dira pas sans doute, que Dieu a béni et sanctifié une période indéterminée; c'était donc un jour ordinaire; les autres jours de la même série étaient donc aussi des jours ordinaires.

Mais écoutons encore Moïse; qui mieux que lui peut nous faire connaître la nature des jours de la première semaine du monde? « Six jours tu travailleras et tu feras ton œuvre, et le septième, jour du Seigneur ton Dieu, tu ne feras aucun travail, car en six jours, le Seigneur fit le ciel, la terre et tout ce qui est en eux, et il se reposa le septième jour, et il le bénit et le sanctifia. » (*Exode,* c. XX, v. 9-11.) « Tu travailleras six jours, dit-il encore ailleurs, le septième est le jour du sabbat, c'est-à-dire le repos du Seigneur ton Dieu; tu ne feras aucun ouvrage en ce jour. » (*Deuétr.,* c. V, v. 13 et 14.) Ainsi, les jours employés par le Seigneur à créer le monde sont ceux où il est ordonné à l'homme de travailler; le jour où Dieu cessa de créer est le jour où l'homme devra se reposer; les jours de la semaine de l'homme et ceux de la semaine de la création sont donc parfaitement analogues.

Il existe une connexion intime entre la nature des temps de la Genèse et celle de ses créations, en ce sens que si ses créations sont simultanées, la transformation de ses temps en périodes d'une immense étendue n'a pas de raison d'être, au point de vue philologique; et que si les temps de la Genèse sont bien véritablement des durées diurnes ordinaires, ses créations sont nécessairement simultanées; or, comme la fausseté des périodes génésiaques indéterminées ressort avec la dernière évidence de toutes les parties du récit et que ses temps ne peuvent être que des durées analogues à celles de nos jours, il en résulte que les créations retracées par Moïse sont des créations simultanées, comme le prouvent d'ailleurs et l'énergie des expressions, et toutes les circonstances du texte et toutes les interprétations des autres écrivains sacrés.

Je n'ajouterai plus qu'une observation sur la source du récit cosmogonique. Il est admis par tous les interprètes que Moïse, en composant l'histoire de la création, s'est servi de monuments écrits, conservés dans les anciennes familles patriarcales. La différence qui existe entre le récit cosmogonique et l'histoire humaine proprement dite, qui commence au second chapitre de la Genèse, en est une première preuve. Une lecture attentive du premier document montre que chaque pensée principale renferme à peu près le même nombre de mots, que les expressions *vidit Deus quòd esset bonum* et *factum est ità*, répétées six ou sept fois, reviennent avec de légères variantes soit dans les expressions elles-mêmes, soit dans leur ordre de retour ; ces caractères qui semblent indiquer un chant, une ode, n'existent pas dans le second chapitre. Une autre différence non moins frappante, c'est que, dans le premier document, Dieu n'est jamais désigné que par le nom d'*Eloïm*, et que dans le second, ce nom d'Eloïm est toujours accompagné de celui de *Jehovah*, le nom tétragrammatique composé des trois temps *il fut, il est, il sera.* On conçoit que Moïse ait mieux aimé conserver leurs caractères propres à des documents d'une antiquité si reculée que de les re- ondre et de leur donner un style uniforme.

Plan de la création. — Le monde étant intelligible, il est clair qu'il a été créé par une intelligence pour des intelligences. Il y a relation de causes et d'effets entre l'homme et les lois de ce monde, car il est organisé en conformité avec elles, il peut les juger, en tirer des applications et même en certains cas les modifier ; il peut en re- cueillir les harmonies, les goûter intellectuellement, et pénétré, nourri des lumières de l'intelligence infinie, partout vivante en son œuvre, s'élever de ce trône extérieur de sa majesté jusqu'au trône intérieur de cette toute-puissance qui a tout fait suivant un plan démontrable ; l'homme est donc le but et la fin de ce monde ; un simple coup d'œil jeté sur le plan de la création tel qu'il est rap- porté par Moïse et démontré d'ailleurs scientifiquement, fera mieux ressortir encore l'évidence de ces vérités.

Tous les règnes sont nécessaires les uns aux autres ; sur ce principe est fondé leur plan harmonique général ; dans une création successive ils doivent donc avoir été produits dans leur ordre de nécessité au tout ; les plus nécessaires à tous les autres ont dû paraître les pre- miers, et l'être pour qui tous les autres ont été créés, auquel ils sont tous plus ou moins nécessaires, qui les résume tous, ne doit arriver que le dernier. Ce principe est la loi de l'ordre logique que doit suivre une création successive, il est démontré par les faits ; or cet ordre est justement celui de la création successive dans la Genèse.

La terre, qui doit servir d'habitation à tous les êtres, est créée la première ; elle est créée avant les astres, parce que les astres se rap- portent à la terre qu'ils fécondent, à ses eaux, à son atmosphère, à ses plantes, à ses animaux, à l'homme. Les questions de grandeur relative, d'importance matérielle, de position, etc., n'ont ici qu'une valeur très-secondaire, parce qu'elles ne sont que des conséquences de la destination de ces corps ; or ces corps étaient destinés à la terre que devait habiter l'homme. C'est sur elle d'ailleurs que s'exécutera tout ce qu'il nous importe de connaître, tout ce qui ramène notre intel- ligence à l'intelligence divine ; c'est sur elle comme point d'observa- tion que nous comtemplerons l'univers.

La lumière est créée au premier jour, parce qu'elle est nécessaire à tous les êtres, et le lien d'harmonie entre les mondes. Et remarquez que par lumière, il faut entendre non pas seulement les phénomènes lumineux, mais l'éther, le fluide incoercible, que toutes les données de la science tendent à nous montrer comme la cause, le siége des phénomènes de lumière, de chaleur, d'électricité et de magnétisme. Il met l'ordre sur la terre et dans l'atmosphère, il est nécessaire à la vie de tous les êtres organisés et à l'exercice de l'intelligence de l'homme en ce monde; le rôle qu'il joue dans l'univers est immense, et peut-être doit-on y rapporter aussi l'invariabilité des mouvements des astres et les grands phénomènes qui se produisent au sein de la terre et à sa surface.

L'atmosphère et le firmament qui viennent ensuite, sont une conséquence du fluide incoercible; ils préparent le perfectionnement de la création de la terre, laquelle s'achève par l'écoulement et le resserrement des eaux dans le bassin des mers.

Il y a déjà tout ce qu'il faut pour la vie des plantes; il y a lumière et chaleur, électricité et humidité, atmosphère et terre exondée. C'est aussi en ce troisième jour que les végétaux sont créés et préparés pour les animaux et pour l'homme physique et intelligent. Ils serviront à son corps, on sait comment; à son esprit, en lui offrant des études et des vérités à conquérir; par eux il dominera sur les règnes organiques, s'assujettira la terre, et fera servir tous les éléments à ses besoins. Après une première réaction des corps déjà existants les uns sur les autres, le soleil, devenu nécessaire pour continuer les phénomènes, est créé avec tous les astres. Mais les végétaux produits à l'état de développement complet, pouvant remplir leurs fonctions sans le soleil, et devant même, dans ces premiers instants, exercer sur l'atmosphère une action d'autant plus énergique que cet astre n'y pouvait mettre obstacle, ont dû paraître avant lui.

Les astres arrivent donc à l'existence au quatrième jour; leur présence mettra l'éther en rapport avec l'organe de la vue dans les animaux et dans l'homme; il produira pour eux la sensation de lumière qui leur fait distinguer les objets et leur sert à diriger leur marche dans le jour et pendant les nuits sereines. Les astres sont aussi nécessaires aux plantes, aux animaux et à l'homme physique et social par leurs mouvements et leurs révolutions, qui occupent une si grande place dans les lois de la vie, sur notre globe. Avec la coexistence de la terre et des astres commencent les saisons.

Au cinquième et au sixième jour les animaux sont créés. Alors, tout étant prêt pour recevoir celui qui devait régner sur ce monde, l'homme arrive enfin à la vie.

Il y a donc un ordre dans la production des êtres; chacun est créé avant tous ceux pour lesquels il est créé, et dans cet ordre logique l'homme vient le dernier; l'homme est donc le but et le dernier terme de la création matérielle. La terre est faite, il est vrai, pour l'habitation des plantes et des animaux, mais les plantes et les animaux étant eux-mêmes faits pour l'homme, ils n'ont place sur la terre qu'en vue de l'homme, ils sont une dépendance et un complément du séjour de celui qui embrasse toutes les fins des animaux et des végétaux, qui en fait les éléments de sa vie physique, intellectuelle et sociale, et les instruments de sa domination sur la terre.

Il y a donc un plan dans la création du monde; or tout plan suppose une intelligence par qui il a été conçu avant d'être exécuté. Mais dans ce plan, tous les êtres ont un but, une fin; ils viennent tous et successivement aboutir à l'homme physique, intellectuel, social et religieux; le but et la fin de l'homme lui-même ne peuvent donc pas être dans les créatures; mais s'ils ne sont pas dans les créatures, ils sont donc dans le Créateur; s'ils ne sont pas dans ce monde, ils sont donc au delà; le monde a donc été fait pour l'homme, et l'homme pour Dieu (1).

CHAPITRE X.

AU COMMENCEMENT DIEU CRÉA LE CIEL ET LA TERRE. OR LA TERRE ÉTAIT SOLITAIRE ET DÉSERTE.

GEN., CHAP. I, V. 1 ET 2.

Nous venons de voir dans la Genèse autant de faits concordant avec les sciences qu'il y a de faits énoncés. Nous avons développé et établi les faits cosmogoniques; mais l'accord n'est souvent qu'indiqué dans le chapitre précédent; il s'agit maintenant de le démontrer, en développant et en établissant successivement les faits scientifiques qui correspondent à ceux de la Genèse.

(1) Voy. à la fin du volume une note sur la Cosmogonie du livre de la loi de Manou.

Pour le panthéisme matérialiste, tout est Dieu, c'est-à-dire être nécessaire, et par conséquent tout est éternel ; il n'y a point eu de commencement et il n'y aura point de fin. « Chaque jour, dit-il, de nouveaux hommes naissent, pour remplacer ceux qui chaque jour tombent, mais l'*homme* reste debout, enrichi de tout ce que ses devanciers lui ont transmis, orné de tous les présents des âges. Il en est de même des animaux et des plantes ; les individus meurent, les espèces périssent, ou elles se transforment en d'autres espèces. Ainsi les espèces fossiles se sont transformées dans les espèces vivantes. Il n'y a pas de raison pour qu'il en ait jamais été autrement, ou pour que cet état de choses doive jamais changer. » Dès lors il est évident pour le panthéisme que des espèces ont toujours existé, et que le monde est éternel.

La fausseté d'une telle prétention est démontrée *à priori* et *à posteriori* par toutes les sciences ; mais la géologie, qui n'avait point encore été interrogée, vient nous apporter une réponse imprévue et sans réplique, pour ce qui concerne les êtres organisés, le sol de remblai et les eaux.

La géologie a pu reconnaître le point où la vie a commencé à se montrer sur le globe et à déposer ses produits ; ce point, c'est l'époque où se sont formées les couches sédimenteuses primaires ou de transition ; alors la vie organique émane de la toute-puissance créatrice, et désormais l'histoire des productions végétales et animales s'associe à celle des phénomènes minéraux.

Si nous descendons la série des terrains, en partant des couches les plus superficielles, nous trouvons partout des traces de la vie dans les dépôts tertiaires, secondaires et primaires. Nous voyons ensuite les dernières couches du système primaire se dégager peu à peu des corps organisés. Cette ardoise, chargée d'impressions de plantes terrestres et alternant avec des calcaires qui renferment encore des fossiles marins, dégénère en schiste micacé, ce schiste en gneiss, auquel succède enfin le granit. Parvenus à ce point, nous ne trouvons plus de schistes argileux, plus de sables ou grès, plus de calcaires, plus de matières charbonneuses, enfin plus de dépôts formés par les eaux ni d'êtres organisés, mais des masses granitiques enveloppant tout le globe, se retrouvant partout au-dessous des terrains de sédiment, et dans les escarpements desquels tous ces terrains se sont déposés.

Il a donc été un temps où cet immense bassin de granit était vide, où les eaux, cette condition première de la vie, n'existaient point encore à la surface de notre globe *solitaire et inhabité*. C'est donc ce grand bassin qui reçut *au commencement* les espèces végétales et animales marines ; c'est sur un sol en rapport avec ses immenses escarpements que prirent naissance les espèces fluviatiles et terrestres. Là fut placé leur berceau et le nôtre.

Parmi tous ces individus fossiles que nous montrent les plus anciennes couches primaires, n'y en a-t-il point dont l'existence ait précédé l'application des lois établies pour régir et perpétuer les générations actuelles, et qui aient fait partie du grand tableau de la création ? Peut-être sommes-nous en présence de ces plantes antérieures au soleil, qui portèrent des fleurs qu'aucun printemps n'avait fait éclore, et dont le développement ne fut point l'ouvrage lent et progressif des années ! Sans doute, ce n'est pas dans nos terrains d'Europe que peuvent se retrouver les débris des premiers bosquets de la terre, à moins toutefois que d'autres courants océaniques, analogues à ceux qui apportent sur nos côtes les plantes et les graines des Antilles, n'aient transporté jusque dans nos climats encore sans nom quelques restes de cette Flore primitive et sacrée.

Ainsi tous les êtres ont commencé. La preuve de ce grand fait dont l'énoncé ouvre avec tant de majesté l'histoire du monde dans la Genèse, la géologie l'a trouvée, sans la chercher, dans les entrailles de la terre. Du fond de l'abîme où la main de Dieu avait conduit et entassé leurs dépouilles, les morts sont venus déposer pour Moïse, et rendre hommage à la vérité de son récit.

La géologie va plus loin encore ; après nous avoir conduit jusqu'au berceau des êtres, elle nous fait assister en quelque sorte à leurs derniers moments, elle nous montre le tombeau de milliers d'espèces animales et végétales, et confirme à sa manière la révélation qui nous apprend que ce monde créé finira.

Des espèces rencontrées dans les terrains, et portées par M. Alcide d'Orbigny à vingt-quatre mille, l'immense majorité paraît éteinte. Il y a eu, sans doute, bien des erreurs dans la détermination de ces espèces et par suite beaucoup d'exagération dans leur nombre ; mais en tenant compte de ces erreurs et de ces exagérations, il n'en demeure pas moins certain qu'un très-grand nombre d'espèces fossiles ne sont plus vivantes. On ne les a point retrouvées à la surface du sol. S'il ne s'agissait que de la disparition de quelques formes spécifiques, on pourrait conserver l'espoir de les rencontrer un jour dans quelques coins encore inexplorés du bassin des mers ; mais de nombreux genres, des ordres entiers, des sous-classes ont disparu complétement, sans qu'on ait pu en découvrir aucun vestige vivant. Les familles si nombreuses des ammonites et des bélemnites n'ont jamais été rencontrées au-dessus de nos terrains secondaires ni dans nos mers. Les dernières espèces de l'ordre des trilobites paraissent finir avec le terrain houiller ; la classe des ichthyosauriens ne s'est plus rencontrée au-dessus de la craie tufau, et celle des ptérodactyles disparaît à la hauteur de l'oolithe supérieure.

Dira-t-on que l'absence de ces espèces ne prouve pas leur anéantissement, parce que nous ne connaissons pas leurs habitudes; qu'il n'est point certain que nous les cherchions là où nous aurions quelque chance de les trouver ; que leur séjour à de grandes profondeurs sous les eaux ou dans les vases est peut-être le seul obstacle qui nous empêche de les découvrir ? — Mais d'abord, cela ne peut pas se dire d'un nombre aussi considérable d'espèces perdues ; ensuite, les six cent trente-huit espèces de poissons fossiles, déterminées par M. Agassiz, n'avaient pas apparemment des habitudes fort différentes de celles de leurs congénères qui habitent aujourd'hui le bassin des mers ; d'où vient donc qu'on ne les retrouve pas à l'état vivant ? D'ailleurs, toutes les espèces considérées comme perdues n'étaient pas marines ; il y en a beaucoup, comme certains genres de reptiles, qui habitaient des fleuves, d'autres les terres découvertes, comme les végétaux et les animaux terrestres.

Parmi les végétaux, on compte plus de deux cent cinquante espèces de fougères fossiles, dont plusieurs atteignaient de 50 à 60 pieds de haut, et toutes ont disparu de la surface du sol. Le genre *lépidodendron*, de la famille des lycopodiacées, renferme plus de quarante espèces fossiles, dont les plus grandes, assure-t-on, ont plus de vingt mètres de long, et un pied et demi de diamètre. On trouve dans le terrain houiller des équisetacées de dix pieds de haut, des lycopodiacées de soixante à soixante et dix pieds, des conifères d'une élévation égale, par exemple, le *pinites brandlingi*. Ce n'est donc pas la petitesse de ces espèces qui les soustrairait à nos regards sur la terre, si elles existaient encore.

Parmi les animaux fluviatiles, dans la classe des scutifères, l'ordre des émidosauriens ou crocodiles a retrouvé six nouveaux sous-genres dans le sol. Le sous-genre des gavials est redevable à la Faune fossile de neuf ou dix espèces nouvelles ; elles étaient gigantesques. L'ordre des plésiosaures tout entier a disparu. Le *megalosaurus*, découvert à Stonefield, entre l'oolithe et le lias, et aussi dans les sables wéaldiens, avait de trente à quarante pieds de long.

Les grands mammifères terrestres fossiles achèvent de porter jusqu'à l'évidence le fait de l'anéantissement des espèces. Depuis le temps qu'on observe, après tant de voyages et des observations si minutieuses, pas un seul de ces nombreux animaux disparus n'a été rencontré vivant. La supposition qu'ils pourraient exister dans quelque pays inconnu, si elle est faisable pour quelques espèces, dépasse toutes les limites du possible, lorsqu'il s'agit d'un nombre aussi considérable de grands animaux.

La famille des Didelphes a perdu............	18 ? espèces (1).
Celle des Cétacés (baleines, dauphins).......	12 ? —
Celle des Edentés...........................	27 ? —
Celle des Ruminants........................	30 ? —
Celle des Pachydermes.....................	50 ? —
Celle des Rongeurs........................	57 ? —
L'ordre des Carnassiers....................	43 ? —
L'ordre des Primatés (singes)...............	10 ? —
Mammifères non classés...................	7 ? —
TOTAL......	254 espèces éteintes.

La classe des mammifères a donc perdu 254 espèces environ, et l'on peut affirmer 200 ; elle n'en possède pas plus de 600 à l'état vivant, elle est donc, au moins, au quart éteinte : et ce sont les ordres dont les espèces atteignent de plus grandes dimensions qui ont fait des pertes plus considérables, les édentés, les ruminants, les carnassiers, les pachydermes.

Il est donc vrai qu'un très-grand nombre d'espèces animales et végétales ont péri. Celles qui ont persisté diminuent tous les jours à la surface du globe, et d'autant plus rapidement que l'espèce humaine s'y multiplie davantage. Tout cède à l'homme, tout se retire devant lui ; il semble destiné à faire rentrer dans le néant des créations faites pour lui, et pour maintenir l'équilibre parmi toutes les parties de son empire. La terre, son domicile de passage, tend à redevenir *vide et déserte*, comme à l'origine, et l'on prévoit un temps où cessant d'être habitable pour lui, il n'existera plus que dans ses destinées de l'éternité.

Rien n'est donc éternel dans l'univers et sur la terre. Tout dans les entrailles de notre globe, comme à sa surface extérieure, atteste un commencement ou indique une fin ; la fin prouve aussi bien la création que le commencement. Les eaux n'ont pas toujours existé, nous remontons à leurs premiers dépôts. Le sol de sédiment se compose de couches superposées, produites par une cause qui agit de haut en bas, de sorte que les couches recouvertes par toutes les autres sont nécessairement les premières qui aient été déposées. La superposition nous fait connaître avec certitude l'âge relatif des dépôts. Les terrains primaires, s'ils sont recouverts par tous les au-

(1) Le point ? indique que nous prenons le chiffre proposé par les paléontologues, mais sans qu'il ait encore pu être déterminé zoologiquement.

tres, ont donc été produits avant tous les autres ; cela ne saurait être douteux.

Cependant, les sédiments primaires n'ont-ils point été souvent et longtemps remaniés par les eaux, avant de se déposer sous la forme que nous leur voyons ? Les géologues admettent que les terrains supérieurs ont été produits en partie à leurs dépens, qui empêche de supposer que les terrains primaires eux-mêmes ont été produits aux dépens de terrains plus anciens qui n'existeraient plus pour nous ? Qui peut savoir enfin si d'autres terrains sédimenteux, et d'autres débris organiques ne sont point recouverts par ces puissantes masses de granit, que l'on croit avoir été le sol primitif et le foyer de la création des règnes ? S'il en était ainsi, les couches primaires n'indiqueraient pas, comme on le pense, la première action des eaux et le commencement des êtres organisés. — D'abord, il y a des faits contraires à ces suppositions. 1° Le siége de la cause ignée est souvent placé au-dessous de l'épaisseur totale du sol de remblai, et cependant, dans ses éruptions volcaniques, elle ne rejette point de roches sédimenteuses que l'on puisse rapporter à des terrains différents de ceux que nous connaissons. 2° Les terrains supérieurs ont été formés en partie aux dépens des portions émergées des terrains inférieurs, cela est vrai ; mais comme les eaux ne sauraient détruire en même temps, et reconstruire sur la même place, on se demande où serait le bassin qu'elles auraient enduit de terrains antérieurs aux primaires, lorsque ceux-ci, les plus puissants et les plus étendus de tous, s'observent presque partout, et jusque dans les îles et les points récemment émergés des mers actuelles ? 3° Si les terrains primaires avaient été composés de débris de roches reprises par une nouvelle action des eaux, et enlevées à des terrains de sédiment plus anciens, s'ils étaient le dernier résultat d'une suite de remaniements et de combinaisons diverses, ils ne présenteraient pas dans leurs roches cette grande simplicité de composition, qui sert à les distinguer des terrains postérieurs, et montre que les eaux n'avaient encore à leur disposition que des matériaux peu variés, empruntés pour la plupart aux montagnes granitiques et aux animaux marins. Les terrains primaires ne sont donc pas seulement les plus anciens que nous connaissions, ils sont aussi les premiers qui ont été déposés par les eaux. Mais fallût-il ne plus voir sous les dernières assises de transition le sol primitif et le foyer des créations organiques, la réalité de ce sol et de ce foyer n'en serait pas moins incontestable ; seulement, on devrait les chercher plus bas. Les dépôts aqueux ne sauraient s'étendre à une profondeur indéfinie, et l'on est bien obligé d'admettre qu'il a fallu une base, un lieu physique pour recevoir et supporter les eaux et les êtres organiques, et que ce bassin primitif des eaux, a dû être formé par une cause différente des eaux. Nous arriverions donc toujours à une époque où ce bassin, antérieur aux sédiments aqueux, n'en contenait pas encore, et où ce sol primitif « était vide et désert, » *terra erat inanis et vacua;* et il n'en serait pas moins démontré que la terre, les eaux, et les êtres qui les habitent n'ont pas toujours existé; qu'ils ont commencé et qu'ils doivent finir.

CHAPITRE XI.

DIFFÉRENCE SPÉCIFIQUE DE LA LUMIÈRE ET DU SOLEIL.

Au premier jour de la création, Dieu ordonne et la lumière existe, *sit lux et fuit lux*. Et pourtant le soleil et les autres corps sidéraux n'existaient pas encore, ils ne furent créés qu'au quatrième jour. On sait les cris de triomphe que cette assertion si singulière de Moïse faisait pousser aux philosophes du paganisme, et plus récemment encore aux encyclopédistes. Les newtoniens n'avaient-ils pas démontré que la lumière est une émanation du soleil qui répare ses pertes en absorbant de temps en temps quelques malheureuses comètes, qui ne se tiennent pas sur leurs gardes? Cependant, où en est aujourd'hui le système de l'école newtonienne? dans toutes les académies, dans toutes les écoles, on enseigne, en ce moment, que la lumière est indépendante du soleil, et que cet astre n'est pour elle qu'un instrument vibratoire. La lumière a son existence à part, elle a donc pu être créée avant le soleil; elle est visible sans lui qui ne le serait pas sans elle, elle a donc dû être créée avant lui. Non-seulement le soleil est destitué de la fonction de produire la lumière, mais celle-ci acquiert plus d'importance que jamais, par ses diverses influences sur le développement de toutes les espèces des deux règnes, car elle est aussi le calorique, et l'électricité, elle est le fluide universel répandu dans toutes les parties de l'univers : voilà la grande thèse dont les physiciens poursuivent en ce moment la démonstration, et qui est déjà en partie démontrée. Au moins, n'y a-t-il plus moyen de douter de la différence spécifique de la lumière et du soleil; or quel est donc cet Hébreu qui, parlant à un peuple grossier, il y a 3,300 ans, vint lui dire que la lumière avait été créée, quand le soleil et les étoiles étaient encore dans le néant? Mais la Genèse admet peut-être deux sources primitives de la lumière, l'éther et le soleil : gardez-vous de le croire. Lorsqu'elle raconte la création de cet astre, elle enseigne qu'il a été placé dans le ciel pour *faire distinguer le jour de la nuit*, pour *faire éclairer sur la terre ;* ainsi, dans la Genèse, comme dans la science, le soleil ne fournit pas la mesure du jour, mais il nous la rend sensible ; il ne produit pas la lumière, mais la met en mouvement.

Voyons maintenant comment on en est venu à rejeter la théorie de Newton et à démontrer l'indépendance de la lumière d'avec le soleil.

L'hypothèse de l'*émission* et celle des *ondulations* n'étaient qu'en germe chez les anciens philosophes. Descartes fut le premier des modernes qui soutint à sa manière la théorie des ondulations. Il remplissait l'univers d'une matière subtile, composée de petits globules, recevant du soleil une agitation qu'ils transmettaient en un instant à tout l'univers.

Huygens formula la même théorie avec plus de bonheur. Il conçoit tout l'espace rempli d'un fluide subtil, invisible, impondérable, très-élastique, pénétrant l'intérieur des corps et se continuant entre les interstices de leurs particules ; il nomme ce fluide matière éthérée. Les corps qui nous paraissent lumineux sont ceux dont les particules étant mises dans un mouvement de vibration très-rapide, agitent la matière éthérée et y excitent des ondes tout à fait analogues à celles que les corps sonores produisent dans l'air, avec la seule différence que leur propagation est plus rapide en conséquence de la plus grande élasticité du milieu. C'est par les ondulations de la matière éthérée, qu'il explique tous les phénomènes de transmission, de réflexion et de réfraction de la lumière.

Le père Grimaldi, jésuite, signala le premier les faits positifs qui devaient conduire à découvrir la nature du fluide lumineux ; et Robert Hooke expliqua plusieurs phénomènes par les ondulations et particulièrement celui des anneaux colorés ou des lames minces.

Les choses en étaient là quand vint le grand Newton. Pour lui la lumière est un corps qui peut composer des masses énormes comme le soleil et tous les corps lumineux. De ces corps s'échappent en tous sens des particules de lumière qui s'en vont dans toutes les directions produire les phénomènes lumineux. C'est le système de l'émanation. Mais, chose singulière, et qui a été trop passée sous silence, lorsque plus tard, Newton voulut formuler une théorie générale de l'univers, il abandonna en grande partie l'hypothèse de l'émission, pour embrasser en partie celle des ondulations du fluide éthéré. Newton devait trouver plus tard un adversaire digne de lui dans le grand Euler, qui combattit le système de l'émission et mérita d'être regardé comme l'auteur de la théorie des ondulations, parce qu'il la porta le premier à un haut degré d'évidence. Si le soleil, dit Euler, jetait continuellement des fleuves de matière lumineuse, il devrait être bientôt épuisé, ou du moins on y remarquerait quelque altération ; et l'espace, au lieu d'être absolument vide, comme le prétendent les newtoniens, serait rempli par les corpuscules lumineux du soleil et des autres astres, qui viendraient s'y entre-choquer avec impétuosité et se troubler dans leur mouvement et dans leur direction. « La propagation de la lumière dans l'éther se fait d'une manière semblable à celle du son dans l'air ; et comme l'ébranlement causé dans les particules de l'air constitue le son, de même l'ébranlement des particules de l'éther constitue la lumière ou les rayons lumineux ; en sorte que la lumière n'est autre chose qu'*une agitation ou ébranlement dans les particules de l'éther*, qui se trouve partout à cause de son extrême subtilité, en vertu de laquelle il pénètre tous les corps. » (*Lettres à une princesse d'Allemagne*, t. I, *lettre* 20.) L'éther rend compte de tous les phénomènes, et ils sont inexplicables pour ceux qui regardent les rayons lumineux comme une éjaculation de la propre substance des astres.

Gilbert, Borelli, Bacon, Képler, Descartes, Huygens, Grimaldi, Hooke, Newton, et Euler, avaient donc admis l'existence de l'éther ou d'une substance analogue pour expliquer tous les phénomènes lumineux, même aussi la gravitation universelle et la gravité des corps terrestres, et plusieurs d'entre eux pour expliquer les phénomènes électriques et magnétiques. Ce grand principe ne les avait jamais empêchés de rechercher et souvent de démontrer, par la vérification mathématique, la constance, la régularité, l'intensité des faits ; mais ils sentaient parfaitement que les calculs mathématiques ne peuvent que vérifier et généraliser des faits, sans en donner la cause ; voilà pourquoi ils s'enquirent de cette cause et la cherchèrent dans un principe créé. « Malgré cet accord de tous les grands physiciens du XVIIe et du XVIIIe siècle à considérer l'éther comme étant ce principe général, universel de la lumière et de la gravitation, d'autres idées prévalurent pour un temps, celles des mathématiciens exclusifs. Newton, par sa tendance mathématique même, avait commencé à se moins préoccuper de la recherche des causes ; ils s'emparèrent de cette direction de Newton, et en l'exagérant outre mesure, ils faussèrent et travestirent les principes et les découvertes de ce grand homme ; ils lui élevèrent un trône qu'il eût brisé d'indignation, afin de s'y asseoir eux-mêmes. Ils se mirent à étudier les lois de la propagation de la lumière, de sa réflexion et de sa réfraction ; il leur fut aisé de démontrer partout des lois géométriques, parce qu'elles existent ; de constater l'exactitude et la constance mathématique des phénomènes, parce que l'ordre de l'univers est admirable; mais ils ne voulaient pas de cause ; dès lors ils considérèrent la lumière comme des lignes géométriques qui se mouveraient dans l'espace; ils les firent partir du soleil et des corps lumineux, qui devaient avoir en eux-mêmes la propriété mathématique de projeter ces lignes. Ils ne s'inquiétèrent point de savoir si ces lignes, véritables entités abstraites, pouvaient s'accorder avec les phénomènes de la matière brute et avec ceux bien plus difficiles à expliquer des corps organisés. La gravitation universelle qui généralisait les faits ne leur plut pas davantage : c'était une idée de cause ; ils changèrent son nom en celui d'attraction, espérant sans doute par là brouiller les idées du vulgaire. Cette attraction devint une propriété de la matière et de tous les corps ; et ainsi, au lieu d'un principe général qui permettait de systématiser les faits, en conduisant, il est vrai, à une cause première, ils créèrent des entités, éternelles comme la matière et résidant en elle. Ils démontrèrent facilement, parce qu'elle existe, la rigueur mathématique des mouvements des corps célestes et de tous les corps placés à la surface de la terre, mais ils en firent une cause, tandis qu'elle n'est qu'un effet. Cependant ils avaient réussi non-seulement à changer les idées, mais aussi à morceler tous les phénomènes de l'univers, à en faire, pour ainsi dire, autant de départements indépendants qu'il y avait de classes de phénomènes, et dès lors on pouvait être tenté de croire qu'il n'existe ni plan ni unité dans cet univers. Nous eûmes le système mathématique de la lumière en lignes géométriques et celui de l'attraction mathématique propre à tous les corps ; et pour donner plus d'autorité à cette habile métamorphose, on la fit découler de Newton, cet ennemi des systèmes qui, lorsqu'il fut entraîné à en faire un, avait admis l'*éther* pour cause générale des phénomènes, et avait repoussé l'*attraction*, comme une chose *absurde* (1). » (*Dieu, l'homme et le monde*, t. I, p. 180.)

(1) Bien loin d'introduire l'attraction comme cause, ainsi que le lui a faussement attribué l'école de Laplace, voici comment Newton se défend de l'admettre : « On ne peut comprendre, écrivait-il à son ami Bentley, que la matière brute et inanimée puisse, sans la médiation de quelque autre chose qui n'est pas matière, agir sur une autre matière et l'affecter sans un mutuel contact ; ce qui pourrait avoir lieu si la faculté de gravitation était, comme Épicure le prétend, essentielle et inhérente à la matière. Voilà pourquoi je vous ai prié de ne pas m'attribuer cette

Cependant l'observation devait amener de nouveaux faits complétement inexplicables par la lumière en lignes géométriques, par le système de l'émission, et parfaitement clairs au contraire par les ondulations lumineuses de l'éther. Les mathématiciens étaient battus en brèche : preuve nouvelle que le monde et les créatures ne mentent pas, et qu'ils révèlent leur auteur à quiconque les interroge de bonne foi ; en effet, la théorie des ondulations est démontrée nécessaire par le fait des interférences. Elle explique le phénomène de la lumière diffuse, cette autre pierre d'achoppement pour le système de l'émission, car on ne conçoit pas pourquoi, en interrompant les rayons lumineux avec un écran, il en résulte une obscurité immédiate dans le lieu de l'expérience ; l'extrémité séparée du rayon devrait se manifester encore dans la pièce qui le reçoit ; tandis que dans la théorie des ondulations, on comprend que le coup est paré et l'impulsion arrêtée par cette expérience. La phosphorescence des minéraux, du sulfate de baryte, du diamant, de l'hydrochlorate de chaux, etc.,

idée que la gravitation est innée. Admettre qu'elle soit innée, inhérente et essentielle à la matière, de sorte qu'un corps puisse agir sur un autre corps à travers le vide et la distance qui les sépare, sans le concours d'un agent par qui l'action et la force soient transmises de l'un à l'autre, est à mes yeux *la plus grande absurdité qu'on puisse concevoir,* et aucun homme, je pense, ne peut y tomber, pour peu qu'il soit capable de raisonnement en matière philosophique. » Suivant Newton, l'attraction telle qu'elle est proposée par Laplace est donc une absurdité. Les mathématiciens sont obligés de supposer deux forces, l'une d'attraction, l'autre de répulsion, inhérentes aux corps, et d'attribuer à ces forces la propriété de croître, de s'affaiblir, de se faire équilibre, de s'attirer et de se repousser, tantôt plus, tantôt moins. L'attraction n'est point une cause, mais seulement l'apparence d'un fait. Newton ne se sert jamais du mot d'attraction et il la repoussait comme cause du mouvement. Ce sont d'Alembert et Laplace, mais nullement Newton, qui ont mis en vogue la théorie de l'attraction comme plus commode, comme plus propre à l'équation géométrique. Or cette théorie est basée sur une hypothèse insoutenable et inconcevable. Laplace présente une figure géométrique par laquelle il démontre, qu'en admettant que les molécules constituantes d'une masse ont la propriété d'agir à toutes distances sur d'autres molécules, cette masse agissant sur un corps extérieur placé dans sa sphère d'activité particulière, ce corps sera amené vers le centre. La démonstration est parfaite si l'hypothèse est admissible. Mais pour comprendre la portée de cette hypothèse, il faut en changer les termes, sans altérer la valeur de la proposition : cela veut dire que l'on peut supposer qu'un grain de sable placé à la surface de la terre pourrait faire remuer un grain de sable placé à la surface du soleil et même aux confins des mondes, alors même que ces grains de sable seraient séparés par le vide ! ! ! Est-il permis à un mathématicien qui sait que la terre est enveloppée d'une zone de fluides dont la pression nivelle les eaux, qui doit savoir que cette zone contient des agents d'activité, des substances assez subtiles pour pénétrer les corps les plus denses, leur communiquer de l'élasticité, de chercher au mouvement général une cause aussi inconcevable ?

n'est intelligible que par la vibration d'une matière placée dans leurs espaces interstitiels.

Maintenant nous ajouterons des faits plus généraux encore. Le même corps, exposé aux rayons du soleil éprouve un éclat plus vif que lorsqu'il est dans l'ombre ou simplement illuminé par une bougie; il faut donc qu'il y ait une agitation plus grande de ses molécules dans le premier cas que dans le second; cependant, si la lumière n'est que réfléchie par lui, comment cela se fait-il? Si le soleil était la source de la lumière, nous n'aurions plus de phénomènes lumineux dans son absence; or nous pouvons reproduire ces mêmes phénomènes, quoique avec moins d'intensité, par les bougies et tous les autres moyens d'éclairage. Dans tous les phénomènes de combustion, il se produit de la lumière. Dans tous les phénomènes électriques, il y a de la lumière sans aucune matière consumée. Dans la plupart des phénomènes chimiques de composition et de décomposition, il y a encore production de lumière comme aussi d'électricité. La lumière existe donc indépendamment des corps appelés lumineux. La lumière est partout, dans les corps les plus fluides comme dans les plus solides; elle jaillit de l'eau et de l'atmosphère comme du sein d'un caillou; elle est dans la bougie qui brûle comme dans le bois qui s'enflamme en tournant dans la main du sauvage; il en est de même de la chaleur, il en est de même de l'électricité; celle-ci et la lumière sont tellement unies, que dans certaines circonstances elles se produisent mutuellement.

Les faits physiologiques vont encore plus loin; lorsque, dans certaines affections pathologiques, on est obligé d'opérer la section du nerf optique, au moment de l'opération le patient éprouve un éblouissement lumineux comme s'il était plongé dans un océan de lumière. Un simple choc sur l'œil produit un effet analogue. Dans certains cas d'hallucination, les malades s'imaginent être environnés de flammes, être plongés au milieu d'incendies; cela résulte encore de pressions extraordinaires éprouvées par le nerf optique.

Tous ces faits ne laissent aucun doute, 1° sur l'existence et la production de la lumière, indépendamment des corps lumineux; 2° sur l'existence d'un fluide lumineux qui pénètre tous les corps, même les êtres organisés aussi bien que le vide, et qui produit partout des phénomènes identiques à eux-mêmes; 3° sur la nécessité du mouvement dans ce fluide pour qu'il y ait sensation de lumière.

Faut-il ajouter que la structure impressionnable de l'œil, jointe à la confection du daguerréotype qui n'est qu'un modèle mécanique de l'œil, démontre la même thèse? Si les rayons lumineux sont des corpuscules émis par le soleil et les autres astres, comment traversentils notre organe, où ils n'étaient pas auparavant? comment y apportent-ils les images des corps? cela est inexplicable. Au contraire, en acceptant que les molécules de tous les corps font vibrer d'une manière différente, suivant leur nature, les molécules de l'éther qui pénètre tous les corps et même notre œil comme le daguerréotype, on conçoit facilement comment ces vibrations viennent s'imprimer dans l'organe, et comment leurs différences déterminent sur des substances aussi impressionnables des images différentes, suivant la nature et l'arrangement des molécules des corps. C'est la même explication pour l'œil et pour le daguerréotype.

Ainsi donc, la distinction de la lumière et des astres est un fait acquis et certain ; et Moïse qui a consacré cette distinction en plaçant la création de la lumière avant celle des astres, et en appelant la lumière *jour* dans un sens absolu, s'accorde parfaitement avec la science, singularité assez inconcevable de la part d'un historien qui, pour se guider sur ce point, n'aurait eu que le simple bon sens.

CHAPITRE XII.

EXISTENCE D'UN SEUL GRAND BASSIN MARIN PRIMAIRE.

Moïse nous apprend qu'au troisième jour Dieu réunit les eaux dans un lieu *unique* qu'il appela *mers*. (Chap. I, v. 9 et 10.) Cette unité de lieu pour le rassemblement des eaux de l'époque primaire est d'autant plus remarquable dans la Cosmogonie de la Genèse qu'il n'existait pour Moïse aucun moyen de la vérifier, et que nous avons aujourd'hui un grand nombre de lacs intérieurs, comme ceux d'Amérique et la mer Caspienne, et un grand nombre de mers méditerranéennes, telles que la mer Adriatique, la mer Baltique, la Méditerranée, la mer Rouge, la mer de Chine, celle du Japon, la mer du Mexique, etc., qui communiquent, il est vrai, avec l'Océan, mais forment cependant des bassins différents, placés souvent à des niveaux différents : de sorte que l'on ne pourrait pas dire en ce moment que les eaux occupent un *seul lieu*, un seul bassin.

Si de l'époque actuelle on passe à l'époque tertiaire, on retrouve encore là une foule de petits bassins marins, plus ou moins indépendants et dont, à cause de cela, nos géologues ont bien de la peine à relier les dépôts.

L'époque secondaire présente le même phénomène; cependant

les bassins y sont déjà beaucoup plus étendus et bien moins nombreux. Mais ceux de l'époque primaire qui reçurent les couches carbonifères et siluriennes, réunissaient ces conditions d'unité locale dont nous parle Moïse ; ils paraissent ne former qu'un seul et même grand bassin. Les dépôts contenus dans ce grand bassin, malgré leur immense étendue, se ressemblent partout, et l'on voit que les circonstances locales dans lesquelles ils se sont accomplis étaient beaucoup plus uniformes, plus les mêmes à de grandes distances. On trouve le calcaire carbonifère et le calcaire silurien en Angleterre, en Allemagne, en Suède, en Norwége, en Russie, au Spitzberg, dans la Turquie d'Europe, dans la Russie d'Asie, à Zanesville, dans l'Amérique du Nord ; il occupe des plateaux de la république de Bolivia, dans l'Amérique du Sud. Il ne paraît pas étranger à la Nouvelle-Hollande, ni à la terre de Vandiemen. Il existe à l'extrémité méridionale de l'Afrique, au cap de Bonne-Espérance ; et sur tous les continents, il se fait remarquer par l'uniformité de ses caractères minéralogiques plus encore que par la similitude de ses fossiles, tandis que le plus important des dépôts secondaires, celui de la craie blanche, diffère sur des points comparativement très-rapprochés ; ainsi, la craie de Meudon n'est déjà plus très-analogue à celle des environs de Périgueux.

Ces différences minéralogiques entre les portions d'une même formation secondaire ou tertiaire, proviennent en partie de ce que les bassins, à ces deux époques, étaient plus nombreux et moins étendus ; plus nombreux, les circonstances locales communes à tous, étaient plus rares ; moins étendus, les dépôts littoraux étaient plus rapprochés des dépôts pélagiens, et les dépôts fluviatiles plus rapprochés des dépôts littoraux ; il en résulte que les dépôts de ces deux âges sont moins semblables à eux-mêmes à de petites distances que les dépôts primaires, à des distances énormes ; ceux-ci sont analogues et souvent homogènes non-seulement sur un même continent, mais aussi d'un continent à un autre, en Europe, en Afrique, en Asie, en Amérique. Ainsi se trouve confirmée cette étonnante assertion de la Genèse sur l'unité du bassin marin primitif.

Il est bien vrai que si les terrains de transition avaient été déposés dans un grand nombre de bassins différents, ils seraient peut-être encore plus analogues entre eux que les membres d'aucun dépôt quelconque des systèmes supérieurs, parce que, dans chaque continent, les premières couches, formées par les eaux, se composèrent de matériaux peu variés, empruntés uniquement aux règnes organisés et à la décomposition des montagnes primitives ; aussi, n'est-ce pas cette simplicité de composition des anciennes couches qui nous conduit à reconnaître un bassin primaire unique ; mais quand les dépôts d'un système géologique sont uniformes à de grandes distances sur tous les continents, il faut en conclure qu'ils ont été faits dans des mers très-ouvertes, et non dans plusieurs bassins moins étendus, où les formations d'origine diverse étant plus voisines les unes des autres auraient rendu impossible, par leurs combinaisons et leurs mélanges, le fait de cette uniformité des parties d'une même formation sur une très-grande échelle.

Le relief du lit des mers a donc changé souvent depuis l'époque primaire. Le sol émergé s'est accru par les abaissements du niveau des eaux ; la mer, en se retirant, a laissé dans les dépressions de son ancien lit des lacs fermés, et des mers qui ne communiquaient plus aussi librement avec son bassin principal. Des îles nouvelles ont paru au milieu des flots ; le grand bassin primaire s'est changé en un grand nombre de bassins secondaires, par suite de comblements partiels et d'affaissements du sol sous-marin.

On arrive d'une manière plus précise à toutes ces mêmes conclusions, en suivant sur les cartes géologiques la division des chaînes granitiques et des terrains primaires, et celle des terrains secondaires et des terrains tertiaires.

Le nord de l'Afrique, une partie de l'Espagne, la France, l'Angleterre, la Belgique, l'Allemagne, la Hollande, l'Autriche, l'Italie, la Prusse, la Russie, le Turkestan, formaient à l'origine un ou deux bras de mer, ayant pour rivages au nord-est les monts Ourals qui venaient rejoindre par les monts Algydims la chaîne des Altaïs ; ceux-ci se repliant au sud et se continuant dans toute l'Asie centrale ; puis de l'Asie centrale les montagnes septentrionales du Kaboul et de la Perse, courant au sud-ouest vers les parties méridionales du Caucase ; venant rejoindre les chaînes du Taurus et de la Turquie d'Asie (ancienne Asie-Mineure) ; de là parcourant toujours à l'ouest la Turquie d'Europe, venant rejoindre les Karpathes, et enfin les Alpes. En suivant sur une carte géologique, on voit en effet que tout ce parcours ne forme qu'une longue chaîne sinueuse, à peu près partout granitique ou de schistes cristallins. Cet immense rivage pouvait être coupé çà et là par des détroits ; mais les chaînes offraient des plateaux plus ou moins vastes. En outre, les monts Atlas formaient en Afrique une île ; le centre de l'Espagne en formait une autre. Peut-être ces deux îles étaient-elles unies à la vaste île Atlantide que les traditions grecques et égyptiennes nous disent avoir été engloutie de mémoire d'homme. Les conjectures les plus probables s'accordent à placer cette île fameuse dans l'océan Atlantique, à l'ouest de la nord Afrique et des Espagnes ; et en supposant avec Buffon et d'autres géologues que les îles Canaries et les Açores nous donnent la trace qui unissait l'Atlantide à l'Amérique, nous arriverions par ces îles dans le continent de l'Amérique du Nord, qui communiquait d'autre part avec la Russie d'Asie et par elle avec l'Asie centrale.

Le centre de la France, comprenant le Limousin, l'Auvergne, le Lyonnais, une partie de la Provence, était une autre île, peut-être même une presqu'île, unie par les Alpes à la grande chaîne qui nous mène par les Karpathes, les montagnes de la Turquie d'Europe et d'Asie, jusqu'aux plateaux de l'Asie centrale.

Les Vosges granitiques, les Ardennes cristallines, la basse Allemagne aussi cristalline ou de transition, pouvaient former une ou plusieurs îles, mais qui ne tardèrent pas à n'en faire qu'une, comme l'indiquent leur sol et leurs volcans éteints; cette grande île comprit alors les Vosges, les Ardennes, toute la basse Allemagne, et depuis la forêt Noire jusqu'au Harz; puis, s'étendant à l'est pour venir un peu plus tard joindre les terrains primitifs qui devaient unir ces pays aux monts Karpathes, et ne faire qu'une grande presqu'île de toute cette étendue.

Le haut Poitou et la Bretagne avec la basse Normandie étaient une autre île. Le sud et l'ouest de l'Angleterre avaient aussi probablement quelques îles cristallines et granitiques. En marchant au nord, nous trouvons les terrains granitiques de la Norwége, de la Suède, de la Finlande et de la Laponie qui formaient une île primitive, laquelle encore ne tarda pas à devenir une presqu'île par les terrains de transition de la Russie, qui l'unirent aux monts Ourals, et par eux au continent asiatique.

Le continent asiatique à son tour fut en grande partie un sol primitif, car l'Asie nous présente ses immenses chaînes granitiques et leurs vastes plateaux, depuis les monts Altaïs jusqu'à la Mandchourie, et en revenant de la Mandchourie, par le midi jusqu'aux monts Hymalaya. Seulement, au centre de cet immense plateau granitique ou schisteux cristallin, le grand désert de Gobi est formé de dépôts tertiaires. La sud Arabie et la sud Afrique furent aussi un continent primitif. Toute l'Amérique du Nord, dans sa partie occidentale, n'offre également, d'après la carte géologique de M. Boué, qu'un immense sol granitique et cristallin.

L'Asie centrale a donc pu être habitée dès le principe. Par ses montagnes, elle ouvrait de vastes portes à l'ouest, au nord et à l'est, que les animaux purent suivre d'abord, et ensuite l'homme; et ainsi auraient été peuplées toute l'Asie centrale, l'Asie septentrionale, l'Amérique nord; par celle-ci, l'Atlantide et ses dépendances, les monts Atlas, l'Espagne, la Bretagne, et peut-être le sud-ouest de l'Angleterre avec le sol qui est aujourd'hui la Manche en partie. Partant encore de l'Asie centrale, par la Turquie d'Asie, la Turquie d'Europe, les Karpathes et les Alpes, les animaux seraient arrivés sur le plateau central de la France, puis un peu plus tard sur celui de la basse Allemagne, des Vosges et des Ardennes, et à peu près dans le même temps, des migrations seraient parties des monts Ourals pour arriver en Laponie, en Suède et en Norwége.

Cependant les terrains secondaires se déposaient, ils comblaient les mers ; par cette cause et d'autres, les îles et les continents primitifs s'étendirent ; de nouveaux se formèrent : la grande mer primaire se partagea en plusieurs golfes.

La prédominance des terrains primaires et secondaires inférieurs en Russie, l'absence des terrains secondaires supérieurs et des terrains tertiaires, la chaîne de montagnes secondaires assez peu élevées qui la traverse de l'est à l'ouest, les volcans éteints de la partie sud des monts Ourals, volcans placés à la limite des terrains granitiques et primaires, ces raisons auxquelles on peut ajouter le mouvement général des eaux du pôle nord vers l'équateur, rendent fort probable que l'émersion de toute la Russie septentrionale a eu lieu de très-bonne heure. Alors la mer primitive pouvait s'étendre au midi de la Russie, de la Baltique à la mer d'Aral et au delà. Mais la partie méridionale de cette mer primitive ne tarda pas à être partagée en plusieurs bassins par une chaîne granitique que l'on peut suivre des montagnes de la Perse jusqu'aux Karpathes et de là jusqu'aux Alpes d'une part, et aux Vosges et aux Ardennes de l'autre. Dans toute cette chaîne, où l'on trouve en outre des traces d'anciens volcans, les terrains secondaires sont beaucoup moins nombreux et moins compliqués que dans l'ouest de l'Europe.

C'est peut-être à cette époque que les volcans d'Auvergne brûlèrent. Alors aussi, la mer primitive fut de nouveau partagée en mer Hyrcanienne, dont la mer Noire, la mer Caspienne et celle d'Aral sont les restes, puis en mer celto-germanique. Les Alpes orientales étaient déjà découvertes et une grande partie des Alpes occidentales. Les dislocations du Jura, des Alpes suisses, des Alpes du Dauphiné et de la Savoie, etc., changèrent ces mers secondaires en mers tertiaires, et alors il y eut le bassin anglo-belge, le bassin de Paris, celui de la Garonne et du midi de la France, celui de l'Adriatique.

Un peu plus tard se placeraient la formation du détroit de Gibraltar et la destruction de l'Atlantide, avec la formation de la Méditerranée occidentale ; un peu plus tard encore, la séparation définitive de la mer Caspienne et de la mer Noire, l'écoulement de celle-ci dans la Propontide et la mer Égée, ou l'archipel de la Grèce. Depuis ce temps, la mer du Nord aurait séparé l'Angleterre du continent par l'excavation du Pas-de-Calais et de la Manche coïncidant avec l'émersion des terrains tertiaires de Belgique et d'Angleterre, et peut-être aussi du bassin géologique de Paris. L'Europe occidentale et méridionale paraît offrir les contrées où les terrains géologiques sont les plus nombreux et les plus compliqués, ce qui, indépendamment de toute autre considération, conduirait déjà à les regarder comme ayant été des plus anciennement sous les eaux et des derniers émergés.

S'il y a quelquefois de l'erreur dans la fixation des époques relatives de cette diminution graduelle de la mer primitive et de ses changements de limites, il n'y en a pas sur les limites elles-mêmes. Il est certain aussi que cet ensemble de phénomènes s'est accompli successivement, que les parties continentales jadis émergées, qui n'offrent que des dépôts primaires ou secondaires inférieurs, ont séjourné moins de temps sous les eaux que celles qui présentent tous les ordres de terrains avec la plupart de leurs grandes formations ; d'où il résulte que les terrains ne peuvent pas être de même âge dans les divers bassins.

A mesure que les eaux se resserraient dans des limites plus étroites, elles laissaient à la surface du sol abandonné, des sables, des limons, des cailloux roulés, etc. L'écoulement des lacs nombreux, formés dans les dépressions par la retraite des eaux marines, venait augmenter ces couches terminales. Les dislocations des différents sols donnaient lieu à des cavernes que les eaux fluviales remplissaient avec les substances organiques et minérales qu'elles trouvaient sur leur parcours. Il suit de là que toutes les couches du diluvium ne peuvent pas être de la même époque, puisqu'elles ont été déposées dans chaque contrée à mesure que les mers de cette contrée se retirant, elle devenait le siége des fleuves, des plantes et des animaux. Des terrains primaires ou tertiaires déjà émergés dans des continents se continuaient dans d'autres ; des alluvions asiatiques, africaines ou autres, devenaient contemporaines de nos dépôts secondaires ; par exemple, les alluvions de la Sibérie, les terrains tertiaires de plusieurs parties de l'Asie auraient pu se déposer bien avant la fin des terrains secondaires européens. Le calcaire d'eau douce de l'Auvergne, qui est plus ancien que la première coulée de basalte qui s'est épanchée sur le sol du pays, peut être antérieur aux dernières formations du sol secondaire du reste de la France. Je ne devais pas négliger ces importantes déductions qui sortaient naturellement de l'exposition des faits ; mais on peut en faire abstraction dans ce moment, pour ne voir qu'un seul point, l'accord de la science avec la Genèse sur le fait d'un seul grand bassin marin primitif.

CHAPITRE XIII.

ACCORD DE LA GENÈSE AVEC LA SCIENCE :

1º SUR LA DIVISION PRIMITIVE ET GÉNÉRALE DU GLOBE ; SUR L'APPARITION SIMULTANEÉ, OU SUCCESSIVE, MAIS A COURTS INTERVALLES, DES GRANDS GROUPES DES DEUX RÈGNES, ET LA RÉPARTITION PRIMITIVE ET GÉNÉRALE DES ÊTRES ; 2º SUR LA CONTINUITÉ DE LA VIE A LA SURFACE DE LA TERRE, DEPUIS L'ORIGINE DES TEMPS, ET 3º SUR LA PERSISTANCE DES MÊMES RAPPORTS ENTRE NOTRE GLOBE, L'ATMOSPHÈRE, L'AIR, LA LUMIÈRE ET LES ASTRES.

I

Au second jour de la Genèse, Dieu réunit les eaux dans le bassin des mers, et les terres continentales apparaissent avec leurs fleuves, dont quelques-uns sont nommés, tels que le Tigre, l'Euphrate, etc., et par conséquent avec leurs vallées, leurs plateaux et leurs montagnes. Dans l'histoire du déluge, l'écrivain sacré nous parle des montagnes des pays submergés, et notamment de celles de l'Arménie. Tels sont les premiers éléments de géographie physique que l'on trouve dans la Genèse, quand on remonte jusqu'au berceau du monde, une mer, des fleuves, des terres découvertes, des montagnes.

La création générale des êtres organisés est successive dans la Cosmogonie de Moïse, mais toutes les parties de chaque grand groupe arrivent simultanément à l'existence ; d'abord le règne végétal tout entier ; puis, dans le règne animal, les animaux aquatiques et les volatiles, ensuite les animaux terrestres, et enfin l'homme. Tous ces groupes apparaissent dans l'espace de quatre jours.

En racontant la création de chaque groupe, Moïse le rapporte à son principal milieu d'existence ; les végétaux, à la terre et aux eaux ; les animaux, à la terre, aux eaux et à l'air. Il nous fait connaître ainsi la distribution primitive et générale des êtres organisés à la surface de la terre.

Que d'opinions contradictoires à ces faits ont été soutenues par la géologie hypothétique, sans parler de celles des naturalistes panthéistes! N'a-t-on pas dit que, dans les premiers siècles du monde, la terre avait été sans montagnes, sans fleuves, sans vallées? N'a-t-on pas prétendu que les différentes créations avaient été séparées par des milliers de siècles ? que la mer avait reçu ses populations longtemps avant la terre et l'air, et que les jours de la Genèse ne pouvaient être que des périodes de temps indéfinies?

De la géologie nous en appelons aujourd'hui à la géologie elle-même, mieux renseignée et se déjugeant avec l'impartialité de toute véritable science.

Dans tous les continents, le système géologique primaire se compose de dépôts marins et de dépôts fluvio-marins, les uns et les autres parfaitement caractérisés par leurs matériaux inorganiques et par leurs fossiles respectifs. La conséquence obligée de ce fait général est qu'il exista dès les premiers temps du monde des mers et en même temps des fleuves, et par conséquent aussi des terres découvertes et des montagnes, comme Moïse nous l'avait appris depuis plus de trente siècles.

Ces mêmes couches primaires contiennent des espèces terrestres, marines, d'eau douce, et des insectes; donc, même répartition primitive et générale des êtres que dans la Genèse.

Enfin, nous y constatons la présence de tous les grands types du règne végétal et de la plupart de ceux du règne animal; d'où nous pouvons conclure ou que tous ces groupes ont paru simultanément, ou que leur avénement n'a été séparé que par de courts intervalles, ainsi que Moïse nous l'enseigne. De son côté, la zoologie démontre que les espèces d'une classe étant fonction pour les espèces d'une autre, les classes n'auraient pas pu exister longtemps les unes sans les autres.

Nous ne faisons ici qu'indiquer ces faits, dont plusieurs ont déjà été développés, et les autres le seront plus tard. Au reste, aucun géologue ne saurait les contester.

II

Depuis que la vie a été établie sur la terre, elle s'y est maintenue sans interruption.

L'histoire de la création ne nous offre aucune trace de ces révolutions destructives de tous les êtres, que l'on rencontre à chaque pas dans les théories géologiques. Au contraire, Moïse suppose évidemment qu'elles n'ont jamais eu lieu. Il nous montre le Créateur applaudissant à chacune de ses œuvres. Sur le règne minéral, il établit le règne végétal, et le trouve conforme à son dessein, *vidit quòd esset bonum*. Sur le règne végétal il fonde le règne animal, il en bénit les espèces et dit : *Croissez, multipliez-vous, remplissez les eaux de la mer, et que les volatiles se propagent sur toute la terre.*

Il crée l'homme au sixième jour, et il livre à son empire les animaux terrestres créés dans le même jour que lui, les végétaux créés au troisième jour et les animaux aquatiques créés au cinquième jour. Or il serait absurde de supposer que, du jour au lendemain, ces règnes auraient disparu victimes de quelque catastrophe générale, et que le Créateur aurait détruit le soir l'œuvre du matin. Pourquoi eût-il appelé les êtres à la vie, s'il eût dû ne les tirer un jour du néant que pour les y replonger dans le même jour ou deux jours après? Mais, dans ce cas, il n'aurait pas chargé les plantes de former leur graine pour se reproduire selon leurs espèces; il n'aurait pas béni les animaux, il ne leur eût pas dit : *Croissez et multipliez-vous.* Enfin il n'eût pas pu remettre aux mains de l'homme le sceptre de ces règnes déjà abolis avant l'apparition de l'homme.

Une fois arrivé à l'homme, Moïse nous en esquisse l'histoire, qu'il conduit sans interruption jusqu'au déluge. Alors il nous montre Noé et sa famille sauvés du naufrage, et sauvant avec eux dans l'arche de salut les espèces de la classe des oiseaux et de celle des mammifères. Noé sort de l'arche, il offre un sacrifice agréable à l'Éternel, qui exprime à cette occasion sa volonté de ne plus détruire ce qui vit : *Pendant toute la durée de la terre, les semailles, la moisson, le froid, le chaud, l'été, l'hiver, le jour et la nuit ne s'arrêteront pas.* (C. VIII, v. 21 et 22).

Il n'existe dans l'histoire du monde primitif d'autre révolution que le déluge, et nous savons par Moïse lui-même que le déluge n'a pas interrompu la succession de la vie sur la terre. Il détruisit sans doute une grande quantité d'individus, mais en admettant même l'universalité locale du châtiment céleste, son action eût été moins meurtrière qu'on ne le pense ordinairement, et il est probable qu'elle n'eût pas anéanti un fort grand nombre d'espèces. Les termes employés par Moïse semblent n'exprimer bien positivement que la destruction des individus de la classe des oiseaux et de celle des mammifères, qui n'étaient pas dans l'arche, à l'exclusion des reptiles proprement dits. Quoi qu'il en soit, si Moïse a voulu parler de la classe des reptiles propres, les espèces de cette classe auraient été sauvées dans l'arche avec toutes celles des mammifères et des oiseaux, puisque Noé y recueillit aussi ce que le texte nomme les animaux rampants. Au contraire, si, comme il est plus probable, les animaux rampants dont parle ici Moïse ne sont autres que les petits mammifères qui se meuvent près de terre et paraissent ramper, nous allons voir que les reptiles ont pu survivre au déluge avec les espèces des autres groupes qui n'étaient pas représentés dans l'arche.

« Le type des spongiaires ou amorphes et celui des rayonnés, vivant uniquement dans l'eau, ne doivent pas avoir beaucoup souffert. Le type des mollusques est encore presque uniquement aquatique, sauf un certain nombre de genres, comme les hélices et les limaces, mais toutes les hélices non aquatiques, ou bien ont une coquille où elles peuvent se retirer et vivre longtemps, ou bien peuvent se réfugier dans des trous de rochers, d'arbres, ou dans la terre. D'ailleurs leurs œufs et ceux des limaces ont pu être préservés de mille manières différentes. Le type des articulés comprend dix classes, dont huit sont aquatiques; les deux autres, araignées et insectes, sont en partie aquatiques et en partie terrestres, mais tout le monde sait que ces animaux se cachent assez profondément, soit dans la terre, soit dans les rochers, soit sous l'écorce ou dans le bois des arbres. De plus, un grand nombre vit longtemps à l'état de larves ou vers, qui souvent sont aquatiques, bien que les adultes soient terrestres ou aériens, et ces larves se logent dans les plantes, dans les fruits ou dans la terre. Enfin tous ces animaux sont ovipares et déposent leurs œufs, qui sont très-petits, à l'abri de toutes les circonstances nuisibles. Si du grand type des vertébrés nous retirons les oiseaux et les mammifères, dont les espèces furent conservées dans l'arche, il ne nous reste plus que les poissons, les amphibiens et les reptiles. Il ne faut pas parler des poissons. Les amphibiens sont aussi presque tous aquatiques, à l'exception de quelques crapauds, dont il n'est pas démontré que les têtards, ou même les adultes, ne puissent vivre dans l'eau, mais qui vivent certainement dans des trous assez profonds sous terre ou dans des creux de rochers. Parmi les reptiles, plusieurs ordres, comme les crocodiles, un grand nombre de tortues, sont encore aquatiques; les autres, ou peuvent vivre dans l'eau ou s'enfoncer en terre, ou s'accrocher à des bois flottants sur l'eau. Les reptiles pouvaient donc aussi survivre au déluge, d'autant plus que leurs œufs ont pu être préservés de tout accident par une foule de circonstances. Il n'y avait donc que les oiseaux et les mammifères terrestres, deux classes des moins nombreuses en espèces, pour qui le déluge eût été une cause d'anéantissement certain; or nous avons vu que Moïse n'avait probablement parlé que de ces deux classes d'animaux dans le récit du déluge; car le mot hébreu, traduit ordinairement par *reptile,* désigne aussi les petits mammifères dont les pieds sont courts, et qui paraissent plutôt ramper que marcher. » (Art. *Déluge,* de *l'Encyclopédie catholique,* par M. Maupied).

Moïse n'était pas un naturaliste ; il n'avait probablement pas étudié les insectes à leurs différents états d'œuf, de larve, de chrysalide et de volatile ; comment se fait-il que les deux classes dont il nous dit que les espèces furent conservées dans l'arche, soient précisément les seules qu'un déluge aurait pu anéantir! Ce fait semble être d'abord un argument décisif en faveur de la submersion de tous les continents primitifs; car, si le déluge n'a pas été universel, on se demande où était la nécessité de faire entrer dans l'arche d'autres animaux que les animaux domestiques, et ceux qui devaient être sacrifiés à Dieu, immédiatement après l'événement. Cependant, l'ordre donné au second père du genre humain, de conserver avec lui les espèces de ces deux classes, s'explique tout aussi bien par la supposition d'un centre unique de création pour les oiseaux et les mammifères. Dans cette supposition, à laquelle est favorable le texte cosmogonique, comme nous l'avons vu, le continent habité par l'homme et par les deux classes animales les plus élevées et les plus nécessaires à ses besoins, aurait été encore entièrement fermé à l'époque du déluge, et séparé des autres continents et des îles par une mer trop étendue, pour que les oiseaux eux-mêmes, pour la plupart, du moins, eussent pu commencer leurs migrations et se distribuer sur tous les sols primitifs ou postérieurement émergés.

Les pertes en espèces éprouvées pendant le déluge par le règne végétal, furent sans doute encore moins considérables que celles du règne animal. Les eaux séjournèrent seulement quatre ou cinq mois sur les montagnes, et moins de dix mois dans les vallées. Or il serait déraisonnable d'attribuer à une immersion de cette courte durée, la destruction d'un grand nombre d'espèces végétales. Les submersions annuelles de la basse Égypte commencent l'été, et ne finissent qu'au milieu de l'automne. Pendant tout ce temps, on n'aperçoit dans le Delta égyptien que la tête des arbres. Un tremblement de terre arrivé à Ahmenabah, aux bouches de l'Indus, en 1819, abaissa sous les eaux de la mer le fort de Sindrée, et tout le pays environnant sur une étendue d'environ douze lieues de long sur sept de large. En 1828, neuf ans après l'événement, le capitaine Burnes, visitant ces lieux dans une chaloupe, vit les poissons circuler parmi les arbres restés debout.

Les courants diluviens abandonnèrent sans doute beaucoup de sédiments dans les bas-fonds, mais sur les montagnes et sur les pentes, la végétation dut se développer avec une activité d'autant plus grande, que le sol venait d'être fécondé par les eaux, et que leur retraite coïncidait avec le printemps. Il serait inutile de s'étendre sur tant de moyens de conservation que possèdent les plantes par leurs graines, leurs racines ou tubercules et leurs tiges. Leurs propriétés vivaces sont telles, que le flux et le reflux des mers, qui dépose deux fois le jour, sur beaucoup de côtes, des sables et des marnes, ne suffit pas, depuis des siècles, pour y détruire toute végétation. Au sortir du déluge, les animaux ne furent donc pas exposés à périr de faim ; les herbivores retrouvèrent le règne végétal, et les carnassiers, les cadavres des nombreux individus de toutes classes abandonnés par les eaux à la surface de la terre. Le déluge, s'il a été universel, a dû modifier la distribution géographique des espèces des deux règnes, en dispersant au loin, au moyen de ses courants, les graines, les œufs renfermés dans les bois flottants, les larves, les chrysalides dans leur cocon, et les individus des espèces aquatiques ; mais il n'a pas détruit des familles, et moins encore des classes et des groupes.

Nous croyons avoir rigoureusement démontré que, d'après les récits de Moïse, aucune révolution n'est venue briser la chaîne des êtres organisés et arrêter le mouvement général de la vie animale et végétale à la surface du globe. Nous avons maintenant à établir la même thèse par les faits de la science.

Préoccupée de cette idée fausse, que des révolutions générales pouvaient seules expliquer l'anéantissement de tant d'espèces perdues, la géologie hypothétique a fait de grands efforts pour imaginer quelles avaient pu être ces révolutions. Buffon, dans ses *Époques de la nature*, attribua l'extinction des espèces à un changement général de la température primitive ; il ne voyait d'espèces perdues que dans les terrains anciens. Deluc trouva l'expédient de l'affaissement des sols habités sur leurs fragiles cloisons et les piliers qui leur servaient de soutien. Cuvier amena autant de fois les eaux de la mer sur les continents qu'il y a de dépôts marins dans son bassin. M. Ampère supposa des cataclysmes de feu, etc. Ces hypothèses de révolutions générales, qui auraient détruit à plusieurs reprises des créations antérieures, et préparé la terre pour des créations nouvelles, sont radicalement insoutenables ; nous croyons l'avoir surabondamment prouvé dans la première partie de cet ouvrage ; cependant elles existent dans les livres d'un grand nombre de savants distingués, où, défendues bien plus, il est vrai, par leurs noms que par leurs écrits subséquents et leur enseignement oral, elles peuvent encore exercer une influence pour ainsi dire posthume sur l'esprit de ceux qui n'ont pas suivi la direction donnée depuis quelque temps à la science par des faits plus nombreux et mieux jugés. C'est une raison de plus pour insister sur ces faits, et pour montrer que, quelles qu'auraient été les révolutions auxquelles il a plu à ces géologues de soumettre si gratuitement notre pauvre globe, elles n'ont point détruit les êtres qui vivaient à ces époques, et que le flambeau de la vie, une fois allumé sur la terre, ne s'y est jamais éteint.

Les argiles, les sables ou grès, sont en général le produit des fleuves, et les calcaires celui des mers; or, depuis les couches sédimenteuses les plus profondes, celles changées en schistes cristallins, jusqu'au sol alluvial qui continue à se déposer, tous les ordres de terrains, jusque dans leurs divisions les moins importantes, présentent des dépôts argileux, arenacés et calcaires; il y a donc toujours eu des mers et des fleuves, et par conséquent des terres découvertes pour les plantes et les animaux terrestres. Mais toutes ces mêmes couches marines, fluvio-marines ou fluviales contiennent des fossiles plus ou moins, et l'on a constaté la présence de plantes terrestres jusque dans la formation la plus pélagienne, celle de la craie blanche; donc, à toutes les époques, la mer, la terre et les fleuves ont eu des habitants. En outre, il existe des espèces fossiles végétales et animales passant en identiques d'un terrain dans un autre, et formant par leur réunion une chaîne continue qui s'étend depuis le système silurien jusque dans l'époque actuelle; donc encore, la vie n'a jamais été interrompue sur la terre. Tels sont les faits qu'il s'agit de développer, en suivant dans toutes leurs divisions les terrains d'Europe, qui nous sont les mieux connus, qui paraissent être les plus complets, et correspondre à tous les points de la durée des temps. Ils nous offriront des traces irrécusables de la persistance continue de la vie, non-seulement sous une forme quelconque, mais sous toutes les principales formes que nous lui voyons en ce moment. Mais il ne faudra pas perdre de vue que la présence d'un seul végétal terrestre, d'un seul animal dans une couche du sol, entraîne l'existence d'une foule d'autres, parce qu'il y a des lois harmoniques de coexistence entre les diverses classes, qui ne permettent pas que les unes puissent exister sans les autres, quand on les considère dans leurs grands groupes. Ainsi, un animal carnivore ne peut exister sans d'autres animaux, soit carnivores, soit herbivores; un herbivore ne peut exister sans certaines plantes, lesquelles, à leur tour, ne peuvent exister sans d'autres plantes, etc.

Terrains primaires. — Le système silurien d'Angleterre est marin; il ne faut donc pas s'attendre à y trouver des végétaux et des animaux terrestres. Il est purement local, comme toutes les autres parties du sol de remblai; la mer n'était donc pas partout; aussi existe-t-il en d'autres pays, en France et en Allemagne, par exemple, des couches fluvio-marines qui y correspondent; elles fourmillent de plantes terrestres, et contiennent aussi des insectes.

Le système silurien se compose de couches puissantes, intimement liées les unes aux autres. A tous leurs étages elles présentent des mollusques bivalves et univalves, des polypiers, des crustacés. Les portions moyennes et supérieures ont montré, de plus, des annelés, des poissons, des encrines ou crinoïdes et des plantes marines (*fucus*). Enfin, le sol silurien, comme tout calcaire marin, n'est pour la plus grande partie composé que de débris d'animaux marins. Un certain nombre de polypiers, de coquilles et de poissons sont communs à ce premier système et aux systèmes postérieurs; cela est reconnu par les paléontologues anglais et français. Parmi les poissons, l'*onchus murchisoni* (Ag.) passe des couches siluriennes supérieures dans le grès rouge ancien d'Angleterre, et parmi les mollusques, le *Pentamerus lævis* (Sow.), et le *terebratula gryphus* remontent, le premier, des couches siluriennes inférieures (rocs d'Orderley et des collines de Mey) dans le calcaire carbonifère de Nowgorod, et le second, des couches siluriennes supérieures (rocs de Ludlow) dans le calcaire carbonifère du Herfordshire. La période du vieux grès rouge est comprise entre ces deux époques. Ainsi, quand même le vieux grès rouge ne serait pas fossilifère, nous n'en aurions pas moins la preuve qu'il exista des êtres organisés pendant tout le temps qui correspondit à son dépôt.

Mais le vieux grès rouge est fossilifère à tous ses niveaux. Il renferme des plantes terrestres, des encrines, dont quelques-unes lui sont communes avec le calcaire carbonifère, des bivalves, des univalves, des polypiers, des crustacés, des poissons. L'un de ceux-ci, le *gyrolepis maximus* (Ag.) passe du vieux grès rouge jusque dans le muschelkalk de la Lorraine, près de Lunéville; il traverse par conséquent tout le calcaire carbonifère.

Le manque de classification naturelle, en géologie, nous oblige à accepter ici l'hypothèse erronée de la superposition géométrique des terrains; mais on doit comprendre que si les différents systèmes de couches, au lieu d'être totalement superposés, ont beaucoup de parties parallèles, les faits que nous signalons acquièrent encore plus de force.

Le calcaire carbonifère contient à sa partie inférieure des dépôts d'eau douce qui renferment, à Burdie-Housse, près d'Édimbourg, et dans quelques autres comtés de l'Angleterre, des sauriens, des ptérodactyles, etc. La partie moyenne et supérieure est marine ou fluvio-marine; on y trouve partout des polypiers, des encrines, des échinides, des coquilles bivalves et univalves, etc. Un crinoïde, le *cyathocrinites planus* (d'Orb.), passe de ce terrain dans le calcaire magnésien de Durham. L'étage inférieur de Burdie-Housse a montré, entre autres espèces de poissons, le *gyracanthus formosus* (Ag.), qui abonde dans le terrain houiller de Dudley et ailleurs. Mais nous n'avons pas besoin de ces transitions pour arriver aux terrains secondaires, attendu que le calcaire de montagne alterne souvent, à sa partie supérieure, avec les grès du charbon, et se lie par conséquent au terrain houiller, dont il montre déjà les plantes terrestres.

Terrains secondaires. — Le terrain houiller est fossilifère dans toutes ses parties. Il renferme des crustacés (cypris, trilobites), des mollusques marins, d'eau douce et terrestres, des poissons, des annelés, des insectes, etc., et plus de trois cents espèces de plantes appartenant à tous les types du règne. Plusieurs remontent dans des terrains supérieurs. Le *sigillaria reniformis* (Brong.) du terrain houiller anglais et de celui de Mons et d'Essen, passe dans le grès du keuper de Gotha; dans la famille des lycopodiacées, le *lepidodendron phlegmarioides* (Brong.) du terrain houiller de Newcastle et de Silésie, se retrouve aussi dans le keuper des environs de Cobourg. Nous avons encore le *girolepis maximus*, qui nous suivra jusqu'au muschelkalk. Avec ces passages, nous pourrions omettre plusieurs terrains intermédiaires; arrêtons-nous y cependant, et constatons partout les produits de la vie.

Le grès vosgien ou *loth-liegendes* des Allemands, qui vient après le terrain houiller, a montré plus de vestiges organiques continentaux que marins; il paraît avoir ressenti profondément l'influence plutonienne.

Nous entrons dans le calcaire alpin, mal nommé par nos premiers géologues, car il n'a rien de commun pour l'âge avec le calcaire des Alpes. C'est le *zechstein* ou schiste cuivreux des Allemands, et le conglomérat dolomitique, ou calcaire magnésien des Anglais. Il contient des polypiers, des crinoïdes, des mollusques, des poissons, des reptiles, etc.

A ces terrains succèdent le grès bigarré, le muschelkalk et le keuper. Le grès bigarré, *bunter-sandstein* des Allemands, est une formation fluvio-marine, comme les terrains précédents. Il nous a donné des mollusques et des végétaux terrestres en bon nombre. Dans la famille des équisétacées ou prêles, l'*equisetum mougeotii* est fossile du grès bigarré et du keuper de Marmoutier (Bas-Rhin); l'*equisetum? arenaceum* du grès bigarré de Wasselonne et de Marmoutier, reparaît, d'après M. Berger, dans le keuper de Cobourg, et aussi dans celui de Bâle, d'après M. Mérian. Parmi les fougères, le *clathropteris meniscioides* passe du grès bigarré de Ruaux et de Saint-Étienne, près de La marche (Vosges), dans le keuper et dans le grès du lias de Hör en Scanie. Ces trois plantes existaient donc à l'époque du muschelkalk, qui est intermédiaire aux terrains qui les contiennent.

Le muschelkalk est encore une formation fluvio-marine. Il présente des crinoïdes, des mollusques des deux grandes divisions de la classe, des plantes terrestres, des poissons, des plésiosaures, des ichthyosaures et d'autres genres de reptiles.

Le keuper ou marnes irisées et grès salifères des Anglais (formation fluvio-marine), renferme des coquilles et des plantes terrestres assez abondantes. Le keuper et le grès bigarré contiennent les mêmes plantes fossiles, et les mêmes espèces de poissons sont communes non-seulement à ces deux formations, mais encore au muschelkalk. L'*ammonite cératide*, et, parmi les bivalves, la *possidonia keuperina* (voltz) sont très-nombreuses dans le keuper et dans le muschelkalk. Les dernières assises du keuper s'enchaînent avec les premières du lias qui vient ensuite.

Le lias offre un ensemble de couches arénacées et argileuses, et plus souvent encore marneuses et calcaires, avec de nombreuses alternances. Le lignite, la houille, l'anthracite s'y trouvent subordonnés. A ces caractères on reconnaît aisément une formation fluvio-marine, dont toutes les parties s'entrelacent, comme les argiles, les calcaires et les lignites dans le bassin tertiaire de Paris. Les bélemnites et les ammonites y abondent. Le lias de lyme, en Angleterre, a montré des bélemnites dont les poches à encre conservaient encore leur forme primitive, et contenaient une encre sèche qui n'était que légèrement imprégnée de carbonate de chaux. Le lias renferme aussi des bivalves, des poissons en grande quantité; entre autres le *lepidotus gigas*, qui s'est trouvé dans le lias français, anglais et allemand; des ichthyosaures de vingt-quatre pieds de long, des plésiosaures, des sauriens, des échinides, des encrines, des astéries, des plantes terrestres et aquatiques, etc. Plusieurs fossiles lui sont communs avec les oolithes, comme, par exemple, l'*avicula inœquivalvis*, l'*orbicula reflexa* et l'*ammonites striatula*. Dans plus d'un endroit, on trouve interposés, entre le lias et l'oolithe, des dépôts qui participent des caractères minéralogiques des couches du lias supérieur et de l'oolithe inférieure.

Le groupe oolithique est fluvio-marin, comme les précédents. Il se compose d'alternances répétées d'argiles, de grès et de calcaire, se succédant dans le même ordre que dans le groupe du lias. Ainsi, après les sables de l'oolithe inférieure, qui reposent sur les argiles du lias, vient le calcaire coquillier et corallin (oolithe de Bath) et le calcaire à polypiers de Caen (cornbrash et forest-marble des Anglais); après l'argile d'Oxford ou de Dives, vient le calcaire corallique ou coral-rag; après l'argile de Kimmeridge ou de Honfleur, viennent les sables de Weymouth et le calcaire de Portland. L'oolithe inférieure du Yorkshire et de l'Écosse peut se qualifier de formation houillère.

L'*ostræa marschii* est commune à l'oolithe inférieure et au cornbrash ; la *trigonia gibbosa* passe de l'oolithe inférieure jusque dans le calcaire portlandien. L'argile de Kimmeridge, dans le voisinage d'Oxford, renferme la *gryphæa virgula*, qui abonde tellement dans l'oolithe supérieure de certaines parties de la France, que l'on a donné à ce dépôt le nom de marnes à *gryphées virgules*. Près de Clermont en Argonne, à quelques lieues de Saint-Ménéhould, ces marnes durcies affleurent en sortant de dessous le gault, puis, en se décomposant, elles laissent tous les champs labourés couverts d'huîtres que l'on dirait y avoir été semées à dessein.

Les oolithes sont riches en fossiles ; elles contiennent des polypiers, des crinoïdes, des échinides, des astéries, des annelés, des crustacés, des insectes en abondance, des poissons, des mollusques, des crocodiles, des ichthyosaures, des plésiosaures, des ptérodactyles, des tortues, des végétaux terrestres de différentes classes, etc. A Stonesfield, l'étage du cornbrash et du forest-marble, entre les oolithes inférieures et moyennes, renfermait les deux célèbres mâchelières que la plupart des naturalistes français et anglais ont rapportées à des mammifères terrestres.

Le *megalosaurus bucklandii* est commun à l'oolithe et au groupe wéaldien, les dents et les os de ce grand saurien se rencontrant également dans le calcaire de Stonesfield et dans les sables wéaldiens de Hastings. La *terebratula biplicata* embrasserait encore plus de temps, s'il est vrai qu'elle passe en identique de l'oolithe moyenne et supérieure dans le grès vert et dans la marne crayeuse.

Le groupe wéaldien a de nombreuses affinités, par ses roches et par ses fossiles, d'une part avec les terrains oolithiques, et de l'autre avec les crétacés. C'est encore une formation fluvio-marine, composée d'alternances de calcaire et de marnes, de sables et d'argile. Le calcaire de Purbeck constitue la partie inférieure, les sables de Hastings la partie moyenne, et l'argile wéaldienne la partie supérieure. Toutes les couches contiennent des débris organiques, et les espèces des étages moyen et supérieur sont les mêmes pour la plupart. Ce groupe a montré des polypiers, des mollusques, des échinides, des poissons, des oiseaux, des tortues, des crocodiles et autres reptiles. L'*iguanodon mantelli* lui est commun avec le grès vert qui fait partie du groupe suivant.

Le terrain crétacé est formé 1° du grès vert inférieur (iron sand des Anglais) ; 2° du gault, ou argile mêlée de marne ; 3° du grès vert supérieur ou craie chloritée (craie marneuse ou tufau) ; 4° de la craie blanche ou craie proprement dite ; 5° de la craie de Maëstricht ou calcaire pisolithique. Tous ces dépôts, à l'exception peut-être du calcaire pisolithique, dont les rapports avec les autres membres du groupe sont moins bien connus, s'enchaînent minéralogiquement et passent les uns aux autres par des nuances insensibles ; phénomène d'autant plus intéressant ici, que nous avons une formation pélagienne, la craie blanche, qui repose, au moins en partie, sur des formations déposées à de bien moindres distances des continents. La craie chloritée se décharge de plus en plus du silicate de fer pour passer à une craie grossière, laquelle se confond d'abord avec l'inférieure, qui est sableuse, et ensuite avec la craie blanche, qui est plus pure, en sorte que la craie chloritée n'avait pas encore cessé entièrement, lorsque la craie blanche commença à se déposer. Entre Présagny et Vernon (Eure), la craie blanche inférieure et la craie chloritée se montrent même parallèles, et offrent des passages latéraux ; le courant qui transportait la craie blanche semble avoir alterné quelquefois avec le courant qui déposait la craie sableuse.

Comme on devait s'y attendre, les fossiles deviennent de plus en plus pélagiens, en allant de la craie chloritée à la craie proprement dite. Les ammonites et les scaphites, si abondants dans les portions inférieures du groupe crétacé, deviennent très-rares dans la craie, et l'on a cru pendant longtemps qu'ils en étaient complétement absents. Un de mes amis, M. Charpentier, a trouvé des ammonites et des scaphites dans la craie blanche d'Andely. J'ai recueilli moi-même un fragment de moule d'ammonite très-reconnaissable de la craie blanche de Tilly, près Vernon.

Ce groupe est fossilifère dans chacune de ses parties, comme tous les autres terrains que nous avons déjà parcourus. Le grès vert ou craie chloritée, contient beaucoup de polypiers et d'échinides, des éponges, des crinoïdes, des astéries, des mollusques bivalves et univalves, des crustacés, des annelés, des reptiles, etc., des végétaux terrestres et marins. Les plantes terrestres abondent dans le grès crayeux de Schona, en Saxe, de Tetschen, en Bohême, etc. Nous avons donc encore ici des formations fluvio-marines. — La craie blanche contient des animaux de toutes ces mêmes classes. On y trouve aussi des infusoires symétriques en immense quantité. Le dépôt pélagique de la craie des plaines ne renferme qu'un petit nombre de bois flottés, mais celle des Alpes fourmille de débris de plantes terrestres, et offre même des lignites. Ainsi, jusque dans les parties les plus pélagiennes du sol de remblai, nous trouvons des dépôts fluviatiles ou fluvio-marins. — Le calcaire pisolithique a donné des polypiers, des mollusques bivalves et univalves, des poissons, des échinides, des astéries, des crustacés, etc.

Beaucoup de fossiles relient entre elles les différentes parties de ce groupe. Une foule d'espèces sont communes au grès vert inférieur et supérieur. Le *pecten quinque costatus* existe dans tous les membres de la série. La *terebratula carnea*, la *theicidea radians*, etc., passent de la craie chloritée de Présagny dans la craie blanche de Vernonnet. Le *belemnitides mucronatus*, et le *baculites faujasii* sont communs à la craie blanche et au calcaire pisolithique de Faxoë, en Suède. On a reconnu dans la craie blanche d'Angleterre quelques vertèbres du mosasaure ou monitor fossile de la craie grossière de Maëstricht. Ces deux formations contiennent aussi le *conoclypus leskei* (ag.) et l'*hemiaster prunella* (desor). La *var. Lata* du *micraster cor-anguinum* (ag.) se trouve dans la craie tufau de Périgueux et à Maëstricht, la *salenia geometrica* dans la craie blanche de Civière, près Vernon, et dans la craie tufau du Mans, etc.

Terrains tertiaires. — Les terrains tertiaires inférieurs et moyens se composent chez nous d'alternances d'argiles, de sables, de lignites et de calcaire marin ; cette formation fluvio-marine, dont les membres s'enchaînent dans le bassin de Paris, est suivie d'une formation d'eau douce, le calcaire siliceux moyen ; puis, vient le gypse ou pierre à plâtre, surmonté des marnes vertes, des sables ou grès marins supérieurs, recouverts en partie par le calcaire lacustre supérieur avec ses meulières ou silex caverneux.

Les tertiaires supérieurs forment un groupe dont les lambeaux épars et indépendants ne se relient que par leurs fossiles. Sous le nom de terrains subapennins, ils comprennent les faluns ou tufs du Cotentin, le calcaire moellon de l'Hérault, les faluns de la Touraine, les sables fluvio-marins de Montabuzard et de Montpellier, etc.; le crag corallin et le crag rouge de Suffolk, en Angleterre ; puis vient le crag de Norfolk, et une foule de dépôts formés récemment ou qui sont encore en voie de formation.

On va des terrains secondaires aux tertiaires par des passages minéralogiques et paléontologiques. M. Scipion Gras décrit, dans le département de la Drôme un terrain tertiaire composé de deux couches, dont l'une s'enfonce visiblement sous les marnes crayeuses de la montagne de Veaux, et l'autre se fond elle-même dans le terrain de la craie, sans qu'il soit possible de trouver nulle part une ligne de séparation bien marquée. Ce terrain est partout intimement lié à la craie ; preuve évidente d'une formation continue. (*Statistique minéralogique du département de la Drôme.*)

Dans le midi de l'Italie, « les calcaires passent de l'un à l'autre par des nuances presque insensibles, depuis la craie inclusivement jusqu'aux sédiments qui se déposent et se consolident encore maintenant ; et, si dans une localité on voit des caractères et des superpositions qui semblent annoncer des périodes bien tranchées, dans une autre on trouve des transitions graduées. C'est ainsi que de Syracuse à Pachino, par Noto, on voit les terrains tertiaires les plus modernes passer graduellement à la craie, transition que l'on retrouve encore au mont Saint-Calogero et au pied du mont Erix de Trapani. Cette liaison double du sol secondaire et tertiaire, dit F. Hoffmann, est un des faits les plus curieux dans la géologie de la Sicile, d'autant plus qu'il y a mélange des fossiles, à la limite des deux terrains, et que les coquillages du sol tertiaire présentent les caractères d'un dépôt très-récent.» (C. Prévost, note sur les terr. nummulit. de la Sicile, *Bullet. de la soc. géol. de France.*

Des infusoires forment le passage paléontologique de la craie aux dépôts tertiaires, et même à l'époque actuelle. Nous avons de M. Dujardin une classification de ces animaux en rapport avec leur organisation. (*Journal de l'Institut, section des sciences nat.*, vol. II.) M. Dujardin ne place dans la classe des infusoires que des animaux symétriques ou dépourvus de symétrie, et en rejette beaucoup d'autres d'une organisation plus élevée que M. Ehrenberg de Berlin y comprend. Or, il est à remarquer que les animaux de cette classe, ainsi limitée et restreinte aux organismes les plus simples, ne paraissent encore avoir été rencontrés nulle part à l'état fossile. Du moins est-il que tous les genres signalés à cet état par M. Ehrenberg, sont du nombre de ceux que M. Dujardin refuse d'admettre parmi les véritables infusoires, comme n'étant point asymétriques. Or, d'après M. Ehrenberg, qui s'est voué à ce genre d'observations délicates, la craie est composée, à $^{19}/_{20}$ de sa masse, de petits animaux coralliformes (bryzoaires) et infusoires. Parmi les nombreux infusoires fossiles, vingt et un genres et quarante espèces sont communs au terrain crétacé et à la nature vivante. Je citerai seulement la *grammatophora africana*, fossile de la craie, et qui habite les côtes de la Suède. Beaucoup d'autres espèces crétacées passent dans les terrains tertiaires, comme la *rotalia globulosa* de la craie blanche du midi de l'Europe et des terrains tertiaires de Massachusetts, en Amérique. « C'est un fait bien remarquable, s'écrie M. de Humboldt, dans une lettre à M. Arago (*Bullet. de la soc. géol. de France*), que de trouver parmi les animaux marins de notre époque, des êtres répandus en Europe et en Afrique dans une formation crétacée, antérieure au terrain tertiaire, dans lequel on croyait reconnaître l'aurore, les premières traces de la vie actuelle, les types des formes organiques qui ont survécu aux révolutions du globe, ou ont pris naissance plus tard. » Lorsque M. de Humboldt écrivait ces paroles,

M. Élie de Beaumont n'avait pas encore retrouvé nos genres de mollusques tertiaires dans la craie des Alpes.

Les terrains de la troisième époque, beaucoup moins puissants que les autres, contiennent à proportion beaucoup plus de richesses paléontologiques. Les argiles abondent en insectes et en arachnides dans la Prusse, la Poméranie et la Sicile. Elles contiennent, chez nous et en Angleterre, des mollusques marins, terrestres et fluviatiles, des plantes terrestres, de l'ambre jaune ou résine végétale, des poissons, des oiseaux, des tortues d'eau douce, des crocodiles, des mammifères des genres canis, palæotherium, cheropotame, rhinocéros, mastodonte, lamentin, etc.

Le calcaire grossier renferme des polypiers, des échinides, des astéries, des plantes marines et fluviatiles, une prodigieuse quantité de coquilles, des os de lophiodons, d'hyracotherium, des dents de poissons, de crocodiles, de didelphes, de cheiroptères, de singes, etc.

Le calcaire lacustre inférieur : des graines de chara, des mollusques, des lophiodons, etc.

La pierre à plâtre : des bois flottés, des mollusques d'eau douce, des insectes et des arachnides de tout genre, des batraciens, des crocodiles, des tortues terrestres et d'eau douce, des oiseaux, des édentés, des ruminants, des pachydermes, des carnassiers, des rongeurs, des singes, etc.

Les marnes vertes : des coquilles marines et d'eau douce, des insectes, etc.

Les grès marins et les couches qui y correspondent : des mollusques, des os de lamentin, de dinotherium, de taupes, de hérisson, de musaraignes, etc.

Le silex lacustre supérieur de Paris : des mollusques d'eau douce, des plantes aquatiques, etc., et les couches parallèles : le tapir gigantesque, avec restes de rhinocéros, de mastodontes, etc.

Les terrains subapennins, comme les sables de Montabuzard et de Montpellier, offrent la réunion de genres regardés autrefois comme caractéristiques de cette division, avec ceux appartenant aux tertiaires moyens, c'est-à-dire, au gypse, à la mollasse moyenne, et aux bassins lacustres. Ainsi, les cétacés, les reptiles, les palœothères, les lophiodons, les rhinocéros, les mastodontes, les chevaux, les ruminants, s'y trouvent ensemble, accompagnés de coquilles marines, fluviatiles et terrestres.

Des espèces de toute classe forment des passages depuis les plus anciens dépôts tertiaires jusqu'à notre époque. Deux végétaux, dont M. Brongniart a constaté l'identité, l'*equisetum brachyodon* et le *chara helicteres* traversent la totalité des groupes inférieur et moyen. Le premier existait, en France, avant le calcaire grossier où il est enseveli, à Montrouge près Paris, et il n'a pas été détruit par cette formation, puisqu'il reparaît au-dessus, dans le gypse d'Armissan, près Narbonne. Le second a été son contemporain dans le même pays, mais il remonte plus haut ; il s'est rencontré dans le silex lacustre inférieur, moyen et supérieur. Ces végétaux remplissent presque entièrement, et sur les mêmes points, l'intervalle où MM. G. Cuvier, Deshayes et Élie de Beaumont plaçaient leurs périodes de troubles et de destruction générale. Telle est la puissance des faits, deux petites plantes renversent trois systèmes.

M. Deshayes a reconnu l'identité des espèces marines suivantes, que nous rencontrons dès les premières assises tertiaires, et qui peuplent aujourd'hui les mers d'Europe ou celles des autres continents : *Dentalium entalis, eburneum, strangulatum, novemcostatum, elephantinum, dentalis; auricula ringens, cytherea nitidula, phasianella pullus, fissurella græca, bulla lignaria, lucina divaricata, trochus agglutinans, turbo minutus, natica glaucina, natica millepunctata, solen strigillatus, venus decussata.* Ainsi les existences passées s'enchaînent aux existences actuelles par des nœuds qu'aucune catastrophe générale n'a rompus.

On arrive au même résultat par les mollusques d'eau douce. Le *lymnœus arenularius* passe des grés marins inférieurs de Beauchamp dans les grés marins supérieurs de Valmondois, où il paraît s'arrêter ; mais avant d'atteindre cet étage, il rencontre, dans les marnes inférieures du gypse de la Vilette, le *planorbis corneus*, qui s'étend jusqu'au silex lacustre supérieur de Palaiseau ; tandis qu'une troisième espèce, le *planorbis rotundatus*, partie du silex lacustre inférieur de Fontainebleau, s'associe au *planorbis corneus* dans les marnes inférieures au gypse des environs de Paris, se montre ensuite dans les grés marins supérieurs de Valmondois, puis dans le silex lacustre supérieur, et se retrouve, à l'état vivant, dans l'île de Scio, sous le nom de *planorbis orientalis*. D'autres espèces, prises séparément, embrassent toute la période tertiaire et font partie du monde actuel : la *mélanopside à côtes* des lignites des argiles de Soissons, habite le fleuve Oronte aux environs d'Alep ; et la *lymnée des marais*, qui caractérise les grés marins inférieurs de Pierre-Laye, est rigoureusement la même que notre *lymnœus palustris*.

Les mollusques terrestres forment le même enchaînement. Le *cyclostome en momie*, en cinq variétés, s'observe dans les grés marins inférieurs de Beauchamp, dans le calcaire grossier de tous les environs de Paris, dans le gypse de Montmartre et dans les grés marins supérieurs de Senlis ; tandis que le *cyclostome élégant* se montre dans les grès marins supérieurs de Fontainebleau et habite l'Europe. Toutes les déterminations sont de M. Deshayes.

Les autres classes nous fourniraient des exemples aussi concluants, mais pour abréger je n'en demanderai plus qu'à celle des mammifères. Les animaux de cette classe ne commencent à devenir abondants dans les terrains d'Europe qu'à l'époque des tertiaires moyens. Or, plusieurs espèces relient les tertiaires moyens et supérieurs à l'ordre présent. Ainsi, le renne, qui existe encore dans le Nord, et notre espèce bovine, sont fossiles dans les plâtres du Val d'Arno en Italie. Notre *vespertilio serotinus* (chauve-souris) se retrouve dans le gypse de Montmartre, et notre *vespertilio murinus* dans les schistes d'eau douce d'Œningen, parallèles à nos plâtres; le *desman des Pyrénées* (musaraigne) et la *talpa europœa* (taupe ordinaire) ont été observés dans un dépôt de Sansans près d'Auch, parallèle aux gypses. Ces déterminations appartiennent à M. de Blainville (*Ostéographie*).

Enfin personne n'ignore que les terrains les plus récents, tels que certains lits coquilliers de sable et d'argile, les cavernes à ossements, les brèches, et les dépôts qui sont encore en voie de formation, abondent en animaux marins, d'eau douce et terrestres; on y trouve un grand nombre des mêmes espèces que dans les terrains tertiaires, et un plus grand nombre encore d'espèces vivantes.

En résumé, l'étude du sol sédimenteux nous le montre composé d'une suite continue de formations marines et fluviales ; les mers, les fleuves, et par conséquent les terres découvertes, ont donc toujours coexisté depuis les plus anciennes époques jusqu'à nous. Mais ces dépôts marins ou fluvio-marins non-seulement sont tous fossilifères, mais encore ils nous offrent constamment tous les principaux types organiques marins et terrestres des deux règnes ; ces deux règnes ont donc toujours coexisté avec toutes ces formes. Bien plus, nous avons remarqué bon nombre d'espèces des diverses classes, dont les unes, partant des plus anciennes couches, s'associent dans les couches postérieures à d'autres qui remontent plus haut, et ainsi de suite ; de sorte que la chaîne formée par ces fossiles embrasse toutes les époques géologiques, et vient, par ses derniers anneaux, se rattacher à l'époque actuelle : preuve nouvelle et évidente que les règnes n'ont jamais cessé d'exister un seul moment depuis qu'ils ont été établis sur la terre.

Ainsi, autant les faits de la science s'accordent parfaitement avec la Genèse, autant il y a incompatibilité entre eux et l'opinion de tant de géologues, qui faisaient périr en masse tous les êtres par des changements généraux survenus successivement, soit dans l'atmosphère, soit dans la position des mers, et par des modifications profondes et toujours nouvelles que l'organisation générale du globe aurait subies jusqu'au moment de l'arrivée de l'homme sur la terre.

Indépendamment de ce que nous venons de voir, nous avons la preuve que de grands changements peuvent s'opérer à la surface de la terre, sans produire les effets que l'on n'avait cru pouvoir expliquer que par des *révolutions du globe*. Ainsi, la cause puissante qui a donné à nos continents leur relief actuel, qui a découpé nos terrains tertiaires, rompu nos plateaux, raviné nos bassins d'eau douce, etc., n'a pas fait disparaître les espèces contemporaines, puisque dans les dernières couches marines tertiaires, formées postérieurement à l'action de cette cause, en Sicile, en France et dans tout le pourtour des mers, les mollusques marins fossiles se mêlent en foule aux mollusques vivants, comme les mammifères vivants sont associés dans les cavernes à ossements, dans les alluvions et jusque dans nos tourbières à des espèces de mammifères éteintes. L'homme lui-même est accompagné d'espèces éteintes dans les cavernes à ossements du Brésil, comme dans celles de France, d'Angleterre et de Belgique; ses os ou des produits de ses arts ont été observés dans des dépôts marins, en Suède, en Italie, et sur différents points de l'Amérique-Septentrionale, à la Guadeloupe, à Saint-Domingue, dans l'île de San-Lorenzo. Dans le pays de Liége, ses restes sont mêlés à des débris de poissons, et les cavernes qui les renferment sont placées à quatre-vingts pieds au-dessus des eaux des vallées. Depuis la formation des couches où il se trouve enfoui, la terre a donc subi des changements considérables, les vallées ont été creusées plus profondément, des bassins se sont vidés, et l'homme existait en Europe et en Amérique avant que ces deux continents et leurs îles eussent reçu leur dernière forme, avant leur complète émersion.

III

PERSISTANCE DES MÊMES RAPPORTS ENTRE NOTRE GLOBE, L'ATMOSPHÈRE, LA LUMIÈRE L'AIR ET LES ASTRES, DEPUIS L'ÉPOQUE DES PREMIÈRES COUCHES SÉDIMENTAIRES, JUSQU'A L'ÉPOQUE ACTUELLE.

Le fait que je viens d'énoncer est une conséquence des faits développés dans l'article précédent; mais il mettra dans un plus grand jour la profonde misère des hypothèses géologiques.

L'atmosphère contient l'aliment respiratoire du règne végétal et du règne animal; c'est l'*oxygène*, l'*azote* et le *carbone*, combinés dans des proportions convenables à ce but. Or, la Genèse expose et la géologie démontre que les végétaux, que les animaux respirant l'air directement n'ont jamais cessé d'exister sur la terre; il en faut conclure que les combinaisons de l'air atmosphérique n'ont jamais varié essentiellement d'une manière générale.

Nos plantes actuelles sont ordonnées par rapport à l'air et à la lumière; retirez-les de ce milieu, elles succombent promptement. Nos animaux actuels ont des yeux qui leur servent à recevoir les impressions du fluide lumineux. Or, les dépôts de toutes les époques contiennent des plantes et des animaux analogues aux nôtres ; les trilobites des couches siluriennes, les ichthyosaures des terrains secondaires, les crocodiles, les poissons de tous les âges, avaient des yeux conformés comme ceux des crocodiles, des poissons et des crustacés de notre temps; ils étaient donc dans les mêmes rapports avec l'air et le fluide lumineux ; et l'air et le fluide lumineux étaient donc dans les mêmes rapports avec les astres, considérés comme instruments vibratoires de la lumière. Les rapports du soleil, de la lumière et de l'air avec les deux règnes n'ont donc jamais cessé d'être ce qu'ils sont aujourd'hui, puisque à tous les étages du sol nous trouvons les végétaux et les animaux.

Les eaux des différents bassins du globe, élevées en vapeurs par l'action du soleil et celle du calorique, sont reçues dans l'atmosphère, où elles se condensent en nuages que le vent chasse dans la direction des chaînes de montagnes; elles y descendent en pluies, en neiges ; elles y produisent et alimentent les ruisseaux dont la réunion forme les rivières, dont la réunion forme les fleuves qui reportent les eaux à la mer et dans les grands lacs. Tels sont les rapports actuels du soleil, du calorique, de l'atmosphère, de l'air avec le système général des eaux. Or, si ces rapports avaient jamais cessé, la vie aurait cessé sur la terre, et le contraire est démontré; ensuite les fleuves taris n'auraient plus déposé de sédiments dans le bassin des mers, n'y auraient plus transporté de débris organiques, et nous voyons à toutes les époques du monde des dépôts fossilifères formés par les fleuves.

C'est l'action combinée du soleil et de la lune qui détermine les marées atmosphériques et celles des mers, et, par ces mouvements, contribue à maintenir l'air et les eaux dans un état de pureté et de salubrité convenable pour les habitants de la terre. C'est encore à l'influence de ces astres qu'il faut rapporter les alternatives annuelles de crues et de baisses des eaux dans les bassins des fleuves. Or, ce phénomène, en se combinant avec le mouvement des eaux de la mer, avec ses marées ascendantes et descendantes qui correspondent aux phases de la lune, fait que tantôt les fleuves empiètent sur une plus grande étendue du lit de la mer, qu'ils enduisent de leurs sédiments, et tantôt la mer sur le lit des fleuves dont elle recouvre les sédiments de ses sédiments propres. Or, ces alternances de formations marines et fluviales, dont les variations dans la puissance, l'étendue des couches et dans la nature de leurs matériaux organiques et inorganiques, sont en rapport constant avec la différence des marées, d'une part, et avec celle du niveau des eaux continentales, de l'autre, ces alternances appartiennent à toutes les époques géologiques sans exception, puisqu'elles constituent toutes les divisions des terrains, et à toutes les époques elles se comportent comme dans l'époque actuelle ; donc à toutes les époques les mers et les fleuves ont été dans les mêmes rapports avec les astres. Il est donc bien établi par la géologie que notre planète est restée toujours soumise aux mêmes lois, et que ses rapports avec l'atmosphère, la lumière, le calorique, l'air, la lune et le soleil n'ont pas changé.

Moïse aussi suppose que cet ordre de choses a toujours persisté depuis l'époque de la création jusqu'à lui. Il va plus loin ; après l'événement passager et miraculeux du déluge, il nous montre le Créateur donnant au monde effrayé « l'assurance que, pendant toute la durée du globe, aucune interruption ne sera apportée à la succession paisible des semailles et de la moisson, du froid et du chaud, de l'été et de l'hiver, du jour et de la nuit. »

CHAPITRE XIV.

RÉALITÉ DE L'ESPÈCE. — CRÉATION DES ESPÈCES A L'ÉTAT DE DÉVELOPPEMENT COMPLET.

« Dieu dit : Que la terre fasse végéter toutes sortes de plantes ; l'herbe faisant sa semence, selon son espèce, l'arbre formant son fruit, selon son espèce, renfermant sa semence pour se perpétuer sur la terre. — Dieu créa les grands cétacés, et tout être animé et se mouvant, selon leur espèce, ainsi que tout volatile, selon son espèce. — Il fit les animaux sauvages terrestres, selon leur espèce, les animaux domestiques, selon leur espèce, et tout ce qui se meut sur la terre, selon son espèce. » (*Gen. C. 1.*) Rien n'est plus clairement ni plus souvent exprimé, dans ces textes, que la création et par conséquent aussi la réalité des espèces. La Genèse l'affirme pour les petits comme pour les grands végétaux, pour les petits comme pour les grands animaux aquatiques, pour les oiseaux, les animaux terrestres sauvages, les animaux domestiques, enfin pour tout ce qui se meut sur la terre. Le mot hébreu *min* que l'on rend par espèce, signifie aussi *mine, ressemblance*; aussi quelques interprètes traduisent : *Dieu créa tout volatile avec ses semblables, les animaux sauvages avec leurs semblables,* etc., c'est toujours le même sens, mais la notion de l'espèce y est encore plus développée.

Un acte de la volonté toute-puissante précède la création de chaque groupe d'espèces, le limite, le définit et le fait arriver instantanément à la vie, sans qu'il ait à passer par les états de développement successif auxquels ses produits seront assujettis. Le Créateur ne sème pas la graine du végétal, il crée le végétal lui-même, qu'il charge de faire cette graine à sa ressemblance ou selon son espèce, *herbam facientem semen*; et quand il arrive au règne suivant, il ne crée point un utérus pour y mettre couver un ovule; il crée l'animal lui-même, qui devra se perpétuer en donnant ensuite le jour à des individus qui lui ressemblent.

La production de toutes les espèces est accomplie en quatre jours. Au second jour, la terre est encore ensevelie sous les eaux et déserte, au sixième elle a déjà reçu tous ses habitants, déjà Dieu leur a dit: *Soyez féconds, et multipliez-vous;* au sixième jour, les animaux terrestres et les oiseaux sont amenés devant l'homme, pour qu'il ait à les étudier et à les nommer ; ils avaient donc été créés à l'état de développement complet, et il fallait bien qu'il en fût ainsi, puisqu'ils devaient pouvoir se suffire à eux-mêmes dès le premier instant de leur vie. Mais si les espèces végétales, établies au troisième jour, n'avaient pas été produites elles-mêmes à cet état adulte ou parfait, les espèces herbivores, et il en existe dans tous les groupes soit terrestres soit aquatiques, n'auraient pas pu s'alimenter. Il a fallu tout d'abord des plantes aux animaux, comme il a fallu des insectes aux oiseaux, et des herbivores aux carnassiers. On doit donc reconnaître que, d'après la cosmogonie sacrée, les lois qui régissent maintenant les espèces ont été étrangères à leur établissement, et que leur arrivée à l'existence a été un résultat immédiat de la volonté créatrice. (Voy. pour plus de développement l'explication des textes qui concernent la création des végétaux et des animaux, ch. IX.)

Nous avons maintenant à constater l'accord de la science avec la Genèse sur ces trois points : réalité de l'espèce; — création des espèces, — à l'état adulte ou complet. La partie zoologique de ces articles ne sera souvent que l'analyse ou la reproduction presque textuelle d'une belle thèse pour le doctorat ès sciences naturelles, soutenue par M. Maupied, en 1841, et composée sous l'inspiration de M. de Blainville, son illustre maître.

I

RÉALITÉ DE L'ESPÈCE DANS LE RÈGNE VÉGÉTAL ET DANS LE RÈGNE ANIMAL.

Tous les animaux commencent par un œuf, par un germe ; le concours de deux individus est le plus souvent nécessaire pour la transmission de la vie. Aussi définit-on l'espèce, en histoire naturelle, deux êtres semblables qui se continuent dans le temps et l'espace, en produisant des individus qui leur ressemblent. Ici l'hermaphroditisme n'est pas une objection, puisque, lorsqu'il est insuffisant, comme dans les hélices et les limaces, le concours de deux individus redevient nécessaire ; les animaux uni-sexuels sont un hermaphroditisme suffisant et plus profond. Ils forment, comme le végétal, une agrégation d'individus. Ainsi l'hydre verte peut devenir une agrégation d'individus, et quand cette agrégation ne serait pas évidente, elle n'en existe pas moins, puisque toutes ses parties peuvent former des individus séparés. La production par gemme ou scissipare n'étant qu'une continuation de l'être qui possède en lui les deux puissances génératives, doit sans doute être ramenée à la même loi. Quoi qu'il en soit et pour nous en tenir aux faits nettement démontrés, la transmission de la vie, cette fonction mystérieuse et si importante de l'organisme que sans elle toute vie aurait bientôt cessé, n'a point été confiée à un pur hasard de rencontre moléculaire ; au contraire, de grandes précautions ont été prises par le Créateur pour assurer la perpétuité de son œuvre et l'accomplissement de son divin commandement : *soyez féconds et multipliez-vous.* Par là, toutes les espèces entrant en quelque sorte en participation de la puissance créatrice, dont elles nous révèlent l'image, sont chargées de se perpétuer chacune indépendamment des autres ; elles forment chacune comme une association à part, parfaitement tranchée, dont les individus se ressemblent et savent se reconnaître entre eux.

Le mélange des espèces aurait détruit l'harmonie de l'échelle de la création ; son auteur y a pourvu d'abord par les divers modes de reproduction, par la conformation des organes reproducteurs, différente suivant les espèces, et enfin en frappant d'infécondité les individus nés de l'accouplement illégitime d'espèces voisines, entre lesquelles seules ces sortes de violations peuvent avoir lieu, et seulement sous l'influence de la domesticité et par contrainte. En faut-il davantage pour prouver la réalité de l'espèce ? L'espèce ne peut-être et n'est pas une abstraction, comme serait par exemple, l'*animal* : l'animal en effet n'existe pas ; il n'existe, que des *animaux*, que nous réunissons sous l'idée abstraite d'animal ; mais l'espèce est aussi réelle que l'individu : car on conviendra bien, au moins, que, dans l'*état présent*, un individu ne peut exister seul et par lui-même : il lui faut un père et une mère qui lui donnent le jour. Voilà donc trois individus qui ont ensemble des rapports si intimes, si réels, si indispensables, que l'un des trois venant à manquer aux deux autres, ceux-ci disparaîtront bientôt et laisseront un vide dans la série des êtres. Eh bien ! c'est cette triade, cette réunion d'individus semblables, sur les rapports et l'existence desquels sont fondées la perpétuité de la création et l'existence même de l'individu, qui constitue la réalité qu'on appelle espèce. Sans individus, point d'espèce, sans doute ; mais aussi, sans espèce, point d'invidus : l'espèce est la source des individus, et ceux-ci sont en quelque sorte les gouttes d'eau qui viennent alimenter la source. L'individu se maintient par la nutrition, l'espèce par la génération, que l'on peut définir la nutrition de l'espèce.

S'il n'y avait que des individus et point d'espèces, tous ces rapports ne seraient qu'une fiction ; les accouplements des mêmes espèces entre elles ne seraient plus une loi, puisque la réalité des espèces, sur laquelle seule peut être fondée cette loi, n'existerait pas ; car une loi ne peut pas régir une abstraction ; mais si cette loi n'existait pas, des individus quelconques, la génisse et le cheval, par exemple, pourraient produire ensemble ; mais des individus quelconques ne produisent pas, par conséquent, la loi existe et la réalité des espèces est démontrée. Pourquoi, s'il n'y a que des individus et pas d'espèces, ceux-là même qui le prétendent considèrent-ils les produits de deux espèces différentes comme des anomalies, des monstruosités qu'ils qualifient du nom d'hybrides, comme pour marquer l'injure faite à la nature dans cette production ? N'est-ce point, parce que tout en niant les espèces, ils se sentent forcés de les admettre, en voyant que non-seulement les faits qui se passent tous les jours sous nos yeux, trop vulgaires sans doute pour suffire à nos esprits insouciants des choses communes, mais encore les faits rares et insolites prouvent la réalité, l'existence des espèces ? Car c'est un fait que l'individu produit par deux espèces est le plus souvent impuissant à se perpétuer ; c'est un fait que ces produits, lorsqu'ils sont féconds, ne le sont que pour un temps très-court, et qu'ils ne tardent pas à remonter à l'un des types originels ; et c'est encore un fait que ces accouplements n'ont jamais lieu qu'entre espèces voisines, à l'état de domesticité et par contrainte ; et l'on n'a jamais pu prouver qu'il en résultât de nouvelles espèces. Les faits bien rares que l'on apporte pour l'établir, ne prouvent, à notre avis, rien autre chose sinon que l'on avait regardé comme appartenant à deux espèces distinctes des individus qui appartenaient réellement à la même espèce puisqu'ils pouvaient la perpétuer.

Albert le Grand définissait l'espèce : la réunion des individus qui procèdent les uns des autres ; et Linné : la perpétuelle succession des individus qui naissent de la génération continue. Kant s'est aussi occupé de spécification, dans le but de déterminer s'il y avait ou non plusieurs espèces humaines ; or, suivant lui, l'espèce ne peut être que ce qui est transmis par la génération. Ces vues profondes sont confirmées par les faits les plus positifs et les plus généraux. Les organes reproducteurs sont harmoniques dans chaque espèce. Il existe un rapport intime dans leur structure, leur position et leur disposition. Ils diffèrent en passant d'une espèce à l'autre, au point que les accouplements ne sont possibles qu'entre espèces de même genre ou de genres voisins. Le produit de la génération varie aussi suivant les espèces ; par exemple, l'œuf est plus ou moins gros, et nécessite par conséquent des oviductes plus ou moins dilatés pour son passage. Le temps de son développement est plus ou moins long, suivant les espèces, non-seulement dans des genres différents, mais encore dans le même genre ; ainsi, dans le genre *canis*, la durée de la gestation est de cinq mois pour le renard et pour le loup, elle n'est que de deux mois un quart pour le chien. Le temps de la fécondation est aussi différent pour chaque espèce, et hors de ce temps, les organes sont comme engourdis et ne produisent plus. Les produits doivent donc être mûrs à la même époque, et demandent, par conséquent, dans les deux individus, une organisation, des mœurs et des habitudes profondément semblables et les mêmes. Enfin, deux faits non moins décisifs, c'est que les produits d'une espèce sont seuls propres à la perpétuer avec toutes ses mêmes qualités et propriétés ; et que, dans l'état de liberté, deux espèces ne s'accouplent jamais ensemble, quelque voisines qu'elles soient. Dans les animaux qui ont l'hermaphroditisme suffisant, ou les deux parties essentielles à la perpétuité, à la stabilité de l'animal sur un même individu, l'espèce est constituée par un seul individu ; mais dans la plupart des animaux, qui portent les deux sexes sur deux individus, l'espèce consiste dans deux individus qui ne peuvent se perpétuer l'un sans l'autre.

Ceux qui nient la fixité et la réalité des espèces, cherchent à en faire reposer les caractères différentiels sur des qualités telles que la grandeur, la couleur, les dimensions des parties ; etc., en sorte que ces qualités qui, selon eux, font l'espèce, venant à disparaître, l'espèce pour eux change et se modifie ; d'où ils concluent que les espèces n'étant point fixes, il n'y a réellement que des individus qui ne tiennent les uns aux autres par aucun lien indissoluble ; partant il n'y a point de lois permanentes, ni de principes à l'aide desquels on puisse constituer la science de l'organisation et remonter à la prévision ; car la négation de l'espèce entraîne celle de la science.

Mais la négation de l'espèce est appuyée sur de mauvaises raisons, ou, ce qui revient au même, les caractères qu'on assigne à l'espèce ne sont pas des caractères d'espèce. La grandeur ou la taille n'est pas un caractère de l'espèce, elle dépend des circonstances plus ou moins favorables au développement de l'individu. Tout le monde accepte que le chien domestique forme une seule espèce, et le chien domestique renferme toutes les variétés de taille, depuis le chien manchon jusqu'au chien de Terre-Neuve. L'espèce cheval offre également toutes ces différences de grandeur ; elles se rencontrent à tous les degrés de la série animale. Les dimensions des parties dépendent de la taille, elles ne prouvent donc rien de plus qu'elle. Il en est autrement de la proportion de certaines parties les unes par rapport aux autres ; mais le nombre des parties n'est pas un caractère de l'espèce. On remarque quelquefois, par exemple, une vertèbre de plus dans certains squelettes d'hommes blancs que dans d'autres squelettes d'hommes de même couleur et de la même nation. Ce fait, ou d'autres analogues, se retrouve dans des animaux que tout le monde regarde comme étant de même espèce. La couleur n'est pas un caractère de l'espèce : depuis le chimpanzé jusqu'au genre *felis* elle est assez fixe, mais à partir du genre *canis*, surtout dans les animaux domestiques, elle offre toutes les nuances. Cependant le système de coloration, c'est-à-dire la disposition fixe des diverses couleurs dans les individus d'une même espèce, forme un caractère de l'espèce.

La taille, les dimensions, le nombre des parties, la couleur peuvent servir à caractériser les variétés de l'espèce et non l'espèce elle-même ; ces variétés prouvent l'élasticité des espèces, et l'élasticité des espèces contribue beaucoup à leur perpétuité. Mais le *laxum* de ce développement plus ou moins grand des propriétés, des qualités de l'espèce a ses *maxima* et ses *minima*, ses points extrêmes déterminés par les circonstances soit de nourriture, soit de climat, soit d'habitation, soit de domesticité, soit d'habitude de travail ou de repos, etc., et il ne peut être dépassé sans que l'animal périsse, c'est-à-dire que si vous changez *trop fortement* ou *trop brusquement* les milieux et les circonstances, au lieu d'obtenir une variété nouvelle ou une transformation de l'espèce, vous perdez l'animal. On remarque aussi que le *laxum* des variations est infiniment moins étendu pour les animaux libres, sauvages, que pour les animaux domestiques. Ainsi, les faits que l'on tourne souvent en objection contre la réalité et la fixité de l'espèce, viennent au contraire la démontrer.

Réalité de l'espèce végétale. — Le caractère essentiel du végétal et sa fonction la plus élevée, c'est la reproduction. La plus grande partie des végétaux (les polycotylédonés et les monocotylédonés) se reproduisent non-seulement par des bourgeons, des pousses ou boutures qui naissent sur les branches, les troncs ou les racines, mais encore par des graines et des organes spéciaux, visibles et au nombre de deux, l'organe femelle ou le pistil, et l'organe mâle ou l'étamine. Dans les fougères, les lycopodiacées, les mousses, etc., les organes floraux ne sont pas visibles, mais leur produit ou la graine est pourtant observable, et prouve que la puissance de reproduction y existe ; cependant, dans ces familles, les corps reproducteurs ou sporules peuvent être et ont été considérés comme de vraies bulbilles et, par conséquent, comme un prolongement de l'adulte. Enfin, les végétaux inférieurs ne sont plus que du tissu utriculaire, et chez eux le produit de la génération n'est plus que la continuation de l'adulte. Il y a donc dans toutes les plantes une puissance réelle de reproduction. Que cette fonction soit le résultat d'organes apparents ou non, elle n'entraîne pas moins nécessairement des modifications de tissus et d'organes diverses, et plus ou moins limitées, suivant les différentes espèces et la complication de leur organisation ; et de quelque manière que la reproduction ait lieu, l'être produit est toujours semblable à l'être reproducteur dans toutes les parties essentielles.

Cependant, il arrive accidentellement que la substance fécondante d'un végétal, étant mise en contact avec l'organe femelle d'un autre végétal d'espèce différente, il en résulte un troisième individu qui n'est complétement semblable ni à l'un ni à l'autre des deux individus producteurs, mais aussi qui n'est propre ni à les perpétuer ni à se perpétuer lui-même, sinon artificiellement, et qui, par conséquent, est une véritable anomalie, confirmant la règle au lieu de l'infirmer. Il rentre dans l'espèce, lorsqu'on emploie la graine pour le multiplier, et ce fait est général : les quelques exceptions qu'on pourrait y apporter ne sont ni assez claires, ni assez démontrées pour être acceptées par la science. Il faut donc conclure que l'espèce végétale est une réalité constante.

Les plantes qui se reproduisent sans interruption, quelque soit le mode, sont ce qu'on nomme une espèce. Pour comprendre tous les faits et tous les modes, l'espèce peut donc être définie en botanique : la série des individus se reproduisant sans altération essentielle par une génération successive, soit par continuation de tissus, soit par des organes propres. Cela posé, l'espèce est évidemment une réalité existante dans la nature, et invariable quant à ses caractères essentiels, mais variable dans ses caractères accessoires; ainsi, une plante couverte de poils sur une montagne aride, transportée dans une terre cultivée, y perdra bientôt ses poils et deviendra plus molle et plus grasse ; mais elle conservera le même tissu, les mêmes propriétés fondamentales, c'est une variété et non une espèce nouvelle. Les variétés s'obtiennent par le changement de climat, par la culture, par le semis, etc. Elles sont infiniment plus nombreuses dans les plantes domestiques que dans les plantes libres et sauvages.

On a prétendu que les espèces se transformaient à la longue en d'autres espèces différentes des premières ; mais d'abord, c'est gratuitement et sans aucune observation positive que cette opinion a été soutenue ; ensuite, il ne s'agit que de s'entendre dans les termes ; si des variétés obtenues par des moyens artificiels s'éloignent assez des plantes originelles pour faire méconnaître l'identité d'espèce de prime à bord, il n'en est pas moins évident pour tout le monde qu'une fougère ne produira jamais un lis, qu'un lis ne produira jamais un chêne, etc., en un mot, que des espèces éloignées l'une de l'autre ne pourront jamais se transformer, de manière à se joindre par une série de variétés découlant de l'une et de l'autre et servant à les unir. Les plantes usuelles sont de toutes les plus élastiques ; elles ont été l'objet d'une foule d'expériences auxquelles ni le temps ni l'art humain n'ont manqué, et l'on n'en a jamais rien obtenu qui ressemblât à une transformation d'espèce. Les variations des espèces, dans ce règne comme dans l'autre, sont donc limitées dans des termes qu'elles ne peuvent dépasser. La science botanique s'accorde donc avec la Genèse pour dire que les plantes forment des espèces distinctes, fixes, et propres chacune à se perpétuer dans le temps et l'espace par la reproduction.

II

CRÉATION DES ESPÈCES ANIMALES ET VÉGÉTALES.

Les végétaux possèdent les organes nécessaires à l'entretien de leur vie ; ils prennent dans les milieux qui les entourent les substances propres à les nourrir, ils les élaborent, se les assimilent et par là se développent et s'accroissent. Cependant, s'ils n'avaient eu que des organes de nutrition, ils n'auraient pas tardé à disparaître, car leur développement atteint, ils dépérissent et meurent. Il fallait donc qu'ils fussent créés avec des organes propres à les continuer par la reproduction, et tel est aussi l'ordre de choses qui existe. Mais supposer, avec Lamarck et son école et tous les panthéistes matérialistes, que cet ordre admirable est le résultat des lois de la matière, qui l'auraient établi à l'origine, c'est une thèse gratuite, opposée à la logique, à toute observation et destructive de la science. Pour dissiper ces hallucinations, il suffirait de rappeler ici la fausse notion que les panthéistes se font de la nature et de la matière (voy. ch. VIII), et d'ajouter que toutes les espèces végétales, comme les espèces animales, étant fixes, déterminées et organisées en relation intime avec les circonstances et les milieux dans lesquels elles doivent vivre, elles n'ont pas pu être produites par une cause aveugle et mécanique. Mais nous trouverons dans l'étude comparative des lois de la matière et de celles de la vie végétale une réfutation plus directe encore de l'hypothèse panthéiste.

Les lois de la matière ont des propriétés qui lui sont inhérentes; elle ne peut pas plus exister sans ces propriétés, que ces propriétés ne peuvent exister sans elle; et, tant que la matière existe, elle jouit de ses propriétés; or la terre ne produit plus de végétaux spontanément; tous les végétaux, depuis les plus élevés jusqu'aux plus simples, naissent d'autres végétaux, telle est aujourd'hui la loi; il faut donc conclure que la terre n'a jamais pu produire de végétaux, ou bien qu'elle a perdu sa propriété génératrice; mais alors c'est faire et refaire les lois de la matière à sa volonté : quand on aura besoin qu'elles soient immuables et mathématiques, on les fera immuables et mathématiques; quand, au contraire, le système s'accommodera mieux de lois variables et temporaires, on les fera variables et temporaires; c'est-à-dire, qu'il n'y aura plus de science possible. Dire que la matière brute peut produire des corps organisés, c'est dire qu'elle peut faire mieux qu'elle-même; qu'elle peut fournir ce qu'elle n'a pas. Elle est composée d'éléments divers; mais ces éléments ont beau se rapprocher et se mélanger, il n'en résulte que des masses plus ou moins confuses, ou disposées dans un certain ordre, sans que jamais ces éléments soient différents d'eux-mêmes, et il ne sort jamais de ces mélanges ni organe, ni vie. Bien plus, les substances organisées, une fois privées de vie, ne tardent pas à se décomposer et à rentrer sous l'empire de la matière inorganique; car les lois de l'affinité, auxquelles la matière est soumise, tendent sans cesse à réunir et à faire cristalliser les molécules qui se conviennent; de sorte que les dépouilles animales et végétales, telles que les coquilles des mollusques, les tests des rayonnés, les substances ligneuses des végétaux, dès qu'elles sont livrées aux lois de la matière brute, se cristallisent, et subissent l'état le plus opposé à l'organisation. Tous les phénomènes géologiques déposent de ce grand fait. C'est que la matière est, avant tout, soumise à ses lois générales : or, toutes les observations prouvent qu'aussitôt que la matière est abandonnée à elle-même, elle se cristallise. Les corps organisés sont formés de matière soustraite par les lois de la vie aux lois de la matière brute ; de sorte que le mouvement vital, l'afflux et le reflux continuel des molécules dans les tissus organisés sont un obstacle à la loi de la cristallisation, et que la vie est véritablement une lutte perpétuelle contre les lois générales de la matière. Quand l'équilibre vient à être rompu, quand les tissus organiques sont envahis par la matière brute, la loi générale reprenant tout son empire, la désorganisation et la mort arrivent. C'est ce qui est prouvé par l'abondance de substances calcaires dans les os des vieillards, des mammifères âgés ; les cellules sont remplies, la nutrition ne peut plus s'y opérer, les fractures y sont presque toujours incurables. Cela est encore plus remarquable dans les animaux inférieurs, dans le test des oursins, par exemple : plus l'animal est vieux, moins son test contient de substances animales, et dans le dernier âge, il est complétement calcaire. Dans tous les oursins fossiles, les tests sont constamment composés de cristaux spathiques, ce qui se rencontre aussi dans quelques oursins vivants. Il en est absolument de même des végétaux. L'obstruction des vaisseaux par la matière inorganique amène leur vieillesse et leur désorganisation ; les végétaux fossiles sont cristallisés, et dans la plupart il n'y a plus un seul atome de substance ligneuse. Les lois générales de la matière, loin de pouvoir produire des végétaux, tendent donc au contraire à les détruire. Et assurément si cette propriété génératrice existait dans la matière, elle devrait avoir toute son énergie sur des molécules déjà organisées pour en composer d'autres corps organisés ; mais, tout au contraire, dès que la vie a cessé, tous les éléments se désorganisent et rentrent sous l'empire des lois de la matière brute, qui sont un obstacle à l'organisation. L'hypothèse de Buffon sur les molécules organisées qui circuleraient dans l'univers est détruite par ce seul fait.

Non-seulement la matière ne peut pas créer des corps organisés, mais les éléments simples qui se rencontrent dans le végétal paraissent être son produit, et les substances végétales sont formées de toutes pièces dans ses tissus. D'habiles expérimentateurs ont semé des graines de cresson dans diverses poudres, telles que de fleur de soufre, de silice, d'oxyde de plomb, etc., corps dont on connaît bien la composition. Elles ont végété ; après en avoir réduit en cendre une assez grande quantité pour les soumettre à l'analyse, on y a trouvé les mêmes alcalis, les mêmes sels qui se trouvent dans les plantes qui végètent librement en pleine terre. Elles contenaient de l'alumine, du phosphate et du carbonate de chaux, du carbonate de magnésie, du sulfate et du carbonate de potasse, de l'oxyde de fer.

Or, ces substances n'existant ni dans l'air, ni dans les poudres qui ont servi de sol aux petites plantes, ni dans l'eau soigneusement distillée dont on s'est servi pour les arroser, il faut donc admettre qu'elles sont produites par la végétation elle-même. Mais, quoi qu'il en soit de ce fait, il est au moins certain que les substances végétales, comme les ligneux, les huiles essentielles, la séve, les gommes, etc., sont formées de toutes pièces dans les tissus végétaux ; elles ne proviennent donc pas de la matière brute, laquelle au contraire est transformée et animée par les lois et sous l'influence de la vie et de la vie seulement; et, par conséquent, il faut déjà des corps organisés vivants pour produire l'organisation et toutes les substances organiques. Puisque les substances végétales même, qui ne sont pas un végétal, ne peuvent exister que par l'action de la végétation, à plus forte raison le végétal, qui est la complication de toutes ces substances, ne saurait-il être produit spontanément par la matière et ses lois.

Sans doute, une fois les premiers végétaux admis, toutes ces difficultés disparaissent, et les phénomènes prennent leur cours. Mais en supposant la génération spontanée des premiers végétaux, on demande une chose impossible, car la production du végétal est justement le phénomène le plus élevé, la fonction la plus organique, la plus vitale de la végétation. Les végétaux se reproduisent par graine, par germe, par bouture et par la prolongation de leurs tissus, ce qui n'est qu'une véritable bouture. Mais peu importe ici le mode, c'est toujours au fond la même fonction. La bouture, la marcotte, la greffe ne sont que la séparation de sa mère d'un végétal déjà tout formé, pour le faire vivre d'une vie indépendante. Les sporules des fougères, les corps reproducteurs des mousses, des champignons, et des derniers éléments de la végétation, sont de véritables graines, ou mieux des bulbilles : or, pour produire des graines et des bulbilles, il faut des organes plus ou moins compliqués, suivant la complication du végétal lui-même. La graine n'est produite que lorsque le végétal est adulte ; elle est le résultat le plus compliqué de la végétation. Pour qu'il y ait des graines il faut donc nécessairement qu'il y ait des végétaux. La graine n'a donc pas pu être le produit des lois générales de la matière.

Cependant au lieu de faire sortir tout d'une pièce du sein de la terre des cèdres du Liban, des chênes séculaires par la seule puissance de la matière, comme Lucrèce, le principe hypothétique des matérialistes modernes, pour être logique, devait embrasser les faits, et commencer *ab ovo* ; il devait admettre un premier rudiment d'organisation, développé peu à peu sous l'influence des lois organisatrices de la matière. C'est aussi ce qu'on a fait ; on a supposé qu'une première molécule organique s'était développée dans un globule de liquide, que cette molécule en avait engendré une autre, et ainsi de suite jusqu'au végétal complet. Mais cette hypothèse est tout aussi radicalement insoutenable que celle qui admettait la production d'un végétal adulte. Car dans quel organe se développera, je ne dis pas la graine, mais l'ovule, la première utricule, la séve même qui doit la former? Mais quand cette séve, cette utricule, cet ovule existeront, comment se développeront-ils et mûriront-ils? Il n'y a pas d'enveloppe protectrice pour défendre ce tendre ovule, cette légère utricule, cette séve liquide des agents extérieurs qui vont les dessécher immédiatement; il n'y a pas de placenta pour apporter la nourriture à ce pauvre petit ovule abandonné dans l'univers aux lois de la matière, qui sont un obstacle invincible à son développement. Ce n'est pas tout; quand ce premier ovule, devenu une graine ou un végétal inférieur, une moisissure ou même une mousse, si l'on veut, aura pu échapper à toutes les circonstances destructives, comment fera-t-on sortir de là, par des transformations successives, toutes ces espèces, si diverses entre elles, et dont on compte aujourd'hui plus de quarante mille pour tous les climats, toutes les températures, tous les sols, pour la terre et les eaux? Car enfin, le végétal ne peut pas, comme l'animal, changer les lieux de son habitation, il est bien autrement esclave des circonstances de sol, de climat, etc., il ne peut pas choisir; si les circonstances et les milieux ne lui conviennent pas, il périt; et quelque grand laxum que l'on suppose dans ce besoin de milieux convenables, on ne fera jamais sortir d'une algue marine non-seulement une plante terrestre, mais même un végétal d'eau douce.

De tous ces faits nous pouvons conclure que ni le germe, ni l'ovule, ni la graine, ni le végétal adulte, ni aucune substance végétale, ne sont le résultat des lois de la matière, contre lesquelles, au contraire, l'organisation et la vie ont à lutter continuellement; que, par conséquent, il a fallu des végétaux pour produire des végétaux et des substances végétales; or les végétaux n'ont pas toujours existé sur la terre, comme le démontre la géologie; tous naissent et meurent, individus et espèces, et les premiers individus n'existant plus ont nécessairement commencé, puisqu'ils ont fini comme les autres. Il faut donc admettre une puissance intelligente, qui ayant créé la matière et ses lois générales, a créé aussi les végétaux, et les a soustraits à l'empire de ces lois pour les soumettre aux lois de la vie, qui maintiennent dans son œuvre l'équilibre contre les lois de la matière; mais les espèces végétales ne sont point sorties les unes des autres par des transformations successives, elles ont donc été créées.

Création des espèces animales. — Nous venons de voir que les lois générales de la matière, loin de pouvoir organiser des végétaux, tendent, au contraire, à détruire toute organisation, pour faire rentrer la matière dans son état plus général et plus prépondérant d'inorganisation. Cela est encore plus évident dans les animaux, parce qu'étant plus compliqués dans leur organisation, et formés d'une matière bien plus éloignée de son état natif, ils ont à lutter contre des causes de destruction plus nombreuses et plus énergiques. Il n'y a rien dans la nature qui puisse produire une substance organisée en dehors de l'organisme. Toute substance animale, depuis le calcaire des polypiaires jusqu'au système nerveux de l'animal le plus élevé, demande nécessairement un organisme préalable, dans lequel elle se forme et se développe ; toute substance animale, est avant, tout le produit de l'organisation, et c'est uniquement d'un produit organisé que naît une organisation nouvelle ; ainsi l'œuf, le germe, le fluide fécondant sont des produits animaux, de véritables sécrétions d'organes spécialement propres à les produire et sans lesquels ils ne peuvent exister. Bien plus, il ne suffit pas que l'œuf, le germe, le fluide fécondant soient produits, il faut encore, pour qu'ils puissent donner le jour à un être organisé capable de vivre, qu'ils aient acquis un certain degré de développement ou de maturité, avant de se séparer de l'être producteur. L'organisation naît donc uniquement de l'organisation, et, par conséquent, les premiers êtres organisés vivants ont dû nécessairement être créés de toutes pièces sous peine de ne pouvoir jamais exister.

Supposons cependant, contre tous les faits et toutes les lois de l'organisation, qu'un premier germe organisé ait pu, comme on l'a soutenu fort au long, se produire spontanément dans un globule de liquide. Que serait-il advenu ? Il n'y avait là aucun organe pour recevoir et protéger cette molécule organisée ; cette molécule n'avait elle-même aucun organe pour se nourrir et se développer ; elle n'était donc pas née viable. Supposons cependant encore, contre toutes les lois de la matière et celles de l'organisation, que cette molécule, ce germe primitif se développe ; ce devra être l'animal le plus inférieur possible, un infusoire, a-t-on dit. Mais d'abord, les infusoires, que l'on peut regarder sans conteste comme organisés, sont produits bien positivement par voie de génération, et, par conséquent au lieu de favoriser la thèse des générations spontanées, ils lui sont opposés ; ensuite, avec cet infusoire vous n'auriez pas le règne animal. L'infusoire donnera-t-il le jour à une éponge, par exemple, qui naît constamment d'une autre éponge ? L'éponge à son tour ne donne point naissance à un oursin, ni à tout autre rayonné ; du moins ce n'est pas ainsi que les faits se sont présentés depuis que l'on observe. Il faudrait donc admettre la production spontanée d'autant de germes divers qu'il y a d'espèces animales ou du moins de grands genres. Or, pourquoi pousserions-nous plus loin les suppositions absurdes, lorsque déjà les faits nous débordent? Ni les mollusques, ni les articulés, ni les poissons, ni les amphibiens, ni les reptiles, ni les oiseaux, ni les mammifères ne surgissent du matin au soir du limon de la terre échauffé par les rayons du soleil.

Nous pourrions donc nous arrêter ici, mais la thèse panthéiste a des soutenants, et il importe d'autant plus de la détruire radicalement, qu'entre elle et celle de la Genèse il n'y a pas de milieu possible. Or, l'hypothèse de la transformation des espèces est réfutée par toute la science zoologique, et la géologie elle-même nous fournira contre elle une démonstration qui aura le mérite de l'imprévu et de la nouveauté.

Preuves zoologiques. Le panthéisme moderne avait à sa disposition les progrès des sciences physiques et chimiques inconnues à l'Inde et à la Grèce; aussi s'est-il perfectionné, et, au lieu de faire tout sortir de l'homme, comme le philosophe Kapila, ou de la terre, comme Épicure et Lucrèce, il fait naître d'une monade produite par le mouvement dans un globule de liquide le type primitif de chaque grand groupe d'animaux. Il y a un type pour les animaux inférieurs ou zoophytes, un type pour les mollusques, un type pour les articulés, un type pour les vertébrés. Ce type primitif a des penchants et des besoins à satisfaire, mais il lui faut pour cela des organes. Il agit dans cette direction, et, à la longue, l'usage des rudiments d'organes qu'il possède déjà, développe en lui des organes parfaits: mais les penchants et les besoins croissant toujours, nécessitent le développement de nouveaux organes, et c'est ainsi que le dernier des mollusques acéphalés devient, par un accroissement successif, un poulpe; le dernier des vers articulés un coléoptère; le dernier des poissons le mammifère le plus élevé, et enfin l'homme. C'est le système de Lamarck; l'auteur ne décide pas si la nature n'a point commencé la série végétale par deux ou trois types. Il n'a pourtant pas pu échapper à la nécessité d'un Dieu, mais ce Dieu n'est admis que comme créateur, puis il devient inutile. Cependant, sans une intelligence créatrice et ordonnatrice tout à la fois, il n'y a plus de finalité. L'animal et le végétal ne peuvent plus être un ensemble d'organes limités, définis sous une forme définie, pour agir dans des circonstances définies, d'une manière aussi définie; partant il n'y a plus d'espèces possibles, il n'y a que des individus, ou, plus rigoureusement encore, un seul individu, développant successivement en lui, selon ses penchants et ses besoins, tous les organes contenus en germe dans le type primitif, thèse qui se traduit dans la science par l'unité de plan et de composition au moins pour chaque grand type. Le panthéisme allemand, sorti de l'idéalisme par Kant et Fichte, et modifié par Schelling, Gœthe et Oken, n'admet qu'un seul être renfermant tout en lui-même. En prenant le premier des mammifères, par exemple, on devra y trouver tout ce qu'il y a dans les mammifères inférieurs, et dans chaque individu animal chacune des parties devra représenter le tout. *Tout est dans tout*, tel est le résumé de cette doctrine. Gœthe s'était chargé de l'introduire dans les sciences naturelles ; Oken vint en tirer les conséquences logiques : « la nature doit être regardée comme un seul être vivant dont toutes les parties sont les organes; un animal supérieur doit renfermer tout ce qui se trouve dans les animaux inférieurs; le règne animal n'a pu se compléter que par le développement successif des organes que possédait l'animal type à son point de départ. » C'est aussi ce que veut Lamarck, mais pour les Allemands, ce développement s'opère par les seuls milieux ambiants, tandis que Lamarck y joignait comme cause les penchants, les besoins et les désirs.

Il résulte de cet aperçu que toutes les formes du panthéisme sont les mêmes au fond ; elles viennent toutes se résumer, au point de vue de la science, dans cette thèse unique : « il y a unité de plan et de composition dans le règne animal; dans chaque animal, chacune des parties représente le tout, et chaque animal est la représentation de tout le règne animal, puisque dans chaque animal on peut retrouver toutes les mêmes parties qui sont dans les autres; par conséquent, il n'existe point d'espèces, mais seulement des individus, tous sortis d'un seul type primitif, plan unique de tous les animaux et de toute la série animale. Tous les animaux n'étant qu'un seul être par leur composition et leur plan, ils doivent être considérés comme des parties ou des organes de l'être unique, l'univers. »

Pour bien comprendre la thèse de l'unité de composition, il faut se rappeler que les corps simples, combinés entre eux, forment des corps composés organiques qu'on appelle principes immédiats ; les principes immédiats forment des tissus; les tissus, en se réunissant plusieurs ensemble d'une manière déterminée, forment des organes; les organes, réunis plusieurs ensemble pour exécuter une fonction, forment les appareils; et la réunion d'un certain nombre d'appareils, affectant une forme déterminée, propre à se maintenir par les fonctions des organes et à se perpétuer, est ce qu'on appelle un être organisé vivant, tel ou tel animal. De sorte que si nous arrivons à constater que le nombre des principes élémentaires et celui de leurs combinaisons ou principes immédiats est le même dans tous les animaux; que la structure et le nombre des tissus, des organes, des fonctions, des appareils sont partout les mêmes, et qu'il en est ainsi de la forme générale et du plan, alors nous serons obligés d'admettre que l'unité de composition et de plan existe dans le règne animal; mais si le contraire a lieu dans tous les points, il sera rigoureusement démontré que cette unité de forme et de composition n'existe pas; que, par conséquent, les êtres ne sont pas sortis les uns des autres par transformations successives, mais qu'ils ont tous été créés spécifiquement.

L'UNITÉ DE COMPOSITION N'EXISTE:

1º Ni dans le nombre des corps élémentaires.

Or, la chimie organique prouve que le nombre des corps simples n'est pas le même dans tous les animaux. Pour n'en citer qu'un exemple, l'iode existe dans les éponges et ne se retrouve plus hors de ce groupe. D'ailleurs, s'il fallait reconnaître l'unité de composition pour tous les êtres où l'on rencontre la présence des mêmes éléments, elle existerait pour certains animaux et certains végétaux, tandis qu'elle n'existerait pas pour les autres; car il y a des corps élémentaires qui sont communs à des animaux et à des plantes et qui manquent dans d'autres animaux et dans d'autres plantes; l'unité de composition animale n'est donc pas soutenable pour les corps élémentaires.

2º Ni dans le nombre des principes immédiats.

La considération des principes immédiats est beaucoup plus importante; c'est par eux que sont formés de nouveaux corps jouissant de propriétés et de formes particulières. Mais un grand nombre de principes immédiats sont propres à certaines espèces et varient même quelquefois d'une espèce voisine à l'autre, dans la même classe, et à plus forte raison dans les classes d'un même type. La fibrine, principe immédiat des muscles, existe dans tous les animaux qui ont des muscles; mais dans tous ceux qui n'en ont plus et qui sont réduits au tissu cellulaire, il serait impossible de la trouver. L'huile particulière que sécrètent les glandes du croupion des oiseaux n'appartient qu'à cette classe d'animaux. Le lait avec lequel les mammifères nourrissent leurs petits n'appartient point aux autres classes. Le mucus qui protège la peau des amphibiens n'est pas un produit analogue aux scutelles des reptiles qui remplissent la même fin.

Le virus des reptiles venimeux n'est pas commun à tous les reptiles. Le musc et la civette ne se rencontrent que dans un petit nombre de mammifères, etc. Mais pourquoi dans les animaux supérieurs tant de principes immédiats divers, dont les germes mêmes n'existent pas dans les inférieurs? Admit-on la transformation successive des espèces, encore faudrait-il rendre raison de la formation et de la présence de ces principes, sans éléments préalables, et c'est ce que ne fera jamais l'unité de composition, tandis qu'en reconnaissant un ordre et un but dans la création, la finalité de chaque espèce, et, dans chaque espèce, la finalité de ses organes et de leur structure nous donne la raison de l'existence de ces produits.

3° Ni dans la structure intime et le nombre des tissus.

La structure anatomique n'est pas plus favorable à l'unité de composition. Les tissus ont dans les différents organes une structure et une composition toutes différentes. Plusieurs tissus sont absents dans une foule d'animaux; le tissu nerveux, ni même le tissu musculaire ne peuvent être démontrés dans les hydres, ni dans la plupart des polypiaires, ni surtout dans les éponges. Le tissu osseux n'existe que dans les vertébrés. Le tissu musculaire même, dans les animaux qui le possèdent, suffit pour renverser la thèse. Un grand nombre de ses parties, comme le peaussier, les muscles des membres, etc., manquent à plusieurs animaux.

4° Ni dans le nombre des organes de l'appareil sensorial.

Trouverons-nous chez les animaux le même nombre d'organes, différant seulement sous le rapport du degré de développement, pouvant s'étendre au *maximum* dans les uns et descendre au *minimum* dans les autres? Pour l'appareil sensorial, le règne animal nous offre les organes des cinq sens; ceux de l'odorat, de l'ouïe et de la vue entraînent toujours et nécessairement la présence d'une tête; vainement donc les chercherions-nous dans les animaux acéphalés; il y a donc ici absence complète de plusieurs organes. Ceux qui peuvent être démontrés dans le même appareil, chez les articulés, y sont composés d'après un plan typique qui ne reparaît plus au delà; leur tête n'étant point mobile en plusieurs sens, les yeux sont multiples et disposés de manière à permettre à l'animal une vue assez étendue pour ses besoins.

5° Ni dans le nombre de leurs parties.

Nous arriverions à des résultats analogues en parcourant successivement tous les organes des sens. Nous verrions que les parties de ces organes ne sont pas partout en même nombre. L'œil des oiseaux est beaucoup plus complexe que celui des mammifères; il y a des parties de perfectionnement, comme le peigne et la paupière clignotante, qui manquent à ceux-ci, quoique supérieurs à une foule d'égards. La composition ne va donc pas en s'accroissant sous tout rapport à mesure que l'on s'élève. — Les poissons n'ont absolument que l'oreille interne; les cétacés n'ont point de conque; le cadre du tympan n'existe même pas chez les dauphins. Ainsi dans la même classe d'animaux, les mammifères, il y a absence de plusieurs parties. Si la thèse d'accroissement successif d'un type était vraie, les sens de l'homme devraient être les plus parfaits; cependant l'homme à cet égard, est inférieur à beaucoup d'animaux.

6° Ni dans le nombre des parties de l'appareil locomoteur.

Dans l'appareil locomoteur nous devons une attention particulière à l'ostéologie, parce qu'elle a été choisie pour argument principal de la thèse panthéiste, thèse que Gœthe a formulée en disant que le *total d'un animal est un budget fixe que la nature ne peut dépasser.* Or la vérité est que le nombre des pièces du squelette varie même dans les espèces souvent les plus voisines, et quelquefois aussi dans la même espèce, et qu'on trouve moins encore là qu'ailleurs l'unité de composition. Dans tout squelette, il faut considérer le tronc et les membres; dans le tronc, la colonne vertébrale, les pièces du sternum ou les sternèbres, les appendices maxillaires, les côtes et les cornes cartilagineuses du sternum. Voyons seulement, pour abréger, quelques-unes de ces parties.

La colonne vertébrale se compose d'un certain nombre de vertèbres; une vertèbre complète se compose elle-même d'un corps de deux arcs osseux et d'apophyses diverses. Les vertèbres existent complètes dans les poissons et les reptiles, jamais dans les oiseaux; elles reparaissent dans la queue des mammifères cétacés, et se continuent dans un grand nombre d'animaux de cette classe jusque dans les singes, mais les singes élevés, pas plus que l'homme, n'ont jamais d'os en V et par conséquent jamais de vertèbres complètes.

Non-seulement les parties des vertèbres, mais le nombre même varie considérablement. Les vertèbres dorsales, lombaires, sacrées et coccygiennes sont si variables, qu'on ne peut presque pas tenir compte des coccygiennes d'un individu à l'autre. Les cervicales étant fixes, et les coccygiennes trop variables pour ne pas appuyer évidemment notre thèse, comparons seulement les dorsales et les lombaires. Dans l'homme, le total est de 17 ; dans un grand nombre de quadrumanes élevés, comme les semnopythèques et les guenons, le total est de 19 ; dans l'ours, il y en a 20, 14 dorsales et 6 lombaires; dans les félis le nombre est le plus souvent de 20, mais ici les lombaires sont en plus, il y en a 7, tandis que dans l'hyène, où le total 20 existe également, les dorsales sont au nombre de 15 ou 16 ; dans un éléphant d'Afrique, le nombre est de 23, (20 dorsales) ; dans le rhinocéros, il est le plus souvent de 22 (19 dorsales) ; dans le tapir, de 23 à 24 (18 dorsales et 5 ou 6 lombaires); dans un hippopotame, de 19 (15 dorsales et 4 lombaires), et pourtant cet animal est aussi du groupe des pachydermes. Le nombre des vertèbres les plus fixes varie donc d'un groupe à l'autre et dans le même groupe. Nous ne nous arrêtons pas à comparer les caudales, dont le nombre est si variable. Ainsi, dans le même ordre, celui des singes, il y a des espèces sans queue, et d'autres qui ont des queues énormes. Dans l'ordre des cheiroptères, les premières espèces n'ont point de queue et les dernières en ont de plus ou moins développées. Dans la classe des amphibiens, les batraciens sont sans queue et les salamandres en ont une très-longue, et ces deux groupes sont voisins.

La plus grande mobilité a lieu dans les vertèbres des mammifères en allant à la queue; dans les oiseaux, au contraire, c'est le cou qui offre le plus grand développement et la plus grande variation, puisqu'il présente de 12 à 23 vertèbres cervicales. Dans les reptiles et les poissons, il existe un bien plus grand nombre de vertèbres caudales que dans tous les autres vertébrés ; et dans les poissons même où l'on ne trouve le plus souvent qu'une seule cervicale, le total dépasse énormément celui des mammifères. Ainsi, les parties variables changent pour chaque classe: c'est la queue dans les mammifères, le cou dans les oiseaux, l'un et l'autre dans les poissons. L'unité de composition n'existe donc pas dans la colonne vertébrale ; nous ne la trouverions pas mieux dans la série des sternèbres. Le nombre des sternèbres est de 9 dans les ours, les chiens et les tapirs ; de 10 dans les tigres et les lions; de 5 à 6 dans les éléphants ; de 8 dans les hippopotames, etc. Dans les oiseaux, le sternum est soudé en une seule pièce, il disparaît dans la plupart des reptiles et il n'y en a plus de trace dans les poissons.

7° Ni dans le nombre des organes des autres appareils, ni dans le nombre des appareils eux-mêmes et dans celui de leurs fonctions.

Nous n'avons pas besoin de parler des appendices maxillaires, ni des dents qui y sont implantées, évidemment il y aurait là trop à dire. Les membres nous fourniraient encore les mêmes faits ; le nombre des pièces de l'appareil locomoteur et celui des parties de ces pièces n'est donc pas le même pour tous les squelettes. Les appareils digestif, respiratoire, circulatoire, etc., nous donneraient absolument les mêmes résultats. Nous verrions qu'il est impossible de trouver dans chaque appareil le même nombre d'organes, et dans les organes toutes les mêmes parties et les mêmes tissus ; que beaucoup d'appareils même disparaissent dans les animaux inférieurs et que, par conséquent, il n'y a unité de compositon ni pour les organes ni pour les appareils. Enfin l'unité de composition n'existe pas non plus pour les fonctions, puisqu'elles se déduisent des appareils.

Ainsi, il y a variation, dans le nombre des éléments simples et dans celui de leurs combinaisons, non-seulement pour chaque type, mais souvent encore pour chaque classe et chaque ordre ; variation dans la structure, le nombre, les propriétés et, par conséquent, la composition intime des tissus ; variation dans le même organe pris à différents degrés de la série, dans le nombre des organes et dans celui des appareils et des fonctions. Ces faits sont vrais de tous les tissus, de tous les organes, de tous les appareils, de toutes les fonctions. Il est donc bien démontré que l'unité de composition n'existe pas dans le règne animal. Mais on a pu se rejeter sur l'unité de forme et de plan ; voyons donc si la forme d'abord prouve l'hypothèse des panthéistes.

L'UNITÉ DE FORME N'EXISTE :

1° Ni pour les trois grandes divisions du règne, ni pour les grands types.

Les principes simples et immédiats, les tissus, les organes et les appareils, combinés pour constituer l'organisme animal, se présentent à nous sous des formes diverses, mais déterminées, constantes et toujours les mêmes, sans quoi la science serait impossible. Or, retrouvons-nous là une génération successive de formes qui conduisent de l'une à l'autre ?

Le règne animal nous fournit trois grands types de formes générales, l'amorphe, la rayonnée et la forme paire. La forme géométriquement indéterminable, que pour cela on appelle amorphe, et qui est celle des éponges, est sphérique, à l'origine, dans les oscules de ces animaux; l'agrégation la déforme. La géométrie peut faire découler sans doute la forme rayonnée de cette forme sphérique ; mais au delà, elle n'a pas de principes pour faire naître la forme d'un ver de terre, par exemple, de celle d'une étoile de mer ou d'une hydre, bien que la distance ne soit pas encore très-grande entre ces animaux considérés dans les fonctions et les actes. Que sera-ce donc si on arrive à un reptile, à un oiseau, à un mammifère ? Quelle analogie de forme, à moins de tout confondre, pourra-t-on y démontrer?

2° Ni pour les sous-divisions du même type.

Mais sous le même type de forme générale, dans les mollusques, par exemple, comment la forme d'une huître, qui a assez d'analogie pour être rapprochée des rayonnés et pas assez pour leur appartenir, engendre-t-elle un mollusque univalve où la tête est distincte, armée de tentacules, etc., tandis que l'huître n'a plus de tête et possède une coquille à deux valves? Comment ces deux valves se sont-elles modifiées pour n'en former plus qu'une? Il est vrai qu'on a pu, quoique bien à tort, considérer l'opercule comme une valve ; mais dans ceux qui n'ont point d'opercule, où est l'autre valve ? Les plus élevés des mollusques, comme les sèches, les poulpes, appartiennent à la forme générale paire et au même type d'organisation que les huîtres; cependant, que l'on cherche à déduire leur forme détaillée de celle de l'huître, et l'on verra quelle difficulté on aura à ramener un animal à tête et à tronc distincts, à tentacules servant à la locomotion, à organes des sens déterminant la forme de la tête, à la forme d'un animal sans tête, sans organes des sens spéciaux, et sans autre instrument de locomotion qu'un tissu contractile et un seul muscle transverse qui se borne à fermer les valves ! L'eau est pourtant le séjour commun de ces animaux; comment, si les milieux déterminent les formes, peut-il y avoir une différence totale entre des êtres qui habitent le même milieu ? Mais que serait-ce s'il fallait déduire de la forme d'une huître celle bien plus complexe d'un articulé, et d'un ostéozoaire ?

3° Ni pour les genres et les espèces.

Ce n'est pas seulement dans les types et dans leurs grandes divisions que la forme est si distincte et si différente. Elle l'est même dans les genres et dans les espèces, et le simple bon sens du vulgaire ne s'y trompe jamais. Qui pourrait confondre le genre tapir avec le genre éléphant ou celui-ci avec le genre cheval? Le premier enfant qui a vu les espèces du genre cheval, ne confondra jamais l'âne avec le cheval proprement dit; les allures du dernier, qui tiennent à sa forme, les oreilles du premier, qui sont dans le même cas, la queue différente dans l'un et dans l'autre par le nombre, le port et la disposition des crins; et mieux que tout cela, le simple aspect, sans remarque d'aucun caractère spécial, ne lui permettra jamais d'erreur dans son jugement. Cette forme est si inhérente à chaque espèce que le mulet du cheval et de l'âne tient de la forme des deux. Il n'y a donc pas unité de forme, et dès lors nous pouvons déjà dire aussi qu'il n'y a pas unité de plan; car la forme n'est, en définitive, que le résultat de l'arrangement des diverses parties du plan, elle en traduit l'harmonie, elle n'en est que l'ensemble.

L'UNITÉ DE PLAN

N'existe pas dans le règne animal.

Le règne animal nous offre à considérer autant de plans généraux que de formes générales, et dans ces plans autant de modifications que dans ces formes; comme il y a trois formes générales distinctes qui se sous-divisent ensuite en cinq grands types, il y a donc aussi trois grands plans généraux : le premier, dans lequel le corps et ses parties sont partagés en deux côtés égaux et par paires similaires le long d'un plan longitudinal; le second, où ces parties se disposent radiairement autour d'un centre pris dans le corps lui-même devenu circulaire; et enfin le troisième, dans lequel le plan pas plus que la forme ne peut être défini à défaut de régularité. Or, il est géométriquement impossible de démontrer qu'un plan longitudinal plusieurs fois rétréci et dilaté dans sa longueur, et portant des appendices divers et des formes variables dérive d'un cercle, pas plus que le cercle de ce même plan longitudinal.

L'unité de plan n'existe donc pas plus que l'unité de forme, pas plus que l'unité de composition, et comme nous l'avons fait pour la composition et la forme, nous pourrions suivre tout aussi bien la démonstration jusque dans les grands types. L'anatomie comparée et la zoologie démontrent en effet qu'il y a cinq plans généraux différents, comme il y a cinq grands types d'organisation, les animaux irréguliers, les rayonnés, les mollusques, les articulés et les vertébrés. Mais dans chaque grand plan, qui est un pour tout un type, il existe des modifications et des variétés harmoniques pour des fins diverses suivant les groupes et les espèces. Une fois la diversité des grands plans typiques démontrée, ces modifications harmoniques viennent constater qu'entre les espèces de chaque grand plan, bien qu'il y ait unité fondamentale de plan, il n'y a pourtant pas identité ou unité rigoureuse mais variété, à cause de la différence dans le nombre et la subdivision des parties pour un but et des usages divers, et par conséquent loin d'être un argument favorable à l'unité de plan, elles confirmeront notre thèse qui lui est opposée.

L'UNITÉ ABSOLUE DE PLAN N'EXISTE :

1° Ni pour les groupes d'une même classe.

Si l'on se rappelle ce que tout le monde juge de la forme, on comprendra qu'elle nous suffit; car la forme domine la matière et la domine tellement qu'en toutes choses nous ne saisissons et ne pouvons jamais saisir que la forme, sans qu'il nous soit donné de pénétrer dans la substance intime. Il y a donc autant de diversités et de variétés de plans qu'il y a de diversités et de variétés de formes, puisque la forme traduit le plan, est le plan lui-même; cependant comme nous devons nous attacher à rendre les faits palpables, en quelque sorte, nous choisirons deux exemples pour démontrer la variété de plan dans chaque groupe non-seulement d'un même type, mais d'une même classe; ainsi les carnassiers et les ruminants.

Dans ces deux groupes, les mœurs et le genre de vie sont bien tranchés et totalement différents, et si l'organisme est l'instrument des mœurs et de la vie, s'il y a harmonie entre eux et lui, ici les deux organismes doivent être divers. En effet, les ruminants se nourrissent d'herbes abondantes; ils sont timides et n'ont point ou presque point de défense, la fuite et la retraite sont leur salut. Il fallait pour leur conservation que l'organisme répondît à toutes les exigences de leur position. Or, ils ont un système digestif qui leur est uniquement propre, qui leur permet de prendre à la hâte une grande quantité de nourriture pour aller ensuite la digérer à l'aise dans la retraite. Le système dentaire est en rapport avec le système digestif, il est propre à broyer l'herbe et à la moudre. Les papilles de la langue plus nombreuses et plus prononcées que dans les carnassiers, permettent à l'animal de saisir l'herbe comme par poignée. Tous les organes sécréteurs digestifs sont développés en proportion du travail exigé pour transformer la substance végétale en substance animale. Le sens de l'ouïe est fait pour servir leur timidité; et les membres par la modification des pièces, un humérus et un fémur très-courts, des avant-bras et des jambes plus longs et d'une seule pièce, la réduction des os nombreux du métacarpe et du métatarse en un seul levier plus long, les phalanges des doigts plus fortes et ces doigts moins nombreux n'appuyant sur le sol que par l'extrémité, et donnant ainsi de l'élongation au membre, qui n'est qu'une suite de ressorts tendus et de leviers vigoureux; les muscles devenus moins nombreux et d'autant plus gros, plus forts et plus infatigables, viennent merveilleusement favoriser leur fuite, en obéissant aux avis de l'oreille, et s'harmoniser ainsi avec les propriétés de leur estomac.

Dans les carnassiers, au contraire, destinés à se nourrir de chair, l'estomac a beaucoup perdu de sa complication; ce n'est évidemment plus le même plan identique, il n'y a plus que la partie digestive essentielle; le canal intestinal est beaucoup plus court et moins compliqué. Mais le système dentaire a dû être modifié en conséquence, il a dû acquérir en nombre, en force, en acuité ce que l'estomac a perdu en complication. Les organes sécréteurs ayant moins de travail ont diminué en proportion; l'oreille n'ayant plus à recueillir les cris de l'ennemi, n'est plus ni aussi mobile ni aussi développée dans sa conque; l'odorat qui devait montrer la trace de la proie, s'est au contraire perfectionné. Les membres et surtout leurs extrémités ont dû venir au secours du système digestif pour aider à saisir et à préparer la proie; les mouvements en divers sens sont plus nombreux, les doigts et les muscles plus séparés; ils peuvent saisir et déchirer. Lâches et cruels, la ruse plus que la force devait servir leur instinct; tout leur corps est modifié pour se tapir, s'allonger au besoin, s'arquer sur lui-même et se détendre pour sauter sur la proie. Leurs membres ne sont point faits pour la course, ce n'est que par sauts et par bonds qu'ils poursuivent et atteignent; aussi leurs proportions, le nombre et la forme des parties sont-elles aussi différentes de celles des ruminants que le reste.

2º Ni pour les espèces d'un même groupe.

Il y a donc variété de plan pour chaque groupe; elle existe même pour chaque espèce. Si elle est moins frappante pour les espèces voisines, elle l'est pourtant assez pour fournir des caractères propres à les distinguer et à ne pas permettre de les confondre non-seulement aux hommes, mais même aux animaux. Un cheval, par exemple, ne confondra jamais un chien avec un loup, deux espèces voisines. Mais qui pourrait confondre une marte avec une loutre qui n'est cependant qu'une marte aquatique? Qui confondrait la musaraigne du Cap modifiée pour sauter comme les sauterelles dont elle se nourrit, avec la musaraigne aquatique dont la queue est une rame et les pieds sont palmés, et ces deux espèces, avec notre petite musaraigne, si différente dans ses proportions? Si toutes les parties de l'organisme ne révèlent pas toujours cette variété harmonique de plan dans toutes les espèces, la génération la démontre assez. Les organes reproducteurs sont faits dans le mâle et la femelle les uns pour les autres et ils entraînent avec eux des modifications propres à chaque espèce, soit dans les proportions, soit dans les organes en plus, comme les glandes des muscs, des civettes, etc. En outre, d'après cette loi, que les tissus divers forment des produits divers, nous sommes amenés encore à conclure pour chaque espèce des tissus générateurs diversement modifiés, et il faut bien qu'il y ait un plan constant pour chaque espèce, puisque la forme, la ressemblance sont constantes et se transmettent d'une manière constante. Il y a d'ailleurs d'autres faits de détails pour des appareils de la première importance ; ainsi, le squelette offre tellement des caractères spéciaux que c'est à son aide que l'on parvient à reconnaître et à déterminer les espèces fossiles ; or le système musculaire suit rigoureusement le système osseux dans son développement comme dans sa dégradation et ses proportions ; voilà donc le premier appareil animal, pour ainsi dire, révélant un plan spécial pour l'espèce. On pourrait le démontrer également pour les organes, mais il faudrait entrer dans des détails d'anatomie qui deviendraient fastidieux. J'aurais bien volontiers épargné au lecteur ceux qui précèdent, si la nature de ce travail et la rigueur que je dois constamment chercher à donner à mes conclusions, ne m'avaient forcé d'aller jusqu'aux faits, au lieu de m'arrêter simplement aux résultats.

Nous avons vu, en commençant, l'école de Lamarck et les panthéistes allemands donner pour causes de la transformation des espèces, les uns la diversité des milieux, les autres les penchants, les besoins et les désirs des animaux ; mais tous partent de cette supposition que chaque animal renferme au moins à l'état rudimentaire tout ce qui se trouve dans tous les autres animaux, ou du moins, selon Lamarck, dans tous les animaux de son type. Mais nous avons vu aussi que, dans le même type, toutes les espèces n'ont ni le même nombre de principes simples et immédiats, ni le même nombre d'organes, etc., et que les transformations successives sont impossibles. Un mollusque qui n'a point de tête, aura beau varier les circonstances, jamais il n'aura une tête ; un mollusque et un articulé, quel que soit le changement des milieux et des circonstances influentes, n'auront jamais un squelette ; bien plus, jamais un canard ne deviendra un gallinacé, ni celui-ci, un oiseau de proie. D'ailleurs, l'animal vient au monde tout formé ; il s'est développé dans l'œuf, intérieurement ou extérieurement à sa mère, pour les circonstances et les milieux dans lesquels il est appelé à vivre ; quand il arrive à la lumière, il a tout ce qu'il lui faut pour satisfaire ses besoins, dans ces circonstances et ces milieux, loin desquels pourtant il a été formé ; il existe complet avant d'avoir, en quoi que ce soit, éprouvé leur influence. Il est donc évident que les circonstances et les milieux n'ont aucune part à l'organisation qui se forme indépendamment et en dehors d'eux, quoiqu'en relation avec eux.

Toutes ces considérations nous amènent à reconnaître qu'il n'y a ni unité de composition, ni unité de forme, ni unité de plan dans le règne animal ; que par conséquent tout animal n'est pas la représentation de tout le règne animal, puisqu'il n'est même pas la représentation rigoureuse de son type ; que dans chaque être individuel on ne retrouve pas toutes les mêmes parties qui sont dans les autres êtres même inférieurs ; que par conséquent tous les individus ne sont pas sortis d'un seul ou de plusieurs types primitifs qui seraient le plan unique de tous les animaux de tout le règne ; qu'il existe au contraire un plan pour chaque appareil d'organes ; que l'espèce est une réalité définie ; que le plan général de chaque type se modifie pour chaque groupe, pour chaque espèce ; qu'il y a des plans généraux et totalement différents pour chaque grand type ; que ces plans concourent à un ensemble pour un but général, mais ne forment pas un seul plan ; que par conséquent les êtres individuels ne composent point les parties d'un être unique dont ils ne seraient que les organes, mais qu'ils sont distincts et indépendants les uns des autres, définis et limités pour des circonstances aussi définies et limitées ; enfin, que tous ces êtres distincts et indépendants, et pourtant soumis à des lois harmoniques de rapports et de conservation qui les lient les uns aux autres, sont la conception et l'œuvre de l'intelligence souveraine et infinie.

Preuves géologiques. — S'il est vrai, comme le prétendent les panthéistes, que les formes rayonnées et paires sont dérivées de la forme amorphe, plus élémentaire, à l'aide d'une succession indéfinie de siècles ; si tous les types, toutes les classes sont sortis d'un seul type ou d'un petit nombre de types primordiaux, voici les conséquences géologiques qui découlent de cette manière d'interpréter les faits :

Toutes ces formes, tous ces types, toutes ces classes, dont l'apparition à la surface du globe appartiendrait à des époques si différentes, si éloignées les unes des autres, ne doivent pas se trouver réunis dans les couches primaires du sol ;

On ne doit y rencontrer que des organisations très-simples et très-rares comme espèces, parce que le dépôt de ces terrains, dans tous les continents, correspondant au commencement des premiers êtres organisés, ces êtres n'auraient pas encore eu le temps de se compliquer dans leurs formes et dans leurs espèces ;

Nos genres vivants et ceux qui occupent les terrains secondaires et tertiaires ne doivent pas s'y montrer ;

Les mêmes genres et surtout les mêmes espèces ne doivent pas se trouver à la fois, dès ces premières époques, sur les points du globe les plus éloignés, comme en Europe et en Amérique, au cap de Bonne-Espérance et à la Nouvelle-Hollande ;

Il doit en être ainsi des végétaux contenus dans ces premières couches sédimenteuses de chaque continent ;

Enfin, la répartition actuelle des animaux et des plantes aux mers, aux fleuves, aux embouchures, aux terres découvertes, à l'air, etc., ne doit pas apparaître en même temps que les premières formes animales et végétales, dans un système qui considère toutes les formes animales et végétales comme le produit lent et pénible des efforts de la nature, à l'aide des changements de milieux, des besoins et des penchants. Voyons donc si les faits s'accordent avec ces conséquences.

Les terrains primaires s'étendent depuis les premiers dépôts formés par les eaux jusqu'au vieux grès rouge ou grauwacke et même jusqu'au terrain houiller exclusivement. Ce qui est inférieur au vieux grès rouge a reçu le nom de système silurien ; or, c'est principalement dans les dépôts de ce système que nous allons recueillir des faits contre le panthéisme. En indiquant les points de la série animale et végétale auxquels se rapportent les fossiles, nous la prendrons dans sa gradation ascendante, c'est-à-dire, en allant du simple au *composé* ou au *plus parfait*, ces deux termes, en zoologie, étant synonymes.

Règne animal. — 1° *Amorphes.* Les animaux amorphes ou irréguliers manquent dans ce qui est connu des terrains primaires. C'est là un fait simplement négatif, parce que la fossilisation n'est elle-même qu'un phénomène exceptionnel ; on conviendra pourtant que ce fait n'est pas propre à accréditer l'idée de la transformation de la forme amorphe dans les formes rayonnées et paires.

2° *Rayonnés.* Les rayonnés forment le second plan ascendant et le second type général des animaux ; ils se divisent en cinq classes, lesquelles, à l'exception des arachnodermaires, animaux mous et très-putrescibles, sont toutes représentées dans le sol primaire par des espèces appartenant aux premières comme aux dernières divisions de chacune de ces classes. Les espèces de la classe la moins élevée, celle des zoophytaires, n'occupent point des couches séparées au-dessous des autres; il y a mélange dans les mêmes couches, dans les mêmes gisements, des espèces de toutes classes et de toutes divisions ou familles de ces classes, et par conséquent, des espèces les plus compliquées du type avec celles qui le sont le moins.

Plusieurs espèces de rayonnés sont communes à plusieurs pays d'Europe, et même aux terrains siluriens d'Europe et à ceux d'Amérique. Tels sont, pour n'en citer que quelques exemples, dans la classe des zoanthaires, le *favastrea helianthoides*, le *syringopora reticulata*, le *catenipora escharoides*, dans celle des polypiaires, le *favosites basaltica*; preuve convaincante que les mêmes espèces se sont développées sur plusieurs points à la fois; qu'elles y ont par conséquent été créées et qu'elles ne viennent pas d'un globule primitif, d'un seul individu originel.

En outre, une foule de genres remontent jusque dans les terrains supérieurs, et plusieurs sont encore vivants; citons parmi ces derniers, les genres *pentacrinites* (d'Orb.), *retepora* et *alveolites* (Lamk.), et *favastrea*.

3° *Mollusques.* La forme paire se divise en trois types ou plans d'organisation : les mollusques, les articulés et les vertébrés. Or, des fossiles appartenant à ces trois types sont associés en foule dans les dépôts siluriens aux fossiles du type des rayonnés; donc ils ne peuvent en être des transformations, des dérivés.

Les mollusques se partagent en deux grandes classes parfaitement distinctes, les acéphalés ou bivalves, qui n'ont point de tête et les céphalés qui ont une tête et sont les plus complets du type. Dans la première, les brachiopodes sont les espèces les plus compliquées, et dans celle des céphalés ce sont les espèces de l'ordre des céphalopodes; or les brachiopodes et les céphalopodes sont tout aussi nombreux dans les étages siluriens inférieurs les plus profonds que dans les autres, et ils y sont même représentés par un plus grand nombre d'espèces que les familles ou les ordres inférieurs des deux mêmes classes, pris séparément; ainsi les nautilacés comptent plus de 14 espèces, et les ammonés plus de 30 dans le terrain de transition inférieur du Fichtelgebirge. Ces deux familles appartiennent à l'ordre des céphalopodes qui renferme les êtres les plus parfaits du grand type.

Les mollusques sont extrêmement abondants dans les couches marines et d'embouchure de toutes les époques. Au lieu d'offrir partout le mélange des genres les plus divers, des espèces les plus éloignées, ils auraient dû laisser, au moins dans quelques points du sol primaire, des marques de leurs transformations successives et ils devraient s'y montrer quelquefois dans un ordre analogue à celui qu'ils observent dans les tableaux zoologiques de Lamarck, mais il n'en est rien, comme les faits viennent de nous le prouver.

Les mêmes genres et souvent les mêmes espèces ont été observés sur les points du globe les plus éloignés. Le genre *orthis* appartient à la fois à l'Europe, à l'Amérique du Sud et à l'île de Vandiemen ; le *terebratula Wilsonii* (Sow.) est commun à l'Angleterre, à la France, à la Suède et à l'État de l'Ohio ; le *spirifer oblatus* (Sow.) rapporté de Vandiemen par le vaisseau *Labonite*, est semblable à ceux de Visé, en Belgique. Le *calceola sandalina* caractérise les couches siluriennes de Zanesville, dans l'État de l'Ohio, aussi bien que celles de diverses contrées de l'Europe. Beaucoup de genres primaires font partie de la nature vivante. J'ai noté les suivants : Perne, térébratule, avicule, turbo, turritelle, murex, buccin, nautile, cypricarde, patelle, natice, pleurotomaire. Notre genre térébratule y est représenté par plus de 20 espèces.

4° *Articulés*. Les articulés se divisent en dix classes ; deux seulement sont représentées dans le sol primaire, mais l'une est déjà la septième du type, dans l'ordre ascendant, celle des hétéropodes, et l'autre, est la plus parfaite de toutes, celle des hexapodes ou insectes.

Dans la classe des hétéropodes, c'est l'ordre des entomostracés et celui des branchiopodes ou trilobiens, que l'on a trouvés dans les premières couches du globe. Dans son histoire des crustacés vivants et fossiles, M. Milne Edwards a distribué les trilobiens en quatre familles, comprenant par leur réunion 21 genres et 134 espèces ; or toutes ces familles et tous ces genres, depuis les plus simples jusqu'aux plus composés, se sont rencontrés dans nos couches primaires, qui renferment à elles seules plus de 77 espèces de cet ordre d'animaux éteints.

Le genre *homalonotus* (König) est commun à l'Angleterre et aux montagnes de Cedar-Berg, au cap de Bonne-Espérance. Les couches siluriennes d'Amérique et celles de l'Europe possèdent les genres *peltoura* (Edw.), *paradoxides* (Edw.), *trinucleus* (Murchison), *calimena* (Brong.), *asaphus* (Edw.), *isoletus* (Kay.), et plusieurs espèces de ces genres sont les mêmes dans les deux continents. Les entomostracés sont représentés par le genre *Eurypterus* qui est commun aux schistes de transition de Williamsville sur les bords du lac Erié, à ceux de Westmoreland, dans l'État de New-York, aux terrains de transition de Podolie, en Russie, et au calcaire d'eau douce de Burdie-Housse, en Écosse.

Les hexapodes ou insectes sont peu nombreux dans les terrains de transition. Cependant on a cité des ailes de papillons et des empreintes d'ailes de scarabées sur les ardoises alumineuses des mines d'Andrarum, dans la province de Scanie, en Suède. Ces fossiles étaient associés à des trilobites. Les scarabées appartiennent à l'ordre des coléoptères qui présente les organisations les plus élevées du type des articulés.

5° *Vertébrés*. Le type des vertébrés appartient aussi à la forme paire; il se divise en cinq classes qui ne se sont pas toutes rencontrées dans le terrain primaire. On y a trouvé les poissons, les reptiles et leur sous-classe, les ptérodactyles, justement les classes les plus exposées à devenir fossiles. Il existe des poissons dans les schistes argileux de Wenlock et de Dudley, à la partie inférieure des couches siluriennes moyennes. Il ne paraît pas qu'ils aient été encore déterminés et nous ignorons s'ils se rapportent à la division des poissons osseux ou à celle des poissons cartilagineux. Mais M. Agassiz à constaté la présence de poissons cartilagineux dans les couches siluriennes supérieures de Ludlow, dans la Grande-Bretagne, et celle de poissons osseux dans l'étage inférieur du vieux grès rouge de la même localité, ainsi que dans les schistes subordonnés au vieux grès rouge de Ruppersdorf, en Bohême.

C'est dans un calcaire d'eau douce de Burdie-Housse, près d'Édimbourg, sous le calcaire marin de montagne, que des restes nombreux de reptiles et de ptérodactyles ont été trouvés par M. Hilberg. Les reptiles se rapportent à deux divisions différentes de leur classe; ce sont des sauriens et des tortues marines et d'eau douce. Le même observateur a rencontré une autre espèce de chélonien ou tortue de mer dans un calcaire de Kirkton, près de Bathgate, analogue et parallèle à celui de Burdie-Housse.

Ainsi, tous les types du règne animal sont représentés dans le terrain primaire, avec la plupart de leurs divisions, et plusieurs dans leurs espèces les plus élevées, les plus complètes; il n'y a donc pas eu de transformation de ces types, ni de leurs espèces les unes dans les autres.

Règne végétal. — Nous pouvons en dire autant des végétaux. Ils se divisent très-naturellement en six grands groupes, dont quatre surtout sont très-distincts, et comprennent la plus grande partie des espèces actuellement existantes, ce sont les agames, les cryptogames, les monocotylédones et les dicotylédones.

Les agames sont représentés dans le sol primaire par deux genres marins de la famille des algues, les *gigartinites* et les *amansites* (Brong.). Ils sont communs au calcaire de transition de l'ile de Linoë, près de Christiania, en Norwège, et à celui de Québec, au Canada, dans l'Amérique septentrionale.

Les cryptogames vasculaires forment la division générale la plus élevée du second type du règne ; les équisetacées, les fougères et les lycopodiacées lui appartiennent. Nos terrains renferment des plantes terrestres que tous les botanistes rapportent à ces familles, telles que les *calamites*, les *adiantites*, et les *gleichenites* (Göpp.), les *cyclopteris* (Brong.), et les *stigmaria*. Les calamites primaires sont répandus en France, en Allemagne et en Amérique.

Les monocotylédones sont représentés dans le calcaire de Burdie-Housse par le genre *cyperites* (Lindley et Hutton), de la famille des cypéracées. Enfin, les plus parfaits des végétaux, les dicotylédones existaient eux-mêmes dans l'époque primaire. M. Jackson a reconnu des cactées dans l'anthracite du grauwacke de Boston ; il y signale aussi des espèces du genre *astérophyllites* (Brong.), genre éteint et de famille incertaine, mais que M. Adolphe Brongniart considère lui-même comme *des indices non évidents, mais fort probables* de plantes dicotylédones (*prodrome*). On a cité une autre espèce de ce même genre, l'*a. pygmea* dans le terrain de transition de Berg-Haupten, mais elle est douteuse.

Ainsi donc le système primaire contient déjà les types les plus parfaits comme les plus simples du règne végétal ; nous y voyons déjà la distinction de plantes terrestres, comme les fougères, et de plantes aquatiques, comme les algues. D'un autre côté, nous y avons aussi retrouvé non-seulement tous les types généraux du règne animal, à l'exception du plus simple, celui des amorphes, mais encore la plupart des divisions de ces types et presque toujours les plus élevées. Sur aucun point nous n'avons trouvé d'indices de ces prétendues transformations d'espèces plus simples en espèces plus composées, pas même dans la distribution des mollusques. Tout au contraire, nous avons trouvé les espèces les plus compliquées, existant simultanément avec les plus simples, et même se rencontrant fossiles avant elles dès l'origine. Partout les animaux sont associés aux végétaux, les animaux et les végétaux des types les plus simples aux animaux et aux végétaux des types les plus parfaits, les espèces les moins compliquées aux espèces qui le sont le plus. Dès cette première époque un grand nombre d'espèces voisines ou qui sont les mêmes, paraissent répandues sur les points les plus éloignés, dans le midi et le nord de l'Europe, en Europe et en Amérique, dans ces deux continents et à la Nouvelle-Hollande. Une foule de genres traversent tous les terrains et fournissent encore des espèces à l'époque actuelle, comme pour nous mieux convaincre que ces grandes variations des milieux d'où l'on fait sortir les transformations n'ont jamais eu lieu. Dès ces premiers temps du monde, la distribution générale des espèces se montre absolument telle que nous la voyons aujourd'hui ; elles étaient réparties aux mers, comme les trilobiens et la plupart des mollusques primaires, aux bassins d'eau douce, comme les trionix et les sauriens du calcaire de Burdie-Housse, aux terres découvertes et à l'air, comme les papillons et les scarabées. Il en est de même des végétaux. Ces espèces, cette distribution, ces types, ces plans généraux, ne sont donc pas, ne peuvent donc pas être le résultat de transformations lentes et successives. Ce que les faits anatomiques nous ont démontré dans ce qui reste de la création, les faits géologiques le démontrent donc dans ce qui a disparu ; les uns et les autres tiennent le même langage que la Genèse, et s'accordent avec elle pour nous enseigner que les espèces végétales et animales sont réelles et qu'elles ont été établies sur la terre par le Créateur lui-même.

La géologie démontre également que les changements des milieux d'existence donnés pour cause de la transformation des espèces n'ont jamais eu lieu. Aucune modification appréciable n'existant dans les organes de la respiration des êtres, depuis les époques les plus anciennes jusqu'à l'époque actuelle ; un très-grand nombre de genres ayant toujours persisté avec les mêmes caractères depuis la première animalisation du globe jusqu'à présent, on doit croire que les éléments vitaux n'ont pas changé et que les milieux d'existence sont restés les mêmes sur les continents et dans les mers. Les milieux d'existence étant toujours restés les mêmes sur les continents et dans les mers, aucun changement de ces milieux n'a pu dès lors amener la transformation des espèces et cette succession de formes que nous présentent les terrains. Ces observations sont de M. Alcide d'Orbigny, dans sa Paléontologie française. Si l'on objecte à M. d'Orbigny la tardive apparition et seulement au commencement de l'époque tertiaire, des mammifères, c'est-à-dire des animaux dont l'organisation est la plus perfectionnée et la plus délicate, il répond avec raison qu'un changement de milieux ne peut expliquer cette apparition des mammifères, puisque trois cents genres d'êtres de toutes les classes, de tous les modes de respiration, existaient déjà à l'époque tertiaire et se sont perpétués depuis cette époque.

III

CRÉATION DES ESPÈCES ANIMALES ET VÉGÉTALES A L'ÉTAT ADULTE OU COMPLET.

Dans la Genèse, c'est le végétal lui-même qui est créé et non la semence qu'il est destiné à produire, *lignum faciens fructum*. Le Créateur commence par le but qu'il se propose, par le résultat de sa volonté, quelque chose de fini, l'existence d'un végétal. Comme nous sommes aussi dans la nécessité de faire commencer la création des êtres par quelque chose de fini, nous devons croire que le Créateur a procédé par la plante et non par la graine. Supposer le végétal créé à l'état de graine, c'est rentrer dans la thèse de la création du monde élémentaire, et dès lors le principe logique voudrait que Dieu eût créé non plus des graines, mais moins que cela, des germes, des ovules, et nous tomberions dans le domaine de l'absurde.

« Les êtres organisés, c'est-à-dire ceux qui se succèdent dans l'univers et qui se manifestent comme produits des fonctions d'êtres semblables à eux, étudiés dans l'ordre de leur apparition où ils se montrent successivement effet et cause, remontent tous, dit M. le docteur Forichon, à un premier individu, sans lequel leur existence n'aurait pas lieu. Ils présentent une ligne de succession qu'il faut suivre rigoureusement pour connaître leur origine, et hors de laquelle il serait impossible de trouver leur cause dans le reste de la nature, de sorte que cet enchaînement peut être considéré comme un ordre à part, ayant son existence indépendante. »

« Quand bien même il serait possible que les êtres organisés fussent le produit de je ne sais quelles lois de la matière, ainsi que le prétendent quelques philosophes, il n'en serait pas moins vrai qu'ils se manifestent par une filiation qui en suppose d'autres semblables et antécédents auxquels seuls est confié le pouvoir de les engendrer et que, hors de cette série, on ne voit rien qui la puisse remplacer. En suivant le fil de la logique et de la science, nous sommes donc forcés de remonter à un être primitif qui a été soumis à des fonctions spéciales pour la production de ses descendants. Or les fonctions d'une plante tendent à un but unique auquel elles vont toutes aboutir et se terminer, la production de la graine. Ce but rempli, la plante se repose ou meurt ; et cette graine renferme dans son sein toutes les parties de la plante qui l'a produite, lesquelles même dans certaines espèces sont visibles à la loupe. »

« La graine, au contraire, ne tend pas à produire la plante, puisqu'elle la renferme toute formée. La graine est un être engourdi, replié, attendant des circonstances favorables pour se dérouler et étaler ses parties. La plante tend par la graine à se faire représenter. La graine par elle-même n'est point un être en fonctions, c'est une interruption de fonctions, c'est un sommeil ; or point de tendances sans actes ; c'est l'arbre seulement qui fonctionne, c'est lui seul qui est l'être agissant pour la production de l'être. »

« La graine n'est si bien qu'un résultat que sa formation demande le concours de deux individus ou de deux organes ; c'est donc la plante qui a été créée, dans toute hypothèse, et non pas la graine qu'elle était chargée de produire. » (*Examen de plusieurs questions scientifiques.* 1837.)

Passons maintenant au règne animal. On est obligé d'admettre que les êtres organisés divers ont été créés adultes et parfaits. Car si, pour les mammifères, par exemple, on suppose les espèces jetées sur la terre à l'état de *fœtus naissant*, il est impossible qu'elles aient pu se développer, puisque toutes dans cet état sont incapables de pourvoir à leurs besoins et à leur conservation. Il faut aux petits pendant un certain temps les soins de leurs mères, et ce temps est d'autant plus long que les animaux sont plus élevés dans la série. Il en est de même pour tous les oiseaux ; un grand nombre demeurent dans le nid jusqu'à ce qu'ils aient des plumes et des ailes assez fortes pour voler et chercher eux-mêmes leur nourriture ; ceux qui courent au sortir de l'œuf ont besoin d'être réchauffés souvent par leur mère. Tous les animaux inférieurs sont dans leur premier âge exposés à des dangers infinis, et sous le coup de causes destructives d'autant plus nombreuses qu'ils sont plus imparfaits. Pour eux aussi l'état adulte était donc nécessaire afin qu'ils pussent immédiatement se reproduire et se perpétuer.

Les faits de la saine observation nous amènent donc à dire avec la Genèse, que tous les animaux ont été créés à l'état complet, et propres à accomplir la loi que Dieu leur impose de perpétuer dans le temps et l'espace l'œuvre de la puissance créatrice.

CHAPITRE XV.

ACCORD DE LA SCIENCE AVEC LA GENÈSE SUR LA CRÉATION DE CERTAINES ESPÈCES A L'ÉTAT DOMESTIQUE.

Espèces animales. — Nous avons vu qu'en prenant le texte de la Genèse comme il a été interprété généralement, il distingue bien nettement des animaux domestiques par création et des animaux sauvages. Cette tradition sur des espèces animales et végétales établies pour se développer sous la main de l'homme, et pour servir à ses besoins de chaque jour, s'est conservée même dans le paganisme, chez tous les philosophes qui admirent la création de l'homme à l'état social et à l'image de son Créateur. Les animaux domestiques et l'agriculture étant la base de la société, à quelque état de développement qu'on la considère, il en résulte en effet que, si la société est l'état naturel et primitif de l'homme, il a dû y avoir dès l'origine des animaux et des végétaux domestiques par création, ou créés extrêmement susceptibles de devenir domestiques, et n'attendant pour l'être que la main ou la voix de l'homme, ce qui revient absolument au même. Ce sont toutes les hypothèses plus ou moins absurdes qui ont eu cours sur l'origine sauvage de l'homme, qui en ont amené de semblables sur celle des animaux les plus indispensables à l'homme. Mais l'on n'a jamais pu fournir aucune preuve à l'appui de ces hypothèses; elles sont au contraire tellement opposées à l'histoire, aux mœurs et aux habitudes des espèces domestiques, et certaines de ces espèces possèdent des caractères si essentiellement, si exclusivement domestiques, qu'au lieu d'établir la domesticité originelle de ces espèces par la création de l'homme à l'état social, on pourrait tout aussi bien prouver la création de l'homme à l'état social par la domesticité de ces espèces, si l'étude de l'homme lui-même et de ses caractères essentiels ne fournissait pas, ainsi que nous le verrons plus tard, la preuve la plus complète et la plus rigoureuse que l'état social est son premier point de départ et son seul état naturel.

On n'a pas assez fait attention à la grande différence qui existe entre les animaux domestiques et les animaux apprivoisés. Presque tous les animaux, même les plus féroces, peuvent être apprivoisés, mais ils ne sont pas pour cela domestiques. La domesticité tient à l'espèce, elle est dans sa nature, dans son organisation et ses mœurs; c'est un caractère spécifique que l'homme peut perfectionner sans doute, mais non pas créer, parce qu'il ne lui appartient pas de changer la nature des êtres. Son action s'étend et agit aussi sur les animaux sauvages; il les dompte, il les apprivoise individuellement; il peut adoucir l'humeur féroce du tigre et de l'hyène; mais comme l'état sauvage est aussi un caractère spécifique, tenant à l'organisation et aux mœurs, quel que soit le nombre des individus apprivoisés, l'espèce ne devient point domestique, elle reste sauvage, et les individus apprivoisés ne donnent point naissance à une postérité domestique. Ainsi, les animaux apprivoisés sont un résultat individuel de la puissance de l'homme, résultat tout à fait indépendant de leur nature et de leur organisation, tandis que la domesticité est dans l'organisation, la nature et les mœurs de l'être. Tel est le fait profond qui démontre que les animaux domestiques le sont par nature et qu'ils ont été créés à cet état.

Aussi est-ce dans la domesticité seulement que plusieurs de ces animaux peuvent se maintenir, et que tous se multiplient plus facilement et en plus grand nombre ; c'est dans cet état que leurs formes se développent et s'embellissent, tandis que les espèces sauvages y dépérissent et s'y étiolent. Celles-là même qui par leurs caractères organiques ou par leurs mœurs se rapprochent le plus de nos animaux domestiques, ne se perpétuent pas dans la domesticité. L'éléphant, dompté dès les anciens temps par les peuples de l'Asie, n'a jamais produit à l'état domestique. Si l'on a vu à presque toutes les époques des loups, des renards, des chacals apprivoisés, jamais on ne les a vus domestiques, jamais ces espèces ne se sont perpétuées et maintenues à cet état, et les individus apprivoisés ont toujours laissé percer leur naturel sauvage à l'occasion, et trahi leurs penchants innés. Mais le chien naît tout élevé, avec des talents naturels, avec un instinct non communiqué, qui le rend capable de garder un troupeau que ses congénères dévorent, une maison et un maître auxquels sa propre conservation semble être attachée. Les espèces domestiques sont si bien faites pour cet état qu'on ne les retrouve point à l'état sauvage, quoique, à l'exception de la brebis, elles soient aussi fortes et aussi bien armées que les autres pour se défendre contre leurs ennemis. Elles sont généralement herbivores, faciles à nourrir, dociles et soumises au joug, obéissantes et attachées à l'homme par nature. Elles fournissent par leur chair, par leurs divers produits, par leur taille, leur force, la disposition de leurs membres et toute la forme de leur corps, tout ce qui peut servir à sa nourriture, à son vêtement, au transport de sa personne et de ses fardeaux, à la culture et à l'engrais de ses terres, en un mot à son utilité et à son agrément.

Les espèces domestiques sont : le chien, le mouton, le cheval, le bœuf, et peut-être la chèvre et le chameau, et parmi les oiseaux le coq domestique. En les passant en revue, je montrerai en peu de paroles qu'elles n'ont point leur souche à l'état sauvage, qu'on ne les a jamais connues qu'à l'état domestique, et qu'elles réunissent tous les caractères de l'espèce domestique. On pourra consulter pour plus de détails l'*ostéographie* de M. de Blainville.

Le chien. Le genre *canis* renferme les renards, les chacals, les loups et le chien domestique. Parmi les naturalistes décidés à chercher à l'état sauvage la souche de toute espèce animale, les uns ont voulu que le chien descendît du loup, les autres du chacal ; d'autres ont fait du chien domestique plusieurs espèces. Linnée, Buffon, Fr. Cuvier, M. de Blainville, etc., ont démontré que le chien domestique forme une espèce unique et distincte de toutes les autres du genre canis.

1° Toutes les races ou variétés de chiens connues, malgré la différence de leurs proportions, produisent ensemble et sans contrainte des individus féconds, ressemblant toujours à leurs parents, et ne différant que par des nuances en plus ou en moins ; elles sont donc de la même espèce.

2° Dans l'état de liberté, l'antipathie et la haine naturelle empêchent le chien et le loup de s'approcher. Ce n'est qu'en les réunissant dès le jeune âge que l'on peut parvenir à les habituer à vivre ensemble, mais sans obtenir presque jamais d'accouplement. Buffon, malgré ses soins, y échoua. Ce fut chez M. de Spontin qu'une louve, habituée de jeunesse avec un chien braque, produisit des métis dont deux, l'un mâle et l'autre femelle, furent envoyés à Buffon. Ce grand naturaliste a décrit ses expériences sur les produits de ces deux individus jusqu'à la quatrième génération. Il résulte de ses observations que les métis allaient se rapprochant du type de leur grand'mère louve à chaque génération. Cette différence entre les produits du loup avec le chien et les produits des diverses races de chiens entre elles, démontre donc que le loup et le chien sont deux espèces distinctes. Cela est encore prouvé par le fait des chiens livrés à la vie sauvage depuis plus de deux cents ans en Amérique ; ces chiens, en effet, ne sont pas redevenus loups, comme cela a lieu pour le cochon, le chat et le lapin domestique qui, dans cet état, redeviennent sanglier, chat sauvage et lapin de garenne. De plus, l'obliquité des yeux du loup lui est particulière ; elle ne se retrouve dans aucune race de chiens pas plus que dans aucune autre espèce du genre. Le fait est admis, mais dans l'opinion de quelques personnes qui ont soutenu la thèse que le loup était la souche sauvage du chien, la rectitude des yeux de celui-ci tiendrait à l'habitude qu'il a prise de regarder son maître en face pour mieux comprendre ses ordres, disposition qui s'est transmise ensuite par la génération. « Si cette étiologie, dit M. de Blainville, n'est pas une véritable pétition de principe, elle est au moins bien singulière et sans appui dans un second exemple analogue. » (*Ostéographie.*)

3° Malgré toutes les tentatives qui ont été faites soit par Buffon, soit par d'autres, on n'a jamais pu obtenir l'accouplement du renard et du chien. D'ailleurs, par le système dentaire, le chien est nettement séparé du renard et du chacal.

Il résulte de ces faits que le chien, dans toutes ses variétés, forme une espèce unique, espèce très-différente du renard, intermédiaire, pour ainsi dire, au loup, dont elle se rapproche par l'organisation, et au chacal dont elle a quelques habitudes, mais parfaitement distincte du chacal et du loup par ses caractères propres, portant physiologiquement sur une aptitude prodigieuse à la domesticité, et physiquement sur la rectitude du regard, etc. ; et enfin sur ce qu'elle ne produit avec aucune autre d'une manière normale.

Le chien s'est rencontré chez tous les peuples et dans toutes les parties du monde, et partout à l'état de domesticité, perfectionnée proportionnellement au développement de la civilisation humaine. En Amérique et dans les autres pays où il existe aujourd'hui à une sorte d'état sauvage, on peut assigner l'époque où il a commencé à y vivre séparé de l'homme; mais partout il revient à l'homme avec un invincible penchant.

Il apparaît domestique dès la plus haute antiquité, chez tous les peuples; on le retrouve dans toutes les histoires, dans tous les écrits, sur tous les monuments et toujours comme le compagnon de l'homme. Son nom, même dans les langues anciennes, est un témoignage de sa perpétuelle domesticité, en hébreu *kaleb, très-affectueux*, en grec, *kuôn, caressant*, en latin. *canis, prudent* ou *fidèle*.

Tout concourt donc à prouver que le chien a toujours existé à l'état domestique; il n'est point une conquête de l'homme, mais un don du Créateur qui l'a mis entre les mains de l'homme pour être l'un des instruments de sa domination sur la terre.

Le mouton. Toutes les races de moutons produisent entre elles, comme les expériences de Buffon et de plusieurs autres l'ont prouvé; elles ne forment donc qu'une seule et même espèce. C'est à tort que l'on a voulu faire descendre le mouton de la chèvre, ou du mouflon ou de l'argali. Le mouton ne se joint à la chèvre que par contrainte et le produit est toujours stérile; la chèvre et la brebis sont donc deux espèces distinctes entre lesquelles il ne s'est point formé d'espèce intermédiaire. L'argali et le mouflon se rapprochent beaucoup plus de la chèvre et même des cerfs que du mouton; d'ailleurs le mouton diffère de ces trois espèces par ses mœurs, ses habitudes et presque tous ses caractères physiques. Si la brebis descendait du mouflon ou de l'argali, comment aurait elle perdu ses mœurs et ses habitudes naturelles pour en prendre de tout opposées, tandis que la chèvre, domestique depuis la plus haute antiquité, a conservé toutes celles de sa souche sauvage?

« Si l'on fait attention, dit Buffon, à la faiblesse et à la stupidité de la brebis; si l'on considère en même temps que cet animal sans défense ne peut même trouver son salut dans la fuite; qu'il a pour ennemis tous les animaux carnassiers, qui semblent le chercher de préférence et le dévorer par goût; que, d'ailleurs, cette espèce produit peu, que chaque individu ne vit que peu de temps, etc. On serait *tenté d'imaginer* (1) que, dès les commencements. la brebis a été confiée à la garde de l'homme, qu'elle a eu besoin de sa protection

---

(1) En lisant cette expression de doute, il faut se rappeler que l'auteur écrivait sous l'influence de l'esprit philosophique de son siècle.

pour subsister et de ses soins pour se multiplier, puisqu'en effet on ne trouve point de brebis sauvages dans les déserts ; que dans tous les lieux où l'homme ne commande pas, le lion, le tigre, le loup règnent par la force et par la cruauté ; que ces animaux de sang et de carnage vivent plus longtemps et multiplient tous beaucoup plus que la brebis, et qu'enfin si l'on abandonnait encore aujourd'hui dans nos campagnes les troupeaux si nombreux de cette espèce que nous avons tant multipliée, ils seraient bientôt détruits sous nos yeux, et l'espèce entière anéantie par le nombre et la voracité des espèces ennemies. »

« Il paraît donc que ce n'est que par notre secours et par nos soins que cette espèce a duré, dure et pourra durer encore ; il paraît qu'elle ne subsisterait pas par elle-même. La brebis est absolument sans ressource et sans défense ; le bélier n'a que de faibles armes, son courage n'est qu'une pétulance inutile pour lui-même, incommode pour les autres... Ce sont donc de tous les animaux quadrupèdes les plus stupides, ce sont ceux qui ont le moins de ressource et d'instinct. Les chèvres ont beaucoup plus de sentiment ; elles savent se conduire, elles évitent les dangers, au lieu que la brebis ne sait ni fuir ni s'approcher ; quelque besoin qu'elle ait de secours, elle ne vient point à l'homme aussi volontiers que la chèvre, et ce qui, dans les animaux, paraît être le dernier degré de la timidité ou de l'insensibilité, elle se laisse enlever son agneau sans le défendre, sans s'irriter, sans résister et sans marquer sa douleur par un cri différent du bêlement ordinaire. »

« Mais cet animal si chétif en lui-même, si dépourvu de sentiment, si dénué de qualités intérieures, est pour l'homme l'animal le plus précieux, celui dont l'utilité est la plus immédiate et la plus étendue... il semble qu'il ne lui ait été rien accordé en propre, rien donné que pour le rendre à l'homme. » (*Hist. naturelle de la brebis*).

L'espèce du bélier et de la brebis est répandue dans tous les climats de l'Europe, de l'Asie et de l'Afrique, et nulle part on ne la trouve à l'état sauvage ; elle n'existait ni en Amérique ni dans aucune autre des parties du monde nouvellement découvertes. Elle a été connue dans tous les temps, chez tous les anciens peuples. Il est question d'elle comme animal domestique dans l'histoire de nos premiers parents ; Abel fut *pasteur de brebis* et Caïn agriculteur, nous dit la Genèse. (*Ch. III, v.* 2.) Elle est aussi le premier animal qui entre dans les rits religieux comme victime pour les sacrifices. Sa nature et ses mœurs ne lui permettent de vivre ni de se perpétuer indépendamment de l'homme ; il faut donc admettre qu'elle a été **créée** en même temps que l'homme et pour lui.

Le bœuf. Le genre bœuf se compose de six espèces : le bœuf domestique, le buffle de l'Inde, le buffle de l'Afrique méridionale, le bison d'Amérique, l'yack de la haute Asie, l'aurochs ou bison d'Europe, qui n'existe plus guère qu'aux monts Crapaks, en Moscovie, et peut-être dans le Caucase.

Toutes les espèces du bœuf sont plus ou moins domestiques, dans les pays qu'elles habitent, sauf l'aurochs et peut-être le bison d'Amérique; Mais aucune ne l'est au même degré que le bœuf proprement dit, et comme toutes les espèces vraiment domestiques, il renferme un bien plus grand nombre de variétés et de races que toutes les espèces précédentes.

Le bœuf n'a point sa souche à l'état sauvage. De l'aveu de tout le monde, il diffère spécifiquement de l'yack et des buffles, qui ne lui ressemblent point et ne produisent point avec lui ; on ne le confond pas non plus avec le bison d'Amérique, bien que sous l'influence de l'homme, ils se joignent et donnent, à ce qu'il paraît, des métis. Enfin, l'aurochs, tant par ses caractères anatomiques que par ses caractères extérieurs, ses mœurs et ses habitudes, forme aussi une espèce distincte.

On a trouvé dans nos contrées une espèce fossile, qui a été regardée comme la souche sauvage du bœuf domestique, et qui aurait été connue autrefois sous le nom de bison dans les forêts de la Gaule et de la Germanie. Mais d'abord l'assimilation de ce fossile avec notre bœuf n'est rien moins que prouvée ; ensuite, le fût-elle, on pourrait tout aussi bien admettre que les prétendus bœufs sauvages seraient sortis de l'espèce domestique, comme nous le voyons pour les bœufs et les chevaux d'Amérique.

Quoi qu'il en soit, on n'est pas moins obligé de reconnaître que le bœuf a été domestique aussitôt qu'il y a eu des hommes. Comme le chien, comme la brebis, on le trouve auprès de l'homme dès la plus haute antiquité, y formant partout la base de l'agriculture. Les tribus nomades, comme les peuples fixés sur le sol, ont toujours vu dans cet animal l'une des principales sources de leurs richesses; c'est sans doute pour cela qu'il devint, chez les Égyptiens et les Indous, l'objet d'un culte particulier. Il se montre avec l'homme dans les pays les premiers habités, et dans les pays les plus éloignés du point de départ de l'espèce humaine, et les derniers conquis par elle, le bœuf n'y était pas, il n'y a été amené que plus tard. Bien plus, l'Amérique méridionale et la Nouvelle-Hollande ne possédaient, lors de leur découverte, aucune espèce du genre. Chose remarquable, il n'est jamais question de l'état sauvage du bœuf chez les anciens, si ce n'est peut-être les bœufs de l'île du Soleil, dans l'Odyssée, et encore étaient-ils confiés à la garde de quelque divinité. Tout paraît donc s'accorder à prouver que le bœuf domestique a toujours été soumis à l'homme.

Le cheval. Le genre cheval, composé de cinq espèces, se retrouve tout entier dans l'ancien continent, c'est-à-dire dans les pays d'où l'espèce humaine s'est répandue ensuite sur toute la terre. Ce sont l'hémione, le zèbre, le couagga, l'âne et le cheval. Les races ou variétés du cheval, plus nombreuses encore que les pays habités par l'espèce, de quelque manière qu'on les croise, produisent toutes ensemble des individus féconds et parfaitement semblables à leurs auteurs. D'une autre part, le cheval ne donne avec l'âne que des mulets qui ne ressemblent parfaitement ni à leur père ni à leur mère. Les très-rares essais qui ont pu réussir à faire joindre le cheval et le zèbre ont prouvé tout aussi bien la différence de ces deux espèces. Le cheval est donc bien certainement une espèce *une* dans toutes ses variétés et parfaitement *distincte* des autres espèces du même genre.

Dans la plus haute antiquité, on le trouve à l'état domestique, et toujours considéré comme un animal créé pour la gloire de l'homme, pour le servir à la guerre, et le porter en triomphe dans toutes les parties de son empire. La belle peinture que Job en a faite et que Buffon a imitée, nous le montre non comme une conquête de l'homme, mais comme un don de son créateur. L'Asie, l'Arabie, la Palestine, la Médie et la Perse ont possédé de tout temps les races les plus nobles et les plus généreuses de cette espèce ; c'est là qu'il a conservé son type d'élégance, de beauté, de vigueur et de vitesse, sans que l'homme ait besoin, comme ailleurs, de croiser les variétés pour les améliorer. Là, au contraire, la descendance est conservée exempte de tout mélange. Le cheval de Juda, les haras de Salomon, les chevaux de Cyrus n'ont point dégénéré. L'Afrique et l'Europe ont reçu leurs chevaux d'Asie ; ils ont suivi l'homme européen en Amérique, où la première migration ne les avait pas conduits.

Hérodote paraît être le premier qui ait parlé de chevaux sauvages qui vivaient sur les bords de l'Hypanis en Scythie ; Aristote parle de ceux de la Syrie, Pline de ceux des pays du Nord, Strabon de ceux des Alpes et de l'Espagne, etc. Les chevaux sauvages d'Amérique y ont été transportés par les Espagnols. Mais la sainte Bible et Homère, et tous les auteurs les plus anciens ne parlent que de chevaux domestiques. D'après Homère, les plus belles races de chevaux sont des dons des dieux à l'homme.

Le cheval paraît donc connu à l'état domestique avant de l'être à l'état sauvage. C'est dans la domesticité qu'il acquiert toute sa beauté et toute sa perfection. Son état sauvage ne ressemble d'ailleurs à celui d'aucune autre espèce; il y vit dans une sorte de société, et aussitôt que la main de l'homme l'a touché, il la reconnaît, il renonce aux déserts, à sa liberté, et après quelque temps de soins, il ne songe plus à la vie errante. La domesticité est donc naturelle au cheval; il a été fait pour cet état. Comme le chien, il suit partout les progrès de notre espèce. A demi sauvage chez les peuples déchus de la civilisation, dégénéré dans les pays où l'homme l'a laissé et oublié en passant, il se perfectionne et s'embellit là où la civilisation le prise et l'estime à sa valeur.

Le genre *chameau* comprend deux espèces parfaitement distinctes : le chameau qui a deux bosses et le dromadaire qui n'en a qu'une. Ce genre n'existe nulle part à l'état sauvage et il a été connu dans tous les temps à l'état domestique.

Le chameau proprement dit est plus répandu dans la Bactriane, aujourd'hui le Turquestan. Il aime ce climat tempéré, mais il peut en supporter de plus rigoureux, puisque les Burètes et les Mongols le conduisent jusque dans les environs du lac Baïkal. On le trouve aussi dans le Thibet et jusqu'aux frontières de la Chine. Partout où il est employé, le dromadaire y est inconnu. Au contraire, dans le midi de la Perse, en Arabie, en Égypte, en Abyssinie, et en Mauritanie on n'emploie que le dromadaire. Celui-ci se plaît dans les pays chauds, mais il craint ceux dont la chaleur est excessive : il finit en Afrique ainsi qu'aux Indes; il ne peut subsister ni sous la zone torride ni dans les climats de notre zone tempérée.

Il est remarquable que l'organisation de ces deux espèces est parfaitement en rapport avec les pays qu'elles habitent et les besoins de l'homme dans ces pays. Le dromadaire surtout fournit la nourriture et le vêtement à son maître. Les Arabes le regardent comme un présent du ciel sans lequel ils ne pourraient ni voyager, ni commercer, ni subsister. Avec leurs dromadaires, ils ne manquent de rien, même ils ne craignent rien. Cet animal est le seul moyen de communication entre l'Égypte et l'Abyssinie, entre la Barbarie et les contrées situées au delà du Sahara, entre la Syrie et la Perse; sans lui l'Arabie serait absolument isolée du reste de la terre.

Le genre chameau a toujours été le lien du commerce entre toutes les parties de l'Asie et de l'Afrique. Il est demeuré comme un témoignage dans le pays où l'humanité a commencé. Créé pour l'homme et pour ce pays, on ne peut s'empêcher de voir encore en lui une de ces formes typiques qui portent l'empreinte de leur origine domestique et le cachet de leur destinée.

En poussant les recherches plus loin, nous trouverions encore d'autres animaux connus en domesticité chez les peuples les plus anciens, entre autres la chèvre, l'âne, et parmi les oiseaux, le coq domestique ; mais ils paraissent déjà moins franchement domestiques que les autres, et ensuite, il y a toute apparence que leurs espèces, sauf peut-être celle de la poule, existent aussi à l'état sauvage.

Espèces végétales. — Dans la cosmogonie sacrée il n'est point expressément question de plantes créées domestiques ; cependant on peut assurer que d'après la Genèse et même d'après notre cosmogonie, l'état sauvage n'est pas plus l'état primitif de certaines espèces végétales que celui de l'homme : seulement pour se conserver à l'état domestique, elles eurent besoin, tout comme aujourd'hui, d'être cultivées par l'homme.

Nous lisons dans la cosmogonie que Dieu donna pour nourriture à nos premiers parents et au règne animal *toute herbe et tout arbre produisant leur semence ;* il y avait donc dès lors et antérieurement à toute culture soit des herbes, soit des racines, soit des grains, soit des fruits pouvant servir de nourriture convenable à l'homme. Dans le chapitre suivant, l'auteur sacré nous décrit le paradis de la terre « planté de toute sorte d'arbres portant des fruits délicieux. » *Omne lignum.... Ad vescendum suave.* Voilà donc des arbres de tout genre à l'état domestique, ou dont les produits succulents n'étaient pas le résultat des soins de l'homme. Après la chute de l'homme, Dieu lui dit : « Tu te nourriras de l'herbe de la terre ; tu mangeras ton pain à la sueur de ton front ;» *comedes herbam terræ ; in sudore vultûs tui vesceris pane.* Ici, le *pain, l'herbe de la terre* désignent l'usage des plantes céréales, et ce qui le prouve, c'est la vie agricole de Caïn, *les fruits de la terre* offerts par lui au Seigneur, et les instruments aratoires inventés ou perfectionnés par Tubal Caïn, un de ses enfants. Il paraît donc certain que d'après la Genèse, les premiers hommes n'eurent point à retirer toutes les plantes de l'état sauvage pour les rendre domestiques, mais à maintenir par l'art et le travail à l'état domestique les plus nécessaires à l'entretien de la vie. Et c'est là la vraie domesticité végétale, car la notion de la domesticité entraîne avec elle non-seulement la destinée de l'espèce domestique aux usages de l'homme, mais encore le besoin des soins de l'homme pour perpétuer cette espèce et la maintenir dans sa perfection originelle.

Or la raison, l'observation et l'histoire s'accordent encore sur ce point avec la Genèse. La raison dit que l'homme ayant été créé à l'état social et l'agriculture étant la premiere base matérielle de l'état social, il a dû trouver en arrivant sur la terre des plantes domestiques, aussi bien que des animaux domestiques, créés spécialement pour son usage ; et parmi ces plantes, dont plusieurs ont pu se perpétuer aussi à l'état sauvage partout où elles ont trouvé un sol et un climat favorable, l'observation et l'histoire indiquent le froment comme réunissant au plus haut degré les caractères de la domesticité végétale.

Quelques auteurs veulent que dans la Sicile, l'île autrefois la plus fertile en blé, il existe une terre qui le produise sans culture; d'autres le nient et prétendent que le froment est le chiendent perfectionné ou une autre graminée voisine. La vérité est que le froment forme une espèce distincte. Les substances que l'analyse y a fait rencontrer sont l'amidon, le muqueux sucré et le gluten. Or ce gluten qui joue le plus grand rôle dans la panification est contenu privativement dans le froment et dans l'épeautre, et il n'en existe pas un atome dans aucun autre grain de la famille des graminées.

Si l'on en juge par analogie, on doit croire que le froment nous vient de la haute Asie, d'où nous ont également été apportés l'épeautre, l'orge et l'avoine. Nulle part il n'a été trouvé à l'état sauvage; il croît avec un égal succès dans les climats froids et dans les climats chauds, mais il ne se perpétuerait pas sans culture. Dès le temps d'Abraham, la Genèse fait mention du pain de froment, mais elle le suppose connu de tout temps. Sous Jacob, petit-fils d'Abraham, la récolte de froment manqua plusieurs années de suite dans la terre de Chanaan et la famine força ce patriarche d'envoyer ses fils en Égypte, où leur frère Joseph, prévoyant la disette, avait fait ramasser le grain dans les greniers publics. En un mot, le froment n'existe point à l'état sauvage, il ne croît et ne se perpétue nulle part que par la culture; d'un autre côté, on le rencontre chez tous les peuples les plus anciens; donc cette plante n'a jamais existé à l'état sauvage.

CHAPITRE XVI.

ACCORD DE LA COSMOGONIE ET DE LA SCIENCE SUR LE DOGME D'UN SEUL CRÉATEUR ET ORDONNATEUR DU MONDE.

La création et l'arrangement du monde par l'intelligence et la volonté d'un seul être tout-puissant, est le principe fondamental de la cosmogonie et de tout le livre de la Genèse comme de la religion du peuple hébreu ; cela n'a jamais fait l'objet d'un doute, et la constance avec laquelle ce peuple, à toutes les époques de son histoire, a protesté par sa croyance contre le polythéisme et ses déplorables suites, est un de ses plus beaux titres à la reconnaissance du genre humain ; car le dogme d'un Dieu unique, créateur et ordonnateur de l'univers, est la base de toute morale parmi les hommes. Il ne s'agit donc plus que de constater sur ce point l'accord qui existe entre la Genèse et les sciences. Pour cela, nous avons à nous poser les questions suivantes :

Les êtres organisés nous présentent trois grandes coupes primitives parfaitement distinctes, d'où résultent trois grandes catégories d'êtres que l'on nomme le règne végétal, le règne animal et le règne social ou humain. La science admet-elle pour eux trois créations indépendantes ?

Il y a cinq grandes séries dans le règne animal et six dans le règne végétal ; toutes ces séries entrent-elles dans un même système général de création, ou faut-il reconnaître autant de créations différentes que l'on compte de séries ?

Il existe des plantes et des animaux fossiles et éteints en grande quantité ; sont-ils les restes d'un ancien monde qui aurait précédé le nôtre, ou font-ils partie du même ordre de choses que nous, entrent-ils dans le même plan et dans les mêmes séries que les êtres vivants ?

On admet aujourd'hui trois autres règnes, le règne élémentaire, le règne minéral et le règne sidéral ; font-ils partie d'une création universelle accusant un plan général unique, une conception unique, et par conséquent un créateur et un ordonnateur unique, ou les autres règnes étaient-ils absents de la pensée qui conçut et forma ces derniers ?

Si les faits démontrent que toutes les espèces éteintes se rapportent à nos règnes vivants ; que ces règnes ainsi que les règnes inorganiques sont établis sur des plans conçus à l'avance, et que tous ces plans s'enchaînent les uns aux autres pour ne former qu'un seul monde, il en faudra bien conclure que l'univers est l'ouvrage d'un créateur unique, conclusion identique au fait révélé.

1

RÈGNE ANIMAL.

Toutes les espèces vivantes de ce règne sont distribuées sur un plan linéaire que l'on appelle classification naturelle ou série animale. La série animale a été surabondamment démontrée par M. de Blainville, pendant plusieurs années, dans son cours d'anatomie au jardin des Plantes et dans son cours de zoologie à la Sorbonne. Les bornes que j'ai dû m'imposer ne me permettront pas de la reproduire ici dans ses détails. On la trouvera avec tous les développements convenables dans les ouvrages de ce grand naturaliste. Je me contenterai de dire en quoi elle consiste, par quels principes elle se démontre, et que sa découverte n'est pas le produit des efforts d'un seul homme, comme paraissent le penser certaines personnes qui n'ayant pas pris la peine de l'étudier, ne s'en font pas une juste idée, et s'imaginent qu'elle n'est pas dans l'enchaînement des progrès de la science parce qu'ils peuvent lui opposer quelques faits qui portent à faux et que M. de Blainville connaissait fort bien.

§ I. Plan du règne animal.

Depuis longtemps le plan de la création organique avait été senti et entrevu. Les anciens avaient eu l'idée de cet ordre ascendant des êtres, de cette perfection graduelle des espèces. Les stoïciens et les pythagoriciens comparaient la série animale à l'échelle diatonique. Aristote avait remarqué que la nature passe des animaux aux corps qui ne vivent pas par des êtres qui vivent. Vers la fin du IVe siècle, Némésius, évêque d'Emèse, alla beaucoup plus loin que le philosophe de Stagire ; il entrevit l'ordre naturel du règne animal et les deux grands principes sur lesquels il est établi, la sensibilité et la locomotion. « Le suprême ordonnateur, dit-il, en passant des plantes aux animaux, n'a pas accordé tout à la fois la progression et la sensibilité, mais il y est arrivé graduellement et par des passages. Ainsi, il a fait les actinies, espèces marines, qui sont comme des arbres sentants ; car d'une part, il les a plantées dans la mer où elles adhèrent et se tiennent immobiles comme des végétaux, et de l'autre, il leur a donné le sens du toucher qui est commun à tous les animaux ; puis, en dispensant à certains animaux un plus grand nombre de sens, et en y ajoutant pour d'autres plus de force de locomotion, il en est venu peu à peu aux espèces les plus parfaites, celles qui possèdent tous les sens et parcourent plus d'espace. » (*De Naturâ hominis, c.*1.) Albert le Grand, évêque de Ratisbonne, non-seulement vit des progrès d'organisation dans le règne animal, mais il mesura la perfection en plus ou en moins des êtres organisés ; il chercha même à établir la série, et s'il n'y réussit pas partout, parce qu'il s'appuya trop sur la locomotion, il donna les raisons à l'aide desquelles on l'établirait dans la suite. Il est le premier qui ait employé les mots de

« degrés de perfection, *de gradibus perfectorum et imperfectorum animalium.* » Dans le XVIe siècle, Gesner admit aussi un ordre naturel dans les êtres organisés. Vers le même temps, le jésuite Niéremberg exprimait ainsi l'idée qu'il se faisait de cette échelle de perfection et de connexion des êtres : « La nature s'élève peu à peu et sans sauts ; elle procède comme une trame continue par des passages insensibles ; il n'y a point de lacunes, point de brisures, point de formes éparses ; elles sont unies réciproquement comme les anneaux d'une même chaîne, et cette chaîne d'or embrasse tout. » (*Historia naturæ. Lib. III*). Lorsque la philosophie chrétienne fut repoussée de la science, la série animale, qui en est inséparable, fut aussi rejetée ; mais Buffon l'établissait tout en la combattant. Elle devenait si évidente que Lamarck la reprit dans la philosophie épicurienne. Il voulut y voir l'effet des circonstances et des usages au lieu d'y reconnaître la conception du Créateur ; c'était la solution absurde du problème ; Lamarck fut donc aisément ridiculisé et la série avec lui. Le panthéisme naturaliste vint à son tour en essayer la démonstration, mais avec tout aussi peu de succès que Lamarck, parce que chaque partie ne représente pas le tout, toutes les formes ne proviennent pas d'une seule forme, les espèces n'ont pas été produites par une ou quelques espèces, et il n'y a point de passage insensible d'un type à un autre ; toutes choses que les panthéistes posent en principes ; pour eux comme pour l'école de Lamarck, la série est indémontrable. Pourtant ces efforts dans une fausse direction n'étaient pas perdus, ils montraient de plus en plus que le plan des règnes organiques était bien réel, que ce plan concluait avec évidence au dogme d'un Dieu créateur et ordonnateur, et venait confirmer la belle vérité des causes finales. Héritier de la conception de ses plus illustres prédécesseurs, et riche de tous les faits que les progrès de la science lui avaient apportés, M. de Blainville est apparu dans le temps voulu par le besoin de la philosophie pour démontrer complétement et dans tous les points le plan du règne animal. Ce n'est donc pas tout d'un coup, ni par les forces d'un seul homme que la zoologie est arrivée à ce degré de perfection qui la constitue définitivement ; il a fallu les efforts successifs d'une foule de grands naturalistes depuis Aristote jusqu'à M. de Blainville. Ce simple aperçu prouve déjà que les zoologues qui nient la série sont incomplets ; ils manquent d'études et d'éléments pour la voir et de principes pour se la démontrer. Ce beau résultat du travail des hommes, comme tout véritable progrès accompli dans un point quelconque de la science générale, nous montre le monde créé par une intelligence pour d'autres intelligences, et comme un miroir placé entre elles et leur créateur, afin que de la vue de son œuvre elles s'élèvent jusqu'à lui par la pensée et le sentiment. Mais dans l'état présent des sciences naturelles, nulle part ce but ne paraît plus complétement atteint sur une aussi vaste échelle, que par le règne animal et par la démonstration de sa classification naturelle. Ici, vous lisez l'ouvrage jusque dans ses moindres détails, vous voyez distinctement la place de chaque être organisé dans le plan divin, et les rapports naturels du plan particulier de chaque espèce avec les milieux d'existence et avec toutes les lois du monde physique. Le plan du règne animal est donc en relation avec les facultés de notre intelligence, puisqu'elle a pu en découvrir, en saisir les lois, en faire pour ainsi dire sa conquête et sa propriété; le règne animal, comme tous les autres, vient donc aboutir à l'homme ; il appelait lui aussi un être capable de comprendre cet admirable enchaînement des êtres et ses harmonies ; sans ce contemplateur intelligent, Dieu en voulant manifester sa puissance et ses infinies perfections, manquait son but. L'homme, être intelligent, moral et religieux, et de tous ceux qui font partie de ce monde pouvant seul en mesurer les lois, en recueillir les harmonies, en glorifier le sublime auteur, est donc la conséquence rigoureuse de la création et le but final de Dieu dans ses œuvres, comme nous l'enseigne la cosmogonie sacrée.

Voyons maintenant quel est le plan du règne animal, et à l'aide de quels principes on le démontre. *Le règne végétal* est organisé, vit et se reproduit ; *le règne animal* est organisé, vit, se reproduit, *sent; se meut, a la conscience de son existence ; le règne social* est organisé, vit, se reproduit, sent, se meut, *est intelligent, perfectible, moral, social et religieux.*

Dans cette échelle ascendante, les animaux sont donc compris entre le végétal et l'homme; la comparaison de ces deux termes donne la raison de l'ordre général dans lequel ils doivent être rangés. Plus l'animal se rapprochera de la forme humaine, plus son rang sera élevé dans cet ordre, plus il se rapprochera de la forme végétale, plus son rang sera infime.

Le caractère essentiel des animaux est la sensibilité, et s'il y a du plus ou du moins dans ce caractère, on comprend qu'ils doivent former une série d'êtres de plus en plus parfaits, à partir de celui qui se rapproche le plus du végétal jusqu'à celui qui s'éloigne le moins de l'homme. C'est en effet ce qui a lieu ; les sens se dégradent en allant des animaux supérieurs aux inférieurs, et il n'y en a plus d'appréciables dans les éponges, où l'on ne conclut le système nerveux que par analogie. Ainsi, là où le système nerveux est le plus développé, l'animalité l'est elle-même davantage, de sorte que l'on peut estimer le degré de l'une par celui de l'autre. C'est donc dans le développement de ce système qu'il faut chercher les caractères de classification des animaux, et, suivant le degré de perfection qui s'observe dans les sens de leurs divers ordres, établir l'échelle zoologique.

Mais existe-t-il des caractères extérieurs traduisant assez bien ces divers degrés d'animalité pour qu'on puisse les lire sans avoir besoin de recourir à la dissection? Oui, sans doute. Le cerveau, et spécialement sa partie antérieure, constitue le système nerveux de la sensibilité réfléchie ou instinct ; or, le crâne donne la forme générale du cerveau, dont la partie antérieure est traduite par le développement du front; nous avons donc là une mesure extérieure, zoologique, de la sensibilité réfléchie. Les organes des sens, devant être en rapport avec le monde extérieur, se trouvent nécessairement placés en dehors de l'organisme, sur la peau de l'animal ; ils traduisent donc le système nerveux de la sensibilité générale. Mais la peau limite l'animal dans l'espace et détermine sa forme *en relation directe* avec la forme et la disposition du système nerveux ; la forme est donc aussi la traduction extérieure rigoureuse du caractère fondamental de l'animalité.

La sensibilité entraîne la faculté de se mouvoir ; par cela même qu'un être sent les objets ou les circonstances favorables ou nuisibles à son existence, il doit pouvoir s'en rapprocher ou les fuir, sans quoi la sensibilité serait une faculté sans exercice, un tourment inutile ; l'être sensible ressemblerait à un tantale plongé dans l'eau jusqu'aux lèvres sans pouvoir désaltérer sa soif. La locomotilité est donc une conséquence rigoureuse de la sensibilité, en sorte que l'on peut souvent suppléer les caractères extérieurs de celle-ci par les caractères de celle-là. La sensibilité et la locomotilité traduites par leurs caractères extérieurs sont donc le zoomètre à l'aide duquel il devient facile d'apprécier le degré d'élévation de chaque animal et de lire la série. Enfin, comme dernière conséquence du même principe, tous les autres organes du système animal fournissent des caractères extérieurs de plus ou moins grande valeur, suivant que pour leurs fonctions ils empruntent plus ou moins à la sensibilité et à la locomotilité, puisque par cet emprunt les fonctions deviennent plus ou moins animales.

Cependant les espèces les plus élevées du règne végétal paraissent plus parfaites que les moins élevées du règne animal ; elles le sont en effet à certains égards ; mais les derniers animaux sont doués de sensibilité, et par ce caractère de première valeur ils doivent l'emporter sur les végétaux les plus parfaits. D'ailleurs, comme par tout le reste de son organisation l'animal inférieur appartient à son type ainsi que le végétal supérieur au sien, et que le dernier type des animaux pris dans sa totalité est au-dessus du premier type des plantes pris aussi dans sa totalité ; il s'ensuit que l'animal inférieur doit passer avant le végétal le plus parfait. Ce principe peut s'appliquer également, dans le règne animal, à des classes de types différents, comparées entre elles. Par exemple, dans le type des mollusques, la classe des céphalés paraît au-dessus des dernières classes du type suivant, celui des articulés, mais bien au-dessous des premières; en outre, elle appartient à son type par tout l'ensemble de son organisation, et comme ce type est au-dessous de celui des articulés, il s'ensuit que les céphalés doivent être à cette place. Ils y prouvent que le passage d'un type à l'autre est impossible et que par conséquent la série n'est ni arithmétique, ni géométrique, ni logarithmique, mais animale.

Tous les organes des animaux en relation constante de position, de disposition, de structure, de fonction avec toutes les lois du monde physique; le nombre des sens spéciaux correspondant si parfaitement à toutes les qualités et les propriétés des corps, et dont l'appareil se complique ou se simplifie suivant les circonstances dans lesquelles devaient vivre ces animaux, sont, d'un bout à l'autre de la série, une continuelle réfutation de l'erreur des matérialistes qui ont répété, après Lucrèce, que *les yeux n'ont pas été créés pour nous procurer la vue des objets et que nos membres n'ont pas été disposés pour notre usage, mais qu'on s'en est servi parce qu'on les a trouvés faits.* Il va sans dire qu'il fallait bien qu'ils fussent propres aux usages pour lesquels on s'en est servi, et alors, les causes finales rentrent par où on voulait les chasser. Mais si toutes les modifications de l'organisme prouvent admirablement les causes finales, en montrant que le règne animal, dans les détails comme dans l'ensemble, a été conçu et calculé pour des buts et des fins diverses en relation avec tout le reste de la création, il faut cependant remarquer que toutes ces modifications ne sont pas également propres à établir la série, et il faut bien distinguer les modifications essentielles, profondes, agissant plus ou moins sur toutes les espèces d'un type, d'une classe, pour un but d'ensemble, des modifications plus superficielles et simplement harmoniques de certains organes dans tous les groupes d'animaux pour les diverses circonstances dans lesquelles les diverses espèces étaient destinées à vivre. Par exemple, le lieu dans lequel l'animal devra chercher sa nourriture appellera dans un même groupe ou degré d'organisation des modifications simplement harmoniques. Ainsi, les insectes habitant, les uns sur la terre, les autres sous la terre, d'autres dans l'eau, d'autres sur les arbres, d'autres dans l'air, il y aura dans les animaux qui s'en nourrissent des modifications secondaires qui viendront s'ajouter au caractère essentiel, normal, du groupe et qui n'empêcheront pas d'y laisser ces animaux, parce qu'ils lui appartiennent par leur structure, leur composition et la disposition de leurs parties. La taupe, qui cherche les vers et les insectes dans l'intérieur du sol, a le museau allongé en boutoir et les pattes conformées pour fouir la terre et y nager pour ainsi dire. Les musaraignes qui cherchent leur nourriture dans l'eau ont les pieds palmés et la queue en rame; une espèce d'Afrique se nourrit de sauterelles, et elle a des membres postérieurs allongés pour sauter comme sa proie. D'autres insectivores, devant poursuivre les insectes dans l'air, ont leurs membres antérieurs modifiés en ailes pour voler, comme les chauves-souris, qui sont des mammifères très-élevés. Parmi les derniers singes, le galéopithèque a tout le corps entouré d'une membrane ailée courant des bras aux jambes; cette membrane existe aussi dans le polatouche, qui est un écureuil; ces animaux s'en servent comme d'un parachute pour sauter d'un arbre à l'autre. Il serait impossible de les ranger parmi les oiseaux, parce que ce sont sous tous les rapports des mammifères; on ne pourrait pas davantage en faire un seul groupe passant aux oiseaux, puisque, par tous leurs organes et par toutes leurs fonctions, ils appartiennent les uns aux singes, les autres aux insectivores, les autres aux rongeurs; restent donc les seules modifications harmoniques qui ont ainsi ordonné les diverses espèces des groupes avec les diverses circonstances du monde physique. Des modifications analogues se retrouvent dans les carnassiers. Les phoques, les loutres, qui sont de véritables martres se nourrissant de poissons, ont les membres disposés en nageoires ainsi que la queue, et leurs conques auditives sont presque nulles. Les morses, qui sont des pachydermes vivant dans l'eau, sont modifiés comme les phoques. Tous les cétacés, qui sont des mammifères aquatiques, sont encore plus profondément modifiés et semblables aux poissons; mais ils respirent l'air en nature, et de là des modifications dans tout l'appareil de la respiration pour leur permettre de plonger. La trompe de l'éléphant, terminée par une espèce de doigt, est une modification du nez analogue aux précédentes. L'énormité de la tête, appelant un cou très-court pour pouvoir la supporter, il a fallu l'armer d'une trompe propre à recueillir les herbes et les branches d'arbres dont l'animal se nourrit. Enfin, il existe des modifications harmoniques dans presque toutes les classes de la série.

Tels sont les principes à l'aide desquels M. de Blainville a démontré le plan de la création animale, les lois suivant lesquelles l'organisme décroît et se modifie pour des circonstances et un but déterminés ; c'est en appliquant ces principes qu'il a trouvé et indiqué la place que les animaux occupent sur une seule ligne ou *série linéaire* dans un ordre de gradation ascendante, si l'on remonte de l'éponge aux quadrumanes, et descendante, si, partant du singe, on descend jusqu'à l'éponge, qui forme comme un passage au règne végétal. Ici commence une autre série également linéaire, vers la démonstration de laquelle convergent en ce moment les efforts des phytologues, la série végétale.

§ II. — Les fossiles éteints ont appartenu à la même série que les espèces vivantes.

On a signalé comme formant une objection contre elle des hiatus, des vides dans la série animale. Le fait est vrai, mais seulement pour certaines époques de la durée des temps et relativement à l'état actuel de nos connaissances. On a la certitude que ces places n'ont pas toujours été vacantes ; l'on ne peut même assurer pour aucune qu'elle le soit encore, car les naturalistes ne connaissent pas tous les animaux vivants, et les espèces nouvelles que l'on découvre si souvent viennent s'intercaler naturellement dans la série pour en remplir les lacunes. Ainsi l'échidné et l'ornithorinque de la Nouvelle-Hollande sont venus se placer entre les mammifères et les oiseaux et ont rapproché ces deux grands groupes. Mais la série se complète surtout par les espèces éteintes que la géologie fait connaître. Tous ceux qui, par profession ou seulement par goût, se sont occupés de paléontologie, ont rapporté, comme de concert, aux types et aux classes de la nature actuelle, les êtres dont le sol a montré des débris ; en plaçant ici la liste de leurs noms, je n'ai pas eu la prétention de m'acquitter envers des hommes sans les travaux desquels le mien eût été impossible ; mais je demande qu'après avoir entendu cette masse de savants représentant toutes les parties de l'Europe, et malgré la différence de leur religion et de leurs systèmes, s'accordant sur les rapports des êtres paléontologiques avec les êtres vivants, on veuille bien me dispenser de fournir la preuve zoologique de ces rapports et d'entrer dans des détails qui exigeraient à eux seuls plusieurs volumes. MM. Klein, Buffon, Pallas, Scropoli, Lamarck, G. Cuvier, Lamouroux, Goldfuss, de Blainville, Alexandre Brongniart, Desmarest, C. Desmoulins, Marcel de Serres, G. P. Deshayes, Lund, A. Brullé, de Laizer, de Parieu, L. Agassiz, Desor, Kaup, Straus, Owen, J. Christol, G. de Munster, Eudes Deslonchamps, Ed. Lartet,

H. Michelin, Béehrendt, Ratke, Ehremberg, G. Cotteau, Ed. Hébert, Debuch, A. Gras, Milne Edwards, J. Haime, Eichwald, E. Horner, Germar, Schmerling, A. d'Orbigny, Bayle, etc., etc., tous reconnaissent que les animaux fossiles n'appartiennent pas à un système à part, qu'ils ne forment pas des séries particulières, indépendantes, que l'on doive placer avant ou après la grande série vivante, mais qu'ils se rapportent à tous les points de cette même série, et que partout ils y forment des intermédiaires et en remplissent les vides. Je ne citerai qu'un petit nombre d'exemples, pris dans différentes classes, et afin de rendre les rapports plus sensibles, je mettrai en série, dans des tableaux synoptiques, les espèces vivantes et les espèces fossiles, et je soulignerai les noms de celles-ci.

MAMMIFÈRES.

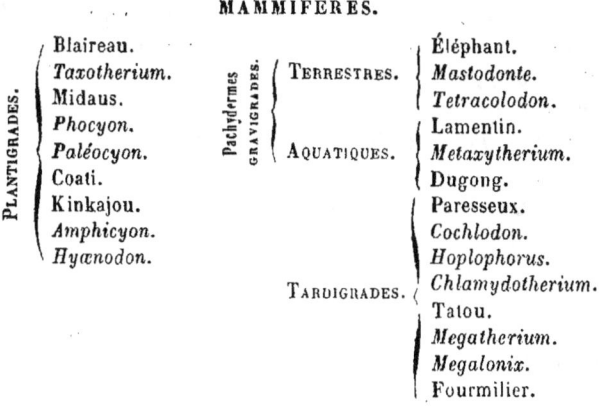

Les pachydermes établissent le passage des carnassiers aux herbivores ruminants. Cet ordre ne compte pas plus de vingt espèces vivantes, réparties en sept genres, y compris les éléphants, tandis qu'il possède plus de vingt genres fossiles qui comblent les lacunes de la série et forment de nouveaux chaînons pour relier entre elles les espèces vivantes. Le *mastodonte* et le *tetracolodon*, deux nouveaux sous-genres de l'éléphant, étaient munis d'une trompe comme lui, et plus aquatiques encore que lui. Le *metaxytherium*, cétacé herbivore de la famille des dugongs, est encore un chaînon de plus, servant à lier le lamentin au dugong. Il est aussi voisin du dugong qu'un genre peut l'être d'un autre. Les espèces qui suivent ne se sont rencontrées que dans les cavernes à ossements d'Amérique, et n'ont de rapport qu'avec les espèces vivantes de ce continent. Ainsi, les *cochlodons*, les *hoplophorus* et les *chlamydotheriums*, se placent près de la famille des paresseux avec laquelle ils présentent de très-grandes affinités.

Le *megatherium*, animal de dix pieds de long sur huit de haut, était un tatou géant, mais il forme une nouvelle division dans le genre tatou. Il avait la tête et l'épaule d'un paresseux ; ses jambes et ses pieds offraient un singulier mélange des caractères propres aux tatous et aux fourmiliers; il avait une carapace comme le tatou (1). Enfin, le *megalonix*, semblable au *megatherium* par la taille et par la tête, formait près de lui un genre à part et passant aux fourmiliers. Ce type était intermédiaire aux fourmiliers sans dents du nouveau continent, et aux fourmiliers dentés de l'ancien aussi bien qu'au *megatherium*.

Tous les ordres actuellement vivants dans la grande classe des mammifères, toutes les familles, presque tous les genres sont représentés dans les couches du sol par un nombre d'espèces plus ou moins considérable, et très-souvent par des espèces qui sont à la fois fossiles et vivantes ; telles sont quatre chauves-souris, la taupe d'Europe, quatre ours, le blaireau, la plupart des martres, plusieurs felis, le renard, le loup, le chien, le chacal, l'éléphant, le rhinocéros, etc., dont l'identité à l'état de vie et à l'état fossile a été démontrée par M. de Blainville. Il y a beaucoup de genres éteints, mais ces genres occupent les mêmes gisements que les espèces des genres vivants, ils sont associés dans les mêmes carrières aux débris des espèces qui sont encore vivantes ; les espèces perdues ont donc été contemporaines des espèces vivantes, elles ont habité le même sol, le même pays, elles ont fait partie du même monde, de la même création : aussi viennent-elles combler les lacunes de la série animale actuelle, et appartiennent-elles à ses ordres, à ses familles, à ses genres.

Oiseaux. — Les oiseaux forment une famille si naturelle qu'il est bien difficile de les distingur à l'état fossile, si l'on ne possède le bec, le sternum et les pattes entières. Cependant nous en avons à cet état plus de vingt genres qui, pour la plupart, semblent être identiques, et sont du moins tous analogues aux genres actuels. Cette classe est représentée dans les sables wéaldiens par quelques échassiers, dans les gypses tertiaires, par des passereaux et neuf autres espèces tant rapaces que gallinacées ou palmipèdes, et dans les cavernes et les brèches, par des espèces de toutes familles. Tous ces fossiles appartiennent donc au même système et aux mêmes types de création que les espèces vivantes.

(1) On en voit un bel exemplaire dans une galerie de l'École normale supérieure, à Paris.

— 353 —

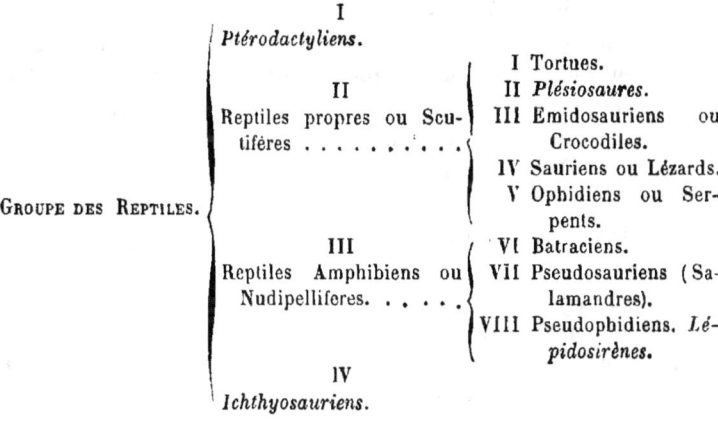

Ce tableau prouve de nouveau que les fossiles font partie de la série zoologique, et que l'existence de tous les êtres animaux, réalisée d'après un seul plan, est l'effet de la volonté toute-puissante d'un seul être créateur et ordonnateur.

Les reptiles avec les amphibiens sont partagés en plusieurs classes, qui toutes viennent se placer entre les oiseaux et les poissons, et forment dans la série générale une sorte de groupe de transition. Or, l'on a trouvé dans la Faune fossile des espèces appartenant à tous les genres de ces classes et dont quelques-unes sont encore vivantes ; des genres éteints, qui viennent s'encadrer dans les lacunes des types et y former de nouvelles divisions, et enfin, des ordres nouveaux et des sous-classes nouvelles, qui rapprochent les ordres et les classes vivantes, en occupant les espaces qui les séparaient.

Il a existé autrefois, entre les oiseaux et les reptiles proprement dits, une sous-classe d'animaux, qui ne sont connus que par leurs squelettes conservés à de grandes profondeurs dans les couches de la terre, et auxquels on a donné le nom de *ptérodactyles:* c'étaient des espèces de reptiles, en partie nageurs et pouvant aussi se mouvoir à terre ; ils avaient un long cou comme les oiseaux, un large bec et des dents comme les reptiles. Ils vivaient probablement de poissons, ou peut-être de végétaux. Les ptérodactyles ont été trouvés en Écosse et en Bavière, depuis la partie inférieure du calcaire de montagne jusqu'à l'oolithe moyenne où ils abondent. On n'en connaît encore que huit ou neuf espèces. — Après ces animaux, qui rattachent la la classe des oiseaux à celle des reptiles scutifères, nous avons l'ordre fossile des *plésiosaures* qui apparente les tortues aux crocodiles. Les extrémités du plésiosaure étaient de véritables nageoires, semblables à celles des cétacés ; son cou, terminé par une petite tête, était d'une longueur démesurée, et se composait de quatre-vingt-huit vertèbres au moins ; il avait le corps très-large et un peu orbiculaire comme les tortues ; sa queue était disposée pour la natation comme chez les crocodiles. On en distingue cinq ou six espèces : quelques-unes n'avaient pas moins de vingt pieds de long. Les plésiosaures sont très-nombreux dans le muschelkalke, et ils remontent jusqu'à la craie inférieure.

Le groupe des reptiles avait perdu son premier et son dernier chaînon ; il a retrouvé le premier dans les ptérodactyles, et l'autre dans deux genres d'animaux, dont un vivant et nouvellement découvert, le *lépidosirène ;* et l'autre, fossile, l'*ichthyosaure*, qui sont venus former le passage des amphibiens à la classe des poissons, et établissent probablement une sous-classe à la tête de ces derniers. Le lépidosirène a la peau nue comme les amphibiens, mais dans son derme se trouve enveloppée une sorte d'écaille qui le défend. C'est un dernier amphibien et non pas un premier poisson. L'*ichthyosaure*, à l'aspect de lézard, aux membres moitié amphibiens, moitié poissons, aux vertèbres de poissons, aux branchies de sirène, aux organes des sens plus rapprochés des poissons, etc., était intermédiaire aux poissons et aux amphibiens, mais plus rapproché des premiers. Il ne pouvait vivre qu'au sein des eaux. Il s'est rencontré à la hauteur de la craie tufau, ainsi qu'à la profondeur du muschelkalke, mais il abonde surtout dans les couches du lias. On en connaît cinq ou six espèces, elles variaient de cinq à quinze pieds ; cependant des débris du lias de lyme-regis indiquent un individu de vingt- quatre pieds de long.

Les ordres de reptiles vivants comprennent une très-grande quantité d'espèces fossiles, surtout l'ordre des crocodiles et celui des sauriens. Parmi les crocodiles fossiles, deux, au moins, sont identiques, sans même former de variétés, avec le *crocodilus biporcatus* et le *leptorinchus gangeticus*, qui habitent aujourd'hui, en nombre incalculable, les rivières de l'Inde. Les sauriens fossiles n'ont pas encore été étudiés convenablement, et leur place respective dans leur ordre n'est pas connue avec certitude. Plusieurs atteignaient des proportions gigantesques, et pouvaient être aussi volumineux que des baleines. La tête du *mosasaurus* ou *lacerta gigantea* avait près de quatre pieds ; les monitors et les iguanes vivants et connus ne l'ont pas longue de plus de cinq pouces. La longueur totale de l'espèce perdue était de vingt-quatre pieds trois pouces environ. L'*iguanodon mantellii*, autre espèce de la craie inférieure et du wéald, pouvait avoir soixante-dix pieds de long; mais le *basilosaurus* ou *roi des sauriens* (*zeuglodon*, Owen) surpassait tous les autres par son énorme taille : les rangées de ses vertèbres, dans un échantillon, s'étendaient sur une longueur de plus de cent pieds anglais, et de cent cinquante pieds dans l'échantillon des bords de Washita. Une grande partie des salamandres fossiles ressemblent à celles qui vivent aujourd'hui. En résumé, les reptiles fossiles nous présentent les mêmes faits que les oiseaux et les mammifères.

L'organisation et le gisement des grands reptiles fossiles prouvent qu'ils vivaient vers l'embouchure des fleuves, et leur taille gigantesque suppose évidemment des cours d'eau plus vastes que nos courants actuels, et ainsi, dès que ces cours d'eau ont diminué, sans même se tarir, de tels géants ont du périr, tandis que des animaux de plus petite taille ont pu se conserver dans les mêmes circonstances. Avec ces reptiles disparurent les mammifères ichneumons du genre viverra, dont on retrouve aussi les débris dans les mêmes contrées, et qui vivaient à leurs dépens, comme les ichneumons vivants existent encore actuellement aux dépens des crocodiles du Nil. Nouvelle preuve de l'influence de la loi harmonique d'association sur les êtres.

Poissons. — Les 8,000 espèces vivantes connues se rapportent à trois types d'organisation, les poissons *osseux*, *subosseux et cartilagineux;* mais les espèces fossiles ne nous ayant bien souvent transmis que leurs écailles, M. Agassiz a imaginé de distinguer généralement les poissons par la disposition et la forme de leurs écailles. D'après cette méthode ingénieuse, mais qui rompt les affinités naturelles, l'auteur des *Recherches sur les poissons fossiles* divise toute cette classe d'animaux en quatre grands ordres : les *cycloïdes*, dont les écailles sont formées de lames simples et à bords lisses, comme le goujon, la tanche; les *cténoïdes*, à écailles composées de lames pectinées, comme les perches; les *ganoïdes*, qui ont des écailles de forme anguleuse, rhomboïdales ou polygones, composées de lames osseuses ou cornées, recouvertes d'émail, comme l'esturgeon, le lépidostée; et les *placoïdes*, dont les écailles sont représentées par celles des raies et des requins. Or, toutes ces divisions existent parmi les espèces fossiles; on y revoit ces quatre sortes d'écailles; on y retrouve des poissons osseux, subosseux et cartilagineux; on y reconnaît des espèces marines et d'autres d'eau douce : ainsi, même répartition générale, même forme de téguments, même structure, mêmes coupes, mêmes types.

Sur 1,000 espèces environ de poissons fossiles, Agassiz en a déterminé et classé 638, qu'il distribue en 167 genres. Il les rapporte à tous les points de la grande série ichthyologique, souvent à des genres vivants, plus souvent encore à des genres nouveaux et éteints, mais remplissant des vides dans la série, et formant des passages soit entre eux-mêmes, soit entre des genres fossiles et des genres vivants, soit entre des genres également vivants.

La famille des sparoïdes offre un exemple de ces passages; les *sparnodus* fossiles forment une petite tribu entre deux tribus vivantes, celle des dentés et celle des spares proprement dits.

SPAROÏDES. { Dentex, Cuv. / *Sparnodus*, Ag. / Pagellus, Cuv. / Sargues, Cuv.

Le genre *sparnodus*, dit Agassiz, tient à ces deux groupes par ses différents caractères, sans pouvoir être rangé ni dans l'un, ni dans l'autre.

Des deux familles suivantes de notre auteur, celle des percoïdes et celle des sauroïdes, la première, qui contient 75 genres vivants, n'en compte que 8 dont toutes les espèces soient fossiles, et la seconde, qui comprend 21 genres fossiles, ne possède plus que 2 genres vivants, les *lépidostées* et les *polyptères* (Geof.). Agassiz sous-divise sa famille des squales en trois groupes, d'après le système dentaire, les *cestraciontes*, les *hybodontes* et les *squalides*. Les hybodontes sont tous fossiles, et les cestraciontes, embrassant plus de dix genres éteints, ne comptent plus à l'état de vie que le genre *cestracion*, dont on ne connaît même encore qu'une seule espèce, le squale du *Port-Jackson*, qui vit dans les parages de la Nouvelle-Hollande. C'est même une remarque de l'auteur, que les types qui paraissent isolés de nos jours, sont représentés par de nombreux genres analogues dans les couches du sol, tandis que ceux qui prévalent dans l'époque actuelle ont peu de représentants parmi les fossiles; tant il est vrai que les êtres vivants et les êtres fossiles ne forment qu'une même série!

Insectes et arachnides. — Le nombre des espèces fossiles connues de ces deux groupes peut s'élever à 1,000 ou 1,200 environ. Les terrains de tous les âges en ont montré plus ou moins. Les insectes des marnes d'Aix ont la plus grande analogie avec les espèces vivantes du même pays, auxquelles même ils semblent identiques. Il paraîtrait cependant que les marnes d'Aix, ainsi que les lignites de Bonn offrent un certain nombre de genres qu'on ne retrouve plus que dans les zones intertropicales. Les insectes des marnes d'OEningen paraissent différer spécifiquement de ceux d'Aix, mais leurs formes sont encore celles de nos genres européens; ils sont même très-voisins de ceux qui vivent dans le même pays. Les insectes du succin n'ont rien qui contraste avec ceux de nos contrées européennes. A quelques exceptions près, tous leurs genres sont encore chez nous; mais leurs espèces, comme les végétaux qui les accompagnent, indiquent un climat chaud. Cependant l'on trouve encore en Europe des espèces identiques aux fossiles du succin; tels sont les *trombidium aquaticum*, *phalangium opilio* et *cancroïdes*, etc. (1). Toutes les espèces du calcaire lithographique de Solenhofen fournissent encore des genres à la même contrée, si ce n'est, parmi les arachnides, le genre galéode, qui lui paraît étranger et ne se montre plus que dans les parties méridionales et orientales de l'Europe, comme la Grèce, en particulier. Les espèces des terrains primaires et du terrain houiller paraissent en général se rapprocher de celles des climats les plus chauds de la terre.

Tous les insectes fossiles se rapportent donc aux mêmes *ordres*, aux mêmes *familles*, et, pour la plupart, aux mêmes *genres* que les insectes vivants; et ces genres vivent encore, en général, dans les mêmes pays où on les rencontre fossiles. Les genres éteints, s'il y en a, offrent la plus grande analogie avec les genres vivants; il n'existerait d'exception que pour une espèce de scorpion, provenu du terrain houiller de Bohême, dont M. Sternberg a fait un genre particulier, sous le nom de *cyclophthalmus*, à cause de la disposition de ses yeux qui sont placés en cercle. C'est peut-être le seul articulé qui présente des différences assez considérables avec les genres vivants connus; encore est-il fort douteux que la considération du nombre et de la disposition des yeux puisse fournir un caractère générique dans les scorpions. C'est une remarque importante à faire que, sauf un ou deux, on ne voit entre les formes génériques des insectes vivants et celles des insectes fossiles aucune différence tranchée, au point qu'on a manqué de caractères pour établir des genres nouveaux; on peut en dire autant en général des crustacés; et si l'on songe que les insectes sont, de tous les animaux, ceux qui subissent le plus facilement les variations spécifiques sous l'influence du climat et de la nourriture, on ne sera pas éloigné de croire que la plupart des fossiles ne sont que des variétés des espèces vivantes, comme

(1) Le succin ou ambre jaune, qui sert de gangue aux insectes dans l'argile plastique et dans les lignites parallèles à cette formation, est un suc végétal résineux qui a enveloppé les insectes, comme le fait encore aujourd'hui la résine de copal au Brésil. Le succin est accompagné de tiges paraissant appartenir à des conifères; il ne contient que des insectes terrestres et surtout des bois, beaucoup de fourmis, de diptères, de coléoptères xylophages, etc., habitués à chercher d'autres insectes sur les tiges des arbres, à y déposer leurs œufs ou à se nourrir de leur séve.

tendent à le prouver l'insuffisance des caractères dont on s'est servi pour les en distinguer, et le petit nombre de lacunes que présente la série des espèces de ce groupe.

	ORDRES.	FAMILLES.	GENRES.	ESPÈCES.
CRUSTACÉS MAXILLÉS.	Isopodes.............		Séroles. Sphéromes.	
	Trilobiens...	Isotéliens. Ogygiens.... Calyméniens.	Nileus. Trinucleus. — Ogygia (Brong.) Asaphus.	Ungula. Caudigère. (Br.) Limulurus. Longicaudatus.
	Branchiopodes.	Apusiens.		

Les crustacés les plus célèbres et les plus abondants à l'état fossile sont les trilobiens. M. Milne Edwards les a placés, comme on voit, entre les isopodes et les branchiopodes vivants. « Selon toute probabilité, dit-il, ces animaux devaient appartenir à la grande division des branchiopodes, et ils semblent établir un passage entre ces derniers et les isopodes. Ils ressemblent beaucoup aux séroles et aux apus. Leur tête clypéiforme a beaucoup d'analogie avec les apus ; chez plusieurs trilobites, on remarque, sur la face supérieure, des tubercules qui ressemblent extrêmement aux yeux réniformes des apus, et chez d'autres il existe à la même place deux yeux réticulés, qui, par leur disposition, rappellent exactement ceux des séroles et de quelques autres isopodes. La division du thorax en trois lobes, qui leur a valu le nom de trilobites, est une disposition analogue à celle d'un grand nombre d'isopodes. On n'est pas encore parvenu à découvrir des traces bien certaines de pattes chez aucun trilobite, et tout porte à croire que ces appendices étaient membraneux et lamelleux, comme chez les apus ; car sans cela, il serait difficile de s'expliquer leur destruction si constante et si complète. Plusieurs espèces avaient la faculté de se replier en boules, comme les sphéromes de nos mers. » (*Hist. des crust. viv. et fos.*).

La forme des trilobites n'est donc pas, comme on l'a cru d'abord, une forme insolite, étrangère aux êtres qui vivent actuellement. Les trilobites composent 21 genres, lesquels par leur réunion fournissent 134 espèces et se nuancent pour former un chaînon continu. Ainsi, le *trinucleus ungula* semble passer des trinucules ordinaires aux *ogygia* et les *ogygia* aux *asaphus*. L'*asaphus limulurus* est intermédiaire entre l'*asaphus caudigère* (Brong.) et l'*asaphus longicaudatus* (Murch.) ; d'autre part, le genre *nileus* fait rentrer les trilobites ordinaires dans le plan général des autres crustacés ; car ici, l'on n'aperçoit aucune trace des deux sillons longitudinaux qui, en général, divisent les trilobites en trois lobes.

Les autres crustacés fossiles appartiennent à 41 genres ; sur ce nombre, 29 sont vivants et 12 paraissent éteints. Plusieurs espèces fossiles sont très-voisines de leurs congénères vivantes : la *doripe de Risso* diffère très-peu de la *doripe quadridentée*, qui vit dans l'océan Indien ; la *leucosia subrhomboidalis* se rapproche singulièrement de la *l. craniolaire* de Fabricius, qui habite les côtes de l'Inde, et le *gélasime luisant* est très-voisin du *g. maracoani* qui habite Cayenne. D'autres sont identiques à nos espèces actuelles : le *maia squinado* et le *pagurus Berhardus* vivent sur nos côtes, et sont fossiles dans la presqu'île de Saint-Hospice, près de Nice. Quant aux genres éteints, ils se rapportent à tous les points de la série où ils remplissent des lacunes et forment des anneaux intermédiaires entre des genres vivants. Ainsi, dans le genre *dromilite* (Edw.) l'espèce *D. Bucklandii* passe des dromies aux homoles. M. Milne Edwards considère comme intermédiaire entre les salicoques et les astaciens le genre *coleia*, établi pour une espèce fossile par Williams John Broderip. Les deux espèces *macrourites tipularius* et *palemon spinipède* lui paraissent devoir se rapporter à un même genre, qui viendrait se placer entre les palémons et les pandares ; enfin, il regarde le fossile *macrourites fuciformis*, comme devant probablement former le type d'un genre particulier, intermédiairement aux sicyonies, aux palémons et aux hippolytes.

Mollusques. — La nature calcaire des coquilles, et le milieu où elles vivent, ont presque nécessité leur abondance et leur conservation à tous les étages du sol. On en compterait déjà plus de six mille espèces fossiles, s'il fallait accepter toutes celles qui ont été présentées par les paléontologues. Le seul bassin tertiaire de Paris en a fourni plus de 1,200. D'autre part, la valve d'un mollusque traduit ses organes de respiration, et par suite, en partie, son degré d'élévation dans la série ; elle peut donc offrir d'assez bons caractères spécifiques, pourvu qu'elle soit suffisamment intègre dans les parties essentielles. La classe des mollusques est donc une des plus intéressantes à notre point de vue ; s'il est vrai, comme nous sommes en train de le constater, que les animaux vivants et fossiles appartiennent au même système de création, cette classe, si riche en espèces dans nos mers et dans les couches du sol, doit confirmer pleinement notre thèse. En effet, nous retrouvons encore ici les mêmes faits. Les mollusques fossiles se rapportent à tous les points de la série malacologique ; presque tous les genres existants, qui ont des parties solides, sont représentés dans les terrains ; un très-grand nombre d'espèces ont leurs analogues parfaits ou identiques dans la nature vivante ; et tout le reste appartient à des genres éteints, qui se placent naturellement entre des genres vivants.

	Calmar. . . .	Calmar. *Apticus.* Sèche. *Béloptère.*
1re CLASSE. **CÉPHALÉS.**	Orthocères. . .	*Bélemnites.* *Conilites.* *Orthocères.* *Baculite.*
	Lituacés. . . .	*Lituite.* Spirule. *Hamite.*
	Ammonacés. . .	*Discorbites.* *Scaphites.* *Goniatites.* *Ceratites.* *Ammonites.*
	Nautilacés. . .	*Orbulites.* Nautiles.

La classe des céphalés nous offre plusieurs exemples très-remarquables de cet enchaînement des mollusques fossiles aux mollusques vivants. Le genre *apticus* des terrains anciens se place entre deux genres vivants, les calmars et les sèches proprement dites, et les trois espèces qu'il renferme forment des passages gradués de l'un à l'autre. Le *béloptère* offre la singulière combinaison, si peu prévue des naturalistes, de l'os de la sèche et de celui de la *bélemnite*, autre genre éteint. Les béloptères forment un type particulier de mollusques, établissant le passage entre les sèches et les bélemnites, et montrant avec évidence les rapports qui unissent ces genres. Le grand genre des bélemnitidées (d'Orbigny) n'apparaît donc plus comme un type isolé, une forme inusitée, puisque nous le voyons se réunir aux sèches par l'intermédiaire des béloptères. Mais il s'en rapproche encore par d'autres circonstances d'organisation. M. Deshayes avait pensé que la coquille des bélemnites participant à la fois des caractères des sèches et de ceux des orthocères ou nautiles droits, l'animal devait offrir la combinaison des organes propres à chacune des familles auxquelles ces deux genres appartiennent ; la conjecture de notre savant conchyliologue s'est changée en certitude, depuis que l'on a trouvé, dans la cavité antérieure de quelques bélemnites, l'empreinte d'un sac rempli d'une matière noire et tout à fait analogue à celui de la sèche.

M. Buckland a cité une autre bélemnite du lias de lyme-regis avec la poche à encre propre à toutes les espèces du grand genre *sepia* de Linnée.

Les nautiles proprement dits sont de notre époque et de tous les temps passés ; les *climènes*, ou nautiles à cloisons sinueuses, font partie de la famille des nautilacés, où, d'après M. de Munster, ils forment un genre à part ; or, les *climènes* se rapprochent singulièrement des *goniatites* de la famille des *ammonés*, et ces deux genres forment le passage d'une famille à l'autre ; il en est donc de cette nombreuse race des ammonés, tout entière fossile et comprenant plus de 300 espèces, comme de celle des bélemnites ; toutes deux se rattachent à des genres vivants, et viennent combler des lacunes dans la même série.

Nous avons, à l'état fossile, les deux grandes divisions du groupe des mollusques, les bivalves et les univalves, et la plupart des genres compris dans ces deux divisions, à l'exception de ceux qui ne sécrètent point de parties solides pouvant se conserver dans les dépôts du sol. Comme les vivantes, les espèces fossiles étaient réparties aux terres, aux mers, aux fleuves et aux lacs. Il y a beaucoup plus d'espèces fossiles et vivantes que de genres éteints, quoique les espèces éteintes paraissent l'emporter de beaucoup par le nombre sur celles que l'on trouve, soit à l'état de vie et à l'état fossile tout à la fois, soit à l'état de vie seulement ; mais les espèces éteintes, forment entre les deux extrémités de la grande série malacologique, ou de nouveaux types génériques évidemment intermédiaires entre des types vivants qu'ils relient, ou des passages et des nuances entre des espèces d'un même genre.

Nous pourrions poursuivre la démonstration jusque dans le groupe des rayonnés et des spongiaires ; mais à quoi bon pousser plus loin cette revue qui nous offrirait partout l'uniformité des mêmes faits ? Les animaux fossiles ne sont si bien que des anneaux détachés par la mort de notre seule et unique série, qu'il n'est donné aux paléontologues de les connaître et de les déterminer que par leurs rapports et leurs analogies avec les espèces vivantes de cette série ; c'est même en étudiant cette série que les zoologues peuvent, à l'avance, nous annoncer s'il y aura peu ou beaucoup d'espèces fossiles pour tel ou tel grand genre, pour telle ou telle famille, et le principe que la série leur fournit pour s'élever à cette prévision ne trompe jamais. Sur tous les points où les espèces vivantes sont très-voisines, il y a peu d'espèces nouvelles à attendre de la Faune fossile, et là où la série vivante offre des hiatus, des lacunes, c'est qu'elle a fait des pertes considérables. Les singes donnent une série d'espèces tellement serrée, que l'on ne doit pas espérer d'en découvrir beaucoup d'autres, soit vivantes soit éteintes. Il faut en dire autant des rongeurs. C'est tout le contraire pour les pachydermes et pour le groupe des reptiles, il y a beaucoup de lacunes entre leurs espèces vivantes ; aussi la paléontologie a-t-elle apporté à ces groupes un très-grand nombre d'espèces fossiles. La même remarque a été faite pour certaines familles de poissons. Parmi les mollusques, dans les coquilles polythalames, on compte tout au plus cinq ou six espèces vivantes, et il en existe beaucoup de fossiles. Dans les hélices ou limaçons, les espèces vivantes sont si nombreuses et si rapprochées, qu'on ne doit pas s'étonner du petit nombre d'espèces fossiles nouvelles que l'on connaît. Les térébratules sont très-peu nombreuses en espèces vivantes, il y en a tout au plus 12 ou 15 espèces ; à l'état fossile on en compte peut-être plus de 500 ; les cérithes sont dans le même cas. Il en est de même des crinoïdes, des échinides, etc., etc. C'est donc en réunissant ce qui a été avec ce qui est, que la grande et unique série se complète, se démontre, se lit d'un bout à l'autre, et justifie ce principe de Linnée, qu'*il faut compter autant d'espèces qu'il y a eu de formes diverses créées à l'origine.*

Dira-t-on que parmi les espèces qui existent, soit à la surface de la terre, soit dans son sein, et dont beaucoup nous sont inconnues, il y en a *peut-être* qui ne pourraient pas se rapporter à la série animale, et que par le seul fait de cette supposition, la thèse d'un créateur et d'un ordonnateur unique, pour notre règne animal, n'est pas *rigoureusement* démontrée ? — Mais d'abord le petit nombre d'espèces vivantes qui nous sont encore inconnues, par cela seulement qu'elles appartiennent à notre monde, doivent faire partie du même système de création que l'immense majorité que nous connaissons ; et celles des espèces éteintes que nous ne connaissons pas ont nécessairement aussi appartenu au même monde que la grande quantité d'espèces fossiles que nous connaissons ; car celles-ci proviennent des terrains de tous les âges, de toutes les époques, et puisque les unes entrent dans notre série, il faut bien croire que les autres ne lui sont pas étrangères.

Mais il est un fait irréfragable, contre lequel toutes les suppositions sont vaines, parce qu'il les exclut toutes. L'étude de l'organisation démontre cinq types bien distincts d'animalité, fondés sur la disposition du système nerveux, c'est-à-dire de l'organe de la sensibilité, caractère essentiel de l'animalité, et sans lequel celle-ci ne peut être conçue. Or ces cinq types ou cinq dispositions du système nerveux, traduits par la forme générale, renferment toutes les dispositions que l'on peut concevoir : 1° la forme et la disposition paire, avec le système nerveux central, au-dessus du canal intestinal, *vertébrés*, (articulés intérieurement); 2° cette même forme et disposition, avec le système nerveux central au-dessous du canal intestinal, *articulés* (extérieurement); ce plan est l'inverse de celui du type précédent; 3° la forme et la disposition paire tendant à devenir circulaire, avec le système nerveux à la fois supérieur, latéral et inférieur au canal intestinal, *mollusques*; 4° la forme et la disposition du système nerveux rayonnée ou circulaire, *rayonnés*; 5° la forme sphérique ou indéterminée et le système nerveux tellement confondu avec le reste, qu'il est indémontrable anatomiquement, *amorphes*. Ces cinq types renferment toutes les combinaisons d'organes susceptibles de s'harmoniser avec les lois et les milieux physiques, avec toutes les conditions d'existence, de telle sorte qu'il est impossible d'imaginer d'autres combinaisons d'organes et d'autres types, à moins d'imaginer en même temps d'autres lois physiques et d'autres milieux d'existence, tout différents, et même opposés à ceux du monde actuel; il n'y a donc qu'une seule conception de l'animalité, dont nous connaissons tous les types possibles, et dans ces types tous les grands degrés, sans qu'on puisse y en intercaler de nouveaux, et tel est ce qu'on appelle la série animale, à laquelle appartiennent nécessairement tous les animaux vivants et éteints, connus et inconnus.

II

RÈGNE VÉGÉTAL. — LES ESPÈCES FOSSILES EN FONT PARTIE.

Il existe un ordre naturel dans le règne végétal, comme dans le règne animal; on l'entrevoit; il y a une série constante de dégradations, en allant des multicotylédonés et dicotylédonés aux agames par les monocotylédonés et les cryptogames. C'est même sur ce fait que les grandes coupes du règne sont établies. Mais quelles lois président à cet ordre de dégradations? quels caractères extérieurs, traduisant la structure intime du végétal, pourront, en tout temps, servir à démontrer son degré de perfection? Voilà ce que les botanistes sont en train de chercher dans ce moment. La réalité d'un ordre général et naturel dans le règne végétal est donc certaine, et cela nous suffit. Or, les espèces fossiles appartiennent à cet ordre, elles sont appelées à en faciliter la démonstration. Ici, les voix sont encore unanimes. Plusieurs botanistes, d'après des considérations purement géologiques, ont pensé que les plantes fossiles avaient été créées avant celles qui existent en ce moment, mais nul observateur n'a songé à les rapporter à un système de création différent du nôtre. Mes autorités sont : en Allemagne, Scheuchzer, Schlotheim, Sternberg, Germar,

Kaulfuss, Rhode, Martius, Goëppert, Berger; en Suède, Nilson, Agardh; en Angleterre, Parkinson, Artis, Lindley, Hutton, Williams Nicol, Witham; en Suisse, Mérian; en France, Antoine Jussieu, Alphonse Brongniart, Schimper, Mougeot; en Amérique, Steinhauer, etc., etc.

Des plantes éteintes, les unes croissaient dans la mer, comme les algues des terrains primaires, d'autres sur les terres découvertes et aux bords des marais, comme les fougères, les conifères, les équisétacées, etc., des dépôts primaires, du calcaire de montagne et des houilles; d'autres vivaient dans les eaux douces, comme les marsiléacées du terrain houiller et carbonifère; ainsi, même répartition générale qu'aujourd'hui dès les premiers âges du monde, ainsi que les gisements l'indiquent.

Les plantes fossiles ne forment pas une classe ni une suite de classes particulières, établies sur des plans différents de nos végétaux, et que l'on doive placer avant ou après eux; elles appartiennent aux six grandes classes de notre règne; elles rentrent dans toutes leurs divisions. Il existe bien quelques fossiles dont la classe est douteuse; mais loin d'être sans rapports, par ce que l'on en connaît, avec les familles de nos classes, c'est au contraire parce qu'ils en ont avec un trop grand nombre qu'on ne peut les ranger avec certitude dans aucune. Le doute tient uniquement à l'insuffisance de ces débris, à leur trop imparfaite conservation, ou à l'absence d'organes caractéristiques. Des végétaux vivants seraient l'objet des mêmes doutes s'ils s'offraient dans les mêmes conditions à l'examen de l'observateur.

Plus de 60 familles vivantes de toute classe sont représentées plus ou moins abondamment dans la Flore des terrains, et il ne paraît pas que les botanistes aient jugé à propos d'établir de nouvelles familles pour des espèces fossiles. Ainsi, mêmes classes et mêmes familles. Une foule de genres fossiles sont identiques avec nos genres vivants. Il existe aussi des genres éteints, mais ils forment des passages, et rapprochent des familles et des genres qui paraissaient isolés; les *calamites* et les *lepidodendrons* en sont des exemples.

FAMILLES.	GENRES.	ESPÈCES.
ÉQUISÉTACÉS. . . .	Equisetum.	— *Columnare.*
	Calamites.	— *Radiatus.*
LYCOPODIACÉS. . . .	Psilotum.	
	Lepidodendron.	
CONIFÈRES.		

« Les espèces du genre *calamite*, dit M. Brongniart, semblent offrir tous les passages d'une structure très-analogue à celle du genre vivant *equisetum* à une organisation qui n'en différerait que par la diminution successive d'un organe accessoire, la gaine, qui, très-développée dans les vrais equisetum, l'est déjà moins dans le *calamites radiatus* du terrain de transition, puis se réduit à de simples tubercules et disparaît enfin complétement. » D'après le même botaniste, l'equisetum *columnare*, espèce fossile qui diffère beaucoup des prêles actuelles, paraît faire le passage du genre vivant aux *calamites*. M. de Sternberg admet aussi que les equisetum se distinguent bien des calamites dont ils sont néanmoins très-voisins. Mais, je dois le dire, Lindley n'adopte pas ce rapprochement. D'après lui, M. Brongniart aurait oublié la présence du bois et de l'écorce dans les calamites.

Les mêmes doutes n'existent pas sur les passages formés par les *lépidodendrons*. « Ce genre fossile est intermédiaire aux lycopodiacées et aux conifères; il rapproche deux familles isolées. Les rapports des lépidodendrons avec les lycopodiacées sont très-intimes, particulièrement avec les lycopodes de la section des *selago*. Leur structure interne offre l'analogie la plus complète, non pas avec la majorité de nos lycopodiacées actuelles, mais avec quelques plantes de cette famille, comme le *psilotum triquetrum* en particulier. Enfin, les organes de fructification, désignés d'abord sous le nom de *lepidostrobus*, qui ont été retrouvés fixés à l'extrémité des rameaux de véritables lépidodendrons, complètent l'analogie au point qu'il me paraît impossible d'hésiter à ranger ces plantes fossiles dans une même famille, celle des lycopodiacées, parmi lesquelles elles formeraient seulement un groupe bien distinct. »(*Brongniart, Mém. sur les lép. et leurs affinités*, etc.). Lindley reconnaît aussi la grande analogie des lépidodendrons avec les lycopodiacées, et il les place entre cette famille et celle des conifères. Ce nouveau type générique établit un meilleur passage entre les plantes à fleur et sans fleur que les equisetum et les cycadées. C'est, dit M. Boué, une confirmation que les vides observés dans la série naturelle seront comblés peu à peu par la découverte de nouveaux genres fossiles. (*Bul. de la Soc. géol.*). Les lépidodendrons sont très-nombreux dans le terrain houiller; ils descendent jusque sous le calcaire de montagne, et remontent jusque dans le keuper. Dans les plus grandes espèces, les tiges ont plus d'un mètre de diamètre à leur base, et il s'en rencontre, assure-t-on, dans les mines de Werden, qui ont plus de vingt mètres de long.

Avec les plantes fossiles dont les genres sont ou distincts des vivants ou identiques avec eux, les paléontologues en trouvent d'autres qui paraissent différer un peu plus de certaines espèces de nos genres que celles-ci ne diffèrent entre elles; mais l'organe qui présente ces différences, n'est pas assez important pour autoriser à croire que ces plantes devaient s'en distinguer par tous leurs organes essentiels. Ici, il y a lieu de douter si ces espèces constituaient de nouveaux genres ou si elles faisaient partie de nos genres vivants. C'est le cas où se trouvent les nombreuses espèces fossiles de la grande famille des fougères. La rareté des fructifications, à l'état fossile, a obligé les botanistes, pour faciliter le classement et la détermination des espèces, d'établir des genres artificiels, fondés sur la disposition des nervures combinée avec le mode de division des frondes et des pinnules. Cependant l'analogie de ces espèces avec les espèces vivantes de la même famille n'en est pas moins incontestable, quoique l'on n'ait pu saisir jusqu'à ce moment, dans toute leur étendue, les rapports qui les y unissent. « Ces frondes fossiles, dit M. Brongniart, ne présentent pas de ces déviations de la structure habituelle d'un certain nombre de fougères vivantes, qui pourraient indiquer l'existence, dans ces temps anciens, de genres très-différents de ceux qui habitent encore notre globe. »(*Prodrome*) M. Goëppert adopte complétement cette manière de voir. Son parallèle des fougères vivantes et fossiles concerne les racines, les tiges, les éventails, les stipes et les fruits. D'après le savant professeur de Breslau, l'examen des rapports qui existent entre les espèces vivantes et les fossiles, prouve que les lois de la végétation des premiers temps du monde étaient les mêmes que celles de la végétation des temps présents, et que s'il n'y a nulle part (parmi les fougères) identité d'espèces, il y a partout analogie ; les mêmes variétés de formes qu'offrent les fougères vivantes dans toutes leurs parties, se retrouvent presque toutes parmi les fougères des temps primitifs. (*Mém. sur la répartition des plantes fos.*, etc.). Tous les botanistes n'accordent pas à M. Goëppert qu'il y ait toujours distinction d'espèce entre les fougères fossiles et les vivantes ; d'après MM. Lindley et Hutton, la fougère *tæniopteris vittata* ne peut se distinguer de l'*aspidium wallichianum* de l'Inde. La plante fossile est de l'oolithe inférieure de Whitby et du lias de la Newevelt et de Hör en Scanie. J'ai cité ailleurs des exemples d'identité pour d'autres végétaux des terrains anciens.

Toutes les espèces fossiles végétales et animales se rapportent donc à nos deux règnes organiques ; elles entrent dans le même système de création ; elles concourent à démontrer, pour ces deux grands règnes, une conception unique, un créateur et un ordonnateur unique : résultat définitif, et d'autant plus important qu'il repose sur des faits recueillis dans tous les continents et à tous les niveaux du sol de remblai, sur des faits qui accusent, pour toutes les époques des temps passés, les mêmes milieux d'existence, les mêmes lois de végétation et d'animalisation qui régissent l'ordre présent.

III

UNION DU RÈGNE VÉGÉTAL ET DU RÈGNE ANIMAL.

Quoique les caractères fondamentaux du végétal et de l'animal soient différents, puisque, dans le premier, c'est la reproduction, et, dans le second, la sensibilité, et la locomotion, ils sont cependant unis entre eux, non-seulement par des analogies de structure, d'organes et de fonctions, qui les font rentrer dans un même système général de création, mais encore par des rapports mutuels de conservation, qui les rendent fonction l'un de l'autre, nécessaires l'un à l'autre, et ne permettent pas de douter qu'ils ne soient l'œuvre de la même volonté créatrice et législatrice. Diderot ne demandait qu'une aile de papillon, pour établir l'existence de Dieu ; ici ce sont les harmonies de tous les règnes, qui vont concourir à démontrer ce premier de tous les dogmes.

Analogies de structure et de fonctions. — Il y a plusieurs analogies de structure entre l'écorce complète du végétal et la peau de l'animal. L'écorce se compose de plusieurs parties distinctes ; c'est d'abord l'épiderme, membrane transparente et incolore, qui recouvre toutes les parties de la plante exposées à l'air. Elle est percée de pores corticaux nommés *stomates*, et tire son origine du tissu cellulaire externe, modifié par les agents atmosphériques. Au-dessous de l'épiderme, s'étend l'enveloppe herbacée, lame de tissu cellulaire qui l'unit aux couches corticales ; elle recouvre le tronc, les branches et leurs divisions, et forme le parenchyme des feuilles. Analogue à la moelle centrale, avec laquelle elle communique par les prolongements médullaires, elle est colorée par des grains de chromule, et renferme souvent les sucs propres des végétaux contenus dans des canaux simples ou fasciculés ; enfin elle est le siége de la décomposition de l'acide carbonique. Sous l'enveloppe herbacée, ou peut-être au milieu de son tissu étendu, est l'écorce proprement dite, composée de couches concentriques que l'on distingue difficilement les unes des autres. Là sont distribués des faisceaux de tubes fibreux, séparés d'abord entre eux par des espaces cellulaires qui sont la prolongation des rayons médullaires, et ensuite du corps ligneux par une couche de tissu utriculaire.

Telle est, en général, la structure de l'écorce complète ; or, si l'on reconnaît préalablement que deux parties, la couche musculaire sous-posée et le réseau papillaire nerveux, doivent y manquer, puisque les fonctions manquent, on y trouve une analogie suivie avec ce que l'anatomie démontre dans la peau des animaux : 1° en allant du dedans au dehors, le liber ou couche corticale proprement dite est l'analogue du derme ; 2° l'enveloppe herbacée, avec ses vaisseaux latexifères et ceux qui contiennent les sucs propres, correspond au réseau vasculaire ; 3° les grains de chromule qui la colorent représentent le pigment ; 4° l'épiderme est l'analogue de la partie de même nom dans l'animal. Il y a, pour celui-ci, deux parties de perfectionnement, les cryptes et les phanères qui seraient représentées par les épines des végétaux, tandis que les poils et les aiguillons de ces derniers, que l'on regarde comme plus superficiels et naissant sur l'épiderme, répondraient aux scutelles des reptiles, par exemple, lesquelles sont aussi épidermiques.

L'analogie de structure suppose l'analogie de fonctions. En effet, les stomates ou pores corticaux, dont l'épiderme du végétal est percé, servent à la respiration, comme les pores de la peau. L'écorce et la peau servent également aux excrétions ; mais il y a de plus, dans les animaux, une peau rentrée, pour former un appareil digestif et absorbant.

La peau des animaux est distincte de tous les organes sous-posés ; les différentes parties de cette peau sont aussi distinctes entre elles chez les animaux supérieurs; cette distinction diminue ensuite, et se dégrade jusqu'à la confusion de toutes les parties dans les animaux inférieurs. Nous retrouvons aussi dans les premiers végétaux (multicotylédonés) l'écorce distincte du bois, et les différentes parties de l'écorce distinctes entre elles. Dans les suivants (monocotylédonés), l'enveloppe est encore distincte, mais elle n'a plus de couches corticales ; puis dans les fougères, les lycopodiacées, les mousses, etc., l'écorce n'est plus distincte ; enfin toutes les parties sont confondues dans les végétaux inférieurs, qui ne sont plus que du tissu utriculaire et où le produit n'est plus que la continuation de l'adulte.

Dans les animaux, le sang devenu vital par la respiration, est apporté à toutes les parties animales, qui y puisent les éléments réparateurs, et chaque tissu a la propriété de s'assimiler ce qui lui convient. Nous trouvons la même chose dans les végétaux, qui semblent tous pouvoir être ramenés à la même loi d'organisation et d'accroissement, comme ils paraissent tous soumis à la même loi de dégradation sériele que l'on observe dans les animaux.

Ainsi le règne végétal et le règne animal n'offrent pas seulement des plans particuliers analogues, réunis sur un grand plan sériel de dégradations analogue ; mais le règne animal reproduit les caractères du règne végétal, puisqu'il est organisé, vit et se perpétue par des fonctions analogues, et le règne social, à son tour, reproduit tous les caractères essentiels des deux autres règnes, l'organisation, la vie, la perpétuité, la sensibilité, la locomotion, tout en s'en distinguant par ses caractères différentiels et supérieurs, comme le règne animal se distingue aussi du règne végétal par ses caractères propres et supérieurs ; ce sont donc trois degrés distincts et définis de perfection, conçus et réalisés par la même intelligence souveraine.

Rapports mutuels de conservation. — Notre air respiratoire est composé de deux principes élémentaires, l'oxygène et l'azote ; sur cent parties d'air dont notre poitrine s'abreuve, 79 sont de l'azote et 21 de l'oxygène. Cette proportion entre les deux éléments du fluide vital, est nécessaire à l'exercice libre et facile de la respiration chez les animaux ; si elle change en plus ou en moins, l'animal souffre et même succombe. Mais cet air, qui entre dans la poitrine et en sort alternativement, subit des altérations remarquables dans le court espace de temps qu'il est en contact avec les organes. A son expulsion des poumons, la proportion de ses éléments n'est plus la même ; au lieu de 21 parties d'oxygène, il n'en reste plus que 18 ; les trois qui ont disparu, se sont mêlées et combinées avec le charbon pur que contient le sang, et l'ont rendu plus fluide et plus chaud. Ces changements étaient nécessaires ; sans eux le cœur eût cessé de battre, et sa vie eût été suspendue tout à coup.

Cependant ces trois parties d'oxygène ne restent point avec le sang ; elles s'unissent à l'un des éléments de ce liquide appelé carbone, qui n'est autre chose que du charbon parfaitement pur. Or cette combinaison donne lieu à une nouvelle espèce d'air, que l'on nomme acide carbonique, lequel sort de la poitrine de l'animal à chaque mouvement qu'elle produit. La combustion développe aussi l'acide carbonique. Ce gaz est impropre à entretenir la respiration des êtres sensibles. Si l'on jette un animal dans une atmosphère qui en contienne une certaine quantité, il tombe bientôt asphyxié. C'est ce qui arrive aussi pour l'homme, toutes les fois qu'il reste exposé à la vapeur concentrée du charbon, qui n'est autre chose que de l'acide carbonique. Mais comment ce fluide, dont la respiration des animaux, la chaleur et les corps en combustion sont des sources abondantes et continuelles, n'a-t-il pas entièrement corrompu l'air qui fait vivre l'animal, depuis le temps que le feu brûle à la surface de la terre et que des animaux y respirent ? C'est en effet ce qui serait arrivé, comme le prouvent des expériences et des calculs fort exacts, si ce gaz n'était absorbé par le règne végétal ; c'est aux végétaux que nous devons ce grand bienfait, d'où dépend notre vie et celle du règne animal.

Pour croître et se développer, les végétaux ont besoin, comme les animaux, d'un principe répandu dans l'air, et ce principe est précisément celui qui en altérait pour nous la pureté, l'acide carbonique. C'est leur aliment respiratoire, comme l'oxygène est l'aliment respiratoire des animaux. Dans le jour, les animaux et les feux répandent dans l'air une grande quantité d'acide carbonique; dans la nuit, les végétaux absorbent cet acide par les innombrables pores ou suoirs parsemés à la surface de leurs feuilles. Mais le matin, il s'opère un autre phénomène : on se rappelle que l'acide carbonique est une combinaison de carbone et d'oxygène; or, quand les premiers rayons du soleil viennent frapper les plantes, l'oxygène qu'elles avaient absorbé pendant la nuit, se sépare du carbone, s'exhale dans l'atmosphère qu'il rafraîchit et purifie, et le charbon pur, au contraire, reste dans le végétal et le nourrit. Ainsi, les feux et la respiration des animaux altèrent continuellement l'air atmosphérique, et la respiration des plantes corrige continuellement cette altération, et rend à l'air sa pureté première, et l'influence de la lumière et du soleil est nécessaire à l'accomplissement de ces phénomènes. Ces belles harmonies de conservation établissent entre le règne animal et le règne végétal une dépendance mutuelle, et, de plus, elles les enchaînent au règne élémentaire où l'un et l'autre puise son aliment respiratoire propre. Le règne végétal et le règne animal, qui ne peuvent exister l'un sans l'autre, qui sont fonction l'un de l'autre, n'ont donc pas été conçus l'un sans l'autre ; ils sont donc l'ouvrage du même créateur. De cette dépendance réciproque des deux règnes organiques, il faut conclure que les végétaux n'ont pas existé longtemps avant les animaux ; aussi n'y a-t-il point d'intervalle appréciable, pour la géologie, entre l'apparition de ce règne et celle du règne animal, puisqu'ils se montrent ensemble, dans tous les continents, dans les couches les plus anciennes du globe. Parce que l'acide carbonique est un des fluides vitaux des plantes, il ne faut pas croire que leur accroissement soit en proportion directe avec l'abondance de ce gaz dans l'atmosphère. Nous savons que des graines plongées dans l'acide carbonique y demeurent inactives, que les plantes s'y asphyxient comme les animaux. Un sol imprégné de trop de carbone, une atmosphère d'acide carbonique seraient donc des causes destructives du règne végétal aussi bien que du règne animal ; c'est la combinaison des corps élémentaires dans de certaines proportions qui fait vivre et maintient ces règnes.

IV

HARMONIES ET ENCHAÎNEMENT DE TOUS LES RÈGNES.

On peut distinguer dans l'univers six *règnes* fondés les uns sur les autres, et qui vont chacun se compliquant des qualités et propriétés des règnes inférieurs, en y ajoutant celles qui leur sont propres. La matière, à l'état élémentaire dans le premier règne, reçoit dans le règne minéral une forme et une sorte de structure, auxquelles s'ajoute un mouvement continu et régulier dans le règne sidéral ; l'ordonnateur suprême en fait une organisation vivante dans le règne végétal ; en l'élevant encore d'un degré, il la rend propre à servir d'organes à la sensibilité et au mouvement volontaire dans le règne animal ; et enfin, dans le règne social, elle devient le siége, la compagne et l'instrument d'une intelligence faite pour comprendre tous les règnes, et s'élever par eux jusqu'à la contemplation des perfections de leur sublime auteur. Tous les règnes sont fonction les uns des autres, et quoique établis chacun sur un plan particulier, limité et parfaitement distinct, ils s'harmonisent avec tous les autres, dans un plan général qui forme la nature ou l'univers.

I. Le *règne élémentaire* comprend le fluide éthéré, l'eau et les différents gaz ou éléments atmosphériques. Il occupe et pénètre tous les corps de la nature ; il est le milieu de tous les autres règnes, et sans lui, l'homme, les animaux et les plantes ne pourraient pas exister : il n'est pas vivant, mais vivifiant ; il a cependant comme une vie phénoménale, par des mouvements continuels et en tous sens qui décomposent et recomposent les éléments matériels des autres règnes, lesquels deviennent ainsi nécessaires à sa vie phénoménale ; il est fonction de ces règnes et ces règnes sont fonction de lui.

Le fluide éthéré est l'agent des compositions et des décompositions chimiques qui se font dans l'air, l'eau et la terre, et peut-être aussi le régulateur du mouvement astronomique. Principe de la végétabilité, comme lumière, comme électricité, il agit continuellement dans la germination, la nutrition, l'accroissement des plantes, et sous le nom de fluide électro-nerveux, dans la vie organique de l'homme et des animaux ; il relie entre eux tous les règnes de la nature ; il est le véhicule de l'influence réciproque des uns sur les autres, et s'il en manquait un seul, son action serait incomplète ; car il y a échange d'électricité entre les corps sidéraux, entre la terre, les eaux et l'atmosphère, entre ces groupes et les animaux et les végétaux ; en sorte que, par l'absence des autres règnes, le fluide éthéré serait sans action, sans phénomènes, sans but.

L'air, ou, plus généralement, l'atmosphère, est soumis à l'action du fluide éthéré ; mais il en est aussi fonction, puisqu'il lui sert de véhicule et de récipient. L'air est nécessaire à l'homme et aux animaux qui le respirent en nature, aux animaux aquatiques qui le respirent dans l'eau, et à tous les végétaux, qui s'étiolent et ne se reproduisent plus dès qu'ils en sont privés. Mais l'air, à son tour, est modifié par les eaux, par les végétaux, par les animaux, au point de devenir impropre à la vie des uns en l'absence des autres. De l'action réciproque de l'éther et des éléments atmosphériques résultent les divers météores, vents, pluies, orages, etc., qui modifient la surface de la terre et tout ce qui l'habite.

L'eau contient de l'air et du fluide éthéré qui, sous le nom de chaleur, et selon la quantité absorbée par elle, la rend liquide ou gazeuse; elle fournit à son tour à l'air, par ses évaporations et sa décomposition; elle est nécessaire aux végétaux, aux animaux et à l'homme sous ses deux formes liquide et gazeuse; elle est donc fonction de ces êtres; elle l'est aussi de la terre, soit directement, en dégradant, délayant et transportant ses roches, soit indirectement, par les animaux et les végétaux qu'elle nourrit, et dont les dépouilles accroissent l'enveloppe corticale du globe. Mais si les végétaux puisent dans l'eau soit liquide, soit gazeuse, ils contribuent aussi à son renouvellement, à sa condensation atmosphérique, à sa réunion en sources, à son écoulement à la surface et dans l'intérieur du sol, partout où ils existent en assez grande quantité pour produire ces phénomènes.

II. Le *règne minéral* a pour caractère différentiel la forme solide et géométriquement déterminable. Plongé dans le règne élémentaire qui agit sur lui et sur lequel il réagit, il est la base de tous les règnes supérieurs; il est susceptible de changements par addition et mélange en plus ou en moins; il augmente par la décomposition des règnes organiques auxquels il est nécessaire, et qui sont aussi nécessaires à son but et à sa destinée.

III. Le *règne sidéral* ayant pour caractères propres et distinctifs le mouvement continu, régulier dans l'espace et mathématiquement calculable, agit sur les règnes précédents, à l'aide desquels il produit les alternances de jour, de nuit, de saisons, etc., nécessaires à l'existence des règnes supérieurs, dont il est par conséquent fonction; mais il ne pourrait rien et ne serait même pas sans les règnes minéral et élémentaire. La terre est soumise à toutes les influences du règne élémentaire et du règne minéral, mais, à son tour, elle est le siège de tous leurs phénomènes. Par son mouvement annuel et diurne, elle maintient la salubrité dans l'air et dans l'eau, concurremment avec le soleil et la lune, dont l'action combinée contribue au même résultat en produisant les marées atmosphériques et celles des mers. Personne n'ignore l'influence du soleil sur la végétation et son action bienfaisante sur le règne animal et le règne social. La lune, à son tour, agit fortement sur l'ascension périodique de la séve et l'accroissement des plantes. Enfin ces astres déterminent une partie des conditions nécessaires à l'existence des êtres organisés sur la terre.

IV. Le *règne végétal*, dont le caractère propre est la structure organique pouvant se reproduire par elle-même, est basé sur le règne minéral ; il ne peut se passer ni du règne élémentaire, sur lequel il réagit, ni du règne sidéral, et il est le fondement des deux règnes supérieurs ; mais ces règnes, à leur tour, lui sont nécessaires ; il y a échange de fluide vital entre eux et lui, et sans eux il n'aurait ni but ni destinée. Il y a un équilibre harmonieux entre la respiration des végétaux et celle des animaux ; les premiers aspirent les gaz que les seconds expirent et réciproquement ; de sorte que s'il n'y avait que des végétaux, ils pourraient finir par épuiser leurs éléments respiratoires. L'électricité végétale et l'électricité animale se font un autre équilibre tout aussi nécessaire aux uns qu'aux autres ; les animaux dégagent continuellement de l'électricité et en absorbent ; il en est de même des végétaux, il y a échange entre les deux règnes. Si les animaux se nourrissent de végétaux, un grand nombre de végétaux se nourrissent aussi de débris d'animaux, soit liquides, soit gazéifiés par la décomposition. Les deux règnes sont donc fonction l'un de l'autre, et faits l'un pour l'autre.

V. Le *règne animal* se distingue de tous les autres par la sensibilité et le mouvement volontaire de translation dont la cause est en lui. Il a besoin de tous les règnes précédents, et il réagit sur les règnes élémentaire, minéral et végétal, dont, par conséquent, il est fonction, en tant qu'il y maintient l'équilibre harmonique et qu'il sert même à la vie des végétaux. De plus, les diverses parties de ce règne sont fonction les unes des autres ; si les espèces supérieures ont besoin des inférieures, les inférieures ont aussi besoin des supérieures. L'hydre verte, qui n'est qu'un sac entouré de tentacules, saisit des insectes et d'autres articulés plus élevés qu'elle ; il en est de même de beaucoup d'autres polypes. Les oursins, qui ne sont que des rayonnés, se nourrissent de crabes et d'autres crustacés bien plus complets qu'eux dans leur organisation. Les mollusques céphalés, tels que poulpes et calmars, mangent des poissons. Une foule d'animaux articulés vivent en parasites sur les chevrettes, dans les mollusques, sur les poissons, sur les oiseaux, sur les mammifères marins et aquatiques et sur l'homme lui-même, et ils ne vivent que là. Beaucoup de reptiles se nourrissent d'oiseaux et de mammifères. Il y a aussi des oiseaux qui font des mammifères leur proie presque unique ; ces faits existent pour chaque genre, pour chaque famille, et ils prouvent que le règne animal est un, et n'aurait pu exister partiellement dans ses grands groupes, comme l'ont prétendu beaucoup de géologues. Car, s'il est vrai qu'une espèce, à défaut de celles qu'elle attaque ordinairement, a pu, et peut encore faire sa proie d'autres espèces, ce fait a pourtant ses limites ; il ne s'étend pas à tout le règne, et d'ailleurs il n'empêche pas que les espèces parasites n'aient besoin des espèces supérieures auxquelles leur existence est attachée.

VI. Le *règne humain* a, pour caractères différentiels, l'intelligence, et par suite la moralité, qui le rend perfectible et social. Il a besoin de tous les autres règnes, dont il est le terme. Ils ne sont intelligibles que pour lui seul, et son action sur eux est immense ; car, si l'on excepte le règne sidéral, il peut, entre certaines limites, modifier tous les autres et se modifier lui-même ; par la connaissance qu'il acquiert des lois de la création, il y ramène les autres règnes, sur les points du globe où la prédominance de l'un rompait l'équilibre nécessaire à l'entretien de la vie et au développement des autres ; c'est ainsi qu'il endigue les eaux, dessèche les marais et assainit l'atmosphère, déboise ou reboise le sol, précipite les montagnes, etc. Il est la fonction la plus élevée de tous les règnes, il est l'âme qui anime leur vaste solitude, il est la voix, le pontife de la nature ; par lui Dieu est connu, glorifié dans ses œuvres, et le but de la création est rempli.

Les lois qui régissent le monde étant le résultat des propriétés diverses des règnes et de leurs rapports ou combinaisons harmoniques, comme le démontre tout ce qui précède, elles n'ont pu exister qu'après la création et l'établissement de ces règnes et de leurs rapports ; elles ne peuvent donc pas être invoquées comme causes de l'arrangement et de la disposition des différentes parties du monde, mais seulement des modifications qu'il a subies depuis l'époque de son établissement. De plus, l'étude des règnes nous les montre formant une suite de plans et de degrés ascendants, parfaitement distincts, et faits cependant pour s'adapter les uns aux autres dans un plan général qui embrasse tout ; et ces règnes sont tellement subordonnés et nécessaires les uns aux autres, que si l'un d'eux venait à manquer, les autres, ou n'existeraient plus, ou cesseraient de fonctionner et n'auraient plus de raison d'être ; nous sommes donc forcés d'admettre qu'il y a dans le monde une conception unique, un plan général unique, réalisé par un seul Dieu créateur et ordonnateur : conclusion concordante avec l'enseignement de la Genèse.

CHAPITRE XVII.

ACCORD DE LA COSMOGONIE ET DE LA SCIENCE SUR L'UNITÉ D'ESPÈCE DANS LE GENRE HUMAIN.

Dieu, dit le texte cosmogonique, créa le premier couple humain, Adam et Ève ; il les bénit et leur dit : « Croissez, multipliez-vous, et remplissez toute la terre. » Ces paroles établissent assez clairement la paternité universelle du premier homme de la Bible. Moïse, après le récit du déluge et l'anéantissement du genre humain, la famille de Noé exceptée, nous dit que toute la terre fut repeuplée par les trois fils de ce patriarche. « Ce sont là les trois fils de Noé ; d'eux est tout le genre humain répandu sur la terre. » Il nous montre cette espèce unique divisée en familles, en peuplades, en nations, avec leurs langues différentes et les pays qu'elles habitent : « Voilà les familles des enfants de Noé, selon les diverses nations qui en sont sorties ; de ces familles se formèrent, après le déluge, tous les peuples de la terre. » Enfin il nous indique les points d'où partirent ces premières familles du genre humain renouvelé, pour couvrir de leurs générations toute la surface du globe. (*Gen.*, c. II, v. 8 et 9.) Cette tradition sur l'origine des peuples, sur la commune et unique descendance des hommes s'est conservée partout, et particulièrement chez le peuple juif. La généalogie si précise, si vraie des patriarches antédiluviens, s'étend depuis Adam jusqu'à Noé ; trois vies d'hommes suffisent ensuite à remplir l'intervalle des temps de Noé à Abraham : Sem, fils de Noé, avait vécu avec Arphaxat, et celui-ci avait connu Tharé, père d'Abraham. Après Abraham, la tradition se transmit par ses descendant jusqu'à Moïse, et ensuite, par les écrits de celui-ci et des auteurs de chaque siècle, les Psalmistes, les prophètes, les hagiographes. Elle était encore si vivante au temps de la venue de Jésus-Christ, que saint Étienne la rappelle à sa nation, et que saint Paul en instruit l'aréopage : « Il a fait descendre d'un seul toute l'espèce des hommes. » Saint Luc rapporte textuellement la généalogie de Jésus-Christ, qui remonte, par des noms propres et historiques, jusqu'au premier homme de la Genèse. (c., III v. 23 et suiv.) Tels sont les éléments de la preuve historique et traditionnelle de l'unité primitive de l'homme, éléments que l'on irait acheter au poids de l'or chez les Indiens, les

Chinois ou les Mexicains, et dont bien des savants français du dernier siècle ont paru faire peu de cas, apparemment parce qu'ils se trouvent dans la Bible.

Il est vrai, pour tout dire, que ces savants sont les mêmes qui faisaient sortir l'homme du limon de la terre, comme Bory de Saint-Vincent, ou d'un infusoire asymétrique, comme Telliamède et Lamarck, ou de la rencontre de deux courants électriques, comme je ne sais plus qui ; ou qui faisaient descendre les peuples de certains points élevés du globe dont ils vous donnaient la longitude et la latitude, mais sans se mettre en peine de vous apprendre comment ils y étaient montés ; les mêmes qui ne tenaient aucun compte ni de l'histoire et des traditions, ni de l'affinité des langues et de la ressemblance des coutumes, ni de la communauté des idées chez tous les peuples, ni de la fécondité de l'union de toutes les races, ni de tant d'autres considérations qui réclamaient pourtant, avec assez de justice, leur part d'influence dans la solution de la question. Leur opinion comptait assez peu de partisans hors de notre pays. Ils ne s'accordaient point sur les caractères spécifiques dans le genre humain, ni sur le nombre des espèces. Les uns, avec M. Virey, en admettaient deux seulement ; M. Desmoulins en distinguait près d'une douzaine ; M. Bory de Saint-Vincent en portait sans hésiter le nombre jusqu'à quinze. Les premiers fondaient leur division sur le degré d'ouverture de l'angle facial, les autres jugeaient aussi d'après l'état des cheveux, la disposition des traits de la figure et des dents et la couleur de la peau. Si ces auteurs étaient venus après les travaux de G. Cuvier, de MM. de Blainville, Flourens, etc., et après les nombreuses observations recueillies par MM. Caillé, Lesson, Dumont-Durville, etc., il est bien probable qu'ils ne se trouveraient pas en ce moment sur notre route.

Je ne sais s'il existe aujourd'hui un seul naturaliste un peu connu qui n'admette, avec les moralistes et les gouvernements de toutes les nations civilisées, avec tous nos naturalistes philosophes les plus illustres, Linnée, Buffon, Cuvier, Blumenbach, Blainville, Owen, etc.; avec nos voyageurs les plus distingués, Forster, Chamisso, de Humboldt, Durville, etc., que le genre humain n'est composé que d'une seule espèce. M. Durville, qui a vu le plus d'Océaniens, qui a fait 72,000 lieues en visitant les peuples de la surface du globe, pouvait mieux que tout autre alléguer des motifs pour la pluralité d'espèces, si cette opinion avait jamais pu s'établir, avec quelque fondement, sur des observations immédiates. Cependant, notre savant navigateur n'a reconnu qu'une seule espèce, qu'il partage en trois races, dont les peuples océaniens ne sont que des rameaux. Je n'aurai donc pas besoin de m'appesantir sur un point où ne se rencontre aucun opposant sérieux. Je me contenterai de réunir les principaux éléments de la démonstration de l'unité d'espèce humaine et d'en faire l'application à la race noire.

Classification des races et preuve d'autorité de l'unité d'espèce. — Les naturalistes appellent *espèce*, des êtres qui se continuent dans le temps et l'espace, en donnant le jour à des individus qui leur ressemblent et qui héritent de leur fécondité. Mais cette ressemblance n'est pas aussi parfaite que celle qui existe entre des caractères typographiques coulés dans un même moule. Les descendants sont susceptibles d'éprouver, par des causes diverses et souvent inconnues, des modifications dans la forme, la couleur, la taille, etc., qui les distinguent d'abord comme individus. Lorsque ces modifications sont de nature à changer considérablement les formes ou les couleurs, elles donnent lieu à des *variétés* de l'espèce. Si les caractères de ces variétés se conservent par la génération dans les individus qui en proviennent, ils constituent des *races* ou *variétés constantes*.

Or, tous nos grands naturalistes n'ont vu, dans le genre humain, que des races ou variétés d'une espèce unique. Linnée ne reconnaissait que quatre races d'hommes, qu'il distinguait par la couleur : l'américaine ou brune ; l'européenne ou blanche ; l'asiatique ou jaune ; l'africaine ou noire. Buffon admit huit variétés : la laponne, la tartare, la chinoise, la malaise, l'éthiopienne, l'hottentote, l'européenne et l'américaine. Lacépède établit cinq divisions fondées, non-seulement sur des caractères physiques, mais aussi sur la différence des qualités morales et intellectuelles des divers peuples, et leur degré d'avancement dans les arts, les sciences et les lettres. Blumenbach divise aussi en cinq races : la caucasienne, la mongole, la nègre, l'américaine et la malaie. Mais il convient que toutes ces différences se perdent les unes dans les autres par tant de nuances, qu'elles ne peuvent donner lieu qu'à des coupes arbitraires et nullement tranchées. Aussi Cuvier réduit-il toutes les variétés humaines à trois : 1° la caucasique ou blanche ou japétique, qui se fait remarquer particulièrement par la beauté de l'ovale de la tête et la blancheur de la peau, et d'où sont sortis le rameau araméen ou de Syrie, qui a donné naissance aux Assyriens, aux Chaldéens, aux Arabes, aux Phéniciens, aux Juifs, aux Abyssins, considérés comme une colonie d'Arabes, et aux Égyptiens ; le rameau indien, germanique et pélasgique, beaucoup plus étendu, et qui a produit la langue des Pélasges, la gothique ou tudesque, l'esclavone, desquelles beaucoup d'autres sont dérivées ; le rameau scythe et tartare dirigé d'abord vers le nord et le nord-est. 2° La race jaune ou cuivrée, connue aussi sous les noms de mongolique et d'altaïque, qui commence à l'orient du rameau tartare de la race caucasique. C'est la plus nombreuse et la plus étendue sur le globe ; elle a pour caractères des pommettes saillantes, un visage plat, des paupières fendues obliquement, des cheveux durs, droits, rares et noirs, une barbe grêle, un teint ordinairement jaune de froment, quelquefois comme des coings cuits ou comme des écorces de citron desséchées. Elle comprend les Mant-choux, conquérants de la Chine, les Japonais, les Kalmuks, les Kalkas nomades, d'où sont sortis Attila, Gengis et Tamerlan ; les habitants des îles Mariannes et de celles les plus voisines de l'Archipel indien. 3° La race nègre, confinée au midi de l'Atlas, répandue depuis le Sénégal jusqu'au cap Negro, et caractérisée par son teint plus ou moins noir, ses cheveux noirs et crépus, son nez épaté, ses mâchoires saillantes en avant et ses grosses lèvres.

Cuvier ne trouvait pas aux Malais (5ᵉ race de Blumenbach) des caractères suffisants pour les distinguer de leurs voisins des deux côtés, les Hindous caucasiques et les Chinois mongoliques. Il ne crut pas non plus pouvoir faire une race particulière des Américains (4ᵉ race de Blumenbach), faute de trouver en eux des caractères précis et constants; si, d'une part, leurs cheveux noirs et leur barbe peuvent les faire rapporter aux Mongols ; de l'autre, leurs traits aussi prononcés que les nôtres, leur nez aussi saillant, leurs yeux grands et ouverts répondent à nos formes européennes.

L'amiral Durville, à l'exemple de Forster et de Chamisso, rapporte tous les peuples de l'Océanie à deux variétés : « La mélanésienne, qui n'est, dit-il, qu'un embranchement de la race noire d'Afrique, et la polynésienne, basanée ou cuivrée, qui n'est qu'un rameau de la race jaune d'Asie. » (*Relation de* la Coquille.) M. Lesson, naturaliste de *la Coquille,* est aussi bien éloigné de considérer les Océaniens comme des espèces, ou même comme des races différentes. « Supposer les Océaniens autochthones sur le sol qu'ils habitent, ce serait, dit-il, une exagération ridicule que tous les faits physiques démentiraient. Leur établissement dans les îles de la mer du Sud doit dater au plus, des temps primitifs de la civilisation hindoue. » (*Relation de* la Coquille.)

Nous avons quelques remarques à faire sur ce qui précède. 1° Cette manière de voir des plus savants naturalistes, qui, tout en admettant une *seule espèce* dans le genre humain, y distinguent trois, quatre, cinq ou huit races, tend à établir immédiatement que des variétés de formes et de toutes nuances de couleur peuvent, selon les circonstances, survenir dans l'espèce humaine. 2° En voyant ces mêmes naturalistes admettre, les uns plus de races, les autres moins, et les établir, les uns principalement sur la couleur, comme Linnée, les autres sur des caractères uniquement physiques, et d'autres sur des caractères physiques et des caractères moraux, comme Lacépède, on comprend déjà que leurs coupes n'ont rien de primitif, rien de spécifique, qu'elles sont arbitraires même comme caractéristiques de races, et bonnes seulement pour mettre de l'ordre dans une étude philosophique des grandes familles de l'espèce humaine. 3° De tous les êtres organisés, l'homme étant celui qui a été le plus étudié en lui-même et par comparaison avec les autres, et qui nous est aussi le mieux connu, s'il formait plusieurs espèces, on aurait trouvé depuis longtemps leurs caractères différentiels. Or les caractères dont on s'est servi pour distinguer les races humaines ne sont pas des caractères différentiels d'espèces; donc il n'existe pas plusieurs espèces dans le genre humain. Mais l'étude des variations survenues dans une même race, dans une même sous-race, dans un même peuple, et la comparaison de ces variations de l'homme physique avec celles des espèces du règne animal, va nous montrer plus directement l'insuffisance absolue de tous les caractères connus pour établir chez nous plus d'une espèce.

Preuve de l'unité d'espèce humaine par l'insuffisance de tous les caractères dont on a pu faire usage pour établir plusieurs espèces. — Si les animaux domestiques, dont les conditions d'existence ont le plus d'analogie avec celles de l'homme, présentent partout dans la même espèce de grandes différences de taille, de forme, de couleur, de qualités, etc., nous aurons le droit d'en conclure que des modifications moindres ou équivalentes dans l'homme ne prouvent point qu'il y ait chez lui plusieurs espèces; et si ces modifications humaines s'observent dans une même race, et jusque dans le même peuple et la même famille, évidemment elles n'auront plus aucune sorte d'importance, et surtout rien de spécifique; elles rentreront dans le cadre des variations auxquelles toute espèce est sujette.

1° *Variations dans la taille.* — Quand on examine les animaux soumis aux influences de la domesticité, c'est-à-dire des circonstances sous l'empire desquelles l'homme lui-même a toujours vécu, on voit leurs espèces éprouver des changements d'où résultent des races si bien caractérisées qu'on les prendrait facilement pour autant d'espèces distinctes, si l'on n'assistait, pour ainsi dire, à leur formation. Voyons d'abord les changements de taille. Le cheval hollandais a, terme moyen, cinq pieds et au delà; celui des Lapons ne dépasse guère nos plus grands dogues; sa taille est de trente-trois à trente-quatre pouces. Les petits chevaux de Sardaigne ne sont pas beaucoup plus grands que des moutons. Les gros bœufs de la Flandre et les petits bœufs du Bengale offrent le même contraste. L'espèce canine renferme des variétés de toute dimension, elle a des nains et des géants, et cette différence existe dans une même race bien déterminée : la levrette, surtout l'anglaise, et le lévrier en fournissent un exemple remarquable. La poule a aussi ses géants et ses nains, avec des formes bien caractérisées. Les animaux dont le naturel repousse toute habitude domestique concourent à prouver les variations de la taille dans l'espèce. Le lion de l'Atlas surpasse en grandeur celui du Sénégal ; l'ours blanc ou polaire montre dans la taille de ses variétés des différences qui vont jusqu'à un pied et demi. Les loups de la Lithuanie ont cinq pieds de long ; ceux de l'Espagne et de l'Italie ont à peine trois pieds.

Maintenant que les animaux nous ont donné la mesure des changements que l'espèce peut éprouver dans sa taille, passons à celle de l'homme. L'influence des climats se révèle dans le rapport de la stature humaine entre les peuples des régions semblablement situées sur le globe, et même aussi entre les habitants des hautes montagnes. Les peuples des climats les plus froids de l'Europe, de l'Asie et de l'Amérique, les Lapons, les Samoïèdes, les Esquimaux sont tous petits ; ces rapports se continuent dans l'hémisphère austral. Lorsque nous voyons sur le bord des pôles, au Groënland, à la Nouvelle-Shetland, les animaux se rapetisser et les arbres devenir des herbes, il serait bien étrange que cette nature déprimante ne fût pas la même cause qui modifie l'organisme du Lapon et de l'Esquimau. Les climats d'un froid modéré paraissent plus favorables au développement de la taille ; les Suédois, les Finlandais, les Saxons, les habitants de l'Ukraine, plusieurs peuples de l'Asie, de l'Amérique et de l'Océanie sur des positions pareilles, se ressemblent par leur grande stature. En un mot, deux lois générales servent à expliquer les différences dans la taille de l'homme : elle diminue en proportion de ce que les peuples se rapprochent davantage du pôle ; elle augmente à mesure qu'ils sont plus près de l'équateur.

Mais il y a d'autres causes, et à l'action du climat il faut joindre celles de la nourriture, du mélange des variétés humaines et du changement d'habitudes. Dans l'histoire des guerres d'invasion des Gaulois contre les Romains, Tite-Live fait remarquer à tout instant la taille gigantesque de nos ancêtres. Les peuplades qui ont donné leur nom à la Normandie se distinguèrent longtemps par la grandeur de leur stature. Apollinaire nous parle des Bourguignons de son temps comme d'une espèce de géants de sept pieds. (Liv. VIII, épit. 9.) Les

Allemands de Tacite étaient également remarquables par les grandes proportions de leurs membres (*Agricola*, ch. II), et par leur haute stature. (*Mœurs des Germ.*, ch. IV.)

A tout prendre, la taille humaine est à peu près partout la même. Il y a des variétés, dans les animaux domestiques, d'une grandeur double l'une de l'autre ; mais, des peuples de la plus grande taille à ceux de la plus petite, des Boschimans montagnards et des Esquimaux aux habitants des îles des Navigateurs et aux Patagons, il n'y a guère plus d'un pied et demi de différence. La stature de l'homme ne paraît pas avoir varié d'une manière appréciable depuis les temps historiques les plus anciens, comme on peut le voir aux dimensions des momies égyptiennes et à celles des tombeaux des anciens Indiens, que l'on trouve en Sibérie, le long du fleuve Detzora. « J'ai vu, dit Bernardin de Saint-Pierre, des corps de Guanches, des îles Canaries, enveloppés dans leurs peaux ; j'ai vu tirer à Malte, d'un tombeau creusé dans le roc vif, le squelette d'un Carthaginois dont tous les os étaient violets, et qui reposait là peut-être depuis le règne de Didon. Tous ces corps étaient de la grandeur commune. » Quoique chaque peuple puisse avoir quelques individus nains et quelques individus géants, il n'existe point de peuple géant ni de peuple nain. Les géants de la Bible sont nés très-probablement d'une traduction inexacte du texte saint ; les interprètes conviennent que le mot rendu par *gigantes* peut signifier simplement des hommes *forts et violents ;* la suite du discours s'harmonise parfaitement avec ce sens et fort médiocrement avec l'autre.

En résumé, autant nous voyons de variations considérables dans les différentes races d'animaux d'une même espèce domestique, quoiqu'elles habitent en général le même sol, le même climat, et qu'elles vivent des mêmes nourritures, autant nous observons d'uniformité dans le genre humain, malgré la différence des climats, des aliments, des habitudes, et le mélange des diverses variétés. D'ailleurs, les causes de ces différences nous sont connues ; elles sont placées en dehors de l'organisme. Ces différences s'observent dans la même race ; les Lapons et les Hongrois appartiennent également à la grande famille finnoise, comme l'indique clairement la ressemblance du langage : cependant, les Lapons sont cités pour l'exiguïté de leur taille et leur difformité, et les Hongrois, au contraire, sont grands, beaux et bien faits. Ces différences s'observent jusque dans le même peuple ; ainsi, il est reconnu au Port-Jackson que les enfants des colons grandissent bien au delà de la taille de leurs pères. Les Hollandais, qui, dans leur pays, ne sont pas au-dessus de la taille ordinaire, ont pris, au cap de Bonne-Espérance, une stature presque gigantesque. En aucun cas la taille ne saurait donc prouver une différence d'espèce dans le genre humain, puisqu'elle ne prouve pas même une différence de race, de peuple, ni de famille.

2° *Variations de couleur.* — Le chien, le cheval, le chat, le mouton, la chèvre, le bœuf, etc., produisent, dans chacune de leurs sous-races ou variétés, des individus de couleurs les plus opposées. La poule offre des plumages de toutes nuances. Le pigeon et le faisan ont des races qui diffèrent de couleurs comme de formes. Cependant, le climat influe considérablement sur la couleur de nos animaux domestiques. Le bœuf de la Campagne de Rome est ordinairement gris, et sur d'autres points de l'Italie, il est généralement rouge. Les moutons du *Latium* sont presque tous noirs ; en Angleterre, le blanc est leur couleur dominante. Dans la Corse, le chien, le cheval et les autres animaux deviennent agréablement tachetés. En Guinée, les gallinacés et le chien sont aussi noirs que les hommes. A l'état sauvage, les animaux éprouvent aussi des changements dans la couleur. Les léopards et les jaguars ont des races complétement noires. Il existe une variété de perdrix grises qui sont blanches, comme il existe une variété de daims blancs. La couleur, sur les mammifères surtout, est si mobile, qu'elle n'est jamais un caractère d'espèce. Chez presque tous, le pelage peut offrir en même temps les deux extrêmes, des individus blancs et d'autres noirs.

Si l'on pouvait établir des espèces sur la différence de couleur, on en trouverait autant dans une seule des grandes races du genre humain que M. Bory de Saint-Vincent en a compté dans le genre entier. La race noire, par exemple, n'est pas partout composée d'hommes d'un noir luisant ; elle renferme, sous le rapport du teint, un grand nombre de variétés distinctes. Les Koussas, dans la Cafrerie maritime, ont la couleur du fer nouvellement forgé ; la peau brune des Cafres Betjouanas tient le milieu entre le noir brillant du nègre occidental et le jaune terne des Hottentots ; les Foulahs d'Irnanké ont le teint de couleur marron un peu clair ; celui des Hottentots est d'un jaune terne qui se rapproche de la terre d'Ombre. Les Touariks, près de Tombouctou, ont le teint brun comme les Maures. Sur les îles de la mer du Sud, la race noire est très-rembrunie, souvent couleur de suie, quelquefois presque aussi noire que le sont en général les peuplades de la Cafrerie ; là, cependant, elle offre encore des nuances différentes : les habitants des îles Viti sont d'un noir de chocolat ; la couleur des Papous est d'un brun foncé mêlé de jaunâtre. Les nouveaux Irlandais du port de Praslin affectent une couleur fuligineuse ; enfin un grand nombre de peuplades australiennes se rapprochent de la race jaune par leur couleur simplement très-basanée. Les variétés des teintes de la race mongole ne sont pas moins nombreuses. En Amérique, sa couleur est d'un rouge cuivré approchant de celle du tan ; en Asie, elle présente ordinairement un teint jaune de froment, quelquefois de coing cuit ou d'écorce de citron desséchée. Sur le continent maritime, elle est plus ou moins jaune olivâtre, et dans une de ses variétés de la Nouvelle-Zélande, elle a les cheveux châtains, et sa couleur n'est guère plus foncée que celle d'un Sicilien ou d'un Espagnol très-brun. En voyant cette profusion de nuances répandues sur l'homme, on comprend déjà que, dans notre genre comme sur les mammifères domestiques, telle ou telle couleur est un caractère trop accidentel, trop variable, pour servir à l'établissement des espèces. En effet, nous trouvons ces différences de couleur, non-seulement dans la même race, mais dans le même peuple, et jusque dans la même famille et dans le même individu, à des époques différentes.

Les Lapons, les Tchermisses, les Hongrois ont les cheveux noirs et les yeux bruns, tandis que les Finnois, les Permiens et les As-Jacks ont tous les cheveux rouges et les yeux bleus. Cependant, Blumenbach fait entrer toutes ces tribus dans la race mongole, et Balbi, procédant par la science des langues, place toutes celles parlées par ces peuples dans une même famille, l'*ouralienne*. Une portion de cette race mongolique a donc varié du type primitif, et, par conséquent, ces différences de couleur n'impliquent pas une différence d'espèce. La race caucasique présente un phénomène semblable. La prédominance d'un langage essentiellement le même, de l'Inde à l'Islande, prouve la communauté de race des nations qui le parlent, et pourtant les Indiens diffèrent de nous, par la forme et la couleur, assez matériellement pour être classés dans une autre race. Aussi Bory de Saint-Vincent en faisait-il une espèce particulière, et, pour expliquer ces différences physiques entre des peuples unis par le même langage, Klaproth supposait, sans le plus léger fondement, il est vrai, que la couleur rembrunie des Indiens avait été produite par leur mélange avec une race noirâtre qui se trouvait là avant eux, et qui avait échappé au déluge sur les montagnes du Malabar. (*Asia polyglotta*, p. 43.) Il faut donc encore admettre ici qu'une nation peut changer assez de forme et de couleur pour passer, par ses caractères physiques, dans une race différente de celle à laquelle son langage prouve qu'elle appartenait antérieurement. Les indigènes de l'Abyssinie, hommes de notre race par leur figure parfaitement européenne et par leur langage, qui n'est qu'un dialecte de la langue sémitique, sont complétement noirs. L'idiome des Sénégambiens a des analogies frappantes avec l'arabe ; ces peuples ont conservé la circoncision d'Ismaël, tradition respectée aussi par les Arabes, comme l'atteste l'historien Josèphe ; les Sénégambiens, malgré leur couleur noire, et les Arabes dériveraient donc aussi de la même race : ce qui ne doit pas étonner, puisque ces changements de couleur existent dans un même peuple. Ainsi, Tacite et César nous représentent les Germains de leur temps avec des yeux bleus et des cheveux blonds ; mais Haller, dans ses *Lettres contre Voltaire,* remarque que la couleur des cheveux et des yeux des Allemands a changé depuis les irruptions des peuples du nord de l'empire romain : du bleu et du blond elle a passé au noir. Le peuple juif, qui ne mêle son sang à celui d'aucun autre, réunit à lui seul toutes les nuances de couleur, depuis le teint blanc, qu'il conserve en Pologne, en Allemagne, en Angleterre, jusqu'à la couleur tout à fait noire, qu'il a prise dans l'Indostan, au rapport du docteur Dwight, et dans l'Abyssinie. Les Portugais disséminés en Afrique y sont devenus noirs comme les indigènes ; les Arabes et les Turcs ont aussi pris cette couleur sur la côte africaine de la mer Rouge. « Parmi les naturels de la Nouvelle-Galles du Sud, on en a vu, dit M. Durville, qui, nettoyés de la crasse et de la fumée, ont paru aussi noirs que les Africains, tandis que d'autres n'ont offert qu'une teinte cuivrée, comme celle des Malais. » Les navigateurs de *l'Astrolabe* ont aussi vérifié la remarque de Forster, que le bas peuple des îles Sandwich, obligé de travailler à la terre ou de passer sa vie sur les ressifs, presque entièrement nu, brunit au point de se rapprocher de la race noire. Partout l'action solaire est en rapport avec les habitudes des classes. Les peuples du Camboge, la plupart situés sur des îles au milieu de la mer, ont le teint très-noir ; mais les femmes du palais ont le teint clair ; il y en a même qui sont d'un blanc éclatant comme le jaspe. (*Nouveaux Mélanges asiatiques.*) Les femmes moresques, qui restent dans leurs appartements et sont rarement exposées au soleil, ont le teint d'une grande blancheur, et les femmes du peuple, que rien ne protége contre les ardeurs d'un ciel brûlant, en éprouvent les effets ordinaires ; leur peau contracte dès l'enfance une couleur approchant de celle de la suie.

Enfin la couleur varie dans les mêmes individus. Les enfants des noirs sont d'abord d'un blanc jaunâtre ; la couleur de leur père ne leur vient que plus tard. Ce changement de coloration s'observe aussi dans la race jaune. M. de Humboldt rapporte que, dans le nord de l'Amérique, on rencontre des tribus dont les enfants sont blancs et ne prennent qu'à l'âge viril la couleur bronzée des indigènes du Pérou ou du Mexique. (*Voyage aux régions équinoxiales.*) Mais, dans la race noire, l'homme parvenu à l'âge adulte peut encore éprouver une décoloration complète de sa peau. Les Anglais ont observé cet état sur des noirs à leur service; ils ont vu des individus du noir le plus foncé devenir d'un blanc mat, au point de n'être plus reconnaissables. Ce phénomène diffère de l'albinisme : la constitution des sujets ne paraît pas en être affectée. Le docteur Dwight a observé lui-même à la Virginie un noir dont la peau se décolora en peu d'années; elle resta saine en subissant ce changement; les cheveux étaient devenus blancs et lisses. L'albinisme originel, si commun dans la race nègre, est encore un passage du noir au blanc. Mais, dans notre race, on voit aussi quelquefois des individus passer en peu de temps du blanc au noir complet, sous l'influence d'une forte émotion. En 1746, une femme, apprenant que sa fille s'était précipitée par une croisée avec ses deux enfants, en éprouva une impression si violente que, le lendemain, elle se trouva entièrement noire; elle garda sa nouvelle couleur. (*Bulletin de la faculté de médecine*, t. V, année 1817, p. 524.) Le passage du blanc au noir s'observe encore parmi nous dans la maladie appelée *mélanose*.

Il est donc bien prouvé que la couleur, dans l'homme, n'est pas un caractère spécifique. Mais nous pouvons faire un pas de plus et découvrir la source de cette diversité de nuances qui servent à distinguer les races et les variétés humaines.

La peau de l'homme offre, non-seulement à sa surface extérieure, comme nous venons de le voir, mais aussi dans son épaisseur, des modifications de couleur dont on a longtemps ignoré la cause et que l'on pouvait croire essentielles à certaines parties du genre humain et étrangères aux autres. Aujourd'hui que cette cause n'est plus un secret pour nous, il est bien reconnu que la structure de la peau est partout, dans le genre humain, essentiellement et fondamentalement la même.

C'est à M. Flourens que nous devons ce progrès dans la connaissance de l'homme physique. On sait que la peau de l'homme blanc se compose de trois lames ou membranes distinctes superposées, le derme et les deux épidermes. Le pigment ou liquide diversement coloré qui donne à la peau sa teinte particulière, ne s'y voit pas d'une manière bien appréciable. Trois membranes identiques à celles de la peau du blanc constituent aussi la structure anatomique de l'enveloppe cutanée du Kabile, du Maure, de l'Arabe, tous de couleur bistre, de l'Américain indigène ou peau rouge, de l'homme jaune de l'Océanie, du mulâtre et même du noir; mais, dans toutes ces races, le pigment se voit très-distinctement, comme une sorte de peinture placée entre le derme et l'épiderme interne. L'intensité de la couleur seule varie. Toute la différence des races humaines, sous le rapport de la peau, est donc dans le plus ou moins de développement de la substance colorante. Mais cette différence n'a rien de primitif et de fondamental; car on voit souvent, dans l'état de santé comme dans celui de maladie, que la liqueur pigmentale peut diminuer dans l'homme de couleur et s'augmenter dans l'homme blanc. En un mot, la sécrétion dont le pigment est le produit est très-sujette à varier d'intensité, comme toutes les autres sécrétions. L'âge, les passions, les maladies, la nourriture, le climat, peuvent la suspendre, l'affaiblir ou l'accroître, et par suite d'une disposition originelle, telle ou telle partie des téguments peut sécréter plus ou moins de pigment. Si cette matière existe en très-petite quantité, le sujet a une peau très-blanche, les yeux bleus et la chevelure blonde; augmente-t-elle un peu, c'est la couleur châtain qu'elle produit; devient-elle plus abondante, les yeux et les cheveux sont noirs et la peau est brune, etc. L'albinisme partiel produit souvent, sur les races colorées, des taches blanches semées çà et là; ce sont des portions de peau privées de matière colorante. Dans l'albinisme général, l'homme noir devient blanc; dans la mélanose, l'homme blanc devient jaunâtre, ses articulations présentent une teinte tout à fait noire et la peau en est luisante comme celle des nègres. Mais, à l'état normal, ce sont les influences de la température, à ses différents degrés, qui développant plus ou moins la matière pigmentale, produisent cette infinité de nuances répandues sur les variétés du genre humain.

C'est un fait qu'il n'existe nulle part d'hommes noirs que dans les pays excessivement chauds; il n'y en a point hors des bornes de la zone torride. La coïncidence de la couleur la plus foncée avec la chaleur la plus intense, fait déjà soupçonner que l'une pourrait bien n'être que l'effet de l'autre. Ce soupçon se change en probabilité, si l'on observe que les peuples noirs sont placés sous la ligne, les basanés au Midi et les blancs dans le Nord; mais quand on voit la coloration humaine passer d'un extrême à l'autre par des gradations qui correspondent aux divers degrés de la température, oh! alors on peut en toute sûreté de cause admettre cette influence du climat, surtout lorsqu'elle n'est contestée par qui que ce soit à l'égard des animaux. La remarque en avait déjà été faite par Haller et par Buffon. « Lorsque la chaleur, dit l'historien de la nature, est excessive, comme au Sénégal et en Guinée, l'homme est tout à fait noir; lorsqu'elle est un peu moins forte, comme sur les côtes orientales de l'Afrique, il est moins noir; lorsqu'elle commence à devenir tempérée, comme en Barbarie, au Mogol, en Arabie, etc., les hommes ne sont que bruns; et enfin, lorsqu'elle est tout à fait tempérée, comme en Europe et en Asie, les hommes sont blancs. On y remarque seulement quelques variations qui ne viennent que de la manière de vivre. »

(*Disc. sur les var. de l'esp. hum.*). On trouve donc que la couleur de la peau et celle des cheveux sont plus claires quand on va vers le Nord et qu'elles présentent une teinte plus foncée à mesure que l'on s'avance vers la zone torride; voilà la loi générale, et les exceptions dont parle Buffon la confirment.

Elles ne tiennent pas seulement à la manière de vivre, mais surtout à certaines circonstances locales, telles que le voisinage de la mer, des terres basses ou élevées, etc. Les Américains qui habitent sous la ligne ne sont simplement que basanés. Mais les forêts qui les protégent de toutes parts, le plus grand fleuve du monde qui traverse leur pays et qui le couvre de vapeurs, la fraîcheur que leur procure l'élévation graduelle de leur territoire depuis les rivages du Brésil jusqu'aux montagnes du Pérou, les vents qui y soufflent jour et nuit et rafraîchissent leur atmosphère, toutes ces causes particulières, en affaiblissant les impressions trop vives du soleil, expliquent l'affaiblissement de la teinte noire pour ces peuples.

Cependant il y a pour la teinte des cheveux quelques faits qui semblent indiquer l'influence d'une autre cause que celle du climat. Chez les nations civilisées de l'Europe, la couleur des cheveux devient plus claire à mesure que l'on va vers le Nord, et cette loi ne varie pas ; mais pour certains peuples barbares de l'Asie, de l'Afrique et de l'Amérique, on trouve la même couleur de cheveux dans des climats fort différents. Ainsi, tandis que l'Italien aux cheveux bruns et le blond Scandinave, quoique appartenant à la même race, montrent les effets de l'action du climat, les Lapons d'Europe et les Samoïèdes d'Asie ont les cheveux aussi noirs et aussi rudes que les habitants de la Chine et du Mogol. C'est aux médecins naturalistes à chercher la cause de cette influence étrangère ou à ramener ce fait à la loi générale, comme celui de la couleur des Américains.

Voilà donc à quoi se réduit le phénomène de la coloration : à une sécrétion, à la présence chez toutes les races d'une substance inorganique dont les aliments, le développement de la peau, l'âge, l'état de santé et de maladie, et surtout le climat, peuvent changer la quantité et qui souvent est localement ou généralement supprimée.

3° *Variations dans le développement du corps et de ses extrémités, dans le pelage, dans la forme et le volume de la tête.* — Des différences de toutes ces sortes se rencontrent dans les animaux de la même espèce; elles y sont aussi beaucoup plus considérables que dans l'espèce humaine. L'espèce cheval compte aujourd'hui environ trente variétés bien distinctes. Sans aller chercher la race arabe avec sa tête carrée, son encolure de cerf, ses jambes fines et sa queue relevée, il suffit pour avoir un contraste de prendre le coureur andalou avec son corps fluet, ses jambes allongées et flexibles, et de le rapprocher de notre cheval de trait au corps massif, à la taille épaisse et ramassée, aux pieds lourds et garnis d'une touffe de longs poils. Le pelage est généralement formé de poils courts dans la plupart de nos chevaux; mais dans la race crépue de l'Asie, le Baskir est couvert de longs poils blancs, épais et frisés, tandis que d'autres races sont entièrement nues. Les diverses races du chien sont aussi diversifiées qu'il est possible de l'imaginer. Remarquez, par exemple, l'énorme différence qui sépare le dogue de forte race avec sa tête courte et grosse, son front relevé et le développement de sa corpulence, du lévrier dont le museau est allongé, la tête effilée, le corps fluet et pliant comme un arc, l'abdomen rétréci, de sorte que l'animal semble passé à la filière. Au lévrier comparez aussi le basset avec ses jambes courtes et souvent torses. Le barbet et le chien turc sont encore des formes qui semblent faites par opposition; le premier a le front très-relevé et il est couvert d'une riche toison; le second a la peau nue et la tête allongée. Mais qu'il y a de distance du petit bichon à tête ronde et comme voilée d'une longue peluche blanche et soyeuse, au grand danois dont le poil est court partout, et la tête si différente! Le chien de berger, ceux des Eskimaux ont les oreilles courtes et redressées comme le renard; d'autres les portent longues, pendantes, et chargées de poils comme l'épagneul et le pyrame. Toutes les espèces domestiques ont éprouvé des changements analogues; ces changements se sont maintenus par la génération et ils forment aujourd'hui des races et variétés distinctes.

L'étude des animaux, à leur passage de la domesticité à l'état sauvage ou d'un climat à un autre, montre que ces changements peuvent se faire en assez peu de temps. Notre variété domestique du sanglier, portée en 1493 dans les forêts de la Colombie, où elle s'est répandue du 25° lat. nord au 40° lat. sud, s'y est dépouillée, depuis cette époque, de tous les caractères de son ancienne servitude. Ses oreilles se sont redressées, sa tête s'est élargie et relevée à la partie supérieure; sa couleur devenue entièrement noire, se maintient constamment à cet état. Son poil est rare dans les vallées de Tocayma et de Melgar, mais dans les montagnes de Paramos, à 2,500 mètres d'élévation, il a pris un poil épais et crépu. L'adulte porte, comme le marcassin, une livrée formée d'une ligne fauve. Enfin, cet animal offre aujourd'hui l'aspect du sanglier. En Amérique, les chiens marrons d'origine européenne ont pris, en devenant libres, une forme et une physionomie qui approchent de celles du loup et du chacal. Leurs oreilles sont courtes et redressées et leur museau s'est allongé.

D'autres faits prouvent que le simple changement de climat ne demande pas plus de temps pour produire dans une espèce les modifications les plus importantes. Nos animaux transportés en Amérique y deviennent bientôt méconnaissables. Dans la plaine de Meta, lorsqu'on laisse passer la saison de la tonte sans couper la laine du mouton, elle s'épaissit, se feutre et se détache par plaques, et à la place de ces plaques il naît un poil court, brillant et bien couché, très-semblable à celui que la chèvre porte dans le même climat. Ce nouveau pelage est acquis pour toujours, il ne vient jamais de laine où ce poil s'est développé. Toutes les tentatives pour produire de la laine aux Antilles ont été infructueuses ; nos troupeaux s'y couvrent de poils ou de crins. Ce phénomène se reproduit en d'autres climats chauds et notamment en Guinée. « Là, dit le voyageur Smith, le monde paraît renversé, les moutons ont du poil et les hommes de la laine. » Azara avait déjà observé que chez les animaux portés en Amérique les téguments ont changé de formes. Il avait vu au Paraguay des vaches, des chevaux, des chiens, des gallinacés et autres oiseaux de basse-cour à pelage ou à plumage crépu, et dans certaines localités de la même province, des chevaux sans poil. Il parle aussi des chevreaux à peau nue du Tucuman. Plus récemment, M. Roulin a vu dans les parties les plus chaudes de la province de Neyba des bêtes à cornes dont la peau est entièrement nue, comme celle du chien turc, et cette variété se propage par la génération. La poule créole provenant de la race primitivement introduite en Amérique, fait un poulet qui naît avec un peu de duvet, mais il le perd bientôt et reste complétement nu, à l'exception des plumes de l'aile qui croissent comme à l'ordinaire. Les contrées d'Angora nous offriraient un autre tableau. Le mouton, la chèvre, le lapin, le chat, y sont couverts d'un long poil soyeux si célèbre dans les manufactures de l'Orient. D'autres animaux sont sujets à ce changement. L'évêque Hébert nous apprend que le chien et le cheval conduits de l'Inde dans les montagnes ne tardent pas à s'y couvrir de laine, comme la chèvre à duvet de châle de ces climats.

Les différences qui distinguent les hommes des diverses régions du globe sont légères en comparaison de celles que nous voyons s'introduire dans nos espèces domestiques. Et d'abord, les membres grêles des habitants du port Roi-George, à la Nouvelle-Hollande, du Port-Jackson, de la baie des chiens marins, de ceux de Van-Diémen, des Alfourous, des Nouveaux-Irlandais, etc., sont un caractère de nulle valeur, comme on a pu s'en assurer par des individus de l'île de Van-Diémen, pris par des Anglais dans cet état d'émaciation, et qui, pour avoir fait usage avec eux d'une nourriture abondante, avaient les extrémités très-bien développées. C'est donc au défaut de nourriture qu'il faut attribuer cette maigreur difforme ; les hommes noirs s'y trouvent plus exposés que les autres sur le continent maritime où ils ne sont presque jamais réunis qu'en faibles peuplades, souvent réduites par l'insalubrité de leur atmosphère ou la pauvreté de leur sol, à une existence assez précaire. Avec de meilleures conditions les îles Viti, dans le grand Océan, sont habitées par des hommes noirs fort beaux et bien proportionnés. Les quatre mille Indiens de l'île Bourbon, hommes de notre race, mais sortis des plus pauvres familles de la caste des parias, ont aussi les membres inférieurs d'une maigreur excessive, au rapport de nos missionnaires.

Tel ou tel volume de la tête n'est pas un caractère plus essentiel de l'espèce; il varie dans la même race. La tête d'un jeune Européen de 15 ans, est aussi volumineuse que celle d'un Indou de 30 ans. D'après les observations recueillies par M. Combe, chapelier de Londres, « la circonférence de la tête en contact avec le chapeau est, terme moyen, de sept pouces pour Londres. En avançant vers le Nord cette dimension augmente graduellement; ainsi dans la partie septentrionale, et surtout en Écosse, sept pouces forment la plus petite mesure. La tête du matelot norwégien est plus large que celle du matelot anglais. Les chapeaux ou bonnets pour femmes qu'on expédie dans le Nord sont plus larges que ceux destinés à la consommation intérieure de l'Angleterre.» (*Revue britannique*, t. IX, p. 22.) Si quelqu'un voulait contester notre parenté avec les Indous, malgré la communauté de la langue sémitique entre eux et nous, et leur grand nombre de coutumes identiques avec celles des anciens Israélites, il reconnaîtra, du moins, que les habitants de la France, de l'Angleterre, de l'Écosse et de la Norwége appartiennent à la même race; le caractère du volume de la tête est donc trop variable pour entrer dans l'établissement de l'espèce.

Les partisans de la pluralité des espèces humaines ont accordé plus d'importance à la forme de la tête. Quand ils eurent opposé le nègre de la Guinée avec son noir luisant, sa chevelure laineuse, son nez épaté, son front fuyant, ses mâchoires saillantes en avant et ses grosses lèvres, à la figure d'un Chinois et à celle d'un Anglais, il leur sembla que tout était décidé par ce contraste, et que de pareilles différences, entre ces trois hommes, n'avaient pas pu surgir dans un même type. Aujourd'hui que l'étude de l'homme physique est plus complète, ce procédé facile serait mal accueilli. On transformait en espèces les extrémités d'une même série de formes et de teintes, les formes et les teintes intermédiaires étant restées jusque-là plus ou moins inconnues; mais une fois celles-ci mises en place, il s'est trouvé qu'elles opéraient des passages d'une forme et d'une couleur à une autre, et qu'il était désormais impossible d'apercevoir une ligne primitive de séparation entre des différences qui se perdent les unes dans les autres par un si grand nombre de nuances. Les Cafres de l'Afrique orientale ont le crâne élevé, le nez approchant de la forme arquée, la chevelure crépue et cependant moins laineuse que celle des nègres de Guinée, les traits plus réguliers, la mâchoire moins allongée, mais leurs lèvres sont encore épaisses et leurs pommettes saillantes. Dans la Cafrerie maritime, en remontant la côte de Natal du sud au nord, on trouve les Koussas que les voyageurs représentent avec une belle tête, une stature haute, des formes régulières, une démarche assurée. Entre le 20e et le 25e degré de latitude, on cite les Betjouanas dont les formes sont plus élégantes que celles des Cafres ; la coupe de leur figure est celle des Koussas, mais le nez est plus fréquemment arqué et les lèvres plus minces. Dans l'intérieur de l'Afrique, un grand nombre de tribus nègres, habitant les contrées du Soudan, offrent des variétés de formes d'autant plus remarquables qu'elles se rapprochent davantage des nôtres. Ainsi les Foulahs du pays d'Irnanké, ont une belle figure, le front un peu élevé, le nez aquilin, et les lèvres minces ; la forme de leur tête est presque ovale ; ils se tiennent très-droits et conservent en marchant un air de dignité. Les habitants de Baleya ont à peu près les mêmes traits. Ceux de Toron forment encore une autre variété ; leur visage est un peu rond, leur nez court sans être aplati, et leurs lèvres minces. Les noirs de Sangaran diffèrent des précédents par un teint plus clair, leur nez aquilin et leur tête presque ovale. Les Dirimans et les Kissours sont des hommes bien faits ; ils ont de beaux traits, le nez aquilin, les lèvres minces et de grands yeux. Dans le voisinage de Tombouctou, M. Caillé signale des peuples nomades, appelés Touariks qui portent les cheveux longs, ont le teint brun comme les Maures, le nez aquilin, de grands yeux, une belle bouche, la figure longue et le front un peu élevé. L'expression de leur physionomie est sauvage et barbare. On les regarde comme une variété d'Arabes dont ils ont, en effet, une partie des habitudes ; ils parlent cependant un idiome particulier. Enfin, les Hottentots, regardés aussi par la plupart des naturalistes comme une variété de la race noire, et qui sont répandus depuis les environs du cap Negro jusqu'au cap de Bonne-Espérance, ont la chevelure laineuse du nègre de Guinée, ses grosses et saillantes lèvres, et son front comprimé, mais leur face est un peu triangulaire et leur couleur est le jaune terne.

Les formes de la tête sont tout aussi variées sur les îles nombreuses du continent maritime. Les noirs des îles Viti sont de fort beaux hommes, dont « plusieurs, disent les naturalistes de l'*Astrolabe*, auraient pu servir de modèle. Ils offraient cette vigueur et cette sécheresse de formes de la statue du Gladiateur combattant. » Couleur d'un noir chocolat ; haut du front élargi, de même que le nez ; lèvres grosses, cheveux crépus, extrêmement touffus, mais non laineux. Les habitants de la Nouvelle-Irlande ont les cheveux disposés par petites tresses, des yeux petits et un peu obliques, un nez épaté, une face élargie par la saillie des pommettes, peu de barbe. Cependant M. Blosseville a vu dans cette peuplade, au village d'Eukiliki, des enfants qui avaient, dit-il, des figures vraiment européennes, et dont la peau était d'une teinte assez claire. Sur un autre point de l'Océanie, le même peuple, celui des Papous, présente des formes de tête encore plus diverses. Les Papous qui habitent les côtes de la Nouvelle-Guinée, de l'île de Waigiou, de Santa-Cruz, de Salomon, etc., forment une belle variété d'hommes noirs. Ils ont les cheveux des noirs de Viti, le crâne d'une assez belle dimension, le front élevé, la tête bien faite, les pommettes saillantes, le nez épaté, la bouche grande ; mais les habitants du port de Dorey, qui appartiennent certainement à la même peuplade, en diffèrent singulièrement. « Nous ne fûmes pas peu surpris, disent MM. Quoy et Gaymar, d'y voir des figures à maxillaires avancées, à lèvres saillantes, avec le front fuyant plus ou moins en arrière ; la couleur de la peau seule était celle des Papous, et pourtant ces hommes étaient bien de la même peuplade ; ils y étaient nés, ils étaient des Papous comme les autres, ainsi qu'ils le disaient avec énergie. »

La race mongolique, sur le continent maritime, offre tout autant de formes de tête diverses que les autres. Des peuples qui se rapportent à cette race, quelques-uns, comme les Malaisiens, par exemple, ont le teint jaunâtre plus ou moins foncé, les yeux bridés et les pommettes saillantes des Chinois ; mais dans la Malaisie même, les habitants de l'intérieur de Célèbes diffèrent des Malaisiens, dont ils sont si voisins, par une plus grande blancheur de la peau et la coupe arrondie du visage ; leurs yeux ovales et bien faits n'ont rien, comme chez les Malaisiens, de ceux des peuples chinois. Enfin, des deux variétés que l'*Astrolabe* a visitées à la Nouvelle-Zélande, l'une se compose des plus beaux individus de la race jaune. Ils sont grands, bien faits, robustes ; leur teint n'est guère plus foncé que celui d'un Sicilien ou d'un Espagnol très-brun ; leur physionomie est agréable et aussi variée que parmi les peuples de l'Europe. Nos savants navigateurs leur trouvaient des ressemblances frappantes avec les bustes de Socrate, de Brutus, etc. Plusieurs présentèrent à M. Sainson, dessinateur de l'*Astrolabe*, le beau type de figure qu'on observe si communément dans la variété juive. C'est ainsi que les races se fondent les unes dans les autres par les formes comme par la couleur.

Mais nous n'avions pas besoin de sortir de notre race pour trouver dans un même peuple des différences aussi considérables que celles qui servent à distinguer les races entre elles. Trente momies égyptiennes, observées au musée de Turin par M. Dureau de la Malle, ont le trou auriculaire au niveau de la ligne médiane des yeux, et la tête est beaucoup plus déprimée que chez nous dans la région des tempes. L'élévation de l'oreille est d'un pouce à un pouce et demi comparativement aux crânes européens. Cette variété existe encore dans la haute Égypte, et Champollion assure y avoir vu plus de 500 individus réunis, nommé Kennous, offrant tous le caractère frappant de la hauteur du pavillon et du trou de l'oreille. Les Israélites, qui ont conservé jusqu'au type même de leur physionomie, ont cette ressemblance avec les Égyptiens. Chez plusieurs d'entre eux, l'oreille, sans être placée aussi haut que dans les momies et chez les Coptes, l'est beaucoup plus que chez nous.

Nous trouverions encore une autre variété dans l'homme *fossile*, dont le crâne et les ossements sont associés à ceux des éléphants et des rhinocéros sur tant de points de l'Europe. Mais pourquoi évoquer des variétés éteintes, lorsque le grand nombre de celles qui vivent est déjà trop embarrassant pour nos adversaires? En effet, les différences dans la forme de la tête n'existent pas seulement dans ce que l'on est convenu d'appeler les grandes divisions du genre humain; on les retrouve dans la même race, dans la même variété, dans le même peuple; elles sont donc trop variables pour fournir des caractères spécifiques. C'est de la constance de cette variation des formes de la tête que dérive cette vérité vulgaire, que chaque individu a sa physionomie et sa forme particulière, quelle que soit sa ressemblance avec ceux du même lieu ou de la même famille; il y a donc une loi établie dans la nature vivante, en vertu de laquelle les formes de l'espèce reçoivent dans chaque individu des modifications qui le distinguent plus ou moins des autres individus de la même espèce; aussi est-il reconnu en zoologie que, pour déterminer les caractères d'une espèce, il faut réunir le plus grand nombre possible d'individus de cette espèce. Or, cette loi modificatrice des individus suffirait peut-être à elle seule pour apporter avec le temps, ou seulement par le concours plus actif de certaines circonstances, des changements considérables dans les caractères de l'espèce, et donner lieu à des races très-différentes. Mais il existe plus d'une cause de ces changements. Sans passer par les modifications intermédiaires, des races très-éloignées de la souche primitive peuvent être produites instantanément par anomalie. On pourrait en citer une foule d'exemples dans les animaux domestiques. Dans l'espèce *canis*, une race entière, le doguin, a la mâchoire supérieure tellement raccourcie que les incisives de l'inférieure sont tout à fait en dehors. Cette race doit l'existence à la transmission héréditaire de cette conformation vicieuse. Dans l'espèce bovine, une race observée par Azara, à Buénos-Ayres, a la tête un tiers plus courte que celle des autres; les narines sont ouvertes en dessus. Cette variété montre naturellement un peu les dents. Dans l'estancia des jésuites, dit le *Coin de la lune*, un taureau, en 1770, grandit sans produire de cornes; il se propagea et donna lieu à une race sans cornes. C'est Azara qui rapporte ce fait. Il existe une autre race du bœuf qui ne possède, à la place des cornes, que des plaques cornées adhérentes à la peau, lesquelles n'étant point soutenues à l'intérieur par la production osseuse du crâne, sont extrêmement mobiles, ce qui fait dire à Élien, qui avait observé cette race dans le voisinage de la mer Rouge, que les bœufs de ce pays pouvaient secouer leurs cornes comme leurs oreilles. Les produits d'une espèce naissant avec une organisation vicieuse donnent lieu, de cette manière, à une race nouvelle qui sort immédiatement d'une autre. Or, les anomalies de formes auxquelles l'homme est sujet sont également transmissibles par voie de génération. Ce fait a été depuis longtemps constaté pour les *sexdigitaires*, dont les enfants naissent ordinairement avec le même nombre de doigts que leur père; il a été observé jusqu'à la cinquième génération pour les hommes *épineux*, c'est-à-dire dont le corps est couvert de verrues d'un pouce et demi de long. La *Revue britannique* (t. IX, p. 253) parle d'un Birman envoyé au roi de cette nation, à Ava. « La toison qui couvrait cet homme était de 8 pouces de long sur la tête, y compris le visage, et de 5 pouces sur les épaules, la poitrine et le reste du corps. Son souverain lui fit épouser une femme birmane dont il a eu deux filles; l'aînée ressemble à sa mère, mais la cadette est revêtue d'une toison actuellement blanche, comme l'était celle de son père pendant son enfance, quoiqu'il soit aujourd'hui d'un brun presque noir. Toute cette famille est remarquable par la beauté de ses formes, la taille, la santé et la force de chaque individu. Le pays qui a produit cette anomalie est un de ceux où l'on trouve le plus d'*Albinos*. » Que les individus porteurs de ces caractères anomaux se fussent alliés à d'autres placés dans les mêmes conditions, comme cela a pu arriver souvent parmi les petites peuplades où les mariages se font entre frère et sœur, il est bien probable qu'ils auraient donné le jour à des variétés constantes, car il est reconnu en histoire naturelle qu'en réunissant des individus de couleurs et de formes semblables, on rend héréditaires des modifications accidentelles; la race s'établit ainsi et se perpétue. Le concours des anomalies dans la production des races est d'autant plus recevable, que ces sortes de variations sont les plus communes, et que les parties du corps qui en présentent le plus souvent sont placées aux extrémités de l'organisme. « La forme de la tête humaine offre des variations si nombreuses, dit M. Isidore Geoffroy, qu'il serait presque impossible de déterminer pour elle les limites de l'état normal et de l'anormal. » (*Hist. des Anomal. de l'organisation*, t. Ier, p. 281.) Parmi les causes générales qui font varier les formes de la tête, on peut assigner le grand nombre d'os plats ou lamelleux, et d'autant plus sujets à se déformer, qui composent cette région. La modification éprouvée par un seul os de la tête suffit pour en changer la forme générale et donner à l'individu une tout autre physionomie. Un rétrécissement dans le plancher des orbites peut déplacer l'œil et l'incliner plus ou moins, etc.

A la loi qui modifie les individus, et aux anomalies héréditaires, on doit ajouter le croisement des races et des variétés, l'influence des climats et les deformations artificielles. Depuis la Caroline du Sud jusqu'au Nouveau-Mexique, les sauvages ont tous le crâne déprimé parce qu'ils placent leurs enfants dans le berceau de manière que le sommet de la tête, portant sur un sac rempli de sable, soutient presque tout le poids du corps. Nous savons aussi que beaucoup de peuples noirs, les habitants du Brésil, les Caraïbes, les peuples de Sumatra et des îles de la Société, aplatissent avec soin le nez de leurs enfants aussitôt après leur naissance. Ailleurs, on donne à la tête des enfants une forme nationale au moyen de bandes et d'instruments, ou bien en la pétrissant avec les mains. Cet usage barbare a été observé dans plusieurs parties de l'Allemagne, chez les Belges, dans certains cantons de l'Italie, parmi les insulaires de l'archipel grec et chez les Turcs. Il a été interdit dans l'Amérique espagnole par un concile national ; il a régné jusqu'à ce jour chez les Géorgiens, les Waclaws de la Caroline, les Péruviens, les noirs des Antilles, parmi des peuplades que sépare un intervalle de trois mille lieues, chez les Chinooks, sur les bords de la Columbia, au nord de la Californie, et chez les Choctaws errant sur les frontières de la Floride, etc. Or, il est prouvé, par des expériences faites sur nos animaux domestiques, que les déformations artificielles prolongées sur plusieurs générations deviennent héréditaires, et quand même cela ne serait pas pour l'homme, il est au moins bien évident que de pareils usages rendent les exceptions impossibles ou extrêmement rares.

4° *Variations dans le degré de développement de l'intelligence chez les différentes races.* — Beaucoup de voyageurs et de naturalistes distingués ont constaté l'infériorité de la race noire sur les deux autres quant au développement des facultés intellectuelles, et l'on doit considérer ce fait, pris dans son ensemble, comme acquis à l'observation. Mais, d'abord, on en pourrait dire autant de la race jaune par rapport à la race blanche, et autant de certaines variétés de chaque race par rapport à d'autres variétés de la même race. Ensuite, cette infériorité de la race noire n'est qu'un fait *actuel*, dont on ne doit pas tirer les mêmes conséquences que s'il s'étendait à toute la durée de la race ; c'est un fait que l'on a trop isolé des circonstances qui le produisent et qui l'expliquent, et que des naturalistes ont eu le tort grave de regarder comme le résultat d'une conformation qui serait propre à la race noire. G. Cuvier nous donne la mesure de cette exagération dont sont empreints plusieurs jugements portés sur la race noire. « La race des nègres, dit-il, la plus dégradée des races humaines, est celle dont les formes s'approchent le plus de la brute et dont l'intelligence ne s'est élevée nulle part au point d'arriver à un gouvernement régulier ni à la moindre apparence de connaissances suivies. » (*Discours préliminaire des recherches sur les ossements des quadrupèdes fossiles.*) Or, si l'on fait attention aux caractères anatomiques que Cuvier donne au nègre en général, on reconnaît qu'il a pris pour type l'une des variétés les plus dégradées de la race, celle de la Guinée ; mais, d'après ce que nous avons vu des traits et de la forme de cette race, il n'est pas plus exact de lui attribuer, comme caractéristique, *un nez écrasé, un museau saillant et de grosses lèvres*, qu'il ne le serait de représenter la race blanche par les traits et la forme des Lapons.

L'autre assertion relative à l'intelligence de la race noire, ne s'accorde pas beaucoup mieux avec les faits. Ceux qui la traitent si sévèrement connaissent-ils l'histoire de ses temps primitifs? mais il est bien prouvé, au contraire, par le témoignage des historiens, que la race noire a formé très-anciennement de grands empires et qu'elle a dominé sur l'Égypte. Hérodote (Liv. II, c. 139) et Diodore de Sicile (Liv. Ier) parlent d'un Éthiopien nommé Sabacco, et Strabon, d'après Mégasthène, d'un autre appelé Tharaca qui régnèrent sur la terre de Mesraïm, nom donné souvent par les historiens juifs les plus anciens et encore aujourd'hui par les noirs de Sénégambie, à la vallée du Nil. Hérodote dit ailleurs en parlant des Colches : « Je pense qu'ils sont une colonie des Égyptiens, car ils ont comme eux la peau noire et les cheveux crépus.» (Liv. II.) Que l'opinion d'Hérodote sur l'origine des Colchidiens soit exacte ou non, il est au moins certain qu'ayant visité l'Égypte et vu son peuple, il n'a pas pu se tromper sur la couleur de son visage et la forme de ses cheveux. C'étaient donc encore des Éthiopiens, qui régnaient en Égypte à l'époque où l'historien grec séjourna dans ce pays. A ces témoignages de l'histoire, on peut ajouter ceux de l'archéologie. Le sphinx gravé dans Norden a visiblement tous les caractères d'une figure éthiopienne. C'est Volney qui fait cette remarque ; puis au sujet des Cophtes qu'il regarde comme de vrais mulâtres, parce que, dit-il, leur sang, mêlé depuis des siècles à celui des Grecs et des Romains, leur a fait perdre l'intensité première de leur couleur, sans altérer sensiblement le moule originel de leur figure, il rappelle que parmi les momies égyptiennes disséquées par Blumenbach, il en est un bon nombre que le naturaliste allemand a lui-même rapportées à la race éthiopique. (*Voyage en Égypte et en Syrie.*) Ces témoignages sont décisifs et la domination de la race noire en Égypte est un fait historiquement avéré.

Ce fait est le seul qui nous soit parvenu de l'histoire primitive de ces peuples, parce que ni eux, ni les Égyptiens, leurs voisins, n'ont eu d'annalistes. Le peu que nous savons de l'Égypte nous l'avons appris des historiens grecs, comme nous ne connaissons les Gaulois, nos ancêtres, ces puissants et opiniâtres ennemis de Rome, que par les historiens de cette république et ceux de la Grèce. Que depuis cette époque la race noire ait jeté de l'éclat en Afrique ou qu'elle y soit restée à l'état barbare, cela nous importe assez peu ; tant de nations des autres races ont présenté ce phénomène. Qu'étaient les Arabes avant le VIe siècle? Que sont-ils encore aujourd'hui? Au moyen âge, ils furent nos maîtres et dans ce moment la perfection du savoir pour eux est de lire dans le Koran. Ainsi, de la supposition la moins favorable à notre thèse, celle où la race noire ne serait point rentrée dans la carrière de la perfection sociale, depuis la chute de sa puissance en Égypte, on ne devrait rien conclure contre l'intelligence de cette race. Mais cette supposition est démentie par les faits ; il est faux que la race noire ait été sans gouvernements réguliers à des époques plus rapprochées de nous. Sur tous les points de l'Afrique où les noirs sont un peu nombreux, ils ont établi une autorité. Tombouctou ne compte pas plus de 10 à 12,000 habitants ; cependant, il y règne un roi nègre qui gouverne d'une manière patriarcale. Les discussions du peuple sont jugées par le conseil des anciens. Jenné, dont la population est de 8 à 10,000 âmes, fait partie d'un petit royaume gouverné par un foulah guerrier, conquérant de plusieurs pays du sud de Bambara où il se fait obéir ; il est musulman ; il a fondé une ville sur la rive droite du fleuve, et il y a établi des écoles où les enfants sont instruits aux frais de l'État à la lecture du Koran. Dans le Zanguebar, les noirs ont une république nommée Brava. Le chef de Fouta-Dhialon est nommé par les grands de l'État, qui se rassemblent pour l'élire. Dans la Sénégambie, Sackatou, capitale de l'empire des Foulahs ou Fellathas, contient une population de 80,000 hommes, d'après l'estimation approximative de MM. Clapcrton et Lander. Dans la Guinée, on distingue l'empire des Achantis. Il y a peu d'années, ces peuples ont été près de chasser les Anglais de toutes les colonies qu'ils possèdent dans cette contrée. Dans la Nigritie méridionale ou Congo, on cite l'empire de Sala (Azico des cartes). Enfin, dans l'Afrique orientale, les Moravi qui occupent le ci-devant empire de Monomopata, les Macouas, à l'ouest de Mozambique, et les Sowauli sont des nations noires puissantes et déjà redoutables aux Européens. Il est vrai que ces peuples pour la plupart nous ont été montrés dans des temps récents et que les naturalistes du dernier siècle comptaient peu sur cette découverte.

La race noire a produit des âmes d'une vertu sublime, des hommes de guerre, des artistes habiles, des écrivains éloquents, des savants, des poëtes. Différait-elle de la nôtre, l'intelligence de Toussaint Louverture, qui, dans un âge avancé, et sachant à peine lire, envisagea d'un œil de génie les circonstances où se trouvait Saint-Domingue, et conçut le dessein de faire de ses semblables un peuple indépendant? Malgré tous les obstacles, les noirs d'Haïti se sont conquis une nationalité comme Toussaint l'avait prédit. Dans la Guyane, les nègres-busch, descendants de ces anciens noirs marrons qui surent résister aux forces de la colonie de Surinam, et traiter avec son gouvernement de puissance à puissance, les nègres-busch n'ont point dégénéré du courage de leurs ancêtres; ils se distinguent encore aujourd'hui des autres populations de la province par l'énergie du caractère et le développement de l'intelligence. Enfin, les voyageurs ont observé que partout où la race éthiopique communiquait librement avec les autres peuples elle était bien supérieure aux peuplades isolées. C'est donc en dehors de leur race que le naturaliste philosophe doit chercher les conditions du développement intellectuel et moral des peuples. Un peuple s'est-il fait une patrie en s'attachant au sol, en s'imposant un gouvernement et des lois, le terme de sa vie errante ne sera pas encore celui de sa vie sauvage et de ses habitudes d'ignorance et de vices. Les avantages du climat et du sol où il a fixé sa demeure, ses rapports avec des peuples civilisés, la doctrine plus ou moins saine dont il nourrit son esprit, les besoins qui naissent du grand nombre des individus, voilà les principales conditions extérieures qui l'élèveront, quelle que soit sa race, de l'état de barbarie aux divers degrés de la perfection sociale.

Or, en premier lieu, les noirs d'Afrique comme ceux de l'Océanie ne forment en général que des groupes médiocrement nombreux, éloignés du contact des nations civilisées, et n'ayant entre eux que des rapports peu fréquents et de peu d'importance. D'après la statistique basée sur les recherches les plus récentes, la population des principales puissances noires de toute l'Afrique ne serait guère que le tiers de celle de la France. Comment un si petit nombre d'hommes, groupés à de grandes distances dans cette vaste péninsule, pourraient-ils former des États d'une importance comparable à celle des royaumes et des empires de l'Europe et de l'Asie, lorsque la race jaune, la plus populeuse des trois, n'en compte elle-même qu'un si petit nombre ?

Il est certain, en second lieu, que toutes choses égales d'ailleurs, les peuples montrent d'autant plus d'aptitudes et d'activité politique, qu'ils vivent sous un climat agréable, soit qu'il donne plus d'énergie au corps et en même temps plus de vigueur à l'imagination, ou que contribuant à l'accroissement de la population par l'abondance de ses produits, il fasse plutôt sentir le besoin d'un ordre social plus compliqué. Or, cette circonstance a manqué à la race noire. Elle vit sous le plus débilitant des climats, et les côtes de son continent, le plus chaud de tous, sont, même hors de la zone torride, les contrées les plus malsaines du globe. Les peuples des zones glaciales sont les seuls qui ne jouissent pas de conditions meilleures ; aussi, quoique appartenant aux races blanche et mongolique, n'offrent-ils que des gouvernements fort simples, bornés aux premiers éléments de tout ordre social. Placés comme les noirs sous l'action de climats qui dépriment et énervent leur constitution physique et les disposent à des habitudes d'indolence, ils vivent contents de peu, et le repos est le principal terme de leur ambition.

Il ne faut pourtant pas s'exagérer les effets du climat ; un sol fertile et salubre exerce plus d'influence sur un peuple, que les différents degrés de température intermédiaires à l'extrême chaud et à l'extrême froid. Si le climat influe sur le moral, il ne le détermine pas, et quoique cette détermination supposée soit regardée dans beaucoup de livres comme la base de la législation des peuples, il n'y a pas d'opinion mieux réfutée par tous les témoignages de l'histoire. Ce n'est point à notre thermomètre qu'il faut régler l'intelligence des peuples, leurs gouvernements, leurs vertus et leur bonheur. C'est l'éducation, c'est la doctrine qui forme l'intelligence et le cœur des hommes, et tel est son pouvoir qu'il triomphe non-seulement des latitudes, mais aussi des tempéraments. L'homme est un être essentiellement enseigné, sa raison est le fruit de la communication des idées. Or, il en est d'un peuple comme de l'individu, il ne se civilise pas de lui-même et sans le secours d'un autre peuple plus avancé dans la carrière de la vie sociale. Les Grecs furent civilisés par les Égyptiens, les Romains par les Grecs, les Gaulois par les Grecs de

Marseille et par les Romains, les Francs, les Allemands, les Anglais et les nations modernes par tous ces anciens peuples à la fois et surtout par le christianisme.

Mais si la doctrine qui devait rappeler un peuple à la vie de l'esprit méconnaît entièrement les rapports de l'homme avec Dieu, avec lui-même, avec ses semblables, avec la nature, elle paralysera ses facultés au lieu de les développer. Avec les avantages d'un beau climat et la position la plus favorable pour communiquer avec toutes les nations, quel accroissement a pris l'intelligence des Turcs, hommes de notre race? Où sont les savants, les artistes, les poëtes, les publicistes qu'ils ont produits, depuis que l'islamisme a fixé leur intelligence par une doctrine léthargique comme la liqueur dont ils s'enivrent? Fatale destinée de la race noire! De toutes les doctrines qui ont régné sur le genre humain, elle a reçu la pire, l'islamisme! Le souffle inspirateur aurait dû lui venir des nations chrétiennes de l'Europe, mais on dirait qu'elles ont mieux aimé se charger d'accomplir l'antique anathème du père commun de toutes les races contre le père de la race noire : *Maledictus Chanaan! Servus servorum erit fratribus suis!* Elles l'ont accablée de leur civilisation, au lieu de lui en faire désirer le bienfait. Pendant trois cents ans elles ne sont allées sur le continent d'Afrique que pour y porter des chaînes, et le nombre des noirs qu'elles ont arrachés à leur patrie s'est élevé, dans le XVIIIe siècle, à plus de 100,000 par année.

Ainsi, la race noire ne paraît encore avoir été favorisée d'aucune de ces circonstances dont l'heureux concours a si souvent donné l'essor au génie des deux autres; elle est peu nombreuse en elle-même et dans ses peuples. Les îles souvent insalubres qu'elle habite sur l'Océan l'affaiblissent encore en la divisant et la tenant éloignée des peuples civilisés. En Afrique, l'excès de la chaleur l'accable, et les nations mahométanes ne lui laissent que le choix de l'esclavage ou de leur stupide religion. Cependant, depuis que, sur certains points, ses rapports avec les peuples chrétiens sont devenus plus libres, elle s'éclaire et s'élève peu à peu à la hauteur des autres, et l'on voit s'effacer toutes les différences morales et intellectuelles qui avaient servi de prétexte à la race blanche pour l'asservir, et de caractères à quelques naturalistes pour lui attribuer une origine différente.

Il en est donc des différences morales des peuples comme de leurs différences physiques. Elles sont le produit de circonstances purement accidentelles ; elles se prolongent avec ces circonstances, elles changent avec elles ; ni les unes, ni les autres ne prouvent donc que tout le genre humain n'ait pas une seule et même origine.

Preuve directe de l'unité d'espèce dans le genre humain. — Si nous jetons les yeux sur les espèces du règne animal, nous voyons leurs différences, comme espèces, se révéler par des différences correspondantes ou parallèles dans la station, dans la progression, dans la manière de se loger, dans le régime de vie, dans l'instinct, dans la voix ou dans le chant, enfin dans ces mille circonstances dont l'ensemble forme ce que nous appelons leurs mœurs et leurs habitudes; mais ce qu'il importe surtout de remarquer, ces différences participent de l'immutabilité des espèces : aussi, même dans les animaux domestiques, elles persistent sans que nous puissions les changer, elles défient tout notre pouvoir; nos efforts se brisent contre ces barrières que le Créateur a élevées entre les différentes espèces qu'elles servent à distinguer. Mais dans le genre humain on ne voit rien de semblable, et en faisant abstraction de tout ce qu'il y a de variable dans les parties qui le composent, le reste paraît identique. Nous avons reconnu l'inconstance de leurs plus grandes différences physiques et intellectuelles; nous avons vu qu'elles pouvaient s'effacer et disparaître avec les circonstances qui les produisent. L'intelligence, dans ses différents degrés de développement, varie jusqu'au *maximum* aux différentes époques d'un même peuple, dans toutes les races. La taille, la couleur, le développement proportionnel des membres, le volume et la forme de la tête varient jusqu'au *maximum* dans la même race, dans le même peuple et souvent dans la même famille. On explique ces différences, on remonte à leurs causes accidentelles; d'ailleurs, elles sont beaucoup moins considérables que celles qui s'observent entre les variétés d'une même espèce animale domestique. Il est donc bien démontré qu'elles ne forment pas des coupes primitives ou spécifiques dans le genre humain.

Si ces différences, les seules dont les naturalistes du dernier siècle aient fait des objections contre l'unité d'espèce, sont si changeantes, combien les autres dont ils n'ont pas parlé sont-elles encore plus mobiles! Les coutumes des peuples diffèrent, mais si ces coutumes tiennent à leur ignorance et à leur état de barbarie, ils en adoptent d'autres lorsqu'ils se civilisent, si elles ont leur raison dans le climat, dans le sol, ou dans quelque autre circonstance locale, nous agirions comme eux dans leur pays, et ils feraient comme nous dans le nôtre. Toutes les variétés d'hommes peuvent vivre sous les mêmes latitudes et des mêmes aliments, se loger, se vêtir de la même manière. Tous les peuples ont une langue particulière, mais outre que ce sont les mêmes sons différemment combinés et à peu près en nombre égal, et que la diversité des mots et leur arrangement sont approximativement les mêmes, tous ces peuples apprennent l'idiome les uns des autres, et ils pourraient parler tous la même langue, comme ils pourraient tous exécuter les mêmes chants. Tous les peuples ont éprouvé plus ou moins les conséquences de l'état social, et peuvent s'élever, par l'éducation, jusqu'à la civilisation complète, c'est-à-dire à la possession de nos métiers, de nos arts, de nos sciences, de nos lois, de nos gouvernements, de nos croyances religieuses. C'est une vérité d'expérience que les peuples, que l'on avait crus le plus éloignés des nations civilisées, ont acquis par l'éducation chrétienne toutes les qualités de ces nations. Notre religion si élevée et si parfaite, annoncée dans toutes les langues, reçue et comprise partout, a produit partout les mêmes effets. Elle civilisa autrefois une partie de l'Afrique et de l'Asie; quinze siècles plus tard elle fit des hommes des anthropophages du nouveau monde; elle créa parmi ces féroces sauvages une république si parfaite que, dans ses rêves les plus brillants, l'imagination ne s'était jamais représenté rien de semblable. Dans ce moment elle conquiert doucement à la civilisation les Arabes d'Afrique, et sur tous les points où de pacifiques rapports se sont établis entre les peuples sauvages ou barbares, et des peuples civilisés et chrétiens, elle attire à elle, pour les conduire vers la perfection par la voie de la vérité, toutes les variétés du genre humain.

Il est donc vrai que s'il y a quelque chose de constant dans ces innombrables différences qui distinguent les hommes, c'est leur inconstance même, dans laquelle il faut voir une des belles lois qui régissent les êtres. Le but vers lequel cette loi marche sans cesse, en remplaçant chaque jour, par des caractères nouveaux, ceux qui chaque jour s'effacent, est de ne rien laisser dans l'ombre, de faire tout ressortir par l'effet des contrastes. Sans elle la confusion serait dans la famille, d'où elle passerait dans le peuple, dans la race, dans le genre entier.

Or, si l'on met de côté tous ces caractères trop variables pour être des caractères d'espèce, tout le reste est identique dans toutes les parties du genre humain. Toutes parlent un langage articulé, toutes ont le même fonds d'intelligence, de raison, d'imagination et de sensibilité. Dans toutes le crâne, le squelette, la structure intime de la peau, et tous les divers autres systèmes du corps sont exactement les mêmes; et ce qui est particulièrement décisif, les alliances par lesquelles se mélangent les races les plus diverses de formes, de couleurs, de stature, sont toujours fécondes et le résultat est aussi toujours fécond; donc toutes les variétés humaines ne forment qu'une seule et même espèce.

CHAPITRE XVIII.

ACCORD DE LA COSMOGONIE ET DE LA SCIENCE SUR L'ORIGINE DIVINE DE L'ÉTAT SOCIAL ET DU LANGAGE ARTICULÉ.

Le langage articulé est un fait primitif comme l'état social dont il est la suite nécessaire. Aussi, ceux qui se plaçant en dehors des lois de notre nature, ont voulu voir dans l'état social l'œuvre de l'homme et non celle de Dieu, ont-ils été amenés à considérer le langage comme une invention humaine, tout en avouant de bonne foi qu'ils ne concevaient ni la nécessité de cette invention pour l'état de nature, ni sa possibilité de la part de l'homme. Démontrer l'origine divine du langage, c'est démontrer du même coup l'origine divine de l'état social, de même que la création de l'homme à l'état social une fois prouvée, l'origine divine du langage articulé s'en déduit rigoureusement. Nous réunissons donc ces deux faits importants, comme ils sont réunis dans la nature même des choses. L'enseignement de la cosmogonie sur ces deux points est connu de tout le monde. Elle nous montre l'homme, aussitôt après sa création, imposant des noms aux animaux, les communications verbales du premier couple humain avec son créateur, source des dogmes et de la loi morale et religieuse; les enfants d'Adam et d'Ève, partagés entre la vie agricole et la vie pastorale, formant deux petits corps de nation à peu de distance l'un de l'autre, la ville d'Enochia et la naissance de tous les arts nécessaires à l'entretien et au mouvement de la société. Ainsi, dans la Genèse, les premiers hommes ne passent ni par l'état de mutisme, ni par l'état de nature. Interrogeons maintenant la science, et voyons d'abord ce qu'elle dit de l'état de nature.

I

Origine de l'hypothèse de l'état de nature. — Les poëtes de la Grèce, qui furent aussi ses premiers historiens, entourant de fables leurs vagues notions sur l'histoire de leurs ancêtres, imaginèrent l'état de nature, ils dirent : « Il fut un temps où les hommes épars dans les forêts, n'étaient unis par aucun lien social; nus, muets, sans croyance, sans morale, sans lois, sans arts, leur état différait peu de celui des bêtes sauvages; c'était l'état de nature. » Les philosophes grecs acceptèrent ces conjectures et en firent la base de leurs systèmes ; elles passèrent chez les Romains, ces fidèles échos des Grecs, et s'introduisirent dans leurs codes subséquents composés par des sophistes. A la renaissance des lettres en Europe, une aveugle admiration pour les écrivains d'Athènes et de Rome, et l'étude du droit romain implantèrent ces principes parmi nous ; Hobbes et Spinosa se chargèrent d'en tirer les conséquences ; ils survécurent à l'ouvrage de Buffendorff, qui ne fit, en quelque sorte, que les émonder ; ils se développèrent avec une nouvelle vigueur, au point qu'une académie avait déjà tellement perdu toute connaissance du commencement des sociétés qu'elle jugea utile, pour son instruction, de mettre au concours : *quelle est l'origine de l'inégalité des conditions parmi les hommes, et si elle est autorisée par la loi naturelle?* demande qui reçut pour réponse le célèbre discours dans lequel Rousseau établit que l'état de nature étant l'état primitif et normal de l'espèce humaine, l'homme social, *l'homme qui pense est un animal dépravé*. Cette conséquence logique aurait tué son principe, dans un temps où le bon sens eût été à l'ordre du jour. Mais alors la philosophie voltairienne avait tourné toutes les têtes ; les doctrines de Rousseau, appuyées sur le paradoxe de l'état de nature, pénétrèrent partout et précipitèrent la monarchie. Cela devait être ; si l'homme a été jeté sur la terre, sans maître, sans lois, sans religion, sans morale ; si c'est de lui-même, par sa seule volonté, par sa seule puissance qu'il a trouvé et approuvé tout ce qui existe en ce moment, tout ce qui le constitue en société, alors il faut avouer qu'il reste toujours maître et indépendant en religion, en morale, en lois, en gouvernement, qu'il est à bon droit souverain de ses croyances et roi de sa pensée. Que dis-je, sa pensée ? la pensée ni le langage n'étant conformes à l'état de nature, l'homme qui parle et qui pense viole les lois de sa destinée, c'est un être, ou mieux encore, c'est un *animal dépravé*, car ôtez le langage et la raison, rien ne le distingue plus des animaux.

Telle est en peu de mots l'origine et l'histoire de cette utopie, à laquelle on a cherché vainement un appui dans les annales de l'humanité ; les annales ou les monuments des peuples supposent partout un état social préexistant. Les nations sauvages de l'Amérique et celles des archipels des mers du Sud n'appartiennent pas à l'état de nature ; elles ont une langue, elles sont réunies en société ; leur état n'est donc qu'une dégradation, loin d'offrir le commencement et comme l'aurore de la civilisation. Apprenons de Rousseau lui-même ce qu'il pensait de l'état de nature. « Il ne faut pas prendre, dit-il, les recherches dans lesquelles on peut entrer sur l'état de nature pour des vérités historiques, mais pour des raisonnements hypothétiques et conditionnels plus propres à éclaircir la nature des choses qu'à en montrer la véritable origine. La religion ne défend pas de former des conjectures sur ce qu'aurait pu devenir le genre humain, s'il fût resté abandonné à lui-même... Il est évident par la lecture des livres saints que le premier homme ayant reçu immédiatement de Dieu des lumières et des préceptes, n'était point lui-même dans l'état de nature, et qu'en ajoutant aux écrits de Moïse la foi que leur doit tout philosophe chrétien, il faut nier que même avant le déluge les hommes se soient jamais trouvés dans le pur état de nature, à moins qu'ils n'y soient tombés par quelque événement extraordinaire : paradoxe fort embarrassant à défendre, et tout à fait impossible à prouver. » (*Discours sur l'origine de l'inégalité parmi les hommes.*)

Les caractères différentiels de l'homme prouvent qu'il a été créé à l'état social. — En dehors de la société de ses semblables, l'homme ne peut atteindre son développement physique, intellectuel et moral ; cela est facile à démontrer. Nous voyons par la science de l'organisme, dans ce qui a trait aux mœurs des animaux, que plus les espèces s'élèvent dans la série zoologique, plus les produits ont besoin pour se développer du secours de leurs parents. Ainsi, tandis que les derniers mammifères, les ornithodelphes, semblent sous ce rapport comme sous bien d'autres se rapprocher beaucoup des oiseaux qui se montrent déjà si attentifs aux besoins de leurs petits, les quadrumanes ou les plus supérieurs des mammifères sont aussi de tous ceux qui s'en occupent davantage. Ils vivent même assez généralement par troupes. Or, parmi tous les êtres organisés, l'homme est celui qui naît escorté de plus de faiblesses, et qui a besoin de plus de secours de la part de ses auteurs. Il a moins d'instinct que les animaux qu'il doit dominer par sa raison et sa moralité ; mais sa raison et sa moralité se développeront seulement par la société ; en attendant, il ne peut ni broyer ses aliments, ni parler, ni marcher, ni se vêtir ; de lui-même, il ne sait que pleurer, *flens animal cæteris imperaturum*, dit Pline. Il n'a même le plus souvent aucune ressource dans sa mère, qui après lui avoir donné le jour, se trouve dans un état voisin de la mort, de sorte que la mère et l'enfant périraient ensemble, s'ils étaient abandonnés dans ces premiers temps ; la famille au moins est donc absolument nécessaire à l'enfant et à la mère. Mais la famille elle-même que deviendra-t-elle sans une société qui la protége, la défende, la soutienne ? les animaux et surtout les carnassiers, lorsque leurs petits sont en état de chercher leur pâture, les abandonnent sans retour et les chassent même pour ne plus les reconnaître. Admirable loi de la Providence ! Par là plus d'espace reste à chaque couple pour trouver sa nourriture ; chaque couple prend position, se cantonne, se poste afin de remplir sa destinée. Par là chaque espèce trouvant partout une espèce ennemie, la trop grande multiplication de toutes est empêchée et l'équilibre général est maintenu ; par là sont rendues impossibles les guerres d'extermination entre les espèces ; des individus succombent, l'espèce est sauve. Mais ce qui fait le salut des espèces animales serait la ruine de l'espèce humaine, laquelle, distribuée sur le sol par couples ou par petites familles, ne pourrait ni se protéger assez contre les vices trop multipliés et trop étendus des climats, contre les lois de la matière tendant sans cesse à détruire les êtres organisés, ni se défendre contre les animaux qui l'attaquent, ni soumettre et dompter les espèces utiles, ni travailler la terre pour la contraindre à lui fournir sa subsistance. Ces familles isolées pourraient bien vivre quelque temps, mais elles ne tarderaient pas à disparaître successivement et la multiplication du genre humain serait impossible.

Mais l'homme, être physique, est aussi essentiellement un être intelligent et perfectible, *capax scientiæ*, dit Aristote, et c'est l'intelligence qui le rend capable d'éducation. Ce qu'on nomme éducation dans l'animal se borne à placer l'individu dans les circonstances les plus favorables à sa conservation. L'animal nourrit son petit, et par là développe son organisme ; la mamelle où il puisait la vie se tarit, la faim le presse, il partage la proie de sa mère ; mais bientôt celle-ci la lui refuse, et la nécessité le pousse à chasser lui-même pour se nourrir ; mais il y est porté par son instinct, il n'a pas besoin de l'exemple de sa mère. L'animal ne transmet donc aucune science à son petit, parce que lui-même n'en possède aucune. L'animal ne perfectionne rien ; il fait tout ce qu'ont fait ses pères, mais sans y rien ajouter, et il le fait instinctivement sans l'avoir jamais appris. Si certains animaux domestiques transmettent à leur produit des qualités acquises, comme les chiens qui chassent de race, ils le doivent aux leçons de l'homme et non pas à celles de leurs parents. Les animaux ne perfectionnent rien ; ils ne sont donc pas perfectibles, capables de science. Ils n'ont rien à apprendre les uns des autres, chacun d'eux sait naturellement tout ce qu'il doit savoir pour atteindre le but de sa création ; ils n'ont donc pas besoin de vivre en société.

Il en est tout autrement de l'homme ; intelligent et raisonnable, il peut connaître, systématiser ses connaissances, les accroître et les transmettre, il est perfectible. Cependant, remarquons-le bien, la science n'appartient point à l'individu, mais à la société. Chaque individu peut y puiser, y ajouter même, mais la société seule a la propriété du tout et le conserve. Voilà pourquoi l'éducation dans l'homme n'est plus seulement celle de l'individu, mais de l'espèce; la société acquiert pour l'avenir comme pour le présent; il y a véritablement ici éducation, parce qu'il y a science et transmission de la science. L'individu n'apporte point la science en naissant, il naît seulement capable de la recevoir, mais si elle ne lui est pas enseignée, il ne la possédera jamais. Il faut qu'il en reçoive du dehors les éléments, et à l'aide de ces éléments, il peut aller plus loin, et augmenter chaque jour ses connaissances; ce qui prouve deux choses : que son intelligence est active par elle-même, mais qu'elle a besoin pour entrer en activité d'être excitée par une cause qui n'est pas en elle. De là la nécessité d'instruments organiques à l'aide desquels les intelligences puissent communiquer entre elles. Le langage, dont nous rechercherons plus tard l'origine, est le premier de ces instruments. Les animaux n'ont pas de langage, ils n'ont que des cris, expressions de leurs passions et de leurs besoins. L'homme seul possède un langage articulé et formulé, parce que son intelligence est active et pensante. Or, en dehors de la société, l'homme ne parlerait pas, son intelligence ne se manifesterait pas; elle n'habiterait pas tout à la fois le passé, le présent et l'avenir; le présent serait tout pour lui, sa conservation individuelle actuelle l'absorberait tout entier. Quand même un homme isolé pourrait acquérir par la puissance de son activité intellectuelle certaines connaissances utiles à sa conservation et à son existence, elles se perdraient avec lui, s'il n'y avait pas d'éducation sociale; et dès lors chaque individu serait obligé de recommencer lui-même son éducation, qui se terminerait aussi à lui, et jamais l'espèce n'en recueillerait les fruits pour les générations suivantes. L'isolement des individus serait un éternel obstacle à la perfection de l'espèce. La perfectibilité étant donc un caractère essentiel à l'homme, et qui ne peut se développer que dans l'état social, on doit en conclure que la société est le milieu naturel de l'homme perfectible, comme l'air est celui de l'oiseau, l'eau celui du poisson, et que l'homme par conséquent a été créé dans l'état social. Cette conséquence est si rigoureuse, qu'en partant de l'état de nature, on est logiquement conduit à nier la perfectibilité humaine et à dire avec Jean-Jacques que l'homme qui se perfectionne est un animal dépravé.

Un autre caractère de l'homme et la plus haute prérogative de l'activité libre de son intelligence, c'est sa moralité. Comme être moral et religieux, l'homme est en rapport avec le monde physique dont il doit user dans les limites que lui tracent ses besoins, sans jamais les dépasser, sous peine de se nuire à lui-même et de détruire l'œuvre de Dieu ; il est en rapport avec la société de ses semblables par un échange mutuel de devoirs ; il est en rapport avec Dieu, dont il est la créature, et qu'il doit reconnaître comme son souverain législateur. Mais en dehors de la société, sa moralité est nulle et sans application. Elle est sans application, puisqu'il est isolé ; elle est même tout à fait nulle, puisque hors de l'état social, le *pabulum vitæ* manque à son intelligence qui s'ignore elle-même, et ses semblables, et le monde et son créateur. Vainement donc on a cherché à s'expliquer le développement humain par l'hypothèse de l'état de nature, elle ne peut tenir contre les faits. La nature organique de l'homme, son étude comparative avec la nature des animaux, les lois du développement d'un être naturel quelconque, l'intelligence humaine, sa moralité, tout démontre que l'homme, composé de caractères sociaux, a été créé dans l'état social. L'étude du langage articulé va nous conduire à des conclusions tout aussi rigoureuses.

II

Le langage articulé n'est pas une invention de l'homme. — L'homme ne parle point, s'il n'a pas appris à parler. — Dans les classes supérieures du règne animal, chaque espèce a reçu de son créateur une voix ou un chant qui lui est propre, et qu'elle exprime d'elle-même, sans aucun secours étranger. L'oiseau, séparé dès sa naissance de ceux qui lui ont donné le jour, redit exactement le chant paternel qui ne frappa jamais son oreille ; le lionceau, enlevé de bonne heure à son repaire et à ses forêts, rugira plus tard comme tous ceux de son espèce. L'homme aussi a une voix, un chant, un langage articulé, mais il ne parlera jamais de lui-même, s'il n'a pas entendu parler. Chez lui les organes de la respiration, les plus parfaits qui existent, peuvent s'élever jusqu'à la phonation, jusqu'au langage articulé ; la langue, les dents et les lèvres prendront part à cette haute fonction de locomotilité intellectuelle ; mais tous ces organes chômeront éternellement dans l'individu humain, s'ils n'ont été mis en exercice par la société qui l'entoure. C'est une loi qui n'admet aucune exception. L'enfant ne parle qu'après un long apprentissage de la parole. Toutes les expériences faites par les anciens n'ont jamais donné d'hommes parlants. Tous les individus perdus dans les bois, les deux hommes dont parle Condillac, les deux enfants dont parle Rodwith, étaient complétement muets. Le sauvage de l'Aveyron, dont l'histoire est rapportée par M. de Bonald, après deux ans d'instruction, n'avait encore de signes imitatifs d'aucune pensée, il montrait seulement du doigt les objets présents qui se rapportaient à des besoins corporels. Il en était de même de l'enfant que l'on trouva en 1694 dans les forêts de la Lithuanie; il ne donnait, dit Condillac, aucune marque de raison, n'avait aucun langage, et formait des sons qui n'avaient rien d'humain; il fut longtemps avant de pouvoir proférer quelques paroles; aussitôt qu'il put parler, on l'interrogea sur son premier état, mais il n'en avait pas gardé plus de souvenir que nous n'en avons de ce qui nous est arrivé au berceau. Louis Racine nous a laissé des détails aussi authentiques qu'intéressants sur mademoiselle Leblanc, cette pauvre sauvage trouvée près du village de Sogny, à 4 lieues de Châlons, en 1731. Elle avait de 14 à 18 ans, lorsqu'elle sortit des bois, et qu'on put la prendre. Elle ne connaissait aucune langue, n'articulait aucun son, elle formait seulement un cri de la gorge qui était effrayant. Elle savait imiter celui de quelques animaux et de quelques oiseaux. Lorsqu'on la trouva, son intelligence était extrêmement bornée, sa mémoire lui rappelait fort peu de choses de sa vie sauvage et absolument rien de celle qui avait précédé. Les premiers qui lui parlèrent de religion ne trouvèrent en elle aucune idée d'un être suprême.

Chez tous ces individus, les organes de la voix étaient conformés comme les nôtres, puisque une fois rendus à la vie sociale, ils ont appris à parler comme nous, en entendant parler leurs semblables, et s'ils n'articulaient pas aussi bien que nous, cela tenait uniquement à ce que les diverses parties de l'appareil vocal avaient eu le temps de contracter une certaine inflexibilité qui rendait les mouvements plus difficiles; ils n'étaient donc muets auparavant que parce qu'ils n'avaient pas entendu parler, ou pour mieux dire, ils étaient devenus muets pour avoir trop tôt cessé d'entendre parler; car il ne paraît pas possible d'admettre qu'ils se fussent perdus dans les forêts ou qu'ils y eussent été abandonnés par leurs parents avant l'âge de cinq ou six ans: plus jeunes, ils n'auraient pu ni échapper aux bêtes féroces, ni pourvoir à leurs besoins; or l'enfant parle avant cinq ans. Ils parlaient donc lorsqu'ils furent livrés à cette vie sauvage; mais séparés trop tôt de la société qui nous enseigne la parole, ils l'avaient promptement désapprise et totalement oubliée.

Puisque c'est uniquement pour n'avoir jamais entendu parler ou pour avoir trop tôt cessé d'entendre parler, que les hommes longtemps séquestrés de tout commerce avec leurs semblables sont frappés de mutisme, par une conséquence nécessaire la surdité complète doit produire parmi nous le même résultat. Depuis que les travaux de l'abbé de l'Épée et de l'abbé Sicard ont permis d'établir des maisons d'éducation publique pour les jeunes sourds-muets des deux sexes, on a pu les observer d'une manière suivie dans toutes les grandes villes d'Europe; or l'observation a donné les résultats suivants : « Tout sourd de naissance est muet; le mutisme n'est que l'effet de la surdité, ou en d'autres termes, les sourds de naissance ne sont muets que parce qu'ils n'ont pas entendu parler. Les organes de la voix sont tout aussi parfaits en eux que dans les autres hommes. Le monde moral et intellectuel est nul pour les sourds-muets, c'est l'instruction qui les y introduit; les objets matériels ont seuls fixé leur attention; l'idée d'une cause première, la distinction du juste et de l'injuste, du vice et de la vertu n'ont point éclairé leur intelligence. Leurs habitudes sont celles de la vie sociale au sein de laquelle ils se sont développés; pour tout le reste, ils ressemblent aux individus trouvés dans les forêts. »

Ainsi, l'homme ne naît point parlant, il n'apporte au monde que la faculté de parler, et dans l'enfant cette faculté a besoin d'être mise en exercice, par un long apprentissage, au sein d'une société parlante. En passant de l'enfance à l'âge adulte ou à l'âge mûr, le muet, s'il n'entend point parler, reste encore muet, et il lui serait d'autant plus impossible d'inventer son langage que, d'une part, ses organes vocaux deviennent de plus en plus fermes et inflexibles, et que de l'autre, son intelligence, au lieu de se développer successivement comme celle des hommes restés en rapport avec une société parlante, demeure, au contraire, ensevelie dans une ignorance complète d'elle-même, et des objets intellectuels et moraux, ainsi que le prouvent les enfants élevés ensemble et privés de toute communication verbale avec leurs semblables parlants, et les individus humains trouvés, par couples, dans les forêts. Il faut conclure de ces faits que le langage articulé n'est pas une invention de l'homme.

De plus, l'intelligence, la perfectibilité, la moralité, ces caractères distinctifs de l'homme, ne se développent que par le langage articulé, et pour les sourds-muets, au moyen du langage écrit; or, si l'homme a inventé le langage, le développement de ces caractères essentiels n'est plus qu'un accident, et la suite d'une découverte qui pouvait être ou n'être pas; c'est donc par hasard que l'homme parle, pense, exerce son activité libre, se perfectionne, est moral et religieux; c'est par hasard que l'homme est supérieur aux animaux, au lieu de leur être inférieur, comme cela serait, s'il n'eût pas parlé; en un mot, c'est par hasard que l'homme est homme; et, comme dans toutes les hypothèses qui ont été présentées sur l'origine humaine du langage, la théorie et l'application de la langue verbale n'auraient pas été l'ouvrage d'un jour, mais celui des siècles, il faudrait voir dans les premiers hommes des êtres contradictoires, ayant des facultés sans exercice, des organes sans fonctions, une moralité sans actes moraux, une perfectibilité sans perfectionnement possible.

Impossibilité absolue de l'invention humaine du langage articulé. — La supposition de l'invention humaine du langage, présentée, non pas sérieusement, il est vrai, mais comme un jeu et un exercice de l'esprit par Condillac et Rousseau, a eu pour avantage de préparer la démonstration de l'origine divine de la parole et d'en découvrir tous les éléments. Rousseau ne pouvant faire sortir une langue articulée de l'état de nature, cesse bientôt de raisonner dans cette hypothèse, et supposant, à l'exemple de Condillac, une société déjà formée, il reproduit une partie des raisons de cet auteur pour les combattre ou les modifier par ses propres observations. Ainsi, de l'aveu de Jean-Jacques, l'usage d'une langue articulée aurait été impossible avant la formation de la société, parce qu'il n'aurait pu s'établir sans une convention prolongée sur plusieurs générations, et qu'une convention semblable suppose la société déjà formée. Jean-Jacques ne nous dit point comment le genre humain serait passé de l'état de nature à l'état social, sans le secours de la parole, et quel autre moyen de communication aurait pu employer cette première société pour fixer les devoirs réciproques des associés et les mettre en état de les exiger les uns des autres; il « laisse à qui voudra l'entreprendre la discussion de ce difficile problème : lequel a été le plus nécessaire de la société déjà formée, avant l'institution des langues *ou des langues déjà instituées avant l'établissement de la société.* » (Discours.)

Pour qui sait lire, tout le discours de Rousseau est une réfutation profonde de l'état de nature et de l'invention humaine du langage. En effet, même dans l'hypothèse d'une société préexistante, il trouve « qu'à peine peut-on former des conjectures supportables sur la naissance de cet art de communiquer ses pensées. » Il voit à chaque pas se dresser devant lui une foule d'objections terribles pour lesquelles il n'aperçoit aucune solution. Il demande « comment l'homme aurait pu, par ses seules forces et sans le secours de la parole, franchir la distance des pures sensations aux plus simples connaissances? d'où lui serait venue l'idée d'un langage dont le modèle n'existait pas dans la nature? comment la nécessité aurait pu s'en faire sentir à des hommes qui ne devaient éprouver que des besoins physiques et à qui le langage facile des signes devait suffire, ou comment ces hommes, dont les organes vocaux étaient endurcis par un long service, se seraient soumis, sans une nécessité pressante, à la pratique pénible des articulations verbales? Comment, sans la parole, on aurait pu s'accorder à substituer les articulations de la voix au langage des signes ; quels auraient été les interprètes de cette convention pour les idées qui, n'ayant point un objet sensible, ne pouvaient s'indiquer ni par la voix, ni par le geste ? Il ne conçoit pas par quels moyens ces nouveaux grammairiens auraient pu étendre leurs idées et généraliser leurs mots, etc., etc. Enfin, *effrayé* des difficultés qui se *multiplient*, il s'avoue franchement *convaincu* de l'impossibilité presque démontrée, que les langues aient pu naître et s'établir par des *moyens purement humains.* »

Mais la principale pierre d'achoppement de l'hypothèse, c'est le rapport nécessaire qui existe entre la pensée et son expression, rapport que Rousseau a très-bien vu, qu'il a souvent indiqué, mais qui a été rendu avec plus de développement et cependant avec une grande précision par M. de Bonald, dans ses *Recherches philosophiques.*

« L'homme, dit-il, ne peut *parler* sa pensée, sans *penser* sa parole. De même qu'il ne peut penser à des objets matériels, sans avoir en lui l'image qui est l'expression ou la représentation de ces objets ; ainsi, il ne peut penser aux objets incorporels et qui ne tombent directement sous aucun de ses sens, sans avoir en lui-même et mentalement les mots qui sont l'expression ou la représentation de ces pensées, et qui deviennent discours, lorsqu'il les fait entendre aux autres. En un mot, on ne peut penser qu'à l'aide des paroles, lorsqu'on ne pense pas au moyen des images ; ainsi, il a fallu une parole pensée ou mentale pour pouvoir penser aux combinaisons du langage, pour penser même à inventer la parole. »

C'est ce qui faisait dire à Platon : *la pensée est le discours que l'esprit se tient à lui-même ;* à Leibnitz : *les langues sont le miroir de l'entendement ;* à Dugual-Stewart : *il est impossible sans le langage, de s'occuper d'objets et d'événements qui n'ont point frappé les sens ; pour penser les genres, les universaux, les mots sont indispensables ;* à Rousseau : *il faut énoncer des propositions, il faut parler, pour avoir des idées générales, car sitôt que l'imagination s'arrête, l'esprit ne marche qu'à l'aide du discours. Les idées générales ne peuvent s'introduire dans l'esprit qu'à l'aide des mots. Les êtres abstraits ne se conçoivent que par le discours.*

« En un mot, l'homme n'ayant pu inventer la parole sans en convenir avec lui-même et avec les autres, en convenir sans y penser, y penser sans connaître sa pensée, connaître enfin sa pensée, sans la *nommer*, il s'ensuit rigoureusement que la parole lui eût été nécessaire pour inventer la parole. »

Enfin, M. de La Mennais, dans son *Essai sur l'Indifférence*, est remonté jusqu'à la loi de ce phénomène. « La raison de cette liaison si intime de la parole et de la pensée, c'est la liaison même de l'âme et du corps, en vertu de laquelle la pensée, comme toutes les autres opérations humaines, a ses organes propres ; à chaque pensée correspond une certaine modification du cerveau et quelque chose de sensible, comme la parole mentale ou orale ou écrite; en sorte qu'une idée sans expression serait une idée qui ne formerait point de trace dans le cerveau, qui n'affecterait point l'organe de la pensée et dont l'esprit n'aurait pas la conscience. Ainsi, par une suite de sa nature, l'homme, être corporel et intelligent, ne peut pas plus penser sans mots que voir sans lumière. Donc, il n'a pu inventer la parole, puisque cette invention supposerait des idées intellectuelles préexistantes et le moyen de les communiquer. »

Concluons. « Il y a, dit Rousseau, une qualité très-spécifique qui distingue l'homme des animaux et sur laquelle il n'y a jamais eu de contestation : c'est la faculté de se perfectionner, faculté qui, à l'aide des circonstances, développe successivement toutes les autres et réside parmi nous tant dans l'espèce que dans l'individu ; au lieu que l'animal est, au bout de quelques mois, ce qu'il sera toute sa vie, et son espèce, au bout de mille ans, ce qu'elle était la première année de ces mille ans. » Or, il ne se perfectionne, il ne se développe dans ses caractères essentiels, dans son intelligence, dans son caractère moral et religieux qu'au moyen du langage écrit ou articulé ; l'exemple de tous les sourds-muets, de tous les enfants perdus dans les forêts le prouve invinciblement; Rousseau lui-même en convient. « Les idées générales, dit-il, ne peuvent s'introduire dans l'esprit qu'à l'aide des mots, et l'entendement ne les saisit que par des propositions. *C'est une des raisons pour lesquelles les animaux ne sauraient se former de telles idées, ni jamais acquérir la perfectibilité qui en dépend* (¹). » Ainsi, bien que l'homme ne parle point de lui-même, il a cependant été fait pour parler, puisque la parole est nécessaire au fonctionnement de son intelligence, au développement de sa perfectibilité, et de tous ses autres caractères différentiels. Aussi, de tous les êtres, est-il le seul chez qui les organes respiratoires s'élèvent jusqu'au langage articulé.

Mais cet instrument si essentiel de la parole, l'homme ne le reçoit que de l'état social, et ne le conserve que dans cet état ; il en résulte déjà que l'état social est l'état naturel, nécessaire de l'homme. Cette conclusion est confirmée par le fait universel que partout l'homme parle, partout il vit en société. L'état d'isolement qui en général est

---

(1) Il y a une faute de logique dans ce qui regarde les animaux. Si l'animal ne se perfectionne pas, ce n'est point parce qu'il manque du langage, mais il manque du langage parce que Dieu ne l'a pas créé perfectible ; car dans ce cas il n'eût pu sans contradiction lui refuser les moyens de se perfectionner.

un moyen de conservation et de perpétuité pour les espèces animales, serait la mort de l'espèce humaine ; la vie de son corps comme la vie de son intelligence appelle l'état social. D'ailleurs, si le genre humain se fût trouvé dans l'état de nature, il n'aurait jamais pu en sortir, puisqu'il n'aurait jamais pu s'élever jusqu'au langage, cet instrument de sa sociabilité. L'état si mal nommé état de nature n'a donc pas été le point de départ de l'humanité, et cette hypothèse légère de Condillac et de Rousseau ne devient philosophique que dans le cas où l'on s'en sert pour mieux découvrir la profonde sagesse avec laquelle Dieu a proportionné les moyens à la fin, en créant l'homme à l'état social, comme la Genèse nous l'enseigne.

Les langues ne diffèrent entre elles que par le vocabulaire et quelques règles secondaires de syntaxe. Ces variétés sont le produit de l'intelligence de l'homme, qui une fois en possession du langage, peut le modifier, le développer, à mesure que ses idées et ses sentiments s'étendent et se multiplient. Cependant le premier fond de la langue n'est point son ouvrage ; le langage lui eût été nécessaire pour inventer le langage. Mais l'homme ne parle point de lui-même, il n'apporte au monde que la faculté de parler ; il faut donc que cette faculté ait été mise en exercice par Dieu lui-même. Rousseau reconnaît aussi que le langage *n'a pu s'établir par des moyens purement humains.* Mais ce moyen surhumain, ce secours divin, qui a mis l'espèce humaine en possession du langage articulé, est-ce à tous les membres d'une société complète, formée de la réunion de familles préexistantes, qu'il a été accordé ? Dans ce cas, l'établissement de l'instrument organique social eût exigé autant de miracles qu'il y avait d'individus dans cette première société. On suppose en outre que cette société aurait pu se constituer sans le moyen du langage, et que les familles préexistantes auraient vécu dans un état contre nature, dans des conditions qui n'auraient permis ni aux individus, ni à l'espèce, de développer leur perfectibilité, leur activité libre, leur moralité, supposition dont l'absurdité nous est démontrée. Le secours divin a donc été donné à une famille et à la première de toutes ; et Moïse nous montre, en effet, la première famille, Adam, Ève, leurs enfants, faisant usage de la parole. C'est notre seconde concordance.

Enfin, de quelle nature a été le moyen employé par le Créateur pour communiquer le langage aux hommes ? Leur a-t-il parlé, comme une mère parle à son enfant, lorsqu'elle veut former ses organes à l'articulation des sons, et lui enseigner sa langue ? Ou leur a-t-il donné le langage par infusion, comme Jésus-Christ au sourd-muet de l'Évangile ? Ces deux modes de communication sont également surhumains, et il importe peu que l'on se décide pour l'un ou pour l'autre. Seulement le premier me paraît beaucoup plus logique et plus profond. En effet, nous touchons en ce moment au berceau du genre humain et à l'origine des lois morales de la sociabilité; il s'agissait d'établir non-seulement le langage, mais encore la loi qui présiderait à sa perpétuité, et de faire connaître à l'homme cette loi, dont il devait être lui-même le ministre auprès de chaque génération subséquente; or, le langage donné par infusion ne remplissait pas ce triple objet. C'est un moyen exceptionnel, extraordinaire, c'est-à-dire dérogeant à l'ordre général voulu par le Créateur; tandis qu'en parlant à nos premiers parents, il créait le langage, établissait la loi de sa transmission par l'organe de l'ouïe, et faisait connaître cette importante loi, dont l'accomplissement par les parents rend l'enfant perfectible, et l'introduit dans le monde intellectuel, moral et religieux. Aussi, Moïse ne nous parle-t-il point du don de la langue infuse, mais il nous montre le Créateur en communications verbales fréquentes avec les premiers ancêtres du genre humain, ordonnant à l'homme d'imposer des noms aux animaux, et jetant ainsi les premiers fondements du langage, de « cet art sublime, dit Rousseau, qui est déjà si loin de son origine, mais que le philosophe voit encore à une si prodigieuse distance de sa perfection qu'il n'y a point d'homme assez hardi pour assurer qu'il y arriverait jamais, quand les révolutions que le temps amène nécessairement seraient suspendues en sa faveur... et que les académies pourraient s'occuper de cet objet durant des siècles entiers sans interruption. »

CHAPITRE XIX.

ACCORD DE LA GENÈSE AVEC LA SCIENCE SUR UN POINT DE DÉPART COMMUN A TOUS LES PEUPLES ET AUX ANIMAUX MAMMIFÈRES.

Selon la Genèse, le continent de l'Asie a été le centre unique de la création de l'espèce humaine, et probablement aussi des mammifères terrestres, et, après le déluge, le livre saint nous montre tout le genre humain réuni dans les plaines de la Chaldée. Or, en premier lieu, l'accord des chronologies des peuples primitifs, l'identité de leurs traditions et de certains usages, et l'analogie de leurs langues, déposent en faveur de la communauté de leur origine et de celle de leur point de départ pour aller habiter les diverses parties du globe. Tous les premiers peuples ont admis la création et le déluge avec une foule de circonstances semblables, l'espèce humaine créée en un seul couple et faite à l'image de Dieu, les noms de nos premiers parents, un état d'innocence suivi d'un état de chute et de dégénération, la division de la semaine en sept jours, l'observation du septième jour, la longue vie des premiers hommes, etc. Vous trouvez ces traditions chez les Chaldéens, les Perses, les Égyptiens, les Phéniciens, les Chinois, les Indiens, les Thibétains, les Mexicains, les Sénégambiens, etc. Les colonies asiatiques les apportèrent en Europe où elles furent recueillies par les Grecs, d'où elles passèrent chez les Romains.

La chronologie des Chaldéens ne remonte pas à plus de 2237 ans avant Jésus-Christ; celle des Égyptiens à plus de 2200; celle des Perses à 1769. Je parle de leur chronologie positive, rejetant comme fabuleux ce que tout le monde rejette aujourd'hui. Aucune chronologie ne fait remonter l'existence de l'humanité à plus de 2 ou 3 mille ans avant Jésus-Christ, celle de Moïse est la seule qui la reporte plus haut. La date assignée par les Chinois, les Indiens et le texte samaritain, au grand événement du déluge, est la même à quelques années près. Les Indiens le placent vers 3100 avant notre ère, les Chinois en 3082 et le texte samaritain en 3044; et le déluge est raconté dans les plus anciens livres de ces trois peuples avec des circonstances semblables, *l'arche, la colombe, huit personnes sauvées, Noé*, etc. Pour expliquer ces faits, il faut admettre la réunion préalable, sur un point du globe, des fondateurs de ces nations maintenant si éloignées et si différentes à tous égards.

En second lieu, la réunion de l'espèce humaine, dans la Chaldée, avant le départ des premières colonies pour aller occuper les diverses contrées de la terre, est un fait conforme à la marche qu'elles ont suivie. Tout part de l'Orient, les hommes, leurs arts, les animaux, tout s'avance peu à peu vers l'Occident, vers le Midi, vers le Nord. L'histoire montre déjà des rois et de grands établissements au cœur et sur les côtes de l'Asie, lorsqu'on n'avait aucune connaissance d'autres colonies plus reculées; celles-ci n'existaient pas encore ou elles travaillaient à se former. Tout esprit droit se sent entraîné irrésistiblement par cette exacte correspondance qui s'observe d'âge en âge entre les différents récits de la Bible et l'état contemporain de la société.

La population de l'Europe est venue par les chaînes du Caucase et de là son nom de race caucasique. L'Asie Mineure d'abord, puis, par les Balkans, la Thrace et la Macédoine furent peuplées; par là, vinrent aussi les Lélèges et les Hellènes, premiers peuples de la Grèce dans le midi de laquelle se rendirent plus tard des colonies phéniciennes et égyptiennes. Les migrations se continuèrent d'une part par les Balkans septentrionaux et les Karpathes, d'où sont venus les peuples de la Germanie; d'autre part, par les Alpes, d'où sont venus les Etrusques et les anciens peuples des contrées alpines, des Gaules, etc. Les premiers peuples de l'Egypte habitèrent les chaînes de montagnes primitives qui descendent jusque dans l'Afrique orientale et viennent s'élargir dans la partie sud; la partie méridionale de ces montagnes dont les plateaux étaient plus vastes fut très-anciennement illustrée par la civilisation éthiopienne qui descendit plus tard en basse Egypte à mesure que les forces humaines en firent la conquête sur les eaux. Les premières migrations en Amérique ont pu s'opérer d'assez bonne heure par l'isthme devenu plus tard le détroit de Béring, ou en des temps moins reculés par la mer qui la sépare des Indes et de la Chine. Quant à l'Océanie, elle a été détachée du continent ainsi que la plupart des îles de l'Archipel-indien; les traditions indoues l'affirment pour plusieurs de ces îles et leur forme le prouve.

Tous les naturalistes assignent l'Orient pour patrie à nos animaux domestiques d'Europe.

On ne s'est pas trompé seulement sur la haute antiquité attribuée aux peuples chinois, indien et égyptien, mais aussi sur la part qui leur a été faite dans la civilisation des autres peuples. L'histoire nous montre les premiers germes des progrès de l'esprit humain sortant de la Chaldée; à la Grèce revient l'honneur d'avoir surtout formulé les sciences positives. L'Inde et la Chine sont demeurées fort en arrière, puisqu'on ne peut leur assigner de progrès appréciables et bien au-dessous de ceux de la Grèce, que dans des temps postérieurs et qui ne remontent probablement pas au delà des premiers siècles de notre ère. Nul état scientifique de l'Egypte ne nous apparaît avant l'empire grec-égyptien. La prétention d'instituer la Chine, l'Inde et l'Egypte précepteurs des autres, peuples est contraire aux données historiques les plus positives.

Ainsi, les annales de tous les anciens peuples, leurs traditions, l'histoire des sciences disent comme la Genèse que l'Asie a été le point de départ de l'humanité, et nous allons entendre la géologie et la paléontologie tenir le même langage.

La position des terrains sédimenteux sur les flancs des montagnes granitiques montre que les premiers lieux d'habitation pour les hommes et les animaux terrestres ont été des plateaux de montagnes primitives formant des îles ou de vastes et longues presqu'îles. Les hommes descendirent, lorsque l'émersion successive du sol de sédiment leur permit de changer de demeure et de s'étendre dans les vallées. Ainsi, voyons-nous les premiers Hellènes disséminés sur les chaînes de montagnes environnées par les marais de la Thessalie ; les premières peuplades égyptiennes, occupées à conquérir leur terre sur le golfe du Nil, les Chinois d'Iao, à dessécher leur marais, etc. Or, les plateaux granitiques de l'Asie centrale sont les plus élevés et les plus considérables qui existent. La puissance des terrains neptuniens s'accroissant et se compliquant de plus en plus à mesure que l'on s'avance des contrées orientales vers les bassins occidentaux et des contrées polaires vers les bassins plus voisins de l'équateur, cela prouve que la retraite des mers s'est faite de l'orient à l'occident, en Europe au moins, et dans une grande portion de l'Asie, et ensuite des contrées polaires vers l'équateur, en sorte que les parties occidentales et équatoriales étaient encore sous les eaux lorsque les autres offraient depuis longtemps, dans leurs plateaux primitifs et dans leurs sols sédimenteux émergés, des sièges vastes et convenables à l'homme et aux animaux mammifères. C'est donc aussi d'orient en occident que les migrations humaines et animales ont dû s'opérer. La dissémination des fossiles à la surface du globe vient à l'appui de cette conclusion. Nous les voyons partir des plateaux élevés de l'Asie centrale et s'irradier dans tous les sens, au nord, en Sibérie, et ensuite en Russie par les monts Ourals, puis redescendre vers la mer Caspienne et la mer Noire. Le rayon occidental s'avance par les chaînes du Caucase, du Taurus et des Balkans, jetant à droite et à gauche, dans les bassins du Danube et dans ceux de l'Adriatique, les débris de leurs habitants et surtout des éléphants lamellidontes, des rhinocéros et des carnassiers divers ; il se continue par les Karpathes et le Hartz, qui répandent les mêmes fossiles sur leurs deux versants, vers la Baltique et la mer du Nord d'une part, et de l'autre dans les vallées des grands fleuves. Ces deux rayons se poursuivent dans l'extrémité occidentale de l'Europe, en France et en Angleterre, qui offrent les terrains aqueux les plus puissants et les plus nombreux en même temps que les niveaux les plus abaissés. De l'Asie centrale part un autre rayon qui se dirige vers le midi ; il commence à montrer les traces de ses habitants dans les sous-Himalayas, et il se continue par le sol primitif jusqu'en Afrique, mais on n'en connaît pas encore assez la faune pour en rien dire. Enfin un quatrième rayon s'avance encore de l'Asie centrale vers l'est et pénètre en Amérique ; il pouvait anciennement joindre l'Amérique à l'Afrique par l'Atlantide, qui serait venue se terminer aux chaînes de l'Atlas et à celles des Pyrénées hispaniques. Dans tout ce vaste trajet, du moins dans ce qui est exondé, c'est-à-dire en Amérique et dans les bassins sous-pyrénéens en Espagne et en France, ce sont les mêmes fossiles à peu près qui dominent, les éléphants mastodontes, tandis que les lamellidontes l'emportent par le nombre dans les autres rayons.

L'espèce humaine, dans ses migrations, a suivi les mêmes routes ouvertes aux animaux par l'abaissement du niveau des mers. La géologie asiatique n'a point encore été étudiée ; mais dès que nous sortons de l'Asie pour entrer en Europe, des fossiles humains nous apparaissent avec ceux des animaux perdus et vivants. Des crânes humains ont été trouvés à diverses hauteurs dans la vallée du Danube, versant des Balkans et des Karpathes, par conséquent dans les mêmes circonstances que les animaux fossiles. placés sur cette ligne occidentale d'émigration. Diverses parties de l'Allemagne, versant des Karpathes et du Hartz, ont offert de pareils fossiles. On en a recueilli d'autres entre Messen et Dresde avec des animaux perdus ; d'autres dans les cavernes de Kostritz, à diverses profondeurs et avec des espèces perdues ; ils y ont donc été apportés successivement comme ceux des animaux ; l'homme habitait donc ce pays en même temps que les espèces éteintes. Le pays de Bade a montré des ossements et des crânes humains gisant à diverses hauteurs avec des débris d'espèces perdues et d'espèces vivantes. Dans les brèches de Saxe, les ossements humains sont accompagnés de rhinocéros et de coquilles d'eau douce. Divers ouvrages d'art et des débris de vaisseaux ont été rencontrés dans des couches de marne et de sable marin près de Stockholm, en Suède ; ainsi le pays était habité et la navigation en usage quand ces couches se sont formées. Sur les deux rives de la Meuse, sur celles de la Vesdre, dans toutes les cavernes de Belgique, on a trouvé des ossements humains avec ours, rhinocéros, éléphants et autres animaux perdus et vivants. Quelques cavernes d'Angleterre ont donné des fossiles humains associés à des ossements d'éléphants, de rhinocéros, etc., et accompagnés de poteries, d'aiguilles en os, de haches et de couteaux en silex; ces derniers objets sont les armes bien connues des anciens peuples celtes et gaulois. Ainsi, depuis la pointe orientale des Balkans et des Karpathes jusqu'aux versants occidentaux du Hartz, des Vosges et des Ardennes, et jusqu'en Angleterre, les fossiles humains se rencontrent dans les mêmes circonstances que les animaux ; l'espèce humaine a donc suivi la même ligne d'habitation que ces derniers ; mais comme les animaux se montrent depuis les couches tertiaires les plus inférieures et que les fossiles humains existent seulement dans les cavernes et dans les couches les plus superficielles des alluvions libres, il faut croire que l'espèce humaine n'est venue qu'à la suite des animaux et plus ou moins de temps après eux, et c'est elle probablement qui les a fait disparaître.

Si nous suivons maintenant la ligne des Alpes et des Apennins, nous trouvons des fragments de sculpture, de poterie, des restes de bâtiments dans des strates marines, à Pouzzoles, près de Naples, circonstances qui tendent à prouver que ces couches ont été formées dans un temps où les arts commençaient déjà à fleurir dans la Grande-Grèce. Toutes les cavernes de Byze, près Narbonne, celles de Salle-lès-Cabardès, de Miollet, de Poudre, de Sommières, de Sauvignargues, contenaient des ossements humains avec des débris de notre industrie mêlés à des os d'animaux divers. Dans celle de Miollet, on a trouvé une statuette romaine et des bracelets de cuivre. Ces cavernes ont donc été en partie remplies depuis l'occupation des Gaules par les Romains, et comme elles contiennent des animaux perdus, il faut en conclure que ces animaux existaient encore à cette époque ; et si l'on rapproche ce fait de la grande destruction d'animaux de toute sorte que les jeux et les cirques romains consommèrent dans les premiers siècles de notre ère, il sera difficile de n'y pas voir une des causes de la disparition de plusieurs espèces et du commencement de la rareté des autres. Nous savons qu'en moins de 500 ans près de trente mille animaux périrent dans ces jeux de Rome, et que l'on allait jusque dans la Grande-Bretagne chercher les ours de la Calédonie réputés les plus féroces.

Jusqu'ici on n'a point encore indiqué de fossiles humains sur la ligne qui s'avance du centre vers le nord de l'Asie, en Sibérie, ni dans les versants des monts Ourals ; mais en revanche, nous savons que si la Chine fut très-anciennement peuplée, elle reçut aussi dès les temps anciens des invasions de Tartares et de Mongols qui descendaient de la Sibérie et de toutes les contrées septentrionales de l'Asie. Il fallait donc que ces contrées eussent été peuplées en même temps que la Chine, sinon avant elle. La Sibérie n'offre que des terrains primaires et des alluvions ; ils paraissent dus aux débris des deux chaînes des Altaïs et des Ourals qui font comme une grande île de la Sibérie. Les mines de charbon de terre que l'on y trouve ont été déposées par les mêmes fleuves qui ont produit les alluvions. Sa constitution géologique et ses animaux fossiles montrent que si la Sibérie a été couverte à l'origine par les eaux de la mer, elle fut un des premiers continents d'où ces eaux se retirèrent. Ses fleuves étaient autrefois grossis et son climat rendu beaucoup plus tempéré par la mer Caspienne, qui venait battre au pied des Ourals méridionaux, et par la mer du Nord, qui couvrait la Russie d'Europe et s'étendait sur toute la pente occidentale des mêmes montagnes. Les éléphants et les rhinocéros purent arriver de bonne heure sur les plateaux, dans les vallées et autour des lacs des Altaïs et des Ourals, et après leur mort naturelle ils furent entraînés par les grands fleuves de la Sibérie dans les alluvions qui la recouvrent.

La ligne orientale a laissé voir jusqu'en Amérique les traces des migrations animales. Or, d'abord l'Amérique septentrionale a fourni des fossiles de l'espèce humaine et des produits de son industrie ; à Saint-Domingue, des squelettes humains dans un calcaire marin récemment émergé ; à la Guadeloupe, d'autres squelettes humains avec des flèches, des fragments de poterie, etc., dans un calcaire marin extrêmement dur ; dans l'île de San-Lorenzo, au sein d'une couche marine, des fragments de fil de coton, du jonc tressé, la tête d'une tige de blé de Turquie ; des ossements humains dans le sol de remblai de l'État de Ténéssé. Dans l'Amérique méridionale, les cavernes à ossements du Brésil contenaient un crâne humain avec des animaux d'espèces éteintes. Les fossiles humains peuvent être en partie postérieurs à la découverte de l'Amérique, mais plusieurs, et particulièrement ceux qui s'accompagnent d'espèces perdues, sont antérieurs à l'arrivée des Européens.

Ainsi les faits géologiques, l'histoire et les traditions des peuples s'accordent avec la Genèse pour nous apprendre quel a été le point de départ de l'humanité et des espèces animales mammifères et les routes qu'elles ont suivies.

Mais les faits géologiques nous apprennent aussi que les terrains tertiaires dans nos pays d'Europe, se sont formés avant, pendant et après ces migrations ; or, celles-ci sont postérieures au déluge, cela est prouvé par l'histoire ; cela l'est encore par les fossiles qui se suivent sans interruption, depuis les premières couches tertiaires jusqu'aux dernières, jusqu'aux cavernes, aux alluvions libres et aux tourbières, offrant à tous les niveaux de leur série le mélange d'espèces perdues et d'espèces vivantes, associées dans les cavernes, dans les couches marines de Pouzzoles, dans les alluvions libres et dans les tourbières, à des squelettes de l'homme ou à des produits de son industrie qui ne remontent qu'à la civilisation de la Grande-Grèce et à l'occupation des Gaules par les Celtes et par les Romains.

Une autre concordance intéressante que je ne crois pas devoir omettre, bien qu'elle ne se rattache point à la cosmogonie sacrée, a pour objet la constitution de l'Europe à l'époque où elle reçut ses premières populations. La géologie nous la représente dans ces premiers âges du monde formant par ses parties granitiques les plus élevées un grand nombre d'îles entourées de la vaste mer primitive ou secondaire. Or, c'est aussi ce que Moïse nous enseigne en parlant des enfants de Japhet qui peuplèrent l'Europe : *ab his divisæ sunt insulæ gentium in regionibus suis, unusquisque secundum linguam suam et familias suas* (*Gen.*, c. 10, v. 5) ; ils se partagèrent *les îles des Nations*. C'est le nom que l'Écriture donne aux pays de la Grèce et à toute l'Europe.

CHAPITRE XX.

RÉSUMÉ DES CONCORDANCES. — EXAMEN DES DIVERSES EXPLICATIONS QUE L'ON PEUT EN DONNER. — CONCLUSION : DIEU A PARLÉ A L'HOMME.

Une intelligence infinie ne fait rien sans but. Le monde existe, quel en est le but ? Évidemment la gloire de celui qui l'a fait. Mais parmi tant d'êtres animés sortis des mains du Créateur, un seul est capable de remplir ce but, un seul peut élever jusqu'à Dieu ses propres hommages et ceux de la création universelle, c'est l'homme qui est en rapport avec tous les règnes de la nature dont il ne peut se passer dans sa condition présente. L'homme, dans les desseins du Créateur, est donc le *seul lien du monde et de Dieu;* c'est donc à l'homme à lui rendre cette gloire qu'il a cherchée dans son œuvre ; l'homme a donc une grande mission à remplir dans ce monde qui a été fait pour lui, puisqu'il lui a été soumis (*Gen.*, c. 1, v. 26 et suiv.), et que, de fait comme de droit, il en est le maître et le modificateur dans un degré cependant qui ne devait pas dépasser les lois établies par le grand mandataire de ce délégué, le souverain de ce vice-roi, le Dieu de ce demi-dieu. Mais l'homme, seul capable de glorifier son auteur et celui de l'univers, est aussi le seul être doué de la liberté de ses actes ; sa raison l'éclaire sans le contraindre dans l'usage qu'il fait de son libre arbitre ; de là la nécessité de lois morales qui règlent ce libre arbitre et empêchent l'homme d'en abuser contre lui-même et contre Dieu, et de manquer, par cet abus, à la mission qu'il a reçue ; lois morales tout aussi importantes par rapport au monde que les lois physiques, puisque, si celles-ci assurent le maintien de l'œuvre divine, celles-là en assurent le but : la glorification du Créateur.

Mais Dieu s'est-il révélé à son chef-d'œuvre pour lui faire connaître les devoirs de sa mission, ainsi que nous l'enseigne la Genèse, lorsqu'elle nous le montre remettant aux mains de l'homme le sceptre de tous les règnes, le soumettant à la loi du travail, lui interdisant l'usage d'une chose sensible pour qu'il sentît plus vivement et à toute heure sa dépendance, l'interrogeant après sa chute et lui reprochant sa désobéissance; comme l'ont compris tous les écrivains de l'Ancien Testament, et notamment l'Ecclésiastique : *il leur montra les biens et les maux... leurs yeux virent les merveilles de sa gloire, et ils furent honorés du son de sa voix, honorem vocis audierunt aures illorum*, et ceux du Nouveau Testament (Saint Matthieu, c. 19, v. 4 et 5; saint Marc, c. 10, v. 7); comme l'ont cru même des philosophes païens, Platon, Épicharme, Cicéron, Lucain, etc.; comme l'ont admis tous les peuples anciens, puisque tous ont cru à une religion révélée à l'homme par Dieu lui-même à l'origine des temps? Enfin, après avoir créé l'homme, Dieu a-t-il daigné converser avec lui comme l'homme converse avec ses semblables? Telle est la thèse qu'il s'agit de résoudre scientifiquement.

Remarquons d'abord qu'il n'y a rien d'étrange à ce que celui qui a donné des organes à l'âme humaine, et lui a refusé tout autre moyen de communiquer avec les autres âmes et de connaître qu'elles existent, se soit servi d'organes pour communiquer avec l'homme, et lui manifester son existence, ses perfections et ses œuvres. Je ne parle pas de la possibilité évidente par elle-même de ce mode d'action; je parle de sa convenance, de son analogie avec la nature. Fallait-il que son auteur, à l'instant même où il venait d'en établir les lois, les violât dans ses rapports avec nos premiers parents? Par une de ces lois, nous recevons tout de la société, le langage, la doctrine, etc.; or, la seule société possible de nos premiers parents était celle de Dieu lui-même, et n'était-il pas éminemment convenable, qu'ayant reçu de lui toutes nos facultés, toutes nos facultés concourussent à nous conduire à lui et à nous convaincre de son être? En quoi l'action de Dieu sur notre œil ou sur notre oreille, serait-elle plus surprenante que son action sur le cerveau, à laquelle veulent le réduire les partisans d'un système qu'ils nomment religion *naturelle*, apparemment parce que ce système ne fut jamais la religion d'aucun peuple? les sons articulés ne sont, en définitive, que de l'air modifié d'une certaine façon, et l'être qui possède la puissance créatrice, possède à plus forte raison, et dans toute sa plénitude, la puissance modificatrice, que l'homme lui-même exerce dans une étendue si remarquable.

Remarquons encore que la révélation primitive n'a pas attendu, pour avoir des titres à la foi du genre humain, les derniers progrès des sciences naturelles. Cependant, sa démonstration par ces sciences n'en est pas moins un fait d'une très-grande portée, en ce qu'il conclut contre le rationalisme, le déisme et le panthéisme, systèmes qui ont la prétention, ou de n'admettre les témoignages de l'histoire qu'autant qu'ils ont pour objet des faits purement humains, ou de n'accepter que des faits qui procèdent de la science et en sont des déductions immédiates. Résumons donc tous les points de concordance que nous avons trouvés entre la cosmogonie de la Genèse et les sciences positives, et nous en verrons sortir une preuve nouvelle et sans réplique de la révélation primitive.

Moïse dit que le monde a commencé ; et de son côté la géologie constate qu'il fut un temps où il n'existait ni eau, ni plantes, ni animaux, ni espèce humaine (*ch. X*). — Cependant, combien de philosophes, depuis Moïse, ont soutenu la thèse de l'éternité du monde ! Combien ont prétendu que les individus seuls mouraient, mais que les espèces étaient éternelles, admettant une succession infinie d'êtres mortels sans lui donner de cause.

Moïse dit que la terre a été créée à l'état solide, liquide et gazeux ; et cet état mixte est démontré vrai par l'impuissance absolue des théories neptuniennes, plutoniennes ou chimiques, qui ont voulu faire commencer la terre par l'un de ces trois états à l'exclusion des autres (*ch. II, V, VIII, IX*).

Moïse dit que Dieu créa tels et tels corps sous des formes déterminées. En effet, l'observation et l'expérience ne nous montrent jamais la matière qu'à l'état de corps composés ou composants ; l'on ne peut concevoir la matière qu'à l'un ou l'autre de ces deux états, et par conséquent toujours avec la forme d'un corps. — Cependant Lamarck admettait une matière générale, pure abstraction de son esprit, et avant Lamarck, Buffon avait admis aussi une matière primitive organique et une autre inorganique dont tous les corps avaient été faits (*ch. VIII*). — Quand je nommerai Buffon, Lamarck et tant d'autres, je rendrai hommage aux penseurs de soixante siècles ; je nommerai des hommes honorables et très-honorés pour la plupart. Je ne ris pas de l'humanité dans ses hommes éminents ; ils se sont trompés, mais ils étaient de bonne foi. Ils représentaient l'état général de la science à leur époque, comme Moïse représente la tradition.

Moïse dit que la lumière est distincte du soleil, qui n'est pour elle qu'un instrument vibratoire ; et cette indépendance de la lumière et cette fonction du soleil enseignée aujourd'hui dans tous les livres et dans toutes les écoles (*ch. XI*), avait été méconnue par le grand Newton ; avant lui, Origène ne pensait pas qu'*un homme de sens* pût voir autre chose qu'une sorte d'allégorie dans ce qu'en dit Moïse.

Saint Augustin ne pouvait pas se faire une idée de cette lumière primitive dont l'existence avait précédé celle du soleil. L'assertion de Moïse avait fait pousser un cri de triomphe aux philosophes païens, et dans le dernier siècle elle égayait encore les philosophes encyclopédistes.

Moïse dit que Dieu fit le *firmament*, et cette expression pour désigner les espaces du ciel est d'une justesse rigoureuse, puisque d'après les derniers progrès de la science, les fluides *étendus* dans ces espaces sont le lien d'équilibre, la cause de la stabilité des mouvements des astres et de la terre (*ch. IX*).—Cependant, jusque dans ces derniers temps, ce mot *firmamentum* avait donné occasion à certains esprits de tourner en ridicule ce qu'ils appelaient la physique de l'Écriture. Un grand nombre de philosophes anciens, particulièrement chez les Grecs, considéraient le ciel comme une voûte solide, à laquelle ils fixaient les étoiles et les astres. Cette physique n'est pas celle de Moïse.

Moïse dit que la surface primitive du globe était comme aujourd'hui divisée en mers, en fleuves, en montagnes, en vallées et en plateaux ; et la géologie démontre cette division (*ch. XIII*). — Cependant Burnet avait prétendu que la surface de la terre, avant le déluge, était égale, uniforme, continue, sans montagnes et sans mers. Scheuchzer suppose aussi que la terre fut sans inégalités avant le déluge. Buffon, dans sa *Théorie de la terre*, attribue toutes les montagnes, sans excepter celles de granit et de porphyre, aux dépôts accumulés par la mer, et M. de Beaumont faisait naître les premières montagnes après le dépôt des terrains de transition.

Moïse dit qu'au troisième jour de la création, les eaux furent réunies dans un bassin marin unique, *in eumdem locum* ; et la géologie confirme avec éclat cette assertion de Moïse (*ch. XII*).—Le célèbre astronome Whiston pensait que le bassin des mers n'avait existé qu'après le déluge. Avant cet événement, au lieu de l'immense vallée qui contient l'Océan, il y avait, selon lui, sur toute la surface du globe, plusieurs petites cavités *indépendantes* contenant chacune une partie de cette eau, et formant autant de *petites* mers *séparées*. Moïse avait posé le fait contradictoire, et c'est ce fait que la géologie constate pour le *premier âge du monde*, car les terrains de la seconde et de la troisième époque ont été déposés dans des bassins *plus petits*, *indépendants* et *séparés*.

Moïse dit que l'univers est l'ouvrage d'un *seul* Dieu *créateur* et *ordonnateur ;* et toutes les sciences modernes se réunissent pour donner la démonstration de ce grand fait (*ch. XVI*).—Cependant, parmi les anciens philosophes, les uns attribuèrent la formation du monde au hasard ; d'autres, tout en admettant un créateur, le soumirent au fatalisme ; d'autres virent dans le monde l'œuvre de deux principes, l'un bon, l'autre mauvais. Les fragments cosmogoniques du bouddhisme et de l'edda admettent aussi le concours de plusieurs dieux dans l'arrangement de l'univers. D'autres philosophes regardèrent l'ordre du monde comme éternel. Thalès le faisait naître de l'eau ; Parménide, de l'air ; Démocrite, du plein et du vide ; Héraclite, du feu ; Épicure, du mouvement des atomes. Parmi les philosophes modernes, Fichte le faisait sortir de l'idéalisme ; Schelling se représente l'univers, non comme une création proprement dite, mais comme une manifestation de Dieu, et l'homme comme une forme réfléchie de cet univers, système qui n'est pas sans analogie avec celui de Manou. Buffon, dans ses *Epoques*, et Lamarck, son imitateur, croyaient pouvoir se passer d'un Dieu ordonnateur, ils admettaient une matière créée, arrangée ensuite par les lois de la nature.

Moïse suppose un Dieu éternel, unique, créateur et ordonnateur de tout, souverainement puissant, libre et indépendant, souverainement saint, bon et juste, souverainement intelligent et sage, immuable dans ses volontés comme dans toutes ses perfections (*ch. IX*). Les idées qu'il nous donne de la Divinité sont déjà aussi pures que celles que nous en recevons de notre philosophie, éclairée par le christianisme. Le Dieu de Moïse n'a donc rien de commun avec ces dieux imaginés à la même époque par les nations même les plus sages, dieux indifférents au sort de l'homme, l'abandonnant au caprice du hasard ou à la dure loi de la fatalité.

Moïse dit que le monde solaire a été établi en vue de l'homme, ainsi que les plantes et les animaux. Il existe en effet une relation intime entre les phénomènes célestes et les êtres organisés, et l'astronomie nous apprend par quelles particularités de constitution, et par quelles combinaisons les corps sidéraux offrent aux trois grands règnes des conditions favorables d'existence (*ch. IX*).

Moïse dit que l'espèce est une réalité, et la zoologie le démontre (*ch. XIV*).— Cependant, que de naturalistes et de philosophes, confondant l'idée générale et abstraite d'animal et de plante avec celle de l'espèce, ont pensé que l'espèce n'était qu'une abstraction ! Buffon, Lamarck, etc.

Moïse dit que toutes les espèces ont été créées et établies chacune sur un plan différent, déterminé à l'avance. L'anatomie comparée, la zoologie et la paléontologie animale et botanique, s'accordent parfaitement avec Moïse, en démontrant que les espèces sont distinctes et indépendantes les unes des autres ; qu'elles sont définies et limitées pour des circonstances aussi définies et limitées ; qu'elles ne sont ni le produit des lois physiques, ni des dérivations d'un petit nombre de types primitifs, par des transformations ou modifications successives. La paléontologie établit d'une manière invincible, que ces variations des milieux d'existence, au moyen desquelles la transformation des espèces se serait opérée, n'ont jamais eu lieu ; et de plus, elle voit apparaître en même temps, dès les premiers terrains sédimenteux, tous les grands embranchements des deux règnes représentés par des espèces de tout degré de complication (*ch. VIII* et *XIV*). — Les assertions contradictoires contre la création et contre l'indépendance et la constance des espèces n'ont pas manqué. Beaucoup de philosophes et de naturalistes ont professé la mutation des espèces. Le bouddhisme faisait dériver l'homme de je ne sais quels génies ailés et lumineux ; il attribuait la perte de ses ailes et de sa substance radieuse à sa dégradation morale, et l'existence de ses fonctions physiques à ses besoins. Le philosophe indien Kapila faisait sortir la femme du désir de l'homme, et de cette première espèce, toutes les autres, depuis la fourmi jusqu'à l'éléphant. Épicure et Lucrèce enseignaient que la terre est la cause productrice des premiers individus de chaque espèce, soit végétale, soit animale, soit humaine. Pline regardait aussi la terre comme la source unique de tous les êtres qui vivent à sa surface. Plus près de nous, on a vu Robinet reproduisant sans le savoir la doctrine de Bouddha et celle de Kapila, affirmer que les organes, et par conséquent les espèces, sont le résultat des penchants, des besoins et des désirs ; Lamarck, accepter cette même idée et faire sortir d'une monade primitive produite par le mouvement dans un liquide, le type primitif de chaque grand groupe d'animaux ; Gœthe, chercher dans les plantes et dans les animaux, un type primitif qui fût l'image parfaite de toutes les plantes et de tous les animaux ; Oken, déduire de la thèse de Gœthe, que la nature est un seul être vivant dont toutes les parties sont les organes ; G. Cuvier lui-même, faire bon marché de la constance des espèces aquatiques ; etc.

Moïse dit que Dieu a créé le végétal, et non pas le germe ni la graine, qu'il est chargé lui-même de produire ; —la zoologie botanique et animale est bien obligée d'admettre que, pour le végétal comme pour l'animal, il n'a pas dû être procédé autrement (*ch. XIV*). — N'existe-t-il point encore aujourd'hui des naturalistes qui supposent le contraire, oubliant les lois de la logique et de la filiation des êtres ?

Moïse dit que les végétaux furent créés avant le soleil et les animaux, mais peu de temps avant ; et autant la physiologie trouve que cet ordre est naturel, autant elle repousse l'hypothèse d'une atmosphère presque exclusivement composée d'acide carbonique pour l'usage des végétaux, et les milliers de siècles que des paléontologues n'ont pas craint de placer entre la création du règne végétal et celle du soleil (*ch. IX*).

Moïse dit que certaines espèces animales ont été créées à l'état domestique ; les hypothèses de l'état sauvage le nient, mais la science les dément et parle comme Moïse (*ch. XV*).

Moïse dit que chaque espèce animale et végétale a été créée multiple, et son assertion s'accorde parfaitement avec les faits de l'histoire naturelle (*ch. IX*).

Moïse dit que Dieu donna pour nourriture aux animaux terrestres, aux oiseaux et à tout ce qui se meut, les plantes et tout le règne végétal ; cela suppose qu'il existe des animaux herbivores ou frugivores dans tous les groupes de la série animale, et c'est aussi ce que nous apprend l'histoire naturelle (*ch. IX*).

Moïse a posé nettement les caractères différentiels des trois grands groupes d'êtres organisés, les plantes, les animaux et l'homme (*ch. IX*). Or, ces caractères ne sont définitivement entrés dans la science comme caractères dominants qu'au moment où celle-ci arrivait à la démonstration de ses principes entre les mains de M. de Blainville.

Moïse nous montre, dès les premiers jours du monde, les êtres organisés répartis à l'eau, à l'air et aux différentes parties de la terre sèche ; et cette distribution primitive et générale des êtres s'accorde parfaitement avec les observations de la géologie, qui trouve déjà des végétaux terrestres, des reptiles d'eau douce, des insectes, etc., dans les terrains de transition, c'est-à-dire en même temps que toutes les classes des animaux marins (*ch. XIII*). — Ces faits ont eu pour contradicteurs d'abord les anciens géologues, qui ont cru que les fleuves et les mers avaient été longtemps sans habitants ; puis les géologues qui ont pensé que les eaux avaient été peuplées longtemps avant les terres ; puis MM. Deluc, de Férussac, G. Cuvier, Ampère, etc., qui ont voulu que les diverses classes de végétaux, et ensuite celles du règne animal, soient arrivées successivement à l'existence, et que chacune de ces créations ait été séparée des autres par une longue période de temps.

Moïse dit que le genre humain ne se compose que d'une seule espèce, et l'anatomie et les lois de la spécification le démontrent rigoureusement (*ch. XVII*). — On sait cependant combien la différence de couleur surtout a soulevé d'objections contre l'unité d'espèce ; on se rappelle que M. Virey admettait deux espèces d'hommes, M. Desmoulins onze, et que M. Bory de Saint-Vincent en portait le nombre jusqu'à quinze.

Moïse dit que l'état social a été l'état primitif de l'homme, et les caractères différentiels de l'espèce humaine le prouvent invinciblement (*ch. XVIII*).

Moïse dit que le langage articulé n'est pas une invention de l'homme, et le rapport nécessaire qui existe entre la pensée et son expression aurait dû l'apprendre aux partisans de l'état de nature (*ch. XVIII*).

Tandis que le paganisme et la philosophie antique professaient de grossières erreurs sur la nature et l'origine de l'espèce humaine, Moïse enseignait que l'homme est fait à l'image de son créateur, qu'il est son chef-d'œuvre, l'objet de ses attentions, le roi et le terme de la création, l'être qui relie le monde à Dieu et sur qui repose le but de tout le plan divin, la glorification de son créateur (*Gen., ch. I et suiv.*).

Moïse dit que l'espèce humaine a été créée unique, et que son point de départ, pour aller peupler les autres continents, a été l'Asie. Or, les traditions des peuples, leurs annales, l'histoire des progrès des sciences, la géologie, etc., s'accordent sur ce point avec Moïse (*ch. XIX*).

Moïse nous entretient d'un monde fait en plusieurs progrès, mais unique et formant un tout harmonique; et la géologie, la paléontologie, la zoologie, toutes les sciences physiques s'accordent avec Moïse (*ch. VII*). — Cependant, il s'est trouvé plusieurs géologues qui ont voulu voir dans le monde de la Genèse un monde différent de celui dont le sol contient les êtres paléontologiques.

Moïse dit que les règnes organiques ont été créés en moins de quatre jours; — et la géologie, d'accord avec Moïse sur le court intervalle de temps qui a dû séparer les créations, constate, dès les premiers dépôts, l'apparition simultanée des animaux et des plantes et de la plupart des embranchements des deux règnes (*ch. III*). — Combien de géologues cependant ont prétendu que les règnes, et même les divers groupes dont ils se composent, avaient été séparés dans leur création par de longues périodes indéterminées?

Dans une création générale successive, chaque être doit venir avant tous ceux pour lesquels il est créé. Or, il a été démontré scientifiquement que les diverses parties du monde apparaissent dans la Genèse dans leur ordre de nécessité au tout (*ch. IX*).

Moïse dit, et la géologie démontre, que la vie organique une fois établie sur la terre s'y est maintenue sans interruption (*ch. XIII.*) — Cependant, beaucoup de géologues ont prétendu que le globe avait été à plusieurs reprises peuplé et dépeuplé. D'après Wootward et Whiston, toute la terre avait été dissoute par les eaux, à l'époque du déluge, supposition dont la conséquence nécessaire était l'anéantissement de tous les êtres. Plus près de nous, Deluc, G. Cuvier, Ampère, etc., admettaient des cataclysmes d'eau ou des cataclysmes de feu généraux et destructifs de tous les êtres, avant l'arrivée de l'homme.

Moïse dit que depuis l'établissement des fleuves, des mers, des règnes organiques, les rapports de notre globe avec l'atmosphère, la lumière, la lune, le soleil, n'ont jamais cessé d'être ce qu'ils sont aujourd'hui, et la géologie démontre, en effet, que cet ordre de choses n'a point varié essentiellement, depuis l'époque des premiers dépôts du sol jusqu'à celle des derniers (*ch. XIII*). — Cependant, à en croire MM. Deluc, Buckland, Chalmers, G. Cuvier, etc., les lois qui régissent en ce moment notre planète dans ses relations avec les autres parties du règne sidéral, étaient d'une origine récente, et les êtres fossiles s'étaient trouvés, par rapport à la lumière, à la lune et au soleil, dans des conditions d'existence essentiellement différentes de celles des êtres actuels.

La démonstration étant acquise à Moïse, sur tous les faits précédents, il s'agit donc de savoir si ces faits démontrés certains par les sciences concluent rigoureusement à une révélation primitive. Or, de six choses l'une :

Ou Dieu lui-même a révélé ces faits à nos premiers parents ;

Ou nos premiers parents auraient été les témoins de la création, et dans ces deux cas ils en auraient transmis l'histoire à leurs descendants ;

Ou l'auteur de la Cosmogonie en a dû la connaissance à l'inspiration divine ;

Ou ces faits ne sont pas autre chose que des déductions logiques des principes de la science des premiers siècles ;

Ou Moïse s'est élevé jusqu'à eux par les seuls efforts de son propre génie ;

Ou enfin c'est par hasard qu'ils seraient venus se ranger sous sa plume, et qu'il aurait rencontré si juste à la fois sur tant de points difficiles. Examinons ces diverses solutions, les seules que l'on puisse imaginer.

I

L'accord de la Genèse avec nos sciences ne saurait être le résultat des connaissances acquises des temps primitifs. — Considérée d'abord en elle-même, la Cosmogonie biblique a tous les caractères d'un véritable récit et aucun de ceux d'un résumé scientifique ; nul raisonnement, nul terme de science, de nomenclature, de classement ; nulle réflexion philosophique. Qu'on la compare à celle de Manou, et l'on sentira mieux encore la différence qui existe entre une simple tradition et une tradition arrangée par un philosophe (1). Manou place au nombre des créations *le temps et ses divisions, les passions humaines, la colère, le désir, la volupté, la dévotion austère,* etc. ; sa philosophie subtile lui fait prendre des abstractions pour des réalités ; il parle des *quatre éléments,* des *cinq sens ;* il disserte à chaque verset sur la nature et les attributs du Créateur, et il est si éloigné de donner sa Cosmogonie pour une pure tradition, qu'il a bien soin d'apprendre au lecteur que c'est lui, Manou, qui philosophe dans ce morceau : « Après avoir ainsi produit cet univers et *moi,* celui dont le pouvoir est incompréhensible, etc. » Voilà le philosophe mêlant ses idées à la tradition ; rien de semblable dans la Genèse; le narrateur s'efface complétement, et le récit s'adresse à la foi et non à l'intelligence.

Si l'on examine ensuite ce récit par rapport au temps où il a été consigné dans la Genèse, il devient impossible d'y voir le produit des sciences qui en démontrent aujourd'hui l'exactitude, car ces sciences n'existaient pas encore et ne pouvaient pas même exister. Au lieu de concordances avec les faits genésiaques, la philosophie antique qui comprenait toutes les connaissances d'alors, n'offre que des assertions et des systèmes opposés à ces faits. Mais avant d'établir ce point, il convient de définir nos sciences et de poser nettement la question.

« Une science en particulier est la connaissance de l'ensemble des lois qui régissent les faits qui la concernent, dans leur succession comme dans leur génération ou étiologie, de manière à en déduire par principes la vérité de ceux qui sont passés ou connus, et la prévision plus ou moins immédiate de ceux qui ne le sont pas encore. Et par *principes* dans une science bien constituée, il faut entendre avec Newton dans son célèbre ouvrage, l'expression logique ou mathématique des lois qui régissent la partie des êtres matériels ou phénoménaux qu'elle comprend. »

« La science de l'organisation, prise d'une manière générale et embrassant par conséquent l'homme, les animaux et les plantes, ce qui constitue l'anthropologie, la zoologie et la phytologie, est celle qui enseigne par principes les lois qui régissent ces trois grandes classes de corps naturels, envisagés à l'état normal et anormal, aussi bien dans leur forme et dans leur structure que dans les phénomènes qui se produisent en eux-mêmes et dans les actes qu'ils exercent sur le reste des êtres coexistants de leur espèce ou autres, sans négli-

---

(1) Voyez à la fin du volume un parallèle entre ces deux cosmogonies.

ger l'étude du rang qu'ils occupent dans l'harmonie générale des choses. » (*Histoire des Sciences de l'Organisation*, par M. de Blainville; *Introduction*, p. XVI.)

Ce sont ces différents points de vue de la même science qui ont donné lieu à autant de sciences presque distinctes, en apparence du moins, sous les noms d'*anatomie*, si l'on étudie la forme et la structure des corps organisés ; d'*anatomie comparée*, si l'on réunit les organes de ces divers corps pour les comparer ; de *physiologie*, si l'on s'attache à la connaissance de leurs fonctions ; d'*histoire naturelle*, si l'on se borne à observer les actes qu'ils exercent sur le reste des êtres, c'est-à-dire leurs habitudes et leurs mœurs ; et enfin de *paléontologie*, si les corps à étudier sont des espèces fossiles. Telles sont les différentes parties de la science de l'organisation, ou *zoologie*, comme on l'appelle souvent pour abréger. Cette science, comme toutes les autres, présuppose les connaissances instrumentales par lesquelles l'intelligence de l'homme est exercée, aiguisée, préalablement à toute application, à tout emploi ; c'est la logique, la dialectique, et plus spécialement l'art de la méthode, de la nomenclature et de l'expression.

Il s'agit donc ici de sciences constituées, ou comprenant la connaissance des lois qui régissent les faits ou les phénomènes, c'est-à-dire leurs causes générales, et s'élevant jusqu'à la prévision. Avant d'être parvenues à cet état de perfectionnement, elles ne contenaient pas encore les principes qui confirment si pleinement les faits genésiaques ; ces faits révélés, ne pouvaient donc pas encore être mis en concordance avec des faits naturels démontrés ; voilà ce qu'il ne faut pas perdre de vue. On ne veut donc pas dire que les siècles primitifs furent des siècles d'ignorance ; on croit même que des germes plus ou moins développés de ces différentes sciences ont existé chez tous les anciens peuples civilisés, germes qui se sont accrus insensiblement, et avec le temps, le grand nombre d'observations faites successivement et pour ainsi dire une à une, et les circonstances de plus en plus favorables, sont devenus enfin nos sciences perfectionnées. Tout le monde convient que ces sciences en tant que constituées sont très-modernes, et l'ouvrage seulement des XVIIe, XVIIIe et XIXe siècles ; en établissant qu'elles furent étrangères à l'antiquité, on prouvera donc ce que nul ne conteste. Mais il en est encore d'autres, telles que la météorologie, l'astronomie, la géologie, la chimie, etc., qui sans être toutes aussi développées que les précédentes, renferment cependant des parties positives, des principes invariables sur lesquels on peut aujourd'hui s'appuyer et que les anciens n'ont pas connus.

Ces explications données, je dis qu'il n'existait autrefois aucune des sciences dont nous nous sommes servis pour démontrer l'exactitude des faits cosmogoniques. La chimie? les anciens en étaient encore aux quatre éléments; nous les retrouvons dans presque toutes les cosmogonies. Or la chimie est un instrument nécessaire à d'autres sciences. La physiologie a dû y recourir pour savoir quel est l'aliment respiratoire des plantes et des animaux et connaître l'enchaînement des deux grands règnes organiques, au moyen du règne élémentaire; la géologie a dû y recourir pour établir l'identité des éléments des roches anciennes et des roches modernes, et en déduire ses principes les plus généraux (1), etc. La géologie? Elle ne peut marcher qu'à l'aide des fossiles; mais la connaissance des fossiles suppose des données anatomiques, physiologiques et d'histoire naturelle dont les anciens étaient dépourvus et qui ont manqué à Buffon lui-même, quoique placé dans le XVIIIe siècle. L'anatomie simple et comparée, sans laquelle il est impossible de démontrer la classification naturelle des espèces des deux règnes, n'existait point au temps de Moïse. Dans le chapitre XI du Lévitique, il nomme une quarantaine d'animaux de différentes classes; il y distingue les ruminants de ceux qui ne le sont pas; mais on n'y trouve aucun autre groupement naturel, et l'on voit que les animaux n'ont encore été étudiés en eux-mêmes et comparativement à aucun autre point de vue que celui de l'hygiène. Le livre de Job, s'il n'est pas de Moïse, appartient à une époque peu différente. Son auteur était très au courant des usages, des mœurs et des connaissances de l'ancien monde. On y voit l'astronomie et la musique cultivées, l'architecture employée à bâtir des palais, l'art d'exploiter les mines; on y parle de l'Égypte, du commerce des Indes, de vases précieux, d'armes, de siéges; un certain nombre de grands animaux y sont décrits, mais d'une manière poétique. Ce livre renferme aussi des questions sur la pluie, les vents, la neige, la glace, la lumière, mais parmi tout cela il n'y a pas la moindre trace de nos sciences positives. Cependant, si elles avaient jamais existé chez les anciens peuples de l'Asie et de la vallée du Nil, elles n'auraient pu s'y éteindre qu'avec ces peuples eux-mêmes; leurs nombreuses applications seraient passées dans les arts, dans le commerce, dans l'industrie; elles seraient devenues, comme de nos jours, non plus la propriété d'une seule nation, mais de tous les peuples civilisés de l'Asie et de l'Afrique. On les retrouverait chez ces différents peuples, soit à une même époque, soit à des

---

(1) Si l'histoire des minéraux de Buffon est si inférieure à ses autres ouvrages, c'est parce qu'il n'avait pas voulu y faire entrer la chimie. Linnée était coupable du même fait.

époques différentes ; on les retrouverait dans l'ancienne Égypte, où les colléges des prêtres, qui étaient les académies de ce pays, se sont succédé et se sont recrutés d'une manière continue, car il n'y a pas dans l'histoire la moindre trace d'une lacune, et il n'est pas possible d'admettre que cette institution, dépositaire et conservatrice des connaissances acquises, ait disparu tout entière et tout d'un coup du sol de l'Égypte sur lequel elle était disséminée en une multitude de fragments. Mais l'ancienne Égypte n'a montré aucun vestige de nos sciences, ni sur ses monuments chargés d'hiéroglyphes, ni dans ses arts, ni dans les livres de ses historiens nationaux ou étrangers, ni sur les papyrus de ses nécropolis, ni dans les arts et les monuments de ses colonies grecques, ni dans les observations de Thalès, d'Hérodote, d'Eudoxe et autres philosophes grecs qui séjournèrent longtemps et à des époques différentes en Égypte, ni dans la célèbre école d'Alexandrie qui dut recueillir toutes les connaissances de l'Égypte vaincue. L'Égypte a connu l'astronomie immédiate comme les Juifs, les Chaldéens, les Chinois, les Indiens ; encore de son astronomie il nous reste peu de chose qui soit hors de contestation, mais de *son astrologie*, dit M. Desdouits, *il nous reste de quoi remplir les deux cents volumes de Mercure trismégiste*. On retrouverait nos sciences chez les Juifs dont nous avons beaucoup de livres, et qui dans leurs longues captivités en auraient répandu la connaissance parmi les autres peuples ; on les retrouverait dans les anciens livres des Chinois, peuple stationnaire aujourd'hui, mais éminemment conservateur ; ou si les Chinois, à ces époques, furent sans rapports avec les autres nations asiatiques, on les retrouverait chez les Indous dont l'académie de Calcutta a fait connaître les plus anciens ouvrages ; mais il devient au contraire de plus en plus évident que le peu de connaissances naturelles qui se rencontre chez les Indous et les Chinois, ne remonte guère au delà de notre moyen âge ; ainsi l'on ne découvre chez aucun des peuples de l'antiquité ni les applications des sciences, ni ces sciences elles-mêmes, ni les parties préliminaires et instrumentales nécessaires à leur acquisition ou à leur perfectionnement, telles que la physique générale, la chimie, les méthodes, les nomenclatures, etc.

Nos sciences n'existèrent donc pas chez les anciens peuples postdiluviens ; j'ajoute qu'elles n'y pouvaient pas exister. D'abord, par le défaut de croyances générales propres à élever et à diriger l'esprit, l'astronomie devenait de l'astrologie, la médecine de l'incantation, la chimie de l'alchimie, la physique de la magie, etc. Une fois engagé dans ces voies, le monde aurait eu le temps d'accomplir ses destinées avant que les sciences fussent parvenues à se constituer. C'est du moins en grande partie pour cela que malgré l'antiquité de civilisation de certaines nations païennes, comme les Indous et les Chinois, il n'existe cependant encore aujourd'hui de sciences perfectionnées que parmi les peuples chrétiens. Elles n'auraient pas rencontré cet obstacle, il est vrai, chez le peuple juif dont les dogmes étaient si purs, mais il y avait là d'autres difficultés qui n'étaient pas moins insurmontables.

Les lois du Lévitique ne permettaient de manger que des ruminants à sabot fendu, les poissons qui ont des nageoires et des écailles et quatre ou cinq espèces d'insectes. Tous les autres animaux de ces classes, ainsi que les reptiles, les amphibiens, les crustacés et les mollusques, étaient défendus, et par conséquent, ils ne venaient pas dans les marchés s'offrir aux observations de celui qui aurait voulu cultiver les sciences naturelles. Mais ce qu'il importe encore plus de remarquer, c'est que tous les animaux prohibés étaient réputés *impurs*, et qu'on ne pouvait pas toucher à leurs cadavres sans être souillé devant la loi; elle défendait aussi le contact immédiat de tout animal mort de maladie; les cadavres humains rendaient également impurs ceux qui les touchaient; pour les cas d'infraction, des purifications étaient ordonnées sous des peines assez sévères. Or, il est bien évident que ces prescriptions de Moïse, d'ailleurs très-salutaires dans des pays chauds, où la propreté et le choix des aliments sont si nécessaires à la conservation de la santé, opposaient un obstacle invincible à l'établissement de l'anatomie et de toutes les autres parties de la science de l'organisation qui n'ont pu venir qu'après l'anatomie. Notons bien que tous les autres peuples de l'Orient avaient des lois ou des usages analogues (1). S'il était défendu de toucher des cadavres humains ou autres, à plus forte raison n'était-il pas permis de les disséquer; le préjugé si respectable des dissections humaines a été commun à tous les peuples; or, c'est uniquement après sa chute que l'anatomie a pu commencer chez nous à faire des progrès.

L'étude des règnes de la nature, chez les premières nations post-diluviennes, n'a pu être poussée assez loin pour que le récit de la création en sortît par voie de déduction logique, cela est évident. Veut-on supposer que les sciences auraient été constituées par les familles patriarcales antédiluviennes, et qu'ensuite elles se seraient

(1) Il n'est pas besoin de remonter jusqu'aux temps de Moïse pour trouver la justification de ses lois hygiéniques. Aujourd'hui encore les Chinois, quoique civilisés, mangent non seulement des chiens et des chats, mais, selon qu'ils en trouvent l'occasion, des rats, des entrailles d'animaux, et même des chenilles et des insectes, qui ne valent pas, à coup sûr, les sauterelles de la Palestine ni celles que les Arabes apportent au marché d'Alger.

éteintes par l'événement du déluge ou autre, sans nous laisser d'autre trace de leur antique perfection que les résultats relatifs à la création, transmis par les Noachides à leurs enfants et consignés plus tard dans la Genèse? Ceux qui se représenteraient les premiers hommes livrés à l'étude des sciences, ou n'auraient pas réfléchi sur ce que Moïse nous en apprend, ou n'en tiendraient aucun compte. En nous plaçant d'abord au point de vue de ces documents traditionnels sur les antédiluviens, nous allons voir que les hautes connaissances naturelles que l'imagination serait disposée à leur attribuer, mais dont Moïse ne dit pas un mot, étaient, humainement parlant, incompatibles avec les caractères de cette société primitive.

La Genèse nous marque la durée totale de la vie des patriarches; elle nomme celui qui bâtit la première ville, celui qui habita le premier sous des tentes et inaugura la vie de l'homme pasteur, celui qui inventa les instruments aratoires et ceux de musique; mais de ceux qui auraient fait des collections d'animaux, ou formé des herbiers, ou pratiqué la médecine, cet art qui suppose tout d'abord quelque connaissance des plantes et de l'organisme humain, il n'en est pas question, et ce silence est déjà significatif, car les merveilles de nos sciences, si elles avaient été connues des antédiluviens, les eussent autrement frappés que l'art de *ceux qui jouèrent de la harpe et de la cithare.* Les nombreux animaux introduits par Noé dans l'arche offraient encore à Moïse une occasion naturelle de dire un mot des connaissances zoologiques de ce patriarche ou de celles de ses ancêtres. Je n'insiste pas sur cette preuve négative; mais la constitution de ces hommes normaux, leur régime alimentaire, leur état social et leurs mœurs nous fournissent des considérations plus décisives.

Les enfants de Caïn habitèrent la ville fondée par leur père, à l'orient du pays d'Éden. Les familles sorties de Seth et des autres fils d'Adam peuplèrent le pays d'Éden. Ces deux premières branches du genre humain, quoique séparées et de mœurs différentes, restèrent toujours voisines, puisque, vers la fin, elles se mêlèrent par des alliances qui amenèrent leur corruption générale et ce règne de la violence et de la force brutale dont parle la Genèse. L'historien sacré nous donne la généalogie des enfants de Seth jusqu'au déluge. Ces circonstances supposent manifestement que le genre humain, avant la grande catastrophe, ne forma que de très-petits États et n'occupa qu'une partie très-peu étendue de l'Asie; aussi, Moïse nous dit-il, après le déluge, que Nemrod *fut le premier qui se rendit puissant sur la terre*, par la fondation d'un *royaume*, dont Babylone et trois autres villes furent le commencement. Il nous apprend aussi que la vie des antédiluviens fut agricole ou pastorale. Il résulte de ces premiers faits que les conditions sociales de ce premier âge du monde étaient les moins favorables à la culture et au progrès des sciences naturelles. Presque exclusivement pasteurs ou laboureurs, partagés en familles, sans former de grands corps de nation, entourés de toutes parts de terres inoccupées et pouvant s'y étendre sans obstacle, rien ne sollicitait ces hommes à des recherches scientifiques, qui, à des degrés différents, sont, comme les arts, les enfants des besoins sociaux.

L'étude des plantes a d'abord pour objet la guérison de l'homme. Avant le déluge, les hommes vivaient, pour la plupart, exempts de maladie et mouraient par suite de l'abandon naturel de leurs forces, comme nous le voyons encore par l'histoire des patriarches post-diluviens. L'étude des plantes, sauf les espèces alimentaires, n'était donc pas un besoin, ou, si l'art médical est né dans cette période, sa pratique a dû être extrêmement limitée ; or, de toutes les professions, celle de la médecine est la seule qui se lie nécessairement à l'étude des plantes et des animaux ; c'est ce qui fait que, parmi ce grand nombre de naturalistes qui, depuis Aristote jusqu'à M. de Blainville, ont donné à la zoologie une impulsion directe et appréciable, on n'en compte que trois qui n'ont pas été médecins : Aristote, Albert le Grand et Buffon.

Les végétaux furent le premier régime alimentaire de l'homme. Tout le temps que dura ce régime exclusif, il n'y eut ni chasses, ni pêches, et par conséquent, aucune étude tant soit peu étendue des animaux ; car la pêche et la chasse sont pour le zoologue ce que les carrières, les mines, les houillères exploitées sont pour le géologue et le minéralogiste (1). Plus tard, lorsqu'on commença à faire usage de la chair des animaux, cet usage, réglementé par l'hygiène ou par les mœurs et le préjugé, fut restreint à un si petit nombre d'espèces, que la zoologie ne put encore en sortir. En effet, nous avons vu dans le Lévitique la distinction légale des animaux purs et impurs; mais le législateur des Juifs l'avait trouvée établie dans le monde, et il n'eut pas d'autres changements à y faire que ceux dont l'expérience avait montré l'utilité, ou qu'exigeaient les nouvelles circonstances et le dessein de garantir son peuple des usages superstitieux des nations voisines. Elle existait avant le déluge, puisque dans le récit de ce grand événement, il est ordonné à Noé de conserver dans l'arche des

(1) Nous avons un traité de Paul Jaube (1600) *de Piscibus romanis*, c'est-à-dire sur tous les animaux aquatiques qui se vendaient au marché de Rome ; un autre de Rondelet (1554) sur ceux qui se rencontrent en France. C'est le commerce, l'industrie, les voyages, les grands travaux entrepris par les gouvernements ou de riches particuliers, dans un but de fortune ou d'utilité publique, qui fournissent aux naturalistes les matériaux, sans lesquels la science est impossible.

quadrupèdes et des oiseaux purs et impurs; les animaux impurs, et par conséquent prohibés, c'était tout le règne animal, à l'exception d'un petit nombre d'espèces choisies dans trois ou quatre classes seulement. Ainsi, il ne fut pas plus possible à la zoologie de s'établir avant le déluge que dans les siècles qui le suivirent.

La dissection des plantes, dans le but d'arriver à la connaissance de leurs fonctions, est venue après l'anatomie animale; auparavant, elle eût manqué tout à la fois de mesure et d'éléments de comparaison. La physiologie animale et l'anatomie comparée sont également sorties de l'anatomie simple. Celle-ci n'a eu d'abord en vue que d'arriver à la connaissance de la machine humaine dans le but de guérir ses altérations; or, peut-on admettre que l'anatomie ait été un besoin pour ces fortes constitutions antédiluviennes, qui fournissaient, sans maladies, une carrière de plusieurs siècles? et en admettant que son utilité fût dès lors sentie, comment l'anatomie simple et comparée, et par suite, la physiologie animale et végétale et la paléontologie, auraient-elles pu s'établir et se développer dans un état de choses qui ne permettait pas d'anatomiser les animaux et bien moins encore les cadavres humains, les uns et les autres étant réputés impurs par la loi ou par l'usage, et les derniers, protégés en outre par l'opinion générale, qui réprouvait les dissections humaines?

En Europe, où ces prohibitions n'existent pas, la répulsion inspirée par les dissections est un sentiment général. Les reptiles et les animaux à sang froid ont été longtemps maintenus dans un rang fort inférieur à celui qu'ils occupent aujourd'hui dans la classification naturelle, par la répugnance que les médecins naturalistes éprouvaient eux-mêmes à les toucher. On sait que Linnée n'osait toucher le crapaud, et que Ray, dominé par le même préjugé, n'eut pas le courage d'anatomiser et d'étudier les reptiles; combien ces répugnances, à une époque où l'on ne voyait pas l'avantage qu'il pouvait y avoir à les surmonter, devaient-elles éloigner les hommes des études anatomiques?

Deux mille ans d'observations faites par des hommes qui devenaient presque millénaires, chez qui l'étendue des facultés intellectuelles était vraisemblablement en rapport avec les facultés physiques, auraient sans doute élevé l'esprit humain à son point culminant, si ces hommes se fussent trouvés dans des circonstances analogues à celles de nos sociétés modernes; mais le temps et la longue vie ne suffisent pas; les centenaires de l'époque postdiluvienne n'ont pas constitué une seule science, et aujourd'hui que la vie humaine est encore plus courte, les progrès des sciences ne sont ni plus lents, ni plus intermittents. Les sciences, dans leur développement, dépendent donc moins des limites où la vie en général s'étend ou se resserre, que de certaines autres conditions qui ont manqué aux sociétés anciennes avant et après le déluge.

Que les premiers hommes aient cultivé l'astronomie immédiate cela se conçoit; elle a été de bonne heure nécessaire pour déterminer les mois, l'année civile et l'année ecclésiastique, toutes deux partagées en jours, en semaines et en mois; pour régler la célébration des fêtes d'une manière uniforme ; pour se diriger dans le désert ou sur l'Océan avant la découverte de la boussole, etc. Ces longues vies patriarcales, la périodicité des phénomènes célestes dont un seul homme pouvait constater le retour, les nuits sereines de l'Orient, les habitudes de la vie pastorale, tout était favorable aux observations astronomiques. Il n'en est pas ainsi de la chimie, de la phytologie et des autres sciences de l'organisation; il ne suffit pas d'avoir des yeux pour les créer.

Veut-on passer par-dessus l'histoire que Moïse nous a laissée de l'époque antédiluvienne? Veut-on la recomposer d'imagination pour la faire à l'image des grands peuples postdiluviens, aussitôt on retombe sous le coup des considérations dont ils ont été plus haut l'objet; et plus on lui supposera de civilisation, de besoins, de sensualisme, d'intelligence, d'industrie, de découvertes, de commerce; en un mot, plus on la fera semblable à notre époque et plus on ajoutera de force à ces considérations. Supposons en effet que notre civilisation occidentale vînt à être la victime d'un déluge ou d'une autre catastrophe générale quelconque, pense-t-on que cette catastrophe détruisit, annihilât tous les vestiges de nos sciences et de leurs nombreuses applications à tous les genres d'industrie? Qu'elle fît disparaître jusqu'à la dernière trace de nos chemins de fer, de nos télégraphes électriques, de nos machines fixes, des machines à bateaux et des locomotives, des applications de la chimie à l'éclairage au gaz, à la fabrication du papier, de la chaux, des ciments, à l'industrie de la verrerie; de tous nos instruments à vapeur, de nos bibliothèques, de nos caractères typographiques, de nos baromètres et thermomètres; de nos instruments astronomiques; de nos coupes et de nos cartes géologiques; de nos collections, de nos préparations anatomiques; de tous nos instruments de physique, de toutes les inscriptions sur pierre ou sur métal, de toutes les médailles, etc., etc., de telle sorte que le fléau passé, ceux qui viendraient fouiller les ruines de Paris, de Londres, de Berlin et de tant d'autres grandes villes détruites, n'y trouveraient rien qui fît connaître l'état des connaissances chez leurs anciens habitants? Voilà ce que seraient forcés d'admettre pour les sociétés primitives ceux qui leur attribueraient nos sciences constituées.

Il est donc certain que les sciences naturelles, telles qu'elles existent aujourd'hui en Europe et dans ses colonies modernes, ont été inconnues à l'antiquité. Or, puisque la cosmogonie de Moïse renferme cependant en quelques lignes le sommaire d'une longue série de faits à la connaissance desquels il n'était possible d'arriver qu'après les immenses progrès amenés par les XVIIe, XVIIIe et XIXe siècles ; puisque tous les faits genésiaques se trouvent en rapport avec des résultats scientifiques qui n'étaient ni connus, ni même soupçonnés à l'époque de Moïse et avant lui, qui ne l'avaient jamais été jusqu'à ces derniers siècles, et que les philosophes de toutes les nations et de toutes les époques avaient toujours considérés contradictoirement et sous des points de vue toujours erronés, on est bien obligé de reconnaître que cette cosmogonie ne saurait être le produit des connaissances acquises des temps primitifs.

II

Moïse aurait-il dû la connaissance de ces faits aux efforts de son génie, ou, en d'autres termes plus clairs et plus précis, les aurait-il déduits des sciences préalablement créées et perfectionnées par lui seul? — Dans cette seconde supposition, Moïse, considéré comme philosophe naturaliste, serait venu trop tôt, avant terme pour ainsi dire, et son effort n'aurait produit aucun effet sur ses contemporains ; il n'aurait pu être senti et serait resté comme non avenu, la terre n'étant pas encore convenablement préparée pour que la semence pût y germer et encore moins y produire des fruits. Ainsi s'expliqueraient le défaut d'attention donnée à ses ouvrages de science, leur perte, et pourquoi l'on ne retrouve pas plus de trace de ces sciences après qu'avant lui.

Cette solution n'est pas spécieuse ; elle est en opposition avec tous les faits de l'histoire des sciences et avec les lois qui président à leur développement.

I. — Quand on étudie l'histoire des sciences depuis Aristote jusqu'à M. de Blainville, dans ce long espace de temps qui comprend plus de deux mille ans, on reconnaît que de tant d'hommes de génie un assez petit nombre, riches de leurs propres observations et de celles de leurs prédécesseurs, ont imprimé à la science une impulsion convenable qui, ajoutée à celle de leurs devanciers, en a successivement porté les diverses parties à des degrés de plus en plus élevés au-dessus du point où chacun l'avait laissée; tandis que les efforts de tous les autres sont restés infructueux pour avoir été faits dans une fausse direction, ou mal à propos, ou même à rebours; ou du moins ils n'ont servi qu'à signaler aux successeurs les routes sans issues dans lesquelles ils devaient éviter de s'engager. Bien plus, parmi ceux qui ont suivi la ligne droite entre le point de départ et le terme ou le but, et qui ont contribué le plus au progrès de la science, il n'en est pas un qui, sans le concours d'une foule d'autres arrivés à des époques différentes, soit parvenu à constituer ou à perfectionner une seule de ses parties. L'anatomie, créée par Galien, est devenue une science entre les mains de Vésale, mais elle doit ses perfectionnements aux temps modernes; Vésale n'est encore qu'anatomiste topographique, et l'anatomie délicate est nulle chez lui. L'anatomie comparée, dont on trouve déjà des germes remarquables dans Aristote, Galien, Bélon, etc., n'a commencé à se développer que dans le dernier siècle par les travaux de Vicq-d'Azir : la physiologie, peu avancée dans Aristote, et déjà très-intéressante dans Galien, ne se constitue dans l'immortel ouvrage de Haller qu'après les belles expériences de Guillaume Harvei. L'histoire naturelle était déjà, depuis bien des siècles, ébauchée dans Aristote, lorsque Buffon est venu l'élever jusqu'à la métaphysique. La phytologie a mis plus de temps encore à se développer. Les Grecs et les Romains ne la regardèrent pas comme une science qui dût exister par elle-même et faire un objet à part, et quoique Théophraste, disciple d'Aristote, connût plus de cinq cents genres de plantes et que Pline en cite plus de mille, ils n'en parlent que pour les considérer relativement à l'agriculture, au jardinage, à la médecine et aux arts. Albert le Grand, dans son traité sur les végétaux, est le premier qui les ait étudiés au point de vue philosophique; il a vu des degrés de perfection dans les plantes et il a cherché leur ordre de dégradation, question qui est encore à l'ordre du jour parmi les phytologues. Poussée par Albert et Linnée, la phytologie commence à marcher lorsque Jussieu convertit la méthode artificielle en méthode naturelle (1). Nous avons vu, dans la première partie de cet ouvrage, les lents progrès de la géologie et

---

(1) Au xvii⁰ siècle, l'illustre Ray acceptait encore la division des plantes en *herbes* et en *arbres*; et, chose singulière, il fait reposer cette distinction sur l'existence du bourgeon qui n'est, dit-il, qu'une herbe annuelle. Belle découverte, dont il n'a pas su tirer la conséquence, car tout est bourgeon même sur l'arbre. Dans le xviii⁰ siècle, le grand Buffon se moquait du *Systema naturæ* de l'immortel Linnée « qui, *confondant* les objets les plus différents, comme les *herbes* avec les *arbres*, mettait ensemble dans les *mêmes classes* le mûrier et l'ortie, la rose et la fraise, l'orme et la carotte, le chêne et la pimprenelle. »
(*Disc. sur la manière d'étudier l'hist. nat.*)

ses nombreuses rétrogradations. La paléontologie, dont Pallas est le père, s'étend dans la partie de ses matériaux avec G. Cuvier, mais elle n'entre convenablement dans l'histoire philosophique des êtres qu'après la démonstration de leur classification naturelle par M. de Blainville. La chimie, après s'être longtemps égarée, sous le nom d'alchimie, à poursuivre la transmutation des métaux et la pierre philosophale, a été créée par Lavoisier, mais elle est encore à l'état d'enfance. L'astronomie immédiate, cultivée dès les premiers âges du monde, n'est enfin devenue une science que par l'invention des instruments et les progrès du calcul.

L'ordre, qui est une chose capitale dans les sciences, parce que sans lui il est impossible de distinguer, de comparer et de coordonner les faits, l'ordre, qui s'établit par la nomenclature et la classification, n'est pas non plus l'ouvrage d'un seul homme. Dans la classification des êtres, il y a un ordre artificiel et un ordre naturel. L'ordre artificiel, dans lequel on peut comprendre aussi la distribution alphabétique, repose sur un seul caractère, par exemple, la dentition pour les animaux, le nombre des étamines pour les végétaux, tandis que l'ordre naturel repose sur l'ensemble de tous les caractères organiques. Or, avant d'arriver à cette classification naturelle des êtres, on est passé par un grand nombre de classifications, artificielles plus ou moins. Aristote classa d'après des considérations de mœurs, de séjour, de nourriture, de locomotion, etc. ; Pline, d'après l'alphabet ou des caractères insignifiants. Vous trouverez chez lui des divisions comme celle-ci : *Des oiseaux qui ont une crête et de ceux qui n'en ont pas.* Gesner et Albert le Grand entrevirent l'ordre sérial et les principes qui serviraient un jour à le démontrer, mais en attendant, ils adoptèrent des distributions artificielles analogues à celles de leurs prédécesseurs. Chose remarquable, le grand Buffon n'eut pas l'idée de lire dans la nature les êtres tels, et dans l'état de rapports particuliers où Dieu les a créés, et par conséquent il ne put sentir la nécessité de la classification naturelle. Buffon suivit pour les quadrupèdes la méthode de l'utilité matérielle, qui est la plus antipathique à la science. G. Cuvier se basa sur la considération du sang, et pourtant Antoine Jussieu venait d'appliquer la méthode naturelle au règne végétal, d'où elle s'est étendue ensuite aux animaux. La nomenclature n'a pas été moins lente à se développer. Il y a déjà des efforts de nomenclature dans Aristote, et la nomenclature binaire qui a fait tant d'honneur à Linnée, avait commencé à se montrer dans Gesner. Elle consiste à ajouter un adjectif qualificatif au nom générique.

J'ai cité uniquement les parties de la science générale dont il a été fait usage dans ce livre, mais il en est de même des autres ; aucune n'est arrivée à un certain degré de développement, que par les efforts successifs d'un nombre plus ou moins considérable d'hommes de génie ; or, s'il est sans exemple dans l'histoire des sciences, qu'un seul homme en ait jamais créé et constitué une seule, combien n'est-il pas impossible d'admettre que Moïse ait pu les créer et les constituer toutes, et les conduire à cet état de perfection où nous les voyons parvenues ? L'étude des lois qui président au développement de la science rendra cette impossibilité encore plus évidente.

II. — La science suit dans ses accroissements une marche déterminée 1° par les divers besoins des sociétés à leurs différents degrés de développement. Elle s'étend en elle-même ou dans ses éléments, à mesure que la société s'élève, se transforme, que l'industrie, le commerce, les arts s'agrandissent, se perfectionnent, que les entreprises des gouvernements et des associations privées prennent plus d'importance, que les relations internationales deviennent plus libres et plus étendues. Il existe donc nécessairement pour la science ce que l'on nomme des temps d'incubation, pendant lesquels les matériaux s'augmentent, bien que la science elle-même reste stationnaire. Ses progrès sont bien plus petits, plus difficiles et plus méritoires dans les premières périodes sociales que dans les suivantes, où les pas sont plus répétés, plus grands, plus faciles, parce que les éléments sont plus nombreux, et qu'éprouvant de moins en moins l'intermittence à laquelle toute œuvre humaine est sujette, ils profitent constamment de l'impulsion donnée. Le mouvement progressif ordinaire et pour ainsi dire normal de la science, est accéléré par ces grands faits qui s'accomplissent à de longs intervalles, et dont les effets se font quelquefois sentir au monde entier. Les conquêtes d'Alexandre durent ouvrir des voies à la communication et à la fusion des philosophies particulières des divers peuples grecs, égyptiens, juifs, persans, indous. Par les conquêtes romaines en Espagne, dans les Gaules, dans la Germanie, etc., les connaissances de ces peuples sont venues s'y adjoindre et apporter de nouvelles modifications dans l'ensemble de la science. Plus tard, le christianisme, qui n'est lui-même que la bonne philosophie, élevée à sa plus grande hauteur, en venant rectifier toutes les idées du vieux monde païen sur la nature de l'homme, son origine, ses destinées, et ses rapports avec Dieu, avec ses semblables et avec tous les êtres inférieurs, plaça l'intelligence humaine dans les meilleures conditions pour faire la science, et en lui présentant son enseignement divin démontré *à priori*, il ne lui laissait plus, en quelque sorte, d'autre tâche que celle de le démontrer *à posteriori* dans tous les points où cette intelligence peut atteindre. C'est encore à cette action puissante du christianisme qu'il faut rapporter l'influence si salutaire de la papauté, la fondation des écoles et des universités, celle des savants ordres religieux, *cette armée des papes, ou plutôt de la raison formulée sous le nom de pape, qui marque la plus belle époque de civilisation intellectuelle qui fût jamais* (1). De la religion vinrent aussi les croisades ; elles n'eurent pas toujours l'effet immédiat qu'on en attendait, mais d'autres résultats scientifiques ultérieurs qui furent immenses.

Plus près de nous, et dans l'intervalle de deux ou trois siècles seulement, l'invention de l'imprimerie qui multiplie si rapidement les ouvrages, et celle des images coloriées qui complètent la description écrite et en facilitent l'intelligence ; l'usage de la boussole en Europe, à l'aide de laquelle on a pu entreprendre des courses lointaines, s'ouvrir de nouveaux chemins d'Europe en Asie par la mer, et connaître tous les points intermédiaires ; enfin, la découverte de l'Amérique, et par suite de tout cela, des publications de voyages, des études, des ouvrages spéciaux, des végétaux, des animaux, des minéraux nouveaux, nombreux, fournis à l'observation ; car le moyen de recueillir et de conserver des plantes et des animaux pour en faire des collections, fut encore inventé à cette époque ; tels sont les événements qui ont préparé les derniers progrès de la science, événements sans analogues pour l'importance et le nombre chez les peuples anciens.

2° Mais la marche de la science est aussi déterminée par sa propre nature. C'est une marche enchaînée, harmonique, comme les règnes du monde, objet de la science. Certaines parties ayant besoin d'être éclairées par les autres, attendent pour faire un nouveau progrès que celles-ci se développent davantage. Ainsi, dans l'histoire naturelle, la classification des animaux n'a pu venir qu'après les progrès de l'anatomie comparée et de la physiologie ; dans la physiologie, les appareils de la digestion et de la respiration, les phénomènes de la production de la voix, de la vue et de l'ouïe ne pouvaient être expliqués que par la chimie, l'optique, l'acoustique, etc. — C'est une marche pour ainsi dire forcée, imprévue, involontaire de la part de l'homme, suivant laquelle, au milieu de tâtonnements plus ou moins nombreux, d'oscillations, et même de rétrogradations réelles ou apparentes, le point nécessaire dans la direction voulue est attaqué par l'homme dont la nature d'esprit se trouve être le plus en rapport avec le besoin de la science à l'époque où il apparaît. C'est

(1) M. de Blainville, dans ses leçons orales à la Sorbonne.

tantôt un méthodiste comme Linnée qui vient coordonner les faits accumulés par les naturalistes spéciaux, pour qu'on puisse continuer de distinguer et de comparer les êtres ; tantôt un anatomiste, comme Vicq-d'Azir, dont les travaux permettront de remplacer la classification encore artificielle de Linnée par la classification naturelle ; tantôt un chimiste qui donnera aux naturalistes généraux la connaissance des milieux divers où vivent les animaux et les plantes, et le moyen d'expliquer les points nombreux par où s'enchaînent les différents règnes ; etc.

3° Lorsque la science est arrivée à un certain degré de développement, elle se scinde nécessairement en un nombre de spécialités proportionnel. A partir d'Albert le Grand, au XIIIe siècle, il devient de jour en jour plus difficile d'embrasser le cercle des connaissances humaines. Après Gesner, dans le XVIe siècle, on entre dans la série de ces hommes qui, abandonnant la science en général, ne vont plus s'employer qu'à en éclaircir certains points ; chacun ne prendra qu'une petite partie du tout sans s'occuper de l'ensemble. A cette même époque, Bacon, supposant comme chose évidente qu'un seul homme ne saurait faire la science, propose dans son plan d'études de créer une académie où chacun traiterait sa spécialité, et continuerait dans la succession des siècles, des travaux bien commencés, excellente idée qui a été réalisée par l'établissement de notre Académie des sciences. Depuis Bacon, le cercle encyclopédique de la science s'est énormément agrandi ; de nouveaux rayons se sont produits, les autres se sont étendus, les spécialités sont devenues plus nombreuses, et force est aujourd'hui aux naturalistes généraux d'accepter pour ainsi dire de confiance les résultats proclamés par les physiciens, les chimistes, les minéralogistes, les astronomes, les géologues, et tous les naturalistes spéciaux.

L'histoire des sciences, les principes qui président à leur développement, prouvent jusqu'à l'évidence qu'elles n'ont pu exister avant le déluge, ni parmi les nations post diluviennes ; mais ils mettent surtout à nu l'absurdité de la supposition qui prendrait les faits cosmogoniques pour les déductions logiques d'un génie créateur des sciences naturelles ; car il est manifestement impossible qu'un homme ait jamais été à la fois et à un degré éminent, physicien, géologue, anatomiste, méthodiste, etc.;

Impossible, qu'embrassant toutes les parties de la science, il ait jamais pu les pousser à un degré de perfectionnement égal à celui qu'elles ont atteint de nos jours ;

Impossible qu'il ait pu échapper à toutes les erreurs dans lesquelles sont tombés nos plus grands naturalistes, et à l'emploi des classifications artificielles, ces premiers et provisoires échafaudages de toute science ; erreurs et classifications qui ne sauraient empêcher la science d'arriver à son but, lorsqu'elle est l'ouvrage lent et successif des siècles et d'une longue suite d'impulsions individuelles, mais qui l'auraient enrayée dès les premiers pas dans l'hypothèse que nous discutons ;

Impossible qu'un homme ait jamais pu suffire à réunir les plantes, les animaux, répartis dans les différents pays, à en former des collections assez immenses, à les distinguer, à les dénommer, à les comparer, à les décrire ; à disséquer un assez grand nombre d'animaux et de végétaux pour établir l'anatomie comparée et la physiologie ; à observer assez de points du sol et dans un assez grand nombre de continents pour fonder la géologie ; à faire toutes les expériences, en astronomie, en chimie, en physique, etc., etc. ;

Impossible qu'une seule et même époque sociale ait pu fournir tous les éléments nécessaires à l'établissement et aux progrès de toutes les parties de la science ;

Impossible, par conséquent, que toutes ces parties aient pu se développer parallèlement, et dans une même époque, et sans éprouver aucun de ces temps d'arrêt et d'incubation si fréquents dans l'histoire des sciences en Europe, depuis Aristote jusqu'à nous.

III

Mais ne peut-on pas faire dériver les connaissances cosmogoniques des observations directes et immédiates des auteurs du genre humain ? Moïse s'est servi de documents antérieurs ; d'après les tables généalogiques de son livre, il n'était lui-même séparé de nos premiers parents que par un petit nombre de générations ; Mathusalem avait vécu avec Adam et avec Noé ; de Noé à Moïse, il y avait quatre générations. Les moyens de transmission à travers six générations étaient faciles et assez nombreux : la tradition orale, des cantiques, des inscriptions, des mémoires écrits. Or, en supposant qu'Adam et Ève aient été témoins oculaires de la création, ils ont dû en transmettre à leurs enfants un récit circonstancié qui se sera conservé dans les familles patriarcales.

C'est notre troisième solution, mais elle n'est pas plus acceptable que les précédentes. La zoologie, d'accord en ce point comme en tant d'autres avec la Genèse, nous oblige à croire que l'homme est arrivé le dernier à l'existence ; il n'a donc pas assisté à la création des autres règnes, et ses sens ne lui en ont pu rien apprendre.

Renversons cependant cet ordre logique, naturel, nécessaire ; représentons-nous la création commençant par l'espèce humaine au lieu de finir par elle. Dans cette hypothèse, l'homme, par lui-même, n'aurait encore rien pu savoir de tout ce que nous apprend le texte saint. Il n'aurait pas su que le fluide lumineux avait été créé avant le soleil, parce que n'éprouvant la sensation de lumière qu'après la création du soleil, il en aurait fait honneur uniquement à cet astre au lieu de la rapporter à un fluide préexistant.

Il n'aurait pas vu les eaux qui enveloppaient la masse terrestre se répartir entre l'atmosphère et le bassin de la mer, parce que cette séparation se fit encore avant l'apparition du soleil dans les cieux, et s'il eût pu le constater, ce fait lui aurait présenté les caractères d'un phénomène local plutôt que général et primitif.

Il n'aurait pas su si les eaux s'étaient écoulées dans un seul grand bassin ou dans plusieurs bassins séparés. Il ne pouvait voir que les côtes de la mer d'Asie, et il n'avait aucun moyen de s'assurer s'il n'existait pas d'autres mers indépendantes de celle-là.

Il n'aurait pas été témoin de la création des plantes, accomplie aussi avant celle du soleil. D'ailleurs, eût-il vu les végétaux sortir en un instant du sol auparavant désert et nu, son inexpérience aurait pu attribuer leur rapide développement, soit à une force créatrice propre à la terre elle-même, soit à son extrême fécondité à cette époque. Il aurait ignoré si ces plantes provenaient ou non de graines tombées auparavant sur le sol et dont la présence des eaux aurait retardé jusque-là la germination.

Il n'eût pas connu la création du soleil, de la lune et des autres corps célestes ; leur première apparition lui eût semblé la continuation ou le retour d'un phénomène périodique commencé avant lui.

Il en faut dire autant de la création des animaux. Il eût pensé que les poissons qui frappèrent sa vue pour la première fois étaient venus des autres points des mers, les oiseaux et les animaux terrestres, des autres parties du même continent ou de quelque presqu'île voisine pour prendre possession de la partie du sol nouvellement exondée qu'il habitait.

Il eût ignoré s'il n'y avait qu'une espèce de son genre et que deux individus de son espèce, car il n'avait aucun moyen de savoir s'il n'en existait point beaucoup d'autres sur des points éloignés de son continent ou de continents différents.

En un mot, tous les faits de la Genèse sont des faits généraux, et nos premiers parents ne pouvaient voir que des faits locaux, ils ne pouvaient constater aucune création, aucune organisation générale.

Adam et Ève dont l'intelligence ne s'était encore développée ni au contact de la vie domestique, ni à celui de la vie sociale et que l'on suppose de plus en ce moment privés de tout rapport avec leur créateur, n'auraient pas même été capables de faire les observations et les raisonnements qui précèdent, et si la Genèse n'avait eu à nous redire que ce que leurs yeux et leurs oreilles pouvaient leur apprendre sur la création et l'organisation des êtres, son récit, au lieu de se montrer si conforme aux résultats des sciences, nous paraîtrait sans doute chargé de plus de fables, de plus d'imaginations fantastiques que toutes les cosmogonies de l'antiquité païenne.

IV

Je ne ferai pas au bon sens du lecteur l'injure de discuter la supposition dans laquelle le hasard aurait conduit la plume de l'historien de la création. Restent donc pour dernières solutions l'inspiration et la révélation divines ; que l'on choisisse : si l'on prend la révélation, la discussion est terminée ; si l'on se décide pour l'inspiration, on est obligé d'admettre aussi la révélation, car elle entre dans la cosmogonie de Moïse, elle en est une partie intégrante, essentielle ; elle est formellement enseignée dans le premier chapitre et à chaque verset des chapitres suivants. C'est ainsi que nous arrivons à cette grande et importante conclusion, *Dieu a parlé à l'homme;* il ne l'a point livré, à l'origine des temps, aux ignorances invincibles d'un prétendu état de nature dans lequel n'auraient pu se développer ni son âme, ni son corps ; il s'est révélé à son principal ouvrage, il a conversé avec lui, il lui a fait connaître ses œuvres, l'ordre suivant lequel elles furent accomplies, le rang qu'il y occupait lui-même et les devoirs qui en découlent. Il ne forma pas seulement l'âme de nos premiers parents à sa ressemblance par une infusion de lumière et de bonté, propre à les conduire à leur glorieuse fin, ils apprirent encore de lui quelle était cette fin, d'où ils venaient et où ils devaient tendre. En l'entendant parler, ils pénétrèrent d'un regard tous les secrets, tous les ressorts de leur destinée, et leur lumière intérieure, vivifiée et rassurée par cette grande lumière extérieure, se reposa dans la paix combinée de l'évidence et de la foi. Le fleuve de la tradition a donc jailli de Dieu dans la conscience de l'humanité dès l'origine des temps, et il ne s'est plus agi que de le soutenir et de le renouveler dans son cours, selon les besoins créés par l'inconstance et l'oubli des générations.

FIN.

NOTES.

DES JOURS DE LA CRÉATION.

On a cité Origène, saint Augustin, saint Athanase, saint Thomas, etc., pour prouver, quoi? que les périodes indéterminées ne sont pas hétérodoxes? ces docteurs ne les approuvent ni ne les condamnent, ils n'en parlent pas. — Mais du moins leur exemple, dit-on, nous autorise à prendre les jours de la Genèse dans un autre sens que le sens littéral. « Ce n'est pas tout, et nous n'allons pas encore en fait de hardiesse dans l'interprétation de ces passages aussi loin que les saints docteurs. Saint Augustin, poussant l'objection plus loin que ceux qui reprochent cette longue suite d'années que les géologues veulent donner à la formation du globe, regarde l'intervalle des jours naturels comme indigne de la puissance divine et passant par-dessus toutes les distinctions formelles de Moïse, il pense que Dieu a tout créé en un seul temps et d'un seul jet. » (*Annal. de philos. chrét.*, t. XIII, p. 34). En rejetant toute succession de temps, saint Augustin nous donne de la création une histoire qui n'a plus beaucoup de rapports avec celle de la Genèse. Cependant quant à la hardiesse, il me semble que l'hypothèse des périodes laisse encore l'évêque d'Hippone bien loin derrière elle. L'opinion la plus hardie est sans doute celle qui s'éloigne le plus de l'esprit du récit de Moïse; or, l'esprit du récit de Moïse ne tient pas précisément à cette distinction de jours pardessus laquelle est passé saint Augustin. Il est contenu dans cette formule : Le monde créé et ordonné par Dieu, sans le concours des causes secondes; les autres êtres créés pour l'homme, l'homme créé pour Dieu. Examinons au point de vue de ce principe dominant l'interprétation du docteur de l'Église et celle qui a été développée dans les *Annales*. Dans l'hypothèse de saint Augustin, tous les divers groupes d'êtres dont la réunion forme l'univers ont été créés instantanément; c'est aussi ce que Moïse nous enseigne; seulement saint Augustin admet, contrairement au sens littéral et uniquement vrai du texte sacré, que tous ces groupes créés instantanément l'ont aussi été simultanément.

Mais cette création universelle, produite en un seul temps, montre plus évidemment encore qu'un ensemble de créations instantanées successives tous les êtres sortant immédiatement des mains de Dieu avant tout établissement, et par conséquent sans la moindre participation des causes naturelles dont l'action est toujours successive et plus ou moins lente. En réduisant à un seul instant inappréciable les six jours de l'écrivain sacré, elle ajoute en quelque sorte à l'énergie de l'action créatrice en même temps qu'elle fait mieux ressortir les rapports qui unissent les êtres et le plan unique et arrêté à l'avance sur lequel ils ont tous été disposés. Saint Augustin ne paraît donc abandonner les jours de Moïse que pour s'attacher plus fortement au principe fondamental qui domine tout son récit, *la création universelle accomplie par la seule volonté de Dieu.* Au contraire, les partisans de l'autre système, en permettant de donner à chacun de ces jours une durée de cinquante, cent, quatre cent mille ans, en un mot, en faisant non plus la création, mais les créations successives à la manière de MM. Deluc, de Ferussac, Cuvier, Ampère, de Beaumont, etc., sont conduits nécessairement à considérer la plupart des créations comme des modifications ou des transformations accomplies par le concours des lois naturelles chargées dès lors de préparer, à l'aide de ces longues périodes de temps, des créations subséquentes ou de nouvelles modifications de la substance organique ou inorganique.

Le point de départ de saint Augustin l'oblige à voir dans la Genèse la création d'un même monde ; les défenseurs des périodes genésiaques sont forcés, pour répondre aux exigences des systèmes au service desquels ils se mettent, de dissoudre chaque création mosaïque, de répartir à tous les points de l'espace et du temps, en les isolant, les portions de ces grands groupes, de ces classes, de ces règnes complets que Moïse fait apparaître simultanément, *germinet terra..... producant aquæ* ; en sorte qu'ils réduisent presque à rien la raison de ces paroles des prophètes, *dixit et facta sunt, mandavit et creata sunt,* que saint Augustin invoque au contraire, qu'il accepte dans leur plus rigoureuse littéralité. Ils voient dans la Genèse l'histoire de six mondes différents dont cinq auraient été détruits avant l'arrivée de l'homme. Les sciences de l'organisation rassemblant ce que le sol nous a conservé des débris de tous ces prétendus mondes, nous assurent, il est vrai, qu'ils n'ont composé qu'un seul monde, établi sur un plan unique, conçu par une seule intelligence souveraine, réalisé par une seule volonté créatrice ; elles prouvent jusqu'à l'évidence que les premiers végétaux et les premiers animaux ont eu les mêmes milieux généraux d'existence, ont été régis par les mêmes lois que les plantes et les animaux de notre époque ; mais si les périodes interprètent fidèlement les faits, les sciences de l'organisation se trompent, l'assemblage de toutes ces parties, pure abstraction de l'esprit, n'a jamais été fait par le Créateur, toutes ces pièces n'ont jamais coexisté pour former un tout vivant et harmonieux.

Que le monde unique de la Genèse eût été créé d'un seul jet, cela n'eût absolument rien changé à ses rapports avec l'homme, puisque la contemporanéité de tous les êtres eût été rigoureusement simultanée; mais des rapports entre l'homme et les mondes des cinq premières périodes n'ont pas été possibles; les êtres qui les habitèrent et dont la création nous est racontée par Moïse, ne furent donc pas formés pour lui. Toutefois, grâce aux causes secondes qui avaient eu le temps d'agir, et de tout disposer pour que notre espèce fût reçue convenablement sur la terre, les partisans des périodes veulent bien admettre qu'elle a été contemporaine des habitants d'un sixième monde sur la création duquel Moïse a gardé un silence absolu, apparemment parce qu'il nous touchait de trop près.

Ajoutons que saint Augustin, en séparant nettement, comme il le fait, l'acte par lequel Dieu a créé tous les êtres de celui par lequel il les conserve maintenant au moyen de ses lois (*de Genesi, ad litt.*, lib. V, c. xi), place nécessairement Moïse à l'origine de tout et lui fait une position inexpugnable, pendant que l'autre système transforme l'historien de la création en un célèbre naturaliste présentant le flanc à la critique de tous les naturalistes présents et futurs.

Ce rapprochement permet de juger qu'elle est la plus hardie de l'interprétation qui déserte la lettre pour ne s'attacher qu'à l'esprit général de la Genèse ou de celle qui abandonne tout à la fois et la lettre et l'esprit. Mais je vais plus loin et j'ose assurer que saint Augustin eût aussi respecté la lettre du texte et conservé au mot *jour* sa signification naturelle, s'il n'eût été arrêté par des difficultés qui, n'existant pas pour nous, nous laisseraient sans excuse auprès de ce docteur, loin de nous permettre d'invoquer son exemple et son autorité. Il ne trouve contre l'interprétation littérale aucune objection philologique; il ne voit de difficulté que pour les trois premiers jours, et ces difficultés sont astronomiques et tiennent à un ordre de phénomènes dont on a donné depuis des explications plus exactes et qui s'accordent parfaitement bien avec le sens littéral de la Genèse; et quand, malgré les notions erronées admises de son temps comme des vérités vulgaires, on le voit glisser assez légèrement sur son hypothèse de la création simultanée, nous dire qu'il ne faut pas se hâter de prononcer sur la nature des jours de Moïse, revenir vingt fois à la discussion des textes qui les concernent, toujours arrêté par les mêmes obstacles, et en dépit de ces obstacles s'adresser ces questions auxquelles il n'ose répondre : « L'espace même des heures et des temps aurait-il dès lors été appelé jour, indépendamment de la succession des ténèbres et de la clarté ? » (*de Gen., ad litt. imperfect.*, lib., c. vi), et dans un autre endroit : « Que signifient ces jours accomplis sans le soleil ? et pourquoi les luminaires du ciel ont-ils été appelés à marquer les jours, si des jours ont pu exister sans eux ? Est-ce parce que le mouvement de ces astres rend plus sensible aux hommes cette prolongation du temps et la distinction de ses parties ? » (c. xii); enfin enseigner dans un autre ouvrage « que Dieu a créé le ciel et la terre et tout ce qu'ils renferment en six jours, quoiqu'il eût pu tout faire en un seul moment » (*de catechiz. rud.*, c. xvii); quand on réfléchit sur ces circonstances, peut-on douter que saint Augustin n'eût trouvé le sens littéral satisfaisant, s'il avait eu, de la lumière, des mouvements et de l'état de notre planète par rapport au soleil, les idées que nous en avons depuis les expériences d'Euler et les découvertes de nos grands astronomes ?

Deux phénomènes dont il ignorait la véritable explication, l'ont empêché de concevoir la nature des trois premiers jours de la création, 1° l'immobilité apparente de la terre et le mouvement apparent du soleil autour de cette planète ; 2° la production apparente de la lumière par le soleil. D'abord, il raisonne manifestement dans l'hypothèse où la terre est immobile et le soleil seul doué de mouvement, autrement il n'alléguerait pas « la difficulté d'imaginer et d'expliquer par quelle révolution antérieure à la création de cet astre les trois premiers jours et les trois premières nuits ont pu se succéder » (*de Genes., ad litt.*, lib. I, c. xii) ; il ne distinguerait pas, sous le rapport du mouvement qui les mesura, ces jours des nôtres, il ne dirait pas en parlant de ceux-ci « qu'ils sont comptés et déterminés par les révolutions solaires » (*de Gen., ad litt. imperfect.*, lib., c. xxvi), et en parlant de ceux-là, « qu'on ne saurait concevoir au moyen de quel mouvement la lumière produisait leur soir et leur matin » (*de Civit. Dei*, lib. XI, c. vii). — Il est certain aussi que la lumière qui nous éclaire, n'était point considérée par lui comme existant indépendamment du soleil, ni comme identique avec celle qui fut créée au premier jour ; autrement, il n'assurerait pas que nous ne pouvons nous faire une idée de cette lumière dont l'existence a précédé celle du soleil. « Nous voyons, dit-il, que les jours ordinaires n'ont leur soir que du coucher du soleil et leur matin que de son lever ; mais les trois premiers jours s'accomplirent sans le soleil dont la création est rapportée au quatrième jour. Il est vrai que d'après le récit de Moïse, la lumière avait déjà été créée... Mais quelle est cette lumière, voilà ce que nous ne pouvons imaginer ni concevoir » (*de Civit. Dei*, lib. XI, c. vii). Ce fut pour les mêmes raisons qu'Origène rejeta le sens littéral. Il ne croyait pas « qu'un homme de sens pût voir autre chose qu'une sorte d'allégorie dans ces trois jours antérieurs au soleil, à la lune et aux étoiles, et le premier antérieur au ciel même » (*de princip.*, lib. IV, n. 16). Dans son ouvrage contre Celse (liv. VI) Origène s'appuie aussi, pour prouver que Moïse n'a pas voulu parler de jours proprement dits, sur le verset 4 du ch. ii de la Genèse où il est dit : telles sont les origines du ciel et de la terre au *jour où* Dieu les créa ; mais ces mots *in die quo* ne traduisent pas fidèlement l'adverbe hébreu *biom* qui signifie *quand, lorsque*. Il n'y a donc pas là de difficulté philologique. On a dit que saint Athanase n'avait pas pris les jours de la Genèse pour des jours naturels et que saint Basile penchait vers l'hypothèse de saint Augustin. C'est une double erreur ; la vérité est que saint Basile parle de cette hypothèse parce qu'elle faisait partie de son sujet, mais il ne la suit pas, il prend les jours dans le sens ordinaire et ne paraît pas trop embarrassé des difficultés qui ont arrêté saint Augustin. (Voyez *Hexæmeron*, hom. ii, n. 8 et hom. vi, n. 2). Quant à saint Athanase, l'auteur de l'article des *Annales* n'a pas saisi sa pensée dans le passage qu'il indique, (*orat.* iia *contra Arian.*, n. 60). Le savant docteur n'a pas voulu dire que tout a été fait d'un jet, mais que les divers ordres d'êtres, pris séparément, ont été appelés simultanément à l'existence, et que des espèces qui composent ces ordres, aucune n'a été créée avant les autres. Il s'exprime plus clairement dans les n⁰ˢ 48 et 49 du même discours. « Les astres, dit-il, n'ont point apparu successivement ; tous ont été produits par le même acte de la puissance créatrice. Telle a été l'origine des quadrupèdes, des oiseaux, celle des plantes. Tous selon leur ordre ont été créés a la fois. » Dans sa discussion avec les ariens, il pose en principe que la création générale a été successive, mais que celle de chaque groupe a été simultanée, et dans tous ses ouvrages il entend les jours dans le sens littéral.

Maintenant, pour mieux préciser les ressemblances et les différences qui existèrent entre les premiers jours du monde et les nôtres, et juger si Moïse a dû les appeler des jours, distinguons toutes les parties du phénomène assez complexe auquel nous donnons le nom de jour. 1° La lumière, fluide indépendant du soleil, quant à son existence et à ses propriétés ; 2° les vibrations de ce fluide produites par le soleil, mais pouvant l'être aussi par la combustion, les électricités, etc.; 3° la sensation de lumière occasionnée par la vibration du fluide lumineux, phénomène purement relatif aux êtres organisés sensibles, et qui par conséquent ne peut avoir lieu sans eux, et dans lequel on peut encore distinguer trois ordres de sensations, celles d'un soir, celles d'un matin et celles de la partie du jour qui s'étend entre le matin et le soir ; 4° la révolution de la terre autour de son axe, mesurant une durée de 24 heures ; 5° le soleil, vers lequel la terre gravite par un autre mouvement et dont la présence, comme instrument vibratoire de la lumière, rend sensible la durée du mouvement diurne de la terre.

1° C'est du mouvement diurne ou de rotation de la terre sur elle-même que résultent le jour et la nuit ; c'est à ce mouvement que nous mesurons leur durée et celle de leurs crépuscules ; or les trois premiers jours furent mesurés, comme les nôtres, par le mouvement de la terre sur elle-même et par conséquent ils eurent la même durée. L'existence de cette mesure pour les premiers jours du monde n'est point une supposition, elle nous est donnée par Moïse lui-même, car il ne pouvait nous décrire des jours pleins ou des espaces de 24 heures, phénomène qu'il exprime d'après les usages de sa langue, par la durée qui remplit l'intervalle d'un soir à un matin, sans supposer que la mesure dont nous parlons existait déjà, puisqu'il ne devait pas y en avoir et qu'il n'y en a jamais eu d'autre ; 2° la lumière existait ; 3° nous devons supposer aussi qu'elle était mise en mouvement par un agent quelconque, sinon par la volonté immédiate du Créateur, puisque Moïse nous décrit des jours, des soirs, des matins. Le mouvement de la lumière correspondait au jour, son repos à la nuit, le commencement du mouvement, au matin, sa fin au soir ; mais 4° cette lumière n'était pas mise en action par la présence du soleil, ni en repos par son absence, et 5° l'action du fluide lumineux n'occasionnait pas la sensation de la lumière, puisque ni les animaux, ni l'homme n'existaient encore.

On voit que les différences sont moins nombreuses que les ressemblances ; elles sont aussi moins essentielles, et Moïse négligeant ces différences pouvait par analogie et même dans le sens propre donner le nom de jour à ces trois durées qui ont précédé les jours ordinaires. Je dis que les différences ne sont pas essentielles, et d'abord, que ce soit le soleil ou toute autre cause qui fasse vibrer l'éther, cela importe peu, puisque l'effet est le même ; mais il faut surtout remarquer que dans le cas même où le soleil eût commencé d'exister en même temps que la lumière, le mouvement qu'il lui aurait communiqué n'eût point produit la sensation de lumière sur la terre, parce qu'il n'y existait encore aucun être organisé sensible ; même au quatrième jour, après la création du soleil, la vibration du fluide lumineux ne produisit point de sensation. Ce phénomène ne put avoir lieu qu'au cinquième jour, après l'apparition des animaux, et dans l'opinion peu philosophique, il est vrai, qui leur refuse un principe sentant, il n'aurait pu s'accomplir qu'au sixième jour, quand l'homme fut mis en possession de la vie. Or, dira-t-on que ces derniers jours ne sauraient être appelés des jours, parce qu'il n'y avait encore sur la terre aucun être animal ni humain ? Dira-t-on que pour les pays encore inhabités aujourd'hui ou peuplés uniquement de végétaux, il n'y a pas de jours proprement dits ?

Si l'on a vu tant de difficultés, c'est donc parce que l'on a confondu deux choses fort distinctes, le fluide lumineux et la sensation de lumière. Cette confusion a été faite par saint Augustin, Origène, Pierre Lombard, saint Thomas, Buckland, Chalmers, l'auteur de la dissertation publiée par M. de Genoude dans sa traduction de la Genèse, etc., etc. Ils supposent tous que la *clarté*, que la *vue* du globe du soleil dans les cieux, que la *distinction des objets sensibles* pouvaient exister pour la terre avant que le Créateur y eût placé des yeux. Quant au soleil, Dieu l'a créé pour *présider au jour* comme la lune pour *présider à la nuit* ; il ne produit pas le jour, ni la nuit ; mais il les marque, il nous les rend sensibles ; Moïse lui donne le nom qui lui convient, c'est un luminaire, *luminaria*. Ainsi, quand on parle de jour, de soir, de matin, si c'est de la sensation de la lumière dans ses progrès et son déclin que l'on veut parler, il n'est pas exact de dire avec saint Augustin que nos jours n'ont leur soir *que* du coucher du soleil, leur matin *que* de son lever. Quand saint Augustin demande si la durée même des heures et des temps a dès lors été appelée jour indépendamment de la succession des ténèbres et de la clarté ? la réponse est facile : il n'y eut point de clarté, de sensation de lumière pour la terre, non à cause de l'absence du soleil, tout autre agent ayant pu le suppléer, pour agiter le fluide lumineux, mais parce qu'il n'existait point encore d'être pour qui ce mouvement produisit la clarté, la sensation de lumière. Au quatrième jour, c'est le soleil qui meut la lumière, et la sensation n'a pas encore lieu ; ainsi la présence du soleil ne suffisait pas pour la produire ; au cinquième jour, la sensation existe pour les animaux, et au sixième, l'homme put apprécier la durée de ces phénomènes que Dieu seul et ses anges mesuraient auparavant.

Il n'est donc pas impossible, ni même difficile, comme l'a cru saint Augustin, de concevoir la nature des trois premiers jours du monde ; le quatrième, malgré la création du soleil, ressemblait encore davantage aux trois premiers qu'aux nôtres, quoi qu'en ait dit le saint docteur ; ces jours ne différaient pas autant des nôtres qu'il le prétend ; leur analogie avec les nôtres autorisait Moïse à leur donner le nom de jour ; autrement, en supposant l'espèce humaine et les animaux absents de dessus le globe, toutes choses restant les mêmes d'ailleurs, il faudrait dire qu'il n'y aurait plus de jours pour lui.

En apportant dans une discussion de ce genre les témoignages de quelques docteurs de l'Église et des théologiens du moyen âge, sans donner la raison de leur opinion, sans les accompagner d'explications convenables, ne nous ramenait-on pas au premier état des sciences, et ne faisait-on pas faire un pas rétrograde à l'exégèse biblique dans le but de donner cours à une interprétation entièrement contraire à la lettre et à l'esprit de la Genèse et que nous repoussons aussi, parce qu'elle est en opposition avec les lois de la zoologie ?

EXPLICATION DE LA SUCCESSION DES ESPÈCES DANS LES DÉPOTS DU SOL ET DE LEUR EXTINCTION, PAR DES CAUSES NATURELLES.

Les végétaux furent créés sur la plupart des élévations, les animaux aquatiques dans les différents bassins des fleuves et de la mer, tandis qu'un petit nombre d'élévations continentales offrirent toutes les conditions nécessaires à l'existence des animaux terrestres, qui dans la suite se développèrent et s'étendirent suivant leur espèce, à mesure que le sol s'étendant aussi de plus en plus, leur présentait un plus grand nombre d'habitations.

Les îles habitées aujourd'hui par des animaux sauvages ne sont pas une objection. Elles étaient jointes autrefois à d'anciens continents dont elles ont été séparées, après avoir reçu leur population. L'Angleterre a fait autrefois partie de notre continent dont elle est séparée en ce moment par le canal de la Manche. Il est probable que le détroit de Béring qui sépare l'Asie de l'Amérique du Nord n'a pas toujours existé, depuis que ces deux continents sont habités. « On doit regarder, dit M. Lesson, les archipels de la Sonde, des Moluques, enfin de la Polynésie entière, comme des débris du continent de l'Asie crevassé de toute part sous l'équateur ; et on a remarqué des dispositions analogues dans le morcellement du continent américain, sous le tropique du Cancer, et même en Europe, plus au nord, entre la Méditerranée et la mer Rouge. L'isthme de Suez en effet correspond à l'isthme de Panama ; et le cap York, dans le détroit de Torres, est sans doute le prolongement d'un bras de terre qui unissait la Nouvelle-Guinée à la Nouvelle-Hollande, et que les vagues ont brisé. (Complément de Buffon, t. II.)

Les contrées de l'Europe occidentale et méridionale paraissent être celles où les terrains sont plus nombreux et plus compliqués, ce qui déjà nous conduit à les considérer comme ayant été des premiers sous les eaux et des derniers émergés. Le mouvement général des eaux des pôles vers l'équateur, le manque presque absolu de terrains secondaires et tertiaires dans les parties septentrionales de l'Europe, de l'Asie et de l'Amérique, dans la péninsule scandinave, la Norwége, la Suède, la Finlande, les côtes de la mer de Béring, le Groënland, une grande partie de l'Amérique du Nord, viennent encore appuyer ce fait. D'une autre part, les hautes et immenses chaînes granitiques de l'Asie centrale, leurs vastes plateaux que n'a enduits presque nulle part aucune formation aqueuse, et qui dès le commencement ont offert des sols habitables ; les pieds de ces montagnes recouverts seulement de couches primaires ou de simples alluvions, et qui par conséquent ont dû être émergés de si bonne heure; l'absence de quadrupèdes terrestres, dans tous nos anciens terrains d'Europe, tout paraît s'accorder à nous signaler l'Asie comme le centre de la création des animaux mammifères et le premier séjour de l'homme. Ainsi les faits géologiques nous ramènent à la thèse de Linnée, que les animaux terrestres ont été créés dans un seul centre, d'où ils se sont plus tard répandus sur tout le globe. En remplaçant par ce point de départ l'hypothèse des créations successives, la succession des mammifères fossiles s'expliquera très-naturellement.

Si, comme tous les faits concourent à l'établir, les terrains se sont formés dans une même mer d'abord immense et profonde, dont les limites sont indiquées par celles qu'atteignent les couches primaires sur les pieds des grandes montagnes granitiques, les variations de cette mer primitive dans son étendue, dans sa profondeur, dans ses côtes, dans sa température, dans le comblement partiel et le morcellement subséquent de son bassin, ont dû produire des variations correspondantes dans sa population, et dans celle des îles, des continents et de leurs fleuves. Car les changements dans les localités en amènent d'autres dans leurs habitants. « Les circonstances n'étant plus les mêmes, les races qui occupaient un point quelconque l'ont abandonné pour se retirer sur des points plus convenables, tandis que d'autres races qui existaient déjà dans certaines contrées plus ou moins éloignées, sont venues s'établir dans des lieux rendus propres à leur existence par suite de certains événements. Ainsi le changement d'une mer profonde en une baie, de celle-ci en un lac, en un marais, ne doit-il pas avoir amené des changements dans la série des espèces qui se sont succédé dans un même lieu ? Ainsi les changements dans les rapports des continents et des mers, dans la direction des courants, la position, l'abondance plus ou moins grande des affluents, etc., ne peuvent-ils pas produire de semblables résultats ? » (M. C. Prévost, *Note sur le terrain nummulitique de la Sicile, Bulletin de la Soc. géol.*)

La vaste mer dans laquelle se déposèrent nos terrains primaires et secondaires, était parsemée d'îles primitives qui pour la plupart ne tenaient point aux continents ; elles produisaient une végétation vigoureuse ; elles entretenaient des insectes, des reptiles d'embouchure, des mollusques de rivages et terrestres, mais elles n'avaient point de quadrupèdes terrestres : ceux-ci étaient confinés sur les plateaux lointains des hautes montagnes de l'Asie, et leurs os ne pouvaient être apportés dans nos terrains. Jusqu'à ce moment, on ne connaît pas un seul exemple authentique de mammifère terrestre fossile, avant nos premiers terrains tertiaires. Dans les commencements, les animaux de la mer virent moins souvent se rompre ces associations naturelles, en vertu desquelles l'extinction ou le déplacement de certaines espèces entraîne la perte ou le déplacement de certaines autres. Ils étaient protégés par la solitude des eaux et des îles, où tous les animaux qui les peuplent s'harmonisent plus complétement, quand elles ne sont point habitées par l'espèce humaine ni fréquentées par les carnassiers. On a vu de nos temps les grands cétacés s'éloigner de l'océan Atlantique et des côtes de France, pour échapper à la poursuite de l'homme. L'arrivée d'un phoque ou d'un dauphin, dans une baie, en chasse toutes les bandes de poissons qui y vivaient tranquillement auparavant.

La température, qui exerce une si grande influence sur la vie organique et la distribution géographique des êtres, n'était pas partout la même qu'aujourd'hui. La température résulte des rapports mutuels de l'atmosphère, du sol et des eaux : elle est plus élevée et plus uniforme dans le voisinage des mers et dans les îles, que dans le milieu des terres. Ce rapport avait déjà été signalé par Buffon. « Il ne fait jamais aussi froid, dit-il, sur les côtes de la mer que dans l'intérieur des terres ; il y a des plantes qui passent l'hiver en plein air à Londres, et qu'on ne peut conserver à Paris ; et la Sibérie, qui fait un vaste continent où la mer n'entre pas, est par cette raison plus froide que la Suède, qui est environnée de la mer presque de tous côtés. » (*Preuves de la théorie de la terre.*)

La température de la grande mer primitive était d'autant plus élevée que cette mer avait plus d'étendue et de profondeur, et la température des îles et des continents était aussi d'autant plus chaude et humide que ces terres ayant au contraire moins d'étendue, se trouvaient plus rapprochées des mers. On comprend donc comment ont pu vivre dans cette grande mer une foule d'animaux que nous ne retrouvons pas dans nos petites mers qui ne sont plus que des lambeaux de l'ancienne, et comment une foule de plantes à qui ces îles offraient les meilleures conditions de température et de sol, ont pu disparaître peu à peu et s'éteindre, lorsque par la retraite des eaux, elles se sont trouvées à de trop grandes distances des rivages et des nouvelles embouchures des fleuves. Par là s'explique aussi la différence de la Flore fossile aux différentes époques du sol. Les plantes insulaires qui demandent une température humide et uniforme dans son élévation, doivent d'abord prédominer dans les terrains anciens, parce que cette partie de la Flore générale se trouvait alors dans les circonstances les plus favorables à son développement. Plus tard, ces îles, devenues des continents par l'abaissement du niveau des mers, se couvrirent de vastes forêts et la Flore continentale l'emporta à son tour sur la Flore insulaire. Tels sont en effet les résultats constatés par M. Ad. Brongniard. Sa première période comprenant les terrains primaires et le terrain houiller, et la seconde qui correspond au grès bigarré, sont caractérisées par la prédominance numérique et par le grand développement des cryptogames vasculaires (équisetacées, fougères, marsiléacées, lycopodiacées); dans la troisième qui s'étend jusqu'à la fin de la craie, ce sont encore les cryptogames vasculaires et les phanérogames gymnospermes (cycadées, fougères, conifères) qui l'emportent par le nombre ; mais la quatrième qui comprend nos terrains tertiaires, se distingue des précédentes par la prédominance des plantes dicotylédones (amentacées, juglandées, nymphéacées, acérinées, etc.). Ainsi la végétation, principalement développée dans sa partie insulaire jusqu'après le grès bigarré, perd peu à peu ce caractère dominant jusqu'à la craie, pour se montrer principalement continentale pendant la période tertiaire, comme elle l'est encore de nos jours. Il s'agit ici, ne l'oublions pas, d'une succession de prédominances numériques, car toutes les classes de végétaux sont réunies dans les terrains les plus anciens.

Cependant la décomposition des roches primitives par tous les agents extérieurs, fournissait toujours des sables, des argiles, puis avec les mélanges, des marnes, des conglomérats, des poudingues, que les eaux continentales transportaient dans le bassin des mers; les végétaux des îles primitives, les animaux des fleuves et des mers, mollusques, polypiers, crustacés, etc., ajoutant leurs dépouilles aux matériaux inorganiques des roches, contribuaient à former çà et là autour du noyau planétaire ces masses ou sol de remblai, fort irrégulières dans leurs dimensions locales, mais régulières dans leur ordre de production. En même temps des matières d'épanchement augmentaient irrégulièrement l'épaisseur des terrains; la cause ignée qui les produisait, déterminait encore d'autres inégalités aussi bien sur les continents que dans les bassins sous-marins, en brisant des parties du sol et en en changeant le relief. Ces causes, auxquelles on devrait peut-être ajouter avec Buffon et Lamarch, la diminution des eaux par suite de leur transformation en matières solides, calcaires et siliceuses, au moyen du filtre animal, émergeaient les continents et les îles, changeaient les rapports des diverses parties du bassin des mers, et faisaient varier la température locale. Des bas-fonds marins devenaient des baies, des baies devenaient des rivages. De là des successions d'espèces différentes sur les mêmes points. A mesure que les bords se resserrent vers les parties centrales du bassin, les animaux pélagiens périssent ou se retirent vers les profondeurs; les animaux des rivages, des baies, des eaux saumâtres, viennent les remplacer, en suivant les bords des eaux, et recomposent leurs associations dans des localités nouvelles pour eux. Ces espèces s'étendent, elles se multiplient avec le nombre de leurs points d'habitations; les espèces pelagiennes au contraire diminuent dans la même proportion. On ne doit donc pas s'étonner de voir les espèces littorales abonder dans les dernières couches secondaires, et plus encore dans les terrains tertiaires, surtout si l'on songe que les terrains tertiaires émergés sont essentiellement des formations de rivages ou d'embouchures, faites à peu de distance des côtes.

Lorsque le niveau de la mer s'abaissait, les polypes dont les polypiers arrivaient à fleur d'eau, ou restaient tout à fait exondés, mouraient ou disparaissaient comme ils disparaissent encore aujourd'hui, lorsque les polypiers ont traversé l'épaisseur du liquide. Mais les polypes fournissaient des abris et probablement aussi une pâture abondante aux grands mollusques pélagiens de la famille des ammonites, des nautiles, des belemnites, etc.; ces mollusques et autres animaux qui se nourrissaient des rayonnés, émigraient donc ou s'éteignaient avec eux. Mais cela ne se faisait pas tout d'un coup; il restait toujours un certain nombre d'individus et d'espèces qui sous l'influence de circonstances plus dures subissaient des variations de races dans la taille, dans les formes accidentelles. Ces variétés d'espèces devenaient de plus en plus rares, et on les rencontre en petit nombre avec les espèces nouvelles que le changement de circonstances a amenées; puis les changements allant toujours en augmentant, elles finissent par disparaître. Ainsi peut s'expliquer le mélange des fossiles des différents terrains, à leurs points d'engrenage. Il y a encore bien d'autres causes de ces mélanges. Les courants continentaux entraînent des espèces terrestres, d'eau douce et d'embouchure, jusque dans les grandes vallées marines, et les courants marins transportent aussi quelquefois des espèces pélagiennes jusque dans le voisinage des côtes. De là d'autres mélanges d'espèces propres à des zones fort différentes. D'ailleurs la répartition générale des espèces marines aux rivages, aux débouchés des fleuves, aux vallées de la mer et à ses plaines, ne comporte pas des limites bien tranchées, et il en résulte que les diverses formations, surtout vers leurs points de contact, doivent toujours offrir la réunion d'un certain nombre d'espèces, appartenant à des régions différentes. Bien plus, la nomenclature géologique n'admet pour notre plus grande commodité qu'un petit nombre d'habitations marines; mais la nature n'est pas obligée de s'accommoder à notre nomenclature et à nos divisions générales. Par exemple, dans les zones que nous appelons pélagiennes, la profondeur des eaux n'est pas partout la même, ni par conséquent la température. L'éloignement ou le voisinage des courants généraux y établit encore d'autres différences. Or la distribution des différentes espèces animales et végétales pélagiennes doit être en rapport avec ces différences de circonstances dans une même zone. Il y aurait bien de la témérité à dire que toutes nos anciennes formations pélagiennes se sont déposées dans des circonstances locales identiques, même en faisant ici abstraction des variations dans la direction des vents et celle des courants qui transportent les matières organiques; et si les circonstances locales différaient et étaient par conséquent différemment peuplées, quoiqu'appartenant toujours à des régions pélagiennes, on doit s'attendre à trouver dans toute la succession de ces formations des fossiles toujours différents, associés à d'autres identiques. Cette remarque doit s'étendre à toutes les formations d'origine différente.

Tout en admettant avec les paléontologues que des espèces aquatiques et surtout terrestres ont dû s'éteindre par l'abaissement progressif de la température, on ne peut pourtant pas rapporter à cette cause la disparition des anciens mollusques de haute mer. Car si cette diminution locale de chaleur avait eu pour les mollusques les effets qu'on lui attribue, elle aurait dû porter bien davantage sur les eaux douces que sur les eaux salées et par conséquent sur les êtres que celles-là renfermaient ; or cela n'a pas eu lieu. Les strates de nos formations marines enveloppent, il est vrai, un grand nombre de genres et d'espèces qui paraissent ne plus se retrouver dans nos mers actuelles, mais il n'en est pas de même pour nos formations d'eau douce ; ce sont toujours des lymnées, des planorbes, des physes, des ancyles, des hélices, des unios, à peine distinctes comme espèces de celles qui vivent aujourd'hui dans nos eaux douces, mais certainement sans formes génériques nouvelles. Si l'on trouve des mélanopsides dans certains dépôts d'eau douce, c'est dans les contrées où il en existe encore aujourd'hui de vivantes, en Espagne, en Grèce, peut-être dans le midi de la France. Cette observation est applicable aux espèces vivantes de nos différents climats. Si pour les espèces marines on trouve des différences notables entre celles de nos mers et celles des tropiques ou des mers méridionales, aussi bien pour les espèces que pour les formes génériques, cela n'a pas lieu pour les espèces d'eau douce ni pour les espèces terrestres ; partout sur la surface de la terre, celles-ci sont des hélices, des planorbes, des physes, des lymnées, des paludines, des cyclostomes, etc. Il est donc plus probable que des changements arrivés dans des bas-fonds de l'ancienne mer, une diminution relative dans la profondeur de ses eaux sur bien des points, ont déterminé ou préparé l'anéantissement d'un grand nombre d'espèces dont les congénères ne se rencontrent aujourd'hui que dans des mers profondes. Les cyprès, les olives, les strombes, les murex, etc., sont dans ce cas. A plus forte raison les abaissements du niveau des eaux auront-ils amené l'extinction d'une foule d'espèces qui adhéraient aux masses minérales sur les points délaissés par l'Océan, comme les espèces fossiles des genres huître, gryphée, térébratule, patelle, et tant d'autres. Tandis que ces modifications dans la température, dans l'étendue, dans la profondeur, et la conformation du bassin des mers amenaient successivement sur les mêmes points des espèces différentes, en éteignaient d'autres et entretenaient la succession des divers fossiles marins dans les couches du sol, des événements analogues, déterminés par les mêmes causes, procuraient le même résultat du côté des terres exondées.

Des animaux terrestres ne commencent à vivre sur un point donné qu'après que des végétaux y ont vécu et continuent de s'y propager. Le règne végétal est la base du règne animal ; aux animaux granivores et frugivores, il faut des plantes qui portent des graines et des fruits ; aux animaux herbivores il faut des herbes ; à ceux qui vivent de chair il faut d'autres animaux qui les aient précédés au milieu du règne des plantes. C'est un ordre naturel qui s'observe aujourd'hui et qui a dû s'observer autrefois dans tous les pays d'où la mer s'est retirée. Bien plus, toutes les sortes de végétaux n'ont pas pu y croître en même temps, d'abord parce que leurs semences n'y ont pas été apportées en même temps par les courants, les vents et les oiseaux, et que les terres récemment émergées, trop humides encore et marécageuses, ne convenaient pas à toutes les espèces, et ensuite parce qu'il y en a beaucoup qui ne peuvent lever que dans une terre formée de détritus organiques. En outre, les espèces qui s'y développèrent, ne se propageaient pas aussi rapidement ni dans la même proportion les unes que les autres, parce que les conditions de sol et de température ne leur étaient pas également favorables. La végétation dut y commencer par des plantes aquatiques et par celles qui peuvent se passer de terreau ou qui en exigent le moins. Après la décomposition de ces premières espèces et de leurs nombreuses générations, apparurent les végétaux qui demandent un sol moins humide ou une terre végétale plus puissante. Dans tous les continents qui ne furent pas des centres de création pour les mammifères, la série des anciens dépôts doit donc présenter d'abord des débris d'un certain nombre de plantes, associés à des animaux marins, mais sans mélange d'animaux terrestres, si ce n'est des insectes, des mollusques terrestres et peut-être aussi des oiseaux. Les fossiles, dans leurs gisements respectifs, doivent reproduire l'ordre successif d'occupation aussi bien pour les espèces que pour les classes, et plus souvent encore l'ordre successif de prédominance des espèces ou du *maximum* numérique de leur développement, et surtout de celles qui vivent dans les eaux courantes ou dans leur voisinage, car il ne faut jamais l'oublier, nous ne pouvons avoir en général à l'état fossile que les espèces qui furent abondantes et exposées à l'entraînement des eaux.

La retraite des mers donnait lieu à d'autres changements. Les lacs d'eau douce ou saumâtre devenaient plus nombreux et leur population s'augmentait; les fleuves étendaient leurs bassins sur les terres émergées; ils ne tardèrent pas à se creuser des lits plus profonds, à prendre une direction plus régulière, une marche plus uniforme; ces circonstances permirent aux espèces de la classe des reptiles et de celle des amphibiens de venir successivement s'établir à leurs embouchures, et de s'y propager; de sorte que les sédiments abandonnés à cette nouvelle époque continrent de plus que les précédents des amphibies et des reptiles.

Les végétaux, les reptiles, les amphibies et les autres animaux des fleuves et des lacs possédèrent seuls pendant bien des siècles ce nouveau continent, parce qu'il n'existait entre lui et les continents plus anciennement peuplés aucune communication par où les animaux terrestres pussent en faire la conquête. Dans cet intervalle il y eut des changements d'une importance secondaire. Les eaux de certains lacs pouvaient nourrir des espèces propres; chassées de leur bassin par les dépôts accumulés des courants qu'il recevait, ces eaux formèrent des fleuves ou des affluents qui, se rendant à la mer, transportèrent de nouvelles espèces dans la série des dépôts. D'une autre part, le tarissement de beaucoup d'affluents, le comblement successif d'un bon nombre d'embouchures durent affaiblir certaines espèces de reptiles et amener la fin de celles qui ne furent pas en état de suivre les fleuves dans leur nouveau trajet pour aller rejoindre la mer. On peut expliquer de cette manière, sans exclusion de bien d'autres, la disparition successive des ptérodactyles, des plésiosaures, des ichthyosaures, des crocodiles, etc. Ces changements diminuaient aussi progressivement les végétaux des expositions chaudes et humides, et agrandissaient au contraire le siège de la Flore continentale. Enfin, un nouvel et grand abaissement du niveau des mers, probablement celui qui émergea la craie et les autres formations contemporaines, ouvrit des chemins aux animaux terrestres par la jonction du nouveau continent aux îles et aux continents primitifs. Alors les mammifères, et à leur suite, l'espèce humaine, commencèrent à émigrer successivement d'Orient en Occident, attirés par la douce température des contrées méridionales de l'Europe et par les forêts vierges dont étaient couvertes, depuis longtemps, les parties du sol qui avaient été des îles. Cette supposition s'accorde avec les annales et les traditions des peuples, comme aussi la destruction des grandes forêts a commencé de très-bonne heure par l'Asie et les contrées orientales où elle a fini par contribuer à la décadence de la civilisation parmi les peuples qui les habitent ; elle s'est étendue ensuite de proche en proche, et elle commence à effrayer l'Occident.

Des mammifères terrestres, les premiers qui arrivèrent dans les nouveaux continents furent des herbivores, ensuite des carnassiers, animaux qui ne tardent pas à se montrer partout où il existe des espèces paisibles; enfin l'homme vint un jour s'établir au milieu de tous ces règnes. Les mammifères seront d'autant plus nombreux dans les terrains supérieurs, qu'ils auront vécu dans les grandes vallées, sur les grands cours d'eau, dans les golfes, et d'autant plus rares qu'ils auront pu se passer du voisinage des fleuves et vivre sur les plateaux ou sur les montagnes. Tel est, en effet, l'ordre des fossiles. Ce sont des dauphins, des cétacés, animaux des côtes et des baies ; puis des dugongs, des lamentins, des dinotheriums, animaux de mêmes circonstances à peu près et aussi fluviatiles ; puis des amphibies de la famille des carnassiers et des rongeurs ; puis des pachydermes aquatiques, tels que paléothères, anoplothères, mastodontes, éléphants, rhinocéros, hippopotames, etc.; et enfin les carnassiers qui recherchent les précédentes espèces pour s'en nourrir, ours, hyène, panthère, once, loup, chacal, renard, etc.; mais le lama, le chameau, la girafe, l'écureuil, la marmotte, etc., animaux des plateaux et des montagnes, ne s'y montrent presque jamais.

Dans cette succession générale de fossiles, il y aura des successions particulières de genres et de familles dans les mêmes classes, et des successions particulières d'espèces dans les mêmes genres ; il y aura pour chaque terrain des retours plus ou moins nombreux des mêmes espèces dans des dépôts de même nature. La classification géologique de ces êtres ne sera ni un ordre zoologique, ni un ordre de création ; mais elle exprimera, autant que le permettent les circonstances d'habitations, de propagation animale et végétale, de formations géologiques, de conservation des couches, etc., l'ordre naturellement successif d'occupation. Du reste, quelle que soit la nature des circonstances qui aient présidé à l'occupation d'un continent nouveau, on ne doit jamais supposer que toutes les espèces végétales aient pu s'y développer en même temps, que les animaux aient pu l'habiter et y vivre avant les végétaux, que les carnassiers aient pu s'y établir avant les herbivores et les frugivores, que toutes les espèces de ces familles aient pu y arriver à la même époque, et que l'homme qui a besoin de tous les règnes ait pu en prendre possession avant eux. Sur tous les continents qui n'ont pas été le centre de la création, il est donc impossible que les mammifères et l'homme ne se montrent pas les derniers dans les dépôts du sol, les mammifères ne pouvant pas plus se passer du règne végétal, que l'homme à son tour ne peut se passer du règne végétal et des mammifères.

Une fois établi sur un point, l'homme devient une cause d'anéantissement pour une foule d'espèces des deux règnes. Le dronte fut détruit en quelques jours par les premiers possesseurs de l'île Maurice, où cet oiseau, à ce qu'il paraît, était confiné, car il n'a été rencontré depuis nulle part ailleurs. Si l'espèce du loup avait été renfermée tout entière en Angleterre, il y a longtemps qu'elle aurait cessé d'exister. Mais sans parler des espèces dangereuses qu'il extermine partout où il le peut, à combien d'animaux paisibles ne fait-il pas dans tous les pays une chasse d'autant plus inintelligente qu'il est moins civilisé? Depuis qu'au moyen de la navigation il s'est emparé de tous les continents, de toutes les îles, de toutes les mers, qui pourrait dire le nombre d'espèces soit animales, soit végétales qui ont péri, par suite des changements qu'il opère partout, le déboisement et le défrichement du sol, le dessèchement des marécages, la canalisation des fleuves et de leurs affluents, etc.? Lorsqu'il vint se fixer dans les vallées de la France, tous ces anciens pachydermes qui l'y avaient précédé, et dont on retrouve souvent les os mêlés aux siens, furent obligés d'en sortir. Les éléphants, les rhinocéros, les paléothères, les anoplothères, les lophiodons gagnèrent les lieux élevés, et y rencontrant des circonstances trop rudes, leurs espèces s'affaiblirent et s'éteignirent peu à peu. L'homme ne sait pas tout ce qu'il a fait ; il se demande avec étonnement quelle cause a pu renverser tant de puissantes organisations, et il déchaîne sur le globe des révolutions générales pour rendre raison de ses œuvres. Parmi les mammifères, ceux qui ont peu de défense, comme les édentés, et ceux qui émigrent plus difficilement, comme les pachydermes, et en général les espèces de grande taille, ont péri avant les autres, comme cela est en train d'avoir lieu sous nos yeux pour les espèces encore existantes. « Leur anéantissement ne suppose aucune révolution, aucun changement dans les conditions générales de la vie sur la terre. » (*M. de Blainville. Ostéographie.*)

On ne saurait douter que le développement progressif de l'espèce humaine ne contraigne beaucoup d'espèces à se déplacer souvent, et enfin à se localiser sur un ou quelques points où elles peuvent ensuite être détruites en assez peu de temps par un événement quelconque, par exemple, la rigueur du climat, le défaut de nourriture assez abondante, l'arrivée d'une espèce ennemie mieux défendue et plus forte, la destruction des forêts qui les abritaient, etc. La paléontologie et l'histoire nous font retrouver quelques-uns de leurs anciens séjours et nous permettent quelquefois de mesurer les progrès de leur affaiblissement. Notre ours d'Europe établi autrefois dans toutes les parties de notre continent, comme nous l'apprennent ses ossements disséminés en France, en Italie, en Autriche, en Angleterre, en Belgique, en Allemagne, etc., est confiné maintenant sur les versants des Alpes et des Pyrénées. L'aurochs existait dans les Gaules et en Allemagne au temps de César; antérieurement il avait aussi vécu en Lombardie; on y a retrouvé ses restes fossiles. Aujourd'hui il s'est réfugié vers le Nord, dans les forêts de la Lithuanie. Les lions que l'on voyait errer jusque dans le voisinage de la ville du Cap se sont retirés bien avant dans les terres; ils ont disparu de la Grèce et de l'Europe où ils existaient encore à l'époque des Romains. Il y a deux cents ans, on pêchait la baleine dans le canal de la Manche et dans la Méditerranée; aujourd'hui nous allons chercher ce cétacé jusque dans les côtes du Spitzberg où nous l'avons obligé à se retirer, malgré la rigueur des circonstances climatériques qu'il y rencontre. L'hippopotame et le crocodile, si abondants en Égypte au temps d'Hérodote, ont été repoussés dans le Nil supérieur. Beaucoup d'habitants des États-Unis de l'Amérique du Nord n'ont pas plus vu de serpents à sonnettes que nous, et ce reptile y était fort nombreux lorsque l'Amérique reçut sa population européenne. Des espèces d'Europe, transportées par l'homme dans les forêts de l'Amérique, bien qu'elles fussent uniquement herbivores, y ont affaibli considérablement les espèces indigènes; le développement que le bœuf y prend chaque jour, en a fait presque entièrement disparaître le tapir.

Si, comme tant d'observations autorisent à le croire, l'Europe a été peuplée par des mammifères émigrés des contrées orientales, avant la localisation des espèces, on doit retrouver aujourd'hui soit à l'état de vie, soit à l'état fossile, soit à ce double état, beaucoup d'espèces communes au continent européen et aux pays orientaux. En effet, on a recueilli en Sibérie des os fossiles du dromadaire qui habite l'Asie, entre Constantinople et Astrakan. Le chameau proprement dit n'existe plus qu'en Arabie, en Égypte et sur toute la lisière septentrionale de l'Afrique; autrefois il habita aussi les Indes et la France, comme le prouvent ses débris qu'on y a trouvés. L'aurochs habite exclusivement en Europe les forêts de la Lithuanie, mais il a laissé de ses os en Amérique. Le renne qui ne vit plus que dans le nord des deux anciens continents est le même qui a été trouvé fossile en Scanie, en France et en Italie. Notre cheval nous est venu d'Asie; le bœuf et le mouton appartiennent également aux contrées orientales; mais ces animaux, transportés par l'homme sur notre continent, n'y furent point en terre étrangère; car le bœuf, le cheval et le mouton se sont montrés à l'état fossile dans les terrains tertiaires de France, d'Italie, d'Angleterre et d'Allemagne; le buffle musqué du Canada est représenté par des os de son espèce sur les bords de l'Oby et aussi du côté de Tundra, contrée encore plus septentrionale. L'éléphant de l'Inde a vécu en France et sur plusieurs autres points de l'Europe, comme ses restes en font foi. Le *sus larvatus* d'Afrique est fossile en Allemagne, dans les faluns de l'Anjou et dans les sables fluvio-marins de Montpellier. L'hippopotame d'Afrique a vécu aussi en Italie, en Sicile et autres lieux de l'Europe. Le mastodonte à dents étroites habita la France, l'Italie, le Piémont, la Bavière, le Pérou, et probablement aussi les contrées voisines du Subhimalaya, en Asie. Voilà ce que l'on peut assurer avec le peu que l'on sait encore de la faune fossile des pays de l'Orient. Au reste une foule de genres maintenant propres à l'Asie, à l'Afrique ou à l'Amérique ou seulement à certaines contrées de ces continents, ont été représentés chacun par quelques espèces dans nos pays d'Europe, tels que les genres pangolin, oryctérope, antilope, lama, tapyr, rhinocéros, lamentin, hyène, lion, jaguar, civette, mangouste, morse, etc. Les singes d'Asie et d'Afrique existèrent en France ; les terrains tertiaires moyens d'Auch en ont fait connaître une espèce, le *pithecus antiquus*.

En résumé, l'hypothèse des créations successives a été, en premier lieu, appliquée aux règnes par l'école de Werner ; ensuite elle a dû se restreindre d'abord aux classes, puis à des genres et à des espèces. Arrivée à cette extrême limite, et malgré ses nombreuses transformations, elle trahit encore son origine, car elle repose plus ou moins sur toutes les mêmes fausses suppositions que la classification artificielle des terrains de Werner.

Elle suppose que les terrains s'étendent sur toute la terre, et que la fossilisation est un phénomène général, tandis que les formations de chaque époque ne correspondent même jamais à toutes les parties différemment habitées de leurs zones respectives ; elle suppose que les terrains de première, de seconde et de troisième époque sont *partout* de même âge, et que les diverses formations d'un même terrain sont *partout* d'âge différent.

De plus, elle est en opposition avec l'unité de conception et de plan dans la création, unité rigoureusement démontrée en zoologie et qui s'étend jusqu'aux espèces.

Mais, en dehors de cette hypothèse, la succession des espèces s'explique mieux par des causes naturelles, les changements arrivés sur le sol émergé et dans le bassin des mers, par suite de l'abaissement du niveau des eaux ; cette hypothèse n'est donc pas admissible. Les rapports observés jusqu'ici entre les fossiles et l'ancienneté relative des terrains qui les contiennent, peuvent donc n'être considérés que comme un fait sans universalité et sans conséquence pour l'histoire philosophique des êtres organisés. Le passé peut être lié au présent par une chaîne non interrompue, mais dont nous ne saisissons pas tous les anneaux. Des espèces ont cessé d'exister pour toujours, d'autres ont continué leur succession, et l'absence de vestiges de tant d'êtres et la présence de tant d'autres dans nos divers terrains, n'est qu'une suite des circonstances qui ont favorisé ou empêché d'abord leur émigration et ensuite leur enfouissement sous les eaux.

COSMOGONIE DU LIVRE DE LA LOI DE MANOU.

Il ne sera pas sans intérêt pour le lecteur de pouvoir comparer au récit de Moïse la cosmogonie la moins indigne d'un pareil rapprochement. Le *livre de la loi de Manou* (Mânava-d'harma-sâstra) est le plus ancien des livres de l'Inde, après les *Vedas*; or, il a ceci de commun avec le *Pentateuque* qu'il commence par une cosmogonie et que les lois de manou, comme celle de Moïse, ont tout réglé, droit civil, droit criminel, liturgie, mœurs sacerdotales, guerrières, commerciales, agricoles, serviles.

« *C'était l'obscurité*; imperceptible, dépourvu de tout attribut distinctif, ne pouvant ni être découvert par le raisonnement, ni être révélé, le monde semblait entièrement livré au sommeil.

Alors le Seigneur, *existant par lui-même*, et qui n'est pas à la portée des sens internes, rendant perceptible ce monde avec les cinq éléments et les autres principes, resplendissant de l'éclat le plus pur, parut et *dissipa l'obscurité*.

Celui que l'esprit seul peut percevoir, qui échappe aux organes des sens, qui est sans parties visibles, éternel, l'âme de tous les êtres, que nul ne peut comprendre, déploya sa propre splendeur.

Ayant résolu dans sa pensée de faire émaner de sa substance les diverses créatures, il produisit d'abord les eaux, dans lesquelles il déposa un germe.

Ce germe devint un œuf brillant comme l'or, aussi éclatant que l'astre aux mille rayons, et dans lequel naquit lui-même, Brahmah, l'ayeul de tous les êtres.

Les eaux ont été appelées *Nârâs*, parce qu'elles étaient la production de *Nâra* (l'esprit divin). Ces eaux ayant été le premier lieu de *mouvement* (ayâna) de *Nâra*, il a en conséquence été nommé *Nârâyana* (*celui qui se meut sur les eaux.*)

Par ce qui est, par la cause imperceptible, éternelle, qui existe et n'existe pas, a été produit ce divin mâle (Pouroucha) célèbre dans le monde sous le nom de *Brahmah*.

Après avoir demeuré dans cet œuf une année, le Seigneur par sa seule pensée, sépara l'œuf en deux parts;

Et de ces deux parts il forma *le ciel et la terre*; au milieu l'atmosphère, les huit régions célestes, et le *réservoir* permanent *des eaux*.

Il exprima de l'âme suprême le sentiment qui existe par sa nature et n'existe pas, et du sentiment le moi (ahancâra), moniteur et souverain maître;

Et le grand principe intellectuel et tout ce qui reçoit les trois qualités et les cinq organes destinés à percevoir les objets extérieurs.

L'Être Suprême assigna aussi dès le principe à chaque créature en particulier, un nom, des actes, et une manière de vivre, d'après les paroles du *veda*.

Le Souverain maître produisit une multitude de dieux (devas) essentiellement agissants, doués d'une âme, et une troupe invisible de génies (sadhyas) et le sacrifice institué dès le commencement.

Du feu, de l'air et du soleil, il exprima pour l'accomplissement du sacrifice, les trois *Vedas* éternels, nommés *Ritch*, *Yadjous*, et *Sâma*.

Il créa le temps et les divisions du temps, les constellations, les planètes, les fleuves, les mers, les montagnes, les plaines, les terrains inégaux, la dévotion austère, la parole, la volupté, le désir, la colère, et *cette création*, car il voulait donner l'existence à tous les êtres.

Pour établir une différence entre les actions, il distingua le juste de l'injuste et soumit ces créatures sensibles au plaisir et à la peine et aux autres conditions opposées.

Après avoir ainsi produit cet univers et moi (Manou), celui dont le pouvoir est incompréhensible (le *Padma pourana* dit : le souverain pouvoir divin moitié mâle et moitié femelle) disparut de nouveau, absorbé dans l'âme suprême, remplaçant le temps par le temps. (Le *Padma pourana* dit : remplaçant le temps d'énergie par le temps de repos.)

Lorsque ce Dieu s'éveille, aussitôt l'univers accomplit ses actes ; lorsqu'il s'endort, l'esprit plongé dans un profond repos, alors le monde se dissout ;

Car pendant son paisible sommeil, les êtres animés pourvus des principes de l'action, quittent leurs fonctions, et le sentiment tombe dans l'inertie ;

Et lorsqu'ils se sont dissous dans l'âme suprême, alors cette âme de tous les êtres dort tranquillement dans la plus parfaite quiétude.

Après s'être retirée dans l'obscurité, elle y demeure longtemps avec les organes des sens, n'accomplit pas ses fonctions et se dépouille de sa forme.

Lorsque réunissant de nouveau des principes élémentaires subtils, elle s'introduit dans une semence végétale ou animale, alors elle reprend une forme.

C'est ainsi que par un réveil et un repos alternatifs, l'être immuable fait revivre ou mourir éternellement tout cet assemblage de créatures mobiles et immobiles. » (Traduction de M. Loiseleur Deslongchamps.)

A ne considérer d'abord que la forme de ce récit, il porte en lui-même le sceau d'une assez haute antiquité, bien inférieure toutefois à celle des livres de Moïse. Comparez seulement les premiers versets. « Au commencement Dieu créa le ciel et la terre. Or la terre était invisible et déserte, des vapeurs couvraient la surface de l'abîme et un grand vent planait sur les eaux. Dieu dit : que la lumière soit, et la lumière fut. Dieu vit que la lumière était bonne, il sépara la lumière des ténèbres et il appela la lumière jour et les ténèbres nuit. Il fut soir, il fut matin, un jour. » Quelle majestueuse brièveté d'une part ! de l'autre, quelle phraséologie subtile et délayée ! Moïse ne disserte pas, il ne s'arrête pas à expliquer ce qu'est Dieu ; il le nomme et raconte ses œuvres ; *Dieu dit : que la lumière soit, et la lumière fut !*

Manou expose et paraphrase plus qu'il ne raconte : « Celui que l'esprit seul peut percevoir, qui échappe aux organes des sens, qui est sans parties visibles, éternel, l'âme de tous les êtres, que nul ne peut comprendre, déploya sa propre splendeur, — resplendissant de l'éclat le plus pur, il parut et dissipa l'obscurité. » Ici vous aspirez le souffle d'une ère philosophique, d'une époque où la réflexion se mêle à la tradition. La genèse offre un caractère autrement simple, autrement primitif. Moïse ne dépose pas une seule fois la plume du narrateur pour prendre celle du philosophe qui veut sonder les abîmes de la divinité et expliquer ses œuvres.

Si de la forme nous passons au fond, l'on ne peut méconnaître certaines analogies entre les traditions indiennes et les traditions bibliques. Des deux côtés, un Dieu unique, éternel, existant par lui-même. Manou ne parle ni de *Vischnou*, ni de *Siva*, dont les fameuses légendes, appelées *Pouranas*, font deux divinités égales, sinon supérieures à *Brahmah*. Bouddha n'est pas nommé une seule fois, non-seulement dans ce récit de la création, mais dans aucun verset des douze livres de la loi. C'est donc le monothéisme qui est ancien dans le monde, et c'est le polythéisme qui est nouveau. L'homme n'a pas commencé par l'erreur, comme le veut l'école *perfectibiliste*, mais bien par la vérité.

Dans Manou, comme dans Moïse, le premier état des choses est un état de ténèbres et la première manifestation de la puissance divine a pour objet la lumière. Dans Manou comme dans Moïse, l'esprit de Dieu ou un vent violent agit sur les eaux. Dans la Genèse, Dieu crée par sa parole ou sa volonté; dans le Mânava-dharma-sâstra, Brahmah forme le ciel et la terre par sa seule pensée. Dans les deux cosmogonies, ce sont des créations simultanées dans une seule création générale successive. Là s'arrêtent les analogies, et encore elles sont plus apparentes que réelles. Manou conçoit Dieu comme distinct du monde, et toutefois sa notion de la création n'est déjà plus complète et pure, car la cosmogonie indienne nous représente le monde comme préexistant et coéternel avec Brahmah qui ne le *crée pas*, mais qui l'*organise* seulement, après l'avoir tiré du sommeil et rendu perceptible.

Dans ce Dieu qui, son œuvre d'organisation achevée, *disparaît, absorbé dans l'âme suprême*, où se dissolvent à leur tour tous les êtres animés, simples formes dont cette âme se revêt et se dépouille tour à tour, vous voyez déjà se dessiner le panthéisme, d'une manière moins évidente et moins grossière, il est vrai, que dans le philosophe Kapila où les désirs de l'individu produisent des métamorphoses et des espèces, et dans le Bouddhisme, où les besoins créent des organes, tandis que par compensation la dégradation morale abolit des membres, faisant tour à tour monter et descendre la même espèce dans l'échelle zoologique.

Du reste, ne demandez pas au Mânava-dharma-sâstra ce que c'est que l'homme, ni la place qu'il occupe dans ce monde; n'y cherchez ni plan de création ni points de rencontre avec les sciences; il n'y a rien, absolument rien de tout ce que nous avons admiré dans la Genèse.

Les six derniers versets de la Cosmogonie indienne, *lorsque ce Dieu s'éveille*, etc., ne sont plus qu'une théorie dégradante pour la divinité, contredite par tous les faits, et qui semblerait avoir eu pour point de départ ces mots de la Genèse, pris à la lettre : *Dieu se reposa le septième jour, après avoir accompli toutes ses œuvres*; comme l'idée bizarre de l'œuf brillant développé au sein des eaux, et dans lequel Brahmah s'enferme une année durant pour préparer la matière lumineuse qui doit former le ciel et la terre, semble être née de la manière dont aurait été compris par les Indiens cet autre verset : « L'esprit divin *planait* sur les eaux. » *Planait* en hébreu *mréphet*, action de l'oiseau qui plane ou qui couve. On aurait traduit : *L'esprit divin couvait sur les eaux* ; cette lecture supposait une couvée, de là l'œuf lumineux et *divin* de la cosmogonie indienne. N'avons-nous pas vu le *Padma-pourana*, et le philosophe Kapila donner de ces mots concis de l'hébreu, *il les créa mâle et femelle*, la version suivante : *il créa le premier individu humain mâle et femelle* ?

La cosmogonie de Manou a donc conservé des vestiges précieux, quoique profondément altérés par la réflexion philosophique, d'une révélation primordiale ; elle serait un témoignage de plus en faveur des faits consignés en tête du premier livre du Pentateuque, si l'on pouvait y voir autre chose qu'une imitation grossière de la cosmogonie de la Genèse. La Genèse ne sera donc point plus sacrée pour nous, parce que les lois de Manou ont été traduites et qu'elles portent l'empreinte de la grande tradition conservée pure chez le peuple hébreu. Mais il y a des hommes qui ont détourné leurs regards de la vraie lumière pour les fixer sur ces clartés si pâles et si affaiblies du monde oriental ; esprits curieux, mais prévenus, qui ne peuvent guère être ramenés à la foi que par la science et pour lesquels il est temps que cette science se montre enfin ce qu'elle est, une introduction et une préparation à la foi. C'est à ces hommes surtout que s'adressent les rapprochements qui viennent d'être présentés.

FIN DES NOTES.

ERRATA.

Page 3, ligne 27, *au lieu de* tour, *lisez* tous.
— 14, — 21, cilice, *lisez* silice.
— 21, — 21, — théorèmes, *lisez* théorème.
— 30, — 10, — attnedu, *lisez* attendu.
— 36, — 27, — este, *lisez* reste.
— 39, — 22, — recherches sur les ossements, etc., *lisez* recherches sur les ossements.
— 52, — 31, — c'est, *lisez* l'est.
— *id.*, dernière ligne, *au lieu de* out, *lisez* tout.
— 53, ligne 5, *au lieu de* pluviatiles, *lisez* fluviatiles.
— 57, — 7, — et les changements, *lisez* et ces changements.
— *Id.*, — 24, — hypophèse, *lisez* hypothèse.
— 59, — 14, — Dolomien, *lisez* Dolomieu.
— 61, — 34, — tout-à-ait, *lisez* tout-à-fait.
— 63, — 13, — et les dépôts, *lisez* et ces dépôts.
— 68, — 8, — occupées sans interruption, *lisez* ont dû être occupées sans interruption par les eaux.
— 71, *au lieu de* Chap. IV, *lisez* Chap. V.
— 75, — 11, *au lieu de* nombre bois, *lisez* nombre de bois.
— 83, *au lieu de* Chap. V, *lisez* Chap. VI.
— 91, ligne 16, *au lieu de* studor, *lisez* studer.
— 103, — 15, — antraxifère, *lisez* antraxifère.
— 111, — 12, — d'une petite fraction de degré $\frac{40}{1}$, *lisez* d'une petite fraction de degré $\left(\frac{40}{1}\right)$.
— 115, — 19, — le gaz, *lisez* les gaz.
— 124, — 22, — le 15,600 e, *lisez* le 15,600 e.

TABLE ANALYTIQUE DES MATIÈRES.

                                                                             Pages.

INTRODUCTION 1

PREMIÈRE PARTIE — Revue historique et critique des principaux systèmes géologiques, considérés dans leurs rapports avec la cosmogonie de la bible et avec la science, et développements progressifs de la géologie positive.

CHAP. I. — Ce que c'est que les *fossiles*; comment ils se présentent dans les couches du sol; idées singulières qui ont eu cours à leur sujet; livre du docteur Héringer... 1-3
Système de Burnet... 4
    — de Woodward... 5
    — de Whiston; idées bibliques de cet auteur..................... 5-7
Réfutation de ces trois systèmes... 7
Système de Leibnitz... 9
Ce que ces quatre premiers systèmes ont valu à la géologie positive et à la géologie hypothétique.. 10

CHAP. II. — *Buffon* fonde la géologie positive, en distinguant l'histoire de la masse planétaire de celle du sol de remblai, et en reconnaissant que celui-ci est le produit des mêmes causes qui agissent encore sous nos yeux; mais les faits lui manquent pour démontrer ce principe. — Plaisanteries de Voltaire sur sa théorie.. 11-16
Pallas entre plus avant dans la voie ouverte par Buffon; il crée la paléontologie; ce qu'il a laissé à la science................................. 16-19
Buffon se venge du mauvais accueil fait à sa *théorie de la terre* par son roman des *époques de la nature*. — Réfutation................... 19-26

CHAP. III. — Deluc mitige les idées de Buffon, identifie avec ses *époques* les jours de la cosmogonie sacrée, explique l'histoire de la création d'après cette supposition qui rend le texte saint inintelligible — Il n'existe aucune concordance entre l'ordre de création des êtres organisés et celui de leur apparition dans le sol, et les époques de la géologie hypothétique n'auraient encore rien de commun avec les jours de la Genèse, lors même qu'il serait possible de prendre ces jours pour des périodes indéterminées. — Réfutation du système de Deluc... 26-37

— 472 —

Avec *de Lamétherie* et *de Lamarck* on revient à la géologie positive. — Ce qu'ils ont laissé à la science.................................... 37-39

Chap. IV. — Système de G. Cuvier ; son affinité avec celui de Deluc.... 39-40
Par où il s'est concilié la bienveillance des théologiens; réflexion de M. de Blainville à ce sujet 41
Examiné au point de vue de la logique, par M. de Blainville........... 42
Est fondé sur le phénomène mal compris des alternances............. 45
Ne s'accorde ni avec la liaison des couches alternantes, ni avec le nombre de ces couches, ni avec l'analogie des couches de même origine, ni avec le gisement des fossiles, ni avec la proportion numérique des espèces fossiles et des espèces vivantes... 48-53
Le fait présumé de la disparition complète, à certains étages du sol, de certains genres de grands animaux, et de leur remplacement par d'autres genres nouveaux, qu'il avait pour but d'expliquer, est inexact....... 54
Est en opposition avec la Genèse et fourmille de contradictions........ 55
Histoire paléonthologique du *metaxytherium*....................... 58
Services rendus à la science par G. Cuvier............................ 59
Les couches qu'il attribuait au déluge et qui sous le nom mal fait de *diluvium géologique*, ont reçu tant d'explications opposées, seraient en effet le produit du déluge, qu'il n'y aurait aucun moyen de s'en assurer; mais elles ne sont ni le produit d'une seule époque, ni celui d'une seule cause, ni même celui d'une cause diluvienne....... 59-70

Chap. V. — M. Ad. Brongniart cherche à établir que l'ordre d'apparition des plantes dans les dépôts du sol est celui du simple au composé. Mais les suppositions et les faits qui servent de base à ses périodes de végétation sont erronés. Et d'ailleurs toutes les clases de végétaux se trouvent réunies dans les plus anciens terrains....................................... 71-79
M. Ampère acceptant comme démontrés par l'observation, la distribution des plantes et des animaux fossiles selon l'ordre zoologique ou de conception, l'exemption de fossiles de certaines couches, la destruction des êtres par des révolutions générales etc., fait intervenir pour expliquer tout cela des cataclysmes périodiques de feu, c'est-à-dire que pour expliquer ce qui n'est pas, il a recours à des actions qui auraient détruit ce qui est, les fossiles, en métamorphosant toutes les roches 79-82
Sa manière d'entendre les textes cosmogoniques.................. 82

Chap. VI. — Progrès de la géologie positive entre les mains de MM. *C. Prévost* et *Ami Boué*.. 83-90
Exposition de la théorie des systèmes de montagnes par soulèvement de M. Élie de Beaumont........................ 91
Il y a contradiction entre les soulèvements et la cause qu'il leur assigne.. 93
Les soulèvements ne se conçoivent pas............................. 94
Les stratifications discordantes ne prouvent ni des soulèvements, ni une intermittence des courants, ni une révolution à la surface du globe......... 95
Les soulèvements sont en contradiction avec les effets qu'on leurs attribue et qu'ils devraient expliquer....................................... 96
La fixation des époques relatives des soulèvements est arbitraire........ 99
La théorie ne fait surgir les premières montagnes qu'après le dépôt d'une grande partie des terrains de transition, tandis que les terrains de transition, pour leur existence comme pour leur direction et leur inclinaison, supposent des montagnes préexistantes............................. 102

L'hypothèse du *feu central* ou d'un état primitif gazeux et fluide de la terre est fausse dans l'explication qu'elle donne des terrains............ 106
Elle repose sur une foule de suppositions contraires aux faits observables, incohérentes et inadmissibles................................... 109
Elle n'explique ni la température terrestre, ni la figure de la terre, ni les phénomènes volcaniques....................................... 112-121

Chap. VII. — La cosmogonie et la science repoussent l'hypothèse d'un monde antégénésiaque, présentée par MM. Buckland et Chalmers............ 121
L'hypothèse de créations successives par classes reposait sur des observations erronées... 127
L'hypothèse de créations successives d'espèces pour remplacer les anciennes à mesure qu'elles s'éteignent, ne paraît pas être opposée à notre cosmogonie, mais elle n'est pas prouvée et ne s'accorde pas avec la zoologie.... 135-146
Histoire de l'hypothèse de l'antiquité du monde..................... 146
Elle a beaucoup perdu de son importance exagérée, parce qu'elle était fondée sur des systèmes dont la fausseté est reconnue;.................... 147
Sur le *diluvium* regardé comme produit du déluge historique;......... 150
Sur la classification artificielle des terrains;....................... 152
Sur des rapprochements erronés et sur la supposition que les blocs erratiques appartenaient à une seule et même époque......................... 154
La puissance des calcaires, celle des charbons, le mode de formation attribué à ces derniers, la solidification des roches, ont aussi donné lieu à des évaluations de temps fort exagérées... 158
Procédé de géomètre dans lequel on est tombé, en calculant les alluvions fluviatiles et les produits volcaniques............................. 165
Examen des calculs de M. Girard sur les prétendus produits des débordements du Nil.. 167
Calculs de M. de Beaumont sur des plantes........................ 170
Calculs sur le temps que met la lumière à parcourir les espaces du ciel.. 171
Conclusion à tirer de tout ce qui précède sur l'âge absolu du globe, et pourquoi les calculs de la géologie hypothétique ne sont pas rationnels... 173
On leur oppose des calculs fondés sur des lois et des analogies naturelles. — Calculs sur les calcaires marins.................................. 175
Calculs sur les charbons.. 180
Calculs sur la superposition et les alternances des dépôts........... 185
Le résultat de ces calculs s'accorde avec la chronologie de la Bible...... 188

Chap. VIII. — Résumé de la revue des systèmes considérés en eux-mêmes ; 190
Dans leurs rapports avec la cosmogonie de la Bible,................. 192
Et avec la science.. 208
Résumé des progrès de la géologie positive....................... 209
Tableau des terrains.. 216

SECONDE PARTIE. — Démonstration de la révélation primitive par l'accord suivi des faits cosmogoniques avec les principes des sciences.

Chap. IX. — Explication du premier chapitre de la Genèse. — Accord de la cosmogonie et de la science sur la création de la terre sous les trois états solide, liquide et gazeux, combinés;.................................. 219
Sur la création de la matière à l'état de corps;..................... 220

Sur la nature et la composition de l'atmosphère et du firmament ; 228
Sur la création des végétaux avant le soleil ; 232
Sur la création des astres après celle de la lumière, de l'atmosphère et du firmament ; 237
Sur la fonction du soleil dans ses rapports avec la lumière et avec la mesure du temps ; 239
Sur l'organisation des astres de notre monde dans ses rapports avec les êtres vivants ; 240
Sur les caractères différentiels des règnes organiques ; 245
Sur les espèces animales et végétales en tant que créées, multiples et sur plusieurs points du globe ; 248
Sur l'existence d'animaux herbivores ou frugivores dans tous les groupes de la série animale ; 249
Sur l'ordre observé dans la création des règnes organiques ; 250
Sur l'excellence de la nature humaine ; 253
Sur le plan de la création générale.................................... 260
Les jours de la création sont des durées analogues à celle de nos jours.. 227, 234, 236, 244, 248, 251. 258, 259
Voyez aussi pages 33, 37, 449

Chap. X. — Accord de la cosmogonie et de la science sur la non éternité des êtres... 262

Chap. XI. — Sur la distinction de la lumière et des corps appelés lumineux.. 268

Chap. XII. — Sur l'existence d'un seul grand bassin marin primitif...... 274

Chap. XIII. — Sur la division primitive et générale de la surface du globe. 280
Voyez aussi page 126
Sur l'apparition simultanée ou successive, mais à courts intervalles, des grands groupes des deux règnes organiques.................... 281
Voyez aussi p. 74, 128
Sur la répartition primitive et générale des êtres organisés............. 281
Sur la continuité de la vie à la surface du globe, depuis l'origine des temps... 281
Sur la persistance des mêmes rapports entre notre globe, l'atmosphère, l'air, la lumière et les astres................................... 297

Chap. XIV. — Sur la réalité de l'espèce dans les deux règnes organiques.. 299
Sur la création des espèces... 306
Sur la création des espèces à l'état adulte ou complet... 330

Chap. XV. — Sur la création de certaines espèces à l'état domestique..... 332

Chap. XVI. Sur le dogme d'un seul Créateur et ordonnateur du monde. 342

Chap. XVII. — Sur l'unité d'espèce dans le genre humain............... 375

Chap. XVIII. — Sur l'origine divine de l'état social et du langage articulé. 403

Chap. XIX. — Sur le point de départ commun à tous les peuples et aux animaux mammifères... 41

Chap. XX. — Résumé des concordances, — examen des diverses explications que l'on peut en donner. — Conclusion : *Dieu a parlé à l'homme*........ 422

Notes. — Des jours de la création.................................... 449
Explication de la succession des espèces dans les dépôts du sol et de leur extinction, par des causes naturelles................................. 455
Parallèle entre la cosmogonie de la Bible et celle de Manou........... 465

FIN DE LA TABLE.

Corbeil, imprimerie de Crété.

www.ingramcontent.com/pod-product-compliance
Lightning Source LLC
Chambersburg PA
CBHW060224230426
43664CB00011B/1547